华 章 图 书

一本打开的书，一扇开启的门，

通向科学殿堂的阶梯，托起一流人才的基石。

计 算 机 科 学 丛 书

原书第3版

机器学习导论

[土耳其] 埃塞姆·阿培丁（Ethem Alpaydin） 著
范明 译

Introduction to Machine Learning

Third Edition

机械工业出版社
China Machine Press

图书在版编目（CIP）数据

机器学习导论（原书第3版）/（土）阿培丁（Alpaydin, E.）著；范明译．—北京：机械工业出版社，2015.11（2021.8重印）
（计算机科学丛书）
书名原文：Introduction to Machine Learning, Third Edition

ISBN 978-7-111-52194-5

I. 机… II. ①阿… ②范… III. 机器学习－研究 IV. TP181

中国版本图书馆CIP数据核字（2015）第282166号

本书版权登记号：图字：01-2015-1269

Ethem Alpaydin：Introduction to Machine Learning, Third Edition (ISBN 978-0-262-02818-9).

本书全面介绍了机器学习的相关内容，涵盖了监督学习、贝叶斯决策理论、参数方法、多元方法、归约、聚类、非参数方法、决策树、线性判别式、多层感知器、局部模型、核机器、图方法、隐马尔可夫模型、贝叶斯估计、组合多学习器、增强学习以及机器学习实验的设计与分析等，反映了快速发展的机器学习领域的最新进展。

本书可以用作高年级本科生和硕士研究生的教材，也可供研究机器学习方法的技术人员参考。

出版发行：机械工业出版社（北京市西城区百万庄大街22号 邮政编码：100037）

责任编辑：迟振春　　责任校对：董纪丽

印　　刷：中国电影出版社印刷厂　　版　　次：2021年8月第1版第7次印刷

开　　本：185mm×260mm 1/16　　印　　张：23.25

书　　号：ISBN 978-7-111-52194-5　　定　　价：79.00元

凡购本书，如有缺页、倒页、脱页，由本社发行部调换

客服热线：（010）88378991 88361066　　投稿热线：（010）88379604

购书热线：（010）68326294 88379649 68995259　　读者信箱：hzjsj@hzbook.com

译者序

自从有计算机以来，人们就希望计算机能够学习。然而，机器学习真正取得实质性进展，能够成功地解决一些实际问题，并最终成为一个学科分支还是近30年的事。

对于许多问题，我们的前人和先行者已经知道如何求解。例如，欧几里得告诉我们可以用辗转相除法求两个整数的最大公约数，Dijkstra告诉我们如何有效地求两点之间的最短路径，Hoare向我们展示了怎样将杂乱无章的对象快速排序……对于这些问题，我们清楚地知道求解步骤。因此，让计算机求解这些问题只需要按照已知的求解步骤设计算法和数据结构、进行编程，而不需要让计算机学习。

还有一些问题，人们可以轻而易举地解决，但是却无法解释清楚我们是如何做的。例如，尽管桌子千差万别、用途各异，但是我们一眼就能看出某个物体是否是桌子；尽管不同的人的手写阿拉伯数字风格迥异、笔画粗细不同，但是我们可以轻易识别一个手写符号是不是8；尽管声音时大时小、有时可能还有点沙哑，但是我们可以不费力气地听出熟人的声音。诸如此类的问题不胜枚举。对于这些问题，我们不知道求解步骤。因此，让计算机来做这些事就需要让计算机学习。

我们知道桌子不是木材和各种材料的随机堆砌，手写数字不是像素的随机分布，声音也不是各种声波的随机混合。现实世界总是有规律的。机器学习正是从已知实例中自动发现规律，建立对未知实例的预测模型；根据经验不断提高，不断改进预测性能。

本书是全面论述机器学习这一主题的教科书，英文版自2004年问世以来，已于2010年和2014年两次扩充、修订，以涵盖机器学习这个迅速发展领域的新进展。书中介绍了监督、非监督和半监督学习，参数、非参数和半参数方法，涉及维归约、回归、分类、聚类和增强学习，包括线性判别式、决策树、多层感知器、核机器、图方法、贝叶斯估计和组合多学习器。作者对来自统计学、模式识别、神经网络、人工智能、信号处理、控制和数据挖掘等不同领域的机器学习问题和学习方法进行了统一论述。此外，本书还较为系统地介绍了机器学习实验的设计与分析，这在同类书籍中是独具特色的。

本书适合作为高等院校计算机相关专业高年级本科生和研究生的机器学习入门课程的教材，也可供对机器学习感兴趣的工程技术人员参考。

现在，学习的本质还不十分清楚。然而，关于学习的理论认识已开始逐步形成，业已建立起来的一些机器学习方法已经成功地解决了许多实际问题。我们能够从本书中了解机器学习，发现机器学习的新方法，不断提高对学习本质的认识。

第1版由范明、昝红英和牛常勇共同翻译，第2版和第3版由范明翻译。译文中的错误和不当之处，敬请读者朋友指正。意见和建议请发往mfan@zzu.edu.cn，译者不胜感激。

范明

2015年12月于郑州大学

机器学习肯定是计算机科学成长最快的领域之一。不仅数据在持续变“大”，而且处理数据并将它转换成知识的理论也在不断发展。在科学的各个领域，从天文学到生物学，以及在日常生活中，随着数字技术日益渗透到我们的日常生活中，随着数字足迹的深入，更多的数据被源源不断地产生和收集。无论是科学的还是个人的，被动蛰伏的数据没有任何用处，而聪明的人们一直在寻找新的方法来利用数据，把它转换成有用的产品或服务。在这种转换中，机器学习正发挥着越来越大的作用。

自从本书第 2 版 2010 年面世以来，数据进化一直在持续，甚至更快。每年，数据集都在变大。不仅观测的数量在增长，而且观测属性的数量也在显著增加。数据有了更多的结构：不再仅仅是数和字符串，而且还有图像、视频、音频、文档、网页、点击日志、图等。数据与我们以前常做的参数假设(例如正态性)渐行渐远。数据常常是动态的，因而存在一个时间维度。有时，我们的观测是多视图的——对于相同的对象或事件，我们有来自不同传感器和不同模式的多个信息源。

我们相信，在这看似复杂和庞大的数据背后存在简单的解释。虽然数据很大，但是它可以使用具有少量隐藏因子及其相互作用的相对简单的模型来解释。想想数百万客户，他们每天在线或从当地超市购买数千种产品。这意味着一个非常大的交易数据库，但是该数据存在模式。没有人随机购物。举办酒会的人购买产品的某个子集，家有婴儿的人购买产品的不同子集；存在解释客户行为的隐藏因子。

从观测数据推断这种隐藏模型是近年来已经做了大量研究的领域之一。新版中的修改大部分都与这些进展有关。第 6 章新增了关于特征嵌入、奇异值分解和矩阵分解、典范相关分析、拉普拉斯特征映射的内容。

第 8 章和关于核机器的第 13 章新增了关于距离估计的内容。维度归约、特征提取和距离估计是同一个东西的三个名称——理想的距离度量定义在理想的隐藏特征的空间中，而从数量上看，它们少于我们观测的值。

重写并显著扩充了第 16 章，以便涵盖生成模型。我们对所有主要的机器学习模型，即对分类、回归、混合模型和维度归约，讨论贝叶斯方法。非参数贝叶斯建模在过去的几年中日益流行，尤其令人感兴趣，因为它允许调整模型的复杂度，以适应数据的复杂度。

新版各处新增了一些章节，主要是突出相同或非常类似方法的新的不同应用。第 8 章新增了一节离群点检测。第 10 和 13 章新增两节，分别讨论用于排名的线性模型和核机器。拉普拉斯特征映射添加到第 6 章，还在第 7 章新增一节讨论谱聚类。鉴于深度神经网络的最近复苏，有必要在第 11 章新增一节讨论深度学习。第 19 章新增一节讨论方法比较的多元检验。

自第 1 版面世以来，许多使用本书自学的读者提出索取习题答案的请求。在这个新的版本中，已经包括了部分习题的答案。它们有时是完整的答案，有时只是一个提示，或只提供多种可能答案中的一种。

我要感谢使用前两版的所有老师和学生，以及它们的德文、中文和土耳其文翻译和在印度的重印。我永远感激那些发给我评价、批评、勘误，或以任何其他方式提供反馈的人。请继续这样做。我的电子邮件地址是 alpaydin@boun. edu. tr。本书的网站是

http://www. cmpe. boun. edu. tr/-them/i2ml3e

再次与 MIT 出版社共事出版第 3 版是一件令人愉快的事。感谢 Marie Lufkin Lee、Marc Lowenthal 和 Kathleen Caruso，感谢他们的帮助和支持。

符号	说明
x	标量值
$\boldsymbol{x}$	向量
$\boldsymbol{X}$	矩阵
x^{T}	转置
$\boldsymbol{X}^{-1}$	逆矩阵
X	随机变量
$P(X)$	概率质量函数，X 是离散的
$p(X)$	概率质量函数，X 是连续的
$P(X\|Y)$	给定 Y，X 的条件概率
$E[X]$	随机变量 X 的期望值
$\mathrm{Var}(X)$	X 的方差
$\mathrm{Cov}(X, Y)$	X 和 Y 的协方差
$\mathrm{Corr}(X, Y)$	X 和 Y 的相关性
μ	均值
σ^2	方差
$\boldsymbol{\Sigma}$	协方差矩阵
m	均值的估计
s^2	方差的估计
$\boldsymbol{S}$	协方差矩阵的估计
$\mathcal{N}(\mu, \sigma^2)$	一元正态分布，均值为 μ，方差为 σ^2
z	单位正态分布 $\mathcal{N}(0, 1)$
$\mathcal{N}_d(\boldsymbol{\mu}, \boldsymbol{\Sigma})$	d 元正态分布，均值向量为 $\boldsymbol{\mu}$，协方差矩阵为 $\boldsymbol{\Sigma}$
x	输入
d	输入数(输入的维度)
y	输出
r	要求的输出
K	输出数(类)
N	训练实例数
z	隐藏值，内蕴维，潜在因子
k	隐藏维数，潜在因子数
C_i	类 i
χ	训练样本
$\{x^t\}_{t=1}^N$	x 的集合，上标 t 遍取 1 到 N
$\{x^t, r^t\}_t$	上标为 t 的输入和期望输出的有序对的集合
$g(x\|\theta)$	x 的函数，其定义依赖于参数集 θ
$\arg\max_{\theta} g(x\|\theta)$	参数 θ，g 关于它取最大值

$\arg\min_{\theta} g(x \mid \theta)$	参数 θ，g 关于它取最小值
$E(\theta \mid \mathcal{X})$	样本 χ 上具有参数 θ 的误差函数
$l(\theta \mid \mathcal{X})$	样本 χ 上具有参数 θ 的似然函数
$\mathcal{L}(\theta \mid \mathcal{X})$	样本 χ 上具有参数 θ 的对数似然函数
$1(c)$	如果 c 为真值，为 1；否则为 0
$\#\{c\}$	c 为真的元素数目
δ_{ij}	克罗内克(Kronecker)δ，如果 $i=j$，取 1；否则取 0

引　言

1.1 什么是机器学习

这是一个“大数据”时代。过去，只有公司才拥有数据。那时，有一些计算中心，数据在那里存储和处理。先是个人计算机的出现，而后是无线通信的广泛使用，使得我们都成了数据的生产者。每当我们购买一件商品、租借一部电影、访问一个网页、书写一个博客或在社交媒体上发帖子时，甚至当我们散步或开车闲逛时，我们都在产生数据。

我们每个人不仅是数据的生产者，而且也是数据的消费者。我们想要适合的产品和服务，希望我们的需要能被理解，我们的兴趣能被预测到。

以一家连锁超市为例，它通过遍布全国的数百家实体商店或通过网上的虚拟商店向数百万顾客销售数千种商品。每笔交易的细节，包括交易日期、顾客ID、购买的商品和数量、付款金额等都存储在计算机中。这意味每天都有大量的数据。连锁超市希望能够预测哪位顾客可能会购买哪种商品，以便能够使销售和利润最大化。类似地，每位顾客都希望找到最适合他们需要的商品。

这一任务并非显而易见。我们并不确切地知道哪些人比较倾向于购买这种口味的冰激凌，这位作家的下一本书是什么，也不知道谁喜欢看这部新电影、访问这座城市，或点击这一链接。顾客的行为随时间和地点而变化。但是，我们知道这不是完全随机的。人们去超市并不是随机购买商品。当他们买啤酒时，也会买薯片；夏天买冰激凌，而冬天为Glühwein[㊀]买香料。数据中存在确定的模式。

为了在计算机上解决问题，我们需要算法。算法是指令的序列，它把输入变换成输出。例如，我们可以为排序设计一个算法，输入是数的集合，而输出是它们的有序列表。对于相同的任务，可能存在不同的算法，而我们感兴趣的是找到需要的指令、内存最少，或者二者都最少的最有效算法。

然而，对于某些任务，我们没有算法。预测顾客的行为就是一个例子，另一个例子是区分垃圾邮件和正常邮件。我们知道输入是邮件文档，在最简单的情况下是一个字符文件。我们还知道输出应该是指出消息是否为垃圾邮件的“是”或“否”。但是我们不知道如何把这种输入变换成输出。所谓的垃圾邮件随时间而变，因人而异。

我们缺乏的是知识，作为补偿我们有数据。我们可以很容易地编辑数以千计的实例消息，其中一些我们知道是垃圾邮件，而我们要做的是希望从中“学习”垃圾邮件的结构。换言之，我们希望计算机（机器）自动地为这一任务提取算法。不需要学习如何将数排序，因为我们已经有这样的算法。但是，对于许多应用而言，我们确实没有算法，而是有实例数据。

我们也许不能够完全识别该过程，但是我们相信，我们能够构造一个好的并且有用的近似。尽管这样的近似还不可能解释一切，但其仍然可以解释数据的某些部分。我们相

㊀ Glühwein是一种温热、有点甜味儿、加香料的葡萄酒。圣诞节期间，在欧洲很受欢迎。——译者注

信，尽管识别整个过程也许是不可能的，但是我们仍然能够发现某些模式或规律。这正是机器学习的定位。这些模式可以帮助我们理解该过程，或者我们可以使用这些模式进行预测：假定将来（至少是不远的将来）情况不会与收集样本数据时有很大的不同，则未来的预测也将有望是正确的。

机器学习方法在大型数据库中的应用称为*数据挖掘*(data mining)。类似的情况如大量的金属氧化物以及原料从矿山中开采出来，处理后产生少量非常珍贵的物质。类似地，在数据挖掘中，需要处理大量的数据以构建有使用价值的简单模型，例如具有高准确率的预测模型。数据挖掘的应用领域非常广泛：除零售业以外，在金融业，银行分析历史数据，构建用于信用分析、诈骗检测、股票市场等方面的应用模型；在制造业，学习模型可以用于优化、控制以及故障检测等；在医学领域，学习程序可以用于医疗诊断等；在电信领域，通话模式的分析可用于网络优化和提高服务质量；在科学研究领域，比如物理学、天文学以及生物学的大量数据只有使用计算机才可能得到足够快的分析。万维网是巨大的，并且在不断增长，因此在万维网上检索相关信息不可能依靠人工完成。

2

然而，机器学习不仅仅是数据库方面的问题，它也是人工智能的组成部分。为了智能化，处于变化环境中的系统必须具备学习能力。如果系统能够学习并且适应这些变化，那么系统的设计者就不必预见所有的情况并为它们提供解决方案了。

机器学习还可以帮助我们解决视觉、语音识别以及机器人方面的许多问题。以人脸识别问题为例。我们做这件事毫不费力。即使姿势、光线、发型等不同，我们每天还是可以通过观察真实的面孔或照片来认出家人和朋友。但是我们做这件事是无意识的，而且无法解释我们是如何做的。因为我们不能够解释我们所具备的这种技能，所以我们也就不可能编写相应的计算机程序。但是我们知道，脸部图像并非只是像素点的随机组合；人脸是有结构的、对称的。脸上有眼睛、鼻子和嘴巴，并且它们都位于脸的特定部位。每个人的脸都有各自的眼睛、鼻子和嘴巴的特定组合模式。通过分析一个人的脸部图像的多个样本，学习程序可以捕捉到那个人特有的模式，然后在所给的图像中检测这种模式，从而进行辨认。这就是*模式识别*(pattern recognition)的一个例子。

机器学习使用实例数据或过去的经验训练计算机来优化某种性能标准。我们有依赖于某些参数的模型，而学习就是执行计算机程序，利用训练数据或以往经验来优化该模型的参数。模型可以是*预测性的*(predictive)，用于未来的预测；或者是*描述性的*(descriptive)，用于从数据中获取知识；也可以二者兼备。

机器学习在构建数学模型时利用了统计学理论，因为其核心任务就是由样本推理。计算机科学的角色是双重的：第一，在训练时，我们需要求解优化问题以及存储和处理通常所面对的海量数据的高效算法。第二，一旦学习得到了一个模型，它的表示和用于推理的算法解也必须是高效的。在特定的应用中，学习或推理算法的效率，即它的空间复杂度和时间复杂度，可能与其预测的准确率同样重要。

3

现在，让我们更详细地讨论一些应用领域的例子，以便进一步深入了解机器学习的类型和用途。

1.2 机器学习的应用实例

1.2.1 学习关联性

在零售业，例如超市连锁店，机器学习的一个应用是*购物篮分析*(basket analysis)。它的任务是发现顾客所购商品之间的关联性：如果购买商品 X 的人通常也购买商品 Y，而一位顾客购买了商品 X 却未购买商品 Y，则他就是商品 Y 的潜在顾客。一旦我们发现这类顾客，我们就能针对他们实施交叉销售策略。

为了发现关联规则(association rule)，我们对学习形如 $P(Y|X)$的条件概率感兴趣，其中 X 是我们知道的顾客已经购买的商品或商品集，Y 表示在条件 X 下可能购买的商品。

假定考察已有的数据，计算得到 $P(\text{chips}|\text{beer})=0.7$，那么我们就可以定义规则：

购买啤酒(beer)的顾客中有70%的人也买了薯片(chip)

我们也许想要区分不同的顾客。针对这个问题，我们需要估计 $P(Y|X, D)$，其中 D 是顾客的一组属性，如性别、年龄、婚姻状况等，这里假定我们已经得到了这些属性信息。如果考虑书店而不是超市销售问题，商品就可能是书或作者等。对于 Web 门户网站入口问题，商品对应于到 Web 网页的链接，而我们可以估计用户可能点击的链接，并利用这些信息预先下载这些网页，以便取得更快的网页访问速度。

4

1.2.2 分类

信贷是金融机构(例如银行)借出的一笔钱，需要连本带息偿还，通常分期偿还。对银行来说，重要的是能够提前预测贷款风险。这种风险是客户不履行义务和不全额还款的可能性。既要确保银行获利，又要确保不会因提供超出客户财力的贷款而给客户带来不便。

在资信评分(credit scoring)(Hand 1998)中，银行计算在给定信贷额度和客户信息情况下的风险。客户信息包括我们已经获取的数据以及与计算客户财力相关的数据，即收入、存款、担保、职业、年龄、以往经济记录等。银行有以往贷款的记录，包括客户数据以及贷款是否偿还。通过这类特定的申请数据，可以推断出表示客户属性及其风险关联性的一般规则。也就是说，机器学习系统用一个模型来拟合过去的数据，以便能够对新的申请计算风险，从而决定接受或拒绝该项申请。

这是分类(classification)问题的一个例子，这里有两个类：低风险客户和高风险客户。客户信息作为分类器的输入(input)，分类器的任务是将输入指派到其中的一个类。

利用以往数据进行训练后，学习得到的规则可能具有如下形式：

IF income $>\theta_1$ AND savings $>\theta_2$

THEN low-risk ELSE high-risk

其中 θ_1 和 θ_2 是合适的值(参见图 1-1)。这是判别式(discriminant)的一个例子，判别式是将不同类的样本分开的函数。

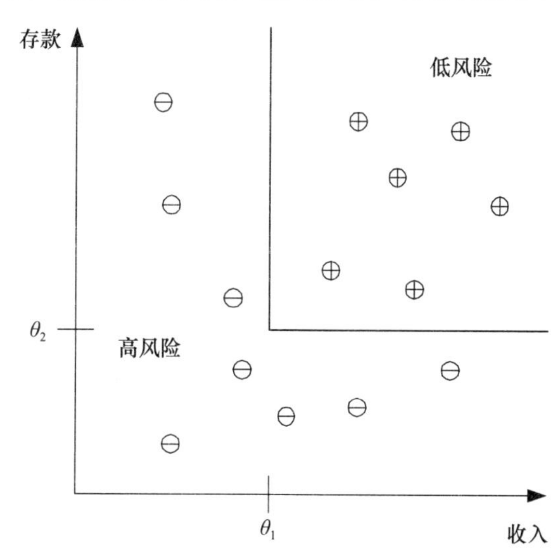

图 1-1　训练数据集例子，其中每个圆圈对应于一个数据实例，输入值在对应的坐标上，符号指示类别。为了简单起见，输入只包括客户的收入和存款两种属性，两个类分别为低风险(“+”)和高风险(“−”)。图中还显示了分隔两类样本的判别式的例子

有了这样的规则，主要用途就是预测(prediction)：一旦我们拥有拟合以往数据的规则，如果未来与过去类似，那么我们就能够对新的实例做出正确的预测。如果给定一个具有特定收入(income)和存款(savings)的新申请，则我们就可以容易地判断出它是低风险(low-risk)还是高风险(high-risk)。

在某些情况下，我们可能不是希望做0/1(低风险/高风险)类型的判断，而是希望计算一个概率值$P(Y|X)$，其中X是顾客属性，Y是0或1，分别表示低风险和高风险。从这个角度来看，我们可以将分类看作学习从X到Y的关联性。于是，给定$X=x$，如果有$P(Y=1|X=x)=0.8$，则我们就说该客户为高风险的可能性有80%，或者等价地说，该客户为低风险的可能性有20%。然后，我们可以根据可能的收益和损失来决定接受还是拒绝这笔贷款业务。

机器学习在模式识别(pattern recognition)方面有很多应用。其中之一是光学字符识别(Optical Character Recognition，OCR)，即从字符图像识别字符编码。这是多类问题的一个例子，类与我们想要识别的字符一样多。特别有趣的是手写体字符的识别问题。人们有不同的书写风格，字体有大有小，倾斜角度不同，还有用钢笔或用铅笔之别，所以同一个字符可能会有许多种可能的图像。尽管书写是人类的发明创造，但是还没有像人类读者一样准确的系统。我们没有字符“A”的形式化描述，涵盖所有“A”而不涵盖任何非“A”。没有这种形式化描述，我们就要从书写者那里取样，从这些实例中学习关于“A”的定义。然而，尽管我们不知道是什么因素使得一个图像被识别为“A”，但是我们确信所有这些不同的“A”的图像都具有某些共同的特征，这正是我们希望从实例中提取的。我们知道，字符图像不只是随机点的集合。它是笔画的集合，并且是有规律的，通过学习程序我们能够捕获这些规律。

5～6

阅读文本时，我们能够利用的一个因素是人类语言的冗余性。词是字符的序列，并且相继的符号不是独立的，而是被语言的词所约束。这有好处，即便有一个符号不能识别，我们仍可以读出词 t?e[⊖]。根据语言的语法和语义，这种上下文的依赖性还可能出现在词和句子之间等较高的层次上。目前存在用于学习序列和对这种依赖性建模的机器学习算法。

对于人脸识别(face recognition)，输入是人脸图像，而类是需要识别的人，并且学习程序应当学习人脸图像与身份之间的关联性。这个问题比光学字符识别更困难，因为人脸会有更多的类，输入图像也更大一些，并且人脸是三维的，不同的姿势和光线等都会导致图像的显著变化。另外，对于特定人脸的输入也会出现问题，比如说眼镜可能会把眼睛和眉毛遮住，胡子可能会把下巴盖住等。

在医学诊断(medical diagnosis)中，输入是关于患者的信息，而类是疾病。输入包括患者的年龄、性别、既往病史、目前症状等。当然，患者可能还没有做过某些检查，因此这些输入将会缺失。检查需要时间，还可能要花很多钱，而且也许还会给患者带来不便。因此，除非我们确信检查将提供有价值的信息，否则我们不对患者进行检查。在医学诊断的情况下，错误的诊断结果可能会导致错误的治疗或根本不治疗。在不能确信诊断结果的情况下，分类器最好还是放弃判定，而等待医学专家来决断。

在语音识别(speech recognition)中，输入是语音，类是可以读出的词汇。这里要学习的是从语音信号到某种语言的词汇的关联性。由于年龄、性别或口音方面的差异，不同的人对于相同词汇的读音不同，这使得语音识别相当困难。语音识别的另一个特点是其输入信号是时态的(temporal)，词汇作为音素的序列实时读出，而且有些词汇的读音会比其他词汇长一些。

7

语音信息的作用有限，并且与光学字符识别一样，在语音识别中，“语言模型”的集成是至关重要的，而且提供语言模型的最好方法仍然是从实例数据的大型语料库中学习。机

⊖ 这里，“?”表示不能识别的符号。——译者注

器学习在自然语言处理(natural language processing)方面的应用与日俱增。垃圾邮件过滤就是一种应用，那里垃圾邮件的制造者为一方，过滤者为另一方，它一直都在寻找越来越精巧的方法来超越对方。大型文档汇总是另一个有趣的例子；还有一个例子是分析博客或社交网站上的帖子，以便提取“流行”主题或决定做什么广告。也许最吸引人的是*机器翻译*(machine translation)。经历了数十年手工编写翻译规则的研究之后，最近人们认识到最有希望的方法是提供大量两种语言文本的实例对，让程序自动地揣摩把一种语言映射到另一种语言的规则。

生物测定学(biometrics)使用人的生理和行为特征来识别或认证人的身份，它需要集成来自不同形态的输入。生理特征的例子有面部图像、指纹、虹膜和手掌；行为特征的例子有签字的力度、嗓音、步态和击键。与通常的鉴别过程(照片、印刷签名或口令)相反，会有许多不同的(不相关的)输入，伪造(欺骗)更困难，并且系统更准确，有望不会对用户太不方便。机器学习既用于对这些不同形态构建不同的识别器，也考虑这些不同数据源的可靠性，用于组合它们的决策，以便得到接受或拒绝的总体决断。

从数据中学习规则也为*知识抽取*(knowledge extraction)提供了可能性。规则是一种解释数据的简单模型，而观察该模型我们就能得到潜在数据处理的解释。例如，一旦我们学习得到区分低风险客户和高风险客户的判别式，我们就拥有了关于低风险客户特性的知识。然后，我们就能够利用这些信息，通过广告等方式，更有效地争取那些潜在的低风险客户。机器学习还可以进行*压缩*(compression)。用规则拟合数据，我们得到比数据更简单的解释，需要的存储空间更少，处理所需要的计算更少。例如，一旦掌握了加法规则，就不必记忆每对可能数的和是多少。 8

机器学习的另一种用途是*离群点检测*(outlier detection)，即发现那些不遵守规则和例外的实例。基本思想是，典型的实例具有一些可以简单陈述的特征，而不具备这些特征的实例都是非典型的。在这种情况下，我们感兴趣的是找到一个尽可能简单并且覆盖尽可能多的典型实例的规则。落在外面的实例都是例外，它们可能是提示我们需要注意的异常(如诈骗)，也可能是新颖的、先前未曾见过但又合理的情况。因此，离群点检测又称为*新颖性检测*(novelty detection)。

1.2.3 回归

假设我们想要一个能够预测二手车价格的系统。该系统的输入是我们认为会影响车价的属性信息：品牌、车龄、发动机排量、里程以及其他信息。输出是车的价格。这种输出为数值的问题是*回归*(regression)问题。

设 X 表示车的属性，Y 表示车的价格。调查以往的交易情况，我们能够收集训练数据，而机器学习程序用一个函数拟合这些数据来学习 X 的函数 Y。图 1-2 给出了一个例子，其中对于 w 和 w_0 的合适值，拟合函数具有以下形式：

$$y=wx+w_0$$

回归和分类均为*监督学习*(supervised learning)问题，其中给定输入 X 和输出 Y，任务是学习从输入到输出的映射。机器学习的方法是，先假定依赖于一组参数的模型：

$$y=g(x|\theta)$$

其中，$g(\cdot)$是模型，而 θ 是模型的参数。对于回归，Y 是数值；对于分类，Y 是类编码(如 0/1)。$g(\cdot)$为回归函数，或者(对于分类)是将不同类的实例分开的判别式函数。机器学习程序优化参数 θ，使近似误差最小，也就是说，我们的估计要尽可能地接近训练集中给定的正确值。例如，图 1-2 所示的模型是线性的，w 和 w_0 是为最佳拟合训练数据优化后的参数。在线性模型限制过强的情况下，我们可以利用二次函数

$$y=w_2x^2+w_1x+w_0$$

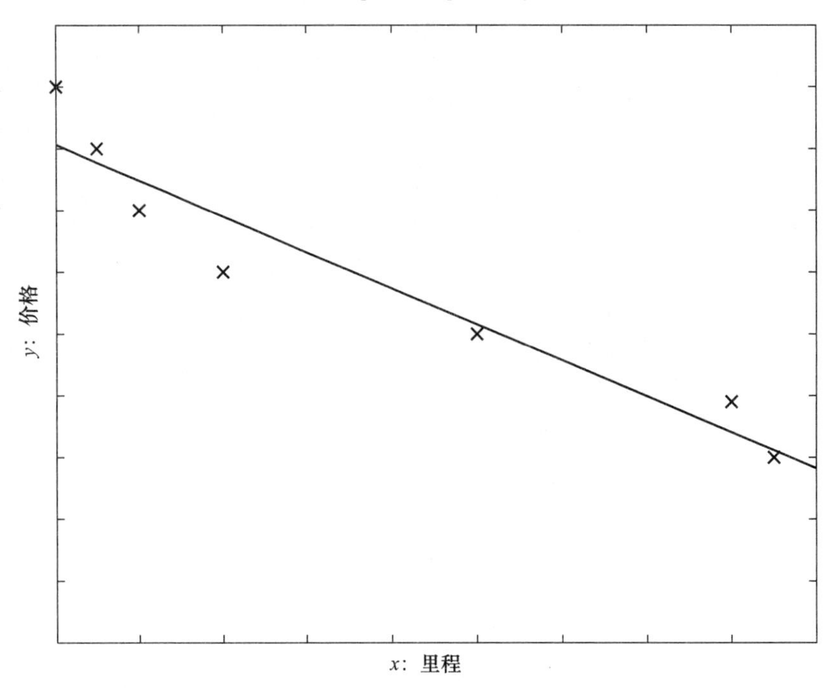

图 1-2 二手车的训练数据及其拟合函数。为简单起见，这里采用线性模型，输入属性也只有里程

或更高阶的多项式，或其他非线性函数，为最佳拟合优化它们的参数。

9 ~ 10

回归的另一个例子是移动机器人导航，例如，自动汽车导航，其中输出是每次转动车轮的角度，使汽车前进而不会撞到障碍物或偏离车道。在这种情况下，输入由汽车上的传感器(如视频相机、GPS 等)提供。训练数据可以通过监视和记录驾驶员的动作来收集。

我们可以想象回归的其他应用，这里我们试图优化一个函数[⊖]。假设我们想要制造一个焙炒咖啡的机器。该机器有多个影响咖啡品质的输入：温度、时间、咖啡豆种类等。我们针对不同的输入配置进行大量试验，并估量咖啡的品质。例如，根据消费者的满意度测量咖啡的品质。为找到最优配置，我们拟合一个联系这些输入和咖啡品质的回归模型，并在当前模型的最优样本附近选择一些新的点，以便寻找更好的配置。我们抽取这些点，检测咖啡的品质，将它们加入训练数据，并拟合新的模型。这通常称为*响应面设计*(response surface design)。

有时，我们希望能够学习一个相对位置，而不是估计一个绝对数值。例如，在电影推荐系统(recommendation system)中，我们希望产生一张表，按照用户的喜欢程度将电影排序。根据电影的体裁、演员等属性，并使用用户对他们所看过电影的评级，我们希望能够学习一个*排名*(ranking)函数，然后可以使用它选择新电影。

1.2.4 非监督学习

在监督学习中，我们的目标是学习从输入到输出的映射关系，其中输出的正确值已经

⊖ 感谢 Michael Jordon 提供这个例子。

由指导者提供。然而，在非监督学习中却没有这样的指导者，只有输入数据。我们的目标是发现输入数据中的规律。输入空间存在着某种结构，使得特定的模式比其他模式更常出现，而我们希望知道哪些经常发生，哪些不经常发生。在统计学中，这称为密度估计(density estimation)。

密度估计的一种方法是聚类(clustering)，其目标是发现输入数据的簇或分组。对于拥有老客户数据的公司，客户数据包括客户的个人统计信息及其以前与公司的交易，而公司也许想知道其客户的分布，搞清楚什么类型的客户会频繁出现。这种情况下，聚类模型会将属性相似的客户分派到相同的分组，为公司提供其客户的自然分组，这称作客户划分(customer segmentation)。一旦找出了这样的分组，公司也许会做出一些决策，比如对不同分组的客户提供特别的服务和产品等，这称作客户关系管理(customer relationship management)。这样的分组也可以用于识别“离群点”，即那些不同于其他客户的客户，这可能意味新的市场商机，公司可以进一步开发。

11

聚类的一个有趣的应用是图像压缩(image compression)。在这种情况下，输入实例是由 RGB 值表示的图像像素。聚类程序将颜色近似的像素分到相同的分组，而这样的分组对应于图像中频繁出现的颜色。如果图像中只有少数几种颜色，并且属于同一分组的像素用一种颜色(例如，颜色的平均值)进行编码，则图像被量化。假设像素是 24 位，表示 1600 万种颜色，但是如果只有 64 种主色调，那么对于每个像素，只需要 6 位而不是 24 位。例如，如果景象在图像的不同部分有多种不同的蓝色色调，并且采用它们的平均值来表示所有这些蓝色，那么就丢失了图像的细节，但是赢得了图像的存储空间和传送时间。在理想情况下，人们希望通过分析重复的图像模式(如纹理、对象等)来识别更高层次的规律性。这为更高层次、更简单、更有用地描述景象提供了可能，并且实现了比像素级更好的压缩。如果我们扫描了文档页，则我们得到的不是随机的有/无像素，而是一些字符的位图。这样的数据是有结构的，并且我们利用这些冗余信息，找出数据的较短描述：“A”的 16×16 的位图占 32 字节，其 ASCII 码只占 1 字节。

在文档聚类(document clustering)中，目标是把相似的文档分组。例如，新闻报道可以进一步划分为政治、体育、时尚、艺术等子组。通常，文档用词袋(bag of words)表示，即预先定义 N 个词的词典，并且每个文档都是一个 N 维二元向量，如果第 i 个词出现在该文档中，则其第 i 个分量取 1。删除后缀“-s”和“-ing”等，以避免重复，并且不用“of”、“and”等不包含什么信息的词。然后，文档根据它们包含的相同词的个数分组。当然，如何选取词典是至关重要的。

机器学习方法还应用于生物信息学(bioinformatics)。在我们的基因组中，DNA 是“生命的蓝图”，也是碱基(即 A、G、C 和 T)序列。RNA 由 DNA 转录而来，而蛋白质由 RNA 转换而来。蛋白质就是生命体和生命体的产物。正如 DNA 是碱基序列，蛋白质则是氨基酸(由碱基定义)序列。计算机科学在分子生物学的应用领域之一就是比对(alignment)，即将一个序列与另一个匹配。这是一个困难的串匹配问题，因为序列可能相当长，有很多模板串要进行匹配，并且还可能会删除、插入和置换。聚类用于学习基序(motifs)，这是蛋白质结构中反复出现的氨基酸序列。基序之所以令人感兴趣，是因为它们可能对应于它们所表征的序列内部的结构或功能要素。比方说，如果氨基酸是字母，蛋白质是句子，那么基序就像单词，即具有特别意义、频繁出现在不同句子中的一串字母。

12

1.2.5　增强学习

在某些应用中，系统的输出是动作(action)的序列。在这种情况下，单个的动作并不重要，重要的是策略(policy)，即达到目标的正确动作的序列。不存在中间状态中最好动作这种概念。如果一个动作是好的策略的组成部分，那么该动作就是好的。在这种情况下，机器学习程序就应当能够评估策略的好坏程度，并从以往好的动作序列中学习，以便能够产生策略。这种学习方法称为增强学习(reinforcement learning)算法。

游戏(game playing)是一个很好的例子。在游戏中，单个移动本身并不重要，正确的移动序列才是重要的。如果一个移动是一个好的游戏策略的一部分，则它就是好的。游戏是人工智能和机器学习的一个重要研究领域。这是因为游戏容易描述，但又很难玩好。像国际象棋这样的游戏，其规则只有少量的几条，但是它非常复杂，因为在每种状态下都有大量可行的移动，并且每局又都包含大量的移动。一旦有了能够学习如何玩好游戏的好算法，我们也可以将这些算法用在具有更显著经济效益的领域。

在某种环境下搜寻目标位置的机器人导航是增强学习的另一个应用领域。在任何时候，机器人都能够朝着多个方向之一移动。经过多次试运行，机器人应当学到正确的动作序列，尽可能快地从某一初始状态到达目标状态，并且不会撞到任何障碍物。

13

使增强学习更困难的一个因素是系统具有不可靠和不完整的感知信息。例如，装备视频照相机的机器人就得不到完整的信息，因此该机器人总是处于部分可观测状态(partially observable state)，并且在决定其动作时应当将这种不确定性考虑在内。例如，机器人可能不知道它在房间的准确位置，而只知道其左边有一道墙。一个任务还可能需要多智能主体(multiple agents)的并行操作，这些智能主体将相互作用并协同操作，以便完成一个共同的目标。机器人足球是这种情况的例子之一。

1.3 注释

进化是形成我们的身体形状和我们内在本能的主要力量。我们还需要终生学习，以改变我们的行为。这有助于我们适应进化论还不能预测的环境变化。在合适的环境中，具有短暂寿命的生物体可能具备它们所有天生的行为能力，而上苍并未赋予我们应对在有限生命中可能遇见的所有状况的能力。但是，进化赋予我们大脑和学习机制，使得我们可以根据经验实现自我更新，从而适应各种环境。当我们在特定情境下学习最好的策略时，知识就存储在我们的大脑里。当情境再现时，当我们再认知(“认知”意味认出)情境时，我们就能够回忆起合适的策略并采取相应的动作。

不过，学习有其局限性。就我们大脑的有限容量来说，也许有些东西我们永远都不可能学会，正像我们永远不可能“学会”长出第三只手臂或在脑袋后面长眼睛，即使它们是有用的我们也学不会。注意，与心理学、认知科学以及神经系统科学不同，机器学习的目标并不是理解人类和动物学习的过程，而是像任何工程领域一样，机器学习旨在构建有用的系统。

几乎所有的科学领域都在用模型拟合数据。科学家设计实验、进行观测并收集数据。然后，通过寻找解释所观测数据的简单模型，尝试抽取知识。该过程称为归纳(induction)，它是从一组特别的示例中提取通用规则的过程。

14

现在，这样的数据分析已经不能依赖人工完成了，原因有二：一是数据量巨大；二是能够做这种分析的人非常短缺且人工分析又很昂贵。因此，对于能够分析数据且自动从中提取信息的计算机模型，也就是说对于学习，人们的兴趣正在不断地增长。

在下面的章节中，我们要讨论的方法源于不同的科学领域。有时，相同的算法会在多个领域中沿着各自不同的历史轨迹被独立地发现。

在统计学中，从特殊观测到一般描述称为推断(inference)，而学习称为估计(estimation)。分类在统计学中称为判别式分析(discriminant analysis)(McLachlan 1992；Hastie，Tibshirani 和 Friedman 2001)。在计算机价格低廉且数量充足以前，统计学家只能处理小样本。作为数学家，统计学家主要使用能够精确分析的简单参数模型。在工程学中，分类称为模式识别(pattern recognition)，方法是非参数的，并且更大程度是凭借经验的(Duda，Hart 和 Stork 2001；Webb 1999)。

机器学习还与人工智能(artificial intelligence)有关(Russell 和 Norvig 1995)，因为智能系统应当能够适应其环境的变化。像视觉、语音和机器人这样的应用领域都是从样本数据中学习。在电子工程领域，信号处理(signal processing)的研究导致自适应计算机视觉和语音程序出现。其中，隐马尔科夫模型(Hidden Markov Model，HMM)的发展对于语音识别尤其重要。

20 世纪 80 年代后期，随着 VLSI 技术的发展和制造包含数千个处理器并行硬件的可能性出现，基于多处理单元的分布式计算理论的可行性使得人工神经网络(artificial neural network)研究领域获得重生(Bishop，1995)。随着时间的推进，人们认识到在神经网络研究领域中，大多数神经网络学习算法都具有统计学的基础(例如，多层感知器就是另一类的非参估计)，因此模拟人脑计算的说法开始逐渐淡出。

近年来，基于核的算法(如支持向量机)日趋流行。借助于使用核函数，支持向量机适用于各种应用，尤其适合生物信息学和自然语言处理方面的应用。如今，人们已经广泛认识到，对于学习而言，好的数据表示至关重要，而核函数是一种引进这种专家知识的好方法。 [15]

另一种新方法是使用生成模型(generative model)，它通过一组隐藏因子的相互影响来解释观测数据。一般而言，图模型(graphical model)用来对这些因子和数据的相互影响进行可视化，而贝叶斯形式化机制(Bayesian formalism)使我们既可以定义隐藏因子和模型上的先验信息，又能推导模型的参数。

最近，随着存储和连接费用的降低，在因特网上使用非常大的数据库已经成为可能，再加上廉价的计算，已经使得在大量数据上运行学习算法成为可能。在过去的几十年中，人们一般相信，对于人工智能而言，我们需要新的范型、新的思维、新的计算模型或一些全新的算法。

考虑到机器学习最近在各领域的成功，也许可以说，我们需要的不是新算法，而是大量数据实例和在这些数据上运行算法的充足计算能力。例如，支持向量机源于势函数(potential function)、线性分类和基于最近邻的方法，这些都是 20 世纪 50 或 60 年代提出的，那时，我们只是没有适合这些算法的快速计算机或大型存储器，不能完全展示它们的潜力。可以推测，机器翻译甚至规划这样的任务都可以用这种相对简单的算法来解决，但需要在大量实例数据上训练或通过长时间试错运行。“深度学习”最近取得的成功支持了这种说法。智能看来不像源于某些稀奇古怪的公式，而是源于简单、直截了当的算法的耐心和近乎蛮力的使用。

数据挖掘(data mining)的命名来源于机器学习算法在商界海量数据上的应用(Witten 和 Frank 2011；Han 和 Kamber 2011)。在计算机科学领域中，数据挖掘也称为数据库中知识发现(Knowledge Discovery in Databases，KDD)。

在统计学、模式识别、神经网络、信号处理、控制、人工智能以及数据挖掘等不同领域中，研究工作遵循着各自的途径，并有其各自的侧重点。本书的目标是结合所有这些研

16 究重点，以便给出统一的处理问题方法和建议的解决方案。

1.4 相关资源

机器学习的最新研究成果发表在不同领域的会议和期刊上。机器学习专门的期刊有《Machine Learning》(机器学习)和《Journal of Machine Learning Research》(机器学习研究)。像《Neural Computation》(神经计算)、《Neural Networks》(神经网络)以及《IEEE Transactions on Neural Networksand Learning Systems》(IEEE神经网络和学习系统汇刊)这样的期刊也发表了有关大量机器学习的论文。统计学方面的期刊，如《Annals of Statistics》(统计学年鉴)和《Journal of the American Statistical Association》(美国统计学会杂志)也会发表一些机器学习方面的文章，并且许多《IEEE Trousactions》，如《Pattern Analysis and Machine Intelligence》(IEEE模式分析与机器智能汇刊)、《Systems，Man，and Cybernetics》(系统、人和控制论)、《Image Processing》(IEEE图像处理汇刊)和《Signal Processing》(IEEE信号处理汇刊)都有一些涉及机器学习的理论和它应用的有趣论文。

关于人工智能、模式识别和信号处理方面的期刊也包含机器学习方面的文章。以数据挖掘为主的期刊有《Data Mining and Knowledge Discovery》(数据挖掘与知识发现)、《IEEE Transactions on Knowledge and Data Engineering》(IEEE知识与数据工程汇刊)以及《ACM Special Interest Group on Knowledge Discovery and Data Mining Explorations Journal》(ACM知识发现和数据挖掘特别兴趣组期刊)。

关于机器学习方面的主要会议有"*Neural Information Processing Systems*(NIPS)"、"*Uncertainty in Artificial Intelligence*(UAI)"、"*International Conference on Machine Learning*(ICML)"、"*European Conference on Machine Learning*(ECML)"以及"*Computational Learning Theory*(COLT)"。模式识别、神经网络、人工智能、模糊逻辑和遗传算法方面的会议，以及关于计算机视觉、语音技术、机器人和数据挖掘等应用方面的会议，也会有针对机器学习的专题。

网站http://www.ics.uci.edu/～mlearn/MLRepository.html上的UCI Repasitory包含大量数据集，致力于机器学习的研究者经常把它们作为性能评价基准。另一个资源是网站http://lib.stat.cmu.edu上的Statlib。此外，还有一些针对特定应用的数据库，例如，针对计算生物学、人脸识别、语音识别等。

新的、更大的数据集不断地添加到这些库中。但是，有些研究者仍然相信这些库的范围有限，不能反映实际数据的全部特征，因此在这些库中的数据集上的准确性并不说明问题。甚至可以说，当反复使用固定库中的数据集并量身打造新算法时，我们正在产生针对 17 这些数据集的一组新的"UCI算法"。这就像仅通过解决一组实例问题来学习一门课程的学生。正如我们将在后面的章节中所看到的，不同的算法在不同的任务上会好一些，因此最好是针对一种应用，为该应用抽取一个或一些大型数据集，并针对特定的任务，在这些数据集上进行算法比较。

机器学习研究者近期的大多数文章都可以从因特网上找到，大部分作者还在网站上提供了他们的程序和数据。机器学习会议和暑期班上的辅导讲座也多半可以获取。还有一些实现各种机器学习算法的免费工具箱和软件包，其中http://www.cs.waikato.ac.nz/ml/weak/上的Weka特别值得关注。

1.5 习题

1. 设想你有两种选择：可以扫描并传送图像；或者先使用光学字符阅读器(OCR)，然后再传送相应的文本文件。用对比方式讨论这两种方法的优缺点。在什么时候一种方法比另一种方法更可取？
2. 假定我们正在构建一个 OCR，并且对于每一字符，我们都存储该字符的位图作为与逐个像素读取的字符进行匹配的模板。请解释什么时候这样的系统会失败。为什么条码阅读器目前仍在使用？

   解：在这种系统中，每个字符只能有一个模板，并且不能识别来自多种字体的字符。存在 OCR-A 和 OCR-B 这样的标准字体(通常在我们购买的资料包装上看到的字体)，它们与 OCR 软件一起使用(这些字体的字符被稍加改变，以便使得它们之间的相似性最小)。条码阅读器仍然在使用，因为与阅读任意字体、字号和样式的字符相比，它仍然更好(更便宜、更可靠、更可用)。
3. 假定我们的既定目标是构建识别垃圾邮件的系统。请问是垃圾邮件中的什么特征使我们能够确认它为垃圾邮件？计算机如何通过语法分析来发现垃圾邮件？如果发现了垃圾邮件，你希望计算机如何处理它：自动删除？转到另一个文件夹？还是仅仅在屏幕上标亮显示？

   解：通常，基于文本的垃圾邮件过滤器检查邮件中是否有某些词或符号。像“机会”(opportunity)、“伟哥”(viagra)、“美元”(dollar)这样的词，以及像“$”和“!”这样的字符提高了邮件是垃圾邮件的概率。这些概率从用户先前已经标记为垃圾邮件的过去邮件样例的训练集中学习。在后面的章节中，我们会看到许多这样的算法。

   18

   垃圾邮件过滤器没有 100%的可靠性，可能在分类时出错。如果有一个垃圾邮件没有被过滤掉，那么不太好，但是总比把好邮件当作垃圾邮件过滤掉好。稍后我们将讨论如何考虑这种假正和假负的相对代价。因此，不应该自动删除系统认为是垃圾邮件的信息，而是应该把它们放在一旁，使得如果用户愿意的话用户可以看到它们，特别是在使用垃圾邮件过滤器的早期阶段，系统训练尚不充分时尤其如此。垃圾邮件过滤可能是机器学习的最好应用领域之一，学习系统可以自动地适应垃圾邮件信息产生方式的变化。
4. 假设给定的任务是制造自动出租车，请定义约束。输入是什么？输出是什么？如何与乘客沟通？需要与其他的自动出租车沟通，即需要某种语言吗？
5. 在购物篮分析中，我们希望找出产品 X 和 Y 二者之间的依赖关系。对于给定的顾客交易数据库，如何能够发现这些数据之间的依赖关系？如何将依赖关系发现算法推广到多于两个的产品之间？
6. 在你的日报中，为政治、体育和艺术类各找出 5 个新闻报道样例。阅读这些报道，找出每类报道频繁使用的词，这些词可能帮助我们区别不同的类别。例如，政治方面的新闻报道多半会包含“政府”、“经济衰退”、“国会”等词，而在艺术类的新闻报道中可能包括“专辑”、“油画”或“剧院”等词。还有一些词(如“目标”)是模棱两可的。
7. 如果人脸图像是 100×100 的图像，按行写出，则它是一个 10 000 维向量。如果我们把图像向右移动一个像素，则将得到 10 000 维空间中的一个很不相同的向量。如何构造一个对于这种扰动具有鲁棒性人脸识别器？

   解：通常，人脸识别系统都有一个用于输入标准化的预处理阶段，在识别之前，将输入中间对齐，并且可能调整大小。一般通过先找出眼睛，然后相应地变换图像来实现。还有一些识别程序不把图像看作像素，而是从图像中提取结构特征。例如，提取两眼间距离与整张脸的大小之比。对于变换和尺寸变化，这种特征具有不变性。

8. 取一个词，例如"machine"。写 10 次，请一位朋友也写 10 次。分析这 20 个图像，试找出区分你与朋友手书的特征、笔画类型、曲度、圆和如何画点等。 19
9. 在估计二手车的价格时，估计它相对于原价的折旧率，而不是估计它的绝对价格更有意义。为什么？

1.6 参考文献

Bishop, C. M. 1995. *Neural Networks for Pattern Recognition.* Oxford: Oxford University Press.

Duda, R. O., P. E. Hart, and D. G. Stork. 2001. *Pattern Classification,* 2nd ed. New York: Wiley.

Han, J., and M. Kamber. 2011. *Data Mining: Concepts and Techniques,* 3rd ed. San Francisco: Morgan Kaufmann.

Hand, D. J. 1998. "Consumer Credit and Statistics." In *Statistics in Finance,* ed. D. J. Hand and S. D. Jacka, 69–81. London: Arnold.

Hastie, T., R. Tibshirani, and J. Friedman. 2011. *The Elements of Statistical Learning: Data Mining, Inference, and Prediction,* 2nd ed. New York: Springer.

McLachlan, G. J. 1992. *Discriminant Analysis and Statistical Pattern Recognition.* New York: Wiley.

Russell, S., and P. Norvig. 2009. *Artificial Intelligence: A Modern Approach,* 3rd ed. New York: Prentice Hall.

Webb, A., and K. D. Copsey. 2011. *Statistical Pattern Recognition,* 3rd ed. New York: Wiley.

Witten, I. H., and E. Frank. 2005. *Data Mining: Practical Machine Learning Tools and Techniques,* 2nd ed. San Francisco: Morgan Kaufmann. 20

监督学习

我们从最简单的情况开始来讨论监督学习，首先从正例和负例的集合中学习类别，继而推广并讨论多类的情况，然后再讨论输出为连续值的回归。

2.1 由实例学习类

假设我们要学习“家用汽车”类 C。现在有一组汽车实例和一组看过这些汽车的被调查的人。被调查的人观察汽车并标记它们，将他们认为的家用汽车标为*正例*(positive example)，其他标为*负例*(negative example)。类学习就是寻找一个涵盖所有的正例而不涵盖任何负例的描述。这样做，我们可以做预测：给定一辆我们以前从未见过的汽车，检查学习得到的描述，我们就可以判断这辆汽车是否为家用汽车。我们还可以进行知识提取。这种研究可能由汽车公司赞助，目的可以是为了理解人们对家用汽车的期望。

经过与该领域专家沟通，假定我们得到了一个结论：在我们所掌握的汽车的所有特征中，区别家用汽车与其他汽车的特征是价格和发动机功率。这两个属性就是类识别器的*输入*(input)。注意，当我们决定采用这种特殊的*输入表示*(input representation)时，我们忽略其他属性，将它们看作不相关的。尽管有人可能认为座位数量、车身颜色等属性对于辨别车型也很重要，但是这里为了简单起见，我们只考虑价格和发动机功率。

21

我们假设价格为第一个输入属性 x_1(比如以美元计算)，发动机功率为第二个输入属性 x_2(比如以立方厘米计发动机排量)。这样，每辆汽车就可以用两个数值来表示，

$$\boldsymbol{x} = \begin{bmatrix} x_1 \\ x_2 \end{bmatrix} \tag{2-1}$$

而它的标号表示汽车的类型

$$r = \begin{cases} 1 & \text{如果 } \boldsymbol{x} \text{ 是正例} \\ 0 & \text{如果 } \boldsymbol{x} \text{ 是负例} \end{cases} \tag{2-2}$$

每辆汽车都用一个这种有序对($\boldsymbol{x}$, r)来表示，而训练集中包括 N 个这样的实例，

$$\mathcal{X} = \{\boldsymbol{x}^t, r^t\}_{t=1}^N \tag{2-3}$$

其中，t 用于标记训练集中的各个汽车实例，它不表示时间或任何类似的序。

现在，我们的训练数据可以绘制在二维空间(x_1, x_2)上，其中每个实例 t 是一个数据点，坐标为(x_1^t, x_2^t)，其类型(即正或负)由 r^t 给定(参见图 2-1)。

通过进一步与专家讨论和分析数据，我们有理由相信，对于家用汽车，其价格和发动机功率应当是在某个确定的范围内：

$$(p_1 \leqslant \text{价格} \leqslant p_2) \quad \text{AND} \quad (e_1 \leqslant \text{发动机功率} \leqslant e_2) \tag{2-4}$$

其中 p_1，p_2，e_1 和 e_2 为适当的值。式(2-4)假定类 C 是价格-发动机功率空间中的矩形(参见图 2-2)。

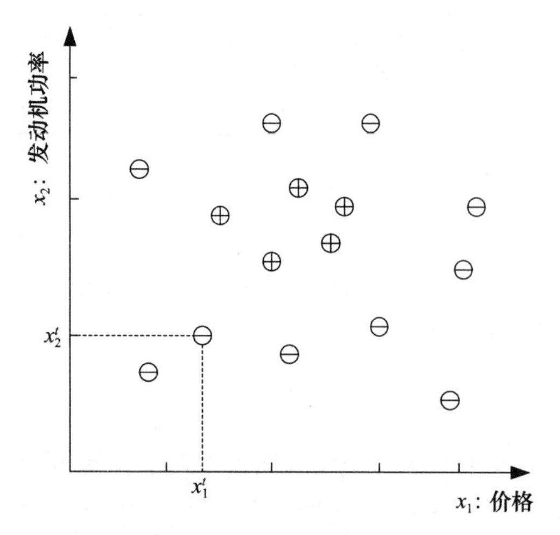

图 2-1　"家用汽车"类的训练集。其中每个点代表一个汽车实例，点的坐标值分别表示汽车的价格和发动机功率。"+"表示正例(家用汽车)，"−"表示负例(非家用汽车)，即其他类型的汽车

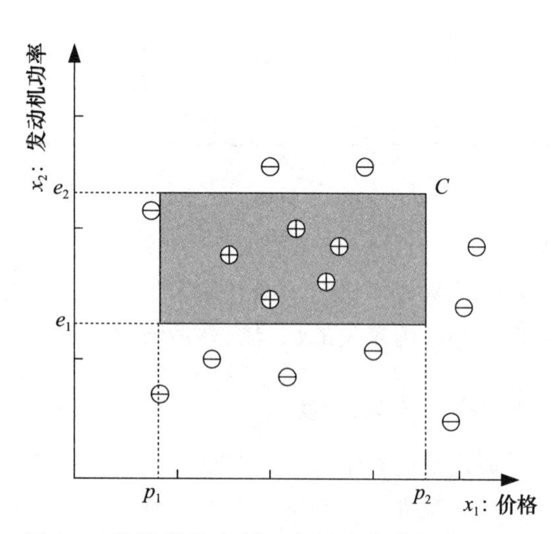

图 2-2　假设类的实例。家用汽车类是价格和发动机功率空间中的矩形

式(2-4)确定了假设类(hypothesis class)$\mathcal{H}$(即矩形的集合)，我们相信C是从中抽取的。学习算法应当找到一个由特定4元组(p_1^h，p_2^h，e_1^h，e_2^h)指定的特定的假设(hypothesis)$h\in\mathcal{H}$，尽可能地逼近C。

尽管专家定义了假设类，但是参数值是未知的。换句话说，尽管我们选定了$\mathcal{H}$，但是我们不知道哪个特定的$h\in\mathcal{H}$等于或最接近C。然而，一旦我们把注意力局限于这个假设类，学习类就归结为较简单的问题——找出定义h的4个参数。

我们的目标是找出$h\in\mathcal{H}$，它与C尽可能类似。假设h对实例$\boldsymbol{x}$进行预测，使得

$$h(\boldsymbol{x})=\begin{cases}1 & \text{如果 } h \text{ 将 } \boldsymbol{x} \text{ 分类为正例}\\ 0 & \text{如果 } h \text{ 将 } \boldsymbol{x} \text{ 分类为负例}\end{cases} \tag{2-5}$$

实际上，我们并不知道$C(\boldsymbol{x})$，因此无法评估$h(\boldsymbol{x})$与$C(\boldsymbol{x})$的匹配程度。我们所拥有的是训练集$\mathcal{X}$，它是所有可能的$\boldsymbol{x}$的一个小子集。经验误差(empirical error)是h的预测值(prediction)不同于$\mathcal{X}$中给定的预期值(required value)的训练实例所占的比例。对于给定的训练集$\mathcal{X}$，假设h的误差是

$$E(h\mid\mathcal{X})=\sum_{t=1}^{N}1(h(\boldsymbol{x}^t)\neq r^t) \tag{2-6}$$

其中，当$a\neq b$时$1(a\neq b)$为1，当$a=b$时该值为0(参见图2-3)。

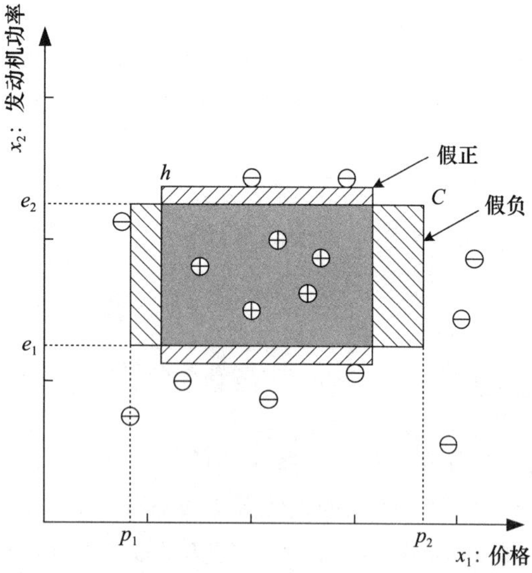

图 2-3　C是实际的类，h是我们的诱导假设。C为1而h为0的点为假负，C为0而h为1的点为假正。其他点，即真正和真负，都被正确地分类

在我们的例子中，假设类$\mathcal{H}$是所有可能矩形的集合。每个四元组(p_1^h，p_2^h，e_1^h，e_2^h)都

定义了$\mathcal{H}$中的一个假设 h，而我们需要选择其中最好的一个。换句话说，给定训练集，我们需要找出这 4 个参数的值，使它涵盖所有的正例而不包括任何负例。注意，如果 x_1 和 x_2 都是实数值，则存在无穷多个 h 满足上述条件，也就是说，对于这些 h，误差 E 为 0。但是，给定一个接近于正例和负例边界的某个未来实例，不同的候选假设可能做出不同的预测。这是**泛化**(generalization)问题，即我们的假设对不在训练集中的未来实例分类准确率如何。

一种可能的策略是找出**最特殊的假设**(most specific hypothesis)S，它是涵盖所有正例而不包括任何负例的最紧凑的矩形(参见图 2-4)。这样就得出一个假设 $h=S$ 作为**诱导类**(induced class)。注意，实际的类$\mathcal{C}$可能比 S 更大但绝不会更小。**最一般的假设**(most general hypothesis)G 是涵盖所有正例而不包括任何负例的最大矩形(参见图 2-4)。对于任何介于 S 和 G 之间的 $h\in\mathcal{H}$，h 为无误差的有效假设，称作与训练集**相容**(consistent)，并且这样的 h 形成**解空间**(version space)。给定另一个训练集，S、G、解空间、参数和因此学习得到的假设 h 可能不同。

实际上，依赖于训练集$\mathcal{X}$和假设类$\mathcal{H}$，可能存在多个 S_i 和 G_j，它们分别形成 S 集和 G 集。S 集中的每个假设都与所有的实例相容，并且不存在更特殊的相容假设。类似地，G 集中的每假设都与所有的实例相容，并且不存在更一般的相容假设。这两个集合形成边界集，它们之间的任何假设都是相容的，并且是解空间的一部分。存在一个称作候选删除的算法，随着逐个看到训练实例，它增量地更新 S 集和 G 集，见 Mitchell 1997。我们假定$\mathcal{X}$足够大，存在唯一的 S 和 G。

给定$\mathcal{X}$，我们可以找到 S 或 G，或解空间中的任意 h，并将它作为假设 h。直观地，h 应该选取 S 与 G 的中间，这将增大**边缘**(margin)，而边缘是边界和与它最近的实例之间的距离(参见图 2-5)。为了使误差函数在具有最大边缘的 h 上最小化，应该选择这样的误差(损失)函数：它不仅检查实例是否在边界的正确一侧，而且还要指出实例离边界多远。也就是说，取代返回 0/1 的 $h(\boldsymbol{x})$，我们需要一个返回携带 $\boldsymbol{x}$ 到边界距离度量值的假设，并且需要一个使用该值的不同于检查相等性 $1(\cdot)$的损失函数。

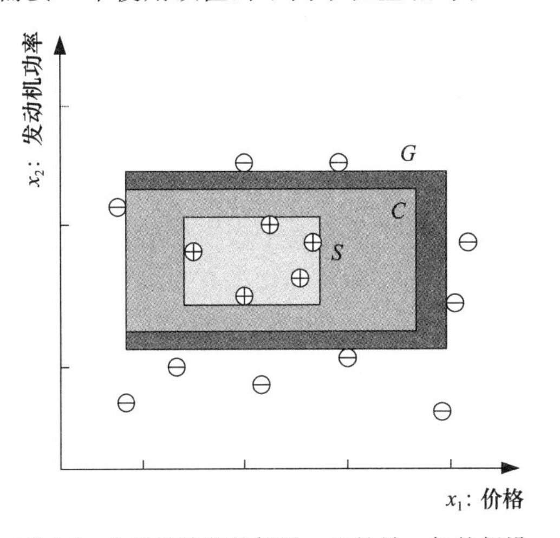

图 2-4　S 是最特殊的假设，G 是最一般的假设

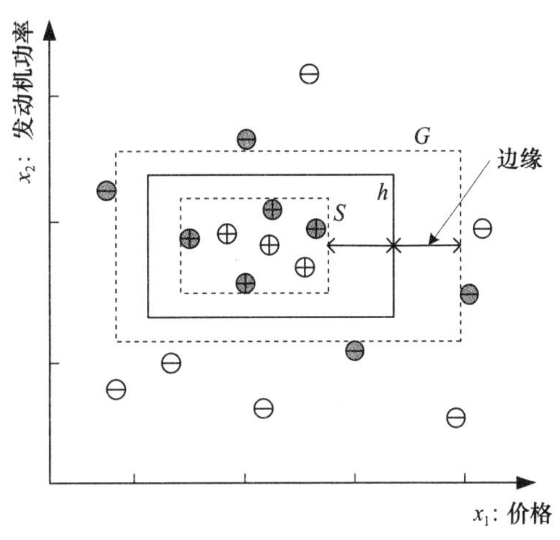

图 2-5　为了获得最佳分离，我们选择具有最大边缘的假设。带阴影的实例是定义(支撑)边缘的实例。可以删除其他实例，而不会影响 h

在某些应用中，错误的决策可能代价很高，并且落在 S 和 G 之间的实例都是不确定的

(doubt)实例，由于缺乏数据支持，这些不确定实例无法被确定地标注。在这种情况下，系统将拒绝(reject)考虑这些实例，并留待人类专家来判定。

这里，我们假定$\mathcal{H}$包含$\mathcal{C}$，即存在$h\in\mathcal{H}$，使得$E(h|\mathcal{X})$为0。给定假设类$\mathcal{H}$，可能存在不能学习$\mathcal{C}$的情况，即不存在$h\in\mathcal{H}$，使得误差为0。因此，对于任何应用，我们需要确保$\mathcal{H}$有足够的柔性，或$\mathcal{H}$具有足够的“能力”学习$\mathcal{C}$。

2.2 VC维

假定有一个包含N个点的数据集。这N个点可以用2^N种方法标记为正例和负例。因此，N个数据点可以定义2^N种不同的学习问题。如果对于这些问题中的任何一个，都能够找到一个假设$h\in\mathcal{H}$将正例和负例分开，那么就称$\mathcal{H}$散列(shatter)N个点。也就是说，由N个点定义的任何学习问题都能用一个从$\mathcal{H}$抽取的假设无误差地学习。可以被$\mathcal{H}$散列的点的最大数量称为$\mathcal{H}$的VC维(Vapnik-Chervonenkis dimension)，记为VC($\mathcal{H}$)，它度量假设类$\mathcal{H}$的学习能力。

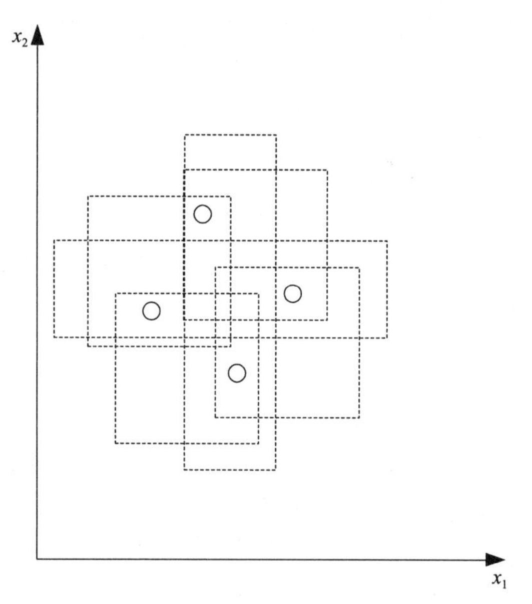

图2-6　轴平行的矩形能够散列4个点，其中只显示了覆盖两个点的矩形

在图2-6中，我们可以看到轴平行的矩形能够散列二维空间中的4个点。当$\mathcal{H}$为二维空间中轴平行的矩形的假设类时，VC($\mathcal{H}$)等于4。在计算VC维时，找到4个被散列的点就够了，没有必要散列二维空间中的任意4个点。例如，位于同一条直线上的4个点不能被矩形散列。然而，我们无法在二维空间的任何位置设置5个点，使得对于所有可能的标记，一个矩形能够分开正例和负例。

也许VC维看起来比较悲观，它告诉我们使用矩形作为假设类，我们只能学习包括但不多于4个点的数据集。能够学习含有4个点的数据集的学习算法不是很有用。然而，这是因为VC维独立于数据实例的概率分布。在实际生活中，世界是平滑变化的，在大多数时候相近的实例具有相同的标记，我们并不需要担心所有可能的标记。有很多包含远不止4个点的数据集都可以通过假设类来学习(参见图2-1)。因此，即便是具有较小VC维的假设类也是有应用价值的，并且比那些较大VC维的假设类(例如，具有无穷VC维的查找表)更可取。

22～28

2.3 概率近似正确学习

使用最紧凑的矩形S作为假设，希望找出需要多少实例。我们希望假设是近似正确的，即误差概率不超过某个值。我们还要对假设有信心，因为我们想知道假设在大多数时候都是正确的(如果并非总是正确的话)。因此，我们希望假设很可能(以我们可能指定的概率)是正确的。

在概率近似正确(Probably Approximately Correct，PAC)学习中，给定类C和从未知但具有固定概率分布$p(x)$中抽取的样本，我们希望找出样本数N，使得对于任意的$\delta \leqslant 1/2$和$\varepsilon > 0$，假设h的误差最多为ε的概率至少为$1-\delta$

$$P\{C \Delta h \leqslant \varepsilon\} \geqslant 1-\delta$$

其中$C\Delta h$是C与h不同的区域。

在这种情况下，因为S是最紧凑的可能的矩形，所以C与$h=S$之间的误差区域是4个矩形条带之和(参见图2-7)。我们希望确保正例落在该区域(导致错误)的概率最多为ε。对于任何这样的条带，如果我们能够确保该概率的上界为$\varepsilon/4$，则误差最多为$4(\varepsilon/4)=\varepsilon$。注意，我们将矩形角部的重叠部分计算了两次，并且这种情况下总的实际误差小于$4(\varepsilon/4)$。随机抽取的样本不在此条带中的概率是$1-\varepsilon/4$。所有N个独立抽取的样本不在该条带中的概率为$(1-\varepsilon/4)^N$，而所有N个独立抽取的样本不在这4个矩形条带中的概率最多为$4(1-\varepsilon/4)^N$，我们希望它最多为δ。有不等式

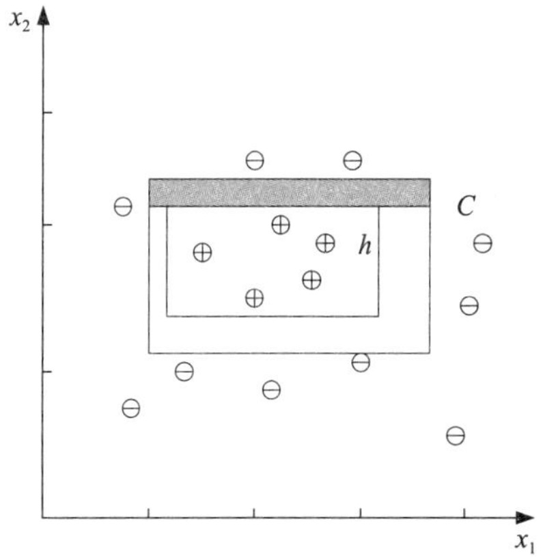

$$(1-x) \leqslant \exp[-x]$$

因此，如果选定N和δ满足

$$4\exp[-\varepsilon N/4] \leqslant \delta$$

图2-7 h与C之差是4个矩形条带之和，其中一个用阴影显示

则有$4(1-\varepsilon/4)^N \leqslant \delta$。不等式两边同时除以4，再取(自然)对数，并重新排列各项，得到

$$N \geqslant (4/\varepsilon)\log(4/\delta) \tag{2-7}$$

因此，只要我们至少从C中取$(4/\varepsilon)\log(4/\delta)$个独立样本，并使用紧凑矩形作为假设$h$，则在置信概率(confidence probability)至少为$1-\delta$的情况下，一个给定点被误分类的错误概率(error probability)最多为ε。减少δ，可以有任意大的置信度；而减少ε，可以有任意小的误差，并且我们在式(2-7)中看到，样本的数量是分别随$1/\varepsilon$和$1/\delta$呈线性和对数缓慢增长的函数。

2.4 噪声

噪声(noise)是数据中有害的异常。由于噪声的存在，类的学习可能更加困难，并且使用简单的假设可能做不到零误差(参见图2-8)。噪声有以下几种解释：

29~30

- 记录的输入属性可能不准确，这可能导致数据点在输入空间中移动。
- 标记的数据点可能有错误，可能将正例标记为负的，或相反。这种情况有时称为指导噪声(teacher noise)。
- 可能存在没有考虑到的附加属性，而它们会影响实例的标记。这些附加属性可能是隐藏的(hidden)或潜在的(latent)，因此可能是不可观测的。这些被忽略的属性所造成的影响作为随机成分建模，是“噪声”的一部分。

如图2-8所示，当有噪声时，在正例与负实例之间不存在简单的边界，并且为了将它们分开，需要对应于具有更大能力的假设类的复杂假设。矩形可以用4个数定义，但为了定义更复杂的形状，需要具有大量参数的更复杂的模型。利用这些复杂模型，可以更好地拟合数据，得到零误差(参见图2-8中的曲线图形)。另一种可行的方法是保持模

型的简单性并允许一些误差存在(参见图2-8中的矩形)。

使用简单矩形(除非其训练误差很大)更有意义，原因如下：

1) 矩形是一种容易使用的简单模型。容易检查一个点是在矩形内还是在矩形外，并且对于未来的数据实例，可以容易地检查它是正例还是负例。

2) 矩形是一种容易训练的简单模型，并且具有较少的参数。相对任意图形的控制点来说，比较容易找到矩形的拐角值。利用小的训练集，当训练实例有少许差异时，我们预料简单模型比复杂模型变化小一些：简单模型具有更小的*方差*(variance)。另一方面，太简单的模型假设更多、更严格，并且如果基础类(underling class)并非那么简单，模型预测就可能失败：较简单的模型具有较大的偏倚(bias)。求解最优模型相当于最小化偏倚和方差。

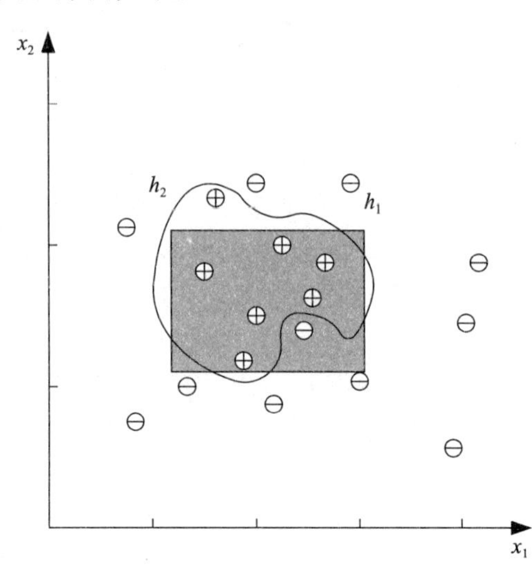

图2-8 当有噪声时，在正例和负例之间不存在一个简单的边界，使用简单假设也许不可能达到零误差的分类结果。矩形是具有4个定义拐角的参数的简单假设。使用大量控制点的分段函数能够导出任意的闭合图形

3) 矩形是一种容易解释的简单模型。矩形简单地对应于两个属性上定义的区间。通过学习简单模型，能够从给定训练集的原始数据中提取信息。

4) 如果输入数据中确实存在错误标记的实例或噪声，并且实际的类确实就是矩形这样的简单模型，那么由于矩形具有较小的方差，并且较少地被单个实例所影响，所以尽管简单矩形可能导致训练集上较大的误差，但是它也是比曲线图形更好的分类器。给定类似的经验误差，我们说简单(但不是太简单的)模型比复杂模型泛化能力更好。该原则就是著名的*奥克姆剃刀*(Occam's razor)，它说*较简单的解释看上去更可信*，并且任何不必要的复杂性都应该被摒弃。

2.5 学习多类

31 ~ 32

在学习家用汽车的例子中，我们有属于家用汽车类的正例和属于其他所有汽车类的负例。这是一个*两类*(two-class)问题。通常情况下，有K个类，记为$C_i(i=1, \cdots, K)$，并且每个输入实例都严格地属于其中一个类。训练集形如

$$\mathcal{X} = \{\boldsymbol{x}^t, \boldsymbol{r}^t\}_{t=1}^N$$

其中$\boldsymbol{r}$是K维的，并且

$$r_i^t = \begin{cases} 1 & 如果\ \boldsymbol{x}^t \in C_i \\ 0 & 如果\ \boldsymbol{x}^t \in C_j, j \neq i \end{cases} \tag{2-8}$$

一个例子在图2-9中给出，其中实例来自3个类：家用汽车、运动汽车和豪华轿车。

在用于分类的机器学习中，我们希望学习将一个类与所有其他类分开的边界。这样，我们把K类的分类问题看作K个两类问题。属于C_i类的训练实例是假设h_i的正例，属于所有其他类的训练实例是假设h_i的负例。因此，在K类问题中，我们要学习K个假设，使得

$$h_i(\boldsymbol{x}^t)=\begin{cases}1 & 如果\ \boldsymbol{x}^t\in C_i\\ 0 & 如果\ \boldsymbol{x}^t\in C_j, j\neq i\end{cases} \tag{2-9}$$

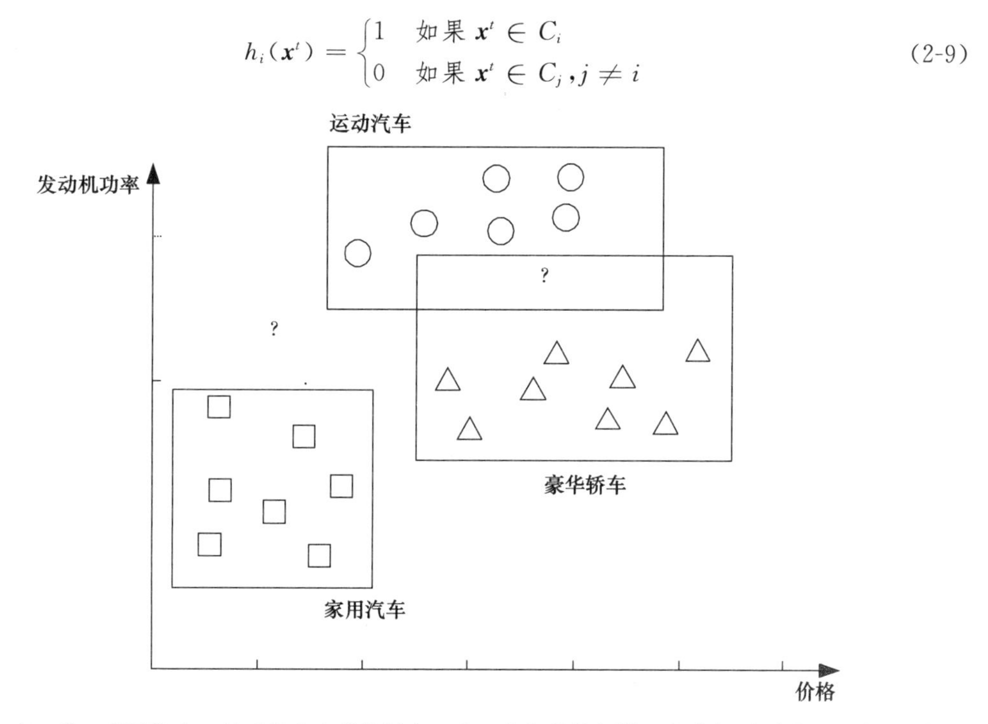

图 2-9 有 3 类：家用汽车、运动汽车和豪华轿车。有 3 个归纳的假设，每个假设覆盖一个类的实例而不包括另外两个类的实例。“?”为拒绝区域，其中没有类或有多个类被选中

整体经验误差对所有类在所有实例上的预测上取和：

$$E(\{h_i\}_{i=1}^K \mid \mathcal{X})=\sum_{t=1}^N\sum_{i=1}^K 1(h_i(\boldsymbol{x}^t)\neq r_i^t) \tag{2-10}$$

在理想情况下，对于给定的 $\boldsymbol{x}$，只有其中一个假设 $h_i(\boldsymbol{x})(i=1, \cdots, K)$为 1，并且我们能够选定一个类。但是，当没有或者有两个或者更多的 $h_i(\boldsymbol{x})$为 1 时，我们就无法选定一个类，这是不确定(doubt)情况并且分类器拒绝这种情况。

在学习家用汽车的例子中，只用了一个假设，并且只对正例建模。任何未包括在其中的负例都不是家用汽车。作为另一种选择，有时我们可能更倾向于构建两个假设，一个是对正例，另一个是对负例。这也为被另一个假设所覆盖的负例假定一个结构。将家用汽车与运动汽车分开就是一种这样的问题，每个类都有其自己的结构。这种处理的优点在于，如果输入的是一个豪华轿车，我们就能够通过两个假设来判定其为负例并拒绝该输入。

如果我们预料数据集中所有类的结构(在输入空间中的形状)都类似，则可以对所有类使用相同的假设类。例如，在手写数字识别数据集中，我们预料所有数字都具有类似的分布。但是，在医疗诊断数据集中，有病人和健康人两个类，这两个类可能具有完全不同的分布。一个人是病人可能有不同原因，反映在输入中的不同：所有健康的人都是相似的，而每个病人都有他们自己的病情。

2.6 回归

在分类问题中，给定一个输入，所产生的输出是一个布尔值，这是一个是/否类型的答案。当输出是数值时，我们希望学习的不是一个类$C(\boldsymbol{x})\in\{0, 1\}$，而是一个数值函数。

33 ~ 34

在机器学习中，该函数是未知的，但我们有从其中抽取样本的训练集

$$\mathcal{X} = \{\boldsymbol{x}^t, r^t\}_{t=1}^N$$

其中$r^t \in \Re$。如果不存在噪声，则任务是插值(interpolation)。我们希望找到通过这些点的函数 $f(\boldsymbol{x})$，使得

$$r^t = f(\boldsymbol{x}^t)$$

在多项式插值(polynomial interpolation)中，给定 N 个点，找出可以用来预测 $\boldsymbol{x}$ 的任意输出的$(N-1)$阶多项式。如果 $\boldsymbol{x}$ 落在训练集中 $\boldsymbol{x}^t$的值域之外，则该方法称为外插或外推(extrapolation)。例如，在时间序列预测中，我们拥有最新的数据，希望预测未来的值。在回归(regression)分析中，噪声添加到未知函数的输出

$$r^t = f(\boldsymbol{x}^t) + \varepsilon \tag{2-11}$$

其中，$f(\boldsymbol{x}) \in \Re$是未知函数，而 ε 是随机噪声。对噪声的解释是，存在我们无法观察到的额外隐藏(hidden)变量

$$r^t = f^*(\boldsymbol{x}^t, \boldsymbol{z}^t) \tag{2-12}$$

其中 $\boldsymbol{z}^t$表示这些隐藏变量。我们希望通过模型 $g(\boldsymbol{x})$来逼近输出。训练集$\mathcal{X}$上的经验误差是

$$E(g \mid \mathcal{X}) = \frac{1}{N}\sum_{t=1}^N [r^t - g(\boldsymbol{x}^t)]^2 \tag{2-13}$$

因为 r 和 $g(\boldsymbol{x})$是数值量(例如，属于$\Re$)，所以存在定义在它们值域上的序，而且我们可以定义值之间的距离(distance)作为差的平方。相对于分类使用的相等或不等来说，距离为我们提供了更多的信息。差的平方是一种可以使用的误差(损失)函数。另一种误差函数是差的绝对值。在后续章节中，我们将看到其他的例子。

我们的目标是找到最小化经验误差的 $g(\cdot)$。而且我们的方法是相同的。我们对 $g(\cdot)$假定一个具有少量参数的假设类。如果假定 $g(\boldsymbol{x})$是线性的，则有

35

$$g(\boldsymbol{x}) = w_1x_1 + \cdots + w_dx_d + w_0 = \sum_{j=1}^d w_jx_j + w_0 \tag{2-14}$$

现在，再回到 1.2.3 节的例子，那里我们估计二手车的价格。当时我们使用单个输入的线性模型

$$g(x) = w_1x + w_0 \tag{2-15}$$

其中，w_1 和 w_0是需要从数据中学习的参数。w_1 和 w_0的值应该使下式最小化

$$E(w_1, w_0 \mid \mathcal{X}) = \frac{1}{N}\sum_{t=1}^N [r^t - (w_1x^t + w_0)]^2 \tag{2-16}$$

它可最小点可以通过求 E 关于 w_1 和 w_0的偏导数，令偏导数为 0，并求解这两个未知量来计算：

$$w_1 = \frac{\sum_t x^tr^t - \bar{x}\bar{r}N}{\sum_t (x^t)^2 - N\bar{x}^2}$$

$$w_0 = \bar{r} - w_1\bar{x} \tag{2-17}$$

其中，$\bar{x} = \sum_t x^t/N$、$\bar{r} = \sum_t r^t/N$ 。找到的直线如图 1-2 所示。

如果线性模型过于简单，则它就会太受限制，导致大的近似误差，在这种情况下，输出可以取输入的较高阶的函数，如二次函数

$$g(x) = w_2x^2 + w_1x + w_0 \tag{2-18}$$

这里类似地，我们有参数的解析解。当多项式的阶增加时，训练数据上的误差将会降低。但是高阶多项式关注个体样本，而不是捕获数据的一般趋势(参见图 2-10 中的六次多项式)。这意味奥克姆剃刀也适用于回归，并且当精确调整的模型复杂度达到基础数据的函数的复杂度时，我们应该谨慎行事。

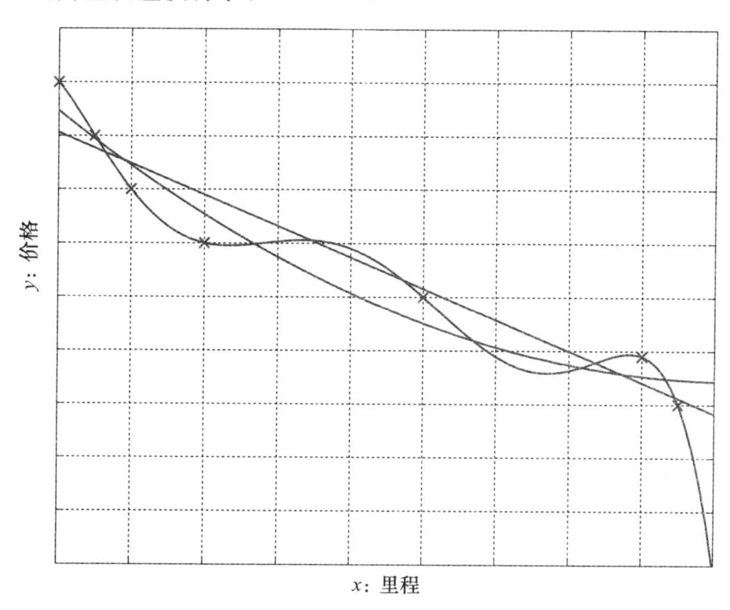

图 2-10 拟合相同数据点集的线性、二次和六次多项式。最高阶的多项式给出了正确的拟合，但是给定更多数据，真实的曲线很可能不是这种形状。二次多项式看起来比线性拟合好，它捕获了训练数据的走势

2.7 模型选择与泛化

我们用从实例学习布尔函数作为开始。在布尔函数中，所有的输入和输出均为二元的。d 个二元值有 2^d 种可能的写法。因此，对于 d 个输入，训练集最多有 2^d 个样本。如表 2-1所示，其中的每一位都能标记为 0 或 1，因而对于 d 个输入，有 2^{2^d} 个可能的布尔函数。

表 2-1 2 个输入存在 4 种可能的情况和 16 种可能的布尔函数

x_1	x_2	h_1	h_2	h_3	h_4	h_5	h_6	h_7	h_8	h_9	h_{10}	h_{11}	h_{12}	h_{13}	h_{14}	h_{15}	h_{16}
0	0	0	0	0	0	0	0	0	0	1	1	1	1	1	1	1	1
0	1	0	0	0	0	1	1	1	1	0	0	0	0	1	1	1	1
1	0	0	0	1	1	0	0	1	1	0	0	1	1	0	0	1	1
1	1	0	1	0	1	0	1	0	1	0	1	0	1	0	1	0	1

每一个不同的训练样本都会去掉一半的假设，即去掉那些猜测是错的假设。例如，假定有 $x_1=0$，$x_2=1$，而输出为 0，这种情况就去掉了假设 h_5、h_6、h_7、h_8、h_{13}、h_{14}、h_{15} 和 h_{16}。这是解释学习的一种途径：随着我们看到更多的训练样例，我们逐步去掉那些与训练数据不一致的假设。在布尔函数的情况下，为了最终得到单个假设，我们需要看到所有的 2^d 个训练样本。如果给定的训练集只包含所有可能实例的一个小的子集(通常情况就是如此)，也就是说，如果我们仅对少数情况知道输出应该是什么，则解不是唯一的。看到 N 个样本后，还有 2^{2^d-N} 个可能的函数。这是一个不适定问题(ill-posed problem)，其中

36
~
37

仅依靠数据本身不足以找到唯一解。

在其他的学习应用中，在分类、回归中也存在同样的问题。随着我们看到更多的训练样本，我们对基础函数的了解就更多，并且我们从假设类去掉更多不一致的假设，但是我们还剩下许多一致的假设。

这样，由于学习是一个不适定问题，并且单靠数据本身不足以找到解，所以我们应该做一些特别的假设，以便得到已有数据的唯一解。我们所做的为了使得学习成为可能的假设集称为学习算法的*归纳偏倚*(inductive bias)。引入归纳偏倚的一种途径是假定一个假设类$\mathcal{H}$。在学习家用汽车类时，存在着无限种将正例与负例分开的方法。假定矩形形状是一种归纳偏倚，那么具有最大边缘的矩形就是另一种归纳偏倚。在线性回归中，假定线性函数是一种归纳偏倚，而在所有的直线中选择最小化平方误差的直线是另一种归纳偏倚。

然而，我们知道，每个假设类都有一定的能力，并且只能学习某个函数。使用具有更大能力、包含更复杂假设的假设类，可以扩充可学习的函数类。例如，假设类"两个矩形的并"具有更大的能力，但其假设也更复杂。类似地，在回归分析中，随着多项式阶的增大，其能力和复杂度也不断增加。现在的问题是决定在哪里停止。

因此，如果没有归纳偏倚，学习将是不可能的，而现在的问题是如何选择正确的偏倚。该问题称作*模型选择*(model selection)，即在可能的模型$\mathcal{H}$之间选择。对于这种问题的解答，我们应当记住机器学习的目标很少是复制训练数据，而是预测新情况。也就是说，我们希望对于训练集之外的输入(其正确的输出并没有在训练集中给出)能够产生正确的输出。训练集上训练的模型如何能够对新的实例预测出正确的输出称为*泛化*(generalization)。

38

对于最好的泛化来说，我们应当使假设类$\mathcal{H}$的复杂度与基础数据的函数的复杂度相匹配。如果$\mathcal{H}$没有函数复杂，例如，当试图用直线拟合从三次多项式抽取的数据时，则是*欠拟合*(underfitting)。在这种情况下，随着复杂度的提高，训练误差降低。但是，如果$\mathcal{H}$太过复杂，数据不足以约束该假设，则我们最后可能得到不好的假设$h\in\mathcal{H}$。例如，当用两个矩形拟合从一个矩形抽取的数据时，这种情况就会发生。或者，如果存在噪声，则过分于复杂的假设可能不仅学习基础函数，而且也学习数据中的噪声，导致很差的拟合。例如，用六次多项式拟合从三次多项式抽样的噪声数据时，这种情况就会发生。这称为*过拟合*(overfitting)。在这种情况下，拥有更多的训练数据是有帮助的，但是只能在某种程度上有帮助。给定训练集和$\mathcal{H}$，可以找到最小化训练误差的$h\in\mathcal{H}$。但是，如果$\mathcal{H}$选择不好，则无论选择哪个$h\in\mathcal{H}$都得不到好的泛化。

我们可以引用*三元权衡*(triple trade-off)(Dietterich 2003)来总结我们的讨论。在所有的由样本数据训练的学习算法中，存在以下3种因素之间的平衡：

- 拟合数据假设的复杂度，即假设类的能力。
- 训练数据的总量。
- 在新的样本上的泛化误差。

随着训练数据量的增加，泛化误差降低。随着模型类$\mathcal{H}$的复杂度的增加，泛化误差先降低，然后开始增加。过于复杂的$\mathcal{H}$的泛化误差可以通过增加训练数据的总量来控制，但是只能达到一定程度。如果数据从直线抽样并且拟合高阶多项式，那么如果周围有训练数据的地方，则拟合将被限制在该直线附近；而在没有训练数据的地方，高阶多项式的行为可能难以预测。

39

如果我们访问训练集以外的数据，则我们就能够度量假设的泛化能力，即它的归纳偏倚的质量。我们通过将已有的训练集划分为两部分来模拟这一过程。我们使用一部分来做训练(即拟合一个假设)，而剩下的部分称作验证集(validation set)，它用来检验假设的泛化能力。也就是说，给定可能的假设类的集合$\mathcal{H}_i$，对于每一个集合我们在训练集上拟合最佳的$h_i \in \mathcal{H}_i$。假定训练集和验证集都足够大，则在验证集上最准确的假设就是最好的假设(即具有最佳归纳偏倚的假设)。这一过程称为交叉验证(cross-validation)。例如，为了找出多项式回归的正确的阶，给定多个不同阶的候选多项式，其中不同阶的多项式对应于不同的$\mathcal{H}_i$，我们在训练集上求出它们系数，在验证集上计算它们误差，并取具有最小验证误差的多项式作为最佳多项式。

注意，如果需要报告最佳模型的期望误差，就不应该使用验证误差。我们已经使用验证集来选择最佳模型，并且它实际上已经成为训练集的一部分。我们需要第三个数据集——检验集(test set)。检验集有时也称为发布集(publication set)，它包含在训练或验证阶段未使用过的数据。现实生活中也有类似的情况，例如我们选修一门课程：老师在讲授一门课程时，课堂上求解的例题构成了训练集，考试题目就是验证集，而我们在职业生涯中解决的问题则是检验集。

我们也不能一直使用相同的训练和验证集划分，因为一旦使用一次，验证集就实际上成为训练数据的一部分。这就像老师每年都使用相同的考试题一样。精明的学生会意识到不必听课，仅仅记住这些问题的答案即可。

一定要记住，我们使用的训练数据是一个随机样本。也就是说，对于相同的应用，如果我们多次收集数据，则我们将得到稍微不同的数据集，拟合的h也稍微不同，并且具有稍微不同的验证误差。或者，如果我们把固定的数据集划分成训练、验证和检验集，则依赖于如何划分，我们会有不同的误差。这些稍微的不同使我们可以估计多大的差别可以看作显著的(significant)而非偶然的。也就是说，在假设类$\mathcal{H}_i$和$\mathcal{H}_j$之间进行选择时，我们将在大量训练集和验证集上多次使用它们，并且检查h_i与h_j的平均误差之差是否大于多个h_i之间的平均差。在第19章，我们将讨论如何设计机器学习实验，利用有限的数据来回答我们的问题(例如，“最好的假设类是哪个?”)，以及如何分析实验结果，使得我们可以得到受随机性影响最少、统计显著的结论。

40

2.8 监督机器学习算法的维

现在，让我们来总结和归纳上述要点。我们有样本

$$\mathcal{X} = \{x^t, r^t\}_{t=1}^N \tag{2-19}$$

该样本是独立同分布的(independent and identically distributed，idd)；次序并不重要，所有的实例都取自相同的联合分布$p(x, r)$。t指示N个实例中的一个，x^t是任意维的输入，而r^t是相关联的预期输出。对于两类学习，r^t是0/1；对于$K(K>2)$类分类，r^t是一个K维二元向量(其中恰有一维为1，其他各维均为0)；在回归分析中，r^t是一个实数值。

我们的目标是使用模型$g(x^t|\theta)$来构建一个r^t的好的、有用的近似。为了达到预期目标，我们必须做出3个决定：

1) 学习所使用的模型(Model)，记作

$$g(x|\theta)$$

其中，$g(\cdot)$是模型，x是输入，θ是参数。

$g(\cdot)$定义假设类$\mathcal{H}$，而θ的特定值实例化一个假设$h\in\mathcal{H}$。例如，在类的学习中，我们把矩形当作模型，其4个坐标值构成了θ。在线性回归中，模型是输入的线性函数，其斜率和截距是从数据中学习的参数。模型(归纳偏倚)或$\mathcal{H}$由机器学习系统的设计者根据其应用知识背景决定，而假设h由学习算法利用取样于$p(x, r)$的训练集进行选择(调整参数)。

2）*损失函数*(loss function)$L(\cdot)$计算期望输出r^t与θ近似值$g(x^t|Q)$之间的差(给定参数θ的当前值)。*近似误差*(approximation error)或*损失*(loss)是各个实例的损失之和

41

$$E(\theta|\mathcal{X})=\sum_t L(r^t, g(x^t|\theta)) \tag{2-20}$$

在输出为0/1的类学习中，$L(\cdot)$检测相等或不相等；在回归分析中，由于输出是数值，所以我们有关于距离的序信息，而一种可能性是使用差的平方。

3）*最优化过程*(optimization procedure)求解最小化总误差的θ^*

$$\theta^*=\arg\min_\theta E(\theta|\mathcal{X}) \tag{2-21}$$

其中，arg min返回使E最小化的参数值。在多项式回归中，我们能够分析地求解最优化问题，但并不总是这种情况。使用其他模型和误差函数，最优化问题的复杂度就变得非常重要。我们特别感兴趣的是，无论它是否有对应于全局最优解的单个最小，还是有对应于局部最优解的多个最小。

为了做好上述工作，必须满足以下条件：第一，$g(\cdot)$的假设类应当足够大，即要有足够的能力，能够包含以噪声形式产生的$\mathcal{X}$表示的数据的未知函数。第二，必须有足够的训练数据，使得我们能够从假设类中识别正确(或足够好)的假设。第三，给定训练数据，我们应当有好的优化方法，以便找出正确的假设。

不同机器学习方法之间的区别或者在于它们假设的模型(假设类/归纳偏倚)不同，或者在于它们所使用的损失度量不同，或者在于它们所使用的最优化过程不同。我们将在后续的章节中看到更多的例子。

2.9 注释

Mitchell提出了解空间和候选排除算法，使得当样本实例逐一给出时，可以增量地构建S和G；近期的评述可参见Mitchell 1997。矩形学习取自Mitchell 1997的习题2.4。Hirsh(1990)讨论了当实例受到少量噪声影响时，如何处理解空间。

42

有关机器学习最早的研究工作之一是Winston(1975)提出的“几乎错过”(near miss)思想。几乎错过是一个与正例非常相似的负例。用我们的术语，几乎错过就是可能落在S与G之间灰色区域的实例，该实例将会影响边缘，因而相对于普通的正例和负例来说，它们对学习可能更有用。靠近边界的实例是定义(或支撑)边界的实例，删除那些被许多具有相同标号包围的实例不会影响边界。

与此相关的思想是*主动学习*(active learning)，其中学习算法能够自己生成实例，并请求标记它们，而不是被动地被给定(Angluin 1988)(参见习题4)。

VC维早在20世纪70年代就已经由Vapnik和Chervonenkis提出，新近的相关资源是Vapnik 1995，其中他指出“没有什么比好的理论更实用”。像在其他科学领域一样，这在机器学习领域也得到了证实。你不必急于使用计算机。你可以通过思考，使用纸张、铅笔，也许还需要橡皮擦之类的东西，节省自己的时间，避免无用的编程。

PAC模型由Valiant(1984)提出，学习矩形的PAC分析来自Blumer等(1989)。一本涵盖PAC学习和VC维的计算学习理论的好教材是Kearns和Vazirani 1994。

近年来，求解模型拟合的优化问题的定义正在变得非常重要。曾经我们对从某随机状态开始收敛于最近似好解的局部下降方法感到相当满意，现在我们对证明问题是凸的(存在单个全局解)感兴趣(Boyd 和 Vandenberghe 2004)。随着数据集规模的增大，模型变得越来越复杂，我们还对优化过程收敛于解的速度感兴趣。

2.10 习题

43

1. 假定假设类是圆而不是矩形。参数是什么？这种情况下，如何计算圆假设的参数？如果是椭圆又如何？为什么用椭圆代替圆会更有意义？

   解：在假设类是圆的情况下，参数是圆心和半径(参见图 2-11)。然后，我们需要找出 S 和 G，其中 S 是包含所有正例的最紧凑的圆，而 G 是包含所有正例而不包含负例的最大的圆。在它们之间的任何圆都是相容的假设。

   使用椭圆比圆更有意义，因为两个轴不必有相同的尺度，并且椭圆有两个参数，表示两个轴上的宽度，而不是一个半径。实际上，价格与发动机功率是正相关的。汽车的价格趋向于随发动机功率的增加而增加，因此使用倾斜的椭圆更有意义。我们将在第 5 章看到这样的模型。

2. 设想假设类不是一个矩形而是两个(或 $m>1$ 个)矩形的联合，请问这种假设类的优点是什么？说明使用足够大的 m，任何类都能够由这种假设类表示。

   解：当只有一个矩形时，所有的正例都应来自单个分组；使用多个矩形，例如两个矩形(参见图 2-12)，正例可以在输入空间形成两个可能不相交的簇。注意，每个矩形对应于两个输入属性上的合取，而有多个矩形对应于它们的析取。任何逻辑公式都可以写成合取的析取。在最坏情况下($m=N$)下，每个正例都有单独的矩形。

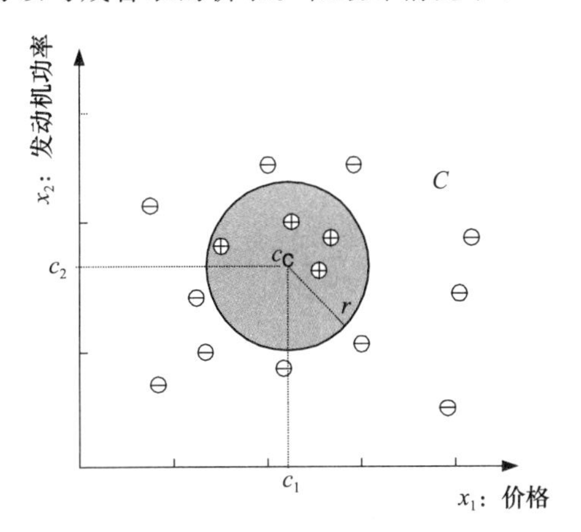

图 2-11　假设类是圆，有两个参数：圆心坐标和半径

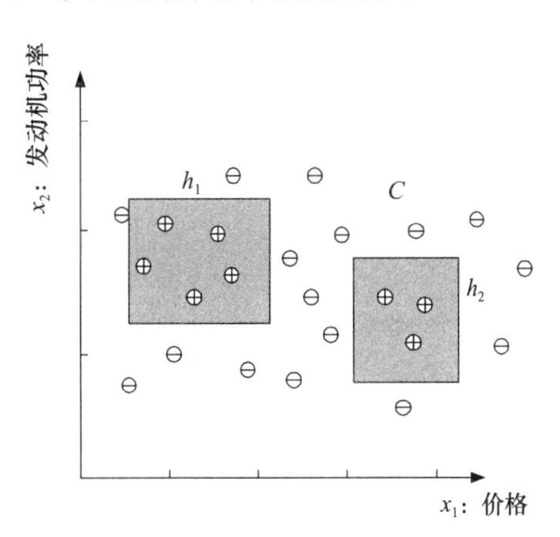

图 2-12　假设类是两个矩形的并

3. 在许多应用中，错误的决策(即假正和假负)都有资金成本，并且两种错误的成本可能不同。S 和 G 之间的 h 的位置与这两者的相对成本之间有什么联系？

   解：可以看到，S 不会导致假正，而只会导致假负。类似地，G 不会导致假负，而只会导致假正。因此，如果假正与假负同样不好，则我们希望 h 在 S 和 G 的中间；如果假正的成本更大，则 h 应该更靠近 S；如果假负的成本更大，则 h 应该更靠近 G。

4. 大部分学习算法的复杂度都是训练集的函数。你能提出一个发现冗余实例的过滤算法吗？

   解：影响假设的实例是那些处于具有不同标号的实例附近的实例。各个方向都被许多正例包围的正例是不必要的；各个方向都被许多负例包围的负例也是不必要的。在第 8 章，我们将讨论这种基于近邻的方法。

5. 如果我们有能够给任何实例 $\boldsymbol{x}$ 提供标记的指导者，那么我们应当在哪里选择 $\boldsymbol{x}$，以便用较少的询问来进行学习？

   解：模糊区域是 S 和 G 之间的区域。最好在这里提问，使得我们可以缩小这种不确定的区域。如果给定的实例为正，则我们可以扩大 S 到该实例；如果它为负，则我们可以缩小 G 到该实例

44 ～ 45

6. 在式(2-13)中，我们对实际值与估计值的差的平方求和。该误差函数是一种使用最频繁的误差函数，但它只是多个可行的误差函数之一。由于它对差的平方求和，所以它对于离群点不是鲁棒的。为了实现鲁棒回归(robust regression)，更好的误差函数是什么？
7. 请推导式(2-17)。
8. 假定假设类是直线的集合，并且利用直线来隔开正例和与负例，而不是用矩形来界定正例，并将负例留在矩形外(参见图 2-13)。证明直线的 VC 维为 3。
9. 证明在二维空间中，三角形假设类的 VC 维为 7。(提示：为了最佳隔开，最好在某个圆上设置 7 个等距离的点)
10. 假定像习题 8 那样，假设类是直线的集合。写一个误差函数，它不仅最小化误分类数，而且也最大化边缘。

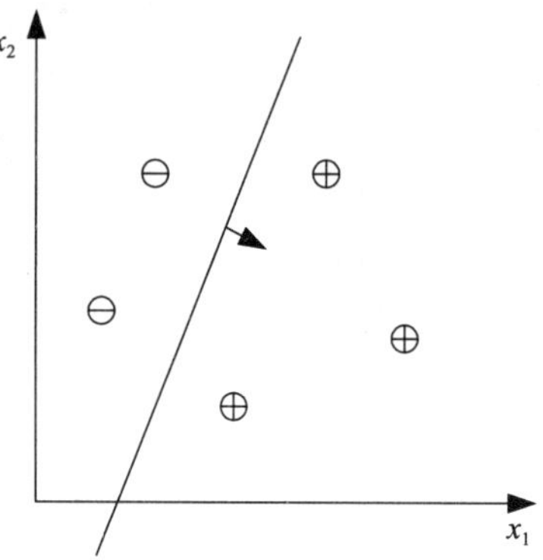

图 2-13　直线隔开正例与负例

46

11. 噪声的一个来源是标号错误。你能提出一种方法，找出很可能是误标记的数据点吗？

2.11 参考文献

Angluin, D. 1988. "Queries and Concept Learning." *Machine Learning* 2:319-342.

Blumer, A., A. Ehrenfeucht, D. Haussler, and M. K. Warmuth. 1989. "Learnability and the Vapnik-Chervonenkis Dimension." *Journal of the ACM* 36:929-965.

Boyd, S., and L. Vandenberge. 2004. *Convex Optimization.* Cambridge, UK: Cambridge University Press.

Dietterich, T. G. 2003. "Machine Learning." In *Nature Encyclopedia of Cognitive Science.* London: Macmillan.

Hirsh, H. 1990. *Incremental Version Space Merging: A General Framework for Concept Learning.* Boston: Kluwer.

Kearns, M. J., and U. V. Vazirani. 1994. *An Introduction to Computational Learning Theory.* Cambridge, MA: MIT Press.

Mitchell, T. 1997. *Machine Learning.* New York: McGraw-Hill.

Valiant, L. 1984. "A Theory of the Learnable." *Communications of the ACM* 27:1134-1142.

Vapnik, V. N. 1995. *The Nature of Statistical Learning Theory.* New York: Springer.

Winston, P. H. 1975. "Learning Structural Descriptions from Examples." In *The Psychology of Computer Vision*, ed. P. H. Winston, 157-209. New York: McGraw-Hill.

47 ～ 48

第3章

Introduction to Machine Learning, Third Edition

贝叶斯决策理论

我们讨论在不确定情况下决策的概率理论框架。在分类中，贝叶斯规则用来计算类的概率。我们将讨论推广到怎样做出合理的决策以最小化期望风险。我们还讨论从数据中学习关联规则。

3.1 引言

训练计算机使之根据数据进行推断是统计学和计算机科学的交叉领域，其中统计学家提供由数据做推断的数学框架，而计算机科学家研究推断方法如何在计算机上有效地实现。

数据来自于一个不完全清楚的过程。将该过程作为随机过程建模表明我们缺乏知识。也许该过程实际上是确定性的，但是因为我们没有获取关于它的完全知识的途径，所以我们把它作为一个随机过程来建模，并且用概率理论来分析它。此时，在继续阅读本章之前跳到附录，温习基本的概率知识也许是一个好主意。

投硬币是一个随机的过程，因为我们不能够预测任意一次投币的结果是正面还是反面(这就是为什么我们投币、买彩票或者买保险的原因)。我们只能谈论下一次投币是正面还是反面的概率。有证据显示，如果我们取得一些额外的知识，如硬币的确切成分、它的最初位置、投币的力量和投币的方向、何处以及如何接住等，则投币的准确结果就是可以预测的。

我们不能获取的那些额外的知识称为不可观测变量(unobservable variable)。在投币这个例子中，唯一可观测变量(observable variable)是投币的结果。用 z 表示不可观测的变量，x 表示可观测的变量，事实上我们有

$$x=f(z)$$

其中，$f(\cdot)$是一个确定性函数，它定义知识的不可观测部分的输出。因为不能用这种方式对该过程建模，所以定义输出 X 为说明该过程由概率分布 $P(X=x)$抽取的随机变量。

投币的结果是正面或反面，我们定义一个随机变量，在两个值中取值。令 $X=1$ 代表投币的结果是正面，$X=0$ 代表投币结果是反面。X 服从伯努利分布，其中分布参数 p_0是投币结果为正面的概率：

$$P(X=1)=p_0 \quad 且 \quad P(X=0)=1-P(X=1)=1-p_0$$

假设要预测下一次投币的结果。如果我们知道 p_0，则当 $p_0>0.5$ 时，预测将是正面，否则是反面。这是因为，如果选择更可能的情况，则错误的概率，即1减去选择的概率，将会最小。如果这是一个 $p_0=0.5$ 的公平投币，则没有比总是选择正面或者我们自己做公平投币更好的预测手段!

如果我们不知道 $P(X)$，并且想从给定的样本估计它，那么就需要统计学知识。我们有一个样本$\mathcal{X}$，它包含由可观测变量 x^t 的概率分布(记作 $p(x)$)抽取出的样本。目的是使用样本$\mathcal{X}$构造一个它的近似$\hat{p}(x)$。

在投币例子中，样本包含了 N 次投币的结果。然后利用$\mathcal{X}$，可以估计 p_0。p_0是唯一

定义该分布的参数。p_0的估计是

$$\hat{p}_0 = \frac{\#\{\text{结果为正面的掷币}\}}{\#\{\text{掷币}\}}$$

使用数值随机变量，如果投币 t 的结果是正面，则 x^t 为 1，否则 x^t 为 0。给定样本{正面，正面，正面，反面，正面，反面，反面，正面，正面}，则 $\mathcal{X}=\{1，1，1，0，1，0，0，1，1\}$，并且 p_0的估计是

50

$$\hat{p}_0 = \frac{\sum_{t=1}^{N} x^t}{N} = \frac{6}{9}$$

3.2 分类

在 1.2.2 节中，我们讨论了资信评分。那里我们看到，根据过去的交易，银行的某些客户是低风险的，因为他们还清了贷款并且银行从他们那里获利；其他客户是高风险的，因为他们不能偿还贷款。分析这些数据，我们想学习“高风险客户”类，使得未来有新的贷款申请时，我们可以检查申请者是否符合“高风险客户”类的描述，并据此决定接受还是拒绝该申请。使用关于申请的知识，我们假定有两种信息是可观测的。我们观测它们是因为我们有理由相信它们为我们提供客户的资信。例如，假定我们观测客户年收入和存款，它们分别用随机变量 X_1和 X_2表示。

可以断言，如果我们能够获得客户的其他知识，比如关于客户经济状况的全部细节和全部知识、他的意图、道德规范等，则我们可以确定性地计算客户是“低风险客户”还是“高风险客户”。但是，这些是不可观测的，而使用我们能够观测的信息，客户的资信可以用观测条件 $\boldsymbol{X}=[X_1，X_2]^{\mathrm{T}}$的伯努利随机变量 C 表示，其中 $C=1$ 表示高风险客户，$C=0$ 表示低风险客户。这样，如果我们知道 $P(C|X_1，X_2)$，则当一个 $X_1=x_1$和 $X_2=x_2$的新申请到达时，我们可以

$$\text{选择}\begin{cases} C=1 & \text{如果 } P(C=1|x_1,x_2)>0.5 \\ C=0 & \text{否则} \end{cases}$$

或等价地，

$$\text{选择}\begin{cases} C=1 & \text{如果 } P(C=1|x_1,x_2)>P(C=0|x_1,x_2) \\ C=0 & \text{否则} \end{cases} \tag{3-1}$$

错误的概率是 $1-\max(P(C=1|x_1，x_2)，P(C=0|x_1，x_2))$。这个例子与投硬币的例子类似，只是伯努利随机变量 C 是在两个其他观测变量条件下的随机变量。我们用 $\boldsymbol{x}$ 表示观测变量的向量 $\boldsymbol{x}=[x_1，x_2]^{\mathrm{T}}$。于是，问题是要能够计算 $P(C|\boldsymbol{x})$。使用贝叶斯规则，它可以表示为

51

$$P(C|\boldsymbol{x}) = \frac{P(C)p(\boldsymbol{x}|C)}{p(\boldsymbol{x})} \tag{3-2}$$

$P(C=1)$称为 C 取值 1 的先验概率(prior probability)。在我们的例子中，它对应于客户是高风险客户的概率，而不管 $\boldsymbol{x}$ 取什么值——它是高风险客户所占的比例。称它为先验概率，因为它是我们看到观测量 $\boldsymbol{x}$ 之前就获得的关于 C 值的知识，满足

$$P(C=0)+P(C=1)=1$$

$p(\boldsymbol{x}|C)$称为类似然(class likelihood)，是属于 C 的事件具有相关联的观测值 $\boldsymbol{x}$ 的条件概率。在我们的例子中，$p(x_1，x_2|C=1)$是高风险客户具有 $X_1=x_1$和 $X_2=x_2$的概率。这就是通过数据我们得到的关于类的信息。

$p(\boldsymbol{x})$是证据(evidence)，是看到观测 $\boldsymbol{x}$ 的边缘概率，无论它是正例还是负例。

$$p(\boldsymbol{x}) = \sum_C p(\boldsymbol{x},C) = p(\boldsymbol{x}|C=1)P(C=1) + p(\boldsymbol{x}|C=0)P(C=0) \quad (3\text{-}3)$$

使用贝叶斯规则，组合先验知识和数据告诉我们的知识，在看到观测 $\boldsymbol{x}$ 之后，计算概念的后验概率(posterior probability)$P(C|\boldsymbol{x})$。

$$\text{后验} = \frac{\text{先验} \times \text{似然值}}{\text{证据}}$$

由于证据规范化，所以后验的和为 1：

$$P(C=0|\boldsymbol{x}) + P(C=1|\boldsymbol{x}) = 1$$

一旦得到后验概率，我们就可以使用式(3-1)进行决策。从现在起，假定我们知道先验和似然。在稍后的章节中，我们讨论如何从训练样本估计 $P(C)$和 $p(\boldsymbol{x}|C)$。

在一般情况下，我们有 K 个互斥和穷举的类 $C_i(i=1, \cdots, K)$。例如，在光学数字识别中，输入是位图图像，有 10 个类。先验概率应该满足：

$$P(C_i) \geqslant 0 \quad \text{且} \quad \sum_{i=1}^{K} P(C_i) = 1 \quad (3\text{-}4)$$

当已知 $\boldsymbol{x}$ 属于类 C_i 时，$p(\boldsymbol{x}|C_i)$是看到 $\boldsymbol{x}$ 作为输入的概率。类 C_i 的后验概率计算如下：

52

$$P(C_i|\boldsymbol{x}) = \frac{p(\boldsymbol{x}|C_i)P(C_i)}{p(\boldsymbol{x})} = \frac{p(\boldsymbol{x}|C_i)P(C_i)}{\sum_{k=1}^{K} p(\boldsymbol{x}|C_k)P(C_k)} \quad (3\text{-}5)$$

而为了最小化误差，贝叶斯分类器(Bayes'classifier)选择具有最高后验概率的类，即

$$\text{选择 } C_i \text{，如果 } P(C_i|\boldsymbol{x}) = \max_k P(C_k|\boldsymbol{x}) \quad (3\text{-}6)$$

3.3 损失与风险

决策的好坏程度或代价可能不同。金融机构对一个贷款申请人做出决定时会把潜在的收益和损失考虑在内。接受一个低风险的申请人会增加收益，而拒绝一个高风险的申请人会减小损失。错误地接受一个高风险的申请人带来的损失与错误地拒绝一个低风险的申请人带来的潜在收益可能不同。这种情况在其他领域，如在医疗诊断、地震预测等，显得更加至关重要并且是非常不对称的。

让我们定义动作 α_i 为把输入指派到类 C_i 的决策，而 λ_{ik} 为输入实际属于 C_k 时采取动作 α_i 导致的损失(loss)。于是，采取动作 α_i 带来的期望风险(expected risk)是

$$R(\alpha_i|\boldsymbol{x}) = \sum_{k=1}^{K} \lambda_{ik} P(C_k|\boldsymbol{x}) \quad (3\text{-}7)$$

并且我们选择具有最小风险的动作：

$$\text{选择 } \alpha_i \text{，如果 } R(\alpha_i|\boldsymbol{x}) = \min_k R(\alpha_k|\boldsymbol{x}) \quad (3\text{-}8)$$

让我们定义 K 个动作 α_i，$i=1, \cdots, K$，其中 α_i 是把 $\boldsymbol{x}$ 指派到 C_i 的动作。在 0-1 损失(zero-one loss)这种特殊情况下，其中

$$\lambda_{ik} = \begin{cases} 0 & \text{如果 } i = k \\ 1 & \text{如果 } i \neq k \end{cases} \quad (3\text{-}9)$$

所有正确的决策都没有损失，并且所有错误都具有相同的代价。采取动作 α_i 的风险是

$$R(\alpha_i|\boldsymbol{x}) = \sum_{k=1}^{K} \lambda_{ik} P(C_k|\boldsymbol{x})$$

53

$$= \sum_{k \neq i} P(C_k|\boldsymbol{x})$$
$$= 1 - P(C_i|\boldsymbol{x})$$

因为 $\sum_k P(C_k|\boldsymbol{x}) = 1$ 。因此，为了最小化风险，我们选择最可能的类。在后面的章节中，为了简单起见，我们一直假定这种情况，并且选择具有最高后验的类，但是注意，这确实是一种特殊情况，并且很少应用具有对称的 0-1 损失。在一般情况下，由后验到风险并且采取将风险最小化的动作是一种简单的后处理。

在一些应用中，错误的决策(即误分类)也许会有很高的代价。在一般情况下，如果自动系统对它的决策具有很低的确定性，则需要更复杂的(例如，人工的)决策。例如，如果我们使用光学数字识别器来读取信封上的邮编号码，则错误地识别邮政编码将导致信件被发送到一个错误的目的地。

在这种情况下，我们定义一个附加的*拒绝*(reject)或*疑惑*(doubt)动作 α_{i+1}，而 $\alpha_i(i=1, \cdots, K)$是在类 $C_i(i=1, \cdots, K)$上的通常的决策动作(Duda，Hart 和 Stork 2001)。

一个可能的损失函数是

$$\lambda_{ik} = \begin{cases} 0 & \text{如果 } i = k \\ \lambda & \text{如果 } i = K+1 \\ 1 & \text{否则} \end{cases} \tag{3-10}$$

其中 $0<\lambda<1$ 是选择第($K+1$)个拒绝动作导致的损失。拒绝的风险是

$$R(\alpha_{K+1}|\boldsymbol{x}) = \sum_{k=1}^{K} \lambda P(C_k|\boldsymbol{x}) = \lambda \tag{3-11}$$

且选择类 C_i的风险是

$$R(\alpha_i|\boldsymbol{x}) = \sum_{k \neq i} P(C_k|\boldsymbol{x}) = 1 - P(C_i|\boldsymbol{x}) \tag{3-12}$$

最优决策规则是

$$\begin{aligned} &\text{选择 } C_i \quad \text{如果对于所有的 } k \neq i, \text{有 } R(\alpha_i|\boldsymbol{x}) < R(\alpha_k|\boldsymbol{x}) \text{ 且} \\ &\qquad\qquad R(\alpha_i|\boldsymbol{x}) < R(\alpha_{K+1}|\boldsymbol{x}) \\ &\text{拒绝} \quad \text{如果 } R(\alpha_{K+1}|\boldsymbol{x}) < R(\alpha_i|\boldsymbol{x}), i = 1, \cdots, K \end{aligned} \tag{3-13}$$

给定式(3-10)的损失函数，上式可以简化为

$$\begin{aligned} &\text{选择 } C_i \quad \text{如果对于所有的 } k \neq i, \text{有 } P(C_i|\boldsymbol{x}) > P(C_k|\boldsymbol{x}), \text{且} \\ &\qquad\qquad P(C_i|\boldsymbol{x}) > 1-\lambda \\ &\text{拒绝} \quad \text{否则} \end{aligned} \tag{3-14}$$

当 $0<\lambda<1$ 时，这个方法是有意义的：当 $\lambda=0$ 时，总是拒绝；拒绝和正确的分类是同样好的。当 $\lambda \geqslant 1$ 时，我们从不拒绝；拒绝与错误的代价相同甚至超过错误的代价。

在拒绝的情况下，我们在通过计算机程序自动决策和通过开销更大但正确概率更高的人工决策之间选择。类似地，我们可以想象多个自动决策的级联，尽管这样做开销更大，但是正确的可能性更大。我们将在第 17 章讨论组合多个学习器时讨论这种级联。

3.4 判别式函数

分类也可以看作实现一组*判别式函数*(discriminant function)$g_i(\boldsymbol{x})(i=1, \cdots, K)$使得我们

$$\text{选择 } C_i \quad \text{如果 } g_i(\boldsymbol{x}) = \max_k g_k(\boldsymbol{x}) \tag{3-15}$$

令

$$g_i(\boldsymbol{x}) = -R(\alpha_i|\boldsymbol{x})$$

我们可以重新给出贝叶斯分类器，并且最大化判别函数对应于最小化条件风险。当我们使用 0-1 损失函数时，我们有

$$g_i(\boldsymbol{x}) = P(C_i|\boldsymbol{x})$$

或者忽略公共规范化项 $p(\boldsymbol{x})$，可以写为

$$g_i(\boldsymbol{x}) = p(\boldsymbol{x}|C_i)P(C_i)$$

这把特征空间划分成 K 个决策区域(decision region)$\mathfrak{R}_1$，…，$\mathfrak{R}_K$，其中$\mathfrak{R}_i=\{\boldsymbol{x}|g_i(\boldsymbol{x})=\max_k g_k(\boldsymbol{x})\}$。这些区域被决策边界(decision boundary)，即特征空间中的曲面，分开，其中平局出现在最大判别函数之间(参见图 3-1)。

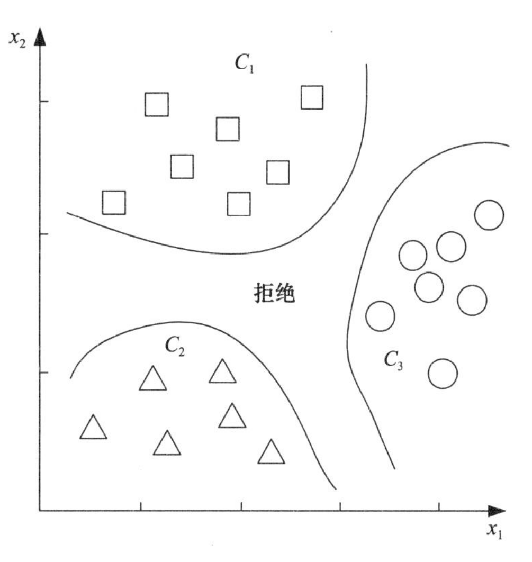

图 3-1 决策区域和决策边界的例子

当有两个类时，可以定义单个判别式

$$g(\boldsymbol{x}) = g_1(\boldsymbol{x}) - g_2(\boldsymbol{x})$$

并且我们

$$\text{选择}\begin{cases} C_1 & \text{如果 } g(\boldsymbol{x}) > 0 \\ C_2 & \text{否则} \end{cases}$$

一个例子是两类学习问题，其中正例可以表示为 C_1，负例表示为 C_2。当 $K=2$ 时，分类系统是一个两分器(dichotomizer)，当 $K\geqslant 3$ 时，它是一个多分器(polychotomizer)。

3.5 关联规则

关联规则(association rule)是形如 $X\to Y$ 的蕴涵式，其中 X 是规则的前件(antecedent)，而 Y 是规则的后件(consequent)。关联规则的一个例子是购物篮分析(basket analysis)，通过购物篮分析，我们希望发现项 X 和 Y 之间的依赖性。一个典型的应用是零售，其中 X 和 Y 是销售的商品(参见 1.2.1 节)。

55 ~ 56

在学习关联规则时，通常需要计算 3 个度量：

- 关联规则 $X\to Y$ 的支持度(support)：

$$\text{Support}(X,Y) \equiv P(X,Y) = \frac{\#\{\text{购买 } X \text{ 和 } Y \text{ 的顾客}\}}{\#\{\text{顾客}\}} \tag{3-16}$$

- 关联规则 $X\to Y$ 的置信度(confidence)：

$$\text{Confidence}(X\to Y) \equiv P(X|Y) = \frac{P(X,Y)}{P(X)} = \frac{\#\{\text{购买 } X \text{ 和 } Y \text{ 的顾客}\}}{\#\{\text{购买 } X \text{ 的顾客}\}} \tag{3-17}$$

- 关联规则 $X\to Y$ 的提升度(lift)，又称为兴趣度(interest)：

$$\text{Lift}(X\to Y) = \frac{P(X,Y)}{P(X)P(Y)} = \frac{P(Y|X)}{P(Y)} \tag{3-18}$$

还有其他度量(Omiecinski 2003)，但是这三种，特别是前两种被广泛认识和使用。置信度是我们通常计算的条件概率 $P(Y|X)$。为了能够说该规则具有足够的置信度，它的值应该接近 1，并且显著大于人们购买 Y 的总概率 $P(Y)$。我们也对最大化规则的支持度感兴趣，因为即使有一个强置信度的依赖关系，但是如果这样的顾客数量很小，那么该规

则也是没有价值的。支持度说明规则的统计显著性，而置信度说明规则的强度。最小支持度和最小置信度值由公司设定，并从数据库中搜索具有更高支持度和置信度的所有规则。

如果 X 和 Y 是独立的，则我们期望提升度接近1；如果该比率的分子与分母不同，即如果 $P(Y|X)$ 与 $P(Y)$ 不同，则我们期望这两个项之间存在依赖性：如果提升度大于1，则我们可以说 X 使得 Y 更可能出现；如果提升度小于1，则 X 使得 Y 更不可能出现。

这些公式可以很容易推广到多于两项。例如，$\{X, Y, Z\}$ 是一个3项集，我们可以找出像 $X, Z \rightarrow Y$ 这样的规则，即 $P(Y|X, Z)$。我们感兴趣的是找出具有足够高的支持度和置信度的所有规则，并且由于销售数据库一般非常大，所以我们希望通过少数几遍数据库扫描找出它们。有一个有效的算法，称作 Apriori 算法(Agrawal 等 1996)，来做这项工作。该算法分为两步：(1)找出频繁项集，即找出具有足够支持度的项集；(2)通过把频繁项集划分成两个子集，分别作为前件和后件，把频繁项集转换成具有足够置信度的规则。

1）为了快速找出频繁项集(而不完全枚举项的所有可能的子集)，Apriori 算法利用如下事实：$\{X, Y, Z\}$ 要成为频繁的(具有足够的支持度)，它的所有子集 $\{X, Y\}$、$\{X, Z\}$ 和 $\{Y, Z\}$ 也都应该是频繁的——添加另一个项不会提高支持度。这就是说，我们只需要检查其2项子集都是频繁的3项集。换句话说，如果知道一个2项集不是频繁的，则可以剪掉它的所有超集而不必检查它们。

我们从找出频繁1项集开始，并在每一步，以归纳的方式由频繁 k 项集产生候选 $k+1$ 项集，然后扫描数据来检查它们是否具有足够的支持度。为了方便访问，Apriori 算法把频繁项集存放在一个散列表中。注意，随着 k 的增加，候选项集的个数将迅速减少。如果最长的频繁项集包含 n 个项，则总共需要扫描数据 $n+1$ 次。

2）一旦找到了频繁 k 项集，就需要把 k 项集划分成两个子集，分别作为前件和后件，把它转换成规则。与产生频繁项集所做的一样，我们从单项为后件、$k-1$ 个项为前件开始。对于所有可能的单项后件规则，检查它是否具有足够的置信度，如果没有就删除它。

注意，对于相同的项集，可能有多个以不同的子集为前和后件的规则。然后，我们检查是否可以把一项从前件移到后件。后件中具有更多项的规则更特殊、更有用。这里，与频繁项集产生一样，我们利用如下事实：为了得到一个后件中有两项且具有足够置信度的规则，具有单项后件的两个规则本身都应该具有足够的置信度。也就是说，从单项后件规则到两项后件规则不需要检查所有可能的两项后件(见习题9)。

应该记住，规则 $X \rightarrow Y$ 不必蕴含因果关系，而只是一种关联。在一个问题中，可能还有一些隐藏变量，它们的值不能通过证据知道。使用隐藏变量的优点是可以更容易定义依赖结构。例如，在购物篮分析中，我们知道“婴儿食品”、“尿不湿”和“牛奶”之间的依赖性，因为购买其中一种商品的顾客多半会买另外两种。取代表示着三者之间的依赖性，可以指定一个隐藏变量“家有婴儿”作为这三种商品消费的隐藏原因。我们将在第14章讨论的图模型使我们可以表示这种隐藏变量。当存在隐藏节点时，它们的值由观测节点的值估计和填入。

3.6 注释

在不确定性条件下进行决策已经有很长的历史，并且人类一直在探索各种陌生领域，寻找证据来排除不确定性：例如天体、水晶球和咖啡杯。使用概率论，从有意义的证据进行推理仅有几百年的历史。关于概率和统计学的历史，以及拉普拉斯、伯努利和创建该理论的其他学者的一些早期论文请参见 Newman 1988。

Russell 和 Norving(1995)给出了效用理论和信息值的很好讨论，还用货币术语讨论了效用分配。Shafer 和 Pearl 1986 是不确定性条件下推理的早期论文集。

关联规则成功地用在许多数据挖掘应用中，并且我们在许多网站上都看到用这样的规则来推荐书籍、电影、音乐等。算法很简单，但是在大型数据库上的有效实现非常重要(Zhang 和 Zhang 2002，Li 2006)。稍后，在第 14 章我们将看到图模型如何把关联规则推广到非二元的情况，那里关联可以有不同的类型，也允许有隐藏变量。

推荐系统(recommendation system)正在迅速成为机器学习的主要应用领域之一。许多零售业都对使用过去的销售数据来预测未来的顾客行为很感兴趣。我们可以把这种数据看作一个矩阵，其中行是顾客，列是商品，而矩阵元素是购买量或是顾客的评级。通常，这个矩阵非常大，也非常稀疏——大部分顾客都只购买了可能商品的很少一部分。尽管该矩阵非常大，但是它的秩很低。这是因为数据中存在大量的依赖性。人们不会随机购物。例如，有孩子的人会买一些类似的东西。某些产品总是同时购买，或从来都不一起购买。正是这类规律，少量隐藏因素，使得矩阵的秩很低。在第 6 章，当我们讨论维度归约时，我们将会看到如何从数据中提取这种隐藏因子或依赖性。

59

3.7 习题

1. 假定某种疾病很稀少，每 100 万人只有一人患病。还假定有一种化验很有效，如果一个人患此疾病，则化验结果为阳性的可能性为 99%。然而，这种化验是不完美的，在健康人身上化验结果为阳性的可能性是 1/1000。假定来了一位新患者，其化验结果为阳性。该患者患此疾病的概率有多大？

   解： 设该疾病用 d 表示，化验结果用 t 表示。我们有：$P(d=1)=10^{-6}$，$P(t=1|d=1)=0.99$，$P(t=1|d=0)=10^{-3}$。我们要求出 $P(d=1|t=1)$。

   使用贝叶斯规则：

$$
\begin{aligned}
P(d=1|t=1) &= \frac{P(t=1|d=1)P(d=1)}{P(t=1)} \\
&= \frac{P(t=1|d=1)P(d=1)}{P(t=1|d=1)P(d=1)+P(t=1|d=0)P(d=0)} \\
&= \frac{0.99\cdot 10^{-6}}{0.99\cdot 10^{-6}+10^{-3}\cdot(1-10^{-6})} = 0.000\,989\,02
\end{aligned}
$$

   也就是说，知道化验结果为正把患病概率从 1/1 000 000 提高到 1/1000。

2. 在两类问题中，*似然比*(likelihood ratio)是

$$
\frac{p(\boldsymbol{x}|C_1)}{p(\boldsymbol{x}|C_2)}
$$

   请用似然比写出判别式函数。

   解： 我们可以定义判别式函数为

60

$$g(x) = \frac{P(C_1|x)}{P(C_2|x)} \quad 且选择 \quad \begin{cases} C_1 & 如果\ g(x) > 1 \\ C_2 & 否则 \end{cases}$$

我们可以把该判别式写成似然比与先验比乘积的形式：

$$g(x) = \frac{p(x|C_1)}{p(x|C_2)} \frac{p(C_1)}{p(C_2)}$$

如果先验相等，则该判别式就是似然比。

3. 在两类问题中，对数几率(log odd)定义为

$$\log \frac{P(C_1|\boldsymbol{x})}{P(C_2|\boldsymbol{x})}$$

请用对数几率写出判别式函数。

解：我们定义判别式函数为

$$g(x) = \log \frac{P(C_1|x)}{P(C_2|x)} \quad 且选择 \quad \begin{cases} C_1 & 如果\ g(x) > 1 \\ C_2 & 否则 \end{cases}$$

对数几率是似然比的对数与先验比的对数之和：

$$g(x) = \log \frac{p(x|C_1)}{p(x|C_2)} + \log \frac{P(C_1)}{P(C_2)}$$

如果先验相等，则判别式就是对数似然比。

4. 在两类、两动作问题中，如果损失函数是 $\lambda_{11}=\lambda_{22}=0$，$\lambda_{12}=10$，$\lambda_{21}=5$，写出最佳决策规则。如果我们增加以损失 $\lambda=1$ 的第三个拒绝动作，那么规则如何变化？

解：损失表如下：

动作	真实 C_1	真实 C_2
α_1：选择 C_1	0	10
α_2：选择 C_2	5	0

我们计算两个动作的期望损失：

$$R(\alpha_1|x) = 0 \cdot P(C_1|x) + 10 \cdot P(C_2|x) = 10 \cdot (1 - P(C_1|x))$$
$$R(\alpha_2|x) = 5 \cdot P(C_1|x) + 0 \cdot P(C_2|x) = 5 \cdot P(C_1|x)$$

选择 α_1，如果

$$R(\alpha_1|x) < R(\alpha_2|x)$$
$$10 \cdot (1 - P(C_1|x)) < 5 \cdot P(C_1|x)$$
$$P(C_1|x) > 2/3$$

如果两种误分类的代价相同，则决策阈值应该在 1/2 处，但是因为错误地选择 C_1 的代价更高，所以仅当我们实际上确定时我们才想选择 C_1。参见图 3-2a 和 b。如果我们增加一个代价为 1 的拒绝选项，则损失表变成

61

动作	真实 C_1	真实 C_2
α_1：选择 C_1	0	10
α_2：选择 C_2	5	0
α_r：拒绝	1	1

我们计算 3 个动作的期望风险：

$$R(\alpha_1|x) = 0 \cdot P(C_1|x) + 10 \cdot P(C_2|x) = 10 \cdot (1 - P(C_1|x))$$
$$R(\alpha_2|x) = 5 \cdot P(C_1|x) + 0 \cdot P(C_2|x) = 5 \cdot P(C_1|x)$$
$$R(\alpha_r|x) = 1$$

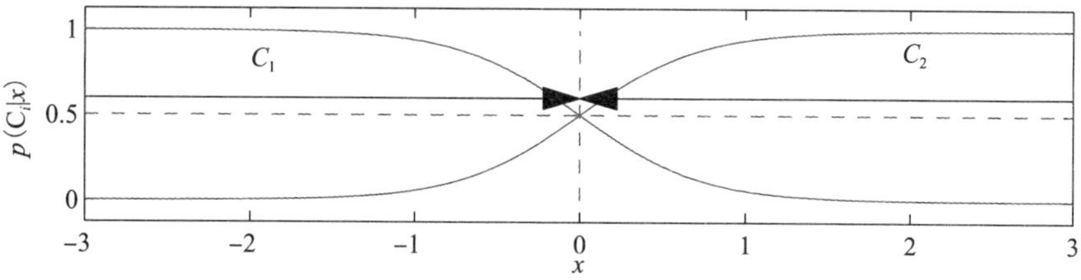

a）当两种误分类的代价相同时，边界在两个后验概率相等处

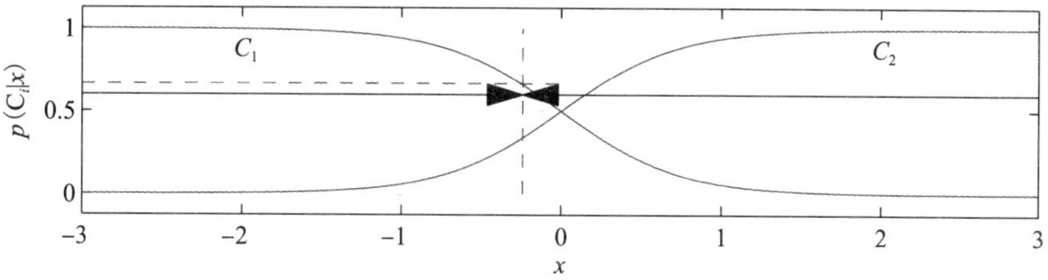

b）当损失不对称时，边界移向误分类时导致更大风险的类

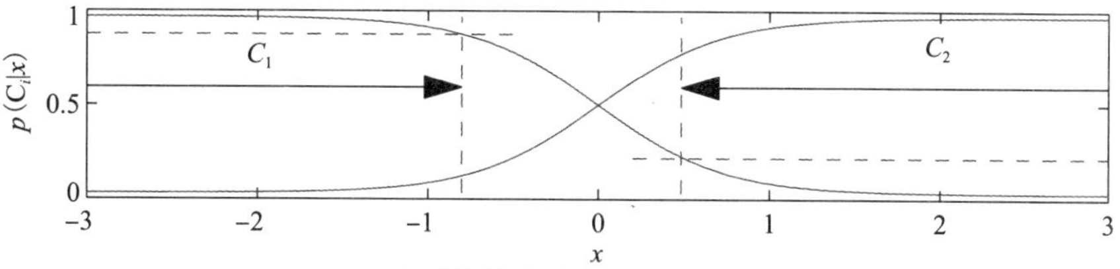

c）有拒绝选项时，围绕边界的区域是拒绝区域

图 3-2 边界随误分类损失改变而改变

选择 α_1，如果

$$R(\alpha_1|x) < 1 \Rightarrow P(C_1|x) > 9/10$$

选择 α_2，如果

$$R(\alpha_2|x) < 1 \Rightarrow P(C_1|x) < 1/5，或等价地，P(C_1|\boldsymbol{x}) > 4/5$$

否则，我们拒绝；也就是，如果 $1/5 < P(C_1|x) < 9/10$，则拒绝；参见图 3-2c。

5. 提出一种三级级联，当某一级拒绝时像式(3-10)那样使用下一级。如何在不同级设定 λ？
6. 某人做公平投币，如果结果是正面，则你什么得不到，否则你会得到 \$5。玩这样的游戏你愿意支付多少钱？如果赢 \$500 而不是 \$5 又如何？
7. 给定商店如下的事务数据，计算牛奶→香蕉、香蕉→牛奶、牛奶→巧克力、巧克力→牛奶的支持度和置信度值。

事务	购物篮中商品	事务	购物篮中商品
1	牛奶、香蕉、巧克力	4	巧克力
2	牛奶、巧克力	5	巧克力
3	牛奶、香蕉	6	牛奶、巧克力

解： 牛奶→香蕉：支持度＝2/6，置信度＝2/4
香蕉→牛奶：支持度＝2/6，置信度＝2/2
牛奶→巧克力：支持度＝3/6，置信度＝3/4
巧克力→牛奶：支持度＝3/6，置信度＝3/5

尽管买牛奶的人只有一半也买了香蕉，但是买了香蕉的人都买了牛奶。

8. 推广购物篮分析的置信度和支持度公式，计算 k 依赖性，$P(Y|X_1, \cdots, X_k)$。
9. 证明：把一个项由前件移到后件置信度不会增加：confidence($ABC \rightarrow D$)$\geq$confidence($AB \rightarrow CD$)。
10. 在购物篮分析中，如果对于每件售出的商品我们还有一个数，它指出顾客喜爱该商品的程度，例如，在0～10内，如何利用这一附加信息把哪种商品推荐给一个客户？

62～63

11. 给出事务数据的例子，其中对于规则 $X \rightarrow Y$，
   (a) 支持度和置信度都高。
   (b) 支持度高而置信度低。
   (c) 支持度低而置信度高。
   (d) 支持度和置信度都低。

3.8 参考文献

Agrawal, R., H. Mannila, R. Srikant, H. Toivonen, and A. Verkamo. 1996. "Fast Discovery of Association Rules." In *Advances in Knowledge Discovery and Data Mining*, ed. U. M. Fayyad, G. Piatetsky-Shapiro, P. Smyth, and R. Uthurusamy, 307–328. Cambridge, MA: MIT Press.

Duda, R. O., P. E. Hart, and D. G. Stork. 2001. *Pattern Classification*, 2nd ed. New York: Wiley.

Li, J. 2006. "On Optimal Rule Discovery." *IEEE Transactions on Knowledge and Data Discovery* 18:460–471.

Newman, J. R., ed. 1988. *The World of Mathematics*. Redmond, WA: Tempus.

Omiecinski, E. R. 2003. "Alternative Interest Measures for Mining Associations in Databases." *IEEE Transactions on Knowledge and Data Discovery* 15:57–69.

Russell, S., and P. Norvig. 2009. *Artificial Intelligence: A Modern Approach,* 3rd ed. New York: Prentice Hall.

Shafer, G., and J. Pearl, eds. 1990. *Readings in Uncertain Reasoning*. San Mateo, CA: Morgan Kaufmann.

Zhang, C., and S. Zhang. 2002. *Association Rule Mining: Models and Algorithms.* New York: Springer.

64

参数方法

前面，我们讨论了在使用概率对不确定性建模时，如何做出最优决策。现在，考虑如何从给定的训练集估计这些概率。我们从分类和回归的参数方法开始。在后面的章节中，将讨论半参数和非参数方法。我们介绍用于权衡模型复杂度和经验误差的偏倚/方差两难选择和模型选择方法。

4.1 引言

统计量(statistic)是从给定样本中计算的任何值。在统计推断中，使用样本提供的信息进行决策。第一种方法是参数方法，这里假设样本取自服从已知模型的某个分布，例如高斯分布。参数方法的优点是，模型定义在少量参数(例如，均值、方差)，分布的有效统计量(sufficient statistics)上。一旦从样本中估计出这些参数，就知道了整个分布。我们从给定的样本估计分布的参数，把这些估计放到假设的模型中，并得到估计的分布，然后使用它进行决策。我们用来估计分布参数的方法是最大似然估计。我们还讨论贝叶斯估计，这将在第16章继续讨论。

我们从密度估计(density estimation)开始。密度估计是估计 $p(x)$ 的一般情况。我们使用估计的密度进行分类，其中估计的密度是能够计算后验概率 $P(C_i|x)$ 并做决策的类密度 $p(x|C_i)$ 和先验 $P(C_i)$。然后，我们讨论回归，其中估计的密度是 $p(y|x)$。本章，x 是一维的，因此密度是一元的。在第5章，我们将推广到多元情况。

4.2 最大似然估计

假定我们有一个独立同分布(iid)样本 $\mathcal{X}=\{x^t\}_{t=1}^N$。假设 x^t 是从某个定义在参数 θ 上的已知概率密度族 $p(x|\theta)$ 中抽取的实例：

$$x^t \sim p(x|\theta)$$

我们希望找出这样的 θ，使得 x^t 尽可能像是从 $p(x|\theta)$ 抽取的。因为 x^t 是独立的，所以给定参数 θ，样本 $\mathcal{X}$ 的似然(likelihood)是单个点似然的乘积：

$$l(\theta|\mathcal{X}) \equiv p(\mathcal{X}|\theta) = \prod_{t=1}^{N} p(x^t|\theta) \tag{4-1}$$

在最大似然估计(maximum likelihood estimation)中，我们感兴趣的是找到这样的 θ，使得 $\mathcal{X}$ 最像是抽取的。因此，我们寻找最大化样本似然的 θ，该似然记作 $l(\theta|\mathcal{X})$。我们可以最大化该似然的对数，而不改变它取最大值的数值。log(·)把乘积转换为求和，并且当假定某种密度(例如，包含指数)时进一步简化计算量。对数似然(log likelihood)定义为

$$\mathcal{L}(\theta|\mathcal{X}) \equiv \log l(\theta|\mathcal{X}) = \sum_{t=1}^{N} \log p(x^t|\theta) \tag{4-2}$$

现在，让我们来看看我们感兴趣的实际应用中出现的一些分布。如果我们有两类问题，我们就使用伯努利分布。当存在 $K>2$ 个类时，分布扩广为多项式分布。高斯(正态)密度是最常用来对具有数值输入的类条件密度建模的密度之一。对于这三种分布，我们讨

66 论它们参数的最大似然估计(MLE)方法。

4.2.1 伯努利密度

在伯努利分布中，有两个结果：事件要么发生，要么不发生。例如，实例是类的正例，或者不是。事件发生，伯努利随机变量 X 以概率 p 取值 1，事件不发生的概率为 $1-p$，并用 X 取值 0 表示。这表示为：

$$P(x) = p^x(1-p)^{1-x} \quad x \in \{0,1\} \tag{4-3}$$

期望值和方差可以用下式计算：

$$E[X] = \sum_x x p(x) = 1 \cdot p + 0 \cdot (1-p) = p$$

$$\mathrm{Var}(X) = \sum_x (x - E[X])^2 p(x) = p(1-p)$$

p 是唯一的参数，并且给定独立同分布样本 $\mathcal{X} = \{x^t\}_{t=1}^N$，其中 $x^t \in \{0, 1\}$，希望计算 p 的估计 $\hat{p}$。对数似然是

$$\mathcal{L}(p|\mathcal{X}) = \log\prod_{t=1}^N p^{(x^t)}(1-p)^{(1-x^t)} = \sum_t x^t \log p + \left(N - \sum_t x^t\right)\log(1-p)$$

通过求解 $d\mathcal{L}/dp=0$，可以找出最大化该对数似然的 $\hat{p}$。p 上的带帽表示它是 p 的一个估计。

$$\hat{p} = \frac{\sum_t x^t}{N} \tag{4-4}$$

p 的估计是事件发生的次数与试验次数的比值。记住，如果 X 是参数为 p 的伯努利变量，则 $E[X]=p$，并且作为期望，均值的最大似然估计是样本的平均值。

注意，该估计是样本的函数，并且也是一个随机变量。给定从相同的 $p(x)$ 中抽取的不同的 $\mathcal{X}_i$，我们可以谈论 $\hat{p}_i$ 的分布。例如，期望 $\hat{p}_i$ 的分布的方差随 N 增加而减少；随着样本增大，它们(从而它们的平均值)变得更相似。 67

4.2.2 多项式密度

考虑伯努利分布的推广，其中随机事件的结果不是两种状态，而是 K 种互斥、穷举状态之一(例如，类)，每种状态出现的概率为 p_i，满足 $\sum_{i=1}^K p_i = 1$。设 x_1，x_2，…，x_K 是指示变量，当输出为状态 i 时 x_i 为 1，否则为 0。

$$P(x_1, x_2 \cdots, x_K) = \prod_{i=1}^K p_i^{x_i} \tag{4-5}$$

假定我们做 N 次这样的独立试验，结果为 $\mathcal{X} = \{\boldsymbol{x}^t\}_{t=1}^N$，其中，

$$x_i^t = \begin{cases} 1 & \text{如果试验 } t \text{ 选择状态 } i \\ 0 & \text{否则} \end{cases}$$

其中 $\sum_i x_i^t = 1$。p_i 的最大似然估计是

$$\hat{p}_i = \frac{\sum_t x_i^t}{N} \tag{4-6}$$

状态 i 的概率估计是结果为状态 i 的试验次数与试验总次数的比值。有两种方法可以

获得这个估计：如果 x_i 是 0/1，则可以认为它们是 K 次独立的伯努利试验。或者，我们可以写出对数似然并找出最大化它的 p_i(满足条件 $\sum_i p_i = 1$)。

4.2.3 高斯(正态)密度

X 是均值为 $E[X]\equiv\mu$，方差为 $\text{Var}(X)\equiv\sigma^2$ 的高斯(正态)分布，记作 $\mathcal{N}(\mu, \sigma^2)$，如果它的密度函数为

$$p(x) = \frac{1}{\sqrt{2\pi}\sigma}\exp\left[-\frac{(x-\mu)^2}{2\sigma^2}\right] \quad -\infty < x < \infty \tag{4-7}$$

给定样本 $\mathcal{X} = \{x^t\}_{t=1}^N$，其中 $x^t \sim \mathcal{N}(\mu, \sigma^2)$，高斯样本的对数似然为

$$\mathcal{L}(\mu,\sigma|\mathcal{X}) = -\frac{N}{2}\log(2\pi) - N\log\sigma - \frac{\sum_t (x^t-\mu)^2}{2\sigma^2}$$

通过求该对数似然的偏导数并令它们等于零，可以求出最大似然为：

$$m = \frac{\sum_t x^t}{N} \tag{4-8}$$

$$s^2 = \frac{\sum_t (x^t - m)^2}{N}$$

68

我们根据通常的约定，用希腊字母表示总体参数，用罗马字母表示它们的样本估计。有时，帽(抑扬符号)也用来表示估计，例如 $\hat{\mu}$。

4.3 评价估计：偏倚和方差

令 $\mathcal{X}$ 是取自参数 θ 指定的总体上的样本，并令 $d=d(\mathcal{X})$ 是 θ 的一个估计。为了评价该估计的质量，我们可以度量它与 θ 有多大不同，即度量 $(d(\mathcal{X})-\theta)^2$。但是，因为它是一个随机变量(它依赖于样本)，所以我们需要对它在可能的 $\mathcal{X}$ 上取平均值，并考虑 $r(d, \theta)$，它是估计 d 的*均方误差*(mean square error)，定义为

$$r(d,\theta) = E[(d(\mathcal{X}) - \theta)^2] \tag{4-9}$$

估计的*偏倚*(bias)是

$$b_\theta(d) = E[d(\mathcal{X})] - \theta \tag{4-10}$$

如果对所有的 θ 值都有 $b_\theta(d)=0$，则 d 是 θ 的*无偏估计*(unbiased estimator)。例如，如果 x^t 是从均值为 μ 的密度抽取出的，则样本平均值 m 是均值 μ 一个无偏估计，因为

$$E[m] = E\left[\frac{\sum_t x^t}{N}\right] = \frac{1}{N}\sum_t E[x^t] = \frac{N\mu}{N} = \mu$$

这就意味着虽然在一个特定样本上，但 m 可能与 μ 不同，如果我们取许多这样的样本 $\mathcal{X}_i$，并且估计许多 $m_i = m(\mathcal{X}_i)$，则随着样本的增加，它们的平均值将逼近 μ。m 也是一个一致(consistent)估计，也就是说，当 $N\to\infty$ 时，$\text{Var}(m)\to 0$。

$$\text{Var}(m) = \text{Var}\left(\frac{\sum_t x^t}{N}\right) = \frac{1}{N^2}\sum_t \text{Var}(x^t) = \frac{N\sigma^2}{N^2} = \frac{\sigma^2}{N}$$

随着样本中的点数 N 的增大，m 与 μ 的偏离变小。现在，让我们来检查 σ^2 的最大似

然估计 s^2：

$$s^2=\frac{\sum_t (x^t-m)^2}{N}=\frac{\sum_t (x^t)^2-Nm^2}{N}$$

$$E[s^2]=\frac{\sum_t E[(x^t)^2]-N\cdot E[m^2]}{N}$$

给定 $\mathrm{Var}(X)=E[X^2]-E[X]^2$，得到 $E[X^2]=\mathrm{Var}(X)+E[X]^2$，并且

69

$$E[(x^t)^2]=\sigma^2+\mu^2 \quad 且 \quad E[m^2]=\sigma^2/N+\mu^2$$

于是，我们有

$$E[s^2]==\frac{N(\sigma^2+\mu^2)-N(\sigma^2/N+\mu^2)}{N}=\left(\frac{N-1}{N}\right)\sigma^2\neq\sigma^2$$

上式说明 s^2 是 σ^2 的有偏估计。$(N/(N-1))s^2$ 是一个无偏估计。然而，当 N 很大时，差别可以忽略。这是一个*渐近无偏估计*(asymptotically unbiased estimator)的例子，它的偏倚随着 N 趋向无穷而趋向于 0。

均方误差可以重新改写为(d 是 $d(\mathcal{X})$ 的缩写)：

$$\begin{aligned}
r(d,\theta)&=E[(d-\theta)^2]\\
&=E[(d-E[d]+E[d]-\theta)^2]\\
&=E[(d-E[d])^2+(E[d]-\theta)^2+2(E[d]-\theta)(d-E[d])]\\
&=E[(d-E[d])^2]+E[(E[d]-\theta)^2]+2E[(E[d]-\theta)(d-E[d])]\\
&=E[(d-E[d])^2]+(E[d]-\theta)^2+2(E[d]-\theta)E[d-E[d]]\\
&=\underbrace{E[(d-E[d])^2]}_{方差}+\underbrace{(E[d]-\theta)^2}_{偏倚^2}
\end{aligned} \tag{4-11}$$

最后两式相等是因为 $E[d]$ 是常数，因此 $E[d]-\theta$ 也是一个常数，并且因为 $E[d-E[d]]=E[d]-E[d]=0$。在式(4-11)中，第一项是*方差*(variance)，它度量在平均情况下 d_i 在期望值附近(从一个数据集到另一个)的变化程度；而第二项是偏倚(bias)，它度量期望值偏离正确值 θ 的程度(参见图4-1)。于是，我们把误差写成方差和偏倚平方的和：

$$r(d,\theta)=\mathrm{Var}(d)+(b_\theta(d))^2 \tag{4-12}$$

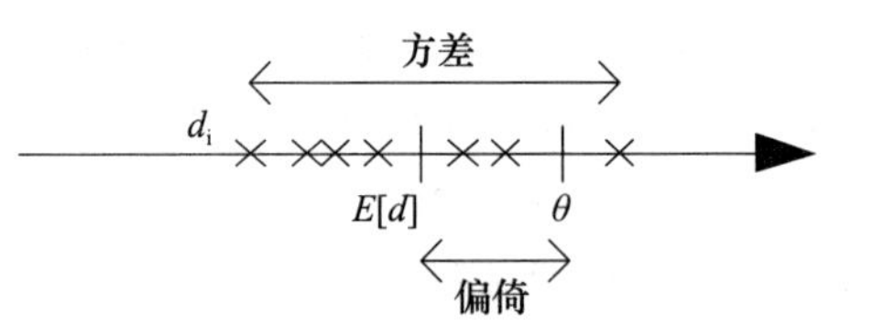

图4-1 θ 是要估计的参数。d_i 是在不同样本 $\mathcal{X}_i$ 上的多个估计(用"×"表示)。偏倚是 d 的期望值与 θ 之差。方差是 d_i 在期望值周围的散布程度。我们希望它们两个都很小

4.4 贝叶斯估计

有时，在看到样本之前，我们(或应用领域专家)可能会有一些关于参数 θ 的可能取值范围的先验(prior)信息。这些信息是非常有用的，也应当利用起来，尤其是当样本较小时。这些先验信息不会告诉我们参数的确切值(否则我们就不需要该样本)，我们通过把 θ 看作一个随机变量并为它定义先验密度 $p(\theta)$ 来对这种不确定性建模。例如，假设我们被告知 θ 接近正态分布，并且 θ 在 5～9 之间，在 7 左右对称，置信度为 90%。于是，我们可以把 $p(\theta)$ 写成均值为 7 的正态分布，并且因为

$$P\{-1.64<\frac{\theta-\mu}{\sigma}<1.64\}=0.9$$

$$P\{\mu-1.64\sigma<\theta<\mu+1.64\sigma\}=0.9$$

所以我们取 $1.64\sigma=2$，并且使用 $\sigma=2/1.64$。这样，我们就可以假定 $p(\theta)\sim\mathcal{N}(7,(2/1.64)^2)$。

先验密度(prior density)$p(\theta)$告诉我们在看到样本之前 θ 的可能取值。我们把它与样本数据告诉我们的(即似然密度 $p(\mathcal{X}|\theta)$)结合起来，利用贝叶斯规则，得到 θ 的后验密度(posterior density)，它告诉我们看到样本之后 θ 的可能取值：

$$p(\theta|\mathcal{X})=\frac{p(\mathcal{X}|\theta)p(\theta)}{p(\mathcal{X})}=\frac{p(\mathcal{X}|\theta)p(\theta)}{\int p(\mathcal{X}|\theta')p(\theta')\mathrm{d}\theta'} \tag{4-13}$$

为了估计 x 上的密度，有

$$\begin{aligned}p(x|\mathcal{X})&=\int p(x,\theta|\mathcal{X})\mathrm{d}\theta\\&=\int p(x|\theta,\mathcal{X})p(\theta|\mathcal{X})\mathrm{d}\theta\\&=\int p(x|\theta)p(\theta|\mathcal{X})\mathrm{d}\theta\end{aligned}$$

70～71

$p(\theta|x,\mathcal{X})=p(x|\theta)$，因为只要我们知道有效统计量 θ，我们就知道关于分布的一切。这样，我们使用所有 θ 的值对预测取平均值，用它们的概率加权。如果我们与在回归中一样，以 $y=g(x|\theta)$的形式做预测，则有

$$y=\int g(x|\theta)p(\theta|\mathcal{X})\mathrm{d}\theta$$

除非后验具有很好的形式，否则求这个积分可能非常困难。当求整个积分不可行时，把它缩减到单个点。如果可以假定 $p(\theta|\mathcal{X})$在它的众数周围有一个窄峰，则使用最大后验(Maximum A Posteriori，MAP)估计将使得计算比较容易：

$$\theta_{\mathrm{MAP}}=\arg\max_{\theta}p(\theta|\mathcal{X}) \tag{4-14}$$

这样，用单个点取代整个密度，回避积分并且使用

$$p(x|\mathcal{X})=p(x|\theta_{\mathrm{MAP}})$$
$$y_{\mathrm{MAP}}=g(x|\theta_{\mathrm{MAP}})$$

如果我们没有先验理由偏爱 θ 的某些值，则先验密度是扁平的，后验将与似然 $p(\mathcal{X}|\theta)$有相同的形式，并且 MAP 估计将等价于最大似然估计(参见 4.2 节)，其中有

$$\theta_{\mathrm{ML}}=\arg\max_{\theta}p(\mathcal{X}|\theta) \tag{4-15}$$

另外一种可能的方法是贝叶斯估计(Bayes'estimator)，它定义为后验密度的期望值

$$\theta_{\mathrm{Bayes}}=E[\theta|\mathcal{X}]=\int\theta p(\theta|\mathcal{X})\mathrm{d}\theta \tag{4-16}$$

取期望值的原因是随机变量的最佳估计是它的均值。假设 θ 是变量，我们想要用 $E[\theta]=\mu$ 预测。可以证明如果常数 c 是 θ 的估计，则

$$E[(\theta-c)^2]=E[(\theta-\mu+\mu-c)^2]=E[(\theta-\mu)^2]+(\mu-c)^2 \tag{4-17}$$

72

如果 c 取 μ，则它的值最小。在正态密度情况下，众数是期望值，并且如果 $p(\theta|\mathcal{X})$是正态的，则 $\theta_{\mathrm{Bayes}}=\theta_{\mathrm{MAP}}$。

作为一个例子，我们假设 $x^t\sim\mathcal{N}(\theta,\sigma^2)$且 $\theta\sim\mathcal{N}(\mu_0,\sigma_0^2)$，其中 μ_0、σ_0^2 和 σ^2 已知：

$$p(\mathcal{X}|\theta)=\frac{1}{(2\pi)^{N/2}\sigma^N}\exp\left[-\frac{\sum_t(x^t-\theta)^2}{2\sigma^2}\right]$$

$$p(\theta)=\frac{1}{\sqrt{2\pi}\sigma_0}\exp\left[-\frac{(\theta-\mu_0)^2}{2\sigma_0^2}\right]$$

可以证明 $p(\theta|\mathcal{X})$是正态的，满足

$$E[\theta|\mathcal{X}]=\frac{N/\sigma^2}{N/\sigma^2+1/\sigma_0^2}m+\frac{1/\sigma_0^2}{N/\sigma^2+1/\sigma_0^2}\mu_0 \tag{4-18}$$

因此，贝叶斯估计是先验均值 μ_0 和样本均值 m 的加权平均值，权重与它们的方差成反比。利用样本提供的更多的信息，随着样本规模 N 的增加，贝叶斯估计逼近样本的平均值。当 σ_0^2 较小时，即当我们关于 θ 的正确值具有较少的先验不确定性时，或者当 N 较小时，我们的先验猜测 μ_0 具有较好的效果。

注意，MAP 和贝叶斯估计都把整个后验密度归约到单个点且损失信息，除非后验是单峰的且在这些点周围有一个窄峰。随着计算费用的降低，可以使用从后验密度产生样本的蒙特卡洛方法(Andrieu 等 2003)。还有一些近似方法可以用来计算整个积分。我们将在第 16 章更详细地讨论贝叶斯估计。

4.5 参数分类

在第 3 章看到，使用贝叶斯规则，可以把类 C_i 的后验概率写成

$$P(C_i|x)=\frac{p(x|C_i)P(C_i)}{p(x)}=\frac{p(x|C_i)P(C_i)}{\sum_{k=1}^{K}p(x|C_k)P(C_k)} \tag{4-19}$$

使用判别式函数

73

$$g_i(x)=p(x|C_i)P(C_i)$$

或者等价地

$$g_i(x)=\log p(x|C_i)+\log P(C_i) \tag{4-20}$$

如果可以假设 $p(x|C_i)$是高斯分布

$$p(x|C_i)=\frac{1}{\sqrt{2\pi}\sigma_i}\exp\left[-\frac{(x-\mu_i)^2}{2\sigma_i^2}\right] \tag{4-21}$$

则式(4-20)变成：

$$g_i(x)=-\frac{1}{2}\log 2\pi-\log\sigma_i-\frac{(x-\mu_i)^2}{2\sigma_i^2}+\log P(C_i) \tag{4-22}$$

让我们看一个例子。假设一个汽车公司销售 K 种不同的汽车，并且为了简单起见，我们假定唯一影响顾客购买的因素是他们的年收入，用 x 表示。于是，$P(C_i)$是购买类型 i 汽车的顾客所占的比例。如果顾客的年收入分布可以用一个高斯分布近似，则年收入 x 的人购买类型 i 汽车的概率 $p(x|C_i)$服从分布$\mathcal{N}(\mu_i, \sigma_i^2)$，其中 μ_i 是这类顾客年收入的均值，σ_i^2 是他们年收入的方差。

当不知道 $P(C_i)$和 $p(x|C_i)$时，从样本估计它们并把它们的估计插入判别式，得到判别式函数的估计。给定样本

$$\mathcal{X}=\{x^t,\boldsymbol{r}^t\}_{t=1}^N \tag{4-23}$$

其中 $x\in\Re$是一维的，$\boldsymbol{r}\in\{0, 1\}^K$使得

$$r_i^t=\begin{cases}1 & 如果\ x^t\in C_i\\ 0 & 如果\ x^t\in C_k, k\neq i\end{cases} \tag{4-24}$$

对于每一个类，均值和方差的估计是(依赖于式(4-8))：

$$m_i = \frac{\sum_t x^t r_i^t}{\sum_t r_i^t} \tag{4-25}$$

$$s_i^2 = \frac{\sum_t (x^t - m_i)^2 r_i^t}{\sum_t r_i^t} \tag{4-26}$$

而先验的估计是(依赖于式(4-6))：

$$\hat{P}(C_i) = \frac{\sum_t r_i^t}{N} \tag{4-27}$$

74

把这些估计代入式(4-22)，得到

$$g_i(x) = -\frac{1}{2}\log 2\pi - \log s_i - \frac{(x-m_i)^2}{2s_i^2} + \log \hat{P}(C_i) \tag{4-28}$$

第一项是常数，可以去掉，因为它是所有 $g_i(x)$ 中的公共项。如果这些先验相等，则最后一项也可以去掉。如果进一步假设方差都相等，则上式可以写为：

$$g_i(x) = -(x-m_i)^2 \tag{4-29}$$

因此我们把 x 指派到均值最近的类：

$$\text{选择 } C_i \quad \text{如果} \ |x-m_i| = \min_k |x-m_k|$$

对于两个相邻的类，两个均值之间的中点是决策阈值(参见图 4-2)

$$g_1(x) = g_2(x)$$

$$(x-m_1)^2 = (x-m_2)^2$$

$$x = \frac{m_1+m_2}{2}$$

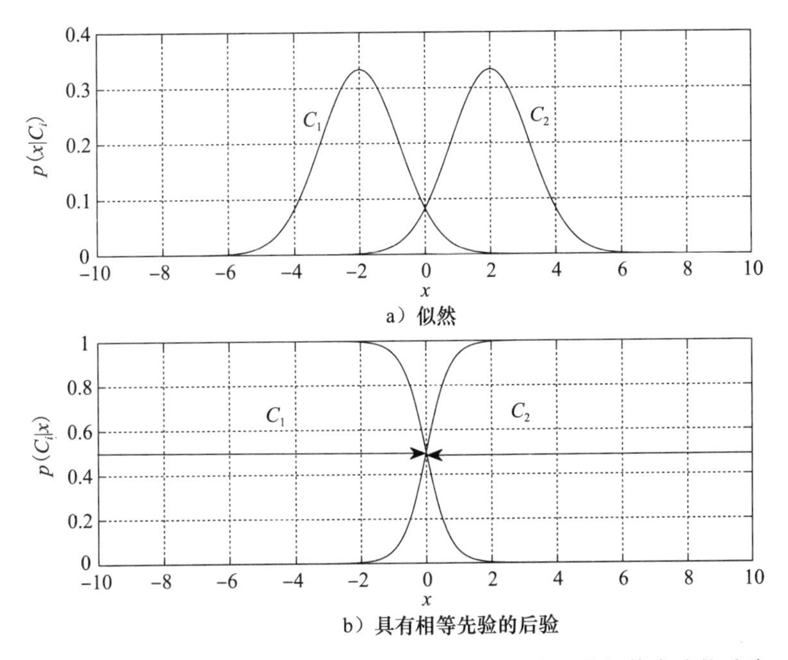

图 4-2 a) 似然函数。b) 当输入是一维的时，两个类具有相等先验的后验。方差相等且后验相交于一点，该点是决策阈值

当方差不相同时，有两个阈值(参见图 4-3)，它们都容易计算(参见习题 4)。如果先验概率不同，则具有向不可能的类的均值移动决策阈值的效果。

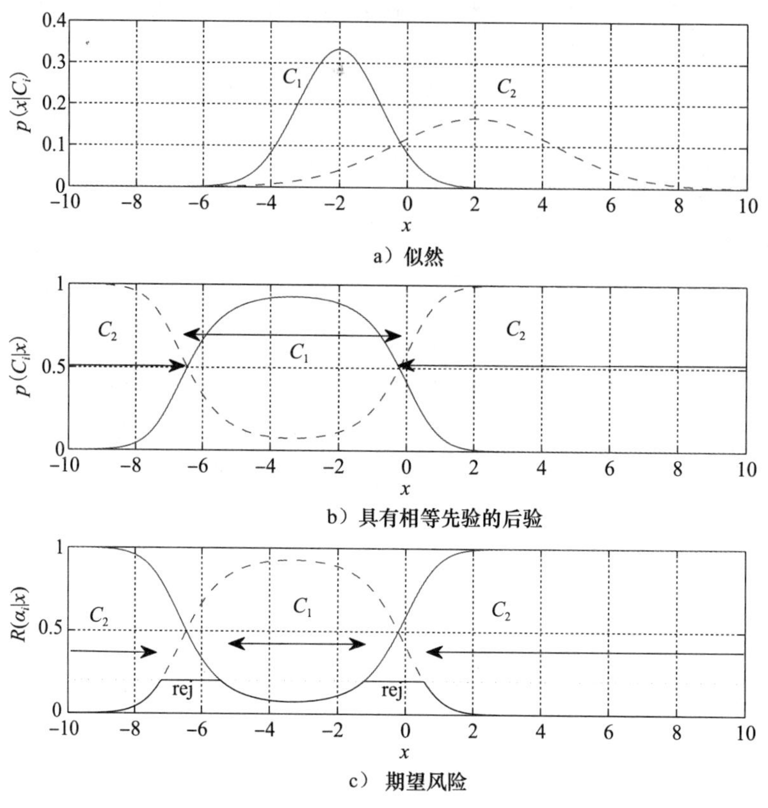

a) 似然

b) 具有相等先验的后验

c) 期望风险

75 ~ 76

图 4-3 a) 似然函数。b) 当输入是一维的时，两个类具有相等先验的后验。方差不相等且后验在两个点上相交。在 c)中，对两个类和 $\lambda=0.2$ 的拒绝(3.3 节)显示了期望风险(见 3.3 节)

这里，我们对参数使用最大似然估计。但是，如果有一些关于它们的先验信息(如均值)，则我们可以利用 μ_i的先验，使用 $p(x|C_i)$的贝叶斯估计。

必须注意，当 x 是连续变量时，我们不要急于对 $p(x|C_i)$使用高斯密度。如果密度函数不是高斯的，则分类算法(即阈值点)将会出错。在统计学文献中，存在检查正态性的检验，并且这样的检验应该在假定正态分布之前使用。在一维数据的情况下，最简单的检验是绘制直方图并观察密度是否是钟形的，即是否是单峰并且围绕中心对称。

这是基于似然(likelihood-based)的分类方法，其中我们使用数据估计密度，使用贝叶斯规则计算后验密度，然后得到判别式。在稍后的章节中，我们将讨论基于判别式的方法(discriminant-based approach)，那里我们绕过密度估计而直接估计判别式。

4.6 回归

在回归中，喜欢将数值输出写成输入的函数。数值输出称为因变量(dependent variable)，函数的输入称为自变量(independent variable)。我们假定数值输出是输入的确定性函数与随机噪声的和：

$$r = f(x) + \varepsilon$$

其中 $f(x)$是未知函数，将用定义在参数 θ 的集合上的估计 $g(x|\theta)$来近似它。如果假设 ε 服从

均值为 0，方差为σ^2的高斯分布，即$\varepsilon \sim \mathcal{N}(0, \sigma^2)$，并且用我们的估计$g(\cdot)$取代未知函数$f(\cdot)$，则有(参见图 4-4)

$$p(r|x) \sim \mathcal{N}(g(x|\theta), \sigma^2) \quad (4\text{-}30)$$

我们再一次使用最大似然来学习参数θ。训练集中的对偶(x^t, r^t)取自未知联合概率密度$p(x, r)$，可以写作

$$p(x,r) = p(r|x)p(x)$$

$p(r|\boldsymbol{x})$是在给定输入下输出的概率，而$p(x)$是输入密度。给定 iid 样本$\mathcal{X} = \{x^t, r^t\}_{t=1}^N$，对数似然是

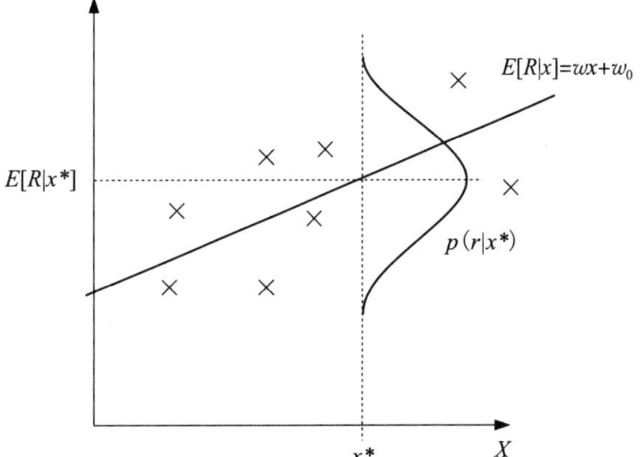

图 4-4　回归假定 0 均值的高斯噪声加到模型中，这里模型是线性的

$$\mathcal{L}(\theta|\mathcal{X}) = \log \prod_{t=1}^{N} p(x^t, r^t)$$
$$= \log \prod_{t=1}^{N} p(r^t|x^t) + \log \prod_{t=1}^{N} p(x^t)$$

可以忽略第二项，因为它不依赖于估计。于是，有

$$\mathcal{L}(\theta|\mathcal{X}) = \log \prod_{t=1}^{N} \frac{1}{\sqrt{2\pi}\sigma} \exp\left[-\frac{[r^t - g(x^t|\theta)]^2}{2\sigma^2}\right]$$
$$= \log \left(\frac{1}{\sqrt{2\pi}\sigma}\right)^N \exp\left[-\frac{1}{2\sigma^2}\sum_{t=1}^{N}[r^t - g(x^t|\theta)]^2\right]$$
$$= -N\log(\sqrt{2\pi}\sigma) - \frac{1}{2\sigma^2}\sum_{t=1}^{N}[r^t - g(x^t|\theta)]^2 \quad (4\text{-}31)$$

第一项独立于参数θ，可以去掉，因子$1/\sigma^2$也可以去掉。最大化上式等价于最小化

77
~
78

$$E(\theta|\mathcal{X}) = \frac{1}{2}\sum_{t=1}^{N}[r^t - g(x^t|\theta)]^2 \quad (4\text{-}32)$$

它是最经常使用的误差函数，而最小化它的θ叫作最小二乘估计(least squares estimate)。这是统计学经常做的一个变换：当似然l包含指数时，取代最小化l，我们定义一个误差函数(error function)$E = -\log l$，并最小化它。

在线性回归(linear regression)中，我们有线性模型

$$g(x^t|w_1, w_0) = w_1 x^t + w_0$$

对误差的平方和关于w_1和w_0求导(式(4-32))，得到两个未知数的两个方程

$$\sum_t r^t = N w_0 + w_1 \sum_t x^t$$
$$\sum_t r^t x^t = w_0 \sum_t x^t + w_1 \sum_t (x^t)^2$$

它们可以写成向量矩阵的形式$\boldsymbol{A}\boldsymbol{w} = \boldsymbol{y}$，其中

$$\boldsymbol{A} = \begin{bmatrix} N & \sum_t x^t \\ \sum_t x^t & \sum_t (x^t)^2 \end{bmatrix}, \quad \boldsymbol{w} = \begin{bmatrix} w_0 \\ w_1 \end{bmatrix}, \quad \boldsymbol{y} = \begin{bmatrix} \sum_t r^t \\ \sum_t r^t x^t \end{bmatrix}$$

并且可以求得解$\boldsymbol{w} = \boldsymbol{A}^{-1}\boldsymbol{y}$。

在多项式回归(polynomial regression)的一般情况下，该模型是x的k次多项式

$$g(x^t|w_k, \cdots, w_2, w_1, w_0) = w_k(x^t)^k + \cdots + w_2(x^t)^2 + w_1 x^t + w_0$$

这个模型关于它的参数是线性的，取它的导数，可以得到 $k+1$ 个未知数的 $k+1$ 个方程，可以写成向量矩阵的形式 $\boldsymbol{Aw}=\boldsymbol{y}$，其中有

$$\boldsymbol{A}=\begin{bmatrix} N & \sum_t x^t & \sum_t (x^t)^2 & \cdots & \sum_t (x^t)^k \\ \sum_t x^t & \sum_t (x^t)^2 & \sum_t (x^t)^3 & \cdots & \sum_t (x^t)^{k+1} \\ \vdots \\ \sum_t (x^t)^k & \sum_t (x^t)^{k+1} & \sum_t (x^t)^{k+2} & \cdots & \sum_t (x^t)^{2k} \end{bmatrix}$$

$$\boldsymbol{w}=\begin{bmatrix} w_0 \\ w_1 \\ w_2 \\ \vdots \\ w_k \end{bmatrix},\quad \boldsymbol{y}=\begin{bmatrix} \sum_t r^t \\ \sum_t r^t x^t \\ \sum_t r^t (x^t)^2 \\ \vdots \\ \sum_t r^t (x^t)^k \end{bmatrix}$$

79

我们可以记 $\boldsymbol{A}=\boldsymbol{D}^{\mathrm{T}}\boldsymbol{D}$ 和 $\boldsymbol{y}=\boldsymbol{D}^{\mathrm{T}}\boldsymbol{r}$，其中

$$\boldsymbol{D}=\begin{bmatrix} 1 & x^1 & (x^1)^2 & \cdots & (x^1)^k \\ 1 & x^2 & (x^2)^2 & \cdots & (x^2)^k \\ \vdots \\ 1 & x^N & (x^N)^2 & \cdots & (x^N)^k \end{bmatrix},\quad \boldsymbol{r}=\begin{bmatrix} r^1 \\ r^2 \\ \vdots \\ r^N \end{bmatrix}$$

然后，我们可以求解参数，得到

$$\boldsymbol{w}=(\boldsymbol{D}^{\mathrm{T}}\boldsymbol{D})^{-1}\boldsymbol{D}^{\mathrm{T}}\boldsymbol{r} \tag{4-33}$$

假定高斯分布误差且最大化似然对应于最小化误差平方和。另一个度量是*相对平方误差*(Relative Square Error，RSE)

$$E_{\mathrm{RSE}}=\frac{\sum_t [r^t-g(x^t|\theta)]^2}{\sum_t (r^t-\overline{r})^2} \tag{4-34}$$

如果 E_{RSE} 接近于1，则我们的预测与用平均值的预测一样好；当它更接近于0时，我们得到更好的拟合。如果 E_{RSE} 接近于1，则说明使用基于输入 x 的模型不比使用平均值作为估计器更好；如果 E_{RSE} 接近于0，则输入 x 是有用的。

为了检查回归是否实现很好的拟合，一个度量是*决定系数*(coefficient of determination)

$$R^2=1-E_{\mathrm{RSE}}$$

并且为了对回归是有用的，我们要求 R^2 接近于1。

记住，为了最佳泛化，我们应该调整学习器模型的复杂度，以适应数据的复杂度。在多项式回归中，复杂度参数是拟合多项式的阶，因此我们需要找到一种选择最佳多项式阶的方法，它能够最小化泛化误差。也就是说，找到一种方法，调整模型的复杂度使其最佳拟合数据所固有的函数复杂度。

4.7 调整模型的复杂度：偏倚/方差两难选择

80

假设样本 $\mathcal{X}=\{x^t, r^t\}$ 取自未知联合概率密度 $p(x, r)$。使用这个样本，构建估计

$g(\cdot)$。x 上(联合密度上)的期望平方误差可以表示为(用式(4-17))

$$E[(r-g(x))^2|\boldsymbol{x}] = \underbrace{E[(r-E[r|\boldsymbol{x}])^2|\boldsymbol{x}]}_{\text{噪声}} + \underbrace{(E[r|\boldsymbol{x}]-g(x))^2}_{\text{平方误差}} \quad (4\text{-}35)$$

右边的第一项是给定 x 时 r 的方差，它不依赖于 $g(\cdot)$或$\mathcal{X}$。它是添加噪声的方差 σ^2。它是误差的一部分，无论使用什么估计方法，都不可能消除它。第二项量化 $g(x)$偏离回归函数 $E[r|\boldsymbol{x}]$的程度。它确实依赖估计方法和训练集。对一个样本来说，$g(x)$也许是一个非常好的拟合；而对某些其他样本，它可能是很差的拟合。为了评价一个估计$g(\cdot)$的好坏程度，在可能的数据集上进行平均。

期望值(样本$\mathcal{X}$上的平均，所有样本的大小均为 N 并从相同联合密度 $p(x, r)$抽取)是(使用式(4-11))

$$E_{\mathcal{X}}[(E[r|\boldsymbol{x}]-g(x))^2|\boldsymbol{x}] = \underbrace{(E[r|\boldsymbol{x}]-E_{\mathcal{X}}[g(x)])^2}_{\text{偏倚}} + \underbrace{E_{\mathcal{X}}[(g(x)-E_{\mathcal{X}}[g(x)])^2]}_{\text{方差}} \quad (4\text{-}36)$$

正如我们前面所讨论的，偏倚度量不考虑样本变化的影响时 $g(x)$的错误程度，而方差度量当样本变化时 $g(x)$在期望值 $E[g(x)]$附近波动的程度。我们希望二者都小。

让我们看一个例子。为了估计偏倚和方差，由某个带噪声的已知 $f(\cdot)$产生一组数据集$\mathcal{X}_i=\{x_i^t, r_i^t\}(i=1, \cdots, M)$，利用每个数据集形成一个估计 $g_i(\cdot)$，并计算偏倚和方差。注意，在现实生活中，我们不能够这么做，因为我们不知道 $f(\cdot)$，也不知道所添加噪声的参数。于是，$E[g(x)]$用 $g_i(x)$上的平均来估计：

$$\overline{g}(x) = \frac{1}{M}\sum_{i=1}^{M} g_i(x)$$

偏倚和方差的估计是

$$\text{Bias}^2(g) = \frac{1}{N}\sum_t [\overline{g}(x^t) - f(x^t)]^2$$

$$\text{Variance}(g) = \frac{1}{NM}\sum_t\sum_i [g_i(x^t) - \overline{g}(x^t)]^2$$

让我们看几个不同复杂度的模型。最简单的是常数拟合

$$g_i(x) = 2$$

81

它没有方差，因为我们没有使用数据，并且所有的 $g_i(x)$都是相同的。但是，除非对于所有的 x，$f(x)$值都接近于 2，否则它的偏倚很高。如果我们取样本中 r^t的平均值

$$g_i(x) = \sum_t r_i^t/N$$

而不是常数 2，则就会减少偏倚，因为我们预料在通常情况下，平均值是比常数更好的估计。但是，这增加了方差，因为不同的样本$\mathcal{X}_i$将有不同的平均值。通常，在这种情况下，偏倚的减少比方差的增加更大，而误差将会降低。

图 4-5 给出了一个多项式回归情况下的例子。随着多项式的阶的增大，数据集的较小变化将导致拟合多项式的较大变化。因此方差增加。但是，复杂的模型可以更好地拟合基础函数，因此偏倚减少(参见图 4-6)。这称为*偏倚/方差两难选择*(bias/variance dilemma)，并且不仅对于多项式回归，而且对于任何机器学习系统都存在这一问题(Geman，Bienenstock 和 Doursat 1992)。为了减少偏倚，冒着具有高方差的危险，模型应当是柔性的。如果保持较低的方差，则可能不能很好地拟合数据，并且具有较高的偏倚。最佳模型是最好

的权衡偏倚和方差的模型。

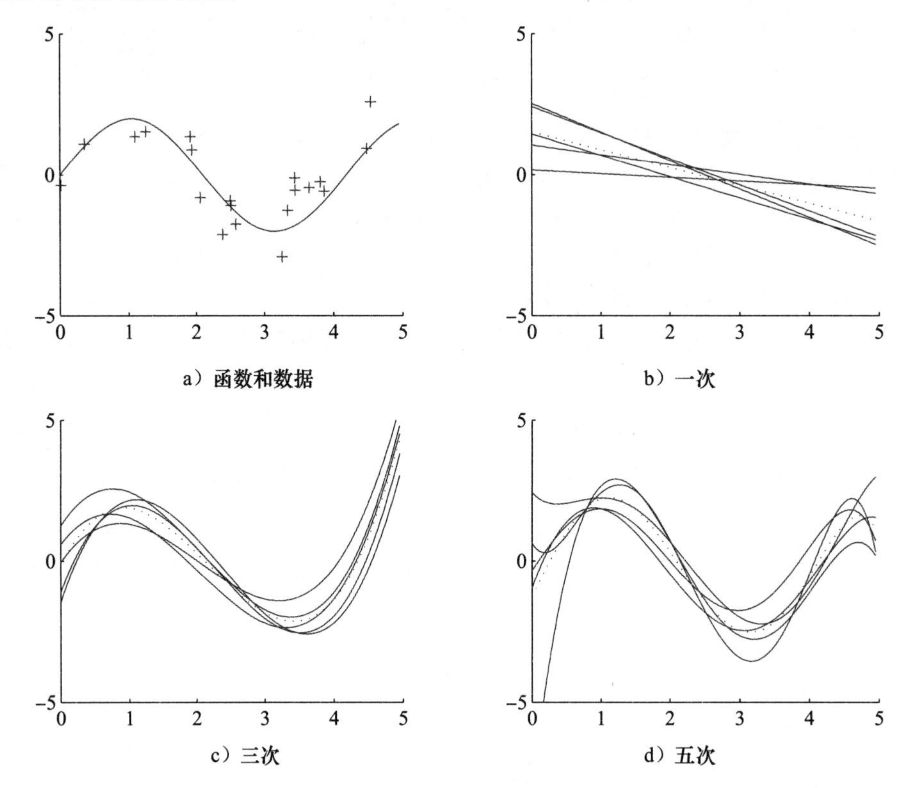

图 4-5　a）函数 $f(x)=2\sin(1.5x)$和一个从该函数采样的含有噪声($\mathcal{N}(0, 1)$)的数据集。抽取 5 个样本，每个包含 20 个实例。b)、c)、d 分别是 5 个一次、三次和五次多项式 $g_i(\cdot)$拟合。对于每种情况，虚线是 5 次拟合的平均 $\overline{g}(\cdot)$

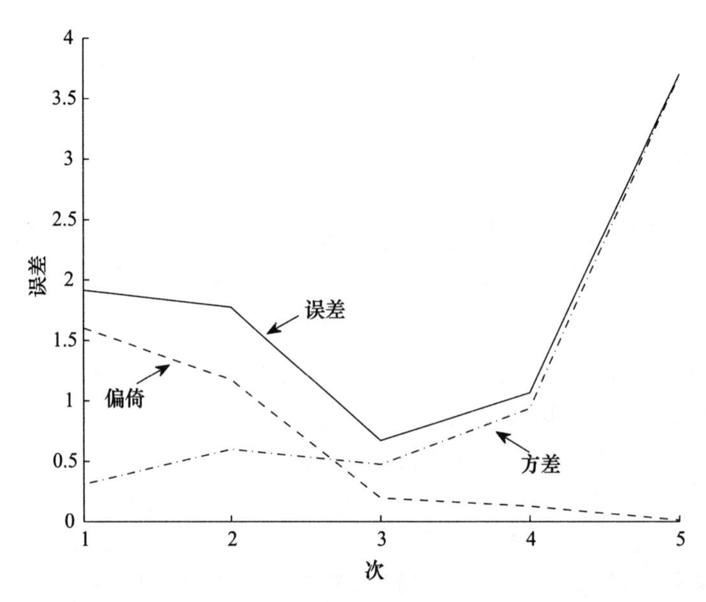

图 4-6　与图 4-5 同样的设置，使用 100 个模型而不是 5 个，从一～五次多项式的偏倚、方差和误差。一次多项式具有最小方差，五次多项式具有最小偏倚。随着阶的增加，偏倚减小但是方差增加。三次多项式具有最小误差

如果有偏倚，则表明模型类不包含解，这是欠拟合(underfitting)。如果有方差，则模型类过于一般，并且也学习噪声，这是过拟合(overfitting)。如果 $g(\cdot)$是与$f(\cdot)$同样的假设类(例如，相同次的多项式)，则我们有一个无偏估计，并且估计的偏倚随着模型数增加而减小。这表明选择正确模型的误差降低效果(在第 2 章，我们称为归纳偏倚——这两处"偏倚"的使用是不同的，但并非不相关)。对于方差，它同样依赖于训练集的大小。由于样本导致的可变性随着样本规模的增加而减少。总之，为了取得小的误差值，我们应该有合适的归纳偏倚(在统计意义上取得小的偏倚)，并且有足够大的数据集，使得模型的可变性能够受到数据的约束。

注意，当方差大时偏倚小，这表明 $\bar{g}(x)$是一个好的估计器。因此，为了取得小的误差值，我们可以采用大量高方差模型，并且用它们的平均值作为估计。我们将在第 17 章讨论这种模型组合方法。

4.8 模型选择过程

有许多过程可以用来调整模型的复杂度。

在实践中，我们用来发现最佳复杂度的方法是交叉验证(cross-validation)。我们不能计算一个模型的偏倚和方差，但是我们能够计算总误差。给定一个数据集，我们把它分成两部分，分别作为训练集和验证集，在训练集上训练不同复杂度的候选模型，而在训练时留下的验证集上检验它们的误差。随着模型复杂度的增加，训练误差持续降低。在达到一定的复杂程度之前，验证集上的误差降低，然后停止降低或不再进一步显著降低，如果数据中有噪声，甚至还会增加。这个"拐点"对应于最佳复杂度水平(参见图 4-7)。

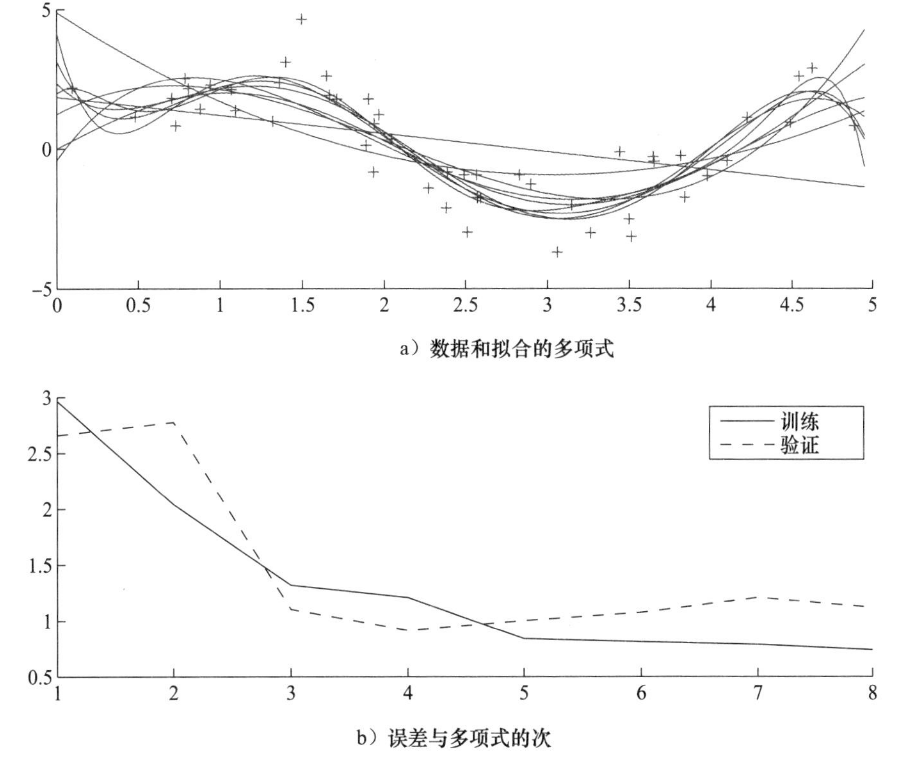

a) 数据和拟合的多项式

b) 误差与多项式的次

图 4-7 与图 4-5 同样的设置，产生训练集和验证集(每个包含 50 个实例)。a) 训练数据与一～八次的拟合多项式。b) 训练和验证误差作为多项式次的函数。"拐点"在 3

在现实生活中，我们不能像图4-6中那样计算偏倚，因而不能计算误差。除了还包含噪声的方差外，图4-7中的验证误差是一种估计：即便我们有无偏的正确模型，并且有足够大的数据集可以忽略方差，但仍然会有非零验证误差。注意，图4-7中的验证误差与图4-6中的误差不同，不是“V形”的，因为前者使用更多的训练数据，并且我们知道使用更多数据可以限制方差。确实，在图4-5d中我们看到，在有数据的地方，即使五次多项式的表现也与三次多项式一样；在只有少量数据的地方(例如，在两端)，五次多项式不那么准确。

另一个常用的方法是*正则化*(regularization)(Breiman 1998a)。在这种方法中，使用一个*增广误差函数*(augmented error function)，记作

$$E' = \text{数据上的误差} + \lambda \cdot \text{模型复杂度} \tag{4-37}$$

它的第二项用一个大的方差惩罚复杂模型，其中λ给出了惩罚的权重。当我们最小化增广误差函数而不仅仅是数据上的误差时，我们惩罚了复杂模型，因此降低了方差。如果λ太大，则只允许很简单的模型，我们就会冒着引进偏倚的危险。λ用交叉验证优化。

82 ≀ 85

另一种看待式(4-37)的方法是把E'看作新的检验数据上的误差。右边的第一项是训练误差，而第二项是估计训练与检验误差之间偏差的*乐观*(optimism)项(Hastie，Tibshirani和Friedman 2011)。可以用*Akaike信息准则*(Akaike's Information Criterion，AIC)和*贝叶斯信息准则*(Bayesian Information Criterion，BIC)等方法估计这个乐观项，并把它加到训练误差来估计检验误差，而不需要验证。这个乐观项的大小随输入的个数d(这里是$k+1$)线性增加，并且随训练集的大小N的增加而减少，它还随添加的噪声的方差σ^2(可以由低偏倚模型的误差估计)的增加而增加。对于非线性模型，d应该代之以参数的“有效”个数。

结构风险最小化(Structural Risk Minimization，SRM)(Vapnik 1995)使用一个模型集，按它们的复杂度排序。一个例子是次递增的多项式。复杂度一般用自由参数的数量度量。VC维是另一种模型复杂度的度量。在式(4-37)中，可以使用递减的λ_i来得到复杂度递增的模型集合。SRM模型选择对应于寻找最简单且在数据上的经验误差最小的模型。

最小描述长度(Minimum Description Length，MDL)(Rissanen 1978，Grünwald 2007)基于信息论度量。数据集的*Kolmogorov复杂度*(Kolmogorov complexity)定义为数据的最短描述。如果数据简单，它就有短的复杂度。例如，如果它是0的序列，则可以只写0和序列的长度。如果数据是完全随机的，则不可能有比数据自身更短的数据描述。如果一个模型对数据是合适的，则它有一个好的数据拟合，我们可以发送/存储模型描述而不是数据本身。在描述数据的所有模型中，我们想要一个最简单的模型，以便适合最短描述。这样，我们又一次要在模型的简单性和它解释数据的能力之间权衡。

当我们有一些关于近似函数的合适类的先验知识时，使用*贝叶斯模型选择*(Bayesian model selection)。这种先验知识定义为模型的先验分布p(模型)。给定数据并假定一个模型，可以用贝叶斯规则计算p(模型|数据)：

$$p(\text{模型}|\text{数据}) = \frac{p(\text{数据}|\text{模型})p(\text{模型})}{p(\text{数据})} \tag{4-38}$$

86

给定关于模型的主观先验知识(即p(模型))和数据提供的客观支持(即p(数据|模型))，p(模型|数据)是模型的后验概率。我们可以选择具有最高后验概率的模型，或者用模型的后验概率加权，在所有模型上取平均。我们将在第16章详细讨论贝叶斯方法。如果我们取式(4-38)的对数，则得到

$$\log p(\text{模型}\mid\text{数据}) = \log p(\text{数据}\mid\text{模型}) + \log p(\text{模型}) - c \tag{4-39}$$

这具有式(4-37)的形式。数据的对数似然是训练误差，而先验的对数是惩罚项。例如，如果我们有一个回归模型，并使用先验 $p(\boldsymbol{w}) \sim \mathcal{N}(0, 1/\lambda)$，则最小化

$$E = \sum_t [r^t - g(x^t|\boldsymbol{w})]^2 + \lambda \sum_i w_i^2 \tag{4-40}$$

也就是说，我们寻找降低误差并且尽可能接近 0 的 w_i，而我们希望它们接近 0 的理由是拟合的多项式会更平滑。随着多项式的次的增加，为了更好地拟合数据，函数将上下摆动，这说明系数远离 0(参见图 4-8)。当我们加上这个惩罚时，我们强制更平坦、更平滑的拟合。惩罚多少依赖于 λ，它是先验方差的逆，即我们期望先验的权重离 0 多远。也就是说，有这样的先验等价于迫使参数接近于 0。我们将在第 16 章更详细地讨论这一问题。

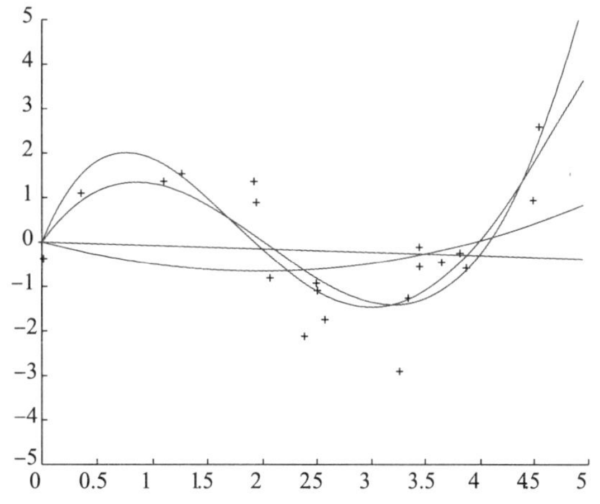

图 4-8 与图 4-5 同样的设置，拟合 1 到 4 阶多项式。系数的大小随多项式的阶增加而增加它们是 1：$[-0.0769, 0.00116]^{\mathrm{T}}$，2：$[0.1682, -0.6657, 0.0080]^{\mathrm{T}}$，3：$[0.4238, -2.5778, 3.4675, -0.0002]^{\mathrm{T}}$，4：$[-0.1093, 1.4356, -5.5007, 6.0454, -0.0019]^{\mathrm{T}}$

也就是说，当选择的先验使得较简单的模型具有较高的概率时(根据奥克姆剃刀规则)，贝叶斯方法、正则化、SRM 和 MDL 都是等价的。交叉验证与其他模型选择方法不同，因为它不对模型做任何先验假设。如果有足够大的验证数据集，它是最好的方法。在数据样本很小时，其他模型变得有用。

4.9 注释

关于最大似然和贝叶斯估计基础的一个好的资源是 Ross 1987。许多模式识别教材都讨论了参数模型分类(例如，MacLachlan 1992；Devroye，Györfi 和 Lugosi 1996；Webb 1999；Duda，Hart 和 Stork 2001)。检查一元正态性的检验可以在 Rencher 1995 中找到。

Geman，Bienenstock 和 Doursat(1992)讨论了多个学习模型的偏倚和方差分解，这些我们也将在后面的章节中讨论。偏倚/方差分解是针对平方损失和以及回归；对于 0/1 损失，误差的这种偏倚、方差和噪声的加法分解是不可能的，因为对于分类，如果意外落到边界的另一侧就会出错。对于两类问题，如果正确的后验是 0.7，而估计是 0.8，则没有错误；仅当估计小于 0.5 时才出错。对于分类，不同的研究者提出了偏倚和方差的不同定义。综述参见 Friedman 1997。

4.10 习题

87 ~ 88

1. 写出生成以给定的 p 为参数的伯努利样本的程序，并写出由样本计算 $\hat{p}$ 的程序。
2. 写出多项样本的对数似然，并证明式(4-6)。
3. 写出生成以给定 μ、σ 为参数的正态样本的并由样本计算 m 和 s 的程序。对 μ 假定先验分布，用贝叶斯估计做相同的工作。
4. 给定两个正态分布 $p(x|C_1) \sim N(\mu_1, \sigma_1^2)$ 和 $p(x|C_2) \sim N(\mu_2, \sigma_2^2)$ 以及 $p(C_1)$ 和 $p(C_2)$，分

析地计算贝叶斯判别点。

解：给定

$$p(x|C_1)-\mathcal{N}(\mu_1,\sigma_1^2)=\frac{1}{\sqrt{2\pi}\sigma_1}\exp\left[-\frac{(x-\mu_1)^2}{2\sigma_1^2}\right]$$

$$p(x|C_2)-\mathcal{N}(\mu_2,\sigma_2^2)$$

我们要寻找 x，它满足 $P(C_1|x)=P(C_2|x)$或

$$p(x|C_1)P(C_1)=p(x|C_2)P(C_2)\log p(x|C_1)$$

$$+\log P(C_1)=\log p(x|C_2)+\log P(C_2)$$

$$-\frac{1}{2}\log 2\pi-\log\sigma_1-\frac{(x-\mu_1)^2}{2\sigma_1^2}+\log P(C_1)=\cdots$$

$$-\log\sigma_1-\frac{1}{2\sigma_1^2}(x^2-2x\mu_1+\mu_1^2)+\log P(C_1)=\cdots$$

$$\left(\frac{1}{2\sigma_2^2}-\frac{1}{2\sigma_1^2}\right)x^2+\left(\frac{\mu_1}{\sigma_1^2}-\frac{\mu_2}{\sigma_2^2}\right)x+$$

$$\left(\frac{\mu_2^2}{2\sigma_2^2}-\frac{\mu_1^2}{2\sigma_1^2}\right)+\log\frac{\sigma_2}{\sigma_1}+\log\frac{P(C_1)}{P(C_2)}=0$$

这是 $ax^2+bx+c=0$ 的形式，而它的两个根为

$$x_1,x_2=\frac{-b\pm\sqrt{b^2-4ac}}{2a}$$

注意：如果方差相等，则平方项消失并且只有一个根，也就是两个先验相交于单个 x 值上。

5. 在高斯密度的情况下，似然比$\frac{p(x|C_1)}{p(x|C_2)}$是什么？

解：

$$\frac{p(x|C_1)}{p(x|C_2)}=\frac{\frac{1}{\sqrt{2\pi}\sigma_1}\exp\left[-\frac{(x-\mu_1)^2}{2\sigma_1^2}\right]}{\frac{1}{\sqrt{2\pi}\sigma_2}\exp\left[-\frac{(x-\mu_2)^2}{2\sigma_2^2}\right]}$$

如果有 $\sigma_1^2=\sigma_2^2=\sigma^2$，则上式可以简化为

$$\frac{p(x|C_1)}{p(x|C_2)}=\exp\left[-\frac{(x-\mu_1)^2}{2\sigma^2}+\frac{(x-\mu_2)^2}{2\sigma^2}\right]$$

$$=\exp\left[\frac{(\mu_1-\mu_2)}{\sigma^2}x+\frac{(\mu_2^2-\mu_1^2)}{2\sigma^2}\right]$$

$$=\exp(wx+w_0)$$

89

其中，$w=(\mu_1-\mu_2)/\sigma^2$，$w_0=(\mu_2^2-\mu_1^2)/2\sigma^2$。

6. 对于两类问题，用不同的方差为两个类产生正态样本，然后使用参数分类法估计判别点。将它与理论值进行比较。
7. 假定一个线性模型，然后加入 0 均值的高斯噪声来产生一个样本。把样本一分为二，分别作为训练集和验证集。在训练集上使用线性回归。在验证集上计算误差。对二次和三次多项式做同样的处理。
8. 当训练集较小时，方差对误差的贡献可能比偏倚大。在这种情况下，我们可能更喜欢简单模型，即使我们知道对于我们的任务它太简单了。你能给出一个例子吗？

9. 假设给定样本$\mathcal{X}_i=\{x_i^t, r_i^t\}$，我们定义$g_i(x)=r_i^1$，即我们对任意$x$的估计是数据集$\mathcal{X}_i$的第一个实例(未排序的)的$r$值。与$g_i(x)=2$和$g_i(x)=\sum_t r_i^t/N$相比，关于它的偏倚和方差你有何评论？如果样本是有序的使得$g_i(x)=\min_t r_i^t$，情况又如何？
10. 在式(4-40)中，改变λ对偏倚和方差的影响是什么？

解：λ控制平滑性：如果它太大，则可能平滑过度而以增加偏倚为代价减少方差；如果它太小，则偏倚可能小但方差将很高。

4.11 参考文献

Andrieu, C., N. de Freitas, A. Doucet, and M. I. Jordan. 2003. "An Introduction to MCMC for Machine Learning." *Machine Learning* 50:5–43.

Breiman, L. 1998. "Bias-Variance, Regularization, Instability and Stabilization." In *Neural Networks and Machine Learning*, ed. C. M. Bishop, 27–56. Berlin: Springer.

Devroye, L., L. Györfi, and G. Lugosi. 1996. *A Probabilistic Theory of Pattern Recognition.* New York: Springer.

Duda, R. O., P. E. Hart, and D. G. Stork. 2001. *Pattern Classification*, 2nd ed. New York: Wiley.

Friedman, J. H. 1997. "On Bias, Variance, 0/1-Loss and the Curse of Dimensionality." *Data Mining and Knowledge Discovery* 1:55–77.

Geman, S., E. Bienenstock, and R. Doursat. 1992. "Neural Networks and the Bias/Variance Dilemma." *Neural Computation* 4:1–58.

Grünwald, P. D. 2007. *The Minimum Description Length Principle.* Cambridge, MA: MIT Press.

Hastie, T., R. Tibshirani, and J. Friedman. 2011. *The Elements of Statistical Learning: Data Mining, Inference, and Prediction,* 2nd ed. New York: Springer.

McLachlan, G. J. 1992. *Discriminant Analysis and Statistical Pattern Recognition.* New York: Wiley.

Rencher, A. C. 1995. *Methods of Multivariate Analysis.* New York: Wiley.

Rissanen, J. 1978. "Modeling by Shortest Data Description." *Automatica* 14:465–471.

Ross, S. M. 1987. *Introduction to Probability and Statistics for Engineers and Scientists.* New York: Wiley.

Vapnik, V. 1995. *The Nature of Statistical Learning Theory.* New York: Springer.

Webb, A., and K. D. Copsey. 2011. *Statistical Pattern Recognition,* 3rd ed. New York: Wiley.

90 ≀ 92

第 5 章

Introduction to Machine Learning, Third Edition

多元方法

在第 4 章，我们讨论了分类和回归的参数方法。现在，我们将它们推广到多元情况，其中有多个输入，并且输出(即类编码或连续输出)是这些输入的函数。这些输入可能是离散的或数值的。我们将讨论如何从标记的多元样本学习这样的函数，以及如何根据已有数据调整学习方法的复杂度。

5.1 多元数据

在许多应用中，许多测量都在每个个体或者事件上进行，并产生观测向量。样本可以看作一个数据矩阵(data matrix)

$$\boldsymbol{X}=\begin{bmatrix} X_1^1 & X_2^1 & \cdots & X_d^1 \\ X_1^2 & X_2^2 & \cdots & X_d^2 \\ \cdots & & & \\ X_1^N & X_2^N & \cdots & X_d^N \end{bmatrix}$$

其中 d 列对应于 d 个变量，表示在个体或事件上的测量结果。它们也称为输入(input)、特征(feature)或属性(attribute)。N 行对应于在 N 个个体或事件上的独立同分布的观测(observation)、样例(example)或实例(instance)。

例如，在对贷款申请做决定时，观测向量是与客户相关的一些信息，包括客户的年龄、婚姻状况、年收入等，并且我们有 N 个这样的老客户。这些测量也许有不同的尺度，例如，年龄用年计算，年收入用货币单位计算。有些(如年龄)可能是数值的，有些(如婚姻状况)可能是离散的。

93

通常，这些变量是相关的。如果它们不相关，就没有必要做多元分析。我们的目标也许是化简(simplification)，也就是用相对少的参数汇总大量数据。我们的目标也许是探索(exploratory)，并且我们可能对产生关于数据的假设感兴趣。在有些应用中，我们对从其他变量的值来预测一个变量的值感兴趣。如果被预测的变量是离散的，则就是多元分类问题；如果是数值的，则就是多元回归问题。

5.2 参数估计

均值向量(mean vector)$\boldsymbol{\mu}$ 的每个元素都是 $\boldsymbol{X}$ 的一列的均值：

$$E[\boldsymbol{x}]=\boldsymbol{\mu}=[\mu_1,\cdots,\mu_d]^{\mathrm{T}} \tag{5-1}$$

X_i的方差记作σ_i^2，两个变量 X_i和 X_j的协方差定义为

$$\sigma_{ij}\equiv \mathrm{Cov}(X_i,X_j)=E[(X_i-\mu_i)(X_j-\mu_j)]=E[X_iX_j]-\mu_i\mu_j \tag{5-2}$$

满足 $\sigma_{ij}=\sigma_{ji}$，并且当 $i=j$ 时，$\sigma_{ij}=\sigma_i^2$。d 个变量就有 d 个方差和 $d(d-1)/2$ 个协方差。通常表示为 $d\times d$ 矩阵，称为协方差矩阵(covariance matrix)，用 $\boldsymbol{\Sigma}$ 表示，其第(i，j)个元素是 σ_{ij}：

$$\boldsymbol{\Sigma}=\begin{bmatrix} \sigma_1^2 & \sigma_{12} & \cdots & \sigma_{1d} \\ \sigma_{21} & \sigma_2^2 & \cdots & \sigma_{2d} \\ \cdots & & & \\ \sigma_{d1} & \sigma_{d2} & \cdots & \sigma_d^2 \end{bmatrix}$$

对角线上的元素是方差，非对角线上的元素是协方差，并且矩阵是对称的。使用向量矩阵记号

$$\boldsymbol{\Sigma} \equiv \mathrm{Cov}(\boldsymbol{X}) = E[(\boldsymbol{X}-\boldsymbol{\mu})(\boldsymbol{X}-\boldsymbol{\mu})^{\mathrm{T}}] = E[\boldsymbol{X}\boldsymbol{X}^{\mathrm{T}}] - \boldsymbol{\mu}\boldsymbol{\mu}^{\mathrm{T}} \tag{5-3}$$

94

如果两个向量是线性相关的，则协方差为正或为负，这取决于线性关系的斜率是正还是负。但是相关性的大小很难解释，因为它取决于两个变量的测量单位。变量 X_i 和 X_j 的相关性(correlation)是一个规范化到－1～＋1 之间的统计量，定义为：

$$\mathrm{Corr}(X_i, X_j) \equiv \rho_{ij} = \frac{\sigma_{ij}}{\sigma_i \sigma_j} \tag{5-4}$$

如果两个变量是相互独立的，那么其协方差为 0，因而相关性为 0。然而，其逆不正确：变量也许是依赖的(以非线性方式)，但是它们的相关性可能为 0。

给定多元样本，可以计算这些参数的估计：均值的最大似然估计是样本均值(sample mean)$\boldsymbol{m}$。它的第 i 维是 $\boldsymbol{X}$ 的第 i 列的平均值：

$$\boldsymbol{m} = \frac{\sum_{t=1}^{N} \boldsymbol{x}^t}{N}, \quad 其中\ m_i = \frac{\sum_{t=1}^{N} x_i^t}{N}, \quad i = 1, \cdots, d \tag{5-5}$$

$\boldsymbol{\Sigma}$ 的估计是样本协方差(sample covariance)矩阵 $\boldsymbol{S}$，其元素是

$$s_i^2 = \frac{\sum_{t=1}^{N} (x_i^t - m_i)^2}{N} \tag{5-6}$$

$$s_{ij} = \frac{\sum_{t=1}^{N} (x_i^t - m_i)(x_j^t - m_j)}{N} \tag{5-7}$$

它们是有偏估计，但如果在应用中估计的变化显著依赖于被 N 还是被 $N-1$ 来除，则那么将遇到严重的麻烦。

样本相关(sample correlation)系数是：

$$r_{ij} = \frac{s_{ij}}{s_i s_j} \tag{5-8}$$

而样本的相关矩阵 $\boldsymbol{R}$ 包含 r_{ij}。

5.3 缺失值估计

观测中的某些变量的值常常可能缺失。最好的策略是把这些观测值一同丢弃，但是，一般我们没有足够大的样本来让我们这样做，并且我们不想丢弃数据，因为非缺失的条目确实包含信息。我们试图通过估计它们来填写缺失的条目，这称作估算(imputation)。

95

在均值估算(mean imputation)中，对于数值变量，用现有数据的均值(平均值)来代替样本中缺失的变量值。对于离散变量，用最可能出现的值，即数据中最常出现的值来填写缺失的变量值。

在回归估算(imputation by regression)中，试图从值已知的其他变量来预测缺失的变量值。根据缺失变量的类型，分别定义回归或分类问题，用其值已知的数据点来训练。如果许多不同的变量都缺失，则我们取均值作为初始估计，并反复执行该过程直到被预测的值稳定。如果这些变量不是高度相关的，则回归方法与均值估算等价。

然而，根据环境，有时特定属性值的缺失也许很重要。例如，在信用卡申请中，如果申请人不提供电话号码，这也许是一条至关重要的信息。在这样的情况下，我们用一个单

独的值表示它，指明该值缺失并照此使用。

5.4 多元正态分布

在多元情况下，其中 $\boldsymbol{x}$ 是 d 维、正态分布的，我们有

$$p(\boldsymbol{x}) = \frac{1}{(2\pi)^{d/2}|\boldsymbol{\Sigma}|^{1/2}}\exp\left[-\frac{1}{2}(\boldsymbol{x}-\boldsymbol{\mu})^{\mathrm{T}}\Sigma^{-1}(\boldsymbol{x}-\boldsymbol{\mu})\right] \tag{5-9}$$

并且我们记 $\boldsymbol{x}\sim\mathcal{N}_d(\boldsymbol{\mu},\boldsymbol{\Sigma})$，其中 $\boldsymbol{\mu}$ 是均值向量，$\boldsymbol{\Sigma}$ 是协方差矩阵(参见图 5-1)。正如

$$\frac{(x-\mu)^2}{\sigma^2} = (x-\mu)(\sigma^2)^{-1}(x-\mu)$$

是 x 到 μ 的以标准差为单位、对不同的方差规范化的平方距离一样，在多元情况下，使用马氏距离(Mahalanobis distance)：

$$(\boldsymbol{x}-\boldsymbol{\mu})^{\mathrm{T}}\boldsymbol{\Sigma}^{-1}(\boldsymbol{x}-\boldsymbol{\mu}) \tag{5-10}$$

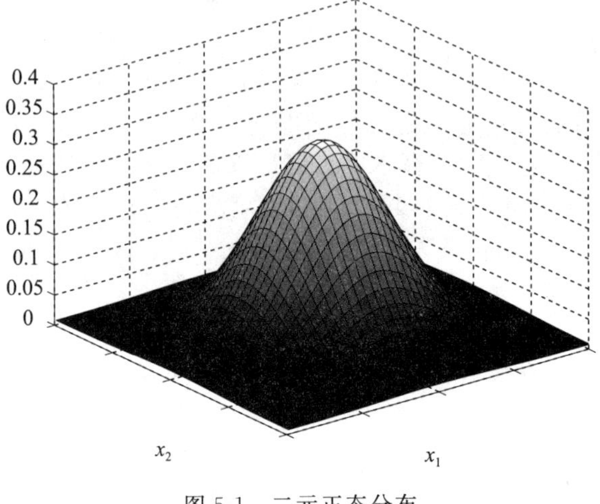

图 5-1 二元正态分布

$(\boldsymbol{x}-\boldsymbol{\mu})^{\mathrm{T}}\boldsymbol{\Sigma}^{-1}(\boldsymbol{x}-\boldsymbol{\mu})=c^2$ 是以 $\boldsymbol{\mu}$ 为中心的 d 维超椭球，并且它的形状和方向由 $\boldsymbol{\Sigma}$ 决定。由于使用了 $\boldsymbol{\Sigma}$ 的逆，所以如果一个变量的方差比其他变量的方差大，则它在马氏距离中的权重较小。类似地，两个高度相关变量的贡献没有两个相关性较低变量的贡献大。这样，使用协方差矩阵的逆具有将所有变量标准化(具有单位方差)并消除相关性的效果。

为便于显示，让我们考虑二元情况，其中 $d=2$(参见图 5-2)。当变量独立时，密度的主轴与输入轴平行。如果方差不同，则密度变成椭圆。密度根据协方差(相关性)的符号旋转。均值向量为 $\boldsymbol{\mu}^{\mathrm{T}}=[\mu_1, \mu_2]$，协方差矩阵通常表示为

$$\boldsymbol{\Sigma} = \begin{bmatrix} \sigma_1^2 & \rho\sigma_1\sigma_2 \\ \rho\sigma_1\sigma_2 & \sigma_2^2 \end{bmatrix}$$

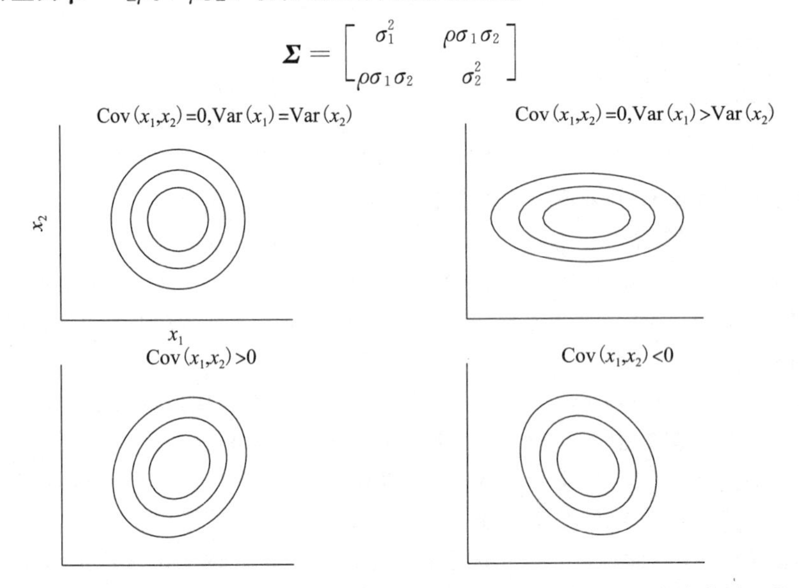

图 5-2 二元正态分布的等概率等值线图。其中心由均值给定，其形状和方向依赖于协相关矩阵

二元联合密度可以表示为如下形式(见习题1)：

$$p(x_1,x_2)=\frac{1}{2\pi\sigma_1\sigma_2\sqrt{1-\rho^2}}\exp\left[-\frac{1}{2(1-\rho^2)}(z_1^2-2\rho z_1z_2+z_2^2)\right] \tag{5-11}$$

其中，$z_i=(x_i-\mu_i)/\sigma_i(i=1, 2)$是规范化变量，称为z规范化(z-normalization)。记住，当$|\rho|<1$时，

$$z_1^2+2\rho z_1z_2+z_2^2=\text{常数}$$

是椭圆方程。当$\rho>0$时，椭圆的主轴具有正斜率，当$\rho<0$时，主轴具有负斜率。

在式(5-11)的扩展马氏距离中，每个变量都被规范化，具有单位方差，交叉项修正了两个变量之间的相关性。

概率密度依赖于5个参数：两个均值、两个方差和相关性。只要方差不是0且$|\rho|<1$，则$\boldsymbol{\Sigma}$就是非奇异的，因此是正定的。如果ρ是+1或者-1，则两个变量是线性相关的，观测事实上是一维的，并且两个变量中的一个可以去掉。如果$\rho=0$，则两个变量是独立的，交叉项消失，得到两个一元密度的乘积。

96~98

在多元情况下，小的$|\boldsymbol{\Sigma}|$值表明样本靠近$\boldsymbol{\mu}$，正如单变量的情况，小的σ^2表示样本靠近μ。小的$|\boldsymbol{\Sigma}|$还表示两个变量之间高度相关。$\boldsymbol{\Sigma}$是对称正定矩阵，这是$\text{Var}(X)>0$的多元说法。否则，$\boldsymbol{\Sigma}$是奇异的，它的行列式的值为0。这要么是由于维之间的线性依赖性，要么是因为有一维具有0方差。在这种情况下，应该将维度归约，得到正定矩阵；第6章将讨论这个问题的处理方法。

如果$\boldsymbol{x}\sim\mathcal{N}_d(\boldsymbol{\mu}, \boldsymbol{\Sigma})$，则$\boldsymbol{x}$的每维都是一元正态的。(其逆不正确：每一个$X_i$都可以是一元正态的，而$\boldsymbol{X}$不一定是多元正态的。)实际上，变量的任意$k<d$的子集都是$k$元正态的。

特殊情况是，$\boldsymbol{x}$的分量是独立的，并且当$i\neq j$时$\text{Cov}(X_i, X_j)=0$，且对于任意的i，$\text{Var}(X_i)=\sigma_i^2$。于是，协方差矩阵是对角的，联合密度是各个一元密度的乘积：

$$p(\boldsymbol{x})=\prod_{i=1}^d p_i(x_i)=\frac{1}{(2\pi)^{d/2}\prod_{i=1}^d\sigma_i}\exp\left[-\frac{1}{2}\sum_{i=1}^d\left(\frac{x_i-\mu_i}{\sigma_i}\right)^2\right] \tag{5-12}$$

现在，我们考察另一个性质，它将在以后的章节中用到。假设$\boldsymbol{x}\sim\mathcal{N}_d(\boldsymbol{\mu}, \boldsymbol{\Sigma})$，$\boldsymbol{w}\in\Re^d$，则

$$\boldsymbol{w}^{\mathrm{T}}\boldsymbol{x}=w_1x_1+w_2x_2+\cdots+w_dx_d\sim\mathcal{N}(\boldsymbol{w}^{\mathrm{T}}\boldsymbol{\mu},\boldsymbol{w}^{\mathrm{T}}\boldsymbol{\Sigma}\boldsymbol{w})$$

给定

$$E[\boldsymbol{w}^{\mathrm{T}}\boldsymbol{x}]=\boldsymbol{w}^{\mathrm{T}}E[\boldsymbol{x}]=\boldsymbol{w}^{\mathrm{T}}\boldsymbol{\mu} \tag{5-13}$$

$$\begin{aligned}\text{Var}(\boldsymbol{w}^{\mathrm{T}}\boldsymbol{x})&=E[(\boldsymbol{w}^{\mathrm{T}}\boldsymbol{x}-\boldsymbol{w}^{\mathrm{T}}\boldsymbol{\mu})^2]=E[(\boldsymbol{w}^{\mathrm{T}}\boldsymbol{x}-\boldsymbol{w}^{\mathrm{T}}\boldsymbol{\mu})(\boldsymbol{w}^{\mathrm{T}}\boldsymbol{x}-\boldsymbol{w}^{\mathrm{T}}\boldsymbol{\mu})]\\&=E[\boldsymbol{w}^{\mathrm{T}}(\boldsymbol{x}-\boldsymbol{\mu})(\boldsymbol{x}-\boldsymbol{\mu})^{\mathrm{T}}\boldsymbol{w}]=\boldsymbol{w}^{\mathrm{T}}E[(\boldsymbol{x}-\boldsymbol{\mu})(\boldsymbol{x}-\boldsymbol{\mu})^{\mathrm{T}}]\boldsymbol{w}\\&=\boldsymbol{w}^{\mathrm{T}}\boldsymbol{\Sigma}\boldsymbol{w}\end{aligned} \tag{5-14}$$

这就是说，d维正态分布在向量$\boldsymbol{w}$上的投影是一元正态分布。在一般情况下，如果$\boldsymbol{W}$是$d\times k$矩阵，其秩$k<d$，则k维$\boldsymbol{W}^{\mathrm{T}}\boldsymbol{x}$矩阵是$k$元正态分布：

$$\boldsymbol{W}^{\mathrm{T}}\boldsymbol{x}\sim\mathcal{N}_k(\boldsymbol{W}^{\mathrm{T}}\boldsymbol{\mu},,\boldsymbol{W}^{\mathrm{T}}\boldsymbol{\Sigma}\boldsymbol{W}) \tag{5-15}$$

也就是说，如果把一个d维正态分布投影到k维空间，则投影是k维正态分布。

99

5.5 多元分类

当$\boldsymbol{x}\in\Re^d$时，如果取类条件密度$p(\boldsymbol{x}|C_i)$为正态密度$\mathcal{N}_d(\boldsymbol{\mu}_i, \boldsymbol{\Sigma}_i)$，则有

$$p(\boldsymbol{x}|C_i)=\frac{1}{(2\pi)^{d/2}|\boldsymbol{\Sigma}_i|^{1/2}}\exp\left[-\frac{1}{2}(\boldsymbol{x}-\boldsymbol{\mu}_i)^{\mathrm{T}}\boldsymbol{\Sigma}_i^{-1}(\boldsymbol{x}-\boldsymbol{\mu}_i)\right] \tag{5-16}$$

这样做的主要原因是它分析的简单性(Duda，Hart 和 Stork2001)。此外，正态分布密度函数是许多自然现象的模型，因为大多数类的样本都可以看作简单原型 $\boldsymbol{\mu}_i$ 的轻微改变版本，并且协方差矩阵 $\boldsymbol{\Sigma}_i$ 表示每个变量中的噪声量与这些噪声源的相关性。尽管真实数据可能常常并非是严格多元正态的，但是这是一个有用的近似。除了它易于进行数学处理外，该模型对偏离正态分布的鲁棒性在许多工作中都展示出来(例如，McLachlan 1992)。然而，一个明显的要求是一个类的样本应该形成单个组；如果有多个组，则应该使用混合模型(见第 7 章)。

假设我们要预测顾客可能感兴趣的汽车类型。不同的汽车是不同的类，而 $\boldsymbol{x}$ 是顾客的可观测数据，例如年龄和收入。$\boldsymbol{\mu}_i$是购买 i 类汽车的顾客年龄和收入的均值向量，而 $\boldsymbol{\Sigma}_i$ 是它们的协方差矩阵：σ_{i1}^2 和 σ_{i2}^2分别是年龄和收入的方差，σ_{i12}是购买 i 类汽车的顾客年龄和收入的协方差。

当定义判别式函数为

$$g_i(\boldsymbol{x})=\log p(\boldsymbol{x}|C_i)+\log P(C_i)$$

并假定 $p(\boldsymbol{x}|C_i)\sim\mathcal{N}_d(\boldsymbol{\mu}_i, \boldsymbol{\Sigma}_i)$时，我们有

$$g_i(\boldsymbol{x})=-\frac{d}{2}\log 2\pi-\frac{1}{2}\log|\boldsymbol{\Sigma}_i|-\frac{1}{2}(\boldsymbol{x}-\boldsymbol{\mu}_i)^{\mathrm{T}}\boldsymbol{\Sigma}_i^{-1}(\boldsymbol{x}-\boldsymbol{\mu}_i)+\log P(C_i) \tag{5-17}$$

给定 $K\geqslant 2$ 个类的训练样本$\mathcal{X}=\{\boldsymbol{x}^t, \boldsymbol{r}^t\}$，其中如果 $\boldsymbol{x}^t\in C_i$，则 $r_i^t=1$，否则为 0。分别对每个类求最大似然，找到均值和协方差的估计：

$$\hat{P}(C_i)=\frac{\sum_t r_i^t}{N}$$

$$\boldsymbol{m}_i=\frac{\sum_t r_i^t\boldsymbol{x}^t}{\sum_t r_i^t}$$

100

$$\boldsymbol{S}_i=\frac{\sum_t r_i^t(\boldsymbol{x}^t-\boldsymbol{m}_i)(\boldsymbol{x}^t-\boldsymbol{m}_i)^{\mathrm{T}}}{\sum_t r_i^t} \tag{5-18}$$

然后，将这些代入判别式函数，得到判别式的估计。忽略第一个常数项，有

$$g_i(\boldsymbol{x})=-\frac{1}{2}\log|\boldsymbol{S}_i|-\frac{1}{2}(\boldsymbol{x}-\boldsymbol{m}_i)^{\mathrm{T}}\boldsymbol{S}_i^{-1}(\boldsymbol{x}-\boldsymbol{m}_i)+\log\hat{P}(C_i) \tag{5-19}$$

把它展开，得到

$$g_i(\boldsymbol{x})=-\frac{1}{2}\log|\boldsymbol{S}_i|-\frac{1}{2}(\boldsymbol{x}^{\mathrm{T}}\boldsymbol{S}_i^{-1}\boldsymbol{x}-2\boldsymbol{x}^{\mathrm{T}}\boldsymbol{S}_i^{-1}\boldsymbol{m}_i+\boldsymbol{m}_i^{\mathrm{T}}\boldsymbol{S}_i^{-1}\boldsymbol{m}_i)+\log\hat{P}(C_i)$$

它定义了一个*二次判别式*(quadratic discriminant)(参见图 5-3)，也可以写作

$$g_i(\boldsymbol{x})=\boldsymbol{x}^{\mathrm{T}}\boldsymbol{W}_i\boldsymbol{x}+\boldsymbol{w}_i^{\mathrm{T}}\boldsymbol{x}+w_{i0} \tag{5-20}$$

其中

$$\boldsymbol{W}_i=-\frac{1}{2}\boldsymbol{S}_i^{-1}$$

$$\boldsymbol{w}_i=\boldsymbol{S}_i^{-1}\boldsymbol{m}_i$$

$$w_{i0}=-\frac{1}{2}\boldsymbol{m}_i^{\mathrm{T}}\boldsymbol{S}_i^{-1}\boldsymbol{m}_i-\frac{1}{2}\log|\boldsymbol{S}_i|+\log\hat{P}(C_i)$$

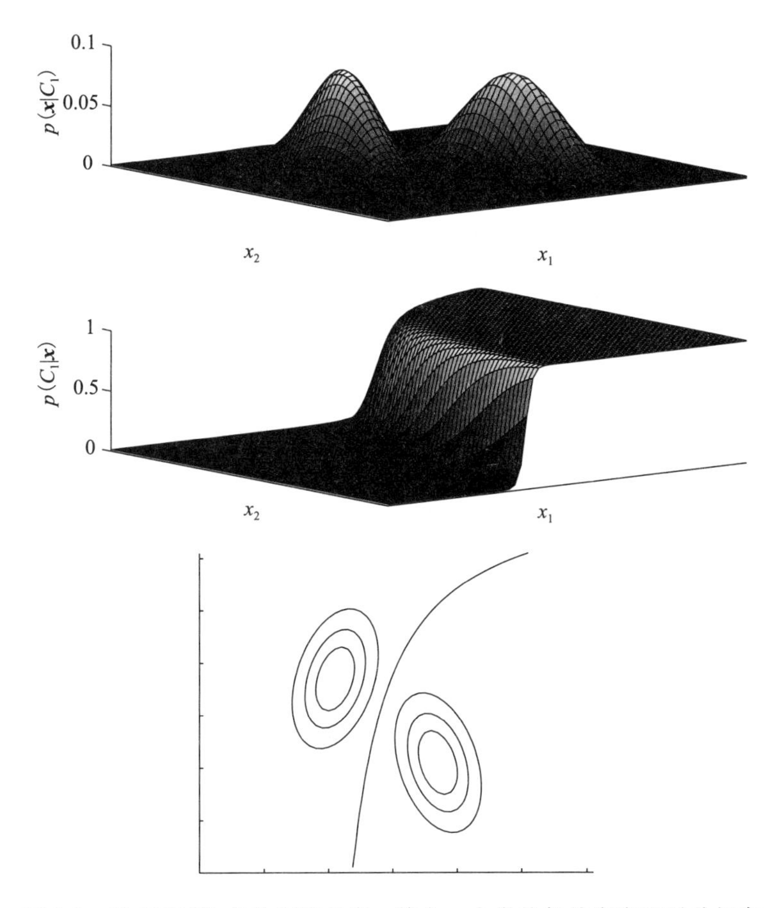

图 5-3　具有不同协方差矩阵的类。其中一个类的似然密度和后验概率（顶部）。类分布用等概率等值线表示，并且绘出判别式(底部)

对于均值，需要估计的参数为 $K \cdot d$ 个；而对于协方差矩阵，需要估计的参数为 $K \cdot d(d+1)/2$ 个。当 d 大且样本小时，$\boldsymbol{S}_i$ 可能是奇异的，并且其逆可能不存在。或者，$|\boldsymbol{S}_i|$ 可能不是零但是太小，这种情况会不稳定；$\boldsymbol{S}_i$ 的小变化会引起 $\boldsymbol{S}_i^{-1}$ 的大变化。为了使小样本上的估计可靠，我们可能希望通过重新设计特性提取器和选择特征子集，或者组合已有特征来降低维度 d。我们将在第 6 章讨论这样的方法。

另一个可能的做法是汇集数据，并对所有的类估计公共协方差矩阵：

$$\boldsymbol{S} = \sum_i \hat{P}(C_i)\, \boldsymbol{S}_i \tag{5-21}$$

在相同协方差矩阵的情况下，式(5-19)化简为

$$g_i(\boldsymbol{x}) = -\frac{1}{2}(\boldsymbol{x}-\boldsymbol{m}_i)^{\mathrm{T}} \boldsymbol{S}^{-1}(\boldsymbol{x}-\boldsymbol{m}_i) + \log \hat{P}(C_i) \tag{5-22}$$

对于均值，参数为 $K \cdot d$ 个；而对于共享的协方差矩阵，参数为 $d(d+1)/2$ 个。如果先验相等，最佳决策规则是把输入指派到与输入均值的马氏距离最小的类。与前面一样，不相等的先验将边界移向不太可能的类。注意，在这种情况下，二次项 $\boldsymbol{x}^{\mathrm{T}}\boldsymbol{S}^{-1}\boldsymbol{x}$ 被约去，因为它出现在所有的判别式中，并且决策边界是线性的，导致线性判别式(linear discriminant)(参见图 5-4)可以写成如下形式

$$g_i(\boldsymbol{x}) = \boldsymbol{w}_i^{\mathrm{T}}\boldsymbol{x} + w_{i0} \tag{5-23}$$

其中

$$w_i = S^{-1} m_i$$

$$w_{i0} = -\frac{1}{2} m_i^{\mathrm{T}} S^{-1} m_i + \log \hat{P}(C_i)$$

这种线性分类器的决策区域是凸的，即在一个决策区域内任意选择两个点并用一条直线连接，直线上的所有点都落在该区域内。

通过假定协方差矩阵的所有非对角线元素均为零，从而假定变量都是独立的，问题可以进一步简化。这是朴素贝叶斯分类(naïve Bayes'classifier)，其中 $p(x_j|C_i)$是一元高斯的。$\boldsymbol{S}$ 和它的逆都是对角的，并且有

$$g_i(\boldsymbol{x}) = -\frac{1}{2}\sum_{j=1}^{d}\left(\frac{x_j^t - m_{ij}}{s_j}\right)^2 + \log \hat{P}(C_i) \tag{5-24}$$

项$(x_j^t - m_{ij})/s_j$ 有规范化作用并以标准差单位度量距离。从几何学角度来说，类是超椭圆体，并且因为协方差为零，所以它还是轴对齐的(参见图 5-5)。参数的数量为 $K \cdot d$ 个均值和 d 个方差。这样，$\boldsymbol{S}$ 的复杂度由$\mathcal{O}(d^2)$降低为$\mathcal{O}(d)$。

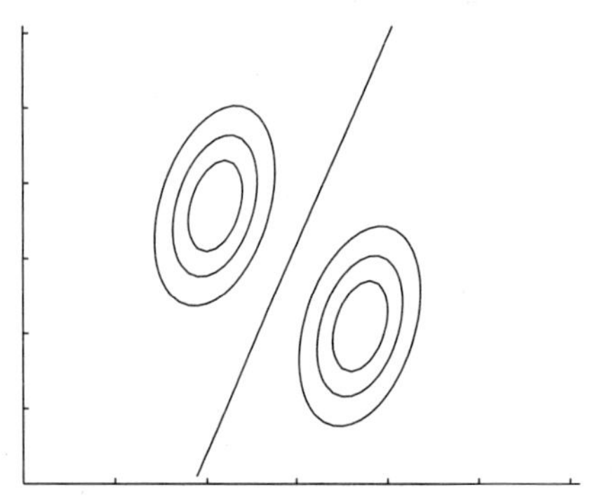

图 5-4 协方差可以是任意的，但是被两个类共享

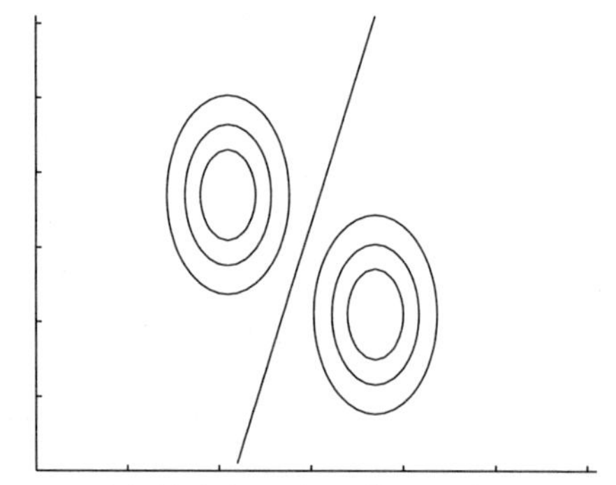

图 5-5 所有的类都具有相等的对角协方差，但是方差不相等

如果我们假定所有的变量是相等的，马氏距离归约为欧氏距离(Euclidean distance)，那么问题还可以进一步简化。在几何图形上，分布是球形的，并以均值向量 $\boldsymbol{m}_i$ 为中心(参见图 5-6)。于是，$|\boldsymbol{S}| = s^{2d}$ 且 $\boldsymbol{S}^{-1} = (1/s^2)\boldsymbol{I}$。参数是 $K \cdot d$ 个均值和一个 s^2。

$$g_i(\boldsymbol{x}) = -\frac{\|\boldsymbol{x} - \boldsymbol{m}_i\|^2}{2s^2} + \log \hat{P}(C_i)$$

$$= -\frac{1}{2s^2}\sum_{j=1}^{d}(x_j^t - m_{ij})^2 + \log \hat{P}(C_i) \tag{5-25}$$

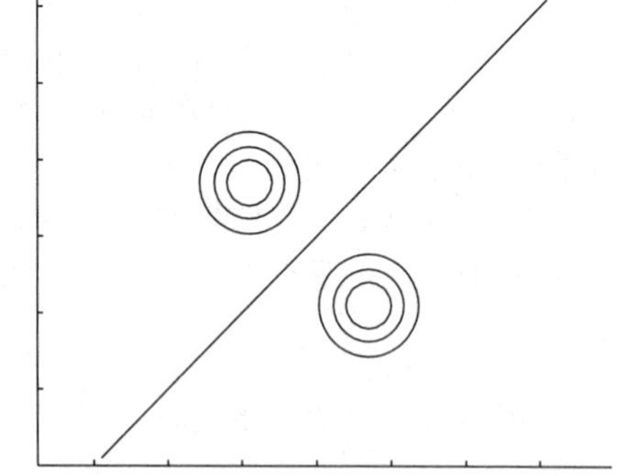

图 5-6 所有类具有相等的、在两个维上均具有相等方差的对角协方差矩阵

如果先验相等，则有 $g_i(\boldsymbol{x}) = -\|\boldsymbol{x} - \boldsymbol{m}_i\|^2$。这称为最近均值分类(nearest mean classifier)，因为它把输入指派到最近均值的类。如果每个均值看作类的理想原型或模板，那么这就是模板匹配(template matching)过程。它可以扩展为

$$g_i(\boldsymbol{x}) = -\|\boldsymbol{x} - \boldsymbol{m}_i\|^2 = -(\boldsymbol{x} - \boldsymbol{m}_i)^{\mathrm{T}}(\boldsymbol{x} - \boldsymbol{m}_i) = -(\boldsymbol{x}^{\mathrm{T}}\boldsymbol{x} - 2\boldsymbol{m}_i^{\mathrm{T}}\boldsymbol{x} + \boldsymbol{m}_i^{\mathrm{T}}\boldsymbol{m}_i) \tag{5-26}$$

第一项 $\boldsymbol{x}^{\mathrm{T}}\boldsymbol{x}$ 出现在所有的 $g_i(\boldsymbol{x})$中，可以去掉，并且可以把判别式函数写成

$$g_i(\boldsymbol{x}) = \boldsymbol{w}_i^{\mathrm{T}}\boldsymbol{x} + w_{i0} \tag{5-27}$$

其中 $\boldsymbol{w}_i=\boldsymbol{m}_i$，$w_{i0}=-(1/2)\|\boldsymbol{m}_i\|^2$。如果所有的 $\boldsymbol{m}_i$ 有相似的范数，则 w_{i0} 也可以忽略，并且可以使用

$$g_i(\boldsymbol{x})=\boldsymbol{m}_i^{\mathrm{T}}\boldsymbol{x} \tag{5-28}$$

当 $\boldsymbol{m}_i$ 的范数可比较时，也可以使用点积代替(负的)欧氏距离作为相似性度量。

实际上，我们可以把寻找最佳判别式函数的任务看作寻找最佳距离函数。这可以看作另一种分类方法：我们不是要学习判别式函数 $g_i(\boldsymbol{x})$，而是要学习一个合适的距离函数 $\mathcal{D}(\boldsymbol{x}_1,\boldsymbol{x}_2)$，使得对任意 $\boldsymbol{x}_1$，$\boldsymbol{x}_2$，$\boldsymbol{x}_3$，其中 $\boldsymbol{x}_1$，$\boldsymbol{x}_2$ 属于相同的类，而 $\boldsymbol{x}_1$，$\boldsymbol{x}_3$ 属于两个不同的类，我们希望有

101～105

$$\mathcal{D}(\boldsymbol{x}_1,\boldsymbol{x}_2)<\mathcal{D}(\boldsymbol{x}_1,\boldsymbol{x}_3)$$

5.6 调整复杂度

在表 5-1 中，我们看到如何减少协方差矩阵的参数数目，如何在简单模型的适用性和通用性之间折中。这是偏倚/方差两难选择的又一个例子。当我们做简化协方差矩阵的假设并减少被估计的参数数目时，我们就有引入偏倚的风险(参见图 5-7)。另一方面，如果不做这种假设，并且矩阵是任意的，则二次判别式函数在小数据集上会有很大的方差。理想情况取决于已有数据所表示问题的复杂度和我们所拥有数据的规模。当我们拥有小数据集时，尽管协方差矩阵不同，但是假定共享协方差矩阵也许更好。单个协方差矩阵具有较少的参数，并且可以利用更多的数据来估计，即用所有类的实例估计。这相当于使用线性判别式(linear discriminant)。分类经常使用线性判别式，我们将在第 10 章更详细地讨论它。

表 5-1 通过简化假设降低方差

假设	协方差矩阵	参数数目
共享、超球	$\boldsymbol{S}_i=\boldsymbol{S}=s^2\boldsymbol{I}$	1
共享、轴对齐	$\boldsymbol{S}_i=\boldsymbol{S}$，其中 $s_{ij}=0$	d
共享、超椭球	$\boldsymbol{S}_i=\boldsymbol{S}$	$d(d+1)/2$
不同、超椭球	$\boldsymbol{S}_i$	$K(d(d+1)/2)$

注意，当我们用欧氏距离度量相似性时，我们假设所有的变量都具有相同的方差，并且它们是相互独立的。在许多情况下，这并不成立。例如，年龄与年收入具有不同的单位，并且在许多情况下是依赖的。在这种情况下，可以在预处理阶段先对输入分别进行 z 规范化(使之具有 0 均值和单位方差)，然后再使用欧氏距离。另一方面，有时候即使变量是依赖的，如果我们没有足够的数据准确地计算依赖程度，也许最好还是假设它们是独立的，并使用朴素贝叶斯分类。

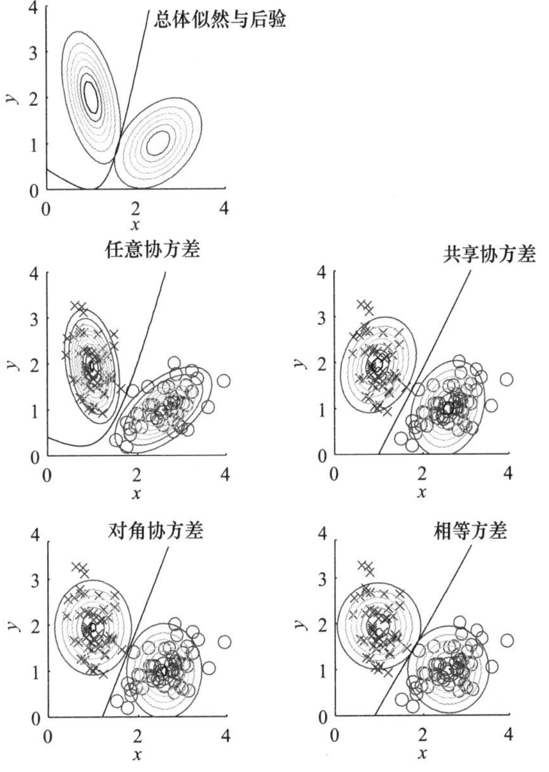

图 5-7 拟合相同数据的不同协方差矩阵导致不同的边界

Friedman(1989)提出了一种组合所有这些特殊情况的方法，称为正则化判

别式分析(Regularized Discriminant Analysis，RDA)。我们还记得，正则化方法对应于从大方差和约束开始到小方差的方法，有增加偏倚的风险。利用高斯密度的参数化分类方法，协方差矩阵可以表示成3种特殊情况的加权平均：

106~107

$$\boldsymbol{S}_i' = \alpha\sigma^2\boldsymbol{I} + \beta\boldsymbol{S} + (1-\alpha-\beta)\boldsymbol{S}_i \tag{5-29}$$

当$\alpha=\beta=0$时，这导致二次分类器。当$\alpha=0$，$\beta=1$时，共享协方差矩阵，得到线性分类器。当$\alpha=1$，$\beta=0$时，协方差矩阵是对角矩阵，σ^2在对角线上，得到最近均值分类。在这些极端情况之间，我们得到所有的不同分类方法，其中α和β通过交叉验证优化。

当数据集较小时，另一种正则化方法是，通过定义$\boldsymbol{\mu}_i$和$\boldsymbol{S}_i$上的先验，使用贝叶斯方法，或者使用交叉验证来选择表5-1中给出的4种情况中的最好者。

5.7 离散特征

在许多应用中，有取n个不同值的离散属性。例如，一个属性可能是颜色∈{红，蓝，绿，黑}，另外一个可能是像素∈{有，无}。我们假设x_j是二元的(伯努利)，其中

$$p_{ij} \equiv p(x_j = 1 | C_i)$$

如果x_j是独立的二元变量，则有

$$p(x|C_i) = \prod_{j=1}^{d} p_{ij}^{x_j}\,(1-p_{ij})^{(1-x_j)}$$

这是朴素贝叶斯分类的另一个例子，其中$p(x_j|C_i)$是伯努利分布。判别式函数是

$$\begin{aligned} g_i(\boldsymbol{x}) &= \log\, p(\boldsymbol{x}|C_i) + \log\, P(C_i) \\ &= \sum_j [x_j \log p_{ij} + (1-x_j)\log(1-p_{ij})] + \log P(C_i) \end{aligned} \tag{5-30}$$

它是线性的。p_{ij}的估计是

$$\hat{p}_{ij} = \frac{\sum_t x_j^t r_i^t}{\sum_t r_i^t} \tag{5-31}$$

这种方法用于*文档分类*(document categorization)。文档分类的一个例子是把新闻报道分成不同的类别，如政治、体育、时尚等。在*词袋*(bag of words)表示中，我们预先选择d个我们相信能够提供信息的词(Manning 和 Schütze 1999)。例如，在新闻分类中，有用的词是作missile、athlete和couture等这样的词，而不是像model甚至是runaway这样有歧义的词。在这种表示下，每个文本是一个d维二元向量，其中x_j为1，如果第j个词出现在该文档中；否则x_j为0。注意：这种表示损失了词的所有排序信息，因而称作*词袋*。

108

训练后，$\hat{p}_{ij}$估计第j个词出现在文档类型i中的概率。其概率在不同类中都类似的词不传递多少信息。词要成为有用的，我们希望它的概率在一个(或少数)类上高，而在其他类上都低。我们将在第6章讨论这种类型的*特征选择*(feature selection)。文档分类应用的另一个例子是*垃圾邮件过滤*(spam filtering)，那里邮件分为垃圾邮件和正常邮件两类。在生物信息学，无论碱基对还是氨基酸，输入通常也都是离散项的序列。

在一般情况下，假定x_j选自集合$\{v_1, v_2, \cdots, v_{n_j}\}$，而不是二元特征。我们定义新的0/1哑变量

$$z_{jk}^t = \begin{cases} 1 & \text{如果 } x_j^t = v_k \\ 0 & \text{否则} \end{cases}$$

令 p_{ijk} 表示 x_j 属于类 C_i、取值为 v_k 的概率：

$$p_{ijk} \equiv p(z_{jk}=1|C_i)=p(x_j=v_k|C_i)$$

如果属性是独立的，则有

$$p(\boldsymbol{x}|C_i)=\prod_{j=1}^{d}\prod_{k=1}^{n_j}p_{ijk}^{z_{jk}} \tag{5-32}$$

于是，判别式函数为

$$g_i(\boldsymbol{x})=\sum_j\sum_k z_{jk}\log p_{ijk}+\log P(C_i) \tag{5-33}$$

p_{ijk} 的最大似然估计为

$$\hat{p}_{ijk}=\frac{\sum_t z_{jk}^t r_i^t}{\sum_t r_i^t} \tag{5-34}$$

可以将它们插入式(5-33)中，得到判别式。

5.8 多元回归

在多元线性回归(multivariate linear regression)中，假定数值输出 r 为线性函数，即多个输入变量 x_1，…，x_d 和噪声的加权和。实际上，在统计学文献中，这称为多元回归。当存在多个输出时，统计学家使用术语 multivariate(多元)。多元线性模型是 [109]

$$r^t=g(\boldsymbol{x}^t|w_0,w_1,\cdots,w_d)+\varepsilon=w_0+w_1x_1^t+w_2x_2^t+\cdots+w_dx_d^t+\varepsilon \tag{5-35}$$

与一元情况相同，假设 ε 是正态的，具有 0 均值和常数方差，且最大化似然等价于最小化误差的平方和：

$$E(w_0,w_1,\cdots,w_d|\mathcal{X})=\frac{1}{2}\sum_t(r^t-w_0-w_1x_1^t-w_2x_2^t-\cdots-w_dx_d^t)^2 \tag{5-36}$$

关于参数 $w_j(j=0,\cdots,d)$ 求导，得到正规方程(normal equation)：

$$\sum_t r^t=Nw_0+w_1\sum_t x_1^t+w_2\sum_t x_2^t+\cdots+w_d\sum_t x_d^t$$

$$\sum_t x_1^t r^t=w_0\sum_t x_1^t+w_1\sum_t(x_1^t)^2+w_2\sum_t x_1^t x_2^t+\cdots+w_d\sum_t x_1^t x_d^t$$

$$\sum_t x_2^t r^t=w_0\sum_t x_2^t+w_1\sum_t x_1^t x_2^t+w_2\sum_t(x_2^t)^2+\cdots+w_d\sum_t x_2^t x_d^t$$

$$\cdots$$

$$\sum_t x_d^t r^t=w_0\sum_t x_d^t+w_1\sum_t x_d^t x_1^t+w_2\sum_t x_d^t x_2^t+\cdots+w_d\sum_t(x_d^t)^2 \tag{5-37}$$

定义如下的向量与矩阵：

$$\boldsymbol{X}=\begin{bmatrix}1 & x_1^1 & x_2^1 & \cdots & x_d^1\\ 1 & x_1^2 & x_2^2 & \cdots & x_d^2\\ \vdots & & & & \\ 1 & x_1^N & x_2^N & \cdots & x_d^N\end{bmatrix},\quad \boldsymbol{w}=\begin{bmatrix}w_0\\ w_1\\ \vdots\\ w_d,\end{bmatrix},\quad \boldsymbol{r}=\begin{bmatrix}r^1\\ r^2\\ \vdots\\ r^N\end{bmatrix}$$

于是，正规方程可以写为：

$$\boldsymbol{X}^{\mathrm{T}}\boldsymbol{X}\boldsymbol{w}=\boldsymbol{X}^{\mathrm{T}}\boldsymbol{r} \tag{5-38}$$

并且我们可以求解参数

$$\boldsymbol{w}=(\boldsymbol{X}^{\mathrm{T}}\boldsymbol{X})^{-1}\boldsymbol{X}^{\mathrm{T}}\boldsymbol{r} \tag{5-39}$$

110 这个方法与我们在单个输入的多项式回归中所使用的方法一样。如果定义变量为 $x_1=x$，$x_2=x^2$，…，$x_k=x^k$，则两个问题是一样的。这也提示我们，如果需要如何做多元多项式回归(multivariate polynomial regression)(习题 7)。但是，除非 d 很小，否则在多元回归中，很少使用比线性更高次的多项式。

实际上，使用输入的高次项作为附加输入只是一种可能的方法，我们可以使用基函数定义原始输入的任意非线性函数。例如，如果我们相信这种变换是有用的，那么我们可以定义新的输入 $x_2=\sin(x)$，$x_3=\exp(x^2)$。然后，使用在这种增强空间中的线性模型对应于原始空间中的非线性模型。同样的计算仍然有效，只需用使用基函数后的数据矩阵替换 $\boldsymbol{X}$。正如我们将在各种形式下(例如，多层感知器、支持向量机、高斯过程)看到的，经常用这样的方法推广线性模型。

线性模型的一个优点是，回归后，观察 $w_j(j=1, \cdots, d)$的值，我们可以提取知识：第一，观察 w_j 的符号，我们就知道 x_j 对输出结果的影响是正的还是负的。第二，如果所有的 x_j 都具有相同的值域，则通过观测 w_j 的绝对值，我们就可以知道特征的重要性，并按重要性为特征定秩，甚至可以去掉那些 w_j 接近于 0 的特征。

当有多个输出时，可以等价地定义一组独立的单输出回归问题。

5.9 注释

一本更新关于线性代数知识的好书是 Strang 2006。Harville 1997 是另外一本很好的书，它从统计学的角度处理矩阵代数。

使用多元数据的一个不便之处是，当维数很大时，不能够进行可视化分析。在统计学文献中已经提出了一些方法用于显示多元数据。Rencher 1995 给出了综述。一种可能的方法是两两变量绘制二元散点图：如果数据是多元正态的，则任意两个变量的散点图应该大致是线性的。这可以用作多元正态性的可视化检测。我们将在第 6 章中讨论的另一种可能的方法，该方法把它们投影到一维或两维上，并在那里显示。111

模式识别的大部分工作都是在假定多元正态密度上进行的。有时，这样的判别式甚至称为贝叶斯最优分类，但是这通常是错误的。只有当密度确实是多元正态的且有足够的数据来计算正确的参数时，它才是最优的。Rencher 1995 讨论了评估多元正态性的检验，以及检查相等协方差矩阵的检验。McLachlan 1992 讨论了用多元正态分布分类，并比较了线性和二次判别式。

多元正态分布的一个明显的局限性是它不允许某些特征是离散数据。一个具有 n 个可能值的变量可以转化成 n 个 0/1 哑变量，但是这增加了维度。我们可以用第 6 章中介绍的方法，在这个 n 维空间上进行维度归约，从而不会增加维度。对于这种混合特征的参数分类，McLachlan 1992 有详细的讨论。

5.10 习题

1. 证明式(5-11)。

解：给定

$$\boldsymbol{\Sigma}=\begin{bmatrix}\sigma_1^2 & \rho\sigma_1\sigma_2\\ \rho\sigma_1\sigma_2 & \sigma_2^2\end{bmatrix}$$

有

$$|\boldsymbol{\Sigma}| = \sigma_1^2\sigma_2^2 - \rho^2\sigma_1^2\sigma_2^2 = \sigma_1^2\sigma_2^2(1-\rho^2)$$

$$|\boldsymbol{\Sigma}|^{1/2} = \sigma^1\sigma^2\sqrt{1-\rho^2}$$

$$\boldsymbol{\Sigma}^{-1} = \frac{1}{\sigma_1^2\sigma_2^2(1-\rho^2)}\begin{bmatrix}\sigma_2^2 & -\rho\sigma_1\sigma_2 \\ -\rho\sigma_1\sigma_2 & \sigma_1^2\end{bmatrix}$$

并且$(\boldsymbol{x}-\boldsymbol{\mu})^{\mathrm{T}}\boldsymbol{\Sigma}^{-1}(\boldsymbol{x}-\boldsymbol{\mu})$可以展开为

$$[x_1-\mu_1 \; x_2-\mu_2]\begin{bmatrix}\dfrac{\sigma_2^2}{\sigma_1^2\sigma_2^2(1-\rho^2)} & -\dfrac{\rho\sigma_1\sigma_2}{\sigma_1^2\sigma_2^2(1-\rho^2)} \\ -\dfrac{\rho\sigma_1\sigma_2}{\sigma_1^2\sigma_2^2(1-\rho^2)} & \dfrac{\sigma_1^2}{\sigma_1^2\sigma_2^2(1-\rho^2)}\end{bmatrix}\begin{bmatrix}x_1-\mu_1 \\ x_2-\mu_2\end{bmatrix}$$

$$= \frac{1}{1-\rho^2}\left[\left(\frac{x_1-\mu_1}{\sigma_1}\right)^2 - 2\rho\left(\frac{x_1-\mu_1}{\sigma_1}\right)\left(\frac{x_2-\mu_2}{\sigma_2}\right) + \left(\frac{x_2-\mu_2}{\sigma^2}\right)^2\right]$$

2. 从多元正态密度$\mathcal{N}(\boldsymbol{\mu}, \boldsymbol{\Sigma})$产生一个样本，计算 $\boldsymbol{m}$ 和 $\boldsymbol{S}$ 并将它们与 $\boldsymbol{\mu}$ 和 $\boldsymbol{\Sigma}$ 比较。检查样本大小变化时估计的变化情况。

112

3. 从两个多元正态密度$\mathcal{N}(\boldsymbol{\mu}_i, \boldsymbol{\Sigma}_i)(i=1, 2)$产生样本，并对表 5-1 中的 4 种情况计算贝叶斯最优判别式。
4. 对于两类问题，针对表 5-1 中高斯密度的 4 种情况，推导：

$$\log\frac{P(C_1|\boldsymbol{x})}{P(C_2|\boldsymbol{x})}$$

5. 使用高斯密度的另一种可能的方法是令它们都是对角的，但允许它们不同。为这种情况推导判别式。
6. 假设在二维空间有两个具有相同均值的类。可以定义何种类型的边界？
7. 假设有两个变量 x_1 和 x_2，想对它们做二次拟合，即

$$f(x_1,x_2) = w_0 + w_1x_1 + w_2x_2 + w_3x_1x_2 + w_4(x_1)^2 + w_5(x_2)^2$$

给定样本$\mathcal{X}=\{x_1^t, x_2^t, r^t\}$，如何找到 $w_i(i=0, \cdots, 5)$？

解： 拟合记作

$$f(x_1,x_2) = w_0 + w_1z_1 + w_2z_2 + w_3z_3 + w_4z_4 + w_5z_5$$

其中 $z_1=x_1$，$z_2=x_2$，$z_3=x_1x_2$，$z_4=(x_1)^2$，$z_5=(x_2)^2$。于是，可以使用线性回归学习 $w_i(i=0, \cdots, 5)$。五维空间$(z_1, z_2, z_3, z_4, z_5)$中的线性拟合对应于二维空间$(x_1, x_2)$中的二次拟合。在第 10 章中，我们将更详细地讨论这种广义线性模型(和其他非线性基函数)。

8. 在回归中，我们看到拟合一个二次模型等价于用对应于输入的平方的附加输入拟合一个线性模型。对于分类，我们也能这样做吗？

解： 可以。我们可以定义对应于平方项和交叉项的辅助变量，然后使用线性模型。例如，与习题 7 一样，我们可以定义 $z_1=x_1$，$z_2=x_2$，$z_3=x_1x_2$，$z_4=(x_1)^2$，$z_5=(x_2)^2$，然后使用线性模型来学习 $w_i(i=0, \cdots, 5)$。五维空间$(z_1, z_2, z_3, z_4, z_5)$中的线性判别式对应于二维空间$(x_1, x_2)$中的二次判别式。

9. 在文档聚类中，通过考虑上下文，例如考虑像“cocktail party”与“party elections”中的词对，可以减少二义性。讨论如何实现。

5.11 参考文献

Duda, R. O., P. E. Hart, and D. G. Stork. 2001. *Pattern Classification*, 2nd ed. New York: Wiley.

Friedman, J. H. 1989. "Regularized Discriminant Analysis." *Journal of American Statistical Association* 84:165–175.

Harville, D. A. 1997. *Matrix Algebra from a Statistician's Perspective.* New York: Springer.

Manning, C. D., and H. Schütze. 1999. *Foundations of Statistical Natural Language Processing.* Cambridge, MA: MIT Press.

McLachlan, G. J. 1992. *Discriminant Analysis and Statistical Pattern Recognition.* New York: Wiley.

113 ~ 114

Rencher, A. C. 1995. *Methods of Multivariate Analysis.* New York: Wiley.

Strang, G. 2006. *Linear Algebra and its Applications*, 4th ed. Boston: Cengage Learning.

维度归约

任何分类和回归方法的复杂度都依赖于输入的数量。这决定了时间和空间的复杂度以及训练这样的分类器和回归器所需要的训练样例数量。本章讨论特征选择和特征提取方法。前者选取重要特征子集并剪掉其余特征，而后者由原始输入形成较少的新特征。

6.1 引言

在一个应用中，无论它是分类还是回归，我们相信含有信息的观测数据被用作输入并输入到系统中做决策。在理想情况下，我们不需要将特征选择或特征提取作为一个单独的过程。分类方法(或回归方法)应该能够利用任何必要的特征，而丢弃不相关的特征。然而，把降维(维度归约)作为一个单独的预处理步骤，我们对此感兴趣有许多原因：

- 在大多数学习算法中，复杂度依赖于输入的维度 d 和数据样本的规模 N，并且为了减少存储量和计算时间，我们需要考虑降低问题的维度。降低 d 也降低了检验时推理算法的复杂度。
- 当决定一个输入是不必要的时，就节省了提取它的开销。
- 较简单的模型在小数据集上更为鲁棒。较简单的模型具有较小的方差，也就是说，它们的变化更少地依赖于样本的特殊性，包括噪声、离群点等。
- 当数据能够用较少的特征解释时，我们会对数据背后的过程有更好的认识，这使得我们能够提取知识。这些较少的特征可以解释为组合产生观测特征的隐藏或潜在因子。
- 当数据可以用较少的维表示而不丢失信息时，我们可以对数据绘图，并可视化地分析它的结构和离群点。

115

降低维度的主要方法有两种：特征选择和特征提取。在特征选择(feature selection)中，我们感兴趣的是从 d 个维中找出提供最多信息的 k 个维，并丢弃其他的($d-k$)个维。作为一种特征选择方法，我们将讨论子集选择(subset selection)。

在特征提取(feature extraction)中，我们感兴趣的是找出 k 个维的新集合，这些维是原来 d 个维的组合。这些方法可以是监督的或非监督的，取决于它们是否使用输出信息。最著名和最广泛使用的特征提取方法是主成分分析(PCA)和线性判别分析(LDA)。它们都是线性投影方法，分别是非监督和监督的。PCA 与其他两种非监督的线性投影方法有许多相似之处。我们也将讨论因子分析(FA)和多维定标(MDS)这两种方法。当我们有两组而不是一组观测变量时，也可以使用典范相关分析(canonical correlation analysis)来找出解释二者依赖性的联合特征。作为非线性维度归约的例子，我们将考察等距特征映射(Isometric feature mapping, Isomap)、局部线性嵌入(Locally Linear Embedding, LLE)和拉普拉斯特征映射(Laplacian eigenmaps)。

6.2 子集选择

在子集选择中，我们对发现特征集中的最佳子集感兴趣。最佳子集包含的维最少，而它们对正确率的贡献最大。我们丢弃其余不重要的维。使用合适的误差函数，子集选择可以应用在回归和分类问题中。d 个变量有 2^d 个可能的子集。除非 d 很小，否则我们不能对所有子集进行检验。我们使用启发式的方法，在合理的(多项式)时间内得到一个合理的(但不是最优的)解。

116

有两种方法：在向前选择(forward selection)中，我们从空集开始，逐个添加变量，每次添加一个降低误差最多的变量，直到进一步的添加不会降低误差(或降低很少)。在向后选择(backward selection)中，我们从所有变量开始，逐个删除它们，每次删除一个降低误差最多(或提高很少)的变量，直到进一步的删除会显著提高误差。在这两种情况下，误差检测都应该在不同于训练集的验证集上进行，因为我们想要检验泛化准确率。使用更多的特征一般会有更低的训练误差，但是不一定有更低的验证误差。

我们用 F 表示输入维的特征 $x_i(i=1,\cdots,d)$的集合，$E(F)$表示当只使用 F 中的输入时，在验证样本上出现的误差。依赖于应用，误差或者是均方误差，或者是误分类误差。

在顺序向前选择(sequential forward selection)中，我们从 $F=\varnothing$ 开始。在每一步，对于所有可能的 x_i，训练我们的模型并在验证集上计算 $E(F\cup x_i)$。然后，我们选择导致最小误差的输入 x_j

$$j=\arg\min_i E(F\cup x_i) \tag{6-1}$$

并且

$$\text{如果 } E(F\cup x_j)<E(F)\text{，则将 } x_j \text{ 添加到 } F \tag{6-2}$$

如果添加任何特征都不会减少 E，则停止。如果误差降低得太小，我们甚至可以决定提前停止。这里存在一个用户定义的阈值，依赖于应用约束以及错误与复杂度的折中。增加另外一个特征会带来观测该特征的开销，也会使分类/回归模型更加复杂。

这个算法也称作包装(wrapper)方法，其中特征提取过程被看作作为子程序“包裹”在学习器的外面(Kohavi 和 John 2007)。

我们看一个例子。取自 UCI 库的鸢尾花数据集。该数据集有 4 个输入和 3 个类。每类有 50 个实例，而我们使用 20 个作为训练集，使用其余 30 个作为验证集。我们使用 5.5 节的最近均值作为分类器(见式(5-26))。从单个特征开始。使用单个特征的训练数据分别显示在图 6-1 中。使用特征 1～4 的一维空间的最近均值导致的验证、准确率分别为 0.76、0.57、0.92 和 0.94。因此，我们选择第四个特征(F4)作为第一个特征。然后，我们检查增加另一个特征是否改进分类准确率。双变量图显示在图 6-2 中。在二维空间(F1，F4)、(F2，F4)和(F3，F4)中使用最近均值分类器的对应验证准确率分别为 0.87、0.92 和 0.96。因此，增加第三个特征 F3 作为第二个特征。然后，我们检查添加第一或第二个特征是否导致分类准确率进一步改善，在这两个三维空间上的最近均值分类器的验证准确率都是 0.94，因此我们停止，并以第三和第四个特征作为我们选定的特征。顺便说一下，使用所有 4 个特征的验证准确率为 0.94，丢弃前两个特征导致准确率提高。

117

注意，我们最终选择的特征高度依赖于所使用的分类方法。另一个重要点是，在小数据集上，选择的特征可能还依赖于把数据划分成训练和验证数据的方式。因此，在小数据集上最好做多次随机的训练集和验证集划分，通过观察平均验证性能来确定添加的特征。我们将在第 19 章讨论这种再抽样方法。

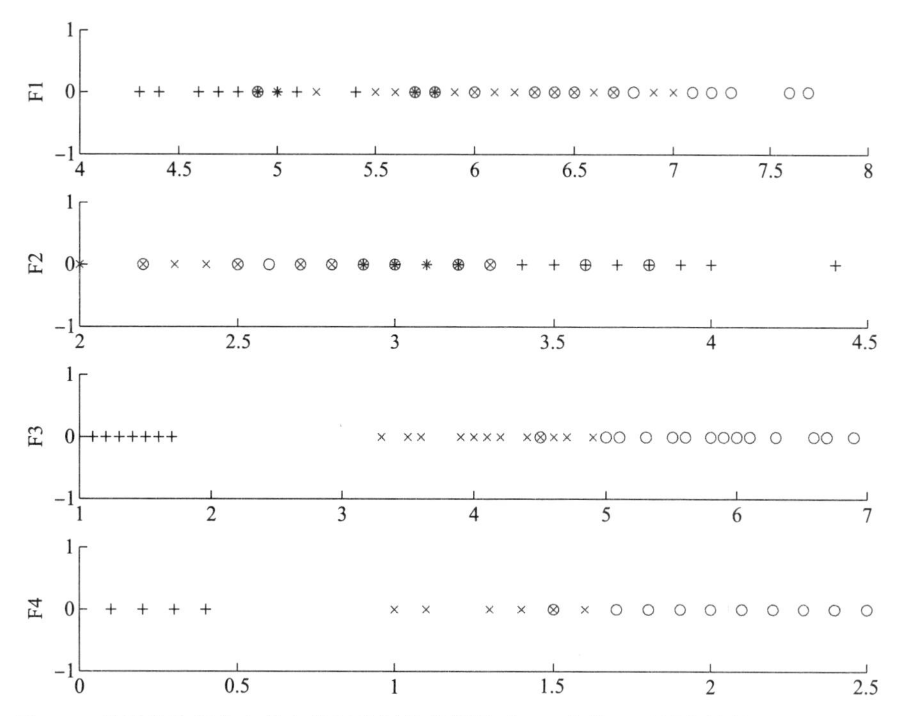

图 6-1 鸢尾花数据集上单个特征的训练数据图示，3 个类以不同的符号显示。可以看出 F4 本身表现出了相当好的区分能力

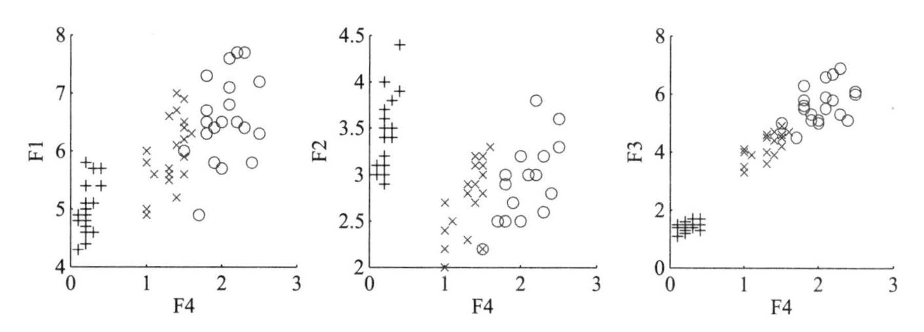

图 6-2 以 F4 为一个特征，连同 F1、F2 和 F3 之一的训练数据图示。使用(F3，F4)导致最佳划分

这种逐一检查特征的过程也许开销很大，因为，为了将 d 维减少到 k 维，我们需要训练和检验系统 $d+(d-1)+(d-2)+\cdots+(d-k)$ 次，其复杂度为 $\mathcal{O}(d^2)$。这是一个局部搜索过程，并且不能保证找到最佳子集，即不能保证找到导致最小误差的最小子集。例如，x_i 和 x_j 本身可能不好，但是合起来可能会把误差降低很多。但是该算法是贪心的，并且逐个增加特征，因此它也许不能发现 x_i 与 x_j 的并。以更多计算为代价，一次增加多个而不是一个特征是可能的。我们还可以在当前添加之后回溯并且检查以前添加的哪个特征可以去掉，这增大了搜索空间但是也增加了复杂度。在*浮动搜索*(floating search)方法中(Pudil，Novovičová 和 Kittler 1994)，每一步还可以改变增加的和去掉的特征数量。

在*顺序向后选择*(sequential backward selection)中，我们从包括所有特征的 F 开始并执行类似的过程，但是与添加相反，我们从 F 中去掉一个特征，并去掉导致最小误差的那个

$$j = \arg\min_i E(F - x_i) \tag{6-3}$$

同时

$$\text{如果 } E(F \cup x_j) < E(F)\text{，则从 } F \text{ 中去掉 } x_j \tag{6-4}$$

如果去掉特征不能降低误差，我们就停止。为了降低复杂度，我们可以决定去掉一个特征，如果去掉它只导致误差稍微增加。

向前搜索的所有可能变体对于向后搜索也是可行的。向后搜索与向前搜索具有相同的复杂度。但是，训练具有较多特征的系统比较训练具有较少特征的系统开销更大。如果我们预料有许多无用的特征时，则向前搜索更可取。

子集选择是监督的，因为输出被回归器或分类器用来计算误差，但是它可以用于任何回归和分类方法。在多元正态分类的特殊情况下，如果原来的 d 维类密度是多元正态的，则其任意子集也是多元正态的，并且仍然可以使用参数分类，并具有用 $k \times k$ 协方差矩阵代替 $d \times d$ 协方差矩阵的优点。

在人脸识别这样的应用中，特征选择不是降维的好方法，因为个体像素本身并不携带很多识别信息；携带脸部识别信息的是许多像素值的组合。这可以通过后面将要讨论的特征提取方法来实现。

6.3 主成分分析

118~120

在投影方法中，我们感兴趣的是找到一个从原 d 维输入空间到新的 $k(k<d)$ 维空间的、具有最小信息损失的映射。$\boldsymbol{x}$ 在方向 $\boldsymbol{w}$ 上的投影为

$$z = \boldsymbol{w}^{\mathrm{T}} \boldsymbol{x} \tag{6-5}$$

主成分分析(Principal Component Analysis，PCA)是一种非监督方法，因为它不使用输出信息；需要最大化的准则是方差。主成分是这样的 $\boldsymbol{w}_1$，样本投影到 $\boldsymbol{w}_1$ 上之后最分散，使得样本点之间的差别变得最明显。为了得到唯一解且使该方向成为最重要因素，我们要求 $\|\boldsymbol{w}_1\|=1$。从式(5-14)我们知道，如果 $z_1=\boldsymbol{w}^{\mathrm{T}}\boldsymbol{x}$ 且 $\mathrm{Cov}(\boldsymbol{x})=\boldsymbol{\Sigma}$，则

$$\mathrm{Var}(z_1) = \boldsymbol{w}_1^{\mathrm{T}} \boldsymbol{\Sigma} \boldsymbol{w}_1$$

寻找 $\boldsymbol{w}_1$，使得 $\mathrm{Var}(z_1)$ 在约束 $\boldsymbol{w}_1^{\mathrm{T}}\boldsymbol{w}_1=1$ 下最大化。将这写成拉格朗日问题，则有：

$$\max_{\boldsymbol{w}_1} \boldsymbol{w}_1^{\mathrm{T}} \boldsymbol{\Sigma} \boldsymbol{w}_1 - \alpha(\boldsymbol{w}_1^{\mathrm{T}} \boldsymbol{w}_1 - 1) \tag{6-6}$$

关于 $\boldsymbol{w}_1$ 求导并令它等于 0，有

$$2\boldsymbol{\Sigma}\boldsymbol{w}_1 - 2\alpha\boldsymbol{w}_1 = 0\text{，因此 } \boldsymbol{\Sigma}\boldsymbol{w}_1 = \alpha\boldsymbol{w}_1$$

如果 $\boldsymbol{w}_1$ 是 $\boldsymbol{\Sigma}$ 的特征向量，α 是对应的特征值，则上式成立。因为我们想最大化

$$\boldsymbol{w}_1^{\mathrm{T}} \boldsymbol{\Sigma} \boldsymbol{w}_1 = \alpha \boldsymbol{w}_1^{\mathrm{T}} \boldsymbol{w}_1 = \alpha$$

所以为了方差最大，我们选择具有最大特征值的特征向量。因此，主成分是输入样本的协方差矩阵的具有最大特征值 $\lambda_1=\alpha$ 的特征向量。

第二个主成分 $\boldsymbol{w}_2$ 也应该最大化方差，具有单位长度，并且与 $\boldsymbol{w}_1$ 正交。后一个要求是使得投影后 $z_2=\boldsymbol{w}_2^{\mathrm{T}}\boldsymbol{x}$ 与 z_1 不相关。对于第二个主成分，有

$$\max_{\boldsymbol{w}_2} \boldsymbol{w}_2^{\mathrm{T}} \boldsymbol{\Sigma} \boldsymbol{w}_2 - \alpha(\boldsymbol{w}_2^{\mathrm{T}} \boldsymbol{w}_2 - 1) - \beta(\boldsymbol{w}_2^{\mathrm{T}} \boldsymbol{w}_2 - 0) \tag{6-7}$$

关于 $\boldsymbol{w}_2$ 求导并令它等于 0，有

$$2\Sigma \boldsymbol{w}_2 - 2\alpha \boldsymbol{w}_2 - \beta \boldsymbol{w}_1 = 0 \tag{6-8}$$

用 $\boldsymbol{w}_1^{\mathrm{T}}$ 左乘，得到

121

$$2\boldsymbol{w}_1^{\mathrm{T}} \Sigma \boldsymbol{w}_2 - 2\alpha \boldsymbol{w}_1^{\mathrm{T}} \boldsymbol{w}_2 - \beta \boldsymbol{w}_1^{\mathrm{T}} \boldsymbol{w}_1 = 0$$

注意 $\boldsymbol{w}_1^{\mathrm{T}}\boldsymbol{w}_2=0$。$\boldsymbol{w}_1^{\mathrm{T}}\boldsymbol{\Sigma}\boldsymbol{w}_2$ 是标量，等于它的转置 $\boldsymbol{w}_2^{\mathrm{T}}\boldsymbol{\Sigma}\boldsymbol{w}_1$，这里因为 $\boldsymbol{w}_1$ 是 $\boldsymbol{\Sigma}$ 的主特征

向量，所以 $\boldsymbol{\Sigma w}_1=\lambda_1 \boldsymbol{w}_1$。所以

$$\boldsymbol{w}_1^{\mathrm{T}}\boldsymbol{\Sigma w}_2 = \boldsymbol{w}_2^{\mathrm{T}}\boldsymbol{\Sigma w}_1 = \lambda_1 \boldsymbol{w}_2^{\mathrm{T}}\boldsymbol{w}_1 = 0$$

于是 $\beta=0$，且式(6-8)可以简化为

$$\boldsymbol{\Sigma w}_2 = \alpha \boldsymbol{w}_2$$

这表明 $\boldsymbol{w}_2$应该是 $\boldsymbol{\Sigma}$ 的具有第二大特征值 $\lambda_2=\alpha$ 的特征向量。类似地，我们可以证明其他维被具有递减特征值的特征向量给出。

因为 $\boldsymbol{\Sigma}$ 是对称的，所以对于两个不同的特征值，特征向量是正交的。如果 $\boldsymbol{\Sigma}$ 正定的(对于所有的非零 $\boldsymbol{x}$，$\boldsymbol{x}^{\mathrm{T}}\boldsymbol{\Sigma x}>0$)，则它的所有特征值都是正的。如果 $\boldsymbol{\Sigma}$ 是奇异的，则它的秩(有效维数)为 k，且 $k<d$，$\lambda_i(i=k+1, \cdots, d)$均为 0($\lambda_i$以递减序排序)。$k$ 个具有非零特征值的特征向量是约化空间的维。第一个特征向量(具有最大特征值的向量)$\boldsymbol{w}_1$(即为主成分)贡献了方差的最大部分，第二个贡献了方差的第二大部分，以此类推。

我们定义

$$\boldsymbol{z} = \boldsymbol{W}^{\mathrm{T}}(\boldsymbol{x}-\boldsymbol{m}) \tag{6-9}$$

其中 $\boldsymbol{W}$ 的 k 列是 $\boldsymbol{S}$ 的 k 个主特征向量，也是 $\boldsymbol{\Sigma}$ 的估计。在投影前从 $\boldsymbol{x}$ 中减去样本均值 $\boldsymbol{m}$，将数据在原点中心化。线性变换后，我们得到一个 k 维空间，它的维是特征向量，在这些新维上的方差等于特征值(参见图 6-3)。为了规范化方差，可以除以特征值的平方根。

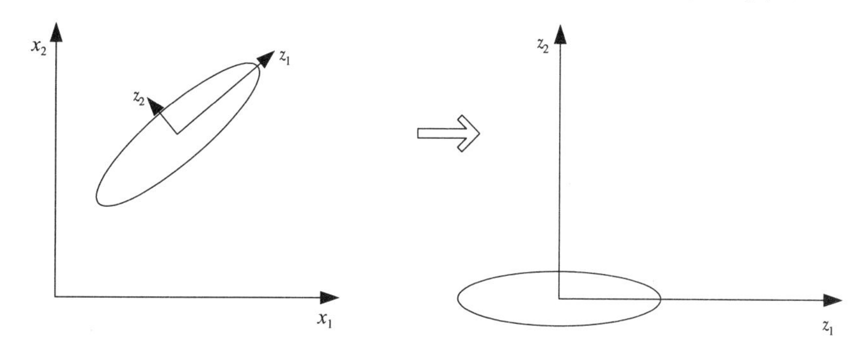

图 6-3　主成分分析使样本中心化，然后旋转坐标轴与最大方差方向一致。如果 z_2 上的方差太小，则可以忽略它，并且我们得到从二维到一维的维度归约

让我们来看另一种推导：我们想要找到一个矩阵 $\boldsymbol{W}$，使得当 $\boldsymbol{z}=\boldsymbol{W}^{\mathrm{T}}\boldsymbol{x}$(假设不失一般性，$\boldsymbol{x}$ 已经被中心化)时，将得到 $\mathrm{Cov}(\boldsymbol{z})=\boldsymbol{D}$，其中 $\boldsymbol{D}$ 是任意对角矩阵。也就是说，我们希望得到不相关的 z_i。

如果形成一个 $d\times d$ 矩阵 $\boldsymbol{C}$，其第 i 列是 $\boldsymbol{S}$ 的规范化特征向量 $\boldsymbol{c}_i$，则 $\boldsymbol{C}^{\mathrm{T}}\boldsymbol{C}=\boldsymbol{I}$，并且

$$\begin{aligned}
\boldsymbol{S} &= \boldsymbol{SCC}^{\mathrm{T}} \\
&= \boldsymbol{S}(\boldsymbol{c}_1,\boldsymbol{c}_2,\cdots,\boldsymbol{c}_d)\boldsymbol{C}^{\mathrm{T}} \\
&= (\boldsymbol{Sc}_1,\boldsymbol{Sc}_2,\cdots,\boldsymbol{Sc}_d)\boldsymbol{C}^{\mathrm{T}} \\
&= (\lambda_1\boldsymbol{c}_1,\lambda_2\boldsymbol{c}_2,\cdots,\lambda_d\boldsymbol{c}_d)\boldsymbol{C}^{\mathrm{T}} \\
&= \lambda_1\boldsymbol{c}_1\boldsymbol{c}_1^{\mathrm{T}} + \lambda_d\boldsymbol{c}_d\boldsymbol{c}_d^{\mathrm{T}} \\
&= \boldsymbol{CDC}^{\mathrm{T}}
\end{aligned} \tag{6-10}$$

其中 $\boldsymbol{D}$ 是对角矩阵，其对角线元素是特征值 λ_1，…，λ_d。这称为 $\boldsymbol{S}$ 的谱分解(spectral decomposition)。由于 $\boldsymbol{C}$ 是正交的，并且 $\boldsymbol{CC}^{\mathrm{T}}=\boldsymbol{C}^{\mathrm{T}}\boldsymbol{C}=\boldsymbol{I}$，所以可以在上式左乘 $\boldsymbol{C}^{\mathrm{T}}$，右乘以 $\boldsymbol{C}$，得到

$$\boldsymbol{C}^{\mathrm{T}}\boldsymbol{SC} = \boldsymbol{D} \tag{6-11}$$

我们知道如果 $\boldsymbol{z}=\boldsymbol{W}^{\mathrm{T}}\boldsymbol{x}$，则 $\mathrm{Cov}(\boldsymbol{z})=\boldsymbol{W}^{\mathrm{T}}\boldsymbol{SW}$，我们希望它等于一个对角矩阵。于是，从式(6-11)我们看到，可以令 $\boldsymbol{W}=\boldsymbol{C}$。

让我们看一个例子，以便得到一些直观体验(Rencher 1995)：假设我们有一个班学生的 5 门课程的成绩，并且我们希望对这些学生排序。也就是说，我们希望把这些数据投影到一个维上，使这些数据点之间的差别最明显。我们可以使用 PCA。具有最大特征值的特征向量是方差最大的方向，也就是学生最为分散的方向。这样做比计算平均值好，因为我们考虑了方差的相关性和区别。

122 ~ 123

在实践中，即使所有特征值都大于 0，但是如果 $|\boldsymbol{S}|$ 很小(注意 $|\boldsymbol{S}|=\prod_{i=1}^{d}\lambda_i$)，那么我们知道，某些特征值对方差影响很小，并且可以丢弃。因此，我们考虑，贡献 90%以上方差的前 k 个主成分。当 λ_k 按降序排列时，由前 k 个主成分贡献的*方差比例*(proportion of variance)为

$$\frac{\lambda_1+\lambda_2+\cdots+\lambda_k}{\lambda_1+\lambda_2+\cdots+\lambda_k+\cdots+\lambda_d}$$

如果维是高度相关的，则只有很少一部分特征向量具有较大的特征值，k 远比 d 小，并且可能得到很大的维度归约。在许多图像和语音处理任务中，通常是这种情况，其中(时间或空间)邻近的输入是高度相关的。如果维之间互不相关，则 k 将与 d 一样大，通过 PCA 就没有增益。

碎石图(scree graph)是把贡献的方差作为特征向量编号的函数的图形(参见图 6-4)。通过可视化分析，我们也可以确定 k。在“拐点”处，增加其他特征向量不会显著地增加对方差的贡献。

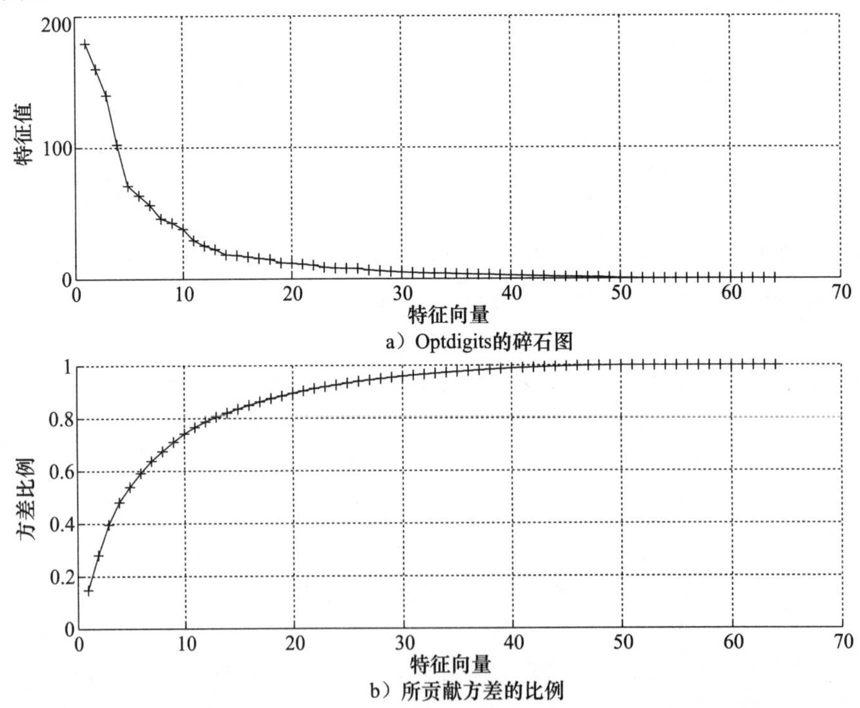

图 6-4　a) 碎石图。b) 对于取自 UCI 知识库的 Optdigits 数据集，显示所贡献的方差比例。Optdigits 是手写数字数据集，具有 10 个类和 64 维输入。前 20 个特征向量贡献了 90%的方差

另一个可能的方法是忽略那些特征值小于平均输入方差的特征向量。给定 $\sum_i \lambda_i = \sum_i s_i^2$（等于矩阵 $\boldsymbol{S}$ 的迹，记作 $\mathrm{tr}(\boldsymbol{S})$），平均特征值等于平均输入方差。当我们仅保留特征值大于平均特征值的特征向量时，我们仅保留了那些其方差大于平均输入方差的特征向量。

如果原始 x_i 维的方差变化显著，则它们对主成分方向的影响比相关性大。因此，一个公共过程是在使用 PCA 前对数据进行预处理，使得每个维都具有 0 均值和单位方差。或者，为了使相关性而不是单个方差起作用，可以使用协相关性矩阵 $\boldsymbol{R}$ 而不是协方差矩阵 $\boldsymbol{S}$ 的特征向量。

PCA 解释方差并对离群点很敏感：少量远离中心的点对方差有很大影响，从而也对特征向量有很大影响。鲁棒的估计(robust estimation)方法允许计算离群点存在时的参数。一种简单的方法是计算数据点的马氏距离，丢弃那些远离的孤立数据点。

如果前两个主成分贡献方差的很大百分比，则我们可以做可视化分析：我们可以在这个二维空间绘制数据(参见图 6-5)，可视化地搜索结构、分组、离群点、正态性等。相对于原来的任何两个变量的图，该图对样本给出了更好的图形描述。通过观察主成分的维，我们还可以试着揭示一些有意义的描述数据的基础变量。例如，在图像应用中，输入是图像，特征向量可以显示为图像，并且可以看作重要特征的模板。它们常常被形象地称为“特征面孔”(eigenface)、“特征数字”(eigendigit)等(Turk 和 Pentland 1991)。

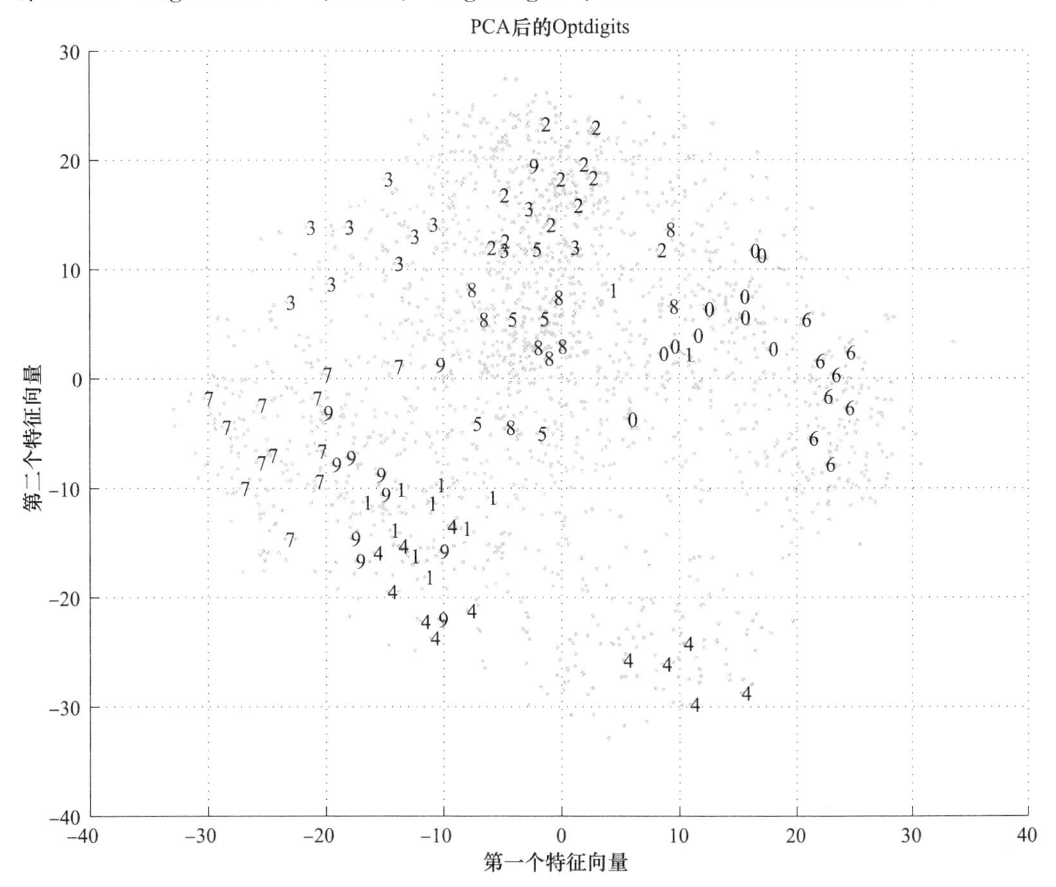

图 6-5　绘制在两个主成分空间的 Optdigits 数据。只显示了 100 个数据点的标号，以便最小化墨燥比(ink-to-noise ratio)

从式(5-15)我们知道，如果 $\boldsymbol{x}\sim\mathcal{N}_d(\boldsymbol{\mu},\boldsymbol{\Sigma})$，则投影后 $\boldsymbol{W}^{\mathrm{T}}\boldsymbol{x}\sim\mathcal{N}_k(\boldsymbol{W}^{\mathrm{T}}\boldsymbol{\mu},\boldsymbol{W}^{\mathrm{T}}\boldsymbol{\Sigma}\boldsymbol{W})$。如果样本是 d 元正态的，则它投影到 k 元正态上，允许我们在很有希望的、低得多的维空间进行参数判别分析。因为诸 z_j 是不相关的，所以新的协方差矩阵将是对角的。如果它们被规范化，具有单位方差，则可以在这个新的空间使用欧氏距离以便导出简单的分类器。

124～126

实例 $\boldsymbol{x}^t$ 投影到 z 空间

$$z^t = \boldsymbol{W}^{\mathrm{T}}(\boldsymbol{x}^t-\boldsymbol{\mu})$$

当 $\boldsymbol{W}$ 是正交矩阵使得 $\boldsymbol{W}\boldsymbol{W}^{\mathrm{T}}=\boldsymbol{I}$ 时，它可以逆投影到原来的空间：

$$\hat{\boldsymbol{x}}^t = W z^t + \boldsymbol{\mu}$$

$\hat{\boldsymbol{x}}^t$ 是 $\boldsymbol{x}^t$ 在 z 空间中的表示的重构。我们知道，在所有正交线性投影中，PCA 最小化*重构误差*(reconstruction error)。重构误差是实例与它到低维空间重构之间的距离：

$$\sum_t \|\boldsymbol{x}^t-\hat{\boldsymbol{x}}^t\|^2 \tag{6-12}$$

如前所述，每个特征向量的贡献由它的特征值给定，因此保留具有最大特征值的特征向量是有意义的。对于维度归约，如果丢弃某些具有非零特征值的特征向量，则有重构误差，并且误差的大小取决于被丢弃的特征向量的特征值。在可视化识别应用中(例如，人脸识别)，显示 $\hat{\boldsymbol{x}}^t$ 使我们能够可视化地检查 PCA 期间的信息损失。

PCA 是非监督的，并且不使用输出信息。它是一个一组(one-group)过程。然而，在分类情况下会有很多组，*Karhunen-Loève 扩展*(Karhunen-Loève expansion)允许利用类信息；例如，我们不是使用整个样本的协方差矩阵，而是估计每个类的协方差矩阵，取它们的平均(用先验加权)作为协方差矩阵，并使用它的特征向量。

在*公共主成分*(common principal component)中(Flury 1988)，假设对于每个类，主成分都是相同的，但是对于不同的类，这些成分的方差不同：

$$\boldsymbol{S}_i = \boldsymbol{C}\boldsymbol{D}_i\boldsymbol{C}^{\mathrm{T}}$$

这种方法允许汇聚数据，并且是一种正则化方法，它的复杂度比所有类都使用公共协方差矩阵的方法小，同时仍允许诸 $\boldsymbol{S}_i$ 存在差别。一种相关的方法是*柔性判别分析*(flexible discriminant analysis)(Hastie，Tibshirani 和 Buja 1994)，它将数据线性投影到所有特征都不相关的低维空间，再使用最小距离分类器。

6.4 特征嵌入

127

回想一下，$\boldsymbol{X}$ 是 $N\times d$ 数据矩阵，其中 N 是实例数，d 是输入维度。$\boldsymbol{x}$ 的协方差矩阵是 $d\times d$ 的，并且(不失一般性)如果 $\boldsymbol{X}$ 已经中心化，具有零均值，则该矩阵等于 $\boldsymbol{X}^{\mathrm{T}}\boldsymbol{X}$。主成分分析使用 $\boldsymbol{X}^{\mathrm{T}}\boldsymbol{X}$ 的特征向量。谱分解是

$$\boldsymbol{X}^{\mathrm{T}}\boldsymbol{X} = \boldsymbol{W}\boldsymbol{D}\boldsymbol{W}^{\mathrm{T}} \tag{6-13}$$

其中，$\boldsymbol{W}$ 是 $d\times d$ 矩阵，并且它的诸列包含 $\boldsymbol{X}^{\mathrm{T}}\boldsymbol{X}$ 的特征向量；$\boldsymbol{D}$ 是具有对应特征值的 $d\times d$ 对角矩阵。假定特征向量已经按特征值排序，使得 $\boldsymbol{W}$ 的第一列是具有 D_{11} 中最大特征值的特征向量，以此类推。如果 $\boldsymbol{X}^{\mathrm{T}}\boldsymbol{X}$ 的秩为 $k<d$，则对于 $i>k$ 有 $D_{ii}=0$。

假设我们想要将维度归约到 $k<d$。正如我们在前面看到的，在 PCA 中，我们取 $\boldsymbol{W}$ 的前 k 列(具有最大特征值)。我们将这些列记作 $\boldsymbol{w}_i$，而它们的特征值记作 λ_i，$i=1,\cdots,k$。通过取原始输入与特征向量的点积，映射到新的 k 维空间：

$$z_i^t = \boldsymbol{w}_i^{\mathrm{T}}\boldsymbol{x}^t, i=1,\cdots,k; t=1,\cdots,N \tag{6-14}$$

给定 λ_i 和 $\boldsymbol{w}_i$ 是 $\boldsymbol{X}^{\mathrm{T}}\boldsymbol{X}$ 的特征值和特征向量，对于任意 $i\leqslant k$，有

$$(\boldsymbol{X}^{\mathrm{T}}\boldsymbol{X})\boldsymbol{w}_i = \lambda_i \boldsymbol{w}_i$$

左乘 $\boldsymbol{X}$，得到

$$(\boldsymbol{X}\boldsymbol{X}^{\mathrm{T}})\boldsymbol{X}\boldsymbol{w}_i = \lambda_i \boldsymbol{X}\boldsymbol{w}_i$$

因此，$\boldsymbol{X}\boldsymbol{w}_i$一定是$\boldsymbol{X}\boldsymbol{X}^{\mathrm{T}}$的具有相同特征值的特征向量(Chatfield 和 Collins 1980)。注意，$\boldsymbol{X}^{\mathrm{T}}\boldsymbol{X}$ 是 $d\times d$ 的，而 $\boldsymbol{X}\boldsymbol{X}^{\mathrm{T}}$是 $N\times N$ 的。

它的谱分解为：

$$\boldsymbol{X}\boldsymbol{X}^{\mathrm{T}} = \boldsymbol{V}\boldsymbol{E}\boldsymbol{V}^{\mathrm{T}} \tag{6-15}$$

其中，$\boldsymbol{V}$ 是 $N\times N$ 矩阵，其列由 $\boldsymbol{X}\boldsymbol{X}^{\mathrm{T}}$的特征向量组成；而 $\boldsymbol{E}$ 是 $N\times N$ 对角矩阵，具有对应的特征值。$\boldsymbol{X}\boldsymbol{X}^{\mathrm{T}}$的 N 维特征向量是新的特征嵌入(feature embedding)空间的坐标。

注意：特征向量通常被规范化，具有单位长度，因此如果 $\boldsymbol{X}\boldsymbol{X}^{\mathrm{T}}$的特征向量是 $\boldsymbol{v}_i$(具有相同的特征值)，则有

$$\boldsymbol{v}_i = \boldsymbol{X}\boldsymbol{w}_i/\lambda_i, i = 1,\cdots,k$$

128

因为 $\boldsymbol{X}\boldsymbol{w}_i$的平方和为 λ_i。因此，如果我们已经计算了 $\boldsymbol{v}_i$($\boldsymbol{V}$ 的第 i 列)，并且想要得到 $\boldsymbol{X}\boldsymbol{w}_i$(即做 PCA 所做的事)，则应当乘以特征值的平方根：

$$z_i^t = \boldsymbol{V}_{ti}\sqrt{\boldsymbol{E}_{tt}}, t = 1,\cdots,N; i = 1,\cdots,k \tag{6-16}$$

当 $d<N$ 时(通常如此)，使用 $\boldsymbol{X}^{\mathrm{T}}\boldsymbol{X}$(即使用 PCA)较为简单。有时 $d>N$，使用 $\boldsymbol{X}\boldsymbol{X}^{\mathrm{T}}$较为容易。$\boldsymbol{X}\boldsymbol{X}^{\mathrm{T}}$是 $N\times N$ 矩阵。例如，在特征面孔方法中(Turk 和 Pentland 1991)，面部图像是 256×256=65 536 维的，而只有 40 个面部图像(有 10 个人，每人取 4 个图像)。注意，秩不可能超过 min(d, N)。即，在人脸识别这个例子中，尽管协方差矩阵是 65 536×65 536 的，但是我们知道秩(特征值大于 0 的特征向量数)不可能超过 40。因此，我们可以使用 40×40 的矩阵，并使用这个 40 维空间中的新坐标。例如，使用最近均值分类法进行识别(Turk 和 Pentland 1991)。在生物信息学的大部分应用中，情况也如此。在这些应用中，基因序列可能很长，但是样本很小。在文本聚类中，词的数量可能远超过文档的数量。在电影推荐系统中，电影的数量可能远多于顾客的数量。

然而，需要附带说明的是：对于 PCA，我们学习投影向量，并且可以通过取与特征向量的点积把任何新的 $\boldsymbol{x}$ 映射到新空间——我们有一个投影模型。使用特征嵌入做不到这点，因为没有投影向量——没有学习投影模型，而是直接得到坐标。如果我们有新的检验数据，则应当把它们添加到 $\boldsymbol{X}$ 中，并重做这种计算。

$\boldsymbol{X}\boldsymbol{X}^{\mathrm{T}}$的元素($i$, j)等于第 i 和第 j 个实例的点积，即$(\boldsymbol{x}^i)^{\mathrm{T}}(\boldsymbol{x}^j)$，其中 i, j=1, …, N。如果把点积看作度量向量之间的相似性，则可以把嵌入看作这样一种方法：把实例放入 k 维空间中，使得新空间中的逐对相似性遵从原来的逐对相似性。稍后，我们将再次探讨这一思想：在 6.7 节，我们讨论多维定标，那里我们使用向量之间的欧氏距离而不是点积；在 6.10 节和 6.12 节，我们分别讨论等距特征映射和拉普拉斯特征映射，那里我们考虑相似性(相异性)的非欧氏度量。

129

6.5 因子分析

在 PAC 中，从原始的维 x_i(i=1, …, d)，形成一个新的变量集 $\boldsymbol{z}$，它是 x_i的线性组合：

$$\boldsymbol{z} = \boldsymbol{W}^{\mathrm{T}}(\boldsymbol{x}-\boldsymbol{\mu})$$

在因子分析(Factor Analysis, FA)中，我们假定有一个不可观测的潜在因子(latent

factor)$z_j(j=1,\cdots,k)$的集合，它们在组合时生成 $\boldsymbol{x}$。因此，与PCA的方向相反(参见图6-6)，其目标是通过较少的因子刻画观测变量之间的依赖性。

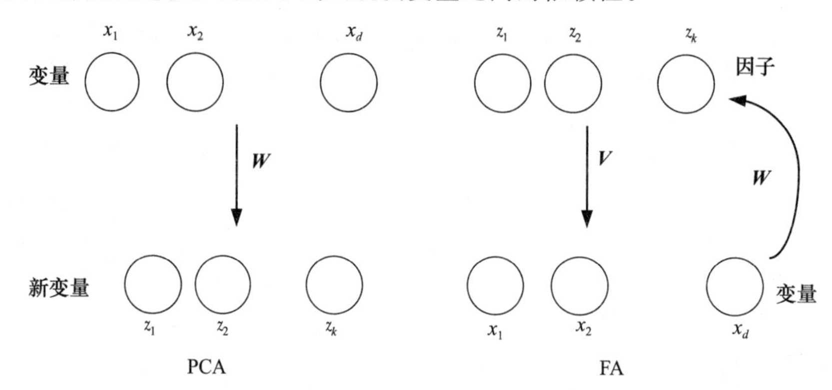

图6-6 主成分分析方法产生新的变量，它们是原始输入变量的线性组合。然而，在因子分析中，我们假定存在一些因子，它们在线性组合时产生输入变量

假设有一个变量组，它们之间具有高度相关性，而与其他所有变量都具有很低的相关性。那么可能存在一个给出这些变量起源的简单的基础因子。如果其他变量也能够类似地划分成子集，则少数因子就能够代表这些变量组。虽然因子分析总是把变量划分成因子簇，但是这些因子是否意味着什么，或是否真的存在，仍然是一个悬而未决的问题。

像PCA一样，FA也是一个一组过程，并且是非监督的。目标是在一个更小的维空间中对数据建模而不丢失信息。在FA中，这用作变量之间的相关性度量。

正如在PCA中一样，我们有样本$\mathcal{X}=\{\boldsymbol{x}^t\}_t$，取自某个未知的概率密度，其中$E[\boldsymbol{x}]=\boldsymbol{\mu}$，$\text{Cov}(\boldsymbol{x})=\boldsymbol{\Sigma}$。假定因子是单位正态的，$E[z_j]=0$，$\text{Var}(z_j)=1$，并且是不相关的，$\text{Cov}(z_i,z_j)=0$，$i\neq j$。为了说明什么是不能由因子解释的，每个输入有一个附加的源，记作ε_i。假定它具有0均值$E[\varepsilon_i]=0$和某个未知的方差$\text{Var}(\varepsilon_i)=\psi_i$。这些特殊的源之间是不相关的，$\text{Cov}(\varepsilon_i,\varepsilon_j)=0$，$i\neq j$，并且与因子也是不相关的，$\text{Cov}(\varepsilon_i,z_j)=0$，$\forall i,j$。

FA假定每个输入维$x_i(i=1,\cdots,d)$都可以写成$k<d$个因子$z_j(j=1,\cdots,k)$的加权和，加上残差项(参见图6-7)：

$$x_i-\mu_i=v_{i1}z_1+v_{i2}z_2+\cdots+v_{ik}z_k+\varepsilon_i,\forall i=1,\cdots,d$$

$$x_i-\mu_i=\sum_{j=1}^{k}v_{ij}z_j+\varepsilon_i \tag{6-17}$$

这可以写成向量矩阵形式

$$\boldsymbol{x}-\boldsymbol{\mu}=\mathbf{V}\boldsymbol{z}+\boldsymbol{\varepsilon} \tag{6-18}$$

其中$\mathbf{V}$是$d\times k$权重矩阵，称作因子载荷(factor loading)。从现在开始，不失一般性，假设$\boldsymbol{\mu}=\mathbf{0}$。我们总能在投影后加上$\boldsymbol{\mu}$。给定$\text{Var}(z_j)=1$和$\text{Var}(\varepsilon_i)=\boldsymbol{\Psi}_i$

$$\text{Var}(x_i)=v_{i1}^2+v_{i2}^2+\cdots+v_{ik}^2+\psi_i \tag{6-19}$$

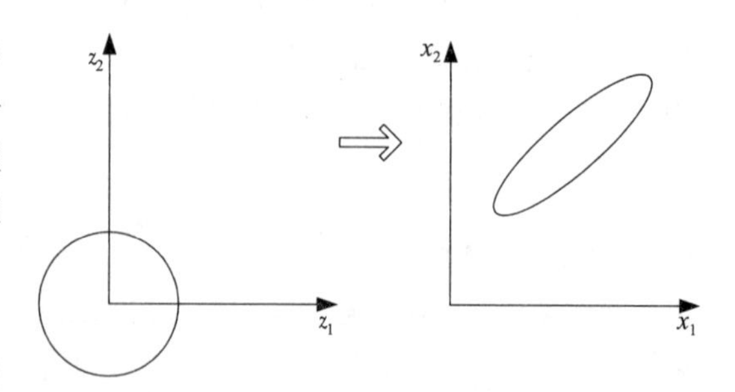

图6-7 因子是独立的、单位正态的，它们被延伸、旋转和平移，以成为输入

$\sum_{j=1}^{k}v_{ij}^2$是公共因子贡献的方差，而ψ_i是针对

x_i的方差。

采用向量矩阵形式，有

$$\begin{aligned}\boldsymbol{\Sigma} &= \mathrm{Cov}(\boldsymbol{x}) = \mathrm{Cov}(\boldsymbol{Vz}+\boldsymbol{\varepsilon}) \quad (6\text{-}20)\\ &= \mathrm{Cov}(\boldsymbol{Vz}) + \mathrm{Cov}(\boldsymbol{\varepsilon})\\ &= \boldsymbol{V}\mathrm{Cov}(\boldsymbol{z})\boldsymbol{V}^{\mathrm{T}} + \boldsymbol{\Psi}\\ &= \boldsymbol{VV}^{\mathrm{T}} + \boldsymbol{\Psi} \quad (6\text{-}21)\end{aligned}$$

其中 $\boldsymbol{\Psi}$ 是对角矩阵，ψ_i在对角线上。由于因子是不相关的、单位正态的，所以有 $\mathrm{Cov}(\boldsymbol{z})=\boldsymbol{I}$。例如，对于两个因子

$$\mathrm{Cov}(x_1, x_2)=v_{11}v_{21}+v_{12}v_{22}$$

如果 x_1和 x_2的协方差高，则它们通过一个因子相关。如果是第一个因子，则 v_{11}和 v_{21}都高；如果是第二个因子，则 v_{12}和 v_{22}都高。在这两种情况下，其和 $v_{11}v_{21}+v_{12}v_{22}$都将高。如果该协方差低，则 x_1和 x_2依赖于不同的因子，并且在和式的乘积中，一项高而另一项低，而它们的和低。

我们看到

$$\mathrm{Cov}(x_1, z_2) = \mathrm{Cov}(v_{12}z_2, z_2) = v_{12}\mathrm{Var}(z_2) = v_{12}$$

因此，$\mathrm{Cov}(\boldsymbol{x}, \boldsymbol{z})=\boldsymbol{V}$，并且我们看到载荷用因子表示变量之间的相关性。

给定 $\boldsymbol{\Sigma}$ 的估计 $\boldsymbol{S}$，我们希望求解 $\boldsymbol{V}$ 和 $\boldsymbol{\Psi}$，满足

$$\boldsymbol{S}=\boldsymbol{VV}^{\mathrm{T}}+\boldsymbol{\Psi}$$

如果只有少量因子，即如果 $\boldsymbol{V}$ 只有少数几列，则因为 $\boldsymbol{V}$ 是 $d\times k$ 的而 $\boldsymbol{\Psi}$ 有 d 个值，我们就能有一个关于 $\boldsymbol{S}$ 的简化结构，从而参数的数量从 d^2减少到 $d\cdot k+d$。

因为 $\boldsymbol{\Psi}$ 是对角的，所以协方差由 $\boldsymbol{V}$ 表示。注意，PCA 不允许单独的 $\boldsymbol{\Psi}$ 并且试图考虑协方差和方差。当所有的 ψ_i相等时，即当 $\boldsymbol{\Psi}=\psi\boldsymbol{I}$ 时，得到概率 PCA(probabilistic PCA)(Tipping 和 Bishop 1997)，而当 ψ_i为 0 时，得到传统的 PCA。

现在，让我们来看看怎样找到因子载荷和特定的方差：我们首先忽略 $\boldsymbol{\Psi}$。然后，从它的谱分解，我们知道

130～132

$$\boldsymbol{S} = \boldsymbol{CDC}^{\mathrm{T}} = \boldsymbol{CD}^{1/2}\boldsymbol{D}^{1/2}\boldsymbol{C}^{\mathrm{T}} = (\boldsymbol{CD}^{1/2})(\boldsymbol{CD}^{1/2})^{\mathrm{T}}$$

其中，通过观察贡献的方差比例，我们只取 k 个特征向量，使得 $\boldsymbol{C}$ 是 $d\times k$ 特征向量矩阵，而 $\boldsymbol{D}^{1/2}$是 $k\times k$ 对角矩阵，其对角线上的值是特征值的平方根。这样，我们有

$$\boldsymbol{V} = \boldsymbol{CD}^{1/2} \tag{6-22}$$

从式(6-19)可以得到 ψ_i

$$\psi_i = s_i^2 - \sum_{j=1}^{k} v_{ij}^2 \tag{6-23}$$

注意：$\boldsymbol{V}$ 与任一正交矩阵(即具有 $\boldsymbol{TT}^{\mathrm{T}}=\boldsymbol{I}$ 性质的矩阵)相乘，它就是另一个有效解，因此解不是唯一的。

$$\boldsymbol{S} = (\boldsymbol{VT})(\boldsymbol{VT})^{\mathrm{T}} = \boldsymbol{VTT}^{\mathrm{T}}\boldsymbol{V}^{\mathrm{T}} = \boldsymbol{VIV}^{\mathrm{T}} = \boldsymbol{VV}^{\mathrm{T}}$$

如果 $\boldsymbol{T}$ 是正交矩阵，则到原点的距离不变。如果 $z=\boldsymbol{Tx}$，则

$$\boldsymbol{z}^{\mathrm{T}}\boldsymbol{z} = (\boldsymbol{Tx})^{\mathrm{T}}(\boldsymbol{Tx}) = \boldsymbol{x}^{\mathrm{T}}\boldsymbol{T}^{\mathrm{T}}\boldsymbol{Tx} = \boldsymbol{x}^{\mathrm{T}}\boldsymbol{x}$$

乘以一个对角矩阵具有旋转坐标轴的效果，这允许我们选择最可解释的坐标集合(Rencher 1995)。在二维中，

$$\boldsymbol{T} = \begin{pmatrix}\cos\phi & -\sin\phi\\ \sin\phi & \cos\phi\end{pmatrix}$$

将坐标旋转 ϕ 度。有两种类型的旋转：在正交旋转中，旋转后因子仍然正交；而在斜旋转中，允许因子变成相关的。旋转因子为每个变量在尽可能少的因子上给出最大载荷，使得因子可解释。然而，可解释性是主观的，不应该用来强加个人对数据的偏见。

因子分析有两种用法。当我们找到载荷并且试图使用较少因子表示变量时，它可以用来提取知识。当 $k<d$ 时，它也可以用来降低维度。我们已经看到第一种用法是怎么做的。现在，让我们看一看如何使用因子分析来降低维度。

当我们对维度归约感兴趣时，我们需要能够从 x_i 发现因子得分 z_j。我们希望找到载荷 w_{ji}，使得

133

$$z_j = \sum_{i=1}^{d} w_{ji} x_i + \varepsilon_j, j = 1, \cdots, k \tag{6-24}$$

其中 x_i 被中心化，具有均值 0。采用向量形式，对于观测 t，这可以写作

$$\boldsymbol{z}^t = \boldsymbol{W}^{\mathrm{T}} \boldsymbol{x}^t + \boldsymbol{\varepsilon}, \forall t = 1, \cdots, N$$

这是一个线性模型，有 d 个输入和 k 个输出。其转置可以写作

$$(\boldsymbol{z}^t)^{\mathrm{T}} = (\boldsymbol{x}^t)^{\mathrm{T}} \boldsymbol{W} + \boldsymbol{\varepsilon}^{\mathrm{T}}, \forall t = 1, \cdots, N$$

给定一个 N 个观测的样本，我们记

$$\boldsymbol{Z} = \boldsymbol{X}\boldsymbol{W} + \boldsymbol{\Xi} \tag{6-25}$$

其中 $\boldsymbol{Z}$ 是因子的 $N\times k$ 矩阵，$\boldsymbol{X}$ 是(中心化的)观测的 $N\times d$ 矩阵，而 $\boldsymbol{\Xi}$ 是 0 均值噪声的 $N\times k$ 矩阵。这是一个具有多输出的多元线性回归，并且从 5.8 节知道，我们可以求解 $\boldsymbol{W}$ 得到

$$\boldsymbol{W} = (\boldsymbol{X}^{\mathrm{T}}\boldsymbol{X})^{-1}\boldsymbol{X}^{\mathrm{T}}\boldsymbol{Z}$$

但是我们不知道 $\boldsymbol{Z}$，它是要计算的。在两边同时乘以和除以 $N-1$，得到

$$\begin{aligned}\boldsymbol{W} &= (N-1)(\boldsymbol{X}^{\mathrm{T}}\boldsymbol{X})^{-1}\frac{\boldsymbol{X}^{\mathrm{T}}\boldsymbol{Z}}{N-1} \\ &= \left(\frac{\boldsymbol{X}^{\mathrm{T}}\boldsymbol{X}}{N-1}\right)^{-1}\frac{\boldsymbol{X}^{\mathrm{T}}\boldsymbol{Z}}{N-1} \\ &= \boldsymbol{S}^{-1}\boldsymbol{V}\end{aligned} \tag{6-26}$$

并把式(6-26)代入式(6-25)中，假定 $\boldsymbol{S}$ 是非奇异矩阵，则记

$$\boldsymbol{Z} = \boldsymbol{X}\boldsymbol{W} = \boldsymbol{X}\boldsymbol{S}^{-1}\boldsymbol{V} \tag{6-27}$$

当 x_i 被规范化具有单位方差时，可以用 $\boldsymbol{R}$ 代替 $\boldsymbol{S}$。

对于维度归约，除了允许识别公共原因、简单解释和知识提取的因子可解释性外，与 PCA 相比 FA 并无优势。例如，在语音识别中，$\boldsymbol{x}$ 对应于声音信号，但是我们知道这是少数的发音器官，即颚、舌、软腭，嘴唇和口腔，(非线性)相互作用的结果，它们被适当地定位以便形成从肺部出来的气流从而产生语音。如果语音信号可以转换到这个发音分析的空间，则语音识别就会非常容易。使用这种生成模型是当前语音识别的研究方向之一。在第 14 章，我们将讨论如何用图形模型来表示这种模型。

134

6.6 奇异值分解与矩阵分解

给定 $N\times d$ 数据矩阵 $\boldsymbol{X}$，如果 $d<N$ 则用 $\boldsymbol{X}^{\mathrm{T}}\boldsymbol{X}$，如果 $N<d$ 则用 $\boldsymbol{X}\boldsymbol{X}^{\mathrm{T}}$。$\boldsymbol{X}^{\mathrm{T}}\boldsymbol{X}$ 和 $\boldsymbol{X}\boldsymbol{X}^{\mathrm{T}}$ 都是方阵，并且在这两种情况下，谱分解都是 $\boldsymbol{Q}\boldsymbol{\Lambda}\boldsymbol{Q}^{\mathrm{T}}$，其中特征向量矩阵 $\boldsymbol{Q}$ 是正交矩阵($\boldsymbol{Q}^{\mathrm{T}}\boldsymbol{Q}=\boldsymbol{I}$)，而 $\boldsymbol{\Lambda}$ 在对角线上包含特征值。

奇异值分解(singular value decomposition)容许分解任意 $N\times d$ 矩形矩阵(Strang 2006)：

$$\boldsymbol{X} = \boldsymbol{V}\boldsymbol{A}\boldsymbol{W}^{\mathrm{T}} \tag{6-28}$$

其中，$N \times N$ 矩阵 $\boldsymbol{V}$ 的列包含 $\boldsymbol{X}\boldsymbol{X}^{\mathrm{T}}$ 的特征向量，$d \times d$ 矩阵 $\boldsymbol{W}$ 的列包含 $\boldsymbol{X}^{\mathrm{T}}\boldsymbol{X}$ 的特征向量，而 $N \times d$ 矩阵 $\boldsymbol{A}$ 的对角线上包含 $k=\min(N,\ d)$ 个奇异值(singular values) $a_i(i=1,\ \cdots,\ k)$，这些奇异值是 $\boldsymbol{X}\boldsymbol{X}^{\mathrm{T}}$ 和 $\boldsymbol{X}^{\mathrm{T}}\boldsymbol{X}$ 的非零特征值的平方根，$\boldsymbol{A}$ 的其余元素为零。$\boldsymbol{V}$ 和 $\boldsymbol{W}^{\mathrm{T}}$ 是正交矩阵(但不必互为转置)。

$$\boldsymbol{X}\boldsymbol{X}^{\mathrm{T}} = (\boldsymbol{VAW}^{\mathrm{T}})(\boldsymbol{VAW}^{\mathrm{T}})^{\mathrm{T}} = \boldsymbol{VAW}^{\mathrm{T}}\boldsymbol{WA}^{\mathrm{T}}\boldsymbol{V}^{\mathrm{T}} = \boldsymbol{VEV}^{\mathrm{T}}$$
$$\boldsymbol{X}^{\mathrm{T}}\boldsymbol{X} = (\boldsymbol{VAW}^{\mathrm{T}})^{\mathrm{T}}(\boldsymbol{VAW}^{\mathrm{T}}) = \boldsymbol{WA}^{\mathrm{T}}\boldsymbol{V}^{\mathrm{T}}\boldsymbol{VAW}^{\mathrm{T}} = \boldsymbol{WDW}^{\mathrm{T}}$$

其中 $\boldsymbol{E}=\boldsymbol{AA}^{\mathrm{T}}$，$\boldsymbol{D}=\boldsymbol{A}^{\mathrm{T}}\boldsymbol{A}$。它们的大小不同，但都是方阵并且都在对角线上包含 $a_i^2(i=1,\ \cdots,\ k)$，而其他元素为 0。

与式(6-10)中一样，可以记

$$\boldsymbol{X} = \boldsymbol{u}_1 a_1 \boldsymbol{v}_1^{\mathrm{T}} + \boldsymbol{u}_2 a_2 \boldsymbol{v}_2^{\mathrm{T}} + \cdots + \boldsymbol{u}_k a_k \boldsymbol{v}_k^{\mathrm{T}} \tag{6-29}$$

尽管是非零，但如果 a_i 很小，则可以忽略对应的 $\boldsymbol{u}_i$ 和 $\boldsymbol{v}_i$，并且仍然可以重构 $\boldsymbol{X}$ 而没有太大误差。

在矩阵分解(matrix factorization)中，(通常)将一个大矩阵写成两个矩阵的乘积：

$$\boldsymbol{X} = \boldsymbol{FG} \tag{6-30}$$

其中，$\boldsymbol{X}$ 是 $N \times d$ 矩阵，$\boldsymbol{F}$ 是 $N \times k$ 矩阵，而 $\boldsymbol{G}$ 是 $k \times d$ 矩阵。k 是因子空间的维度，并且希望比 d 和 N 小得多。其基本思想是，尽管数据可能很大，但是它是稀疏的或高度相关的，并且可以在具有较低维度的空间中表示。 [135]

$\boldsymbol{G}$ 用原始属性定义因子，而 $\boldsymbol{F}$ 用这些因子定义数据实例。例如，如果 $\boldsymbol{X}$ 是 N 个文档的样本，每个使用具有 d 个词的词袋表示，则每个因子可能是使用词的特定子集书写的主题或概念，而每个文档是这些因子的特定组合。这称作*潜在语义索引*(latent semantic indexing)(Landauer，Laham 和 Derr 2004)。在*非负*(nonnegative)矩阵分解中，矩阵是非负的，并允许用复杂对象的部分表示复杂对象。

让我们看看另一个取自零售的例子，其中 $\boldsymbol{X}$ 是顾客数据。我们有 N 个顾客并销售 d 种不同的产品。$\boldsymbol{X}_{ti}$ 对应于顾客 t 已经购买的产品 i 的数量。我们知道顾客不会随机买东西，他们的购买依赖于许多因素。例如，他们的家庭大小和构成、收入水平、品味等——对我们而言，这些通常是隐藏的。在顾客数据的矩阵分解中，假定有 k 个这样的因子。$\boldsymbol{G}$ 把因子与产品联系起来。$\boldsymbol{G}_j$ 是 d 维向量，表示因子 j 与各个产品之间的关系。也就是说，$\boldsymbol{G}_{ji}$ 是正比于由于因子 j 而购买产品 i 的总量。类似地，$\boldsymbol{F}$ 把顾客与因子联系起来。$\boldsymbol{F}_t$ 是 k 维向量，用隐藏因子定义顾客。也就是说，$\boldsymbol{F}_{tj}$ 是由于因子 j 而导致顾客 t 的购买量。因此，可以把式(6-30)改写为

$$\boldsymbol{X}_{ti} = \boldsymbol{F}_t^{\mathrm{T}}\boldsymbol{G}_i = \sum_{j=1}^{k}\boldsymbol{F}_{tj}\boldsymbol{G}_{ji} \tag{6-31}$$

换句话说，为了计算总量，在所有因子上求和，其中，对于每个因子，将受该因子影响的顾客购买量乘以该因子导致的产品总量——参见图 6-8。

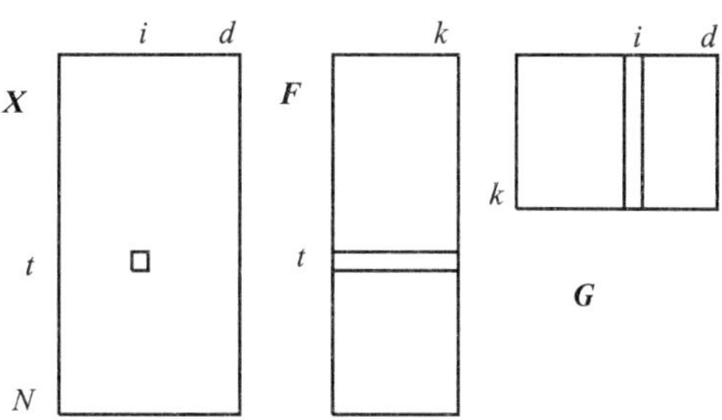

图 6-8　矩阵分解。$\boldsymbol{X}$ 是 $N \times d$ 数据矩阵。$\boldsymbol{F}$ 是 $N \times k$ 矩阵，它的第 t 行用 k 个隐藏因子定义实例 t。$\boldsymbol{G}$ 是 $k \times d$ 矩阵，用 d 个观测变量解释因子。为了得到 $\boldsymbol{X}_{ti}$，通过在因子上取加权和来考虑所有 k 个因子

6.7　多维定标

假设有 N 个点，并且给定每对点之间的距离 $d_{ij}(i,\ j=1,\ \cdots,\ N)$。我们不知道这些

点的确切坐标、它们的维度，也不知道距离是怎样计算的。多维定标(MultiDimension Scaling，MDS)是把这些点映射到低维(例如，二维)空间的方法，使得它们在低维空间中的欧氏距离尽可能接近原始空间中给定的距离 d_{ij}。这样，需要一个从某个未知维度空间到低维空间(例如，二维空间)的投影。

在典型的多维定标例子中，我们取城市之间的道路旅行距离，在应用 MDS 后，得到一张近似地图。这个地图被扭曲，在存在高山和湖泊等地理障碍物的部分，道路旅行距离大大地偏离了直线飞行距离(欧氏距离)；这个地图被拉伸，以便适应更长的距离(参见图 6-9)。该地图以原点为中心，但是解仍然不是唯一的。我们可以得到任意的旋转和镜像版本。

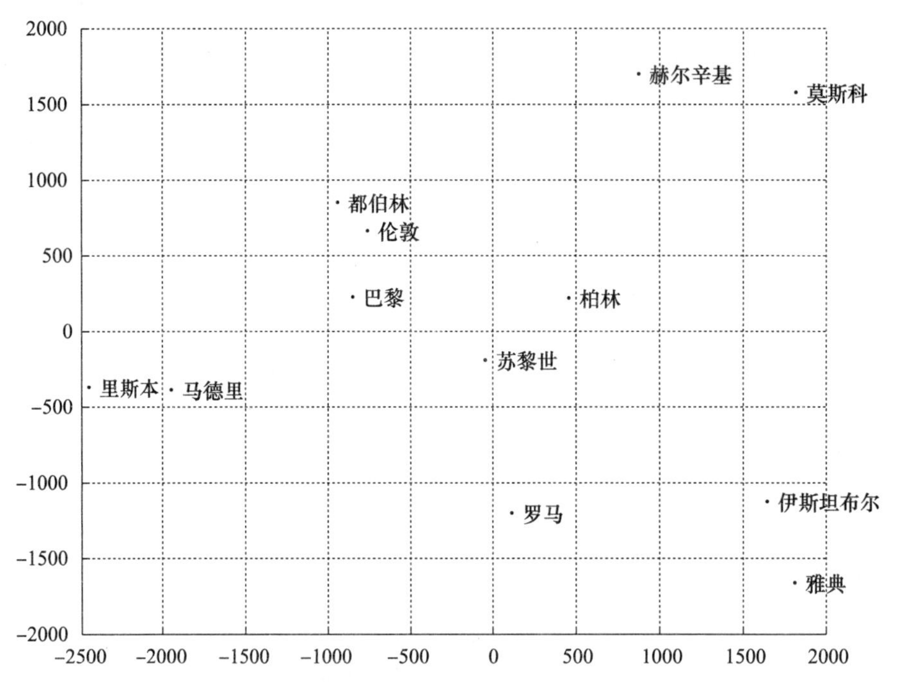

图 6-9 MDS 绘制的欧洲图。城市之间逐对道路旅行距离作为输入给出，MDS 把它们放到二维空间中，使这些距离尽可能地被保持

可以使用 MDS 进行维度归约。通过计算 d 维 $\boldsymbol{x}$ 空间的逐对欧氏距离并把它作为 MDS 的输入。然后，MDS 把它投影到较低维的空间，以保持这些距离。

像通常一样，假设有样本 $\mathcal{X}=\{\boldsymbol{x}^t\}_{t=1}^N$，其中 $\boldsymbol{x}^t\in\Re^d$。对于两个点 r 和 s，它们之间的平方欧氏距离为

$$\begin{aligned} d_{rs}^2 &= \|\boldsymbol{x}^r-\boldsymbol{x}^s\|^2 = \sum_{j=1}^d (x_j^r - x_j^s)^2 = \sum_{j=1}^d (x_j^r)^2 - 2\sum_{j=1}^d x_j^r x_j^s + \sum_{j=1}^d (x_j^s)^2 \\ &= b_{rr} + b_{ss} - 2b_{rs} \end{aligned} \tag{6-32}$$

其中，b_{rs}定义为

$$b_{rs} = \sum_{j=1}^d x_j^r x_j^s \tag{6-33}$$

为了约束这个解，把数据在原点中心化并假定

$$\sum_{j=1}^N x_j^r = 0 \quad \forall j = 1,\cdots,d$$

然后，在 r、s 和 r 与 s 二者上把式(6-32)加起来，并定义

$$T = \sum_{t=1}^{N} b_{tt} = \sum_{t}\sum_{j}(x_j^t)^2$$

得到

$$\sum_{r} d_{rs}^2 = T + Nb_{ss}$$

$$\sum_{s} d_{rs}^2 = Nb_{rr} + T$$

$$\sum_{r}\sum_{s} d_{rs}^2 = 2NT$$

136~138

当定义

$$d_{\cdot s}^2 = \frac{1}{N}\sum_{r} d_{rs}^2, \quad d_{r\cdot}^2 = \frac{1}{N}\sum_{s} d_{rs}^2, \quad d_{\cdot\cdot}^2 = \frac{1}{N^2}\sum_{r}\sum_{s} d_{rs}^2$$

并使用式(6-32)时，得到

$$b_{rs} = \frac{1}{2}(d_{r\cdot}^2 + d_{\cdot s}^2 - d_{\cdot\cdot}^2 - d_{rs}^2) \tag{6-34}$$

现在，已经计算了 b_{rs}，并且知道 $\boldsymbol{B}=\boldsymbol{X}\boldsymbol{X}^{\mathrm{T}}$(如式(6-33)中的定义)，则可以使用特征嵌入(6.4 节)。从谱分解知道 $\boldsymbol{X}=\boldsymbol{C}\boldsymbol{D}^{1/2}$ 可以用作 $\boldsymbol{X}$ 的一个近似，其中 $\boldsymbol{C}$ 是矩阵，其列是 $\boldsymbol{B}$ 的特征向量，而 $\boldsymbol{D}^{1/2}$ 是对角矩阵，其对角线是特征值的平方根。观察 $\boldsymbol{B}$ 的特征值，像我们在 PCA 和 FA 中所做的那样，我们确定比 d(和 N)低的维度 k。假设 $\boldsymbol{c}_j$ 是特征向量，其对应的特征值为 λ_j。注意 $\boldsymbol{c}_j$ 是 N 维的。于是，得到新的维

$$z_j^t = \sqrt{\lambda_j}c_j^t \quad j = 1,\cdots,k,t = 1,\cdots,N \tag{6-35}$$

也就是说，在规范化后，实例 t 的新坐标由特征向量 $\boldsymbol{c}_j(j=1, \cdots, k)$的第 t 个元素给出。

我们知道主成分分析和特征嵌套做相同的工作。这表明 PCA 与 MDS 做了相同的工作，并且如果 $d<N$ 则 PCA 的代价更低。在相关矩阵而不是在协方差矩阵上做 PCA 等价于用标准的欧氏距离来做 MDS，其中每个变量都具有单位方差。

在一般情况下，我们希望寻找一个映射 $\boldsymbol{z}=\boldsymbol{g}(\boldsymbol{x}|\theta)$，其中 $\boldsymbol{z}\in\Re^k$，$\boldsymbol{x}\in\Re^d$，并且 $\boldsymbol{g}(\boldsymbol{x}|\theta)$ 是依赖于参数 θ 的集合的从 d 维到 k 维的映射函数。前面我们讨论的经典 MDS 对应于线性变换

$$\boldsymbol{z} = \boldsymbol{g}(\boldsymbol{x}|\boldsymbol{W}) = \boldsymbol{W}^{\mathrm{T}}\boldsymbol{x} \tag{6-36}$$

但是在一般情况下，也可以使用非线性的映射。这称作 Sammon 映射(Sammon mapping)。映射中的标准化误差称作 Sammon 应力(Sammon stress)，定义为

139

$$\begin{aligned}E(\theta|\mathcal{X}) &= \sum_{r,s}\frac{(\|\boldsymbol{z}^r - \boldsymbol{z}^s\| - \|\boldsymbol{x}^r - \boldsymbol{x}^s\|)^2}{\|\boldsymbol{x}^r - \boldsymbol{x}^s\|^2} \\ &= \sum_{r,s}\frac{(\|\boldsymbol{g}(\boldsymbol{x}^r|\theta) - \boldsymbol{g}(\boldsymbol{x}^s|\theta)\| - \|\boldsymbol{x}^r - \boldsymbol{x}^s\|)^2}{\|\boldsymbol{x}^r - \boldsymbol{x}^s\|^2}\end{aligned} \tag{6-37}$$

可以对 $\boldsymbol{g}(\cdot|\theta)$使用任何回归方法，估计 θ 来最小化训练数据$\mathcal{X}$上的应力。如果 $\boldsymbol{g}(\cdot)$在 $\boldsymbol{x}$ 上是非线性的，则这将对应一个非线性的维度归约。

在分类的情况下，可以在距离中包含类信息(参见 Webb 1999)，如

$$d_{rs}' = (1-\alpha)d_{rs} + \alpha c_{rs}$$

其中 c_{rs} 是 $\boldsymbol{x}^r$ 和 $\boldsymbol{x}^s$ 所属类之间的“距离”。应该主观地提供这个类间距离，而 α 用交叉验证优化。

6.8 线性判别分析

线性判别分析(Linear Discriminant Analysis，LDA)是一种用于分类问题的维度归约的监督方法。我们从两类来开始这个问题的讨论，然后推广到 $K>2$ 个类。

给定来自两个类 C_1 和 C_2 的样本，我们希望找到由向量 $\boldsymbol{w}$ 定义的方向，使得当数据投影到 $\boldsymbol{w}$ 上时，来自两个类的样本尽可能分开。正如我们在前面看到的

$$z = \boldsymbol{w}^{\mathrm{T}}\boldsymbol{x} \tag{6-38}$$

是 $\boldsymbol{x}$ 到 $\boldsymbol{w}$ 上的投影，因而也是一个从 d 维到一维的维度归约。

$\boldsymbol{m}_1$ 和 m_1 分别是 C_1 类样本在投影前和投影后的均值。注意 $\boldsymbol{m}_1\in\Re^d$，而 $m_1\in\Re$。我们有样本 $\mathcal{X}=\{\boldsymbol{x}^t, r^t\}$，使得如果 $\boldsymbol{x}^t\in C_1$ 则 $r^t=1$，而如果 $\boldsymbol{x}^t\in C_2$ 则 $r^t=0$。

140

$$m_1 = \frac{\sum_t \boldsymbol{w}^{\mathrm{T}}\boldsymbol{x}^t r^t}{\sum_t r^t} = \boldsymbol{w}^{\mathrm{T}}\boldsymbol{m}_1$$

$$m_2 = \frac{\sum_t \boldsymbol{w}^{\mathrm{T}}\boldsymbol{x}^t (1-r^t)}{\sum_t (1-r^t)} = \boldsymbol{w}^{\mathrm{T}}\boldsymbol{m}_2 \tag{6-39}$$

来自 C_1 和 C_2 的样本投影后的散布(scatter)是

$$s_1^2 = \sum_t (\boldsymbol{w}^{\mathrm{T}}\boldsymbol{x}^t - m_1)^2 r^t$$

$$s_2^2 = \sum_t (\boldsymbol{w}^{\mathrm{T}}\boldsymbol{x}^t - m_2)^2 (1-r^t) \tag{6-40}$$

投影后，为了使两个类被很好地分开，我们希望均值尽可能远离，并且类实例散布在尽可能小的区域中。因此，我们希望 $|m_1-m_2|$ 大，而 $s_1^2+s_2^2$ 小(参见图 6-10)。费希尔线性判别式(Fisher's linear discriminant)是这样的 $\boldsymbol{w}$，它最大化

$$J(\boldsymbol{w}) = \frac{(m_1-m_2)^2}{s_1^2+s_2^2} \tag{6-41}$$

重写分子，得到

$$\begin{aligned}(m_1-m_2)^2 &= (\boldsymbol{w}^{\mathrm{T}}\boldsymbol{m}_1 - \boldsymbol{w}^{\mathrm{T}}\boldsymbol{m}_2)^2 \\ &= \boldsymbol{w}^{\mathrm{T}}(\boldsymbol{m}_1-\boldsymbol{m}_2)(\boldsymbol{m}_1-\boldsymbol{m}_2)^{\mathrm{T}}\boldsymbol{w} \\ &= \boldsymbol{w}^{\mathrm{T}}\boldsymbol{S}_B\boldsymbol{w}\end{aligned} \tag{6-42}$$

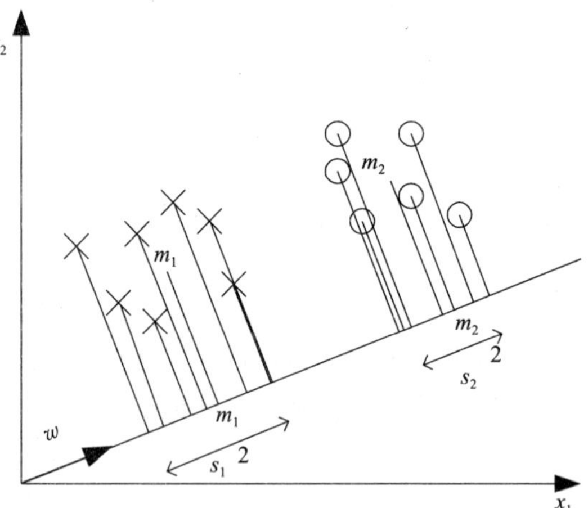

图 6-10 二维、两类的数据在 $\boldsymbol{w}$ 上的投影

141

其中 $\boldsymbol{S}_B=(\boldsymbol{m}_1-\boldsymbol{m}_2)(\boldsymbol{m}_1-\boldsymbol{m}_2)^{\mathrm{T}}$ 是类间散布矩阵(between-class scatter matrix)。该分子是投影后类实例在其均值周围散布的和，并且可以改写为

$$\begin{aligned}s_1^2 &= \sum_t (\boldsymbol{w}^{\mathrm{T}}\boldsymbol{x}^t - m_1)^2 r^t \\ &= \sum_t \boldsymbol{w}^{\mathrm{T}}(\boldsymbol{x}^t-\boldsymbol{m}_1)(\boldsymbol{x}^t-\boldsymbol{m}_1)^{\mathrm{T}}\boldsymbol{w}r^t \\ &= \boldsymbol{w}^{\mathrm{T}}\boldsymbol{S}_1\boldsymbol{w}\end{aligned} \tag{6-43}$$

其中

$$\boldsymbol{S}_1 = \sum_t r^t (\boldsymbol{x}^t - \boldsymbol{m}_1)(\boldsymbol{x}^t - \boldsymbol{m}_1)^{\mathrm{T}} \tag{6-44}$$

是 C_1 的类内散布矩阵(within-class scatter matrix)。$\boldsymbol{S}_1 / \sum_t r^t$ 是 $\boldsymbol{\Sigma}_1$ 的估计。类似地，$s_2^2 = \boldsymbol{w}^{\mathrm{T}} \boldsymbol{S}_2 \boldsymbol{w}$，其中 $\boldsymbol{S}_2 = \sum_t (1 - r^t)(\boldsymbol{x}^t - \boldsymbol{m}_2)(\boldsymbol{x}^t - \boldsymbol{m}_2)^{\mathrm{T}}$，并且得到

$$s_1^2 + s_2^2 = \boldsymbol{w}^{\mathrm{T}} \boldsymbol{S}_W \boldsymbol{w}$$

其中，$\boldsymbol{S}_W = \boldsymbol{S}_1 + \boldsymbol{S}_2$ 是类内散布的总和。注意 $s_1^2 + s_2^2$ 除以样本总数是汇聚数据的方差。式(6-41)可以改写为

$$J(\boldsymbol{w}) = \frac{\boldsymbol{w}^{\mathrm{T}} \boldsymbol{S}_B \boldsymbol{w}}{\boldsymbol{w}^{\mathrm{T}} \boldsymbol{S}_w \boldsymbol{w}} = \frac{|\boldsymbol{w}^{\mathrm{T}} (\boldsymbol{m}_1 - \boldsymbol{m}_2)^2|}{\boldsymbol{w}^{\mathrm{T}} S_W \boldsymbol{w}} \tag{6-45}$$

关于 $\boldsymbol{w}$ 求 J 的导数并令其等于 0，得到

$$\frac{\boldsymbol{w}^{\mathrm{T}} (\boldsymbol{m}_1 - \boldsymbol{m}_2)}{\boldsymbol{w}^{\mathrm{T}} S_W \boldsymbol{w}} \left(2(\boldsymbol{m}_1 - \boldsymbol{m}_2) - \frac{\boldsymbol{w}^{\mathrm{T}} (\boldsymbol{m}_1 - \boldsymbol{m}_2)}{\boldsymbol{w}^{\mathrm{T}} S_W \boldsymbol{w}} S_W \boldsymbol{w} \right) = 0$$

给定 $(\boldsymbol{m}_1 - \boldsymbol{m}_2) / \boldsymbol{w}^{\mathrm{T}} \boldsymbol{S}_W \boldsymbol{w}$ 为常数，有

$$\boldsymbol{w} = c \boldsymbol{S}_W^{-1} (\boldsymbol{m}_1 - \boldsymbol{m}_2) \tag{6-46}$$

其中 c 是常数。因为对我们来说重要的是方向而不是大小，所以我们可以取 $c = 1$ 并找出 $\boldsymbol{w}$。

记住，当 $p(\boldsymbol{x} | C_i) \sim \mathcal{N}(\boldsymbol{\mu}_i, \boldsymbol{\Sigma})$ 时，有线性判别式，其中 $\boldsymbol{w} = \boldsymbol{\Sigma}^{-1}(\boldsymbol{\mu}_1 - \boldsymbol{\mu}_2)$，并且看到如果类是正态分布的，则费希尔线性判别式是最优的。在同样的假设下，还可以计算阈值 w_0 来分开两个类。但是，即使类不是正态分布的，费希尔线性判别式也能使用。我们已经把样本从 d 维投影到一维，之后可以使用任何分类方法。在图 6-11 中，我们看到具有两个类的二维人工数据。正如我们所看到的和所期望的，因为使用类信息，所以就易于区分而言，LDA 方向优于 PCA 方向。 142

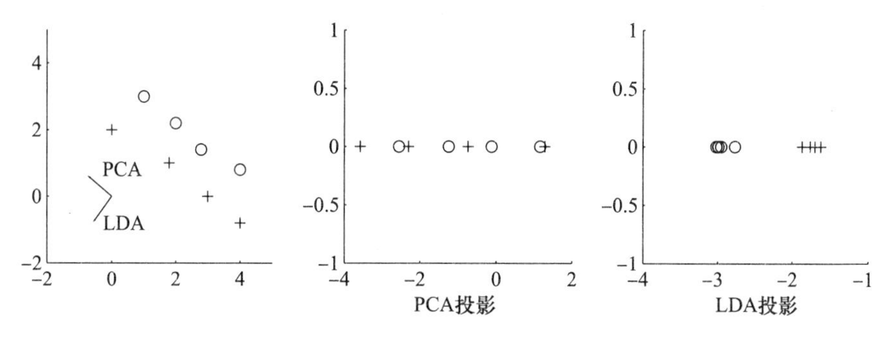

图 6-11 二维人工数据，显示了被 PCA 和 LDA 找到的方向以及在这些方向上的投影。LDA 使用类信息，并且与期望的一样，就把类分开而言，LDA 做得更好

在 $K > 2$ 个类的情况下，我们希望找到这样的矩阵 $\boldsymbol{W}$，使得

$$\boldsymbol{z} = \boldsymbol{W}^{\mathrm{T}} \boldsymbol{x} \tag{6-47}$$

其中 $\boldsymbol{z}$ 是 k 维的，而 $\boldsymbol{W}$ 是 $d \times k$ 矩阵。C_i 的类内散布矩阵是

$$\boldsymbol{S}_i = \sum_t r_i^t (\boldsymbol{x}^t - \boldsymbol{m}_i)(\boldsymbol{x}^t - \boldsymbol{m}_i)^{\mathrm{T}} \tag{6-48}$$

其中，如果 $\boldsymbol{x}^t \in C_i$ 则 $r_i^t = 1$，否则为 0。总类内散布矩阵是

$$\boldsymbol{S}_W = \sum_{i=1}^{K} \boldsymbol{S}_i \tag{6-49}$$

当存在 $K>2$ 个类时，均值的散布根据它们在总均值周围的散布情况计算

$$\boldsymbol{m}=\frac{1}{K}\sum_{i=1}^{K}\boldsymbol{m}_i \tag{6-50}$$

而类间散布矩阵是

143

$$\boldsymbol{S}_B=\sum_{i=1}^{K}N_i(\boldsymbol{m}_i-\boldsymbol{m})(\boldsymbol{m}_i-\boldsymbol{m})^{\mathrm{T}} \tag{6-51}$$

其中 $N_i=\sum_t r_i^t$ 。投影后的类间散布矩阵是 $\boldsymbol{W}^{\mathrm{T}}\boldsymbol{S}_B\boldsymbol{W}$，而投影后的类内散布矩阵是 $\boldsymbol{W}^{\mathrm{T}}\boldsymbol{S}_W\boldsymbol{W}$。它们都是 $k\times k$ 矩阵。我们希望第一个散布大。也就是说，在投影后，在新的 k 维空间中，我们希望类均值之间尽可能远离。我们希望第二个散布小。也就是说，在投影后，我们希望来自同一个类的样本尽可能接近它们的均值。对于一个散布(或协方差)矩阵，散布的度量是行列式。记住该行列式是特征值的乘积，而特征值给出沿着它的特征向量(成分)的方差。因此，我们对最大化式(6-44)的矩阵 $\boldsymbol{W}$ 感兴趣

$$J(\boldsymbol{W})=\frac{|\boldsymbol{W}^{\mathrm{T}}\ \boldsymbol{S}_B\boldsymbol{W}|}{|\boldsymbol{W}^{\mathrm{T}}\ \boldsymbol{S}_W\boldsymbol{W}|} \tag{6-52}$$

$\boldsymbol{S}_W^{-1}\boldsymbol{S}_B$ 的最大的特征向量是解。$\boldsymbol{S}_B$是 K 个秩为 1 的矩阵$(\boldsymbol{m}_i-\boldsymbol{m})(\boldsymbol{m}_i-\boldsymbol{m})^{\mathrm{T}}$的和，并且它们之中只有 $K-1$ 个是独立的。因此，$\boldsymbol{S}_B$具有最大秩 $K-1$，并且我们取 $k=K-1$。这样，我们定义一个新的、较低的 $K-1$ 维空间，然后在那里构造判别式(参见图 6-12)。虽然 LDA 使用类分离性作为评判它的好坏标准，但是在这个新空间中可以使用任意的分类方法来估计判别式。

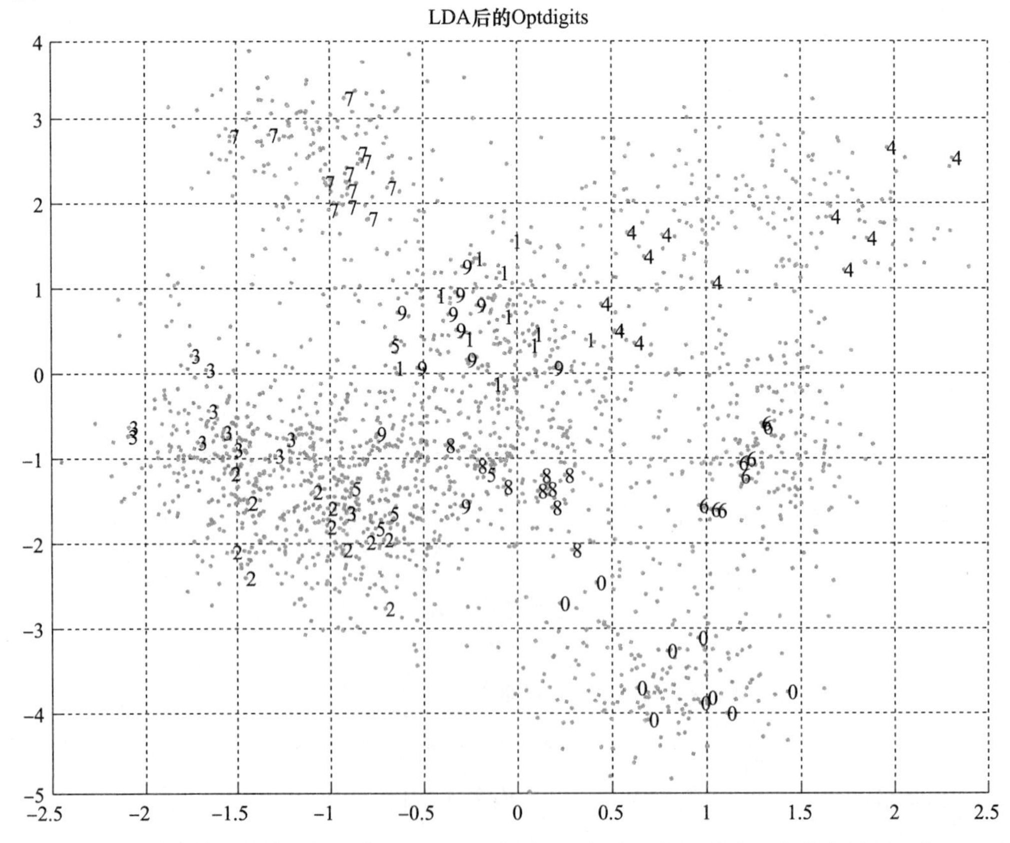

图 6-12　LDA 找到的前两个维空间上的 Optdigits。与图 6-3 相比，我们看到正如所期待的一样，LDA 比 PCA 导致更好的类分离。即便在这个二维空间(有 9 个维)中，我们也能看到不同类的分开的云团

我们看到，为了使用 LDA，$\boldsymbol{S}_W$应该是可逆的。如果是不可逆的，则可以先用 PCA 消除奇异性，然后把 LDA 用于其结果。然而，我们应该确保 PCA 不会把维度降低得太多，使得 LDA 没有多少事可做。

6.9 典范相关分析

在前面讨论的所有方法中，我们都假定有返回一组观测的单个数据源。有时，对于同样的对象或事件，有两种类型的变量。例如，在语音识别中，除了声音信息之外，可能还有词读出时的唇动视频信息。在信息检索中，可能有图像数据和文本注释。通常，这两个变量集是相关的，并且在将维度归约到联合空间时，我们希望考虑这种相关性。这就是典范相关分析(Canonical Correlation Analysis，CCA)的基本思想(Rencher 1995)。

假设有一个具有两个变量集的数据集$\mathcal{X}=\{\boldsymbol{x}^t, \boldsymbol{y}^t\}_{t=1}^N$，其中$\boldsymbol{x}^t\in\Re^d$和$\boldsymbol{y}^t\in\Re^e$。注意，这两个变量集都是输入，并且这是一个非监督问题。如果存在分类或回归所需要的输出，则以后像 PCA 中那样处理它(6.3 节)。

典范相关(canonical correlation)用 $\boldsymbol{x}$ 维与 $\boldsymbol{y}$ 维之间的相关程度度量。我们定义一些记号：$\boldsymbol{S}_{xx}=\mathrm{Cov}(\boldsymbol{x})=E[(\boldsymbol{x}-\boldsymbol{\mu}_x)^2]$是 $\boldsymbol{x}$ 维的协相关矩阵，是 $d\times d$ 的——这是我们频繁使用的 $\boldsymbol{\Sigma}$ 矩阵，例如在 PCA 中。还有一个 $\boldsymbol{y}$ 的 $e\times e$ 协相关矩阵，即 $\boldsymbol{S}_{yy}=\mathrm{Cov}(\boldsymbol{y})$。还有两个交叉协相关矩阵，即 $\boldsymbol{S}_{xy}=\mathrm{Cov}(\boldsymbol{x}, \boldsymbol{y})=E[(\boldsymbol{x}-\boldsymbol{\mu}_x)(\boldsymbol{y}-\boldsymbol{\mu}_y)]$，它是 $d\times e$ 的。而另一个交叉协相关矩阵 $\boldsymbol{S}_{yx}=\mathrm{Cov}(\boldsymbol{y}, \boldsymbol{x})=E[(\boldsymbol{y}-\boldsymbol{\mu}_y)(\boldsymbol{x}-\boldsymbol{\mu}_x)]$是 $e\times d$ 的。

144
~
145

我们对这样的两个向量 $\boldsymbol{w}$ 和 $\boldsymbol{v}$ 感兴趣，当 $\boldsymbol{x}$ 投影到 $\boldsymbol{w}$、$\boldsymbol{y}$ 投影到 $\boldsymbol{v}$ 时，得到最大的相关性。即我们想最大化

$$\begin{aligned}\rho = \mathrm{Corr}(\boldsymbol{w}^{\mathrm{T}}\boldsymbol{x}, \boldsymbol{v}^{\mathrm{T}}\boldsymbol{y}) &= \frac{\mathrm{Cov}(\boldsymbol{w}^{\mathrm{T}}x, \boldsymbol{v}^{\mathrm{T}}\boldsymbol{y})}{\sqrt{(\mathrm{Var}(\boldsymbol{w}^{\mathrm{T}}\boldsymbol{x})}\sqrt{\mathrm{Var}(\boldsymbol{v}^{\mathrm{T}}\boldsymbol{y})}} \\ &= \frac{\boldsymbol{w}^{\mathrm{T}}\mathrm{Cov}(\boldsymbol{x}, \boldsymbol{y})\boldsymbol{v}}{\sqrt{(\boldsymbol{w}^{\mathrm{T}}\mathrm{Var}(\boldsymbol{x})\boldsymbol{w}}\sqrt{\boldsymbol{v}^{\mathrm{T}}\mathrm{Var}(\boldsymbol{y})\boldsymbol{v}}} = \frac{\boldsymbol{w}^{\mathrm{T}}\boldsymbol{S}_{xy}\boldsymbol{v}}{\sqrt{(\boldsymbol{w}^{\mathrm{T}}\boldsymbol{S}_{xx}\boldsymbol{w}}\sqrt{\boldsymbol{v}^{\mathrm{T}}\boldsymbol{S}_{yy}\boldsymbol{v}}}\end{aligned} \tag{6-53}$$

等价地，我们可以说我们想最大化 $\boldsymbol{w}^{\mathrm{T}}\boldsymbol{S}_{xy}\boldsymbol{v}$，受限于 $\boldsymbol{w}^{\mathrm{T}}\boldsymbol{S}_{xx}\boldsymbol{w}=1$ 和 $\boldsymbol{v}^{\mathrm{T}}\boldsymbol{S}_{yy}\boldsymbol{v}=1$。与我们在 PCA 中所做的一样，把它们写成拉格朗日形式，然后关于 $\boldsymbol{w}$ 和 $\boldsymbol{v}$ 求导并令它们等于 0，我们看到 $\boldsymbol{w}$ 应该是$\boldsymbol{S}_{xx}^{-1}S_{xy}\boldsymbol{S}_{yy}^{-1}S_{yx}$的特征向量。类似地，$\boldsymbol{v}$ 应该是$\boldsymbol{S}_{yy}^{-1}\boldsymbol{S}_{yx}\boldsymbol{S}_{xx}^{-1}\boldsymbol{S}_{xy}$的特征向量(Hardoon，Szedmak 和 Shawe-Taylor 2004)。

因为我们感兴趣的是最大化相关性，所以我们选择两个具有最大特征值的特征向量，记它们为 $\boldsymbol{w}_1$和 $\boldsymbol{v}_1$，而相关度等于它们(共用的)特征值 λ_1。只要 $\boldsymbol{AB}$ 和 $\boldsymbol{BA}$ 是方阵，那么 $\boldsymbol{AB}$ 和 $\boldsymbol{BA}$ 的特征值就相同，但是这些特征向量不同：$\boldsymbol{w}_1$是 d 维的，而 $\boldsymbol{v}_1$是 e 维的。

正如在 PCA 中所做的那样，通过观察下面的对应特征值的相对值，可以决定使用多少特征向量对$(\boldsymbol{w}_i, \boldsymbol{v}_i)$

$$\frac{\lambda_i}{\sum_{j=1}^{s}\lambda_j}$$

其中 $s=\min(d, e)$是最大的可能秩。我们需要保留足够多的特征向量对用来保存数据中的相关性。

假定选取 k 作为维度，则通过把训练实例投影到这些维上，得到典范变量(canonical variate)：

$$a_i^t = \boldsymbol{w}_i^{\mathrm{T}}\boldsymbol{x}^t, \quad b_i^t = \boldsymbol{v}_i^{\mathrm{T}}\boldsymbol{y}^t, \quad i = 1,\cdots,k \tag{6-54}$$

上式可以写成矩阵形式

146

$$\boldsymbol{a}^t = \boldsymbol{W}^{\mathrm{T}}\boldsymbol{x}^t, \quad \boldsymbol{b}^t = \boldsymbol{V}^{\mathrm{T}}\boldsymbol{y}^t \tag{6-55}$$

其中，$\boldsymbol{W}$ 是 $d\times k$ 矩阵，它的列是 $\boldsymbol{w}_i$；而 $\boldsymbol{V}$ 是 $e\times k$ 矩阵，它的列是 $\boldsymbol{v}_i$(参见图 6-13)。现在，(a_i, b_i)对的向量构成我们可以使用的新的较低维表示，例如，为了分类。这些新特征是非冗余的。各个 a_i的值是不相关的，并且每个 a_i都与所有的 $b_j(j\neq i)$不相关。

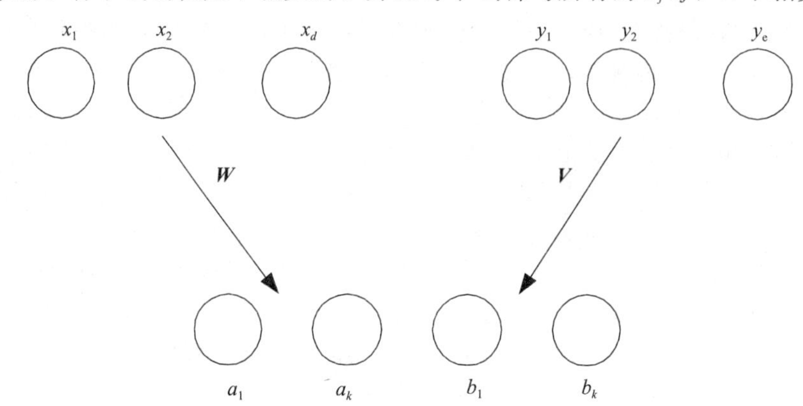

图 6-13 典范相关分析使用两组变量 $\boldsymbol{x}$ 和 $\boldsymbol{y}$，并且投影每一个使得投影后的相关性最大化

为了使 CCA 有意义，两组变量必须是依赖的。例如，在信息检索(Hardoon，Szedmak 和 Shawe-Taylor 2004)中就存在依赖性："天空"与图像中的许多蓝色相关联，所以使用 CCA 是有道理的。但这并非总是如此。例如，在用户认证中，我们可能有签名和虹膜图像，但没有理由认为它们之间存在依赖性。在这种情况下，最好是对签名和虹膜图像分别进行维度归约，从而发现同一组特征之间的依赖性。如果我们还可以假定独立的特征集之间存在相关性，则使用 CCA 才有意义。Rencher(1995)讨论了是否有 $\boldsymbol{S}_{xy}=0$ 的检验，即 $\boldsymbol{x}$ 和 $\boldsymbol{y}$ 是否独立的检验。有趣的是，如果 $\boldsymbol{x}$ 是观测变量，并且类标号用 $1\sim K$ 编码，则 CCA 找出与费希尔的 LDA 相同的解(6.8 节)。

147

在因子分析中，我们给出了维度归约生成的解释。我们假设存在隐藏变量 $\boldsymbol{z}$，它们组合时导致观测变量 $\boldsymbol{x}$。这里，我们同样可以考虑产生 $\boldsymbol{x}$ 和 $\boldsymbol{y}$ 的隐藏变量。实际上，我们可以认为 $\boldsymbol{a}$ 和 $\boldsymbol{b}$ 共同构成潜在空间中的表示 $\boldsymbol{z}$。

把 CCA 推广到多组变量是可能的。Bach 和 Jordan(2005)给出 CCA 的概率解释，那里超过两组变量是可能的。

6.10 等距特征映射

当数据落在一个线性子空间中时，6.3 节讨论的主成分分析(PCA)效果很好。然而，在许多应用中，这一前提并不成立。以人脸识别为例，在人脸识别中人脸用 100×100 的二维图像表示。在这种情况下，每张人脸是 10 000 维空间中的一个点。现在，假设随着一个人从右向左慢慢转动头部，我们取一系列照片。我们得到的这个人脸图像序列沿着 10 000 维空间中的一条轨迹，而不是线性的。现在，考虑许多人的人脸。随着他们转动头部，所有人的人脸轨迹定义了 10 000 维空间中的一个流形，并且这就是我们想要建模的。两张人脸的相似性不能简单地表示为像素差的和，因而欧氏距离不是一个好的度量。很可能出现这种情况：两个具有相同姿势的不同的人脸图像的欧氏距离比同一个人的两种不同姿势的图像的欧氏距离更小。这不是我们想要的。我们应该计算的是沿流形的距离，这称作测地距离(geodesic distance)。等距特征映射(Isometric feature mapping, Isomap)(Tenenhaum,de Silva 和 Langford 2000)估计这种距离并使用多维定标(MDS)(6.7 节),用它进行维度归约。

Isomap 使用所有数据点对之间的测地距离。对于输入空间中靠近的邻近点,可以使用欧氏距离。对于姿势中的小改变,流形是局部线性的。对于远离的点,测地距离用沿流形的点之间的距离和来近似。可以这样做:定义一个图,其节点对应于 N 个数据点,其边连接邻近的点(距离小于某个 ε 的点,或 n 个最近邻之一),边的权重对应于欧氏距离。任意两个点之间的测地距离用对应的两点之间最短路径长度计算。对于两个不邻近的点,需要沿通路跳过许多中间点,因而该距离是沿流形的距离,用局部欧氏距离的和来近似(参见图 6-14)

148

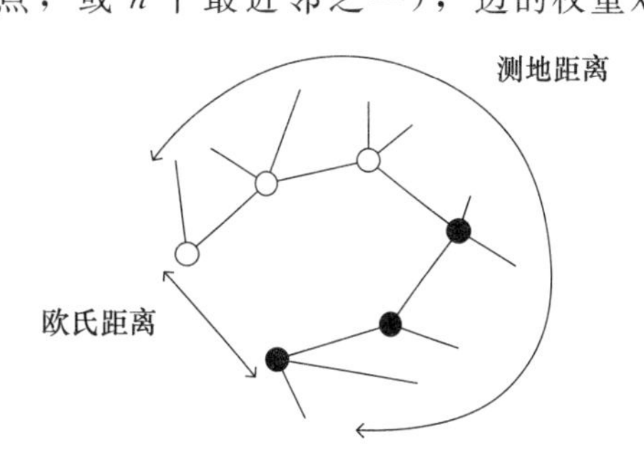

图 6-14 与欧氏距离不同,测地距离沿流形计算,而欧氏距离不使用这种信息。多维定标后,来自两个类的两个实例将被映射到新空间中远离的位置,尽管它们在原始空间中很靠近

两个节点 r 和 s 是连接的,如果 $\|\boldsymbol{x}^r-\boldsymbol{x}^s\|<\varepsilon$(同时确保图是连通的)或者 $\boldsymbol{x}^s$ 是 $\boldsymbol{x}^r$ 的 n 个最近邻之一(同时确保距离矩阵是对称的),并且设置其边长为 $\|\boldsymbol{x}^r-\boldsymbol{x}^s\|$。对于两个节点 r 和 s,d_{rs} 是它们之间最短路径的长度。然后,在 d_{rs} 上应用 MDS,通过观察它们所贡献的方差比例,把维度降低到 k。这具有如下效果:把测地空间远离的 r 和 s 也放在新的 k 维空间远离的位置上,即使在原始 d 维空间中它们用欧氏距离表示时是靠近的也是如此。

很显然,随着点数的增加,图形距离提供了更好的近似,尽管以更多的运行时间为代价。如果时间是至关重要的,则可以二次抽样并使用"地标点"子集使得算法更快。参数 ε 需要细心调整。如果它太小,则可能存在多个连通分支;而如果它太大,则可能添加破坏低维嵌入的"捷近"边(Balasubramanian 等 2002)。

149

与使用 MDS 一样,使用 Isomap 的一个问题是:因为使用特征嵌入,所以它把 N 个点放到一个低维空间中,但是它并不学习一个可以映射新检验点的一般映射函数;新的点应该添加到数据集中,并且需要使用 $N+1$ 个实例再次运行整个算法。

6.11 局部线性嵌入

局部线性嵌入(Locally Linear Embedding, LLE)从局部线性拟合发现全局非线性结构(Roweis 和 Saul 2000)。其基本思想是,流形的每个局部小段都可以线性地近似,并且给定足够多的数据,每个点都可以表示成其近邻(或者用给定的近邻数 n,或者用距离阈值 ε 定义)的线性加权和。给定原始空间中的 $\boldsymbol{x}^t$ 和它的近邻 $\boldsymbol{x}^s_{(r)}$,可以使用最小二乘找到重构权重 $\boldsymbol{W}_{rs}$,它最小化误差函数

$$\mathcal{E}^w(\boldsymbol{W}|\mathcal{X})=\sum_r\left\|\boldsymbol{x}^r-\sum_s\boldsymbol{W}_{rs}\boldsymbol{x}^s_{(r)}\right\|^2 \tag{6-56}$$

约束条件是,对于任意 r,$\boldsymbol{W}_{rr}=0$ 且 $\sum_s\boldsymbol{W}_{rs}=1$。

LLE 的基本思想是,重构权重 $\boldsymbol{W}_{rs}$ 反映数据的固有几何性质,我们期望这种性质对于流形(即实例映射到的新空间)的局部小段也有效(参见图 6-15)。因此,LLE 的第二步是保持权重 $\boldsymbol{W}_{rs}$ 固定,并令新坐标 $\boldsymbol{z}^r$ 关于由权重给定内部点约束取所需的值:

$$\mathcal{E}^z(\mathcal{Z}|\boldsymbol{W}) = \sum_r \left\| \boldsymbol{z}^r - \sum_s \boldsymbol{W}_{rs} \boldsymbol{z}^s \right\|^2 \tag{6-57}$$

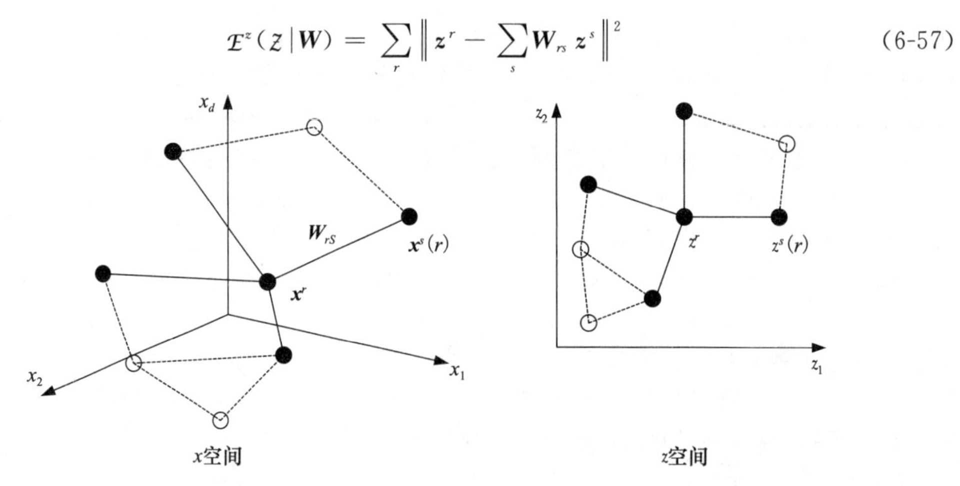

图 6-15　局部线性嵌入首先在原始空间学习约束，然后关于这些约束把点放置在新空间。约束使用直接近邻(用实线显示)学习，但是也传播到二级近邻(用虚线显示)

在原始 d 维空间中位于附近的点在新的 k 维空间中应该保持邻近，并且类似地在新的 k 维空间中协同定位。式(6-57)可以改写为

$$\mathcal{E}^z(\mathcal{Z}|\boldsymbol{W}) = \sum_{r,s} \boldsymbol{M}_{rs} (\boldsymbol{z}^r)^{\mathrm{T}} \boldsymbol{z}^s \tag{6-58}$$

其中

$$\boldsymbol{M}_{rs} = \delta_{rs} - \boldsymbol{W}_{rs} - \boldsymbol{W}_{sr} + \sum_i \boldsymbol{W}_{ir} \boldsymbol{W}_{is} \tag{6-59}$$

$\boldsymbol{M}$ 是稀疏的(一个数据点的近邻只占很小的比例：$n \ll N$)、对称的和半正定的。与其他维度归约方法一样，要求数据在原点中心化 $E[\boldsymbol{z}]=0$，并且新坐标是不相关的且具有单位长度：$\mathrm{Cov}(\boldsymbol{z})=\boldsymbol{I}$。在这两个约束下，式(6-58)的解由具有最小特征值的 $k+1$ 个特征向量给出。忽略最小的特征值，其余 k 个特征向量即为新坐标。

因为 n 个近邻生成一个 $n-1$ 维空间(在二维空间中，需要到3个点的距离来唯一定位)，所以 LLE 可以把维度归约到 $k \leqslant n-1$。据观察(Saul 和 Roweis 2003)，k 与 n 之间的某个范围足以得到一个好的嵌入。注意，如果 n(或 ε)很小，则每个实例与它近邻连接构造的图可能不再连通，并且可能需要在各连通分支上分别运行 LLE，找出输入空间不同部分的流形。另一方面，如果 n(或 ε)取值太大，那么某些近邻可能太远，局部线性假设不成立，可能损害嵌入。有可能基于某种先验知识，在输入空间的不同部分使用不同的 n(或 ε)，但是如何做仍然是一个尚需研究的问题(Saul 和 Roweis 2003)。

150～151

与 Isomap 一样，LLE 解是 N 个点的新坐标系，但不学习映射，因而不能为新的 $\boldsymbol{x}'$ 找到 $\boldsymbol{z}'$。对此有两种解决方案：

1) 使用相同的思想，可以在原始 d 维空间中找出 $\boldsymbol{x}'$ 的 n 个近邻，并且首先学习最小化

$$\mathcal{E}^w(\boldsymbol{w}|\mathcal{X}) = \left\| \boldsymbol{x}' - \sum_s \boldsymbol{w}_s \boldsymbol{x}^s \right\|^2 \tag{6-60}$$

的重构权重 $\boldsymbol{w}_j$，然后使用它们在新的 k 维空间中重构 $\boldsymbol{z}'$：

$$\boldsymbol{z}' = \sum_s \boldsymbol{w}_s \boldsymbol{z}^s \tag{6-61}$$

注意，这种方法也可以用于从 Isomap(或 MDS)解插值。然而，其缺点是需要存放整个数据集 $\{\boldsymbol{x}^t, \boldsymbol{z}^t\}_{t=1}^N$。

2) 使用 $\mathcal{X}=\{\boldsymbol{x}^t, \boldsymbol{z}^t\}_{t=1}^N$ 作为训练集，可以训练任意回归器 $\boldsymbol{g}(\boldsymbol{x}^t|\theta)$。例如，一个多层

感知器(第 11 章)，作为从 $\boldsymbol{x}^t$ 近似 $\boldsymbol{z}^t$ 的泛化器，其参数 θ 通过学习得到用于最小化回归误差：

$$E(\theta|\mathcal{X})=\sum_t\|\boldsymbol{z}^t-\boldsymbol{g}(\boldsymbol{x}^t|\theta)\|^2 \tag{6-62}$$

一旦训练完成，就可以计算 $\boldsymbol{z}'=\boldsymbol{g}(\boldsymbol{x}'|\theta)$。应该小心选择模型 $\boldsymbol{g}(\cdot)$，使之能够学习映射。可能不再有唯一最优的，因而存在通常与最小化有关的所有问题，即初始化、局部最优、收敛等。

在 Isomap 和 LLE 中，存在在近邻上传播的局部信息，以便得到全局解。在 Isomap 中，测地距离是局部距离的和；在 LLE 中，最终放置 $\boldsymbol{z}^t$ 的最优解考虑了所有局部 $\boldsymbol{W}_{rs}$ 值。假设 a 和 b 是近邻，b 和 c 是近邻。尽管 a 和 c 可能不是近邻，但是 a 和 c 之间的依赖性或者通过图，$d_{ac}=d_{ab}+d_{bc}$，或者通过权重 $\boldsymbol{W}_{ab}$ 和 $\boldsymbol{W}_{bc}$ 而存在。在这两个算法中，全局非线性组织通过整合部分重叠的局部线性约束而发现。 152

6.12 拉普拉斯特征映射

考虑数据实例 $\boldsymbol{x}^r\in\Re^d(r=1,\cdots,N)$ 和它们的投影 $\boldsymbol{z}^r\in\Re^k$。假定有实例点对之间的相似度值 B_{rs}，这些值可能是在某高维空间中计算的，使得如果 r 和 s 相同则它取最大值，并且随着它们变得不相似而递减。假设可能的最小值是 0，并且它是对称的：$B_{rs}=B_{sr}$ (Belkin 和 Nyogi 2003)。目标是

$$\min\sum_{r,s}\|\boldsymbol{z}^r-\boldsymbol{z}^s\|^2B_{rs} \tag{6-63}$$

两个应该相似的实例(即其 B_{rs} 大的 r 和 s)应该放置在新空间中的邻近地方，因此 $\boldsymbol{z}^r$ 和 $\boldsymbol{z}^s$ 应该靠近。反之，它们越不相似，我们就越不关心它们在新空间中的相对位置。B_{rs} 在原始空间中计算。例如，如果使用点积，则类似于多维定标所使用的方法将会有效：

$$B_{rs}=(\boldsymbol{x}^r)^{\mathrm{T}}\boldsymbol{x}^s$$

但是，类似于 Isomap 和 LLE，在拉普拉斯特征映射中，我们只关注局部相似性(Belkin 和 Nyogi 2003)。我们或者通过 $\boldsymbol{x}^r$ 和 $\boldsymbol{x}^s$ 之间的某个最大 ϵ 距离，或者通过 k 最近邻来定义邻域，而在邻域之外，我们设置 B_{rs} 为 0。在该邻域内，对于用户指定的某个 σ 值，使用高斯核把欧氏距离转换成相似度值：

$$B_{rs}=\exp\left[\frac{\|\boldsymbol{x}^r-\boldsymbol{x}^s\|^2}{2\sigma^2}\right]$$

$\boldsymbol{B}$ 可以看作定义了一个加权图。

对于 $k=1$(我们把维度约减为 1)，可以把式(6-63)改写为

$$\begin{aligned}&\min\frac{1}{2}\sum_{r,s}(z_r-z_s)^2B_{rs}\\&=\frac{1}{2}\Big(\sum_{r,s}B_{rs}z_r^2-2\sum_{r,s}B_{rs}z_rz_s+\sum_{r,s}B_{rs}(z_s)^2\Big)\\&=\frac{1}{2}\Big(\sum_{r}d_rz_r^2-2\sum_{r,s}B_{rs}z_rz_s+\sum_{s}d_sz_s^2\Big)\\&=\sum_rd_rz_r^2-\sum_r\sum_sB_{rs}z_rz_s\\&=\boldsymbol{z}^{\mathrm{T}}\boldsymbol{D}\boldsymbol{z}-\boldsymbol{z}^{\mathrm{T}}\boldsymbol{B}\boldsymbol{z}\end{aligned} \tag{6-64}$$

153

其中，$d_r=\sum_sB_{rs}$。$\boldsymbol{D}$ 是 d_r 的对角矩阵，而 $\boldsymbol{z}$ 是 N 维列向量，该列向量是 r 维，z_r 是 $\boldsymbol{x}^r$ 的

新坐标。我们定义图拉普拉斯(graph Laplacian)

$$\boldsymbol{L}=\boldsymbol{D}-\boldsymbol{B} \tag{6-65}$$

目标是最小化 $\boldsymbol{z}^{\mathrm{T}}\boldsymbol{L}\boldsymbol{z}$。为了得到唯一解，要求$\|\boldsymbol{z}\|=1$。与特征嵌入一样，直接得到新空间中的坐标而无须任何额外的投影。可以证明 $\boldsymbol{z}$ 应该是 $\boldsymbol{L}$ 的特征向量，并且因为我们想要最小化，所以我们选择具有最小特征值的特征向量。然而，注意，至少存在一个特征值为0的特征向量，应该忽略它。该特征向量的所有元素都相等：$\boldsymbol{c}=(1/\sqrt{N})\boldsymbol{1}^{\mathrm{T}}$。对应的特征值为0，因为

$$\boldsymbol{L}\boldsymbol{c}=\boldsymbol{D}\boldsymbol{c}-\boldsymbol{B}\boldsymbol{c}=0$$

$\boldsymbol{D}$ 的行和在其对角线上，而 $\boldsymbol{B}$ 的行与 $\boldsymbol{1}$ 的点积也取加权和。在这种情况下，为了使式(6-64)为0，由于 B_{ij} 为非负的，所以对于所有的(i, j)对，z_i 和 z_j 应该相等。为了范数为1，它们都应该为 $1/\sqrt{N}$。因此，我们应该跳过特征值为0特征向量，并且如果我们想把维度归约到 $k>1$，则需要取下一个 k。

拉普拉斯特征映射是一种特征嵌入方法。也就是说，直接在新空间中寻找坐标，而没有稍后可以用于新实例的映射模型。

我们可以将式(6-63)与式(6-37)(MDS中的Sammon应力)进行比较。这里，原始空间中的相似性在 B_{rs} 中隐式表示，而在MDS中，它被显式地记作$\|\boldsymbol{x}^r-\boldsymbol{x}^s\|$。另一点不同是，在MDS中，检查所有对之间的相似度，而这里限于局部(之后被传播，因为与Isomap和LLE中一样，这些局部近邻部分地重叠)。

对于四维鸢尾花数据，投影到MDS和拉普拉斯特征映射给出的两个维上的结果在图6-16中。这里，MDS等价于PCA，然而我们看到，拉普拉斯特征映射将类似的实例投影到新空间的临近位置上。这就是该方法是聚类前预处理数据的好方法的原因。7.7节讨论的谱聚类(spectral clustering)就使用这种思想。

154

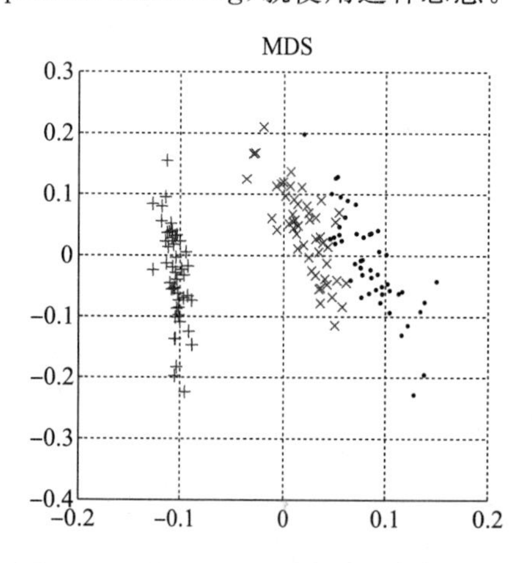

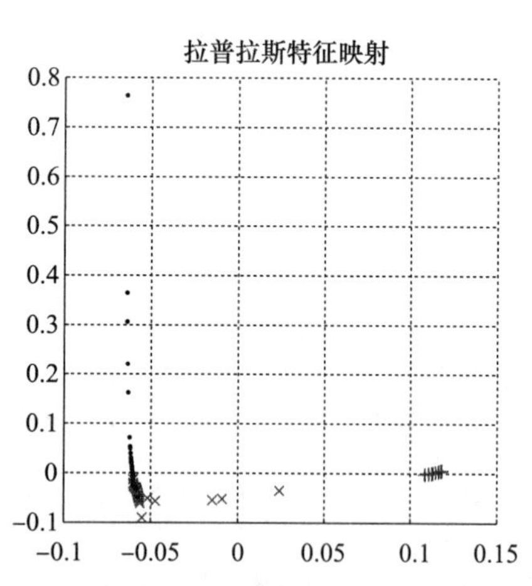

图6-16 使用多维定标和拉普拉斯特征映射归约到二维的鸢尾花数据。后者导致类似实例的更稠密放置

6.13 注释

回归中的子集选择在Miller 1990中讨论。我们讨论的向前和向后搜索过程都是局部搜索过程。Fukunaga和Narendra(1977)提出了一种分支和界限过程。以更大的开销，使用模拟退火或者遗传算法等随机过程，在搜索空间中进行更广泛的搜索。

还有一些用于特征选择的过滤(filtering)算法，其中启发式度量在预处理阶段用来计

算特征的"相关性"，而不是实际使用学习方法。例如，对于分类，取代每步训练和检验一个分类器，可以使用像在线性判别分析所用的可分性度量来度量在新空间中把类彼此分开的质量(McLachlan 1992)。随着计算费用的降低，最好在循环中包含学习程序，因为不能保证过滤方法使用的启发式度量与使用特征的学习方法的偏倚匹配。启发式度量不能取代实际的验证准确率。Guyon 和 Elisseef(2003)给出了特征选择方法的综述。

投影方法需要数值输入，离散变量应该用 0/1 哑变量表示，而子集选择可以直接使用离散输入。寻找特征向量和特征值是非常直接的，并且已经是任何线性代数软件包的一部分。因子分析是由英国心理学家 Charles Spearman 提出的，用于发现智力的单个因素，解释不同智力测试得分之间的联系。这种单个因子(称为 g)的存在性很有争议。更多关于多维定标的信息可以在 Cox 和 Cox 1994 中找到。 155

我们讨论的投影方法是批处理过程，因为它们要求在发现投影方向之前给定整个样本。Mao 和 Jain(1995)讨论了做 PCA 和 LDA 的在线过程，其中样例被逐个给出，并且更新随新实例的到达而进行。非线性投影的另一种可能的方法是 Sammon 映射的估计被取作非线性函数，例如，多层感知器(11.11 节)(Mao 和 Jain 1995)。进行非线性因子分析也是可能的，但是相当困难。当模型是非线性的时，构建一个正确的非线性模型是困难的。我们还需要用复杂的优化和逼近方法来求解模型参数。

拉普拉斯特征映射使用特征嵌入的思想，使得能够保持逐对相似性。相同的思想也用于核机器，在该方法中逐对相似性由核函数给定。在第 13 章中，我们将讨论"核"PCA、LDA 和 CCA。正如把高阶项看作附加的输入，通过线性回归实现非线性回归一样(5.8 节)，可以通过使用非线性基函数映射到新空间来进行非线性维度归约。这是核方法中的思想，它比用点积或欧氏距离计算相似度更好。

矩阵分解方法在各种大数据应用中非常流行，因为它们允许使用较小的矩阵解释大数据矩阵。一个应用范例是*推荐系统*(recommendation system)，在该系统中可能有数百万电影和数百万客户，而条目是客户评级。注意，大部分条目是缺失的，目的是填补这些缺失的值，然后基于这些预测值做推荐(Koren，Bell 和 Volinsky 2009)。

特征提取和决策之间有一个权衡。如果特征提取算法很好，则分类算法(或回归算法)的任务变得微不足道。例如，当类代码作为新的特征从现有特征中提取出来时就是如此。另一方面，如果分类算法足够好，则没有必要进行特征提取。它自己做自动特征选择或者内部组合。我们处于这两个理想世界之间。 156

存在一些内部做某些特征选择的算法，尽管是以有限的方式。决策树归纳(第 9 章)在生成决策树时进行特征选择，而多层感知器(第 11 章)在隐藏节点做非线性的特征提取。我们期望看到沿着这一方向，在把特征提取嵌入实际的分类或回归步骤中取得更多进展。

6.14 习题

1. 假定类是正态分布的，在子集选择中，当一个变量被添加或去掉时，如何快速计算新的判别式？例如，如何从 $\boldsymbol{S}_{\text{old}}^{-1}$ 计算 $\boldsymbol{S}_{\text{new}}^{-1}$？
2. 使用取自 UCI 知识库中的 Optdigits 实现 PCA。对于不同数量的特征向量，重构数字图像并计算重构误差(式(6-12))。
3. 给定道路旅行距离作为输入，使用 MDS 绘制你所在省或国家的地图。

4. 在 Sammon 映射中，如果映射是线性的，即 $g(\boldsymbol{x}|\boldsymbol{W})=\boldsymbol{W}^{\mathrm{T}}\boldsymbol{x}$，如何计算最小化 Sammon 应力的 $\boldsymbol{W}$?
5. 在图 6-11 中，我们看到一个二维人工数据，那里 LDA 比 PCA 做得好。绘制一个类似的数据集，其中 PCA 和 LDA 找到相同的好方向。绘制另一个数据集，PCA 和 LDA 都找不到一好方向。
6. 重做习题 3。这次使用 Isomap，其中仅当两个城市之间有不经过其他城市的直通道路时，这两个城市才被连接。
7. 在 Isomap 中，我们也可以使用邻近点之间的马氏距离，而不使用欧氏距离。如果使用马氏距离，这种方法有何优缺点?
8. 只要有对象两两之间的距离，多维定标就可以进行。只要有某种相似性度量，就完全不必把对象用向量表示。你能给出一个例子吗?

   解：假定有一个文档数据库。如果 d_{rs} 表示文档 r 和 s 的共同术语的个数，则我们可以使用 MDS 把这些文档映射到一个低维空间，例如，可视化它们和检查结构。注意，这里可以统计共同术语的个数而无需显式地使用词袋表示来把这些文档表示成向量。

157

9. 如何把类信息结合到 Isomap 和 LLE 中，使得相同类的距离映射到新空间的邻近位置?

   解：可以在计算属于不同类的实例的距离时包括一个附加的罚项，MDS 将把同一类的实例映射到附近的点。
10. 在因子分析中，如果已经知道某些因子，如何找到其余的因子?

    解：如果已经知道一些因子，则可以通过回归求出它们的载荷，然后从数据中删除它们的影响。于是，我们将得到不由那些因子解释的残差，并寻找可以解释这种残差的附加因子。
11. 讨论一个例子，它有隐藏因子(不必是线性的)，并且因子分析有望效果很好。

    解：一个例子是一所大学的学生成绩数据。对于一套课程，一个学生取得的等级取决于一些隐藏的因素，例如，学生的学科能力、他可以用于学习的时间、他的住宿舒适度等。

6.15 参考文献

Balasubramanian, M., E. L. Schwartz, J. B. Tenenbaum, V. de Silva, and J. C. Langford. 2002. "The Isomap Algorithm and Topological Stability." *Science* 295:7.

Bach, F., and M. I. Jordan. 2005. *A Probabilistic Interpretation of Canonical Correlation Analysis.* Technical Report 688, Department of Statistics, University of California, Berkeley.

Belkin, M., and P. Niyogi. 2003. "Laplacian Eigenmaps for Dimensionality Reduction and Data Representation." *Neural Computation* 15:1373–1396.

Chatfield, C., and A. J. Collins. 1980. *Introduction to Multivariate Analysis.* London: Chapman and Hall.

Cox, T. F., and M. A. A. Cox. 1994. *Multidimensional Scaling.* London: Chapman and Hall.

Flury, B. 1988. *Common Principal Components and Related Multivariate Models.* New York: Wiley.

Fukunaga, K., and P. M. Narendra. 1977. "A Branch and Bound Algorithm for Feature Subset Selection." *IEEE Transactions on Computers* C-26:917-922.

Guyon, I., and A. Elisseeff. 2003. "An Introduction to Variable and Feature Selection." *Journal of Machine Learning Research* 3:1157-1182.

Hardoon, D. R., S. Szedmak, J. Shawe-Taylor. 2004. "Canonical Correlation Analysis: An Overview with Application to Learning Methods." *Neural Computation* 16:2639-2664.

Hastie, T. J., R. J. Tibshirani, and A. Buja. 1994. "Flexible Discriminant Analysis by Optimal Scoring." *Journal of the American Statistical Association* 89:1255-1270.

Kohavi, R., and G. John. 1997. "Wrappers for Feature Subset Selection." *Artificial Intelligence* 97:273-324.

Koren, Y., R. Bell, and C. Volinsky. 2009. "Matrix Factorization Techniques for Recommender Systems." *IEEE Computer* 42 (8): 30-37.

Landauer, T. K., D. Laham, and M. Derr. 2004. "From Paragraph to Graph: Latent Semantic Analysis for Information Visualization." *Proceedings of the National Academy of Sciences* 101 (suppl. 1): 5214-5219.

Lee, D. D., and H. S. Seung. 1999. "Learning the Parts of Objects by Non-Negative Matrix Factorization," *Nature* 401 (6755): 788-791.

Mao, J., and A. K. Jain. 1995. "Artificial Neural Networks for Feature Extraction and Multivariate Data Projection." *IEEE Transactions on Neural Networks* 6: 296-317.

McLachlan, G. J. 1992. *Discriminant Analysis and Statistical Pattern Recognition.* New York: Wiley.

Miller, A. J. 1990. *Subset Selection in Regression.* London: Chapman and Hall.

Pudil, P., J. Novovičová, and J. Kittler. 1994. "Floating Search Methods in Feature Selection." *Pattern Recognition Letters* 15:1119-1125.

Rencher, A. C. 1995. *Methods of Multivariate Analysis.* New York: Wiley.

Roweis, S. T., and L. K. Saul. 2000. "Nonlinear Dimensionality Reduction by Locally Linear Embedding." *Science* 290:2323-2326.

Saul, K. K., and S. T. Roweis. 2003. "Think Globally, Fit Locally: Unsupervised Learning of Low Dimensional Manifolds." *Journal of Machine Learning Research* 4:119-155.

Strang, G. 2006. *Linear Algebra and Its Applications*, 4th ed. Boston: Cengage Learning.

Tenenbaum, J. B., V. de Silva, and J. C. Langford. 2000. "A Global Geometric Framework for Nonlinear Dimensionality Reduction." *Science* 290:2319-2323.

Tipping, M. E., and C. M. Bishop. 1999. "Probabilistic Principal Component Analysis." *Journal of the Royal Statistical Society Series B* 61:611-622.

Turk, M., and A. Pentland. 1991. "Eigenfaces for Recognition." *Journal of Cognitive Neuroscience* 3:71-86.

Webb, A. 1999. *Statistical Pattern Recognition.* London: Arnold.

158 ～ 160

第 7 章

Introduction to Machine Learning, Third Edition

聚　类

在参数方法中，我们假设样本来自一个已知的分布。当这种假设站不住脚时，我们放宽该假设，并使用半参数方法，允许用混合分布估计输入样本。聚类方法允许从数据中学习混合分布。除了概率建模之外，我们还讨论向量量化、谱聚类和层次聚类。

7.1 引言

在第 4 章和第 5 章中，我们讨论了密度估计的参数方法，那里我们假设样本$\mathcal{X}$取自某个参数族，例如高斯族。在参数分类中，这对应于为类密度 $p(\boldsymbol{x}|C_i)$假定某种密度。参数方法的优点是，给定一个模型，问题归结为少量参数的估计。对于密度估计，参数是密度的充分统计量。例如，对于高斯密度，参数为均值和协方差。

尽管参数方法使用非常频繁，但是对于假定并不成立的许多应用来说，假定一个严格的参数模型可能是偏倚的根源。因此，我们需要更灵活的模型。尤其是，假定高斯密度对应于假定样本(例如，一个类的实例)形成 d-维空间中的单个分组，并且正如我们在第 5 章所看到的，该分组的中心和形状分别由均值和协方差给定。

161

然而，在许多应用中，样本不是一个分组，而可能有多个分组。以手写字符识别为例。有两种风格书写数字 7：美洲人的写法是‘7’，而欧洲人的写法是中间有一个水平杠(与欧洲人手写的、上面有一小划的‘1’以示区别)。在这种情况下，当样本包含来自两个洲的实例时，数字 7 的类应当表示成两个不相交的分组。如果每个分组用一个高斯分布表示，则该类可以用两个高斯分布的混合分布表示，每个用于一种书写风格。

类似的例子是语音识别，其中由于不同的发音、口音、性别、年龄等，相同的词可能以不同的方法读出。这样，当没有单个、通用的原型时，为了统计上的正确性，应当在密度中表示所有这些不同的方法。

我们称这种方法为半参数密度估计(semiparametric density estimation)，因为我们仍然对样本中的每个分组假定一个参数模型。在第 8 章，我们将讨论非参数方法。当数据没有结构，甚至连混合模型都不能使用时，可以使用非参数方法。在本章，我们主要讨论密度估计，而将监督学习推迟到第 12 章中。

7.2 混合密度

混合密度(mixture density)记作

$$p(\boldsymbol{x}) = \sum_{i=1}^{k} p(\boldsymbol{x}|\mathcal{G}_i)P(\mathcal{G}_i) \tag{7-1}$$

其中$\mathcal{G}_i$ 是混合分支(mixture component)，也称为分组(group)或簇(cluster)。$p(\boldsymbol{x}|\mathcal{G}_i)$是支密度(component density)，而 $p(\mathcal{G}_i)$是混合比例(mixture proportion)。分支数 k 是超参数，应当预先指定。给定样本和 k，学习对应于估计支密度和比例。当假定支密度遵守参数模型时，只需要估计它们的参数。如果支密度是多元高斯的，则有 $p(\boldsymbol{x}|\mathcal{G}_i)\sim\mathcal{N}(\boldsymbol{\mu}_i, \boldsymbol{\Sigma}_i)$，而 $\Phi=\{p(\mathcal{G}_i), \boldsymbol{\mu}_i, \boldsymbol{\Sigma}_i,\}_{i=1}^{k}$是应当从独立同分布的样本$\mathcal{X}=\{\boldsymbol{x}^t\}_t$

估计的参数。162

参数分类是名副其实的混合模型，其中分组$\mathcal{G}_i$对应于类$\mathcal{C}_i$，支密度$p(\boldsymbol{x}|\mathcal{G}_i)$对应于类密度$p(\boldsymbol{x}|\mathcal{C}_i)$，而$p(\mathcal{G}_i)$对应于类先验$p(\mathcal{C}_i)$：

$$p(\boldsymbol{x}) = \sum_{i=1}^{K} p(\boldsymbol{x}|\mathcal{C}_i)P(\mathcal{C}_i)$$

在这种监督情况下，我们知道有多少个分组，而学习参数是平凡的，因为我们有类标号，即知道哪个实例属于哪个类(分支)。从第5章我们知道，给定样本$\mathcal{X}=\{\boldsymbol{x}^t, \boldsymbol{r}^t\}_{t=1}^N$，其中如果$\boldsymbol{x}^t \in \mathcal{C}_i$则$r_i^t=1$，否则$r_i^t$为0，可以使用最大似然计算这些参数。当每个类都是高斯分布时，我们有混合高斯分布，并且参数估计为

$$\hat{P}(\mathcal{C}_i) = \frac{\sum_t r_i^t}{N}$$
$$\boldsymbol{m}_i = \frac{\sum_t r_i^t \boldsymbol{x}^t}{\sum_t r_i^t} \tag{7-2}$$
$$\boldsymbol{S}_i = \frac{\sum_t r_i^t (\boldsymbol{x}^t - \boldsymbol{m}_i)(\boldsymbol{x}^t - \boldsymbol{m}_i)^{\mathrm{T}}}{\sum_t r_i^t}$$

不同的是，本章的样本为$\mathcal{X}=\{\boldsymbol{x}^t\}_t$，我们有非监督学习(unsupervised learning)问题。只有$\boldsymbol{x}^t$而没有标号$\boldsymbol{r}^t$，也就是说，我们不知道$\boldsymbol{x}^t$来自哪个分支。这样，我们应当估计二者：第一，我们应当估计给定实例所属的分支标号r_i^t；第二，一旦我们估计了标号，我们就要估计给定实例集所属分支的参数。为此，我们首先讨论一种简单的聚类算法k均值聚类，并在后面证明它是期望最大化(Expectation-Maximization，EM)算法的一个特例。

7.3　k均值聚类

假设有一个图像，按24位/像素存放，可能有多达1600万种颜色。假定有8位/像素的彩色屏幕，只能显示256种颜色。我们想在1600万种颜色中找出最佳的256种颜色，使得仅使用调色板中256种颜色的图像看上去尽可能接近原来的图像。这是颜色量化(color quantization)问题，其中从高分辨率映射到低分辨率。在一般情况下，目标是从连续空间映射到离散空间，这一过程称作向量量化(vector quantization)。163

当然，我们总能均匀地进行量化，但是把映射表目指派到图像中不存在的颜色，或不给图像中频繁使用的颜色分配附加的表目会浪费颜色映射。例如，如果图像是海景，则我们可望看到许多深浅不一的蓝色而不是红色。因此，颜色映射表目的分布应当尽可能接近地反映原来的密度，将更多的表目放在高密度区域，而丢弃没有数据的区域。

假定有样本$\mathcal{X}=\{\boldsymbol{x}^t\}_{t=1}^N$。有$k$个参考向量(reference vector)$\boldsymbol{m}_j$，$j=1$，…，$k$。在颜色量化的例子中，$\boldsymbol{x}^t$是24位的图像像素值，$\boldsymbol{m}_j$是颜色映射表目，也是24位，$k=256$。

暂时假定我们以某种方法得到了$\boldsymbol{m}_j$的值，稍后我们将讨论如何学习它们。然后，在显示图像中，给定像素$\boldsymbol{x}^t$，用颜色映射中最相似的、满足下式的表目$\boldsymbol{m}_i$表示它

$$\|\boldsymbol{x}^t - \boldsymbol{m}_i\| = \min_j \|\boldsymbol{x}^t - \boldsymbol{m}_j\|$$

也就是说，我们使用参考向量符号系统中最接近的值，而不是使用原始数据。$\boldsymbol{m}_i$又称为码本向量(codebook vector)或码字(code word)，因为这是一个编码/解码过程(参见

图 7-1)：从 $\boldsymbol{x}^t$ 到 i 是使用编码本 $\boldsymbol{m}_i(i=1, \cdots, k)$ 对数据编码的过程，而在接收端，从 i 产生 $\boldsymbol{m}_i$ 是解码。量化也能压缩(compression)。例如，没有使用 24 位存储(或在通信线上传输)每个 $\boldsymbol{x}^t$，可以只存储/传输它在颜色映射中的下标 i，使用 8 位索引 1～256 中的值，得到几乎为 3 的压缩率。存储/传输的也是颜色映射。

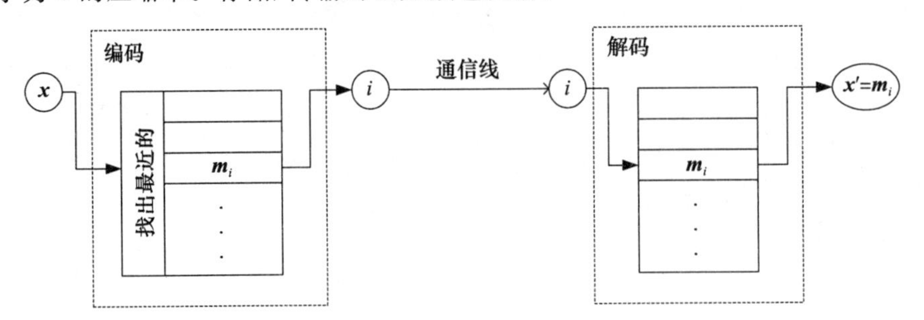

图 7-1　给定 $\boldsymbol{x}$，编码器发送最近码字的下标，而解码器使用接收到的下标产生码字 $\boldsymbol{x}'$。误差为 $\|\boldsymbol{x}-\boldsymbol{x}'\|$

让我们看看如何计算 $\boldsymbol{m}_i$。当 $\boldsymbol{x}^t$ 用 $\boldsymbol{m}_i$ 表示时，存在一个正比于距离 $\|\boldsymbol{x}^t-\boldsymbol{m}_j\|$ 的误差。为了使新图像看上去像原来的图像，应当对所有的像素，使该距离尽可能小。总重构误差(reconstruction error)定义为

$$E(\{\boldsymbol{m}_i\}_{i=1}^k \mid \mathcal{X}) = \sum_t \sum_i b_i^t \|\boldsymbol{x}^t - \boldsymbol{m}_i\|^2 \tag{7-3}$$

其中

$$b_i^t = \begin{cases} 1 & \text{如果} \|\boldsymbol{x}^t - \boldsymbol{m}_i\| = \min_j \|\boldsymbol{x}^t - \boldsymbol{m}_j\| \\ 0 & \text{否则} \end{cases} \tag{7-4}$$

最好的参考向量是最小化总重构误差的参考向量。b_i^t 也依赖 $\boldsymbol{m}_i$，并且我们不能解析地求解这个优化问题。对此，我们有一个称作 k 均值聚类(k-means clustering)的迭代过程。首先，我们以随机初始化的 $\boldsymbol{m}_i$ 开始。然后，在每次迭代中，先对每个 $\boldsymbol{x}^t$ 使用式(7-4)计算估计标号(estimated label)b_i^t。如果 b_i^t 为 1，则 $\boldsymbol{x}^t$ 属于的分组 $\boldsymbol{m}_i$。然后，一旦有了这些标号，就最小化式(7-3)。取它关于 $\boldsymbol{m}_i$ 的导数并令其等于 0，得到

$$\boldsymbol{m}_i = \frac{\sum_t b_i^t \boldsymbol{x}^t}{\sum_t b_i^t} \tag{7-5}$$

将参考向量设置为它所代表的所有实例的均值。注意，除了用估计的标号 b_i^t 取代标号 r_i^t 外，这与式(7-2)中的均值公式相同。这是一个迭代过程，因为一旦我们计算了新的 $\boldsymbol{m}_i$，b_i^t 就改变并且需要重新计算，这反过来又影响 $\boldsymbol{m}_i$。这个两步过程重复，直到 $\boldsymbol{m}_i$ 稳定(参见图 7-2)。k 均值算法的伪代码在图 7-3 中给出。

k 均值的一个缺点是，它是一个局部搜索过程，并且最终的 $\boldsymbol{m}_i$ 高度依赖于初始的 $\boldsymbol{m}_i$。对于初始化，存在各种不同的方法：

164～165

- 可以简单地随机选择 k 个实例作为初始的 $\boldsymbol{m}_i$。
- 可以计算所有数据的均值，并将一些小随机向量加到均值上，得到 k 个初始的 $\boldsymbol{m}_i$。
- 可以计算主成分，将它的值域化分成 k 个相等的区间，将数据化分成 k 个分组，然后取这些分组的均值作为初始中心。

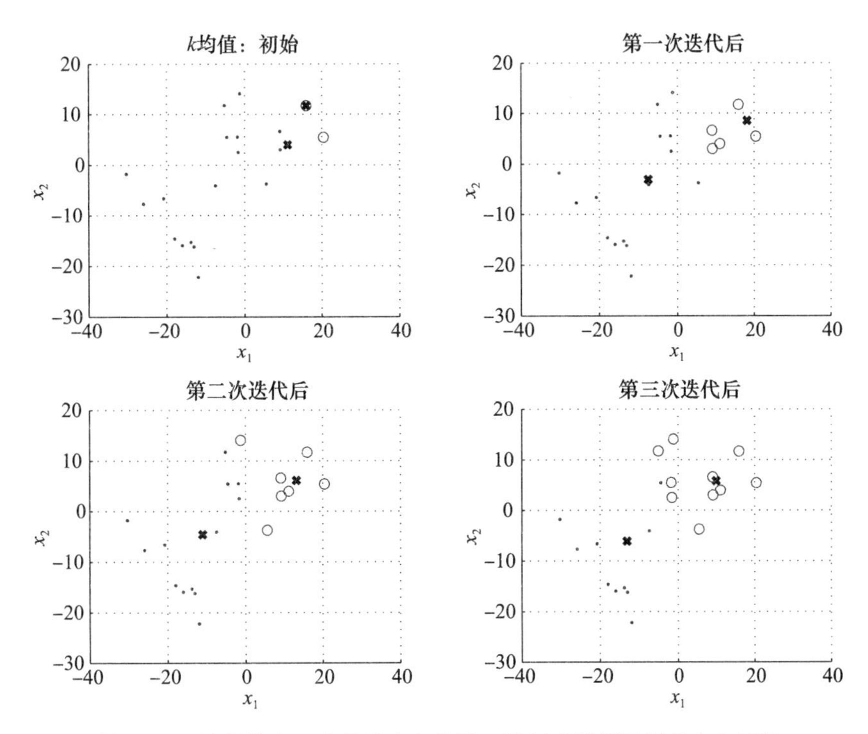

图 7-2　k 均值演变。叉指示中心位置。数据点根据最近的中心标记

初始化 $\boldsymbol{m}_i$，$i=1$，…，k。例如，将 $\boldsymbol{m}_i$ 初始化为 k 个随机的 $\boldsymbol{x}^t$

Repeat

　For 所有的 $\boldsymbol{x}^t \in \mathcal{X}$

$$b_i^t = \begin{cases} 1 & \text{如果} \ \|\boldsymbol{x}^t - \boldsymbol{m}_i\| = \min_j \|\boldsymbol{x}^t - \boldsymbol{m}_j\| \\ 0 & \text{否则} \end{cases}$$

　For 所有的 $\boldsymbol{m}_i$，$i=1$，…，k

$$\boldsymbol{m}_i \leftarrow \sum_t b_i^t \boldsymbol{x}^t / \sum_t b_i^t$$

Until $\boldsymbol{m}_i$ 收敛

图 7-3　k 均值算法

收敛后，所有的簇中心都应当涵盖数据实例的某个子集并且是有用的，因此，最好将中心初始化在我们相信有数据的地方。

还有一些算法动态地添加新中心或删除空的中心。在领导者聚类算法(leader cluster algorithm)中，一个远离(用一个阈值定义)已有中心的实例导致在该点创建一个新中心(我们将在第 12 章讨论一种这样的神经网络算法 ART)。或者，一个涵盖了大量实例($\sum_t b_i^t / N > \theta$)的中心可以分裂为两个(通过把一个小随机向量加到两个拷贝中的一个上，使得它们不同)。类似地，涵盖太少实例的中心可以删除，并从输入空间的某个其他部分重新开始。

k 均值算法用于聚类，也就是说，用于寻找数据中的分组，其中分组用它们的中心(分组的典型代表)表示。向量量化是聚类的一种应用，但是聚类也用于分类或回归阶段之前的预处理(preprocessing)。给定 $\boldsymbol{x}^t$，当计算 b_i^t 时，进行从原始空间到 k 维空间的映射，

即映射到 k 维超立方体的一个隅角上。然后，可以在这个新空间学习回归或判别式函数。我们将在第12章讨论这样的方法。

7.4 期望最大化算法

在 k 均值中，我们把聚类看作寻找最小化总重构误差的码本向量问题。在本节中，我们的方法是概率的，并且我们寻找最大化样本似然的支密度参数。使用式(7-1)的混合模型，样本 $\mathcal{X}=\{\boldsymbol{x}^t\}_t$ 的对数似然为

166 ~ 167

$$\mathcal{L}(\Phi|\mathcal{X}) = \log\prod_t p(\boldsymbol{x}^t|\Phi) = \sum_t \log\sum_{i=1}^k p(\boldsymbol{x}^t|\mathcal{G}_i)P(\mathcal{G}_i) \tag{7-6}$$

其中 Φ 包含先验概率 $P(\mathcal{G}_i)$ 和支密度 $p(\boldsymbol{x}^t|\mathcal{G}_i)$ 的有效统计量。不幸的是，我们不能解析地求解参数，因而需要借助于迭代优化。

期望最大化(Expectation-Maximization，EM)算法(Dempster，Laird 和 Rubin 1977；Redner 和 Walker 1984)用于最大似然估计，其中问题涉及两组随机变量，其中一组 X 是可观测的，而另一组 Z 是隐藏的。算法的目标是找到参数向量 $\boldsymbol{\Phi}$，它最大化 X 的观测值的似然 $\mathcal{L}(\boldsymbol{\Phi}|\mathcal{X})$。但是，在不可行时，我们关联附加的隐藏变量(hidden variable) Z，并使用二者表示基础模型，最大化 X 和 Z 联合分布的似然，完全似然 $\mathcal{L}_C(\boldsymbol{\Phi}|\mathcal{X},\mathcal{Z})$。

由于 Z 值不是观测的，所以我们不能直接求解完全数据似然 $\mathcal{L}_C$。而是给定 $\mathcal{X}$ 和当前参数值 Φ^l(其中 l 是迭代次数)，求它的期望 $\mathcal{Q}$。这是算法的期望(Expectation，E)步。然后，在最大化(Maximization，M)步，我们寻找新的参数值 Φ^{l+1}，它最大化期望。这样

$$\text{E 步：} \mathcal{Q}(\boldsymbol{\Phi}|\Phi^l) = E(\mathcal{L}_C(\boldsymbol{\Phi}|\mathcal{X},\mathcal{Z})|\mathcal{X},\Phi^l)$$

$$\text{M 步：} \Phi^{l+1} = \arg\max_{\boldsymbol{\Phi}} \mathcal{Q}(\boldsymbol{\Phi}|\Phi^l)$$

Dempster，Laird 和 Rubin(1977)证明增加 $\mathcal{Q}$ 意味着增加不完全似然

$$\mathcal{L}(\Phi^{l+1}|\mathcal{X}) \geqslant \mathcal{L}(\Phi^l|\mathcal{X})$$

在混合模型的情况下，隐藏变量是观测的源，即哪个观测属于哪个分支。如果这些是给定的，例如作为监督学习的类标号给定，则我们就想知道调整哪些参数，以便拟合数据点。EM 算法的执行过程如下：在 E 步，给定分支的当前知识，我们估计这些标号；而在 M 步，给定 E 步估计的标号，我们更新我们的分支知识。这两步与 k 均值的两步相同：b_i^t 的计算(E 步)和 $\boldsymbol{m}_i$ 的重新估计(M 步)。

我们定义一个指示变量(indicator variable)的向量 $\boldsymbol{z}^t=\{z_1^t,\cdots,z_k^t\}$，其中如果 $\boldsymbol{x}^t$ 属于簇 $\mathcal{G}_i$，则 $z_i^t=1$，否则 z_i^t 为 0。$\boldsymbol{z}$ 是多项分布，以先验概率 π_i 取自 k 个类，是 $P(\mathcal{G}_i)$ 的简写。于是

168

$$P(\boldsymbol{z}^t) = \prod_{i=1}^k \pi_i^{z_i^t} \tag{7-7}$$

观测 $\boldsymbol{x}^t$ 的似然等于它的概率，被生成它的分支指定：

$$p(\boldsymbol{x}^t,\boldsymbol{z}^t) = \prod_{i=1}^k p_i(\boldsymbol{x}^t)^{z_i^t} \tag{7-8}$$

$p_i(\boldsymbol{x}^t)$ 是 $p(\boldsymbol{x}^t|\mathcal{G}_i)$ 的简写。联合密度为

$$p(\boldsymbol{x}^t,\boldsymbol{z}^t) = P(\boldsymbol{z}^t)p(\boldsymbol{x}^t|\boldsymbol{z}^t)$$

而独立同分布的样本 $\mathcal{X}$ 的完全数据似然为

$$\mathcal{L}_C(\boldsymbol{\Phi}|\mathcal{X},\mathcal{Z}) = \log\prod_t p(\boldsymbol{x}^t,\boldsymbol{z}^t|\boldsymbol{\Phi}) = \sum_t \log p(\boldsymbol{x}^t,\boldsymbol{z}^t|\boldsymbol{\Phi})$$

$$= \sum_t \log p(\boldsymbol{z}^t|\boldsymbol{\Phi}) + \log p(\boldsymbol{x}^t|\boldsymbol{z}^t,\boldsymbol{\Phi}) = \sum_t \sum_i z_i^t[\log \pi_i + \log p_i(\boldsymbol{x}^t|\boldsymbol{\Phi})]$$

E 步：定义，

$$\begin{aligned} \mathcal{Q}(\boldsymbol{\Phi}|\Phi^l) &\equiv E[\log P(X,Z)|\mathcal{X},\Phi^l] \\ &= E[\mathcal{L}_C(\boldsymbol{\Phi}|\mathcal{X},\mathcal{Z})|\mathcal{X},\Phi^l] = \sum_t \sum_i E[z_i^t|\mathcal{X},\Phi^l][\log \pi_i + \log p_i(\boldsymbol{x}^t|\Phi^l)] \end{aligned}$$

其中

$$\begin{aligned} E[z_i^t|\mathcal{X},\Phi^l] &= E[z_i^t|\boldsymbol{x}^t,\Phi^l] && \boldsymbol{x}^t \text{ 是独立同分布} \\ &= P(z_i^t = 1|\boldsymbol{x}^t,\Phi^l) && z_i^t \text{ 是 0/1 随机变量} \\ &= \frac{p(\boldsymbol{x}^t|z_i^t = 1,\Phi^l)P(z_i^t = 1|\Phi^l)}{p(\boldsymbol{x}^t|\Phi^l)} && \text{贝叶斯规则} \\ &= \frac{p_i(\boldsymbol{x}^t|\Phi^l)\pi_i}{\sum_j p_j(\boldsymbol{x}^t|\Phi^l)\pi_j} = \frac{p(\boldsymbol{x}^t|\mathcal{G}_i,\Phi^l)P(\mathcal{G}_i)}{\sum_j p(\boldsymbol{x}^t|\mathcal{G}_j,\Phi^l)P(\mathcal{G}_j)} \\ &= P(\mathcal{G}_i|\boldsymbol{x}^t,\Phi^l) \equiv h_i^t \end{aligned} \tag{7-9}$$

169

我们看到隐藏变量的期望值 $E[z_i^t]$是 $\boldsymbol{x}^t$被分支$\mathcal{G}_i$ 生成的后验概率。因为这是概率，所以它在 0～1 之间，并且与 k 均值的 0/1"硬"标号不同，它是"软"标号。

M 步：最大化$\mathcal{Q}$，得到下一组参数值 Φ^{l+1}，

$$\Phi^{l+1} = \arg\max_{\boldsymbol{\Phi}} \mathcal{Q}(\boldsymbol{\Phi}|\Phi^l)$$

其中

$$\begin{aligned} \mathcal{Q}(\boldsymbol{\Phi}|\Phi^l) &= \sum_t \sum_i h_i^t[\log \pi_i + \log p_i(\boldsymbol{x}^t|\Phi^l)] \\ &= \sum_t \sum_i h_i^t \log \pi_i + \sum_t \sum_i h_i^t \log p_i(\boldsymbol{x}^t|\Phi^l) \end{aligned} \tag{7-10}$$

第二项独立于 π_i，并且作为拉格朗日，使用约束 $\sum_i \pi_i = 1$，求解

$$\nabla_{\pi_i} \sum_t \sum_i h_i^t \log \pi_i - \lambda\left(\sum_i \pi_i - 1\right) = 0$$

得到

$$\pi_i = \frac{\sum_t h_i^t}{N} \tag{7-11}$$

这类似于式(7-2)的先验计算。

类似地，式(7-10)的第一项独立于分支，并且可以在估计分支的参数时丢弃。我们解

$$\nabla_{\Phi} \sum_t \sum_i h_i^t \log p_i(\boldsymbol{x}^t|\boldsymbol{\Phi}) = 0 \tag{7-12}$$

如果假定高斯分支$\hat{p}_i(\boldsymbol{x}^t|\boldsymbol{\Phi}) \sim \mathcal{N}(\boldsymbol{m}_i, \boldsymbol{S}_i)$，则 M 步为

$$\begin{aligned} \boldsymbol{m}_i^{l+1} &= \frac{\sum_t h_i^t \boldsymbol{x}^t}{\sum_t h_i^t} \\ \boldsymbol{S}_i^{l+1} &= \frac{\sum_t h_i^t (\boldsymbol{x}^t - \boldsymbol{m}_i^{l+1})(\boldsymbol{x}^t - \boldsymbol{m}_i^{l+1})^{\mathrm{T}}}{\sum_t h_i^t} \end{aligned} \tag{7-13}$$

这里，对于 E 步的高斯分支，计算

$$h_i^t = \frac{\pi_i |\boldsymbol{S}_i|^{-1/2} \exp[-(1/2)(\boldsymbol{x}^t - \boldsymbol{m}_i)^{\mathrm{T}} \boldsymbol{S}_i^{-1}(\boldsymbol{x}^t - \boldsymbol{m}_i)]}{\sum_j \pi_j |\boldsymbol{S}_j|^{-1/2} \exp[-(1/2)(\boldsymbol{x}^t - \boldsymbol{m}_j)^{\mathrm{T}} \boldsymbol{S}_j^{-1}(\boldsymbol{x}^t - \boldsymbol{m}_j)]} \tag{7-14}$$

170

而且，式(7-13)与式(7-2)之间的相似性并非偶然。估计的软标号 h_i^t 取代了实际的(未知的)标号 r_i^t。

EM 用 k 均值初始化。在多次 k 均值迭代后，得到中心 $\boldsymbol{m}_i$ 的估计，并且使用被每个中心涵盖的实例，我们估计 $\boldsymbol{S}_i$ 和 $\sum_t b_i^t / N$ 得到 π_i。从那开始运行 EM，如图 7-4所示。

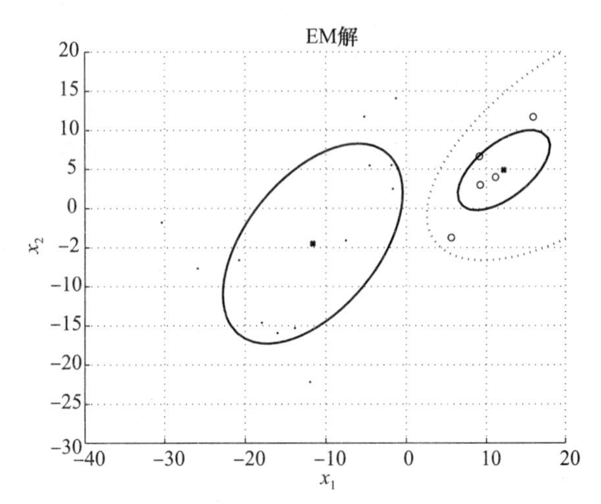

图 7-4 数据点和 EM 拟合的高斯分布，被图 7-2 的一次 k 均值迭代初始化。正如所看到的，与 k 均值不同，EM 允许估计协方差矩阵。图中显示了被较大的 h_i 标记的数据点、估计的高斯密度的等值线和 $h_i=0.5$ 的分离曲线(虚线)

正如参数分类(5.5 节)一样，使用小样本和高维度，我们可以通过简化假设来正则化。当 $\hat{p}_i(\boldsymbol{x}^t|\boldsymbol{\Phi}) \sim \mathcal{N}(\boldsymbol{m}_i, \boldsymbol{S}_i)$ 时，在共享协方差矩阵的情况下，式(7-12)化简为

$$\min_{\boldsymbol{m}_i, \boldsymbol{S}} \sum_t \sum_i h_i^t (\boldsymbol{x}^t - \boldsymbol{m}_i)^{\mathrm{T}} \boldsymbol{S}^{-1} (\boldsymbol{x}^t - \boldsymbol{m}_i) \tag{7-15}$$

当 $\hat{p}_i(\boldsymbol{x}^t|\boldsymbol{\Phi}) \sim \mathcal{N}(\boldsymbol{m}_i, s^2\boldsymbol{I})$ 时，在共享对角矩阵的情况下，有

$$\min_{\boldsymbol{m}_i, \boldsymbol{S}} \sum_t \sum_i h_i^t \frac{\|\boldsymbol{x}^t - \boldsymbol{m}_i\|^2}{s^2} \tag{7-16}$$

这是我们在 k 均值聚类中定义的重构误差式(7-3)。现在，不同的是

$$h_i^t = \frac{\exp[-(1/2s^2)\|\boldsymbol{x}^t - \boldsymbol{m}_i\|^2]}{\sum_j \exp[-(1/2s^2)\|\boldsymbol{x}^t - \boldsymbol{m}_j\|^2]} \tag{7-17}$$

是 0～1 之间的概率。k 均值聚类中的 b_i^t 做 0/1 硬决策，而 h_i^t 是软标号(soft label)，它以一定概率将输入指派到簇中。当使用 h_i^t 而不是 b_i^t 时，实例对所有分支的参数更新都有贡献，对每个分支以一定的概率。当实例靠近两个中心的中点时，这特别有用。

这样，我们看到 k 均值聚类是 EM 用于高斯混合模型的特例，这里假定输入是独立的、具有相等和共享的方差，所有分支都有相等的先验，并且标号是“硬的”。因此，k 均值用圆铺设输入密度，而 EM 一般用任意形状、任意方向的椭圆。

7.5 潜在变量混合模型

当全协方差矩阵与混合高斯分布一起使用时，即使没有奇异性，但如果输入维度很高且样本很小，则仍然有过拟合的危险。为了减少参数的个数，假定一个共同的协方差矩阵可能并不正确，因为簇实际上可能具有不同的形状。假定对角矩阵可能更危险，因为它排出了所有的相关性。

另一种选择是在簇中做维度归约。这减少了参数个数，但仍然捕获相关性。自由参数的数量通过归约空间的维度来控制。

当在簇中做因子分析(6.5节)时，我们寻找产生簇中数据的潜在变量(latent variable)或隐藏变量(hidden variable)或因子(factor)(Bishop 1999)：

171 ~ 172

$$p(\boldsymbol{x}^t \mid \mathcal{G}_i) \sim \mathcal{N}(\boldsymbol{m}_i, \boldsymbol{V}_i\boldsymbol{V}_i^{\mathrm{T}} + \boldsymbol{\Psi}_i) \tag{7-18}$$

其中$\boldsymbol{V}_i$和$\boldsymbol{\Psi}_i$是簇$\mathcal{G}_i$的因子载荷和特定方差。Rubin 和 Thayer(1982)给出了因子分析的EM方法。可以把它推广到混合模型，找到*混合因子分析方法*(mixtures of factor analyzer)(Ghahramani 和 Hinton 1997)。在E步，在式(7-9)中我们使用式(7-18)；而在M步，我们对$\boldsymbol{V}_i$和$\boldsymbol{\Psi}_i$而不是对$\boldsymbol{S}_i$求解式(7-12)。类似地，也可以在分组中做PCA，这称作*混合概率主成分分析方法*(mixtures of probabilistic principal component analyzer)(Tipping and Bishop 1999)。

当然，我们可以使用EM学习$\boldsymbol{S}_i$，然后分别在每个簇上做FA或PCA，但是做EM更好，因为它将两个步骤结合在一起，并做软划分。每个实例对所有分组的潜在变量的计算都有贡献，权重为h_i^t。

7.6 聚类后的监督学习

与第6章讨论的维度归约方法一样，聚类可以用于两个目的。第一，它可以用来探查数据，理解数据的结构。第二，它可以用来将数据映射到新空间，这里监督学习更容易。

维度归约方法用来发现变量之间的相关性，从而对变量进行分组。另一方面，聚类方法用来发现实例之间的相似性，从而对实例进行分组。如果找到这样的分组，就可以(通过领域专家)对它们命名，定义它们的属性。我们可以选组均值作为分组中实例的代表原型，或者可以写出属性的可能值域。这可以更简单地描述数据。例如，如果一个公司的顾客看上去都归属于k个分组之一，称为*分段*(顾客通过人口统计属性和与公司的交易勾画)，则将更好地理解顾客要素，使得公司可以针对不同类型的顾客使用不同的营销策略。这是*客户关系管理*(Customer Relationship Management，CRM)的一部分。同样，公司还可以为没有归于任何大分组的顾客，或需要特殊关注的顾客(例如，流失的顾客)制定营销策略。

173

聚类也常常作为预处理步骤使用。正如第6章的维度归约使我们可以实现到新空间的映射一样，聚类后，也可以映射到新的k维空间，其中维是h_i(或b_i，如果损失一些信息)。在监督学习中，可以在新空间学习判别式或回归函数。然而，与PCA等维度归约方法不同，新空间的维度k可能比原始空间的维度d大。

当我们使用像PCA这样的方法时，新的维是原始维的组合，在新空间中表示任何实例，所有的维都有贡献，即所有的z_j都不是零。在使用像聚类这样的方法时，新的维是局部定义的，存在很多新维b_j，但是它们之中只有一个(或几个，如果使用h_j)具有非零值。在前一种情况下，存在少量的维，但都对表示起作用，我们有*分布表示*(distributed representation)；在后一种情况下，存在许多的维，但只有少量起作用，我们有*局部表示*(local representation)。

在监督学习之前使用非监督聚类或维度归约的优点是，后者不需要标记的数据。标记数据的开销很大。我们可以使用大量未标记的数据学习簇的参数，然后使用少量标记的数据在第二阶段学习分类或回归。非监督学习又称为"学习通常发生的事"(Barrow 1989)。当后随监督学习时，我们先学习通常发生的事，然后学习它意味什么。我们将在第12章讨论这种方法。

对于分类，当每个类都是一个由大量分支组成的混合模型时，整个密度是*混合的混合密度*(mixture of mixtures)：

$$p(\boldsymbol{x} \mid C_i) = \sum_{j=1}^{k_i} p(\boldsymbol{x} \mid \mathcal{G}_{ij}) P(\mathcal{G}_{ij})$$

$$p(\boldsymbol{x}) = \sum_{i=1}^{K} p(\boldsymbol{x}|C_i)P(C_i)$$

其中 k_i 是组成 $p(\boldsymbol{x}|C_i)$ 的分支数，$\mathcal{G}_{ij}$ 是类 i 的分支 j。注意，不同的类可能需要不同的分支数。正如我们前面所讨论的，分别为每个类学习分支的参数(或许在正则化之后)。这比用许多分支拟合所有类的数据，然后用类标记它们的方法好。

174

7.7 谱聚类

取代在原始空间聚类，一种可能的方法是先把数据映射到一个新空间，然后在那里聚类。新空间具有约化的维度，使得相似性更加显而易见。任何特征选择和提取方法都可以用于这一目的，而其中的一种方法是6.12节的拉普拉斯特征映射，其目标是以保持逐对相似性的方式放置数据实例。

这样的映射后，相似的点放在附近，而这可望提高聚类(例如，使用 k 均值的谱聚类)的性能。这正是谱聚类(spectral clustering)的思想(von Luxburg 2007)。谱聚类有两步：

1) 在原始空间中，(通过固定个数的近邻或距离阈值)定义局部邻域。然后，对相同邻域中的实例，(例如，使用高斯核)定义与实例之间的距离成反比的相似性度量。记住，不在同一个邻域中的实例之间的相似度设置为0，因而它们之间的安排可以是任意的。在这种拉普拉斯特征映射下，使用特征嵌入把实例安置在新空间。

2) 使用新空间中的新的数据坐标运行 k 均值聚类。

由6.12节我们知道，当 $\boldsymbol{B}$ 是逐对相似度矩阵，$\boldsymbol{D}$ 是对角线上的元素($d_i = \sum_j B_{ij}$)的对角矩阵时，图拉普拉斯定义为

$$\boldsymbol{L} = \boldsymbol{D} - \boldsymbol{B}$$

这是非规范化的拉普拉斯。有两种方法对它规范化。一种方法与随机游走密切相关(Shi 和 Malik 2000)，而另一种方法是构建一个对称矩阵(Ng，Jordan 和 Weiss 2002)。它们可能导致更好的聚类性能：

$$\boldsymbol{L}_{\text{rw}} = \boldsymbol{I} - \boldsymbol{D}^{-1}\boldsymbol{B}$$

$$\boldsymbol{L}_{\text{sym}} = \boldsymbol{I} - \boldsymbol{D}^{-1/2}\boldsymbol{B}\boldsymbol{D}^{-1/2}$$

175

如果存在冗余的或相关的特征，则在使用欧氏距离聚类之前先做维度归约是个不错的主意。使用拉普拉斯特征映射比使用多维定标或主成分分析更有意义，因为这两个检查所有实例之间的逐对相似度的保持情况，而拉普拉斯特征映射只关心以与它们之间的距离成反比方式保持邻近实例的相似性。这具有如下效果：在原始空间邻近的实例(很可能在同一个簇内)将安置在新空间中非常接近的位置，从而使 k 均值更容易处理，而那些有一定的距离的实例(很可能属于不同的簇)将安置在相距很远的地方。图应该总是连通的，即，局部邻域应该足够大，以便连接簇。记住，具有0特征值的特征向量的个数是分支数，并且应该为1。

注意，尽管相似性是局部的，但是它们会传播。考虑3个实例 a、b 和 c。假定 a 和 b 落在相同的邻域，b 和 c 也是，但 a 和 c 不是。然而，因为 a 和 b 将邻近安置，b 和 c 也邻近安置，所以 a 也将落在靠近 c 的地方，并且它们很可能被指派到相同的簇。现在考虑 a 和 d，它们不在该邻域中，它们之间具有太多的中间节点。这两个实例不会安置在很接近的位置，并且很不可能指派到相同的簇。

依赖于所用的图拉普拉斯，依赖于邻域的大小或高斯散度，可能得到不同的结果，所以应该尝试不同的参数(von Luxburg 2009)。

7.8 层次聚类

我们从统计学观点讨论了聚类，将聚类看作一个拟合数据的混合模型，或找出最小化重构误差的码字。还有一些聚类方法，它们只使用实例之间的相似性，而对数据没有其他要求。目标是找出分组，使得在同一个分组中的对象比在不同分组中的对象更相似。这种方法通过*层次聚类*(hierarchical clustering)来实现。

176

这需要使用定义在实例间的相似性度量，或等价地，距离度量。通常使用欧氏距离，其中需要确保所有的属性都具有相同的尺度。欧氏距离是*闵可夫斯基距离*(Minkowksi distance)的特例，其中 $p=2$：

$$d_m(\boldsymbol{x}^r,\boldsymbol{x}^s)=\left[\sum_{j=1}^{d}(x_j^r-x_j^s)^p\right]^{1/p}$$

城市块距离(city-block distance)容易计算

$$d_{cb}(\boldsymbol{x}^r,\boldsymbol{x}^s)=\sum_{j=1}^{d}|x_j^r-x_j^s|$$

凝聚聚类(agglomerative clustering)算法从 N 个分组开始，每个分组最初只包含一个训练实例，重复合并相似的分组，形成较大的分组，直到只有一个分组。*分裂聚类*(divisive clustering)算法以相反的方向进行，从单个分组开始，将较大的分组分裂成较小的分组，直到每个分组都包含单个实例。

在凝聚算法的每次迭代中，选择两个最近的分组合并。在*单链接聚类*(single-link clustering)中，距离定义为两个分组的所有可能元素对之间的最小距离：

$$d(\mathcal{G}_i,\mathcal{G}_j)=\min_{\boldsymbol{x}^r\in\mathcal{G}_i,\boldsymbol{x}^s\in\mathcal{G}_j}d(\boldsymbol{x}^r,\boldsymbol{x}^s)\tag{7-19}$$

考虑一个加权的、全连接的图，顶点对应于实例，顶点之间的边的权重等于实例之间的距离。单链接方法对应于构造该图的最小生成树。

在*全链接聚类*(complete-link clustering)中，两个分组之间的距离取所有可能对之间的最大距离：

$$d(\mathcal{G}_i,\mathcal{G}_j)=\max_{\boldsymbol{x}^r\in\mathcal{G}_i,\boldsymbol{x}^s\in\mathcal{G}_j}d(\boldsymbol{x}^r,\boldsymbol{x}^s)\tag{7-20}$$

这两种是最频繁使用的、用于选择两个最近的分组进行合并的度量。其他可能的选择是使用所有可能点对之间平均距离的平均链接方法，度量两个分组形心(均值)之间距离的形心距离。

一旦运行了凝聚方法，结果通常被绘制成一个称作*系统树图*(dendrogram)的层次结构。这是一棵树，其中树叶对应于实例，按照它们合并的次序分组。图 7-5 中给出了一个例子。该树可以在任意水平截断，得到期望个数的分组。

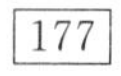
177

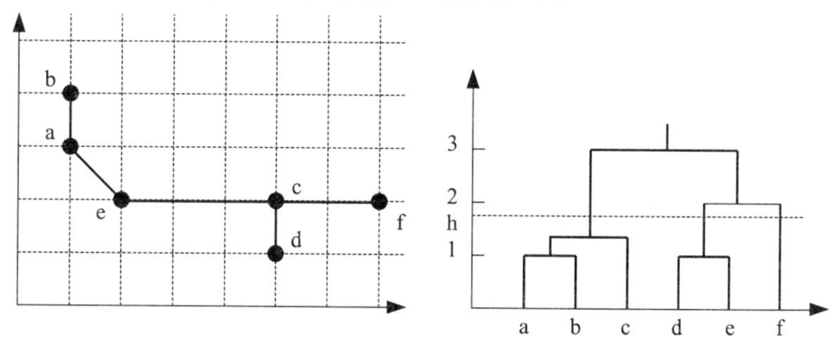

图 7-5　二维数据集和展示单链接聚类结果的系统树图。注意，树叶被排序使得分支不交叉。树在期望值 h 上截断以得到簇

单链接和全链接方法用不同的方法计算分组之间的距离，这影响聚类结果和系统树图。在单链接方法中，两个实例在水平 h 合并为一组，如果它们之间的距离小于 h，或者存在一个中间实例序列使得连续实例之间的距离小于 h。另一方面，在全链接方法中，一个分组中的所有实例之间的距离都小于 h。单链接簇可能因这种“链接”效应而拉长(在图 7-5 中，如果在 e 和 c 之间有一个实例会怎么样?)全链接簇趋向于更紧凑。

7.9 选择簇个数

与任何学习方法一样，聚类也有自己的调整复杂度的控制参数，这就是簇数 k。给定 k，聚类总是找出 k 个中心，不管它们是实际上有意义的分组，还是使用算法强加的分组。存在多种调整 k 的方法：

178

- 在某些诸如颜色量化的应用中，k 由应用确定。
- 使用 PCA 在二维平面绘制数据可能用来发现数据的结构和数据中的簇数。
- 增量方法可能有助于确定 k：设置允许的最大距离等价于设置每个实例允许的最大重构误差。
- 在某些实际应用中，分组的确认可以人工地进行，即检查簇是否实际上对数据中有意义的分组编码。例如，在数据挖掘应用中，领域专家可以做这项工作。在颜色量化中，我们可以目视检查图像，检查它的质量(尽管我们的眼睛和大脑并不逐个像素地分析图像)。

依赖于使用的聚类方法类型，我们可以将重构误差或对数似然作为 k 的函数绘制图形，并找出“拐点”。足够大的 k 之后，算法将开始分裂分组，在这种情况下，重构误差将不会大幅度降低，对数似然将不会大幅度提高。类似地，在层次聚类中，通过观察水平之间的差，我们可以决定好的划分。

7.10 注释

混合模型在统计学中频繁使用。专用教科书包括 Titterington，Smith 和 Makov(1985)；McLachlan 和 Basford(1988)的书。McLachlan and Krishnan(1997)讨论了 EM 算法的最近进展以及如何加快它的收敛性和各种变形。在信号处理中，k 均值称作 Linde-Buzo-Gray(LBG)算法(Gersho 和 Gray 1992)。k 均值频繁地用于统计学和信号处理的各种应用中，并且具有许多变形，其中之一是*模糊 k 均值*(fuzzy k-means)。输入与分支的模糊关系也是一个 0～1 之间的数(Bezdek 和 Pal 1995)。Alpaydin(1998)比较了 k 均值、模糊 k 均值和高斯混合模型上的 EM。Xu 和 Jordan(1996)给出了 EM 与学习高斯混合模型的其他学习算法的比较。在小数据样本上，另一种简化假设的方法是使用贝叶斯方法(Ormoneit 和 Tresp 1996)。Moerland(1999)在一组分类问题上比较了高斯混合模型和潜在变量混合模型，用实验说明了潜在变量模型的优点。Jain 和 Dubes(1988)是一本关于聚类的书，而 Jain，Murty 和 Flynn(1999)；Xu 和 Wunsch(2005)是关于聚类的综述。

179

谱聚类和层次聚类的一个优点是，只要可以定义实例对之间的相似度或距离度量，就不需要实例的向量表示。将任意的数据结构(文档、图、网页等)表示成向量，使得欧氏距离有意义始终是一个单调乏味的任务，并且导致人为的表示，如词袋。能够直接使用定义在原始结构上的相似性(相异性)始终是一个好主意，并与第 13 章讨论核机器时的核函数有相同的优点。

7.11 习题

1. 在图像压缩中，k 均值可以这样使用：将图像划分成非重叠的 $c\times c$ 个窗口，并且这些 c^2 维向量构成样本。对于给定的 k(通常是 2 的幂)，我们做 k 均值聚类。参考向量和每个窗口的下标通过通信线路发送。在接收端，通过使用下标读取参考向量表来重构图像。写一个计算机程序，对于不同的 k 和 c 值来做这件事。对于每种情况，计算重构误差和压缩率。
2. 我们可以做 k 均值聚类，划分实例，然后分别在每个分组计算 $\boldsymbol{S}_i$。为什么这不是一种好的想法？

    解：主要有两个理由。第一，k 均值做硬划分，但是最好还是做软划分(使用 $h_i^t\in(0, 1)$而不是 $b_i^t\in\{0, 1\}$)，使得(两个簇之间的)实例可以对多个簇的参数(在此情况下是协方差矩阵)都有贡献，使得簇之间平稳变换。

    第二，k 均值使用欧氏距离，而我们知道欧氏距离意味着特征具有相同的尺度并且是独立的。使用 $\boldsymbol{S}_i$ 意味使用马氏距离，因此能够应付不同的尺度和依赖性。
3. 对于共享任意协方差矩阵 $\boldsymbol{S}$ 式(7-15)和 s^2 的情况，共享对角协方差矩阵式(7-16)的情况，为 $\boldsymbol{S}$ 推导 M 步公式。

180

4. 定义一个多元伯努利混合模型，其中输入是二元的，并推导 EM 公式。

    解：当分支是多元伯努利时，有 d 维二元向量。假定维是独立的，有(参见 5.7 节)

$$p_i(\boldsymbol{x}^t|\Phi)=\prod_{j=1}^{d}p_{ij}^{x_j^t}(1-p_{ij})^{1-x_j^t}$$

其中，$\Phi^l=\{p_{i1}^l, p_{i2}^l, \cdots, p_{id}^l\}_{i=1}^k$。E 步不变式(7-9)。在 M 步，对于支参数 p_{ij}($i=1, \cdots, k$，$j=1, \cdots, d$)，我们最大化

$$\mathcal{Q}'=\sum_t\sum_i h_i^t\log p_i(\boldsymbol{x}^t|\Phi^l)=\sum_t\sum_i h_i^t\sum_j x_j^t\log p_{ij}^l+(1-\boldsymbol{x}_j^t)\log(1-p_{ij}^l)$$

关于 p_{ij} 求导并令它等于 0，得到

$$p_{ij}^{l+1}=\frac{\sum_t h_i^t x_j^t}{\sum_t h_j^t}$$

注意：除了用估计的“软”标号 h_i^t 取代监督的标号 b_i^t 外，这与式(5-31)相同。

5. 在分类的混合的混合密度方法中，如何调整类C_i的分支数 k_i
6. 两个串(例如，基因序列)之间的编辑距离(edit distance)是将一个串转换成另一个串所执行的字符操作(插入、删除、替换)的次数。列出与通常的在串上使用欧氏距离的 k 均值相比，使用编辑距离做谱聚类的优点。
7. 如何用二元输入向量进行层次聚类？例如，使用词袋表示对文本聚类。
8. 平均链接聚类与 k 均值聚类之间的相似和不同是什么？

    解：它们都是通过考察落入一个簇中的实例的平均距离来度量相似性。然而，在层次模式，存在不同分辨率的簇。
9. 在层次聚类中，如何得到局部自适应距离？这样做的优缺点是什么？

181

10. 如何使得 k 均值对于离群点更鲁棒？

    解：离群点是一个远离所有中心的实例。我们不希望离群点影响解。一种可能性是，在计算参数(例如，均值和方差)时不考虑这样的实例。注意，为了检测离群点，我们可以使用马氏距离或似然，但是不能用后验。我们将在 8.7 节讨论用于检测离群点的非参数方法。
11. 产生系统树图后，能够对它“剪枝”吗？

7.12 参考文献

Alpaydın, E. 1998. "Soft Vector Quantization and the EM Algorithm." *Neural Networks* 11:467–477.

Barrow, H. B. 1989. "Unsupervised Learning." *Neural Computation* 1:295–311.

Bezdek, J. C., and N. R. Pal. 1995. "Two Soft Relatives of Learning Vector Quantization." *Neural Networks* 8:729–743.

Bishop, C. M. 1999. "Latent Variable Models." In *Learning in Graphical Models*, ed. M. I. Jordan, 371–403. Cambridge, MA: MIT Press.

Dempster, A. P., N. M. Laird, and D. B. Rubin. 1977. "Maximum Likelihood from Incomplete Data via the EM Algorithm." *Journal of Royal Statistical Society* B 39:1–38.

Gersho, A., and R. M. Gray. 1992. *Vector Quantization and Signal Compression*. Boston: Kluwer.

Ghahramani, Z., and G. E. Hinton. 1997. *The EM Algorithm for Mixtures of Factor Analyzers*. Technical Report CRG TR-96-1, Department of Computer Science, University of Toronto (revised Feb. 1997).

Jain, A. K., and R. C. Dubes. 1988. *Algorithms for Clustering Data*. New York: Prentice Hall.

Jain, A. K., M. N. Murty, and P. J. Flynn. 1999. "Data Clustering: A Review." *ACM Computing Surveys* 31:264–323.

McLachlan, G. J., and K. E. Basford. 1988. *Mixture Models: Inference and Applications to Clustering*. New York: Marcel Dekker.

McLachlan, G. J., and T. Krishnan. 1997. *The EM Algorithm and Extensions*. New York: Wiley.

Moerland, P. 1999. "A Comparison of Mixture Models for Density Estimation." In *International Conference on Artificial Neural Networks*, ed. D. Willshaw and A. Murray, 25–30. London, UK: IEE Press.

Ng, A., M. I. Jordan, and Y. Weiss. 2002. "On Spectral Clustering: Analysis and an Algorithm." In *Advances in Neural Information Processing Systems 14*, ed. T. Dietterich, S. Becker, and Z. Ghahramani, 849–856. Cambridge, MA: MIT Press.

Ormoneit, D., and V. Tresp. 1996. "Improved Gaussian Mixture Density Estimates using Bayesian Penalty Terms and Network Averaging." In *Advances in Neural Information Processing Systems 8*, ed. D. S. Touretzky, M. C. Mozer, and M. E. Hasselmo, 542–548. Cambridge, MA: MIT Press.

Redner, R. A., and H. F. Walker. 1984. "Mixture Densities, Maximum Likelihood and the EM Algorithm." *SIAM Review* 26:195–239.

Rubin, D. B., and D. T. Thayer. 1982. "EM Algorithms for ML Factor Analysis." *Psychometrika* 47:69–76.

Shi, J., and J. Malik. 2000. "Normalized Cuts and Image Segmentation." *IEEE Transactions on Pattern Analysis and Machine Intelligence* 22:888–905.

Tipping, M. E., and C. M. Bishop. 1999. "Mixtures of Probabilistic Principal Component Analyzers." *Neural Computation* 11:443–482.

Titterington, D. M., A. F. M. Smith, and E. E. Makov. 1985. *Statistical Analysis of Finite Mixture Distributions*. New York: Wiley.

von Luxburg, U. 2007. "A Tutorial on Spectral Clustering." *Statistical Computing* 17:395–416.

Xu, L., and M. I. Jordan. 1996. "On Convergence Properties of the EM Algorithm for Gaussian Mixtures." *Neural Computation* 8:129–151.

Xu, R., and D. Wunsch II. 2005. "Survey of Clustering Algorithms." *IEEE Transactions on Neural Networks* 16:645–678.

182 ~ 184

非参数方法

在前面的章节中，我们讨论了参数和半参数方法。那里，我们假定数据取自一个形式已知的概率分布或混合分布。现在，我们将讨论非参数方法。当输入密度上不能做这样的假定时，可以使用非参数方法，让数据自己说话。我们考虑密度估计、分类、离群点检测和回归的非参数方法，并讨论它们的时间和空间复杂度。

8.1 引言

在参数方法中，无论是密度估计、分类还是回归，我们都假设了一个在整个输入空间上有效的模型。例如，在回归中，当我们假定线性模型时，我们假定对于任何输入，输出都是输入的相同的线性函数。在分类中，当我们假定正态密度时，我们假定类的所有实例都取自这个相同的密度。参数方法的优点是，它把估计概率密度、判别式或回归函数问题归结为估计少量参数值。它的缺点是，假定并非总是成立的，并且不成立时可能导致很大的误差。如果我们不能做这种假设并且不能使用参数模型，如同我们在第7章所看到的，一种可能的方法是使用半参数的混合模型，其中密度表示成多个参数模型的析取。

在非参数估计(nonparametric estimation)中，我们只假定相似的输入具有相似的输出。这是一种合理的假设：世界是平稳的，并且无论是密度、判别式还是回归函数都缓慢地变化。相似的实例意味相似的事物。我们都爱我们的邻居，因为他们太像我们。

因此，我们的算法使用合适的距离度量，从训练集中找出相似的实例，并且由它们插值，得到正确的输出。不同的非参数方法采用不同的定义相似性或不同的由相似的训练实例插值的方法。在参数模型中，所有的训练实例都影响最终的全局估计。而在非参数的情况下，不存在单个全局模型；需要时，估计局部模型，它们只受邻近训练实例的影响。

非参数方法不对基础密度假定任何形式的先验参数。更宽松地说，非参数模型是不固定的，而它的复杂性依赖于训练集的大小，或者更确切地说，依赖于数据中问题的固有复杂性。

在机器学习文献中，非参数方法又称为基于实例(instance-based)或基于记忆(memory-based)的学习算法，因为它们把训练实例存放在一个查找表中，并且由它们插值。这意味所有的训练实例都要存放，而存放所有训练实例需要的存储量为$\mathcal{O}(N)$。此外，给定一个输入，应当找出相似的训练实例，而找出它们需要的计算量为$\mathcal{O}(N)$。这种方法也称为惰性(lazy)学习算法，因为不像急切(eager)的参数方法，当给定训练集时，它们并不计算模型，而是将模型的计算推迟到给定一个检验实例时才进行。对于参数学习方法，模型都相当简单，具有$\mathcal{O}(d)$或$\mathcal{O}(d^2)$量级个参数，并且一旦从训练集计算出这些参数，就保存模型并在计算输出时不再需要训练集。通常，N比d(或d^2)大得多，而这种存储和计算量的增加是非参数方法的缺点。

我们从估计密度函数开始，讨论它在分类上的应用。然后，我们将该方法推广到回归。

8.2 非参数密度估计

与通常的密度估计一样，假设样本$\mathcal{X}=\{x^t\}_{t=1}^N$独立地从一个未知的概率密度$p(\cdot)$中抽取。$\hat{p}(\cdot)$是$p(\cdot)$的估计。从单变量情况开始，其中$x^t$是标量，而稍后我们推广到多维情况。

186

累积分布函数$F(x)$在点x的非参数估计是小于或等于x的样本所占的比例

$$\hat{F}(x)=\frac{\#\{x^t\leqslant x\}}{N} \tag{8-1}$$

其中$\#\{x^t\leqslant x\}$表示其x^t小于或等于x的训练实例数。类似地，密度函数的非参数估计可以用下式计算

$$\hat{p}(x)=\frac{1}{h}\left[\frac{\#\{x^t\leqslant x+h\}-\#\{x^t\leqslant x\}}{N}\right] \tag{8-2}$$

h是区间长度，并且假定落入该区间中的实例x^t是“足够接近”的。本章提供的技术是一些变体，使用不同的启发式策略来确定邻近的实例和它们对估计的影响。

8.2.1 直方图估计

最古老、最流行的方法是*直方图*(histogram)。在直方图中，输入空间被划分成称作箱(bin)的相等区间。给定原点x_0和箱宽度h，箱是区间$[x_0+mh,\ x_0+(m+1)h)$（m是正整数或负整数），而估计由下式给出

$$\hat{p}(x)=\frac{\#\{x^t\text{ 与 }x\text{ 在相同的箱中}\}}{Nh} \tag{8-3}$$

在构造直方图时，我们必须选择原点和箱宽度。原点的选取影响靠近箱边界的估计，但是影响估计的主要是箱宽度：使用小箱，估计是尖峰的；而使用大箱，估计较光滑（参见图 8-1）。如果没有实例落入箱中，则估计为 0，并且在箱边界处不连续。然而，直方图的优点是：一旦计算和存放了箱估计，就不再需要保留训练集。

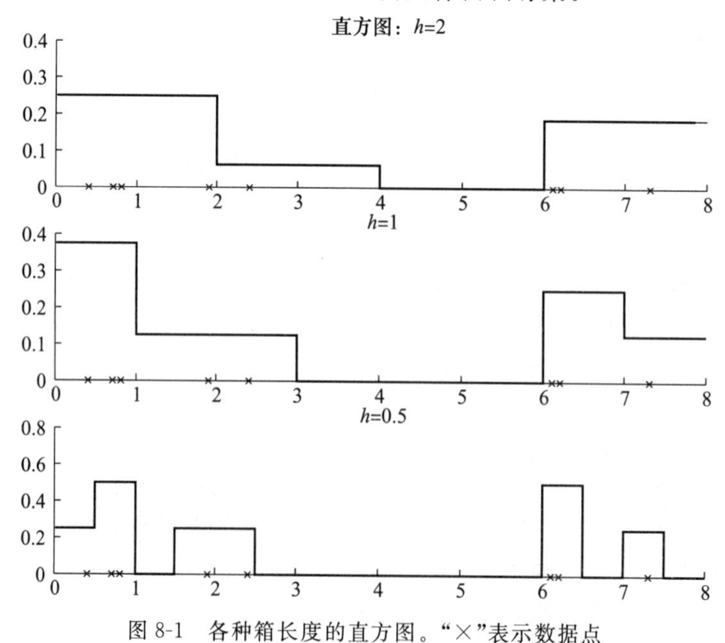

图 8-1 各种箱长度的直方图。“×”表示数据点

质朴估计法(naïve estimator)(Silverman 1986)使得我们不必设置原点。它定义为

$$\hat{p}(x)=\frac{\#\{x-h/2<x^t\leqslant x+h/2\}}{Nh} \tag{8-4}$$

它等于 x 总是在宽度为 h 的箱中心的直方图估计(参见图 8-2)。该估计还可以表示为

$$\hat{p}(x)=\frac{1}{Nh}\sum_{t=1}^{N}w\left(\frac{x-x^t}{h}\right) \tag{8-5}$$

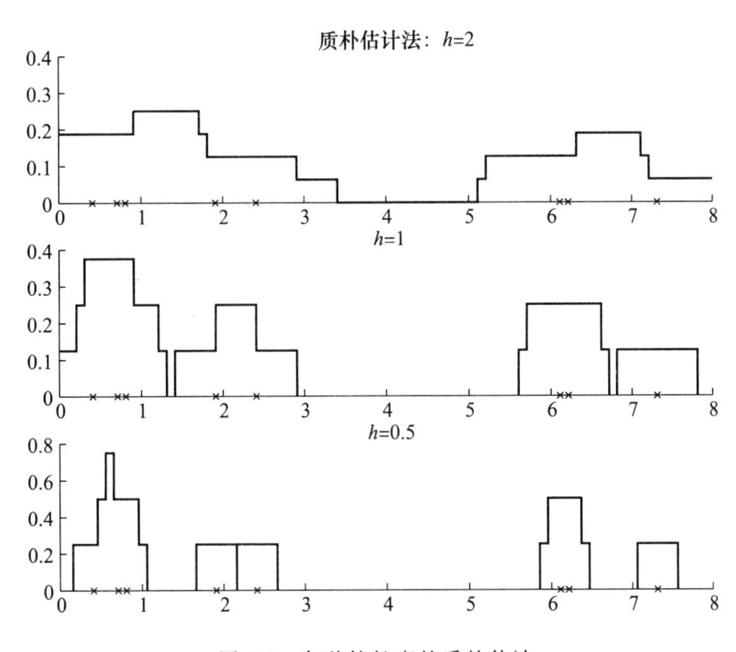

图 8-2　各种箱长度的质朴估计

其中权重函数定义为

$$w(u)=\begin{cases}1 & 如果\ |u|<1/2\\ 0 & 否则\end{cases}$$

这就好像每个 x^t 都有一个围绕它的大小为 h 的、对称的影响区域，并且对落入该区域的 x 都贡献 1。于是，非参数估计恰为其区域包含 x 的 x^t 的影响之和。因为这种影响区域是“硬的”(0 或 1)，所以估计不是连续函数并在 $x^t\pm h/2$ 处有跳跃。

8.2.2　核估计

为了得到光滑的估计，我们使用一个光滑的权重函数，称作*核函数*(kernel function)。最流行的是高斯核：

$$K(u)=\frac{1}{\sqrt{2\pi}}\exp\left[-\frac{u^2}{2}\right] \tag{8-6}$$

核估计(kernel estimator)又称为 *Parzen 窗口*(Parzen window)，定义为

$$\hat{p}(x)=\frac{1}{Nh}\sum_{t=1}^{N}K\left(\frac{x-x^t}{h}\right) \tag{8-7}$$

核函数 $K(\cdot)$决定影响的形状，而窗口宽度 h 决定影响的宽度。与质朴估计是“箱”的和一样，核估计是“凸块”的和。所有的 x^t 都对 x 上的估计具有影响，并且其影响随 $|x-x^t|$ 的增大而平滑地减小。

为了简化计算，如果$|x-x^t|>3h$，则$K(\cdot)$可以取 0。还可以使用其他容易计算的核函数，只要$K(u)$对$u=0$取最大值，并且随$|u|$增大而对称地减小即可。

187 ~ 189

当h很小时，每个训练实例都在一个小区域具有较大影响，而在较远的点上没有影响。当h较大时，有更多的核重叠，且得到较光滑的估计(参见图 8-3)。如果$K(\cdot)$处处非负且积分为 1，即如果它是合法的密度函数，则$\hat{p}(\cdot)$也是。此外，$\hat{p}(\cdot)$将继承核函数$K(\cdot)$的连续性和可微性。例如，如果$K(\cdot)$是高斯函数，则$\hat{p}(\cdot)$将是光滑的且具有所有的导数。

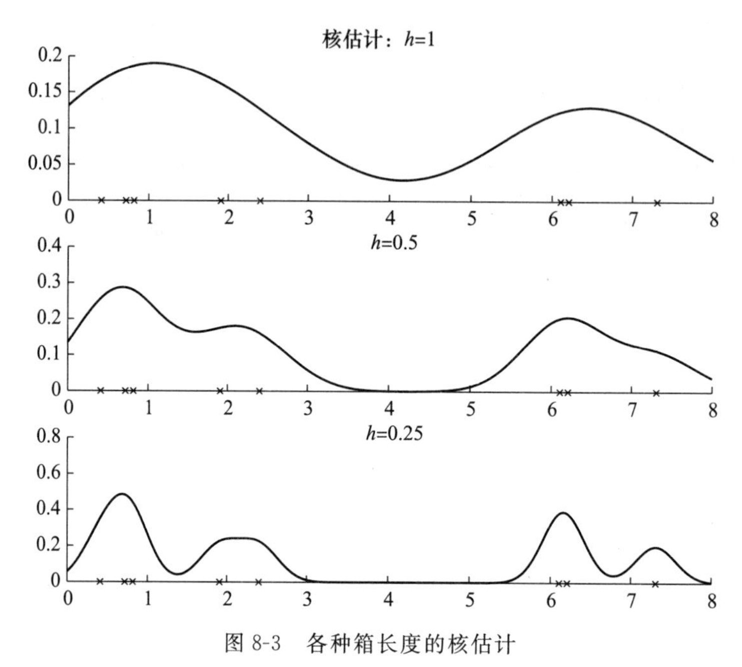

图 8-3 各种箱长度的核估计

一个问题是窗口宽度在整个输入空间上是固定的。已经提出了各种自适应方法，将h看作x周围密度的函数。

8.2.3 *k* 最近邻估计

估计的最近邻方法调整光滑量使之适应数据的局部密度。光滑度由所考虑的近邻数k控制。近邻数k远小于样本大小N。定义a和b之间的距离，例如定义为$|a-b|$，并且对每个x，定义

190

$$d_1(x) \leqslant d_2(x) \leqslant \cdots \leqslant d_N(x)$$

为从x到样本中的点按递增序排列的距离：$d_1(x)$是x到最近样本的距离，$d_2(x)$是x到次近样本的距离，以此类推。如果x^t是数据点，则定义$d_1(x)=\min_t|x-x^t|$，并且如果i是最近样本的上标，即$i=\text{argmin}_t|x-x^t|$，则$d_2(x)=\min_{j\neq i}|x-x^j|$，以此类推。

k最近邻(k-nearest neighbor，k-nn)密度估计为

$$\hat{p}(x)=\frac{k}{2Nd_k(x)} \tag{8-8}$$

这就像$h=2d_k(x)$的质朴估计，不同之处是不是固定h并检查多少样本落入箱中，而是固定落入箱中的观测数k并计算箱的大小。密度高的地方箱较小，而密度低的地方箱较大(参见图 8-4)。

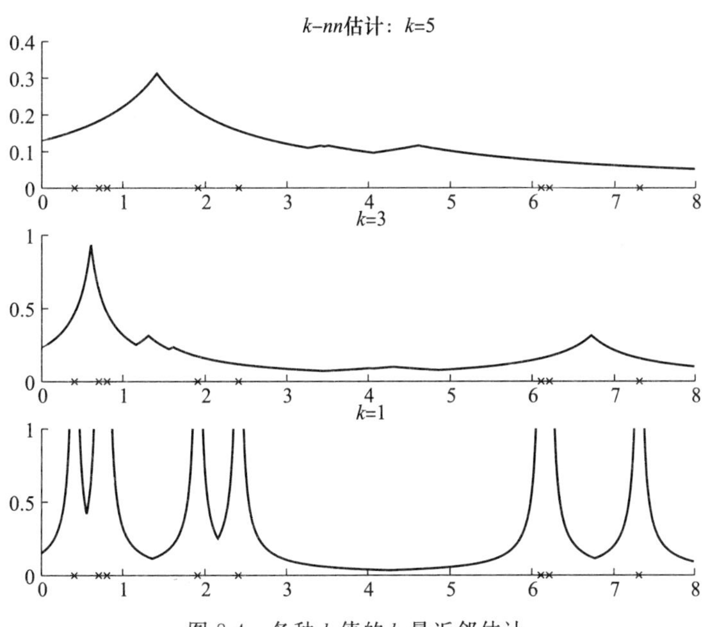

图 8-4 各种 k 值的 k 最近邻估计

k-nn 估计不是连续的。它的导数在所有的$\frac{1}{2}(x^{(j)}+x^{(j+k)})$上不具有连续性，其中 $x^{(j)}$ 是样本的顺序统计量。k-nn 不是概率密度函数，因为它的积分为∞，而不是 1。

191

为了得到更光滑的估计，可以使用其影响随距离增加而减小的核函数

$$\hat{p}(x)=\frac{1}{Nd_k(x)}\sum_{t=1}^{N}K\left(\frac{x-x^t}{d_k(x)}\right) \tag{8-9}$$

这就像具有自适应光滑参数 $h=d_k(x)$的核估计。通常，$K(\cdot)$取高斯核。

8.3 推广到多变元数据

给定 d 维观测的样本$\mathcal{X}=\{\boldsymbol{x}^t\}_{t=1}^N$，多元核密度估计为

$$\hat{p}(\boldsymbol{x})=\frac{1}{Nh^d}\sum_{t=1}^{N}K\left(\frac{\boldsymbol{x}-\boldsymbol{x}^t}{h}\right) \tag{8-10}$$

满足必要条件

$$\int_{\Re^d}K(\boldsymbol{x})\mathrm{d}\boldsymbol{x}=1$$

一个显然的候选是多元高斯核：

$$K(\boldsymbol{u})=\left(\frac{1}{\sqrt{2\pi}}\right)^d\exp\left[-\frac{\|\boldsymbol{u}\|^2}{2}\right] \tag{8-11}$$

然而，由于维灾难(curse of dimensionality)，在高维空间使用非参数估计时需要小心。令 $\boldsymbol{x}$ 是 8 维的，使用每维 10 个箱的直方图，则有 10^8个箱。除非有大量数据，否则大部分箱为空，并且那里的估计为 0。在高维空间，“近邻”概念也变得模糊不清，因此在选择 h 时需要小心。

例如，式(8-11)中的欧几里得范数的使用意味着核在所有维上都具有相等的尺度。如果输入具有不同的尺度，则应当将它们规范化，使其具有相同的方差。这还没有考虑相关性，并且当核函数与基础分布具有相同形式时，将获得更好的结果

$$K(\boldsymbol{u})=\frac{1}{(2\pi)^{d/2}|\boldsymbol{S}|^{1/2}}\exp\left[-\frac{1}{2}\boldsymbol{u}^{\mathrm{T}}\boldsymbol{S}^{-1}\boldsymbol{u}\right] \tag{8-12}$$

192 其中 $\boldsymbol{S}$ 是样本协方差矩阵。这对应于使用马氏距离而不是欧氏距离。

8.4 非参数分类

当用于分类时，使用非参数方法估计类条件密度 $p(\boldsymbol{x}|C_i)$。类条件密度的核估计由下式给出

$$\hat{p}(\boldsymbol{x}|C_i)=\frac{1}{N_i h^d}\sum_{t=1}^{N}K\left(\frac{\boldsymbol{x}-\boldsymbol{x}^t}{h}\right)r_i^t \tag{8-13}$$

其中，如果 $\boldsymbol{x}^t\in C_i$，则 r_i^t 为1，否则 r_i^t 为0。N_i是属于C_i的标记实例数，$N_i=\sum_t r_i^t$。先验密度的 MLE 是$\hat{P}(C_i)=N_i/N$。于是，判别式可以表示为

$$g_i(\boldsymbol{x})=\hat{p}(\boldsymbol{x}|C_i)\hat{P}(C_i)=\frac{1}{Nh^d}\sum_{t=1}^{N}K\left(\frac{\boldsymbol{x}-\boldsymbol{x}^t}{h}\right)r_i^t \tag{8-14}$$

并且 $\boldsymbol{x}$ 被指派到判别式取最大值的类。公共因子 $1/(Nh^d)$可以忽略。这样，每个训练实例都为它的类投票，而对其他类没有影响。投票的权重由核函数 $K(\cdot)$给定，通常赋予更近的实例更高的权重。

对于 k-nn 估计的特殊情况，有

$$\hat{p}(\boldsymbol{x}|C_i)=\frac{k_i}{N_i V^k(\boldsymbol{x})} \tag{8-15}$$

其中 k_i是 k 个最近邻中属于C_i的近邻数，而 $V^k(\boldsymbol{x})$是中心在 $\boldsymbol{x}$ 半径为 $r=\|\boldsymbol{x}-\boldsymbol{x}_{(k)}\|$的 d-维超球的体积，这里 $\boldsymbol{x}_{(k)}$是(在 $\boldsymbol{x}$ 的来自所有类的近邻中)第 k 个距离 $\boldsymbol{x}$ 最近的观测：$V_k=r^d c_d$，c_d是 d 维单位球的体积。例如，$c_1=2$，$c_2=\pi$，$c_3=4\pi/3$，等等。于是

$$\hat{P}(C_i|\boldsymbol{x})=\frac{\hat{p}(\boldsymbol{x}|C_i)\hat{P}(C_i)}{\hat{p}(\boldsymbol{x})}=\frac{k_i}{k} \tag{8-16}$$

k-nn 分类法(k-nn classifier)将输入指派到输入的 k 个最近邻中具有最多实例的类。所有的近邻都有相同的投票权，并且选取 k 个近邻中具有最多投票者的类。平局随意打破或用加权投票。通常，k 取奇数，以减少平局：难以区分的情况一般出现在两个相邻的类之间。k-nn 的一种特殊情况是最近邻分类(nearest neighbor classifier)，其中 $k=1$，并且输入被指派到最近的模式所在的类。这将空间划分成 Voronoi 图[⊖](Voronoi tesselation)形式(参见图 8-5)。

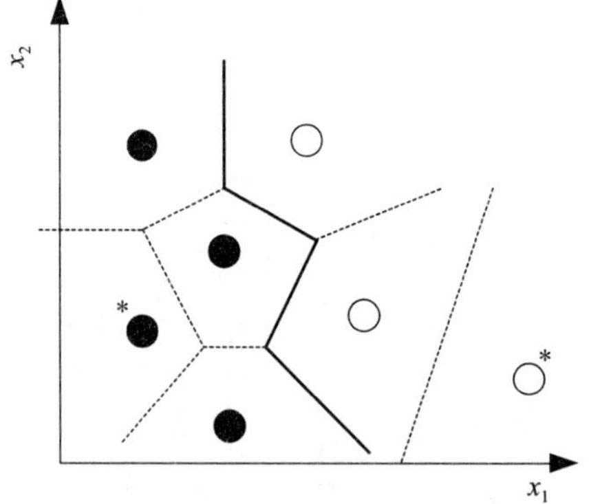

图 8-5 虚线是 Voronoi 图，而实线是类判别式。在压缩的最近邻中，可以删除那些不参与定义判别式的实例(用“*”标记)而不增加训练误差

8.5 精简的最近邻

非参数方法的时间和空间复杂度正比于训练集的大小。已经提出了一些精简方法，以

⊖ Voronoi tesselation 又称为 Voronoi diagram，是 Georgy Voronoi 提出的。它是由一组由连接两个相邻点线段的垂直平分线组成的多边形组成。——译者注

减少存放的实例数而不降低性能。其基本思想是选择$\mathcal{X}$的最小子集$\mathcal{Z}$使得用$\mathcal{Z}$替代$\mathcal{X}$时，误差不增加(Dasarathy 1991)。

最著名和最早的方法是精简的最近邻(condensed nearest neighbor)，它使用1-nn作为分类的非参数估计(Hart 1968)。1-nn以分段线性的方式近似判别式，并且只需要保存定义判别式的实例。类区域内部的实例不必作为它的同一类的最近邻存放，并且它的缺失不会导致(训练集上的)任何错误(参见图8-5)。这样的子集称作相容子集，并且我们希望找出最小的相容子集。

193
~
194

Hart提出了一种找出$\mathcal{Z}$的贪心算法(参见图8-6)。该算法从空集$\mathcal{Z}$开始，以随机次序逐个扫描$\mathcal{X}$中的实例，并检查它们是否能够被1-nn用已经在$\mathcal{Z}$中的实例正确地分类。如果一个实例被误分类，则将它添加到$\mathcal{Z}$中；如果它被正确分类，则$\mathcal{Z}$不变。应当扫描数据集多遍，直到没有实例再添加到$\mathcal{Z}$中。该算法进行局部搜索，并且依赖于看到训练实例的次序，可能找出不同的子集，每个子集在验证数据上具有不同的准确率。因此，不能保证找到最小的相容子集。找出最小相容子集是NP完全问题(Wilfong 1992)。

```
Z←∅;
Repeat
  For 所有的 x∈X(以随机次序)
    找出 x'∈Z使得 ‖x−x'‖ = min_{x^j∈Z} ‖x−x^j‖
    If class(x)≠class(x')将 x 添加到Z中
Until Z不改变
```

图 8-6 压缩的最近邻算法

精简的最近邻是一种贪心算法，旨在最小化训练误差和用存放的子集规模度量的复杂度。可以写一个增广误差函数

$$E'(\mathcal{Z}|\mathcal{X}) = E(\mathcal{X}|\mathcal{Z}) + \lambda|\mathcal{Z}| \tag{8-17}$$

其中$E(\mathcal{X}|\mathcal{Z})$是存放$\mathcal{Z}$在$\mathcal{X}$上的误差。$|\mathcal{Z}|$是$\mathcal{Z}$的基数，而第二项是对复杂度的惩罚。与所有的正则化方案一样，λ体现误差与复杂度之间的折中，使得对于较小的λ，误差变得更重要，并且随着λ增大，对复杂模型的惩罚更大。尽管精简的最近邻是一种最小化式(8-17)的方法，但是还可以设计优化它的其他算法。

195

8.6 基于距离的分类

k最近邻分类器将实例指派到被最多近邻代表的类。它基于这样的想法：实例越类似，它们越可能属于同一类。只要有一个合理的相似性或距离度量，就可以对分类使用同样的方法(Chen等2009)。

大多数分类算法可以改写为基于距离的分类。例如，在5.5节中，我们看到了关于高斯类的参数方法，并且在那里我们谈到了最近均值分类器(nearest mean classifier)，我们选择C_i，如果

$$\mathcal{D}(\boldsymbol{x},\boldsymbol{m}_i) = \min_{j=1}^{K} \mathcal{D}(\boldsymbol{x},\boldsymbol{m}_j) \tag{8-18}$$

在高斯超球的情况下，维是独立的且都具有相同的尺度，距离度量是欧氏距离：

$$\mathcal{D}(\boldsymbol{x},\boldsymbol{m}_i) = \|\boldsymbol{x}-\boldsymbol{m}_i\|$$

否则它是马氏距离：

$$\mathcal{D}(\boldsymbol{x},\boldsymbol{m}_i) = (\boldsymbol{x}-\boldsymbol{m}_i)^{\mathrm{T}}\boldsymbol{S}_i^{-1}(\boldsymbol{x}-\boldsymbol{m}_i)$$

其中$\boldsymbol{S}_i$是C_i的协方差矩阵。

在半参数方法中，每一个类都表示为高斯混合。可以粗略地说，我们选择C_i，如果在所有类的所有簇中心中，属于C_i的簇中心是最近的：

$$\min_{l=1}^{k_i} \mathcal{D}(\boldsymbol{x}, \boldsymbol{m}_{il}) = \min_{j=1}^{K} \min_{l=1}^{k_j} \mathcal{D}(\boldsymbol{x}, \boldsymbol{m}_{jl}) \tag{8-19}$$

其中 k_j 是 C_j 的簇数，而 $\boldsymbol{m}_{jl}$ 表示 C_j 的簇 l 的中心。所使用的距离是欧氏距离还是马氏距离仍然是依赖于簇的形状。

非参数方法可以更灵活。不是每类或每簇一个距离度量，而是对于每一个邻域，即对输入空间中的每个小区域，都可以有一个不同的距离度量。换句话说，可以定义*局部自适应距离函数*(locally adaptive distance function)用于分类，例如，使用 k-nn 分类(Hastie 和 Tibshirani 1996；Domeniconi，Peng 和 Gunopulos 2002；Ramanan 和 Baker 2011)。

196

距离学习(distance learning)的思想是参数化 $\mathcal{D}(\boldsymbol{x}, \boldsymbol{x}^t|\theta)$，以监督方式从标记的样本学习 θ，然后将它与 k-nn 一起使用(Bellet，Habrard 和 Sebban 2013)。最常见的方法是使用马氏距离：

$$\mathcal{D}(\boldsymbol{x}, \boldsymbol{x}^t|\boldsymbol{M}) = (\boldsymbol{x} - \boldsymbol{x}^t)^{\mathrm{T}}\boldsymbol{M}(\boldsymbol{x} - \boldsymbol{x}^t) \tag{8-20}$$

其中参数是正定矩阵 $\boldsymbol{M}$。一个例子是*大边缘最近邻*(large margin nearest neighbor)算法(Weinberger 和 Saul 2009)，它估计 $\boldsymbol{M}$，使得训练集中的所有实例到具有相同标号的近邻的距离总是小于到具有不同的标号的近邻的距离。我们将在 13.13 节详细讨论这个算法。

当输入维度很高时，为了避免过拟合，一种方法是在 $\boldsymbol{M}$ 上添加稀疏约束。另一种方法是使用低秩近似，把 $\boldsymbol{M}$ 分解成 $\boldsymbol{L}^{\mathrm{T}}\boldsymbol{L}$，而 $\boldsymbol{L}$ 是 $k \times d$ 矩阵，其中 $k < d$。在这种情况下：

$$\begin{aligned}\mathcal{D}(\boldsymbol{x}, \boldsymbol{x}^t|\boldsymbol{M}) &= (\boldsymbol{x} - \boldsymbol{x}^t)^{\mathrm{T}}\boldsymbol{M}(\boldsymbol{x} - \boldsymbol{x}^t) = (\boldsymbol{x} - \boldsymbol{x}^t)^{\mathrm{T}}\boldsymbol{L}^{\mathrm{T}}\boldsymbol{L}(\boldsymbol{x} - \boldsymbol{x}^t) \\ &= (\boldsymbol{L}(\boldsymbol{x} - \boldsymbol{x}^t))^{\mathrm{T}}(\boldsymbol{L}(\boldsymbol{x} - \boldsymbol{x}^t)) = (\boldsymbol{L}x - \boldsymbol{L}\boldsymbol{x}^t)^{\mathrm{T}}(\boldsymbol{L}\boldsymbol{x} - \boldsymbol{L}\boldsymbol{x}^t)) \\ &= (\boldsymbol{z} - \boldsymbol{z}^t)^{\mathrm{T}}(\boldsymbol{z} - \boldsymbol{z}^t) = \|\boldsymbol{z} - \boldsymbol{z}^t\|^2\end{aligned} \tag{8-21}$$

其中 $\boldsymbol{z} = \boldsymbol{L}\boldsymbol{x}$ 是 $\boldsymbol{x}$ 的 k 维投影，学习 $\boldsymbol{L}$ 而不是 $\boldsymbol{M}$。我们看到，原始的 d 维 $\boldsymbol{x}$ 空间中的马氏距离相当于新的 k 维空间中的(平方)欧氏距离。这意味着距离估计、维度归约和特征提取三者之间的联系：理想的距离度量是定义在新空间中的欧氏距离，新空间的(最少的)维是以尽可能最好的方式从原始输入提取的，如图图 8-7所示。

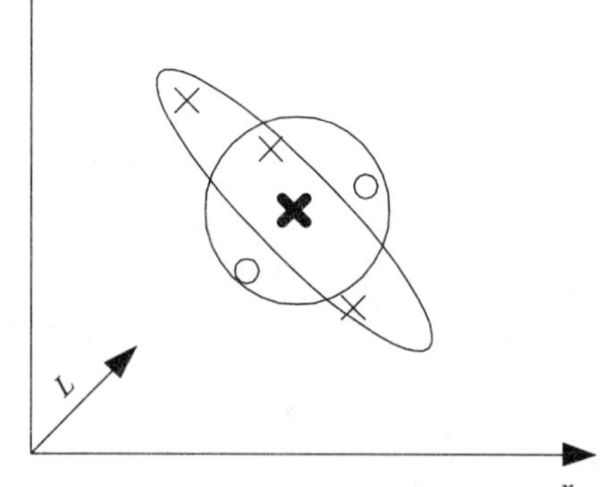

图 8-7 马氏距离和欧氏距离的 k 最近邻分类中的使用。两个类分别用"∘"和"×"标示。粗体的"×"是检验实例，$k=3$。欧氏距离相等的点定义一个圆，这里导致误分类。我们看到，存在可以通过马氏距离捕获的相关结构，它定义了一个椭圆，并导致正确的分类。我们还看到，如果数据投影到 L 显示的方向，则可以在简化的一维空间正确地分类

对于离散数据，可以使用统计非匹配属性数的*汉明距离*(Hamming distance)：

$$\mathrm{HD}(\boldsymbol{x}, \boldsymbol{x}^t) = \sum_{j=1}^{d} 1(\boldsymbol{x}_j \neq \boldsymbol{x}_j^t) \tag{8-22}$$

其中

$$1(a) = \begin{cases} 1 & \text{如果 } a \text{ 为真} \\ 0 & \text{否则} \end{cases}$$

这个框架也可以用于依赖于应用的相似性或距离度量。对于视频中的图像匹配、生物信息学中的序列比对的得分，以及自然语言处理中的文档相似性度量，可以有专门的相似度或距离得分。这些都可以使用，而不必明确地把这些实体表示成向量，并使用诸如欧氏距离这样的通用距离。在第 13 章，我们将讨论具有相似作用的核函数。

只要有两个实例之间的相似性得分函数

$S(\boldsymbol{x}, \boldsymbol{x}^t)$，就可以把实例 $\boldsymbol{x}$ 的基于相似度的表示(similarity-based representation)$\boldsymbol{x}'$定义为所有训练实例的 $\boldsymbol{x}^t(t=1, \cdots, N)$得分的 N 维向量：

$$\boldsymbol{x}' = [s(\boldsymbol{x},\boldsymbol{x}^1),s(\boldsymbol{x},\boldsymbol{x}^2),\cdots,s(\boldsymbol{x},\boldsymbol{x}^N)]^{\mathrm{T}}$$

这可以作为被任意学习器处理的向量(Pekalska 和 Duin 2002)。在核机器中，我们称它为经验核映射(13.7 节)。

197～198

8.7 离群点检测

离群点(outlier)、*新奇*(novelty)或*异常*(anomaly)是一个实例，它与样本中的其他实例非常不同。离群点可能表明系统的异常行为。例如，在信用卡交易数据集中，它可能预示欺诈；在图像中，离群点可能指示异常，例如肿瘤；在网络流量数据集中，离群点可能是入侵企图；在医疗保健中，离群点暗示显著偏离患者的正常行为。离群点也可以是记录错误(例如，由于有故障的传感器)，应该检测和丢弃，以便得到可靠的统计数据。

离群点检测(outlier detection)一般不设计成监督的、把典型实例和离群点分开的两类分类问题，因为通常只有很少的实例被标记为离群点，并且它们并不拟合一个可以很容易被一个两类分类器捕获的相容模式。相反，被建模的是典型实例。有时这称为*一类分类*(one-class classification)。一旦我们对典型实例建模，则不拟合该模型的任何实例(这可能以多种不同的方式出现)都是离群点。另一个通常出现的问题是，用来训练离群点检测器的数据是未标记的，并且可能包含离群点和典型实例。

离群点检测基本上意味着发现什么不正常地发生。也就是说，它是密度估计，随后是检查估计密度下具有太小概率的实例。与往常一样，拟合模型可以是参数的、半参数的或非参数的。在参数的情况下(5.4 节)，例如，我们可以用高斯分布拟合整个数据，并且任何具有低概率的实例，或等价地，到均值的马氏距离很大的实例，都是一个离群点的候选。在半参数的情况下(7.2 节)，我们拟合，例如，混合高斯分布，并检查是否有小概率的实例，这将是一个远离最近的聚类中心的实例或自身形成一个簇的实例。

但是，当用来拟合模型的数据本身包含离群点时，使用非参数密度估计更有意义，因为模型的参数越多，它对离群点的出现就越不鲁棒。例如，一个离群点就可能严重损坏高斯分布的均值和协方差估计。

199

在非参数密度估计中，正如我们在前面所讨论的，在附近有许多训练实例的地方，估计的概率是很高的，并且估计的概率随着邻域变得更稀疏而降低。一个例子是*局部离群点因子*(local outlier factor)，它将实例的邻域的密度与实例的近邻的邻域的平均密度进行比较(Breunig 等 2000)。定义 $d_k(\boldsymbol{x})$为实例 $\boldsymbol{x}$ 与它的第 k 个最近邻之间的距离。定义$\mathcal{N}(\boldsymbol{x})$为 $\boldsymbol{x}$ 的邻域中的训练实例的集合，例如它的 k 个最近邻。对于 $\boldsymbol{s}\in\mathcal{N}(\boldsymbol{x})$，考虑 $d_k(\boldsymbol{s})$。将 $d_k(\boldsymbol{x})$与这样的 $\boldsymbol{s}$ 的 $d_k(\boldsymbol{s})$的平均值进行比较：

$$\mathrm{LOF}(\boldsymbol{x}) = \frac{d_k(\boldsymbol{x})}{\sum_{\boldsymbol{s}\in\mathcal{N}(\boldsymbol{x})} d_k(\boldsymbol{s})/|\mathcal{N}(\boldsymbol{x})|} \tag{8-23}$$

如果 LOF($\boldsymbol{x}$)接近于 1，则 $\boldsymbol{x}$ 不是离群点；随着 LOF($\boldsymbol{x}$)变大，$\boldsymbol{x}$ 是离群点的概率提高(参见图 8-8)。

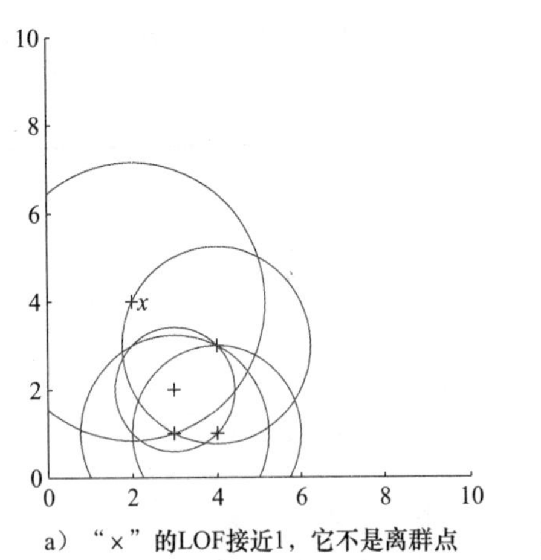

a）“×”的LOF接近1，它不是离群点

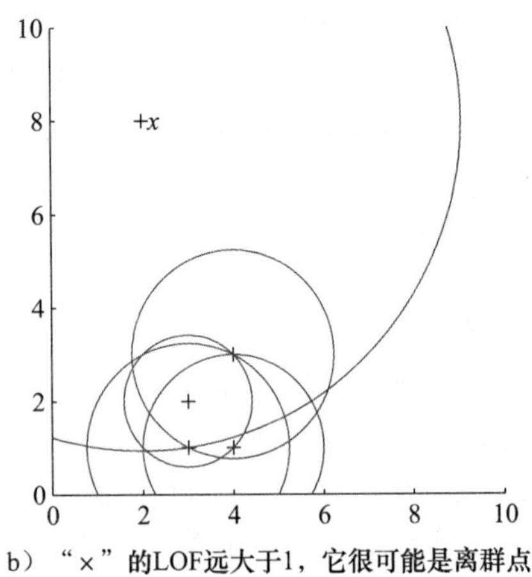

b）“×”的LOF远大于1，它很可能是离群点

图 8-8　训练实例用“+”显示，“×”是询问，而中心在一个实例上的圆的半径等于该实例到它的第三个最近邻的距离

200

8.8　非参数回归：光滑模型

在回归中，给定训练集$\mathcal{X}=\{x^t, r^t\}$，其中$r^t\in\Re$，假定

$$r^t = g(x^t) + \varepsilon$$

在参数回归中，我们假定某次多项式，并计算它的系数，最小化训练集上误差的平方和。当不能假定这种多项式时，使用非参数回归，我们只假定相近的x具有相近的$g(x)$值。与非参数密度估计一样，给定x，我们的方法是找出x的邻域，并求邻域中r的平均值，计算$\hat{g}(x)$。非参数回归估计子又称为光滑子(smoother)，而该估计称为光滑(Härdle 1990)。类似于密度估计，存在各种定义邻域和在邻域中取平均值的方法。我们对一元变量x讨论这些方法。与密度估计一样，使用多元核函数，可以用直截的方式把它们推广到多元情况。

8.8.1　移动均值光滑

如果像在直方图中那样，定义一个原点和箱宽度并在箱中求r的平均值，则得到**回归图**(regressogram)(参见图8-9)

$$\hat{g}(x) = \frac{\sum_{t=1}^{N} b(x,x^t)r^t}{\sum_{t=1}^{N} b(x,x^t)} \tag{8-24}$$

其中

$$b(x,x^t) = \begin{cases} 1 & \text{如果 } x^t \text{ 与 } x \text{ 在同一个箱中} \\ 0 & \text{否则} \end{cases}$$

由于需要固定原点，所以箱边界上的不连续是令人烦恼的。与质朴估计一样，在**移动均值光滑**(running mean smoother)中，在x周围定义一个对称的箱并在那里取平均值(参见图8-10)。

$$\hat{g}(x) = \frac{\sum_{t=1}^{N} w\left(\frac{x-x^t}{h}\right)r^t}{\sum_{t=1}^{N} w\left(\frac{x-x^t}{h}\right)} \tag{8-25}$$

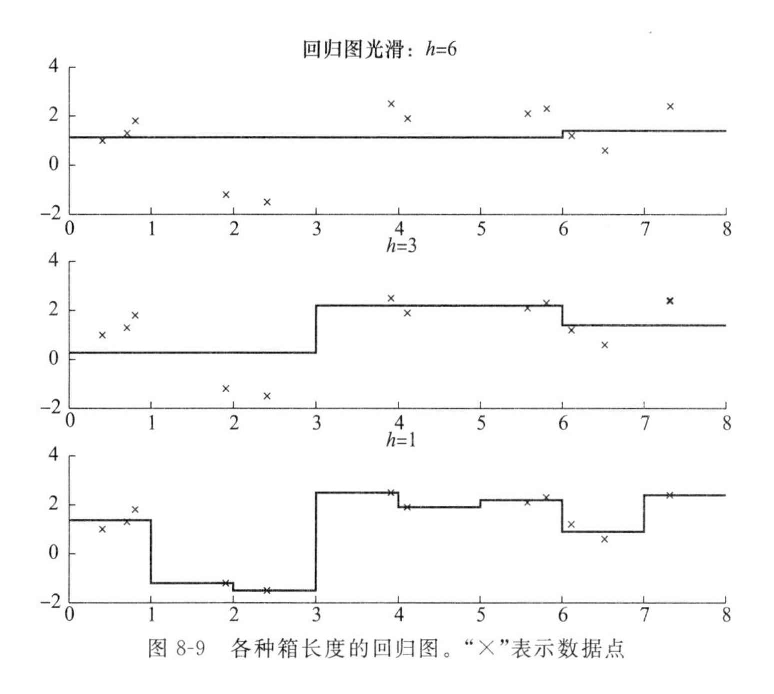

图 8-9 各种箱长度的回归图。“×”表示数据点

其中

$$w(u) = \begin{cases} 1 & \text{如果} |u| < 1 \\ 0 & \text{否则} \end{cases}$$

这种方法在平滑分段数据(例如，时间序列)方面特别流行。在有噪声的应用中，可以使用箱中 r^t 的中位数，而不是它们的均值。

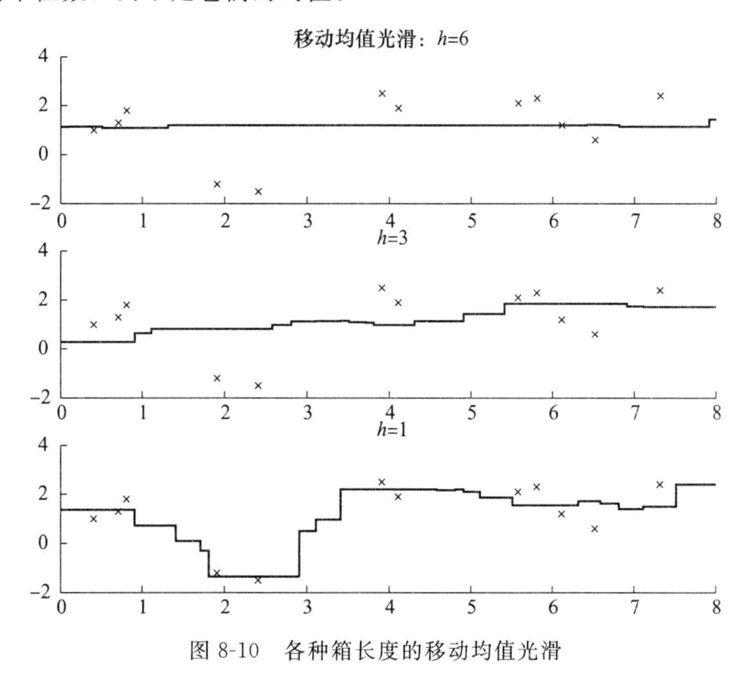

图 8-10 各种箱长度的移动均值光滑

8.8.2 核光滑

与核估计一样，可以使用赋予较远的点较小权重的核函数，并得到核光滑(kernel

smoother)(参见图 8-11)：

$$\hat{g}(x) = \frac{\sum_{t}^{N} K\left(\frac{x - x^t}{h}\right) r^t}{\sum_{t}^{N} K\left(\frac{x - x^t}{h}\right)} \tag{8-26}$$

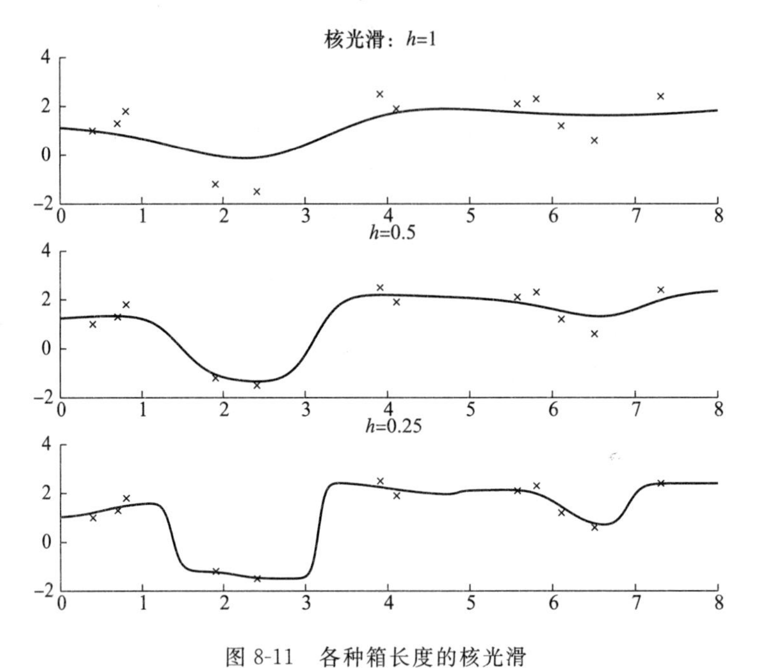

图 8-11 各种箱长度的核光滑

通常使用高斯核 $K(\cdot)$。替代固定 h，可以固定近邻数 k，使得估计自动适应 x 周围的密度，并得到 k-nn 光滑(k-nn smoother)。

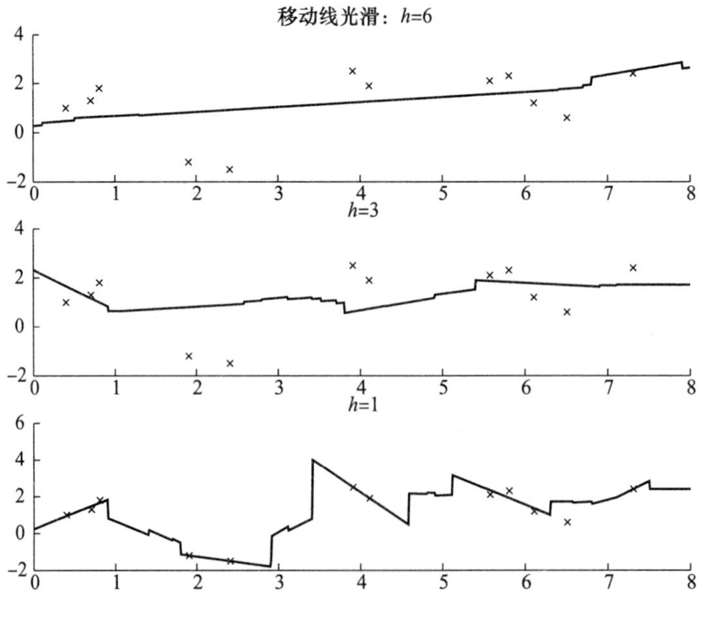

图 8-12 各种箱长度的移动线光滑

8.8.3 移动线光滑

替代在点上取平均值和提供常量拟合，可以对泰勒展开式多考虑一项并计算直线拟合。在移动线光滑(running line smoother)中，可以使用邻域(被 h 或 k 定义)中的数据点，并拟合一条局部回归线(参见图 8-12)。

在局部加权移动线光滑(locally weighted running line smoother，称作 loess[⊖])中，使用核加权使得较远的点对误差具有较小影响，而不是使用邻域的硬定义。

8.9 如何选择光滑参数

在非参数方法中，对于密度估计或回归，关键的参数是光滑参数，如箱宽度或核展宽 h，或近邻数 k。目标是得到的估计的不稳定性比数据点小。正如我们在前面已经讨论的，数据中易变性的一个根源是噪声，其他根源是未知的基础函数的易变性。我们应当光滑得恰好以便克服噪声——不少也不多。使用太大的 h 或 k，许多实例都对点上的估计做出贡献，并且我们也光滑掉了源于函数的变化(过光滑)。使用太小的 h 或 k，单个实例具有很大影响，并且我们甚至没有光滑掉噪声(欠光滑)。换句话说，较小的 h 或 k 导致小偏倚但大方差。较大的 h 或 k 降低方差但增加偏倚。Geman，Bienenstock 和 Doursat(1992)讨论了非参数估计的偏倚和方差。

201 ~ 204

该要求明确地表示在与光滑样条(smoothing splines)中所使用的一样在正则化函数中

$$\sum_t [r^t - \hat{g}(x^t)]^2 + \lambda \int_a^b [\hat{g}''(x)]^2 \mathrm{d}x \tag{8-27}$$

第一项是拟合的误差。$[a, b]$是输入区间；$\hat{g}''(\cdot)$是估计函数$\hat{g}(\cdot)$的曲率(curvature)，它度量变化。这样，第二项惩罚快速变化的估计。λ 权衡变化和误差。例如，使用大的 λ，得到更光滑的估计。

交叉验证用来调整 h、k 或 λ。在密度估计中，我们选择最大化验证集的似然的参数值。在监督环境下，在训练集上试验一系列候选(参见图 8-13)，选取最小化验证集上误差的参数值。

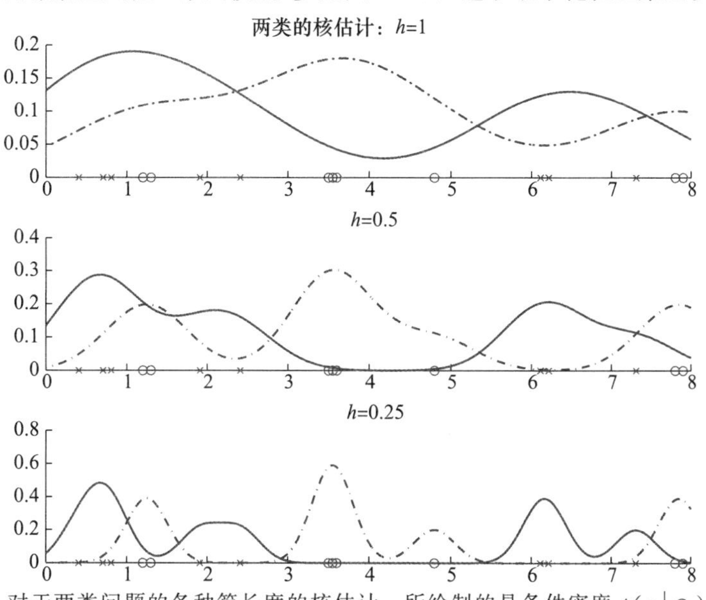

图 8-13 对于两类问题的各种箱长度的核估计。所绘制的是条件密度 $p(x|C_i)$。看来，顶部过光滑，而底部欠光滑，但是究竟哪个最好还依赖于验证数据

⊖ loess 意为局部回归。——译者注

8.10 注释

k 最近邻和基于核的估计早在几十年前就已经提出，但是由于需要大量的存储和计算，该方法直到最近才流行(Aha，Kibler 和 Albert 1991)。随着并行处理的发展，存储和计算的价格逐渐降低，这些方法近来得到了更加广泛的使用。非参数估计方面的教科书是 Silverman 1986 和 Scott 1992。Dasarathy 1991 收集了许多关于 k-nn 和编辑/精简规则的文章。Aha 1997 是另一个汇集。

非参数方法非常容易在单指令多数据(SIMD)机器上并行运行。每个处理器在其局部存储器中存放一个训练实例，并且并行地对该实例计算核函数值(Stanfill 和 Waltz 1986)。乘以核函数可以看作卷积，并且可以使用傅立叶变换更有效地计算估计(Silverman 1986)。业已证明样条光滑等价于核光滑。

在人工智能中，非参数方法称作*基于案例的推理*(case-based reasoning)。通过对已知的类似的旧“案例”插值找到输出。这也允许知识提取：给定的输出可以用列举这些类似的旧案例证明其合理性。

由于其简单性，k-nn 是最广泛使用的非参数分类方法，并且在各种实际应用中相当成功。一个很好的性质是：即便只有很少的被标记的实例它也可以使用；例如，在法庭应用中，对于每个人，可能只有一张面部图像。

205~206

业已证明(Cover 和 Hart 1967；Duda，Hart 和 Stork 2001)在大样本中，当 $N\to\infty$ 时，最近邻($k=1$)的风险不超过贝叶斯风险(我们能够得到的最好结果)的两倍，并且从这方面来讲，可以说“在被分类的无限样本集中，一半的可用信息都包含在最近邻中”(Cover 和 Hart 1967，21)。对于 k-nn，业已证明，随着 k 趋向于无穷大，其风险逼近贝叶斯风险。

非参数估计最重要的因素是所使用的距离度量。对于离散属性，我们可以简单地使用累计非匹配的属性数的汉明距离。更复杂的距离函数在 Wettschereck，Aha 和 Mohri 1997 以及 Webb 1999 中讨论。

距离估计或度量学习是一个热门的研究领域，最近的全面综述见 Bellet，Habrard 和 Sebban 2013。Chen 等(2009)讨论了可用于分类的不同的相似性度量；Ramanan and Baker 2011 给出了计算机视觉中的局部距离方法的例子。

离群点/异常/新颖性检测作为一个有趣的问题出现在各种背景下，从故障检测到欺诈检测，由过去的数据检测显著的偏离，例如，客户流失。这是一个非常热门的研究领域，两个全面综述包括 Hodge 和 Austin(2004)；Chandola，Banerjee 和 Kumar(2009)。

非参数回归在 Härdle 1990 中详细讨论。Hastie 和 Tibshirani(1990)讨论了光滑模型并提出了*加法模型*(additive model)，其中多元函数被表示成一元估计的和。局部加权回归在 Atkeson，Moore 和 Schaal 1997 中讨论。这些模型与我们将在第 12 章讨论的径向基函数和混合专家模型很相似。

在精简的最近邻算法中，我们看到只需要保存训练实例的一个子集，这些实例靠近边界，并且我们只使用它们就可以定义判别式。这一思想与我们将在第 13 章讨论*支持向量机*(support vector machine)非常相似。还讨论了度量实例之间相似性的各种核函数，以及如何选择最好的核函数。把预测写成训练实例的影响和也构成*高斯过程*(Gaussian process)的基础(第 16 章)，核函数称作*协方差函数*(covariance function)。

207

8.11 习题

1. 如何得到光滑的直方图?

   解：在最近的两个箱中心之间的插值。可以把箱中心看作 x^t，把直方图值看作 r^t，并使用任意插值方法，线性或基于核的。

2. 证明式(8-16)。

   解：给定

$$\hat{p}(\boldsymbol{x}|C_i)=\frac{k_i}{N_iV^k(\boldsymbol{x})},\quad \hat{P}(C_i)=\frac{N_i}{N}$$

有

$$\hat{P}(C_i|\boldsymbol{x})=\frac{\hat{p}(\boldsymbol{x}|C_i)\hat{P}(C_i)}{\sum_j \hat{p}(\boldsymbol{x}|C_j)\hat{P}(C_j)}=\frac{\frac{k_i}{N_iV^k(\boldsymbol{x})}\frac{N_i}{N}}{\sum_j\frac{k_j}{N_jV^k(\boldsymbol{x})}\frac{N_j}{N}}$$

$$=\frac{k_i}{\sum_j k_j}=\frac{k_i}{k}$$

3. 参数回归(5.8节)假定高斯噪声，因而对离群点不是鲁棒的。如何使它更鲁棒?
4. 在层次聚类之后如何检测离群点?
5. 如果 $k>1$，精简的最近邻会怎么样?

   解：当 $k>1$ 时，为了得到完全准确没有任何错误的分类，可能需要存储一个实例多次，使得正确的类得到多数的选票。例如，如果 $k=3$ 而 $\boldsymbol{x}$ 有 2 个近邻，属于不同的类，则需要存储 $\boldsymbol{x}$ 两次，使得如果在检验过程中看到 $\boldsymbol{x}$，则 3 个近邻中的多数(在这种情况下为 2)属于正确的类。

6. 在精简的最近邻中，先前添加到$\mathcal{Z}$中的实例在之后的添加后可能不再是必需的。如何找出这种不再需要的实例?
7. 在回归图中，替代箱中取平均值并做常量拟合，可以使用落入箱中的实例并做线性拟合(参见图 8-14)。写出代码并与回归图做比较。

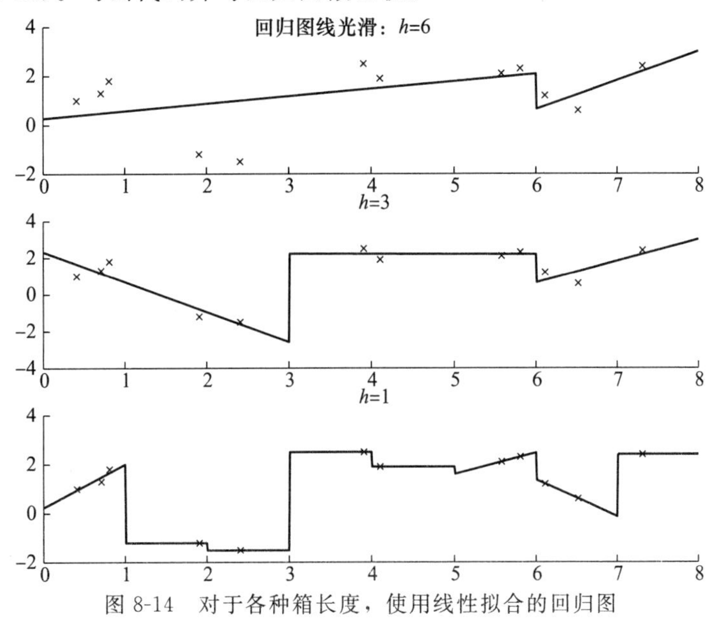

图 8-14 对于各种箱长度，使用线性拟合的回归图

8. 为8.8.3节讨论的loess写出误差函数。

解：输出使用线性模型$g(x)=ax+b$计算，其中在移动线性光滑，最小化

$$E(a,b|x,\mathcal{X})=\sum_t w\left(\frac{x-x^t}{h}\right)[r^t-(ax^t+b)]^2$$

和

$$w(u)=\begin{cases}1 & \text{如果}|u|<1\\ 0 & \text{否则}\end{cases}$$

注意，没有误差函数，而是对于每个检验输入x，有另一个仅考虑邻近x的数据的误差函数，对于拟合该邻域中的直线它是最小的。

Loess是移动线性光滑的加权版本，其中核函数$K(\cdot)\in(0,1)$取代了$w(\cdot)\in\{0,1\}$：

$$E(a,b|x,\mathcal{X})=\sum_t K\left(\frac{x-x^t}{h}\right)[r^t-(ax^t+b)]^2$$

9. 提出一个移动均值估计的增量版本，与压缩的最近邻一样，它只在必要时存放实例。

10. 将核光滑推广到多元数据。

11. 在移动光滑中，可以在检验点拟合一个常数、一条线或一个高阶多项式。如何在它们之间选择？

208~209

解：通过交叉验证。

12. 在移动均值光滑中，除了给出估计外，还能计算指示该点估计附近的方差（不确定性）的置信区间吗？

8.12 参考文献

Aha, D. W., ed. 1997. Special Issue on Lazy Learning. *Artificial Intelligence Review* 11 (1-5): 7-423.

Aha, D. W., D. Kibler, and M. K. Albert. 1991. "Instance-Based Learning Algorithm." *Machine Learning* 6:37-66.

Atkeson, C. G., A. W. Moore, and S. Schaal. 1997. "Locally Weighted Learning." *Artificial Intelligence Review* 11:11-73.

Bellet, A., A. Habrard, and M. Sebban. 2013. "A Survey on Metric Learning for Feature Vectors and Structured Data." *arXiv:1306.6709v2.*

Breunig, M. M., H.-P. Kriegel, R. T. Ng, and J. Sander. 2000. "LOF: Identifying Density-Based Local Outliers." In *ACM SIGMOD International Conference on Management of Data*, 93-104. New York: ACM Press.

Chandola, V., A. Banerjee, and V. Kumar. 2009. "Anomaly Detection: A Survey." *ACM Computing Surveys* 41 (3): 15:1-15:58.

Chen, Y., E. K. Garcia, M. R. Gupta, A. Rahimi, and L. Cazzanti. 2009. "Similarity-Based Classification: Concepts and Algorithms." *Journal of Machine Learning Research* 11:747-776.

Cover, T. M., and P. E. Hart. 1967. "Nearest Neighbor Pattern Classification." *IEEE Transactions on Information Theory* 13:21-27.

Dasarathy, B. V. 1991. *Nearest Neighbor Norms: NN Pattern Classification Techniques.* Los Alamitos, CA: IEEE Computer Society Press.

Domeniconi, C., J. Peng, and D. Gunopulos. 2002. "Locally Adaptive Metric Nearest-Neighbor Classification." *IEEE Transactions on Pattern Analysis and Machine Intelligence* 24:1281-1285.

Duda, R. O., P. E. Hart, and D. G. Stork. 2001. *Pattern Classification*, 2nd ed. New York: Wiley.

Geman, S., E. Bienenstock, and R. Doursat. 1992. "Neural Networks and the Bias/Variance Dilemma." *Neural Computation* 4:1–58.

Härdle, W. 1990. *Applied Nonparametric Regression.* Cambridge, UK: Cambridge University Press.

Hart, P. E. 1968. "The Condensed Nearest Neighbor Rule." *IEEE Transactions on Information Theory* 14:515–516.

Hastie, T. J., and R. J. Tibshirani. 1990. *Generalized Additive Models.* London: Chapman and Hall.

Hastie, T. J., and R. J. Tibshirani. 1996. "Discriminant Adaptive Nearest Neighbor Classification." *IEEE Transactions on Pattern Analysis and Machine Intelligence* 18:607–616.

Hodge, V. J., and J. Austin. 2004. "A Survey of Outlier Detection Methodologies." *Artificial Intelligence Review* 22:85–126.

Pekalska, E., and R. P. W. Duin. 2002. "Dissimilarity Representations Allow for Building Good Classifiers." *Pattern Recognition Letters* 23:943–956.

Ramanan, D., and S. Baker. 2011. "Local Distance Functions: A Taxonomy, New Algorithms, and an Evaluation." *IEEE Transactions on Pattern Analysis and Machine Intelligence* 33:794–806.

Scott, D. W. 1992. *Multivariate Density Estimation.* New York: Wiley.

Silverman, B. W. 1986. *Density Estimation in Statistics and Data Analysis.* London: Chapman and Hall.

Stanfill, C., and D. Waltz. 1986. "Toward Memory-Based Reasoning." *Communications of the ACM* 29:1213–1228.

Webb, A. 1999. *Statistical Pattern Recognition.* London: Arnold.

Weinberger, K. Q., and L. K. Saul. 2009. "Distance Metric Learning for Large Margin Classification." *Journal of Machine Learning Research* 10:207–244.

Wettschereck, D., D. W. Aha, and T. Mohri. 1997. "A Review and Empirical Evaluation of Feature Weighting Methods for a Class of Lazy Learning Algorithms." *Artificial Intelligence Review* 11:273–314.

Wilfong, G. 1992. "Nearest Neighbor Problems." *International Journal on Computational Geometry and Applications* 2:383–416.

210 ～ 212

决 策 树

决策树是一种实现分治策略的层次数据结构。它是一种有效的非参数学习方法，可以用于分类和回归。本章讨论由给定的标记训练样本构造决策树的学习算法，以及如何将决策树转换成容易理解的简单规则的方法。另一种可能的方法是直接学习规则库。

9.1 引言

对于参数估计，我们定义整个输入空间上的模型，并使用所有的训练数据学习它的参数。然后，对任意的检验输入，使用相同的模型和参数。对于非参数估计，我们把输入空间划分成被诸如欧几里得范数这样的距离度量定义的局部区域，并对每个输入，使用由该区域的训练数据计算得到的对应的局部模型。在第 8 章讨论的基于实例的模型中，给定一个输入，识别定义局部模型的局部数据的开销很大，需要计算从给定的输入到所有训练实例的距离，其计算复杂度为$\mathcal{O}(N)$。

决策树(decision tree)是一种用于监督学习的层次模型，由此局部区域通过少数几步递归分裂确定。决策树由内部决策节点和终端树叶组成(参见图 9-1)。每个决策节点(decision node)m 实现一个具有标记分支的离散输出的测试函数 $f_m(\boldsymbol{x})$。给定一个输入，在每个节点应用一个测试，并根据测试的输出确定一个分支。这一过程从根节点开始，并递归地重复，直至到达一个树叶节点(leaf node)。这时，该树叶中的值形成输出。

213

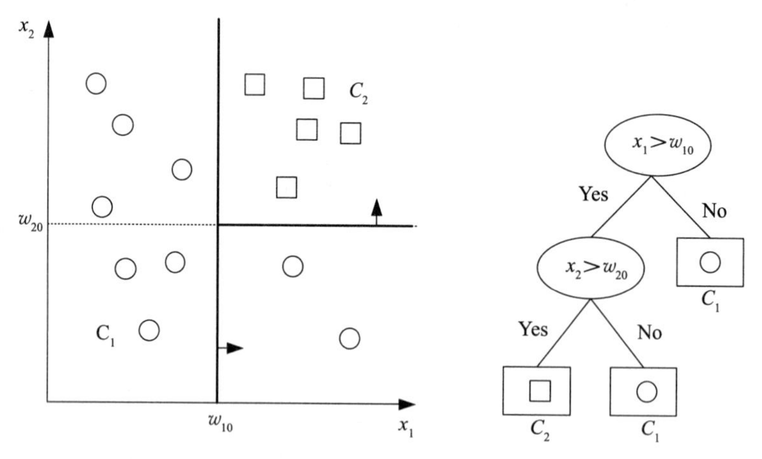

图 9-1 数据集和对应的决策树。椭圆形节点是决策节点，而矩形节点是树叶节点。单变量的决策节点沿着一个轴划分，并且连续的划分相互正交。第一次划分之后，$\{\boldsymbol{x} | x_1 < w_{10}\}$已是纯的，因此不需要再划分

决策树也是一种非参数模型，因为我们并不对类密度假定任何参数形式，并且树结构也不是预先固定的，而是依赖于数据中问题固有的复杂性，在学习期间，树生长，添加分支和树叶。

每个 $f_m(\boldsymbol{x})$都定义了一个 d 维输入空间中的判别式，将空间划分成较小的区域。在从

根节点沿一条路径向下时，这些较小的区域被进一步划分。$f_m(\cdot)$是一个简单函数，而作为树写下时，复杂的函数被分解成一系列简单的决策。不同的决策树方法对 $f_m(\cdot)$假设不同的模型，而模型类确定了判别式的形状和区域的形状。每个树叶节点都有一个输出标号。对于分类，该标号是类代码；而对于回归，它是一个数值。一个树叶节点定义了输入空间的一个局部区域，落入该区域的实例具有相同的标号(分类)或类似的数值输出(回归)。区域的边界被从树根到该树叶的路径上的内部节点中的判别式定义。

214

决策的层次安排使得涵盖输入的区域可以快速确定。例如，如果决策是二元的，则在最好情况下每个决策去掉一半实例。如果有 b 个区域，则在最好情况下可以通过 $\log_2 b$ 次决策找到正确的区域。决策树的另一个优点是可解释性。正如稍后我们将看到的，可以把决策树转换成一组容易理解的 IF-THEN 规则。因此，决策树非常流行，并且常常比更准确但不太好解释的方法更可取。

我们从一个决策节点只使用一个输入变量的单变量树开始，考察如何为分类和回归构造这样的树。稍后，我们将这种方法推广到一个内部节点可以使用所有输入的多变量树。

9.2　单变量树

在单变量树(univariate tree)中，每个内部节点中的测试只使用一个输入维。如果所使用的输入维 x_j是离散的，取 n 个可能的值之一，则该决策节点检查 x_j的值，并取相应的分支，实现一个 n 路划分。例如，如果属性是颜色，具有可能的值{红，蓝，绿}，则该属性上的节点具有 3 个分支，每个对应于该属性的 3 个可能值中的一个。

决策节点具有离散分支，数值输入应当离散化。如果 $\boldsymbol{x}_j$是数值的(有序的)，则测试是比较

$$f_m(\boldsymbol{x}): x_j \geqslant w_{m0} \tag{9-1}$$

其中 w_{m0}是适当选择的阈值。该决策节点将输入空间一分为二：$L_m = \{\boldsymbol{x} | x_j > w_{m0}\}$和$R_m = \{\boldsymbol{x} | x_j \leqslant w_{m0}\}$。这称作二元划分(binary split)。从根到一个树叶的路径上的连续决策节点使用其他属性进一步把它们一分为二，产生相互正交的划分。树叶节点定义输入空间中的超矩形(参见图 9-1)。

树归纳是构造给定训练样本的树。对于给定的训练集，存在许多对它进行无错编码的树，而为了简单起见，我们感兴趣的是寻找其中的最小树，这里树的大小用树中的节点数和决策节点的复杂性度量。寻找最小树是 NP 完全问题(Quinlan 1986)，因而我们必须使用基于启发式的局部搜索过程，在合理的时间内得到合理的树。

215

树学习算法是贪心算法，从包含全部训练数据的根开始，每一步都选择最佳划分。依赖于所选取的属性是数值属性还是离散属性，每次将数据划分成两个或 n 个子集。然后使用对应的子集递归地进行划分，直到不再需要划分。此时，创建一个树叶节点并标记它。

9.2.1　分类树

在用于分类的决策树，即分类树(classification tree)中，划分的优劣用不纯性度量(impurity measure)定量分析。一个划分是纯的，如果对于所有分支，划分后选择相同分支的所有实例都属于相同的类。对于节点 m，令 N_m为到达节点 m 的训练实例数。对于根节点，N_m为 N。N_m个实例中 N_m^i 个属于C_i类，而 $\sum_i N_m^i = N_m$ 。如果一个实例到达节点 m，则它属于C_i类的概率估计为

$$\hat{P}(C_i|\boldsymbol{x},m) \equiv p_m^i = \frac{N_m^i}{N_m} \tag{9-2}$$

节点 m 是纯的，如果对于所有的 i，p_m^i 为0或1。当到达节点 m 的所有实例都不属于 C_i 类时，p_m^i 为0；而当到达节点 m 的所有实例都属于 C_i 类时，p_m^i 为1。如果划分是纯的，则不需要进一步划分，并可以添加一个树叶节点，用 p_m^i 为1的类标记。一种度量不纯性的可能函数是熵（entropy）函数（Quinlan 1986）（参见图9-2）：

$$\mathcal{I}_m = -\sum_{i=1}^{K} p_m^i \log_2 p_m^i \tag{9-3}$$

其中 $0\log 0 \equiv 0$。在信息论中，熵是对一个实例的类代码进行编码所需要的最少位数。对于两类问题，如果 $p^1=1$ 而 $p^2=0$，则所有的实例都属于 C_1 类，并且我们什么也不需要发送，熵为0。如果 $p^1=p^2=0.5$，则我们需要发送1位通告两种情况之一，并且熵为1。在这两个极端情况之间，我们可以设计编码，更可能的类用较短的编码，更不可能的类用较长的编码，每个信息使用不足1位。当存在 $K>2$ 个类时，相同的讨论成立，并且当 $p^i=1/K$ 时最大熵为 $\log_2 K$。

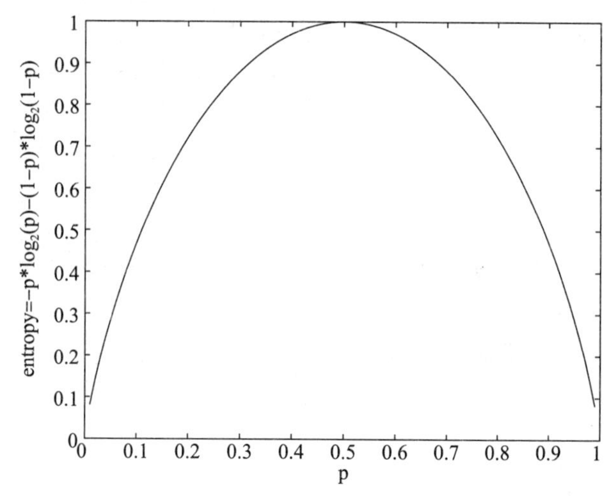

图9-2 两类问题的熵函数

但是，熵并非唯一可能的度量。对于两类问题，其中 $p^1 \equiv p$，$p^2=1-p$，函数 $\phi(p, 1-p)$ 是非负函数，度量划分的不纯度，如果它满足如下性质(Devroye，Györ 和 Lugosi 1996)：

- 对于任意 $p\in[0, 1]$，$\phi(1/2, 1/2)\geqslant\phi(p, 1-p)$。
- $\phi(0, 1)=\phi(1, 0)=0$。
- 当 p 在$[0, 1/2]$上时 $\phi(p, 1-p)$ 是递增的，而当 p 在$[1/2, 1]$上时 $\phi(p, 1-p)$ 是递减的。

函数 $\phi(p, 1-p)$ 的例子包含以下几个。

(1) 熵

$$\phi(p,1-p) = -p\log_2 p-(1-p)\log_2(1-p) \tag{9-4}$$

式(9-3)是 $K>2$ 个类的推广。

216 ~ 217

(2) 基尼指数(Gini index)(Breiman 等 1984)

$$\phi(p,1-p) = 2p(1-p) \tag{9-5}$$

(3) 误分类误差

$$\phi(p,1-p) = 1-\max(p,1-p) \tag{9-6}$$

这些都可以推广到 $K>2$ 类，并且给定损失函数，误分类误差可以推广到最小风险(习题1)。研究表明，这3个度量之间并不存在显著差别。

如果节点 m 不是纯的，则应当划分实例来降低不纯度，并且有多个属性可以用于划分。对于数值属性，可能存在多个划分位置。在所有可能的划分中，我们寻找最小化划分后不纯度的划分，因为我们希望产生最小的树。如果划分后的子集越纯，则其后需要的划分(如果需要)就越少。当然，这是局部最优，不能保证找到最小的决策树。

设在节点 m，N_m的N_{mj}个取分支j，这些是测试$f_m(\boldsymbol{x}^t)$返回输出j的$\boldsymbol{x}^t$。对于具有n个值的离散属性，有n个输出；而对于数值属性，有两个输出($n=2$)。在两种情况下，都满足$\sum_{j=1}^{n} N_{mj} = N_m$。$N_{mj}$个实例中的$N_{mj}^i$个属于类$C_i$：$\sum_{j=1}^{K} N_{mj}^i = N_{mj}$。类似地，$\sum_{j=1}^{n} N_{mj}^i = N_m^i$。

于是，给定节点m，测试返回输出j，类C_i的概率估计为

$$\hat{P}(C_i | \boldsymbol{x}, m, j) \equiv p_{mj}^i = \frac{N_{mj}^i}{N_{mj}} \tag{9-7}$$

而划分后的总不纯度为

$$\mathcal{I}'_m = -\sum_{j=1}^{n} \frac{N_{mj}}{N_m} \sum_{i=1}^{K} p_{mj}^i \log_2 p_{mj}^i \tag{9-8}$$

对于数值属性，为了能够使用式(9-1)计算p_{mj}^i，我们还需要知道该节点的w_{m0}。在N_m个数据点之间，存在N_m-1个可能的w_{m0}。我们不需要测试所有(无限多个)可能的点，例如，我们只需要考虑两点之间的中值就足够了。还要注意，最佳划分总是在属于不同类的两个相邻点之间。这样，我们检查每一个，并取最高纯度作为该属性的纯度。对于离散属性，不需要这种迭代。

218

对于所有的离散属性和数值属性，对于数值属性的所有可能划分位置，我们计算不纯度并选取具有最小熵的划分位置(例如，用式(9-8))。然后，对于所有的不纯分支，树构造递归地、并行地继续进行，直到所有的分支都是纯的。这就是分类与回归树(Classification And Regression Tree，CART)算法(Breiman等，1984)、ID3算法(Quinlan 1986)和它的扩展C4.5(Quinlan 1993)的基本思想。算法的伪代码在图9-3中。

```
GenerateTree(𝒳)
  If NodeEntropy(𝒳)<θ_I /* (9-3)式 */
    创建一个树叶，用𝒳中的多数类标记
    Return
  i←SplitAttribute(𝒳)
  For x_i的每个分支
    找出落入该分支的𝒳_i
    GenerateTree(𝒳_i)

SplitAttribute(𝒳)
  MinEnt←MAX
  For 所有的属性 i=1, …, d
    If x_i是具有n个值的离散属性
      按照x_i将𝒳划分成𝒳_1, …, 𝒳_n
      e←SplitEntropy(𝒳_1, …, 𝒳_n) /* (9-8)式 */
      If e<MinEnt MinEnt←e; bestf←i
    Else /* x_i是数值的 */
      For 所有可能的划分
        在x_i上将𝒳划分成𝒳_1, 𝒳_2
        e←SplitEntropy(𝒳_1, 𝒳_2)
        If e<MinEnt MinEnt←e; bestf←i
  Return bestf
```

图 9-3 构造分类树

也可以说，在树构造的每一步，我们选择导致不纯度降低最多的划分。不纯度的降低是到达节点m的数据的不纯度式(9-3)与划分后到达其分支的数据的总熵式(9-8)之差。

一个问题是这种划分偏向于选择具有许多值的属性。当存在许多值时，就存在许多分支，并且不纯度可能很小。例如，如果我们取训练样本的编号作为一个属性，尽管它不是一个合理的特征，但是不纯度度量将会选取它，因为这样的话，每个分支的不纯度都为0。具有许多分支的节点是复杂的，并且背离把类判别式划分成简单决策的思想。业已提出了许多方法，对这样的属性加罚并权衡不纯度下降和分支因子这两个因素。

当存在噪声时，增长树直到它是最纯的，可能产生一棵非常大的、过拟合的树。例如，考虑这种情况：一个错误标记的实例混杂在一组正确标记的实例中。为了减轻这种过拟合，当节点变得足够纯时，树构造将终止。即，如果$\mathcal{I}<\theta_I$，则数据子集就不再划分。这意味着不需要使 p^i_{mj} 都恰为 0 或 1，而只需要根据某个阈值 θ_p，p^i_{mj} 足够接近 0 或 1 就可以了。在这种情况下，创建一个树叶节点，并将它标记为具有最大 p^i_{mj} 值的类。

与非参数估计中的 h 或 k 一样，θ_I(或 θ_p)是复杂度参数。当它们较小时，方差大且树生长得较大，以便正确反映训练集；而当它们较大时，方差小且树较小，粗略地表示训练集并且可能具有较大的偏倚。理想的值依赖于误分类的代价以及存储和计算的开销。

一般地，建议在树叶节点存放每个类的后验概率，而不是用具有最大后验概率的类来标记树叶。这些概率在其后的步骤中可能是需要的。例如，在计算风险时可能需要。注意，我们不需要存放到达节点的实例或准确计数，比率就足够了。

9.2.2 回归树

回归树(regression tree)可以用几乎与分类树完全相同的方法构造，唯一的不同是适合分类的不纯性度量用适合回归的不纯性度量取代。对于节点 m，令$\mathcal{X}_m$为$\mathcal{X}$中到达节点 m 的子集，即它是 $\boldsymbol{x}\in\mathcal{X}$的满足从树根到节点 m 的所有决策节点条件的所有 $\boldsymbol{x}$。我们定义

219 ~ 220

$$b_m(\boldsymbol{x}) = \begin{cases} 1 & \text{如果 } \boldsymbol{x} \in \mathcal{X}_m\text{:}\boldsymbol{x} \text{ 到达节点 } m \\ 0 & \text{否则} \end{cases} \tag{9-9}$$

在回归树中，划分的好坏用估计值的均方误差度量。令 g_m为节点 m 中的估计值。

$$E_m = \frac{1}{N_m}\sum_t (r^t - g_m)^2 b_m(\boldsymbol{x}^t) \tag{9-10}$$

其中 $N_m=|\mathcal{X}_m|=\sum_t b_m(\boldsymbol{x}^t)$。

在节点中，我们使用到达该节点的实例的要求输出的均值(如果噪声太大，用中值)

$$g_m = \frac{\sum_t b_m(\boldsymbol{x}^t)r^t}{\sum_t b_m(\boldsymbol{x}^t)} \tag{9-11}$$

于是，式(9-10)对应于 m 上的方差。如果在一个节点上，误差是可以接受的，即 $E_m<\theta_r$，则创建一个树叶节点，存放 g_m值。与第 8 章的回归图一样，这创建在叶边界不连续的分段常量近似。

如果误差不能接受，则到达节点 m 的数据进一步划分，使得各分支的误差和最小。与分类一样，在每个节点，我们寻找最小化该误差的属性(和数值属性的划分阈值)，然后递归地进行上述过程。

令$\mathcal{X}_{mj}$为$\mathcal{X}_m$的取分支 j 的子集：$\bigcup_{j=1}^{n}\mathcal{X}_{mj}=\mathcal{X}_m$。我们定义

$$b_{mj}(\boldsymbol{x}) = \begin{cases} 1 & \text{如果 } \boldsymbol{x} \in \mathcal{X}_{mj}\text{:}\boldsymbol{x} \text{ 到达节点 } m \text{ 并取分支 } j \\ 0 & \text{否则} \end{cases} \tag{9-12}$$

g_{mj}是节点 m 的分支 j 上的估计值。

$$g_{mj} = \frac{\sum_t b_{mj}(\boldsymbol{x}^t) r^t}{\sum_t b_{mj}(\boldsymbol{x}^t)} \tag{9-13}$$

而划分后的误差为

$$E'_m = \frac{1}{N_m} \sum_j \sum_t (r^t - g_{mj})^2 b_{mj}(\boldsymbol{x}^t) \tag{9-14}$$

对于任意划分，误差的减少由式(9-10)和式(9-14)之差给出。我们寻找这样的划分，它最大化误差的减少，或等价地，式(9-14)取最小值。将熵计算用均方误差替换，类标号用平均值替换，图 9-3 中的程序代码可以用来训练回归树。

221

均方误差是一种可能的误差函数。另一种是最大可能误差

$$E_m = \max_j \max_t |r^t - g_{mj}| b_{mj}(\boldsymbol{x}^t) \tag{9-15}$$

使用它，我们可以保证任意实例的误差都不大于给定的阈值。

可接受的误差阈值是复杂度参数。其值越小，产生的树越大并且过拟合的风险越大；其值越大，欠拟合和过分光滑的可能性越大(参见图 9-4 和图 9-5)。

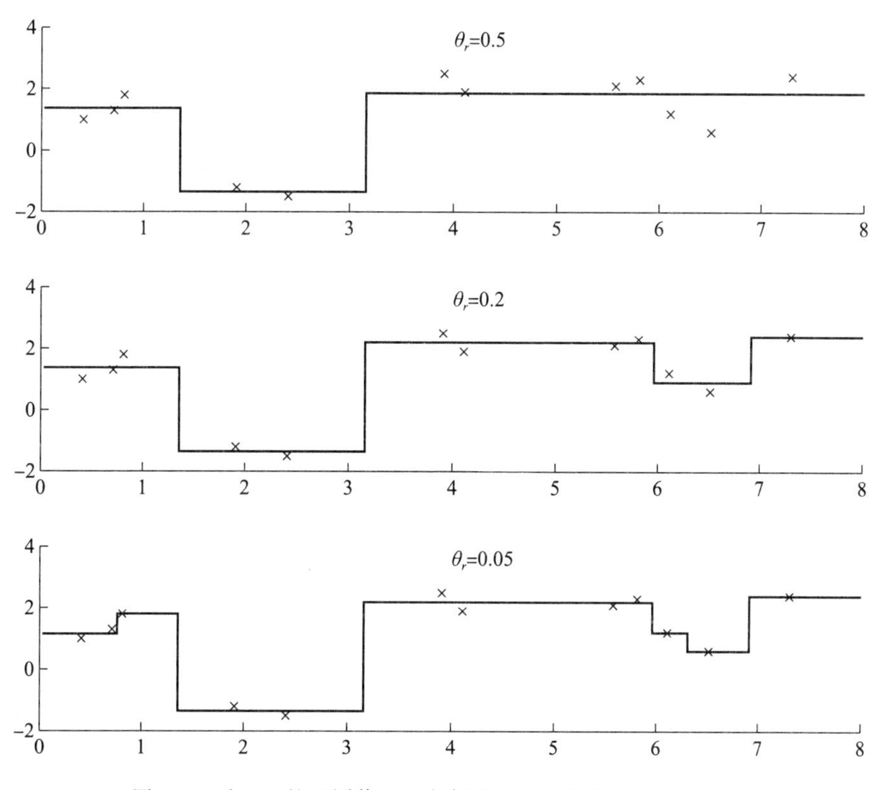

图 9-4　对于 θ_r 的不同值，回归树光滑。对应的树在图 9-5 中

类似于非参数回归的从移动均值到移动直线，我们可以不在树叶上取平均值实现常量拟合，而是做线性回归拟合选定树叶上的实例：

$$g_m(\boldsymbol{x}) = \boldsymbol{w}_m^{\mathrm{T}} \boldsymbol{x} + w_{m0} \tag{9-16}$$

这使得树叶上的估计依赖于 $\boldsymbol{x}$ 并产生较小的树，但是这导致树叶节点上的额外计算开销。

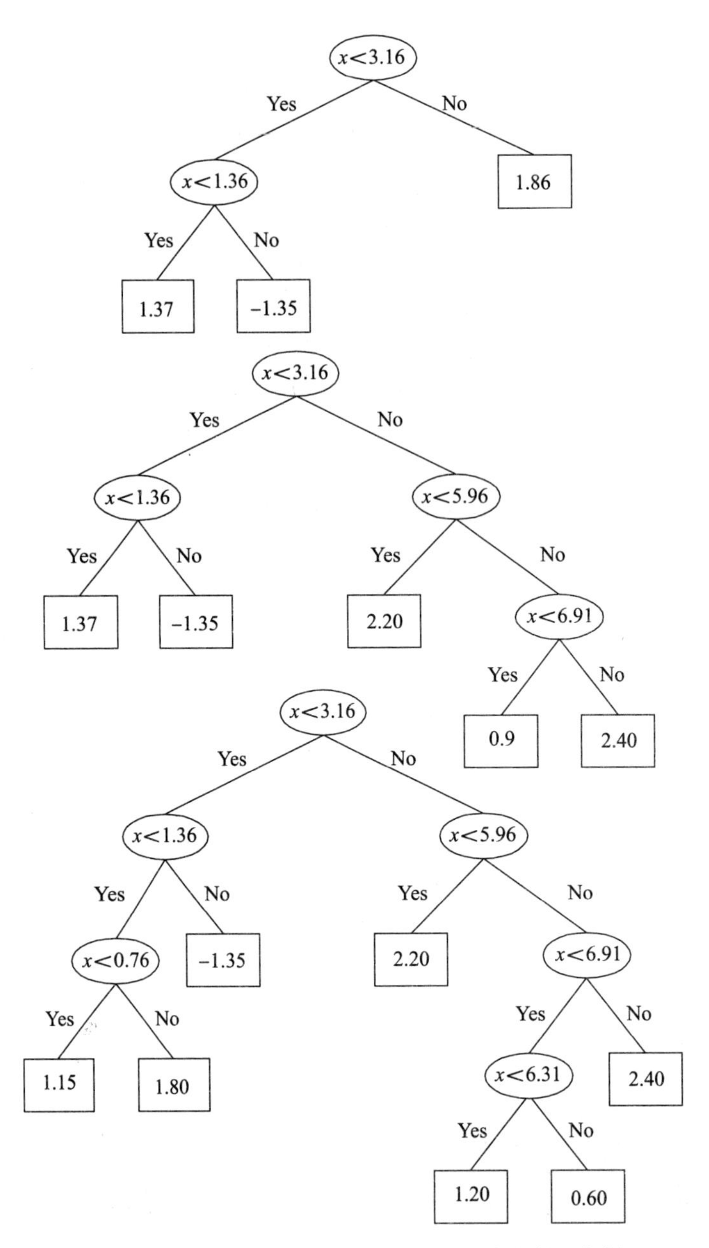

图 9-5 对于 θ_r 的不同值，实现图 9-4 的光滑的回归树

9.3 剪枝

通常，如果到达一个节点的训练实例数小于训练集的某个百分比(例如，5%)，则无论是不纯还是误差，该节点都不进一步划分。其基本思想是，基于过少实例的决策树导致较大方差，从而导致较大的泛化误差。在树完全构造出来之前就提前停止树构造称作树的*先剪枝*(prepruning)。

得到较小树的另一种可能做法是*后剪枝*(postpruning)，在实践中它比先剪枝效果更好。前面我们看到树的生长是贪心的，在每一步，我们做出一个决策(即产生一个决策节点)并继续进行，绝不回溯尝试其他可能的选择。唯一例外是后剪枝，它试图找出并剪掉不必要的子树。

在后剪枝中，我们让树完全增长直到所有的树叶都是纯的且具有零训练误差。然后，我们找出导致过拟合的子树并剪掉它们。我们从最初的被标记的数据集中保留一个剪枝集(pruning set)，在训练阶段不使用它。对于每棵子树，我们用一个被该子树覆盖的训练实例标记的树叶节点替换它。如果该树叶在剪枝集上的性能不比该子树差，则剪掉该子树并保留树叶节点，因为该子树的附加复杂性是不必要的；否则保留子树。

例如，在图 9-5 的第三棵树中，有一个以条件 $x<6.31$ 开始的子树。如果替换不会增加剪枝集上的误差，则该子树可以用树叶节点 $y=0.9$ 替换(如第二棵树)。注意，不要把剪枝集与验证集混淆，它不同于验证集。

先剪枝与后剪枝相比，先剪枝较快，但是后剪枝通常导致更准确的树。

9.4 由决策树提取规则

决策树能够提取特征。单变量树只使用必要的变量，并且在树构建之后某些特征可能根本没有使用。我们还可以认为从全局上，越靠近树根的特征越重要。例如，图 9-6 中的决策树使用了变量 x_1、x_2 和 x_4，但没有使用 x_3。可以使用决策树提取特征：构建一棵决策树，并取该树使用的特征作为另一种学习方法的输入。

决策树的另一个主要优点是可解释性(interpretation)：决策树节点中的条件简单、易于理解。从树根到树叶的每条路径对应于条件的合取，因为要到达树叶，所有这些条件都必须满足。这些路径可以用 IF-THEN 规则集表示，称作规则库(rule base)。一种这样的方法是 C4.5 规则(Quinlan 1993)。

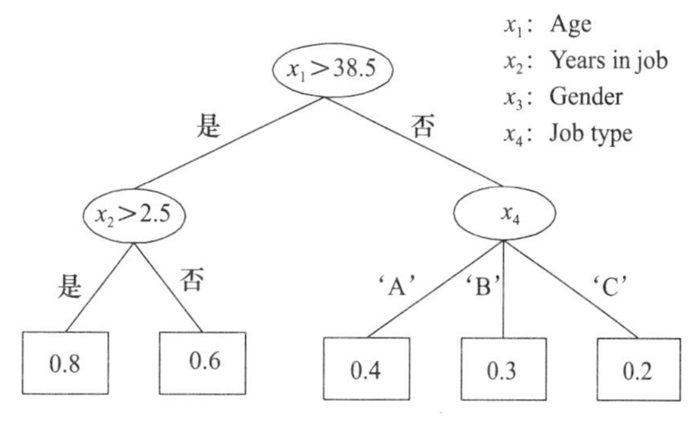

图 9-6 一棵(假想的)决策树。由根到树叶的每条路径都可以用一个合取规则表示，由该路径上决策节点定义的条件组成

例如，图 9-6 的决策树可以用如下规则集表示：

R1: IF (age > 38.5) AND (years-in-job > 2.5) THEN y = 0.8
R2: IF (age > 38.5) AND (years-in-job ≤ 2.5) THEN y = 0.6
R3: IF (age ≤ 38.5) AND (job-type = 'A') THEN y = 0.4
R4: IF (age ≤ 38.5) AND (job-type = 'B') THEN y = 0.3
R5: IF (age ≤ 38.5) AND (job-type = 'C') THEN y = 0.2

222 ≀ 225

这样的规则库可以提取知识；它容易理解，并且使得领域专家可以验证从数据学习得到的模型。对于每个规则，我们可以计算被该规则覆盖的训练数据所占的百分比，即规则支持度(rule support)。这些规则反映数据集的主要特性：它们显示了重要特征和划分位置。例如，在这个(假想的)例子中，我们看到就我们的目的(y)而言，38 岁或更年轻的人不同于 39 岁或更年长的人。并且，在后一组，工作类型区分他们；而在前一组，做一项工作的年限是最好的区分特征。

对于分类树，可能有多个树叶被标记为相同的类。在这种情况下，对应于不同路径的多个合取表达式可以合并成一个析取(OR)。类区域对应于多个小区域的并，而每个小区域对应于一个树叶定义的区域。例如，图 9-1 的 C_1 类可以表示为：

$$\text{IF}(x \leqslant w_{10})\text{OR}((x_1 > w_{10})\text{AND}(x_2 \leqslant w_{20}))\text{THEN } C_1$$

为了简化，可以修剪规则(pruning rule)。剪掉一棵子树对应于同时从一些规则剪去一些项。可以从一个规则剪去一个项而不涉及其他规则。例如，在前面的规则集中，对于R3，如果所有 job-type='A'的人无论他的年龄多大，都具有大致为0.4的输出，则可以对R3剪枝，得到

$$\text{R3}':\text{IF(job-type} = \text{'A')THEN } y = 0.4$$

注意，规则剪枝后可能不能再作为树写回去。

9.5 由数据学习规则

正如我们刚刚看到的，得到IF-THEN规则的一种方法是训练一棵决策树，并把它转换成规则。另一种方法是直接学习规则。*规则归纳*(rule induction)类似于决策树归纳，唯一的区别在于规则归纳进行深度优先搜索，并且一次产生一条路径(规则)；而决策树归纳进行宽度优先搜索，并且同时产生所有路径。

226

一次学习一个规则。每个规则都是离散或数值属性上的条件的合取(与决策树一样)，并且这些条件一次添加一个，以优化某个标准，如最小化熵。我们说规则*覆盖*(cover)一个实例，如果该实例满足规则的所有条件。一旦规则形成并被剪枝，就将它添加到规则库中，从训练集中删除被该规则覆盖的所有训练实例，并且继续该过程，直到得到足够的规则。这称作*顺序覆盖*(sequential covering)。外循环一次将一个规则添加到规则库中，而内循环一次将一个条件添加到当前规则中。这些步骤都是贪心的，并且不能保证最优。为了得到更好的泛化，两个循环都有剪枝步骤。

规则归纳算法的一个例子是Ripper(Cohen 1995)，它基于较早的算法Irep(Fürnkrantz和Widmer 1994)。我们从两类问题开始，并使用术语正例和负例，然后再推广到$K>2$类。添加规则旨在解释正例，使得如果一个实例不被任何规则覆盖，则它将被归到负类。这样，当规则匹配时，它或者是正确的(真正)，或者导致一个假正。Ripper的外循环的伪代码在图9-7中。

在Ripper中，条件被添加到规则中以便最大化Quinlan的Foil算法(1990)使用的信息增益度量。假设有规则R，并且R'是添加一个条件后的候选规则。增益的改变定义为

$$\text{Gain}(R',R) = s \cdot \left(\log_2 \frac{N'_+}{N'} - \log_2 \frac{N_+}{N}\right) \tag{9-17}$$

其中N是被R覆盖的实例数，而N_+是其中的真正例数。类似地，N'是被R'覆盖的实例数，N'_+是其中的真正例数。s是R中的真正例并且增加条件之后在R'也是真正实例的实例数。根据信息理论，增益的变化度量编码正例所需二进位的减少。

向规则增加条件直到它不再覆盖负例。一旦规则形成，就以相反的次序通过删除条件对它剪枝，以便找到最大化*规则价值度量*(rule value metric)的规则

$$\text{rvm}(R) = \frac{p - n}{p + n} \tag{9-18}$$

其中p和n分别是剪枝集上的真正例和假正例数。剪枝集是数据的1/3，已经使用2/3的数据作为增长集。

```
Ripper(Pos, Neg, k)
  RuleSet←LearnRuleSet(Pos, Neg)
  For k 次
    RuleSet←OptimizeRuleSet(RuleSet, Pos, Neg)
LearnRuleSet(Pos, Neg)
  RuleSet←∅;
  DL←DescLen(RuleSet, Pos, Neg)
  Repeat
    Rule←LearnRule(Pos, Neg)
    将 Rule 添加到 RuleSet
    DL'←DescLen(RuleSet, Pos, Neg)
    If DL'>DL+64
      PruneRuleSet(RuleSet, Pos, Neg)
      Return RuleSet
    If DL'<DL DL←DL'
      从 Pos 和 Neg 中删除被 Rule 覆盖的实例
  Until Pos=∅;
  Return RuleSet
PruneRuleSet(RuleSet, Pos, Neg)
  For 每个 Rule∈RuleSet，按相反次序
    DL←DescLen(RuleSet, Pos, Neg)
    DL'←DescLen(RuleSet-Rule, Pos, Neg)
    IF DL'<DL 从 RuleSet 中删除 Rule
  Return RuleSet
OptimizeRuleSet(RuleSet, Pos, Neg)
  For 每个 Rule∈RuleSet
    DL0←DescLen(RuleSet, Pos, Neg)
    DL1←DescLen(RuleSet-Rule+
          ReplaceRule(RuleSet, Pos, Neg), Pos, Neg)
    DL2←DescLen(RuleSet-Rule+
          ReviseRule(RuleSet, Rule, Pos, Neg), Pos, Neg)
    If DL1=min(DL0, DL1, DL2)
          从 RuleSet 中删除 Rule 并且
              添加 ReplaceRule(RuleSet, Pos, Neg)
    Else If DL2=min(DL0, DL1, DL2)
          从 RuleSet 中删除 Rule 并且
              添加 ReviseRule(RuleSet, Rule, Pos, Neg)
Return RuleSet
```

图 9-7 学习规则的 Ripper 算法。只给出了外循环，内循环与在决策树中添加一个节点类似

一旦规则形成并被剪枝，就从训练集中删除被规则覆盖的所有正的和负的训练实例。如果还有正实例，则继续进行规则归纳。在存在噪声的情况下，即当规则不能解释足够多的实例时，可以提前中止归纳。为了度量规则的价值，使用最小描述长度(参见 4.8 节)(Quinlan 1995)。典型地，如果规则的描述长度不短于它所解释的实例的描述长度，则停止。规则库的描述长度是规则库中所有规则的描述长度之和，加上不被规则库覆盖的实例的描述长度。当规则的描述长度比迄今得到的最佳描述长度多 64 位时，Ripper 停止添加规则。一旦学习得到规则库，就以逆序忽略规则，看是否能够删除它们而不增加描述

长度。

在学习后规则库中的规则也要优化。对一个规则，Ripper 考虑两种可供选择的方案：一种是置换规则，从空规则开始，增长然后剪枝。第二种是修正规则，从规则开始，增长然后剪枝。这两个规则与原规则比较，并将 3 个中的最短者添加到规则库中。规则库的这种优化进行 k 次，通常进行 2 次。

当存在 $K>2$ 个类时，将这些类按照它们的先验概率排序，使得C_1的先验概率最低，C_K的先验概率最高。然后定义一系列两类问题。开始，属于C_1的实例为正例，其他类的实例都是负例。学习C_1并删除它的所有实例后，学习把C_2与C_3，…，C_K分开。重复该过程，直到只剩下C_K。空的默认规则标记为C_K，使得如果一个实例不被任何规则覆盖，则将它指派到C_K。

对于大小为 N 的训练集，Ripper 的复杂度为$\mathcal{O}(N\log^2 N)$，并且可以用于很大的训练集(Dietterich 1997)。学习的规则是*命题规则*(propositional rule)。更准确地说，是条件中包含变量的*一阶规则*(first-order rule)，称作*谓词*(predicate)。谓词是一个函数，依赖于其变元的值，它返回真或假。因此，谓词可以定义属性值之间的关系，而命题不能(Mitchell 1997)：

227～229

$$\text{IF Father}(y,x)\text{AND Female}(y)\text{THEN Daughter}(x,y)$$

在逻辑程序设计语言(如 Prolog)中，这种规则可以看作程序，而从数据中学习它们称作*归纳逻辑程序设计*(inductive logic programming)。一种这样的算法是 Foil(Quinlan 1990)。

将一个值指派到一个变量称作*绑定*(binding)。如果训练集中存在到变量的绑定集，则称为规则匹配。学习一阶规则类似于学习命题规则，外循环添加规则，而内循环向规则添加条件，在每次循环结束时进行规则剪枝。不同的是，在内循环，每一步我们考虑增加一个谓词(而不是命题)并检查规则的性能提高(Mitchell 1997)。为了计算规则的性能，我们考虑变量的所有可能的绑定，对训练集中正的和负的绑定计数，并使用，例如，式(9-17)。在学习一阶规则时，我们使用谓词而不是命题，因此这些谓词应当事先定义，并且训练集是已知为真的谓词集。

9.6　多变量树

在构造单变量树时，划分时只使用一个输入维。在*多变量树*(multivariate tree)中，在每个决策节点都可以使用所有的输入维，因此多变量树更普遍。当所有的输入都是数值属性时，二元线性多变量节点定义为

$$f_m(\boldsymbol{x}):\boldsymbol{w}_m^{\mathrm{T}}\boldsymbol{x}+w_{m0}>0 \tag{9-19}$$

因为线性多变量节点取变量的加权和，所以离散属性应当用 0/1 哑数值变量表示。式(9-19)定义了一个具有任意方向的超平面(参见图 9-8)。从根到树叶的路径上的连续节点进一步划分实例，而叶节点定义输入空间上的多面体。具有数值特征的一元节点是一种特例，所有的 w_{mj} 除一个之外均为 0。这样，式(9-1)的单变量数值节点也定义了一个线性判别式，但是与轴 $\boldsymbol{x}_j$ 正交于 w_{m0}，与其他轴 $\boldsymbol{x}_i$平行。因此，我们看到在单变量节点有 d 个可能的方向($\boldsymbol{w}_m$)和 N_m-1 个可能的阈值($-w_{m0}$)，使得穷举搜索是可能的。在多变量节点，有 $2^d\binom{N_m}{d}$

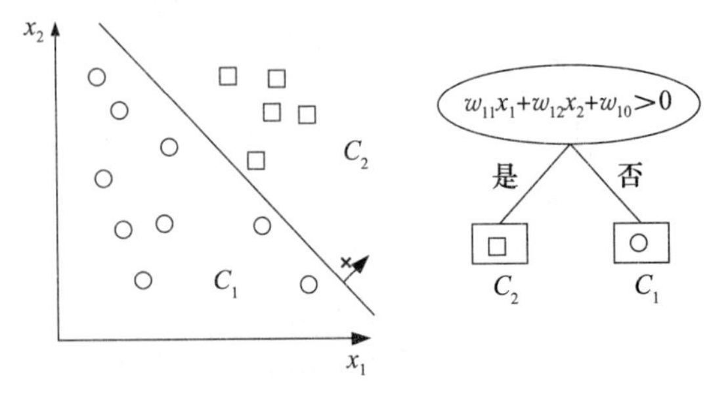

图 9-8　线性多变量决策树的例子。线性多变量节点可以安放任意超平面，因而更普遍，而单变量节点局限于平行于轴的划分

个可能的超平面(Murthy，Kasif 和 Salzberg 1994)，并且不再可能进行穷举搜索。

当从单变量节点过渡到线性多变量节点时，节点变得更灵活。使用非线性多变量节点，还可以更加灵活。例如，使用二次多项式，有

$$f_m(\boldsymbol{x}): \boldsymbol{x}^{\mathrm{T}}\boldsymbol{W}_m\boldsymbol{x} + \boldsymbol{w}_m^{\mathrm{T}}\boldsymbol{x} + w_{m0} > 0 \tag{9-20}$$

Guo 和 Gelfand(1992)提出使用多层感知器(第 11 章)。多层感知器是非线性基函数的线性和，是另一种产生非线性决策节点的方法。还一种可能的方法是使用球形节点(sphere node)(Devroye，Györfi 和 Lugosi 1996)

$$f_m(\boldsymbol{x}): \|\boldsymbol{x} - \boldsymbol{c}_m\| \leqslant \alpha_m \tag{9-21}$$

其中 $\boldsymbol{c}_m$是球心，α_m是半径。

已经提出了许多用于分类的学习多变量决策树的算法：最早的算法是 CART 算法的多变量版本(Breiman 等 1984)，它逐一对权重 w_{mj} 进行微调来降低不纯度。CART 还包含一个预处理步骤，通过子集选择降低维度(第 6 章)并降低节点的复杂度。一种对 CART 扩展的算法是 OC1 算法(Murthy，Kasif 和 Salzberg 1994)。一种可能的方法(Loh 和 Vanichsetakul 1988)是假设所有的类都是高斯的，且具有共同的协方差矩阵，因此具有把一个类与其他类分开的线性判别式(第 5 章)。在这种情况下，具有 K 个类，每个节点具有 K 个分支，而每个分支携带一个将每个类与其他类分开的线性判别式。Brodley 和 Utgofi(1995)提出了一种方法，训练线性判别式，它以最小化分类误差(第 10 章)。Guo 和 Gelfand(1992)提出了一种方法，将 $K>2$ 个类划分为两个超群，然后学习二元多变量树。Loh 和 Shih(1997)使用 2 均值聚类(第 7 章)将数据分成两组。一旦类分成两组，Yildiz 和 Alpaydin(2000)就使用 LDA(第 6 章)找出判别式。

230～231

任何分类方法都从假设类中选取一个假设来近似一个实际(未知的)判别式。当使用单变量节点时，近似使用分段的、平行于轴的超平面。使用线性多变量节点，可以使用任意的超平面，并且使用较少的节点得到更好的近似。如果基础判别式是曲线的，则非线性节点更好。分支因子具有类似的效果，因为它确定节点定义的判别式的个数。具有两个分支的二元决策节点定义一个将输入空间一分为二的判别式。n 路节点将输入空间划分为 n 个部分。这样，节点的复杂性、分支因子和树的大小之间存在相关性。使用简单节点和较低的分支因子可以得到一棵大树。但是，这样的树(例如，具有单变量的二元节点)的可解释性更好。线性多变量节点更难解释。更复杂的节点也需要更多的数据，并且随着我们沿树向下，数据越来越少，更容易过拟合。如果节点复杂且树比较小，那么我们也就失去了通过树想要得到的主要东西——将问题划分成一系列简单问题。毕竟，我们可以在根节点具有一个非常复杂的分类器，它区分所有的类，但是这就不是一棵树！

9.7 注释

自从凯撒将一个复杂的问题(如高卢人问题)分解成一组较简单的问题以来，分治一直作为一种启发式方法频繁使用。在计算机科学中，频繁地使用树将复杂度从线性降低到对数时间。Breiman 等 1984 使得决策树在统计学中流行，Quinlan 1986 和 Quinlan 1993 使得决策树在机器学习中流行。多变量树归纳方法最近才开始流行，Yildiz 和 Alpaydin 2000 给出了综述和对许多数据集的比较。许多研究者(如 Guo 和 Gelfand 1992)将树的简单性与多层感知器的准确性结合在一起(第 11 章)。然而，许多研究表明单变量树相当准确、具有很好的可解释性，而线性(非线性)多变量节点带来的附加复杂度很难被认为是合理的。Rokach 和 Maimon(2005)给出了最新的综述。

232

杂变量决策树(omnivariate decision tree)(Yildiz 和 Alpaydin 2001)是一种混合树结构，其中树可以具有单变量、线性多变量或非线性多变量节点。其基本思想是在树构造期间，每个决策节点对应于到达该节点的训练数据子集定义的一个不同的子问题，不同的模型可能更合适，应当找出和使用合适的模型。到处都用相同类型的节点相当于假定输入空间的所有部分都具有相同的归纳偏倚。在杂变量树中，在每个节点上，在验证集上使用统计检验(第 14 章)训练和比较不同类型的候选节点，以便确定哪一个泛化性能最好。除非复杂的决策节点表现出显著高的准确率，否则就选取较简单的候选节点。结果表明，在树构造的早期更靠近树根的地方使用较复杂的节点，而随着我们沿树向下，简单的单变量节点就足够了。随着越来越靠近树叶，问题越来越简单，同时数据越来越少。在这种情况下，复杂的节点过拟合，并被统计检验拒绝。随着我们沿树向下，节点的个数呈指数增加。因此，大部分节点是单变量的，并且总体复杂度增加不太多。

决策树更多地用于分类而不是回归。它们非常流行。它们的学习和响应速度都很快，并且在许多领域都很准确(Murthy 1998)。由于它们的可解释性，甚至在有更准确的方法时，决策树仍然是首选的。当决策树写成 IF-THEN 规则集时，树可以被理解，并且可以被具有应用领域知识的专家验证。

通常，在使用更复杂算法之前，建议先试用决策树，并将它的准确率作为性能基准。233 树分析还能帮助我们理解重要特征，单变量树还用于自动特征提取。单变量树的另一个重要优点是它可以使用数值和离散特征，而不需要将一种类型转换成另一种。

决策树是非参数方法，类似于第 8 章讨论的基于实例的方法，但是存在一些不同之处：

- 每个树叶对应于一个“箱”，只不过箱不必具有相同的大小(如 Parzen 窗口)或相同个数的实例(如 k 最近邻)。
- 箱的划分不仅仅根据输入空间中的相似度，而且需要通过熵或均方误差，使用输出信息。
- 决策树的另一个优点是由于采用树结构，所以只通过少量比较就能找到树叶(箱)。
- 决策树一旦构造就不需要存放所有的训练集，而只需要存放树的结构、决策节点的参数和树叶节点的输出值。与需要存储所有训练实例的基于实例的非参数方法相比，这意味着决策树的空间复杂度也非常小。

使用决策树，一个类不必具有所有实例都匹配的单个描述。一个类可以具有多个可能的描述，它们甚至可能在输入空间中不相交。

迄今为止，我们讨论的决策树都有硬(hard)决策节点，即依赖于测试，我们取一个分支。从根开始，沿着一条路径，在树叶上停止，在那里输出存储在树叶中的响应值。然而，在软决策树(soft decision tree)中，以不同的概率取所有的分支，并且并行地沿着所有路径到达所有的树叶，但以不同的概率。输出的是所有树叶中的所有输出的加权平均，其中权重对应于沿路径的累积概率。我们将在 12.9 节讨论。

在第 17 章，我们讨论组合多学习器。一种最流行的组合模型就是决策树，并且决策234 树的系综称为决策森林(decision forest)。我们将看到，如果我们训练的不是一棵而是多棵决策树，则每个在训练集的随机子集或输入特征的随机子集上训练，并组合它们的预测，总体准确率可以显著提高。这就是随机森林(random forest)方法的思想。

树不同于前几章讨论的统计模型。树直接地对分离类实例的判别式编码，而不必携带许多关于这些实例在该区域中如何分布的信息。决策树是基于判别式的(discriminant-based)，而统计学方法是基于似然的(likelihood-based)，因为它们在使用贝叶斯规则并在

计算判别式之前显式地估计 $p(\boldsymbol{x}|C_i)$。基于判别式的方法绕过类密度估计，直接估计判别式。在后几章中，我们将进一步讨论基于判别式的方法。

9.8 习题

1. 将基尼指数式(9-5)和误分类误差式(9-6)推广到 $K>2$ 个类。考虑损失函数，将误分类误差推广到风险。

   解：

   - $K>2$ 类的基尼指数：$\phi(p_1, p_2, \cdots, p_K)=\sum_{i=1}^{K}\sum_{j<i}p_ip_j$
   - 误分类误差：$\phi(p_1, p_2, \cdots, p_K)=1-\max_{i=1}^{K}p_i$
   - 风险：$\phi_{\boldsymbol{\Lambda}}(p_1,p_2,\cdots,p_K)=\min_{i=1}^{K}\sum_{k=1}^{K}\lambda_{ik}p_k$，其中 $\boldsymbol{\Lambda}$ 是 $K\times K$ 损失矩阵。

2. 对于数值属性，我们可以不用二元划分，而通过两个阈值和三个分支来使用三元划分

$$x_j<w_{ma}, w_{ma}\leqslant x_j<w_{mb}, x_j\geqslant w_{mb}$$

   修改决策树归纳方法，学习两个阈值 w_{ma} 和 w_{mb}。与二元节点相比，这种节点的优缺点是什么？

   解： 对于数值属性，不是使用一个划分阈值，而是需要尝试所有可能的划分阈值对，并选择最好的。当有两个划分时，有三个孩子，并且在划分后的熵计算中，我们需要在对应于三个分支的实例上求和。

   找到最好的一对的复杂度为$\mathcal{O}(N_m^2)$而不是$\mathcal{O}(N_m)$，每个节点存储两个阈值而不是一个，并且有三个分支而不是两个。其优点是一个三元节点就将输入一分为三，而这需要两个连续的二元节点。哪一个更好，这取决于手头上的数据；如果我们假设需要有限的间隔(例如，矩形)，三元节点可能是有利的。 235

3. 提出一种带回溯的树归纳算法。
4. 在产生单变量树时，具有 n 个可能值的离散属性可以用 n 个 0/1 哑变量表示，并将它们看作 n 个单独的数值属性。这种方法的优缺点是什么？
5. 为球形树(式(9-21))推导一个学习算法。将它推广到椭球形树。
6. 在回归树中，我们提到在树叶节点不是计算均值，而是做线性回归拟合，并使树叶上的响应依赖于输入。对分类树提出一种类似的方法。

   解： 这意味着，在每个树叶，将有一个用到达那里的用训练实例训练的线性分类器。该线性分类器将对不同的类产生后验概率，而这些概率将用于熵的计算。也就是说，纯树叶(只包含一个类的实例)是不必要的；在该树叶的分类器产生的后验概率接近于 0 或 1 就足够了。

7. 为回归提出一种规则归纳算法。
8. 在回归树中，如何消除树叶边界上的不连续性？
9. 假设对于分类问题我们已经有一棵训练后的决策树。除了训练集之外，如何在构建 k 最近邻分类时使用它？

   解： 决策树做特征选择，并且我们可以只使用被树使用的特征。每个树叶中的平均实例数也给了我们一个关于好 k 值的信息。

10. 在多变量树中，很可能在一个内部节点上不需要所有的输入变量。如何降低一个节点上的维度？

解：每棵子树处理一个输入空间的、可以由少量特征解释的局部区域。我们可以只用到达该节点的实例子集做特征选择或提取。理想地，当我们沿着树向下时，我们可望需要更少的特征。

236

9.9 参考文献

Breiman, L., J. H. Friedman, R. A. Olshen, and C. J. Stone. 1984. *Classification and Regression Trees.* Belmont, CA: Wadsworth International Group.

Brodley, C. E., and P. E. Utgoff. 1995. "Multivariate Decision Trees." *Machine Learning* 19:45–77.

Cohen, W. 1995. "Fast Effective Rule Induction." In *Twelfth International Conference on Machine Learning*, ed. A. Prieditis and S. J. Russell, 115–123. San Mateo, CA: Morgan Kaufmann.

Devroye, L., L. Györfi, and G. Lugosi. 1996. *A Probabilistic Theory of Pattern Recognition.* New York: Springer.

Dietterich, T. G. 1997. "Machine Learning Research: Four Current Directions." *AI Magazine* 18:97–136.

Fürnkranz, J., and G. Widmer. 1994. "Incremental Reduced Error Pruning." In *Eleventh International Conference on Machine Learning*, ed. W. Cohen and H. Hirsh, 70–77. San Mateo, CA: Morgan Kaufmann.

Guo, H., and S. B. Gelfand. 1992. "Classification Trees with Neural Network Feature Extraction." *IEEE Transactions on Neural Networks* 3:923–933.

Loh, W.-Y., and Y. S. Shih. 1997. "Split Selection Methods for Classification Trees." *Statistica Sinica* 7:815–840.

Loh, W.-Y., and N. Vanichsetakul. 1988. "Tree-Structured Classification via Generalized Discriminant Analysis." *Journal of the American Statistical Association* 83:715–725.

Mitchell, T. 1997. *Machine Learning.* New York: McGraw-Hill.

Murthy, S. K. 1998. "Automatic Construction of Decision Trees from Data: A Multi-Disciplinary Survey." *Data Mining and Knowledge Discovery* 4:345–389.

Murthy, S. K., S. Kasif, and S. Salzberg. 1994. "A System for Induction of Oblique Decision Trees." *Journal of Artificial Intelligence Research* 2:1–32.

Quinlan, J. R. 1986. "Induction of Decision Trees." *Machine Learning* 1:81–106.

Quinlan, J. R. 1990. "Learning Logical Definitions from Relations." *Machine Learning* 5:239–266.

Quinlan, J. R. 1993. *C4.5: Programs for Machine Learning.* San Mateo, CA: Morgan Kaufmann.

Quinlan, J. R. 1995. "MDL and Categorical Theories (continued)." In *Twelfth International Conference on Machine Learning*, ed. A. Prieditis and S. J. Russell, 467–470. San Mateo, CA: Morgan Kaufmann.

Rokach, L., and O. Maimon. 2005. "Top-Down Induction of Decision Trees Classifiers—A Survey." *IEEE Transactions on Systems, Man, and Cybernetics–Part C* 35:476–487.

Yıldız, O. T., and E. Alpaydın. 2000. "Linear Discriminant Trees." In *Seventeenth International Conference on Machine Learning*, ed. P. Langley, 1175–1182. San Francisco: Morgan Kaufmann.

Yıldız, O. T., and E. Alpaydın. 2001. "Omnivariate Decision Trees." *IEEE Transactions on Neural Networks* 12:1539–1546.

237 ~ 238

线性判别式

在线性判别式中，我们假定一个类的实例与其他类的实例是线性可分的。这是一种基于判别式的方法，它直接由给定的有标记的样本估计线性判别式的参数。

10.1 引言

在前面的章节中，对于分类，我们定义了一组判别式函数 $g_j(\boldsymbol{x})$，$j=1$，…，K，并且如果 $g_j(\boldsymbol{x})=\max_{j=1}^{K} g_j(\boldsymbol{x})$，我们就选择$C_i$。

前面在讨论分类方法时，我们首先估计先验概率$\hat{P}(C_i)$和类似然$\hat{p}(\boldsymbol{x}|C_i)$，再使用贝叶斯规则计算后验密度。然后，我们使用后验密度定义判别式函数，例如

$$g_i(\boldsymbol{x}) = \log \hat{P}(C_i|\boldsymbol{x})$$

这称作基于似然的分类(likelihood-based classification)，并且在前面已经讨论了估计类似然 $p(\boldsymbol{x}|C_i)$的参数(第 5 章)、半参数(第 7 章)和非参数(第 8 章)方法。

现在，我们讨论基于判别式的分类(discriminant-based classification)，这里我们绕过似然或后验概率的估计，直接为判别式假定模型。正如我们在第 9 章讨论决策树时所看到的，基于判别式的方法对类之间的判别式形式进行假设，而不对密度(例如，是否是高斯分布)、输入是否相关等知识做任何假设。

239

为判别式定义一个模型

$$g_i(\boldsymbol{x}|\Phi_i)$$

显式地用参数 Φ_i的集合参数化，与基于似然的模式不同。基于似然的方法在定义似然密度时具有隐式参数。这是不同的归纳偏倚：我们对把类分开的边界形式进行假设，而不是对类密度的形式进行假设。

学习是优化模型参数 $\boldsymbol{\Phi}_i$来最大化分开的质量，即最大化在给定类标号的训练集上的分类准确率。这不同于基于似然的方法。基于似然的方法分别为每个类搜索最大化样本似然的参数。

在基于判别式的方法中，我们并不关注正确估计类区域中的密度；我们所关注的是正确估计类区域之间的边界(boundary)。判别式方法的创立者(如 Vapnik 1995)指出，估计类密度比估计类判别式更困难，并且为解决较容易的问题而解决困难的问题是没有意义的。当然，仅当判别式可以用简单函数近似时才确实如此。

在本章，我们关注最简单的情况，其中判别式是 $\boldsymbol{x}$ 的线性函数：

$$g_i(\boldsymbol{x}|\boldsymbol{w}_i, w_{i0}) = \boldsymbol{w}_i^{\mathrm{T}}\boldsymbol{x} + w_{i0} = \sum_{j=1}^{d} w_{ij}x_j + w_{i0} \tag{10-1}$$

线性判别式(linear discriminant)经常使用，主要是由于它的简单性。它的空间和时间复杂度都是$\mathcal{O}(d)$。线性模型容易理解：最终的输出是输入属性 x_j的加权和。权重 w_j的大小显示了 x_j的重要性，而它们的符号显示其作用的正负。大部分函数是可加的，因为输出是多个属性作用的加权和，其中权重可能是正的(加强)或负的(抑制)。例如，当一位顾客申请信用卡时，金融机构计算申请者的信用得分。得分一般是多个属性作用之和。例如，

240 年薪的作用为正(年薪高的得分高)。

在许多应用中，线性判别式相当准确。例如，我们知道当类是高斯的且具有相同的协方差矩阵时，最佳判别式是线性的。然而，即使该假设不成立，也可以使用线性判别式，并且不必对类密度做任何假设就能计算模型参数。在试用更复杂的模型，确保增加的复杂性是合理的之前，我们应该一直使用线性判别式。

正如我们一直做的那样，我们把寻找线性判别式函数问题归结为搜索最小化某个误差函数的参数值问题。尤其是，我们关注优化准则函数的梯度(gradient)方法。

10.2 推广线性模型

当线性判别式不够灵活时，我们可以提高复杂度，使用二次判别式(quadratic discriminant)函数

$$g_i(\boldsymbol{x}|\boldsymbol{W}_i,\boldsymbol{w}_i,w_{i0}) = \boldsymbol{x}^{\mathrm{T}}\boldsymbol{W}_i\boldsymbol{x} + \boldsymbol{w}_i\boldsymbol{x} + w_{i0} \tag{10-2}$$

但是，这种方法的复杂度是$\mathcal{O}(d^2)$，并且我们还会遇到偏倚和方差的两难选择：尽管二次模型更通用，但是它需要更大的训练集，并且在小样本上可能过拟合。

一种等价的方法是通过增加高阶项(higher-order term)(又称为乘积项(product term))对输入进行预处理。例如，对于两个输入 x_1 和 x_2，可以定义新变量

$$z_1 = x_1, z_2 = x_2, z_3 = x_1^2, z_4 = x_2^2, z_5 = x_1x_2$$

并取 $\boldsymbol{z}=[z_1, z_2, z_3, z_4, z_5]^{\mathrm{T}}$ 为输入。定义在五维 $\boldsymbol{z}$ 空间上的线性函数对应于二维 $\boldsymbol{x}$ 空间上的非线性函数。替代在原始空间定义非线性函数(判别式或回归)，我们需要做的是定义到新空间的、合适的非线性变换，其中新空间上的函数可以是线性的。

判别式可以表示成

$$g_i(\boldsymbol{x}) = \sum_{j=1}^{k} w_j\phi_{ij}(\boldsymbol{x}) \tag{10-3}$$

241 其中 $\phi_{ij}(\boldsymbol{x})$是基函数(basis function)。高阶项仅是一组可能的基函数，其他例子包括：

- $\sin(x_1)$
- $\exp(-(x_1-m)^2/c)$
- $\exp(-\|\boldsymbol{x}-\boldsymbol{m}\|^2/c)$
- $\log(x_2)$
- $1(x_1>c)$
- $1(ax_1+bx_2>c)$

其中 m，a，b，c 是标量，$\boldsymbol{m}$ 是 d 维向量，而当 b 为真时 $1(b)$返回 1，否则返回 0。将非线性函数表示成非线性基函数的线性和的想法并不是新想法，最初称作势函数(potential function)(Aizerman，Braverman 和 Rozonoer 1964)。多层感知器(第 11 章)和径向基函数(第 12 章)具有进一步的优点，可以在学习时调整基函数的参数。在第 13 章，我们讨论支持向量机，它使用由这种基函数构造的核函数。

10.3 线性判别式的几何意义

10.3.1 两类问题

让我们从最简单的两类问题开始。在这种情况下，一个判别式函数就足够了：

$$g(\boldsymbol{x}) = g_1(\boldsymbol{x}) - g_2(\boldsymbol{x})$$

$$
\begin{aligned}
&=(\boldsymbol{w}_1^{\mathrm{T}}\boldsymbol{x}+w_{10})-(\boldsymbol{w}_2^{\mathrm{T}}\boldsymbol{x}+w_{20})\\
&=(\boldsymbol{w}_1-\boldsymbol{w}_2)^{\mathrm{T}}\boldsymbol{x}+(w_{10}-w_{20})\\
&=\boldsymbol{w}^{\mathrm{T}}\boldsymbol{x}+w_0
\end{aligned}
$$

并且如果 $g(\boldsymbol{x})>0$，则选择C_1，否则选择C_2。

这定义了一个超平面，其中 $\boldsymbol{w}$ 是权重向量(weight vector)，w_0是阈值(threshold)。后者称作阈值是因为规则可以改写为：如果 $\boldsymbol{w}^{\mathrm{T}}\boldsymbol{x}>-w_0$，则选择$C_1$，否则选择$C_2$。超平面将输入空间划分成两个“半空间”：$C_1$的决策区域$\mathcal{R}_1$和$C_2$的决策区域$\mathcal{R}_2$。$\mathcal{R}_1$中的任何 $\boldsymbol{x}$ 都在超平面的正(positive)侧，而$\mathcal{R}_2$中的任何 $\boldsymbol{x}$ 都在超平面的负(negative)侧。当 $\boldsymbol{x}$ 为 0 时，$g(\boldsymbol{x})=w_0$，并且如果 $w_0>0$，则原点在超平面的正侧，如果 $w_0<0$，则原点在超平面的负侧，而如果 $w_0=0$，则超平面经过原点(参见图 10-1)。 [242]

取决策面上的两个点 $\boldsymbol{x}_1$ 和 $\boldsymbol{x}_2$(即 $g(\boldsymbol{x}_1)=g(\boldsymbol{x}_2)=0$)，则

$$
\boldsymbol{w}^{\mathrm{T}}\boldsymbol{x}_1+w_0=\boldsymbol{w}^{\mathrm{T}}\boldsymbol{x}_2+w_0
$$

$$
\boldsymbol{w}^{\mathrm{T}}(\boldsymbol{x}_1-\boldsymbol{x}_2)=0
$$

并且我们看到 $\boldsymbol{w}$ 是超平面上的任何向量的法线。将 $\boldsymbol{x}$ 改写为(Duda，Hart 和 Stork 2001)

$$
\boldsymbol{x}=\boldsymbol{x}_p+r\frac{\boldsymbol{w}}{\|\boldsymbol{w}\|}
$$

其中 $\boldsymbol{x}_p$是 $\boldsymbol{x}$ 到超平面的法线投影，而 r 给出 $\boldsymbol{x}$ 到超平面的距离。如果 $\boldsymbol{x}$ 在负侧，则 r 为负；如果 $\boldsymbol{x}$ 在正侧，则 r 为正(参见图 10-2)。计算 $g(\boldsymbol{x})$并注意 $g(\boldsymbol{x}_p)=0$，有

$$
r=\frac{g(\boldsymbol{x})}{\|\boldsymbol{w}\|} \tag{10-4}
$$

于是，我们看到超平面到原点的距离为

$$
r_0=\frac{w_0}{\|\boldsymbol{w}\|} \tag{10-5}
$$

这样，w_0决定超平面关于原点的位置，而 $\boldsymbol{w}$ 决定它的方向。

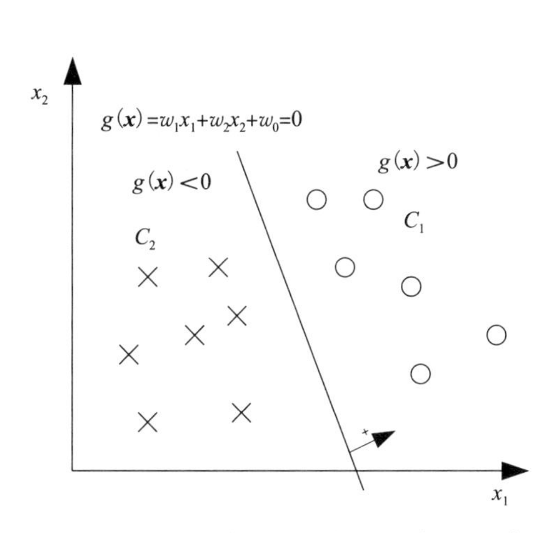

图 10-1 在二维情况下，线性判别式是一条将两个类的实例分开的直线

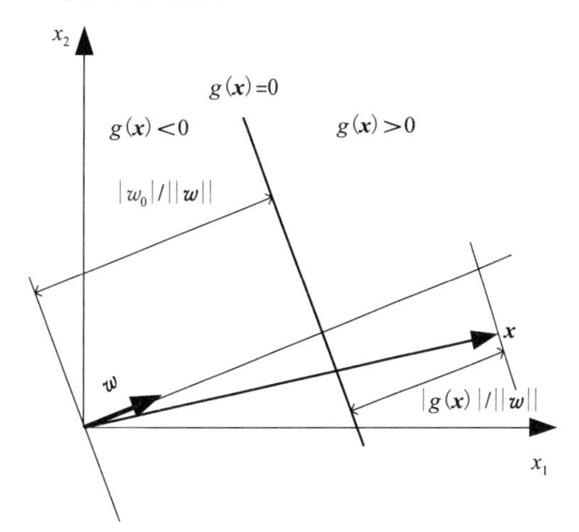

图 10-2 线性判别式的几何解释

10.3.2 多类问题

当存在 $K>2$ 个类时，有 K 个判别式函数。当它们都是线性的时，有

$$
g_i(\boldsymbol{x}\mid\boldsymbol{w}_i,w_{i0})=\boldsymbol{w}_i^{\mathrm{T}}\boldsymbol{x}+w_{i0} \tag{10-6}
$$

[243~244]

稍后，我们将讨论学习，但是现在我们假定已经计算出参数 $\boldsymbol{w}_i$ 和 w_{i0}，使得对于训练集中的所有 $\boldsymbol{x}$，有

$$g_i(\boldsymbol{x}|\boldsymbol{w}_i, w_{i0}) = \begin{cases} >0 & \text{如果 } \boldsymbol{x} \in C_i \\ \leqslant 0 & \text{否则} \end{cases} \tag{10-7}$$

使用这种判别式函数相当于假设所有的类都是线性可分的(linearly separable)。即对于每个类C_i，存在一个超平面 H_i，使得所有的 $\boldsymbol{x} \in C_i$ 都在它的正侧，所有的 $\boldsymbol{x} \in C_j (j \neq i)$ 都在它的负侧(参见图 10-3)。

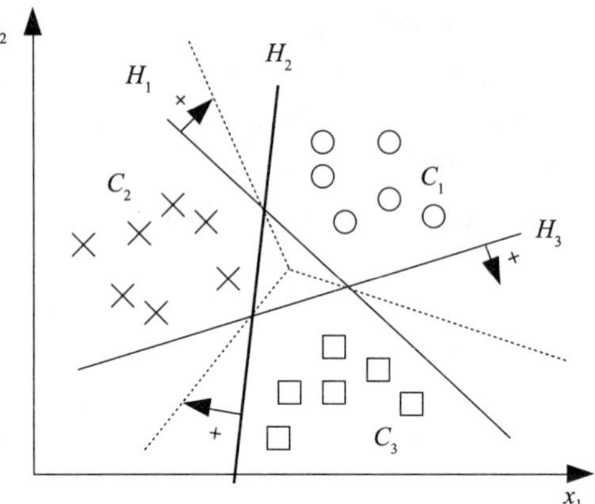

图 10-3 在线性分类中，每个超平面 H_i 将C_i类的实例与其他类的实例分开。为了做到这一点，类应当是线性可分的。虚线是线性分类器归约后的边界

在检验时，给定 $\boldsymbol{x}$，理想情况下应当只有一个 $g_j(\boldsymbol{x})(j=1, \cdots, K)$大于 0，而其他的都小于 0。但是，并非总是如此：这些超平面为正的半个空间可能重叠，或者说可能有所有 $g_j(\boldsymbol{x})$都小于 0 的情况。这些情况可以看作拒绝(reject)，但是通常的方法是将 $\boldsymbol{x}$ 指派到具有最大判别式值的类：

$$\text{选择}C_i, \quad \text{如果 } g_i(\boldsymbol{x}) = \max_{j=1}^{K} g_j(\boldsymbol{x}) \tag{10-8}$$

记住，$|g_i(\boldsymbol{x})|/\|\boldsymbol{w}_i\|$ 是从输入点 $\boldsymbol{x}$ 到超平面的距离。假定所有 $\boldsymbol{w}_i$ 具有类似的长度，这将该点指派到(在所有的 $g_j(\boldsymbol{x})>0$ 中)该点到其超平面最远的类。这称作线性分类器(linear classifier)，从几何意义上说，它将特征空间划分成 K 个凸决策区域$\mathcal{R}_i$(参见图 10-3)。

245

10.4 逐对分离

如果类不是线性可分的，则一种方法是将它划分成一组线性问题。一种可能的方法是类的逐对分离(pairwise separation)(Duda，Hart 和 Stork 2001)。它使用 $K(K-1)/2$ 个线性判别式 $g_{ij}(\boldsymbol{x})$，每对不同的类对应一个(参见图 10-4)：

$$g_{ij}(\boldsymbol{x}|\boldsymbol{w}_{ij}, w_{ij0}) = \boldsymbol{w}_{ij}^{\mathrm{T}}\boldsymbol{x} + w_{ij0}$$

参数 $\boldsymbol{w}_{ij} (j \neq i)$在训练时计算，使得

$$g_{ij}(\boldsymbol{x}) = \begin{cases} >0 & \text{如果 } \boldsymbol{x} \in C_i \\ \leqslant 0 & \text{如果 } \boldsymbol{x} \in C_j, i,j = 1,\cdots,K, \\ & \text{且 } i \neq j \\ \text{无定义} & \text{否则} \end{cases} \tag{10-9}$$

也就是说，如果 $\boldsymbol{x}^t \in C_k$，$k \neq i$，$k \neq j$，则在训练 $g_{ij}(\boldsymbol{x})$时不使用 $\boldsymbol{x}^t$。

在检验时，如果对任意的 $j \neq i$，都有 $g_{ij}(\boldsymbol{x})>0$，则选择C_i。

在许多情况下，可能对于任何 i，这一条件都不满足，并且如果我们不想拒绝这种情

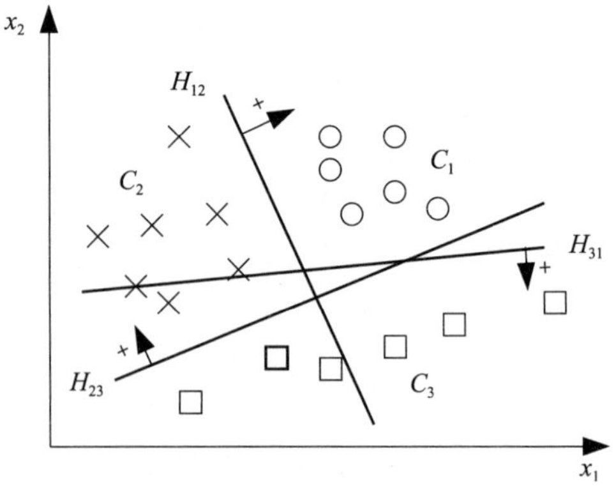

图 10-4 在逐对线性分离中，每一对类有一个分离超平面。一个输入被指派到C_1，它应当在 H_{12} 和 H_{13} 的正侧(H_{13} 的正侧是 H_{31} 的负侧)，我们不考虑 H_{23} 的值。在这种情况下，C_1不是关于其他类线性可分的，但却是逐对线性可分的

况，则可以用和式放宽该合取，选择最大化下式的类

$$g_i(\boldsymbol{x}) = \sum_{j \neq i} g_{ij}(\boldsymbol{x}) \tag{10-10}$$

即使这些类不是线性可分的，但如果这些类是逐对线性可分的(这种情况的可能性更大)，则可以使用逐对分离，导致类的非线性分离(参见图 10-4)。这是将复杂问题(例如，非线性问题)分解成一系列较简单问题(例如，线性问题)的又一个例子。我们已经看到使用这一思想的决策树(第 9 章)，并且在第 17 章讨论组合多个模型时还将看到更多的例子，例如纠错输出码和混合专家模型，其中线性模型数小于$\mathcal{O}(K^2)$。

10.5 参数判别式的进一步讨论

在第 5 章，我们看到如果类密度 $p(\boldsymbol{x}|C_i)$是高斯的且具有共同的协方差矩阵，则判别式函数是线性的

$$g_i(\boldsymbol{x}) = \boldsymbol{w}_i^{\mathrm{T}}\boldsymbol{x} + w_{i0} \tag{10-11}$$

其中参数可以用下式解析地计算

$$\begin{aligned} \boldsymbol{w}_i &= \boldsymbol{\Sigma}^{-1}\boldsymbol{\mu}_i \\ w_{i0} &= -\frac{1}{2}\boldsymbol{\mu}_i^{\mathrm{T}}\boldsymbol{\Sigma}^{-1}\boldsymbol{\mu}_i + \log P(C_i) \end{aligned} \tag{10-12}$$

给定数据集，首先计算 $\boldsymbol{\mu}_i$和 $\boldsymbol{\Sigma}$ 的估计，然后把估计 $\boldsymbol{m}_i$和 $\boldsymbol{S}$ 插入式(10-12)，计算线性判别式的参数。

让我们再次考虑两类的特殊情况。我们定义 $y \equiv P(C_1|\boldsymbol{x})$，$P(C_2|\boldsymbol{x}) = 1 - y$。则在分类时，

$$\text{选择}C_1\text{，如果}\begin{cases} y > 0.5 \\ \dfrac{y}{1-y} > 1 \\ \log \dfrac{y}{1-y} \end{cases},$$

否则选择C_2

246～247

$\log y/(1-y)$称作分对数(logit)变换或 y 的对数几率(log odds)。在两个共享相同的协方差矩阵的正态类的情况下，对数几率是线性的

$$\begin{aligned} \mathrm{logit}(P(C_1|\boldsymbol{x})) &= \log \frac{P(C_1|\boldsymbol{x})}{1-P(C_1|\boldsymbol{x})} = \log \frac{P(C_1|\boldsymbol{x})}{P(C_2|\boldsymbol{x})} \\ &= \log \frac{p(\boldsymbol{x}|C_1)}{p(\boldsymbol{x}|C_2)} + \log \frac{P(C_1)}{P(C_2)} \\ &= \log \frac{(2\pi)^{-d/2}|\boldsymbol{\Sigma}|^{-1/2}\exp[-(1/2)(\boldsymbol{x}-\boldsymbol{\mu}_1)^{\mathrm{T}}\boldsymbol{\Sigma}^{-1}(\boldsymbol{x}-\boldsymbol{\mu}_1)}{(2\pi)^{-d/2}|\boldsymbol{\Sigma}|^{-1/2}\exp[-(1/2)(\boldsymbol{x}-\boldsymbol{\mu}_2)^{\mathrm{T}}\boldsymbol{\Sigma}^{-1}(\boldsymbol{x}-\boldsymbol{\mu}_2)} + \log \frac{P(C_1)}{P(C_2)} \\ &= \boldsymbol{w}^{\mathrm{T}}\boldsymbol{x} + w_0 \end{aligned} \tag{10-13}$$

其中

$$\begin{aligned} \boldsymbol{w} &= \boldsymbol{\Sigma}^{-1}(\boldsymbol{\mu}_1 - \boldsymbol{\mu}_2) \\ w_0 &= -\frac{1}{2}(\boldsymbol{\mu}_1 + \boldsymbol{\mu}_2)^{\mathrm{T}}\boldsymbol{\Sigma}^{-1}(\boldsymbol{\mu}_1 - \boldsymbol{\mu}_2) + \log \frac{P(C_1)}{P(C_2)} \end{aligned} \tag{10-14}$$

分对数的逆

$$\log \frac{P(C_1|\boldsymbol{x})}{1-P(C_1|\boldsymbol{x})} = \boldsymbol{w}^{\mathrm{T}}\boldsymbol{x} + w_0$$

是逻辑斯谛(logistic)函数，又称为 S 形(sigmoid)函数(参见图 10-5)：

$$P(C_1 \mid \boldsymbol{x}) = \mathrm{sigmoid}(\boldsymbol{w}^{\mathrm{T}}\boldsymbol{x} + w_0) = \frac{1}{1 + \exp[-(\boldsymbol{w}^{\mathrm{T}}\boldsymbol{x} + w_0)]} \tag{10-15}$$

在训练阶段，我们估计 $\boldsymbol{m}_1$、$\boldsymbol{m}_2$、$\boldsymbol{S}$，并将这些估计插入式(10-14)来计算判别式的参数。在检验阶段，给定 $\boldsymbol{x}$，我们可以

1) 计算 $g(\boldsymbol{x}) = \boldsymbol{w}^{\mathrm{T}} \mid \boldsymbol{x} + w_0$，并且如果$g(\boldsymbol{x}) > 0$，则选择$C_1$；或者

2) 计算 $y = \mathrm{sigmoid}(\boldsymbol{w}^{\mathrm{T}} \mid \boldsymbol{x} + w_0)$，并且如果 $y > 0.5$，则选择 C_1。因为 $\mathrm{sigmoid}(0) = 0.5$。在后一种情况下，S 形函数将判别式的值变换为后验概率。当有两个类并且只有一个判别式时，这是有效的。在 10.7 节，我们将讨论如何对 $K > 2$ 估计后验概率。

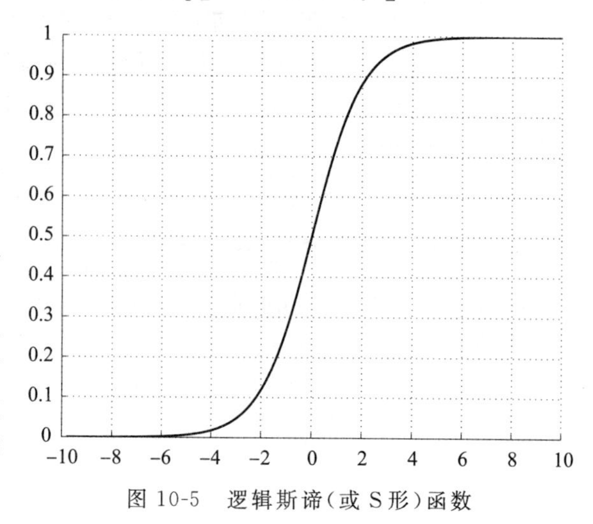

图 10-5 逻辑斯谛(或 S 形)函数

10.6 梯度下降

在基于似然的分类中，参数是 $p(\boldsymbol{x} \mid C_i)$和 $P(C_i)$的充分统计量，而使用的估计参数的方法是最大化似然。在基于判别式的方法中，参数是判别式的参数，并且对于最小化训练集上的分类误差，它们是最优的。当 $\boldsymbol{w}$ 表示参数集，$E(\boldsymbol{w} \mid \mathcal{X})$表示以 $\boldsymbol{w}$ 为参数在给定训练集$\mathcal{X}$上的误差时，我们寻找

$$\boldsymbol{w}^* = \arg\min_{w} E(\boldsymbol{w} \mid \mathcal{X})$$

在许多情况下，其中的一些稍后我们将看到，不存在解析解，而需要求助于迭代优化方法。最常用的方法是梯度下降(gradient descent)。当 $E(\boldsymbol{w})$是变量向量的可微函数时，有偏导数组成的梯度向量(gradient vector)

$$\nabla_w E = \left[\frac{\partial E}{\partial w_1}, \frac{\partial E}{\partial w_2}, \cdots, \frac{\partial E}{\partial w_d}\right]^{\mathrm{T}}$$

和梯度下降(gradient descent)过程来最小化 E。该方法从随机向量 $\boldsymbol{w}$ 开始，并在每一步沿该梯度相反的方向更新 $\boldsymbol{w}$

$$\Delta w_i = -\eta \frac{\partial E}{\partial w_i}, \forall i \tag{10-16}$$

$$w_i = w_i + \Delta w_i \tag{10-17}$$

248 ≀ 249

其中 η 称作步长(stepsize)或学习因子(learning factor)，决定向该方向移动多少。梯度上升用来最大化函数，并沿着梯度的方向前进。当得到极小(或极大)值时，导数等于 0，过程终止。这表明该过程找到了一个最近的极小值，可能是局部极小值。除非函数只有一个极小值，否则不能保证找到全局极小。使用较好的 η 值也是至关重要的。如果它太小，则收敛可能太慢；而太大可能导致摆动甚至发散。

在本书中，我们使用的梯度方法是简单的，并且相当有效。然而，我们要记住，一旦确定了合适的方法和误差函数，就可以使用多种可能技术中的一种来优化模型的参数来最小化误差函数。存在一些收敛更快的二阶方法和共轭梯度，但内存开销和计算量更大。像模拟退火和遗传算法这样的开销更大的方法可以更彻底地搜索参数空间，而不太依赖初始点的选择。

10.7 逻辑斯谛判别式

10.7.1 两类问题

在逻辑斯谛判别式(logistic discrimination)中，不是对类条件密度 $p(\boldsymbol{x}|C_i)$，而是对它们的比率建模。让我们还是从两类问题开始，并假定对数似然比是线性的：

$$\log \frac{p(\boldsymbol{x}|C_1)}{p(\boldsymbol{x}|C_2)} = \boldsymbol{w}^{\mathrm{T}}\boldsymbol{x} + w_0^o \tag{10-18}$$

当类条件密度为正态的时(参见式(10-13))，这种假设确实成立。但是，逻辑斯谛判别式具有更广泛的应用。例如，$\boldsymbol{x}$ 可能由离散属性组成，或者可能是连续和离散属性的混合。

使用贝叶斯规则，有

$$\operatorname{logit}(P(C_1|\boldsymbol{x})) = \log \frac{P(C_1|\boldsymbol{x})}{1-P(C_1|\boldsymbol{x})} = \log \frac{p(\boldsymbol{x}|C_1)}{p(\boldsymbol{x}|C_2)} + \log \frac{P(C_1)}{P(C_2)} = \boldsymbol{w}^{\mathrm{T}}\boldsymbol{x} + w_0 \tag{10-19}$$

250

其中

$$w_0 = w_0^o + \log \frac{P(C_1)}{P(C_2)} \tag{10-20}$$

重新整理，又得到 S 形函数

$$y = \hat{P}(C_1|\boldsymbol{x}) = \frac{1}{1+\exp[-(\boldsymbol{w}^{\mathrm{T}}\boldsymbol{x}+w_0)]} \tag{10-21}$$

作为 $P(C_1|\boldsymbol{x})$的估计。

让我们看看如何学习 $\boldsymbol{w}$ 和 w_0。给定两个类的样本$\mathcal{X}=\{\boldsymbol{x}^t, r^t\}$，其中如果 $\boldsymbol{x}\in C_1$ 则 $r^t=1$，如果 $\boldsymbol{x}\in C_2$ 则 $r^t=0$。我们假定给定 $\boldsymbol{x}^t$，r^t是伯努利分布，具有式(10-21)计算的概率 $y^t\equiv P(C_1|\boldsymbol{x}^t)$：

$$r^t|\boldsymbol{x}^t \sim \operatorname{Bernoulli}(y^t)$$

这里，我们看到了基于似然的方法与基于判别式的方法的区别：对于前者，我们对 $p(\boldsymbol{x}|C_i)$建模；对于后者，我们直接对 $r|\boldsymbol{x}$ 建模。样本的似然是

$$l(\boldsymbol{w}, w_0|\mathcal{X}) = \prod_t (y^t)^{(r^t)}(1-y^t)^{(1-r^t)} \tag{10-22}$$

我们知道，当我们有一个需要最大化的似然函数时，我们总是将它转换成需要最小化的误差函数 $E=-\log l$，并且在我们的问题中，我们有互熵(cross-entropy)：

$$E(\boldsymbol{w}, w_0|\mathcal{X}) = -\sum_t r^t \log y^t + (1-r^t)\log(1-y^t) \tag{10-23}$$

由于 S 形函数是非线性的，所以我们不能直接求解。使用梯度下降法最小化互熵，等价于最大化似然或对数似然。如果 $y=\operatorname{sigmoid}(a)=1/(1+\exp(-a))$，则它的导数为

$$\frac{\mathrm{d}y}{\mathrm{d}a} = y(1-y)$$

并且得到如下更新方程：

$$\Delta w_j = -\eta \frac{\partial E}{\partial w_j} = \eta \sum_t \left(\frac{r^t}{y^t} - \frac{1-r^t}{1-y^t}\right) y^t(1-y^t)x_j^t = \eta \sum_t (r^t-y^t)x_j^t, \quad j=1,\cdots,d$$

$$\Delta w_0 = -\eta \frac{\partial E}{\partial w_0} = \eta \sum_t (r^t-y^t) \tag{10-24}$$

251

最好用接近于 0 的随机值初始化 w_j。通常，它们从区间[−0.01，0.01]中均匀地抽取。这样做的理由是，如果 w_j的值很大，则加权和可能也很大且 S 形函数可能饱和。

从图10-5中我们看到，如果初始权重接近于0，则和在区域中间，那里导数非零，可以进行更新。如果加权和很大(小于−5或大于+5)，则S形函数的导数几乎为0，权值将不会更新。

伪代码在图10-6中。我们看图10-7中的例子，其中输入是一维的。直线$wx+w_0$和它的S形变换之后的值都作为学习迭代的函数显示。我们看到，为了得到输出0和1，S形函数逐渐稳定，这通过增大w的值来实现，在多变量的情况通过增大$\|\boldsymbol{w}\|$来实现。

```
For j=0, …, d
  w_j ← rand(−0.01, 0.01)
Repeat
  For j=0, …, d
    Δw_j ← 0
  For t=1, …, N
    o ← 0
    For j=0, …, d
      o ← o + w_j x_j^t
    y ← sigmoid(o)
    For j=0, …, d
      Δw_j ← Δw_j + (r^t − y) x_j^t
  For j=0, …, d
    w_j ← w_j + ηΔw_j
Until 收敛
```

图10-6　对于具有两个类、单个输出，实现梯度下降的逻辑斯谛判别分析算法。对于w_0，我们假定存在一个附加的输入x_0，它总为+1：$x_0^t \equiv +1$，$\forall t$

一旦训练完成，并且我们得到了最终的$\boldsymbol{w}$和w_0，在检验阶段，给定$\boldsymbol{x}^t$，我们计算$y^t=\text{sigmoid}(\boldsymbol{w}^{\mathrm{T}}\boldsymbol{x}^t+w_0)$，并且如果$y^t>0.5$则选择$C_1$，否则选择$C_2$。这意味着，为了最小化误分类数，我们不需要一直学习直到所有y^t为0或1，而只需要学习直到y^t都小于或大于0.5，即学习到在决策边界的正确一侧。如果超过该点后我们还继续学习，则互熵将继续降低($|w_i|$将继续增加，硬化S形函数)，但是错误分类数将不会减少。通常，我们一直训练到误分类数不再减少(如果类是线性可分的，它将为0)。实际上，在达到零训练误差之前提前停止是一种正则化形式。因为以权重几乎为0开始，并且它们随着训练继续而远离0，所以提前停止对应于具有更多接近于零权重而实际上参数更少的模型。

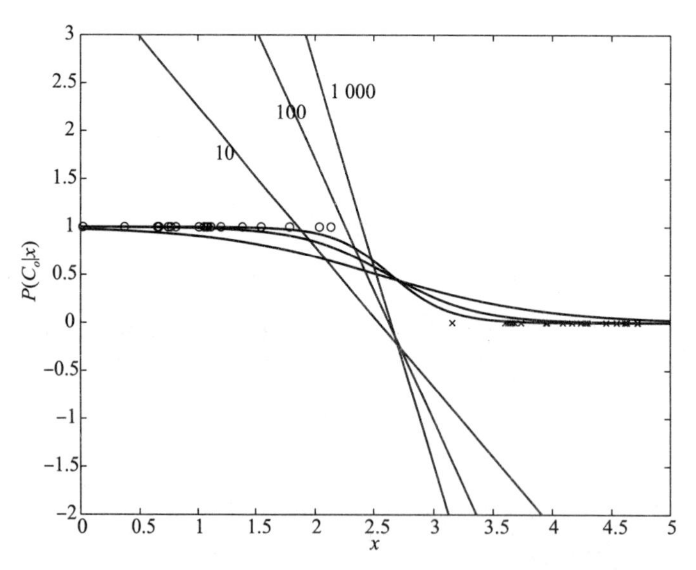

图10-7　对于一元两类问题(用“。”和“×”显示)，样本上10次、100次和1000次迭代之后，直线$wx+w_0$和S形函数输出的演变

252
~
253

注意，尽管为了导出判别式，我们假定类密度的对数比是线性的，但是我们直接估计后验，而不显式地估计$p(\boldsymbol{x}|C_i)$或$P(C_i)$。

10.7.2 多类问题

现在，让我们推广到 $K>2$ 个类。我们取其中一个类，例如C_k，作为参考类并假定

$$\log \frac{p(\boldsymbol{x}|C_i)}{p(\boldsymbol{x}|C_K)} = \boldsymbol{w}_i^{\mathrm{T}}\boldsymbol{x} + w_{i0}^o \tag{10-25}$$

于是，有

$$\frac{P(C_i|\boldsymbol{x})}{P(C_K|\boldsymbol{x})} = \exp[\boldsymbol{w}_i^{\mathrm{T}}\boldsymbol{x} + w_{i0}^o] \tag{10-26}$$

其中 $w_{i0}=w_{i0}^0+\log P(C_i)/P(C_K)$。

我们看到

$$\sum_{i=1}^{K-1}\frac{P(C_i|\boldsymbol{x})}{P(C_K|\boldsymbol{x})} = \frac{1-P(C_K|\boldsymbol{x})}{P(C_K|\boldsymbol{x})} = \sum_{i=1}^{K-1}\exp[\boldsymbol{w}_i^{\mathrm{T}}\boldsymbol{x} + w_{i0}]$$

$$\Rightarrow P(C_K|\boldsymbol{x}) = \frac{1}{1+\sum_{i=1}^{K-1}\exp[\boldsymbol{w}_i^{\mathrm{T}}\boldsymbol{x} + w_{i0}]} \tag{10-27}$$

并且还有

$$\frac{P(C_i|\boldsymbol{x})}{P(C_K|\boldsymbol{x})} = \exp[\boldsymbol{w}_i^{\mathrm{T}}\boldsymbol{x} + w_{i0}]$$

$$\Rightarrow P(C_i|\boldsymbol{x}) = \frac{\exp[\boldsymbol{w}_i^{\mathrm{T}}\boldsymbol{x} + w_{i0}]}{1+\sum_{j=1}^{K-1}\exp[\boldsymbol{w}_j^{\mathrm{T}}\boldsymbol{x} + w_{j0}]},\quad i=1,\cdots,K-1 \tag{10-28}$$

为了一致地处理所有的类，我们记

$$y_i = \hat{P}(C_i|\boldsymbol{x}) = \frac{\exp[\boldsymbol{w}_i^{\mathrm{T}}\boldsymbol{x} + w_{i0}]}{\sum_{j=1}^{K-1}\exp[\boldsymbol{w}_j^{\mathrm{T}}\boldsymbol{x} + w_{j0}]},\quad i=1,\cdots,K \tag{10-29}$$

这称作软最大(softmax)函数(Bridle 1990)。如果一个类的加权和明显大于其他类的加权和，则通过取指数和规范化推进之后，它对应的 y_i 将接近于 1，而其他的将接近于 0。这样，除了可导之外，它就像取最大一样，因此得名软最大。软最大还保证 $\sum_i y_i = 1$。

让我们看看如何学习参数。在 $K>2$ 个类的情况下，每个样本点是一次多项试验取值，即 $\boldsymbol{r}^t|\boldsymbol{x}^t\sim \mathrm{Mult}_K(1,\ \boldsymbol{y}^t)$，其中 $y_i^t\equiv P(C_i|\boldsymbol{x}^t)$。样本的似然为

$$l(\{\boldsymbol{w}_i, w_{i0}\}_i|\mathcal{X}) = \prod_t\prod_i (y_i^t)^{r_i^t} \tag{10-30}$$

254

而误差函数又是互熵：

$$E(\{\boldsymbol{w}_i, w_{i0}\}_i|\mathcal{X}) = -\sum_t\sum_i r_i^t \log y_i^t \tag{10-31}$$

我们再次使用梯度下降。如果 $y_i = \exp(a_i)/\sum_j \exp(a_j)$，则有

$$\frac{\partial y_i}{\partial a_j} = y_i(\delta_{ij} - y_j) \tag{10-32}$$

其中 δ_{ij} 是克罗内克(Kronecker)δ，如果 $i=j$ 它为 1，如果 $i\neq j$ 它为 0(习题 3)。给定 $\sum_i r_i^t=1$，对于 $j=1$，…，K，有如下更新方程

$$\Delta \boldsymbol{w}_j = \eta\sum_t\sum_i \frac{r_i^t}{y_i^t}y_i^t(\delta_{ij} - y_j^t)\boldsymbol{x}^t = \eta\sum_t\sum_i r_i^t(\delta_{ij} - y_j^t)\boldsymbol{x}^t$$

$$=\eta\sum_t\Big[\sum_i r_i^t\delta_{ij}-y_j^t\sum_i r_i^t\Big]\boldsymbol{x}^t=\eta\sum_t(r_j^t-y_j^t)\boldsymbol{x}^t$$

$$\Delta w_{j0}=\eta\sum_t(r_j^t-y_j^t) \tag{10-33}$$

注意，由于软最大中的规范化，$\boldsymbol{w}_j$ 和 w_{j0} 不仅受 $\boldsymbol{x}^t\in C_j$ 的影响，而且还受 $\boldsymbol{x}^t\in C_i(i\neq j)$ 的影响。更新判别式使得取软最大后正确的类具有最大的加权和，而其他类的加权和尽可能小。伪代码在图 10-8 中给出。对于具有 3 个类的二维样本，等值线在图 10-9 中，而判别式和后验概率在图 10-10 中。

在检验阶段，我们计算所有的 y_k，$k=1,\cdots,K$，并且如果 $y_i=\max_k y_k$，则选择 C_i。我们仍然不必为尽可能极小化互熵而一直训练。我们只需要训练直到正确的类具有最大的加权和，并可以通过检查错误分类数，提前停止训练。

当数据是正态分布时，逻辑斯谛判别式与参数的、基于正态的线性判别式具有大致相当的错误率(McLachlan 1992)。当类条件密度不是正态的时，或者当它们不是单峰的时，只要类是线性可分的，逻辑斯谛判别式仍然可以使用。

当然，类条件密度的比不局限于线性的(Anderson 1982；McLachlan 1992)。假定一个二次判别式，我们有

```
For i=1, …, K
  For j=0, …, d
    w_ij ← rand(0.01, 0.01)
Repeat
  For i=1, …, K
    For j=0, …, d
      Δw_ij ← 0
  For t=1, …, N
    For i=1, …, K
      o_i ← 0
      For j=0, …, d
        o_i ← o_i + w_ij x_j^t
    For i=1, …, K
      y_i ← exp(o_i) / Σ_k exp(o_k)
    For i=1, …, K
      For j=0, …, d
        Δw_ij ← Δw_ij + (r_i^t − y_i) x_j^t
  For i=1, …, K
    For j=0, …, d
      w_ij ← w_ij + ηΔw_ij
Until 收敛
```

图 10-8 对于 $K>2$ 个类，实现梯度下降的逻辑斯谛判别式算法。为了一般性，对于任意 t，取 $x_0^t\equiv 1$

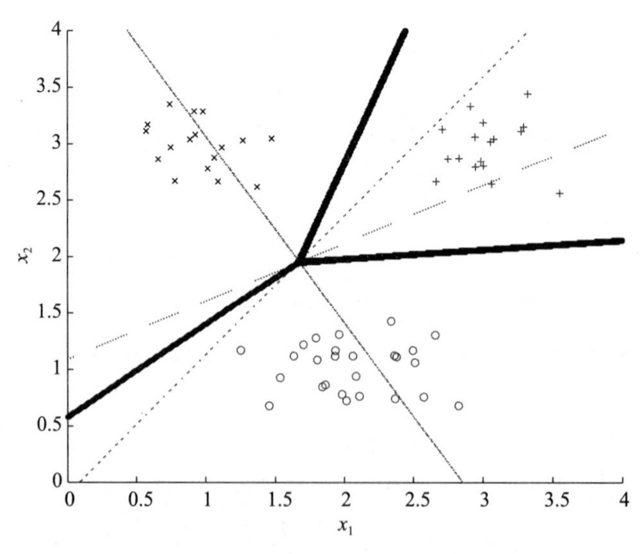

图 10-9 对于一个具有 3 个类的二维问题，逻辑斯谛判别式找到的解。细线是 $g_i(\boldsymbol{x})=0$，而粗线是取极大的线性分类器得到的边界

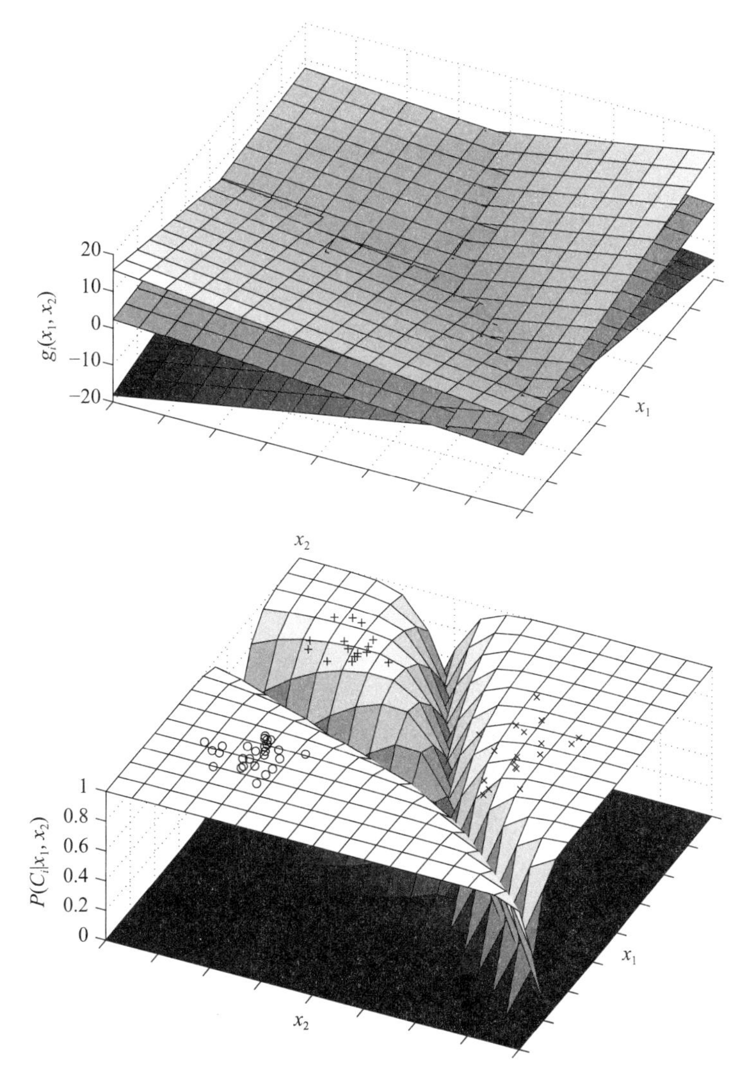

图 10-10　对于图 10-9 中的相同样本，线性判别式(上)和软最大后的后验概率(下)

$$\log \frac{p(\boldsymbol{x}|C_i)}{p(\boldsymbol{x}|C_K)} = \boldsymbol{x}^{\mathrm{T}}\boldsymbol{W}_i\boldsymbol{x} + \boldsymbol{w}_i^{\mathrm{T}}\boldsymbol{x} + w_{i0} \tag{10-34}$$

对应于并推广具有不同协方差矩阵、满足多元正态类条件分布的参数判别式。当 d 很大时，与化简(正规化)$\boldsymbol{\Sigma}_i$一样，可以通过只考虑它前面的特征向量，对 $\boldsymbol{W}_i$ 做同样的事。

正如 10.2 节所讨论的，可以用基本变量的任意指定函数作为 x 变量。例如，我们可以把判别式写成非线性基函数的线性和

$$\log \frac{p(\boldsymbol{x}|C_i)}{p(\boldsymbol{x}|C_K)} = \boldsymbol{w}_i^{\mathrm{T}}\boldsymbol{\phi}(\boldsymbol{x}) + w_{i0} \tag{10-35}$$

其中，$\boldsymbol{\phi}(\cdot)$是基函数，可以看作变换后的变量。用神经网络的术语，这称作多层感知器(multilayer perception)(第 11 章)，而 S 形函数是最常用的基函数。当使用高斯基函数时，这种模型称作径向基函数(radial basis function)(第 12 章)。我们甚至可以使用完全非参数的方法，如 Parzen 窗口(第 8 章)。

10.8 回归判别式

对于回归，概率模型是

$$r^t = y^t + \varepsilon \tag{10-36}$$

其中 $\varepsilon \sim \mathcal{N}(0, \sigma^2)$。如果 $r^t \in \{0, 1\}$，则使用 S 形函数，y^t 可能限于落在该区间。假定线性模型和两个类，有

$$y^t = \mathrm{sigmoid}(\boldsymbol{w}^{\mathrm{T}} \boldsymbol{x}^t + w_0) = \frac{1}{1 + \exp[-(\boldsymbol{w}^{\mathrm{T}} \boldsymbol{x}^t + w_0)]} \tag{10-37}$$

于是，假定 $\boldsymbol{r} | \boldsymbol{x} \sim \mathcal{N}(y, \sigma^2)$，则回归中的样本似然为

$$l(\boldsymbol{w}, w_0 | \mathcal{X}) = \prod_t \frac{1}{\sqrt{2\pi^\theta}} \exp\left[-\frac{(r^t - y^t)^2}{2\sigma^2}\right] \tag{10-38}$$

最大化对数似然是最小化误差的平方和：

$$E(\boldsymbol{w}, w_0 | \mathcal{X}) = \frac{1}{2} \sum_t (r^t - y^t)^2 \tag{10-39}$$

使用梯度下降，得到

$$\Delta \boldsymbol{w} = \eta \sum_t (r^t - y^t) y^t (1 - y^t) \boldsymbol{x}^t$$

$$\Delta w_0 = \eta \sum_t (r^t - y^t) y^t (1 - y^t) \tag{10-40}$$

当存在 $K>2$ 个类时，也可以使用这种方法。概率模型是

$$\boldsymbol{r}^t = \boldsymbol{y}^t + \boldsymbol{\varepsilon} \tag{10-41}$$

其中 $\boldsymbol{\varepsilon} \sim \mathcal{N}_K(0, \sigma^2 \boldsymbol{I}_K)$。为每个类假定一个线性模型，有

$$y_i^t = \mathrm{sigmoid}(\boldsymbol{w}_i^{\mathrm{T}} \boldsymbol{x}^t + w_{i0}) = \frac{1}{1 + \exp[-(\boldsymbol{w}_i^{\mathrm{T}} \boldsymbol{x}^t + w_{i0})]} \tag{10-42}$$

于是，样本的似然为

$$l(\{\boldsymbol{w}_i, w_{i0}\}_i | \mathcal{X}) = \prod_t \frac{1}{(2\pi)^{K/2} |\boldsymbol{\Sigma}|^{1/2}} \exp\left[-\frac{\|\boldsymbol{r}^t - \boldsymbol{y}^t\|^2}{2\sigma^2}\right] \tag{10-43}$$

而误差函数为

$$E(\{\boldsymbol{w}_i, w_{i0}\}_i | \mathcal{X}) = \frac{1}{2} \sum_t \|\boldsymbol{r}^t - \boldsymbol{y}^t\|^2 = \frac{1}{2} \sum_t \sum_i (\boldsymbol{r}_i^t - \boldsymbol{y}_i^t)^2 \tag{10-44}$$

对于 $i=1, \cdots, K$，更新方程为

$$\Delta \boldsymbol{w}_i = \eta \sum_t (r_i^t - y_i^t) y_i^t (1 - y_i^t) \boldsymbol{x}^t$$

$$\Delta w_{i0} = \eta \sum_t (r_i^t - y_i^t) y_i^t (1 - y_i^t) \tag{10-45}$$

255 ~ 259

注意，在这样做时，我们并未使用 y_i 中的一个为 1，其余为 0，或 $\sum_i y_i = 1$ 的信息。由于输出是类后验概率的估计，所以式(10-29)的软最大函数使我们可以加入这些附加信息。在 $K>2$ 的情况下，使用 S 形函数，我们像对待独立函数一样对待 y_i。

还要注意，对于给定的类，如果我们使用回归方法，则更新将进行直到正确的输出为 1，其余为 0 时才停止。事实上，这是不必要的，因为在检验时，我们只是选择最大的。训练直到正确的输出大于其他输出就足够了，这正是软最大函数所做的。

因此，当类不是互斥的和穷举的时，也就是说，对于一个 $\boldsymbol{x}^t$，所有的 r_i^t 可能都为 0，即 $\boldsymbol{x}^t$ 不属于任何一个类，或者当类重叠时，多个 r_i^t 可能为 1，这种具有多个 S 形函数的方法更可取。

10.9 学习排名

排名(ranking)是机器学习的一个应用领域，它不同于分类和回归，可以说是介于二者之间。不像分类和回归有输入 $\boldsymbol{x}^t$ 和期望的输出 r^t，排名要求我们把两个或多个实例放在正确次序中(Liu 2011)。

例如，假设 $\boldsymbol{x}^u$ 和 $\boldsymbol{x}^v$ 代表两部电影，并且用户喜欢 u 超过喜欢 v(在这种情况下，我们需要给类似于 u 的电影较高的排名)。这记作 $r^u \prec r^v$。我们学习的不是判别式或回归函数，而是一个评分函数(score function) $g(\boldsymbol{x}|\theta)$，并且重要的不是 $g(\boldsymbol{x}^u|\theta)$ 和 $g(\boldsymbol{x}^v|\theta)$ 的绝对数值，而是需要给 $\boldsymbol{x}^u$ 一个比 $\boldsymbol{x}^v$ 更高的分数。也就是说，对于所有这样的(u, v)对，都应满足 $g(\boldsymbol{x}^u|\theta) > g(\boldsymbol{x}^v|\theta)$。

与通常一样，假定某个模型 $g(\cdot)$，并优化它的参数 θ，使得所有的排名约束都满足。例如，为了对用户尚未看过的电影进行推荐，我们选择具有最高得分的电影：

$$\text{选择 } u, \text{如果 } g(\boldsymbol{x}^u|\theta) = \max_t g(\boldsymbol{x}^t|\theta)$$

有时，我们想要最高 k 个的列表，而不仅仅是一个最高的。 260

这里，我们可能注意到排名的长处和差异。如果用户把他们看过的电影评价为“喜欢”或“不喜欢”，则这将是一个两类分类问题，可以使用分类器。但是体验会有细微的差别，二元评级是很难的。另一方面，如果人们按等级(例如 1～10)来评价自己对电影的喜爱，则这将是一个回归问题，但这样的绝对数值很难指派。对人来说，更自然、更容易的方法是说在他们看过的两部电影中，他们更喜欢哪一个，而不是一个是或否的决定或数值。

排名有许多应用。例如，在搜索引擎中，给定一个查询，我们要检索最相关的文档。如果我们检索和显示当前的前十个候选，然后用户点击第三个，跳过前两个，我们就知道第三个的排名应该高于第一和第二个。这种点击日志用来训练排名器。

有时，重排名利用附加信息来改善排名器的输出。例如，在语音识别中，可以先用声学模型来产生可能句子的有序列表，然后可以利用语言模型的特征对 N 个最好的候选重新排名，这样可以显著提高准确率(Shen 和 Joshi 2005)。

排名器可以用许多不同的方式训练。对于所有的(u, v)对，其中 $r^u \prec r^v$，如果 $g(\boldsymbol{x}^v|\theta) > g(\boldsymbol{x}^u|\theta)$，则有一个错误。一般来说，我们没有 N^2 个(u, v)对的全序，而只有它的一个子集上的排序，从而定义一个偏序。$g(\boldsymbol{x}^v|\theta)$ 与 $g(\boldsymbol{x}^u|\theta)$ 的差的和构成误差：

$$E(\boldsymbol{w}|\{r^u, r^v\}) = \sum_{r^u \prec r^v} [g(\boldsymbol{x}^v|\theta) - g(\boldsymbol{x}^u|\theta)]_+ \tag{10-46}$$

其中，如果 $a \geqslant 0$ 则 a_+ 等于 a，否则 a_+ 等于 0。

假定我们像本章前面所做的那样使用线性模型：

$$g(\boldsymbol{x}|\boldsymbol{w}) = \boldsymbol{w}^{\mathrm{T}}\boldsymbol{x} \tag{10-47}$$

因为我们不关心绝对的数值，所以我们不需要 w_0。式(10-46)中的误差变成

$$E(\boldsymbol{w}|\{r^u, r^v\}) = \sum_{r^u \prec r^v} \boldsymbol{w}^{\mathrm{T}}\{\boldsymbol{x}^v - \boldsymbol{x}^u\}_+ \tag{10-48}$$

261

我们可以使用梯度下降对 $\boldsymbol{w}$ 做在线更新。对于每个 $r^u \prec r^v$，其中 $g(\boldsymbol{x}^v|\theta) > g(\boldsymbol{x}^u|\theta)$，我们做一个小更新：

$$\Delta w_j = -\eta \frac{\partial E}{\partial w_j} = -\eta(x_j^v - x_j^u), j = 1, \cdots, d \tag{10-49}$$

选择 $\boldsymbol{w}$，使得当实例投影到 $\boldsymbol{w}$ 上时，可以得到正确的排序。在图 10-11 中，我们看到实例数据和学习得到的投影方向。我们发现，排名的微小变化可能导致 $\boldsymbol{w}$ 的大变化。

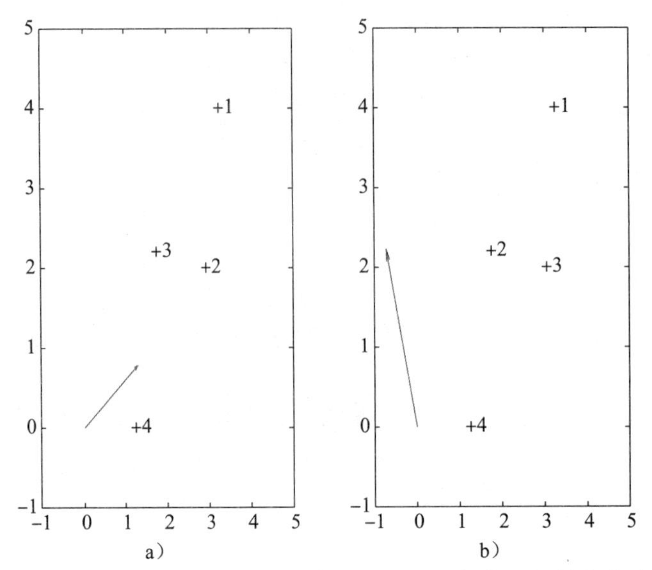

图 10-11 排名问题及其解的样例。数据点用"＋"表示，而在它们旁边的数字表示排名，其中 1 是最高排名。这里，我们有全序。箭头表示学习得到的 $\boldsymbol{w}$。在 a) 和 b) 中，显示两个不同的排名问题和它们的对应解

关于排名的误差函数和梯度下降方法及其在实践中的应用，见 Burges 等 2005，Shin 和 Josh 2005。有时，为了得到确信的决策，当 $r^u < r^v$ 时，我们要求输出不仅较大，而且还要有差额，例如，$g(\boldsymbol{x}^u|\theta) > 1 + g(\boldsymbol{x}^u|\theta)$。当我们在 13.11 节讨论使用核机器学习排名时，我们将看到一个这样的例子。

262

10.10 注释

由于其简单性，线性判别式是模式识别使用最多的分类器(Duda，Hart 和 Stork 2001；McLachlan 1992)。我们在第 4 章讨论了具有公共协方差矩阵的高斯分布情况，在第 6 章讨论了费希尔线性判别式，并在本章讨论了逻辑斯谛判别式。在第 11 章，我们将讨论感知器，它是线性判别式的神经网络实现。在第 13 章，我们将讨论支持向量机，这是另一种类型的线性判别式。

逻辑斯谛判别式更详细的讨论在 Anderson 1982 和 McLachlan 1992 中。逻辑斯谛(S 形)函数是分对数的逆，在伯努利抽样中称作规范链(canonical link)。软最大是它对多元正态抽样的泛化。关于广义线性模型(generalized linear model)的更多信息在 McCullogh 和 Nelder 1989 中。

排名已成为机器学习的一个主要应用领域，因为它用于搜索引擎、信息检索和自然语言处理。重要应用和机器学习算法的广泛评述在 Liu 2011 中。我们这里讨论的模型是线性模型。在 13.11 节，我们讨论如何使用核机器学习排名器，那里我们使用允许不同的相似性度量整合的核得到非线性模型。

使用非线性基函数推广线性模型是一种历史悠久的想法。我们将讨论多层感知器(第 11 章)和径向基函数(第 12 章)，那里，基函数的参数也可以在学习判别式时由数据学习。支持向量机(第 13 章)使用由这些基函数形成的核函数。

10.11 习题

1. 对于如下的每个基函数，指出它在何处为非零：

a. $\sin(x_1)$

b. $\exp(-(x_1-a)^2/c$

c. $\exp(-\|\boldsymbol{x}-\boldsymbol{a}\|^2/c$

d. $\log(x_2)$

e. $1(x_1>c)$

f. $1(ax_1+bx_2>c)$

263

2. 对于图 10-2 的二维情况，证明式(10-4)和式(10-5)。

3. 证明软最大 $y_i=\exp(a_i)/\sum_j \exp(a_j)$的导函数是$\partial y_i/\partial a_i=y_i(\delta_{ij}-y_j)$，其中如果 $i=j$ 则δ_{ij}为 1，否则 δ_{ij}为 0。

4. 令 $K=2$，证明使用两个软最大输出等于使用一个 S 形输出。

解：

$$y_1=\frac{\exp o_1}{\exp o_1+\exp o_2}=\frac{1}{1+\exp(o_2-o_1)}=\frac{1}{1+\exp(-(o_1-o_2))}$$
$$=\text{sigmoid}(o_1-o_2)$$

例如，如果 $o_1=\boldsymbol{w}_1^{\mathrm{T}}\boldsymbol{x}$，则有

$$y_1=\frac{\exp \boldsymbol{w}_1^{\mathrm{T}}\boldsymbol{x}}{\exp \boldsymbol{w}_1^{\mathrm{T}}\boldsymbol{x}+\exp \boldsymbol{w}_2^{\mathrm{T}}\boldsymbol{x}}=\text{sigmoid}(\boldsymbol{w}_1^{\mathrm{T}}\boldsymbol{x}-\boldsymbol{w}_2^{\mathrm{T}}\boldsymbol{x})=\text{sigmoid}(\boldsymbol{w}^{\mathrm{T}}\boldsymbol{x})$$

其中 $\boldsymbol{w}\equiv\boldsymbol{w}_1-\boldsymbol{w}_2$，$y_2=1-y_1$。

5. 在式(10-34)中，如何学习 $\boldsymbol{W}_i$？

解：例如，如果有两个输入 x_1和 x_2，则有

$$\log\frac{p(x_1,x_2|C_i)}{p(x_1,x_2|C_K)}=\boldsymbol{W}_{i11}x_1^2+\boldsymbol{W}_{i12}x_1x_2+\boldsymbol{W}_{i21}x_2x_1+\boldsymbol{W}_{i22}x_2^2$$
$$+w_{i1}x_1+w_{i2}x_2+w_{i0}$$

于是，可以使用梯度下降，并关于任意的 $\boldsymbol{W}_{jkl}$求导，计算更新规则：

$$\Delta\boldsymbol{W}_{jkl}=\eta\sum_t(r_j^t-y_j^t)x_k^t x_l^t$$

6. 在像式(10-34)中那样使用二次(或更高阶)判别式时，如何保持方差受控？

7. 在梯度下降时，对所有的 x_j使用单个 η 意味什么？

解：对所有的 x_j使用一个单一的 η 意味着以相同的尺度做更新，而这又意味着，所有 x_j在同一尺度下。如果不是，规范化所有的 x_j是一个好主意。例如，训练前做 z 规范化。注意，我们需要保存所有输入的缩放参数，以便以后还可以对检验实例做相同的缩放。

8. 在单变量情况下，对于如图 10-7 中的分类，w 和 w_0对应于什么？

解：直线的斜率和截距，此后要提供给 S 形函数。

264

9. 假设对于单变量 x，$x\in(2,4)$属于C_1，而 $x<2$ 或 $x>4$ 属于C_2。如何使用线性判别式把这两个类分开？

解：定义一个附加变量 $z\equiv x^2$并在(z,x)空间使用线性判别式 $w_2z+w_1x+w_0$，这对应于 x 空间的二次判别式。例如，可以手工地写

$$\text{选择}\begin{cases}C_1 & \text{如果}(x-3)^2-1\leqslant 0\\ C_2 & \text{否则}\end{cases}$$

或使用 S 形函数将它改写为(参见图 10-12)：

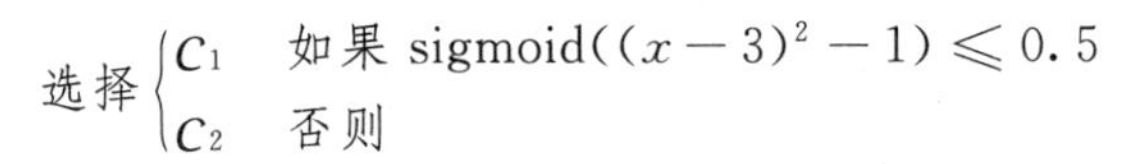

$$\text{选择}\begin{cases} C_1 & \text{如果 } \mathrm{sigmoid}((x-3)^2-1) \leqslant 0.5 \\ C_2 & \text{否则} \end{cases}$$

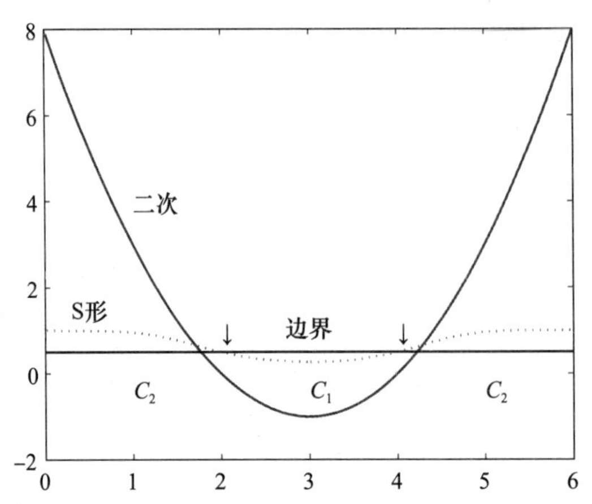

图 10-12 使用 S 形函数之前和之后的二次判别式。边界在判别式为 0 或 S 形函数值为 0.5 处

或者可以在 x 空间使用两个线性判别式，一个在 2 分开，另一个在 4 分开，然后 OR 它们。这种分层的线性判别式将在第 11 章讨论。

10. 对于图 10-11 的样本数据，定义排名使得线性模型不能够学习它们。解释如何推广该模型，使得它们可以学习。

265

10.12 参考文献

Aizerman, M. A., E. M. Braverman, and L. I. Rozonoer. 1964. "Theoretical Foundations of the Potential Function Method in Pattern Recognition Learning." *Automation and Remote Control* 25:821–837.

Anderson, J. A. 1982. "Logistic Discrimination." In *Handbook of Statistics*, Vol. 2, *Classification, Pattern Recognition and Reduction of Dimensionality*, ed. P. R. Krishnaiah and L. N. Kanal, 169–191. Amsterdam: North Holland.

Bridle, J. S. 1990. "Probabilistic Interpretation of Feedforward Classification Network Outputs with Relationships to Statistical Pattern Recognition." In *Neurocomputing: Algorithms, Architectures and Applications*, ed. F. Fogelman-Soulie and J. Herault, 227–236. Berlin: Springer.

Burges, C., T. Shaked, E. Renshaw, A. Lazier, M. Deeds, N. Hamilton, and G. Hullender. 2005. "Learning to Rank using Gradient Descent." In *22nd International Conference on Machine Learning*, 89–96, New York: ACM Press.

Duda, R. O., P. E. Hart, and D. G. Stork. 2001. *Pattern Classification*, 2nd ed. New York: Wiley.

Liu, T.-Y. 2011. *Learning to Rank for Information Retrieval.* Heidelberg: Springer.

McCullagh, P., and J. A. Nelder. 1989. *Generalized Linear Models.* London: Chapman and Hall.

McLachlan, G. J. 1992. *Discriminant Analysis and Statistical Pattern Recognition.* New York: Wiley.

Shen, L., and A. K. Joshi. 2005. "Ranking and Reranking with Perceptron." *Machine Learning* 60:73–96.

266

Vapnik, V. 1995. *The Nature of Statistical Learning Theory.* New York: Springer.

多层感知器

多层感知器是一种人工神经网络结构，是非参数估计器，可以用于分类和回归。我们讨论为各种应用训练多层感知器的向后传播算法。

11.1 引言

人工神经网络模型，其中之一是本章讨论的*感知器*，其灵感源于人脑。旨在理解人脑的功能，并朝着这一目标努力的认知科学家和神经学家(Posner 1989)构建了人脑的神经网络模型，并开展了模拟研究。

然而，在工程上，我们的目标不是理解人脑的本质，而是构建有用的机器。我们对*人工神经网络*(artificial neural network)感兴趣，因为我们相信它们可能帮助我们建立更好的计算机系统。人脑是一种信息处理装置，具有非凡的能力并在许多领域，例如，视觉、语音识别和学习，都超过了当前的工程产品。如果在机器上实现，这些应用显然都具有经济效益。如果我们能够理解人脑如何实现这些功能，那么我们就可以用形式化算法定义这些任务的解并在计算机上实现它们。

人脑与计算机很不相同。计算机通常只有一个处理器，而人脑却包含大量(10^{11}个)并行操作的处理单元，称作*神经元*(neuron)。尽管细节尚不清楚，但是人们相信这些处理单元比计算机中的处理器简单得多且慢得多。使人脑不同寻常且被认为提供了其计算能力的是连通性。人脑的神经元具有连接，称作*突触*(synapse)，连接到大约 10^4 个其他神经元，所有神经元都并行地操作。在计算机中，处理器是主动的，而存储是分散和被动的，但是我们认为在人脑中，处理和存储都在网络上分布。处理由神经元来做，而记忆在神经元之间的突触中。

11.1.1 理解人脑

根据 Marr(1982)，理解一个信息处理系统具有三个层面，称作*分析层面*(level of analysis)：

1) *计算理论*(computational theory)对应于计算目标和任务的抽象定义。

2) *表示和算法*(representation and algorithm)是关于输入与输出如何表示以及从输入到输出变换的算法说明。

3) *硬件实现*(hardware implementation)是系统的实际物理实现。

一个例子是排序：计算理论是对给定的元素集合排序。表示可以使用整数，而算法可以是 Quicksort(快速排序)。编译后，用二进制表示的特定处理机排序整数的可执行代码是一种硬件实现。

基本思想是，对于相同的计算理论，可以有多种表示和在相应表示上操纵符号的算法。类似地，对于给定的表示和算法，可以有多种硬件实现。我们可以使用众多排序算法中的一种，并且即使相同的算法也可以在使用不同处理器的计算机上编译，导致不同的硬件实现。

考虑另一个例子，‘6’、‘VI’和‘110’是数 6 的不同表示。加法的不同算法依赖于所使用的表示。数字计算机使用二进制表示，并具有这种表示的加法电路，这是一种特殊的硬件实现。在算盘上，数用不同的方法表示，并且加法对应于不同的指令集，这是另一种硬件实现。当我们在大脑中将两个数相加时，我们使用另一种表示和一种适合于这种表示的算法，这用神经元实现。但是，所有不同的硬件实现(例如，我们、算盘和数字计算机)都实现了相同的计算理论——加法。

268

经典的例子是自然和人工飞行器之间的不同。麻雀拍打它的双翼；商用飞机并不拍打机翼，而是使用喷气引擎。麻雀和飞机是两种硬件实现，为不同的目的而构建，满足不同的约束。但是，它们都实现了相同的理论——空气动力学。

人脑是学习或模式识别的一种硬件实现。如果从这种特定的实现，我们可以做逆工程，提取人脑使用的表示和算法，并且如果我们能够从中获得计算理论，则我们可以使用另一种表示和算法，然后得到更适合我们的含义和约束的硬件实现。我们希望我们的实现价格低廉、快速且更准确。

当初构建飞行器时，直到发现空气动力学之前，我们一直在尝试构建看似上去非常像鸟的飞行器。与此相同，直到我们发现智能的计算理论之前，早期尝试构建具有大脑能力的结构看上去将很像大脑，是具有大量处理单元的网络。因此可以说，就理解大脑而言，当我们研究人工神经网络时，我们处于表示和算法层面。

正如羽毛与飞行不相关一样，迟早我们会发现神经元和突触与智能并无关系。但是，在此之前，我们对理解大脑机能感兴趣还有另一个原因，这种原因与并行处理有关。

11.1.2　神经网络作为并行处理的典范

自 20 世纪 80 年代以来，具有数以千计处理器的计算机系统已经商品化。然而，用于这种并行结构的软件并不像硬件发展这么快。原因是到目前为止，计算理论几乎都基于串行的、单处理器机器。我们不能有效地使用并行机，因为我们不能有效地对它们编程。

269

主要有两种并行处理(parallel processing)范型：在单指令多数据(SIMD)机上，所有的处理器都执行相同的指令，但是在数据的不同部分上执行。在多指令多数据(MIMD)机上，不同的处理器可以在不同的数据上执行不同的指令。SIMD 机容易编程，因为只需要写一个程序。然而，问题很少具有这么有规律的结构，使得它们能够在 SIMD 机上并行。MIMD 机更通用，但是为每个处理器编写单独的程序并不是一件容易的任务。其他问题涉及同步、处理器之间的数据传送等。SIMD 机也更容易构建，并且如果它们都是 SIMD 机，则可以构建具有更多处理器的机器。在 MIMD 机中，处理器更加复杂，并且还要为处理器任意地交换数据构建更复杂的通信网络。

现在，假设有一台机器，其中处理器比 SIMD 处理器复杂一点，但没有 MIMD 处理器复杂。假定有一些简单的处理器，具有少量局部存储器，可以存放一些参数。每个处理器实现一个固定的函数，并且执行与 SIMD 处理器一样的指令。但是通过将不同的值装入局部存储器，它们可以做不同的事情，并且整个操作可以在这些处理器上分布执行。这样，我们将有一台可以称作神经指令多数据(NIMD)机的机器，其中每个处理器对应于一个神经元，局部参数对应于它的突触权重，而整个结构是一个神经网络。如果每个处理器实现的功能是简单的，并且局部存储器很小，则许多这样的处理器可以放在一个芯片中。

现在的问题是将任务分布到这种处理器的网络中并确定局部参数的值。这是学习进行的地方：如果这样的机器可以从实例学习，则我们自己不需要为这种机器编制程序和决定参数值。

这样，人工神经网络是一种我们可以使用当前技术构建的、利用并行硬件的方法。多亏学习——它们不需要编程。因此，我们也不必费神为它们编程。

在本章，我们讨论这种结构和如何训练它们。记住，人工神经网络操作是一种数学函数，它们可以在串行计算机上实现，并且训练网络与我们在前面章节中讨论的统计学技术并无太大差别。仅当我们有并行硬件且仅当网络太大，不能在串行机上快速模拟时，考虑这些操作在简单处理单元的网络上进行是有意义的。 270

11.2 感知器

感知器(perceptron)是基本处理元件。它具有输入，其输入可能来自环境或者可以是其他感知器的输出。与每个输入 $x_j \in \Re$ $(j=1, \cdots, d)$相关联的是一个连接权重(connection weight)或突触权重(synaptic weight) $w_j \in \Re$，而在最简单情况下，输出 y 是输入的加权和(参见图 11-1)：

$$y = \sum_{j=1}^{d} w_j x_j + w_0 \tag{11-1}$$

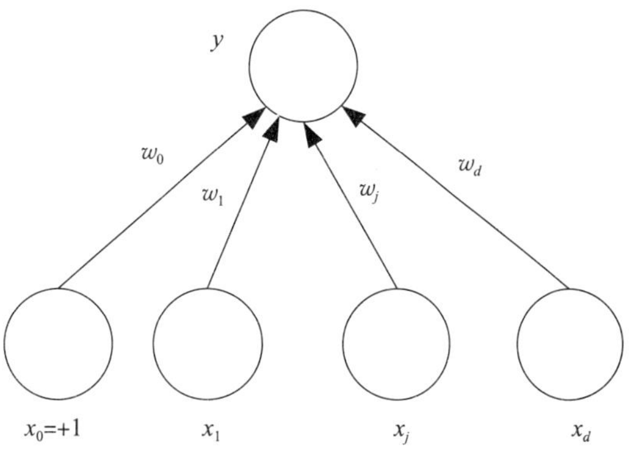

其中 w_0 是截距值，它使模型更通用。通常把它作为一个来自附加的偏倚单元(bias unit) x_0 的权重，而 x_0 总是为$+1$。我们可以把感知器的输出写成点积

$$y = \boldsymbol{w}^{\mathrm{T}} \boldsymbol{x} \tag{11-2}$$

其中 $\boldsymbol{w} = [w_0, w_1, \cdots, w_d]^{\mathrm{T}}$ 和 $\boldsymbol{x}=[1, x_1, \cdots, x_d]^{\mathrm{T}}$ 是增广向量(augmented vector)，包含偏倚权重和输入。

图 11-1 简单感知器，$x_j(j=1, \cdots, d)$是输入单元，x_0是其值总是为 1 的偏倚单元。y 是输出单元。w_j 是从 x_j 到输出的有向连接的权重 271

在检验时，对于输入 $\boldsymbol{x}$，我们使用给定的权重 $\boldsymbol{w}$ 计算输出 y。为了实现给定的任务，我们需要学习系统的参数权重 $\boldsymbol{w}$，使我们可以产生给定输入的正确输出。

当 $d=1$ 且 x 通过输入单元由环境馈入时，有

$$y = wx + w_0$$

这是以 w 为斜率、w_0 为截距的直线方程。这样，这种具有一个输入和一个输出的感知器可以用来实现线性拟合。使用多个输入，直线变成了(超)平面，而具有多个输入的感知器可以实现多元线性拟合。给定样本，通过回归可以找到参数 w_j(参见 5.8 节)。

式(11-1)定义的感知器定义了一个超平面，因此可以用来将输入空间划分成两部分：y 值为正的半个空间和 y 值为负的半个空间(参见第 10 章)。通过用它实现线性判别函数，检查输出的符号，感知器可以将两个类分开。如果定义 $s(\cdot)$为阈值函数(threshold function)

$$s(a) = \begin{cases} 1 & \text{如果 } a > 0 \\ 0 & \text{否则} \end{cases} \tag{11-3}$$

那么，如果 $s(\boldsymbol{w}^{\mathrm{T}}\boldsymbol{x})>0$ 则选择C_1，否则选择C_2。

记住，使用线性判别式假定类是线性可分的。也就是说，假定可以找到分开 $\boldsymbol{x}^t \in C_1$ 和

$x^t \in C_2$的超平面 $\boldsymbol{w}^{\mathrm{T}}\boldsymbol{x}=0$。如果在后一阶段需要后验概率(例如，为了计算风险)，需要在输出上使用 S 型函数

$$o = \boldsymbol{w}^{\mathrm{T}}\boldsymbol{x}$$

$$y = \mathrm{sigmoid}(o) = \frac{1}{1+\exp[-\boldsymbol{w}^{\mathrm{T}}\boldsymbol{x}]} \tag{11-4}$$

272

当存在 $K>2$ 个输出时，有 K 个感知器，每个都具有权重向量 $\boldsymbol{w}_i$(参见图 11-2)

$$y_i = \sum_{j=1}^{d} w_{ij}x_j + w_{i0} = \boldsymbol{w}_i^{\mathrm{T}}\boldsymbol{x}$$

$$\boldsymbol{y} = \boldsymbol{W}\boldsymbol{x} \tag{11-5}$$

其中 w_{ij} 是从输入 x_j 到输出 y_i 的连接权重。$\boldsymbol{W}$ 是 w_{ij} 的 $K\times(d+1)$ 矩阵，其行是 K 个感知器的权重向量。当用于分类时，在检验阶段，如果 $y_i=\max\limits_k y_k$，则选择C_i。

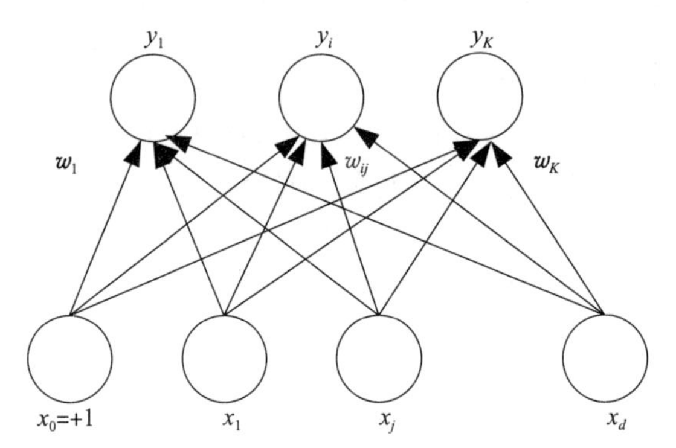

图 11-2 K 个并行的感知器。$x_j(j=0,\cdots,d)$是输入，$y_i(i=1,\cdots,K)$是输出。w_{ij}是从输入 x_j 到输出 y_i 的连接权重。每个输出都是输入的加权和。当用于 K 类分类问题时，有一个后处理，它选择最大的，或者需要后验概率时选择软最大

每个感知器是它的输入和突触权重的局部函数。在分类中，如果需要后验概率(而不仅是获胜类的编码)并使用软最大，则还需要所有输出的值。将其作为神经网络实现导致一个两阶段过程，其中第一阶段计算加权和，而第二阶段计算软最大值。但是我们仍然将其表示成单个输出层：

$$o_i = \boldsymbol{w}_i^{\mathrm{T}}\boldsymbol{x}$$

$$y_i = \frac{\exp o_i}{\sum_k \exp o_k} \tag{11-6}$$

273

前面讲过，通过定义辅助输入，例如，定义 $x_3=x_1^2$，$x_4=x_2^2$，$x_5=x_1x_2$(10.2 节)，线性模型也可以用于多项式近似。对于感知器也可以这样做(Durbin 和 Rumelhart 1989)。在 11.5 节，我们将看到多层感知器，那里非线性函数将在“隐藏”层从数据中学习，而不是假定一个先验。

第 10 章讨论的线性判别式的任何方法都可以用来离线地计算 $\boldsymbol{w}_i(i=1,\cdots,K)$，然后插入网络中。这包括具有公共协方差矩阵的参数方法、逻辑斯谛判别式、回归判别式和支持向量机。在某些情况下，在训练开始时我们并没有全部样本，随着样本的到来，我们需要迭代地更新参数。我们将在 11.3 节讨论这种在线学习。

式(11-5)定义了一个从 d 维空间到 K 维空间的变换，如果 $K<d$，它也可以用于维度归约。我们可以使用第 6 章中的任何方法(如 PCA)离线地计算 $\boldsymbol{W}$，然后使用感知器实现变换。在这种情况下，我们有两层网络，其中第一层感知器实现线性变换，第二层在新空间中实现线性回归或分类。注意，由于两层都是线性变换，所以它们可以组合并用一层表示。在 11.5 节，我们将看到更有趣的情况，其中第一层实现非线性维度归约。

11.3 训练感知器

感知器定义了一个超平面，而神经网络感知器只不过是实现超平面的一种方法。给定数据样本，可以离线地计算权重，然后当将它们代入时，感知器可以用来计算输出值。

在训练神经网络时，如果未提供全部样本而是逐个提供实例，则通常使用在线学习，并且在每个实例到达后更新网络参数，让网络缓慢地及时调整。这种方法是令人感兴趣的，有如下原因：

1）这使得我们不必在外存存放训练样本，不必在优化时存放中间结果。对于大样本，像支持向量机这样的方法（第 13 章）开销可能相当大，而对于某些应用，我们可能更愿意选择较简单的方法，它不必存放全部样本并在其上求解复杂的优化问题。 274

2）问题可能随时变化，这意味着样本的分布不固定，训练集不能预先选定。例如，我们可能正在实现一个自动适应用户的语音识别系统。

3）可能存在系统的物理变化。例如，在机器人系统中，系统部件可能磨损，传感器可能失灵。

对于在线学习（online learning），我们不需要全部样本而是需要单个实例上的误差函数。从随机初始权重开始，在每次迭代，对参数稍加调整，以便最小化误差，而不忘记我们先前学到的。如果误差函数是可微的，则可以使用梯度下降。

例如，对于回归，在单个具有标引 t 的实例（$\boldsymbol{x}^t$，r^t）上的误差为

$$E^t(\boldsymbol{w}\,|\,\boldsymbol{x}^t,r^t)=\frac{1}{2}(r^t-y^t)^2=\frac{1}{2}[r^t-(\boldsymbol{w}^{\mathrm{T}}\boldsymbol{x}^t)]^2$$

并且对于 $j=0$，…，d，在线更新为

$$\Delta w_j^t=\eta(r^t-y^t)x_j^t \tag{11-7}$$

其中 η 是学习因子，为了收敛它逐渐减小。这称作随机梯度下降（stochastic gradient descent）。

类似地，可以对使用逻辑斯谛判别式的分类问题导出更新规则。每个模式后进行更新，而不是把它们累加在一起，在完全扫描整个训练集后再进行更新。对于两个类，对单个实例（$\boldsymbol{x}^t$，$\boldsymbol{r}^t$），其中如果 $\boldsymbol{x}^t\in C_1$ 则 $r_i^t=1$，如果 $\boldsymbol{x}^t\in C_2$ 则 $r_i^t=0$，单个输出为

$$y^t=\mathrm{sigmoid}(\boldsymbol{w}^{\mathrm{T}}\boldsymbol{x}^t)$$

而互熵为

$$E^t(\{\boldsymbol{w}\,|\,\boldsymbol{x}^t,\boldsymbol{r}^t)=-\boldsymbol{r}^t\log y^t+(1-\boldsymbol{r}^t)\log(1-y^t)$$

275

使用梯度下降，对于 $j=0$，…，d，得到如下更新规则：

$$\Delta w_j^t=\eta(r^t-y^t)x_j^t \tag{11-8}$$

当存在 $K>2$ 个类时，对单个实例（$\boldsymbol{x}^t$，$\boldsymbol{r}^t$），其中如果 $\boldsymbol{x}^t\in C_i$ 则 $r_i^t=1$，否则 $r_i^t=0$，输出为

$$y_i^t=\frac{\exp\boldsymbol{w}_i^{\mathrm{T}}\boldsymbol{x}^t}{\sum_k\exp\boldsymbol{w}_k^{\mathrm{T}}\boldsymbol{x}^t}$$

而互熵为

$$E^t(\{\boldsymbol{w}_i\}_i\,|\,\boldsymbol{x}^t,\boldsymbol{r}^t)=-\sum_i r_i^t\log y_i^t$$

使用梯度下降，对于 $i=1$，…，K，$j=0$，…，d，得到如下更新规则：

$$\Delta w_{ij}^t=\eta(r_i^t-y_i^t)x_j^t \tag{11-9}$$

除了不在所有的实例上求和，而是在单个实例后更新外，这与我们在10.7节中看到的方程一样。算法的伪代码在图11-3中，它是图10-8算法的在线版本。式(11-7)和式(11-9)都具有如下形式：

$$\text{更新}=\text{学习因子}\times(\text{期望输出}-\text{实际输出})\times\text{输入} \tag{11-10}$$

让我们试着更深入地考察上式。首先，如果实际输出等于期望输出，则不需要更新。当进行更新时，更新量随期望输出与实际输出之差的增加而增加。我们还看到，如果实际输出小于期望输出，则当输入为正时更新为正，输入为负时更新为负。这具有增加实际输出和降低与期望输出之差的效果。如果实际输出大于期望输出，则当输入为正时更新为负，输入为负时更新为正。这就降低了实际输出，使它更接近于期望输出。

在更新时，更新量还依赖于输入。如果输入接近于0，则它对实际输出的影响很小，因此权重用一个较小的量更新。输入越大，权重的更新也越大。

最后，更新量依赖于学习因子 η。如果它太大，则更新过分依赖当前实例，就像系统只有短期记忆。如果该因子太小，则可能需要很多次更新才收敛。在11.8.1节，我们将讨论加快收敛的方法。

```
For i=1, …, K
  For j=0, …, d
    w_ij ← rand(−0.01, 0.01)
Repeat
  For 随机序下的所有(x^t, r^t)∈X
    For i=1, …, K
      o_i ← 0
      For j=0, …, d
        o_i ← o_i + w_ij x_j^t
    For i=1, …, K
      y_i ← exp(o_i)/Σ_k exp(o_k)
    For i=1, …, K
      For j=0, …, d
        w_ij ← w_ij + η(r_i^t − y_i) x_j^t
Until 收敛
```

图11-3　对于具有 $K>2$ 个类的情况，实现随机梯度下降的感知器训练算法。这是图10-8中给出的算法的在线版本

11.4　学习布尔函数

在布尔函数中，输入是二元的，并且如果对应的函数值为真则输出为1，否则为0。因此，它可以看作两类分类问题。作为一个例子，考虑学习AND两个输入，输入和要求的输出显示在表11-1中。实现AND的感知器和它的二维几何表示的一个例子显示在图11-4中。判别式是

$$y=s(x_1+x_2-1.5)$$

也就是说 $\boldsymbol{x}=[1, x_1, x_2]^{\mathrm{T}}$，$\boldsymbol{w}=[-1.5, 1, 1]^{\mathrm{T}}$。

表11-1　AND函数的输入和输出

x_1	x_2	r
0	0	0
0	1	0
1	0	0
1	1	1

注意，$y=s(x_1+x_2-1.5)$ 满足表11-1中AND函数定义给定的4个约束条件。例如，对于 $x_1=1$，$x_2=0$，$y=s(-0.5)=0$。类似地，可以证明 $y=s(x_1+x_2-0.5)$ 实现OR。

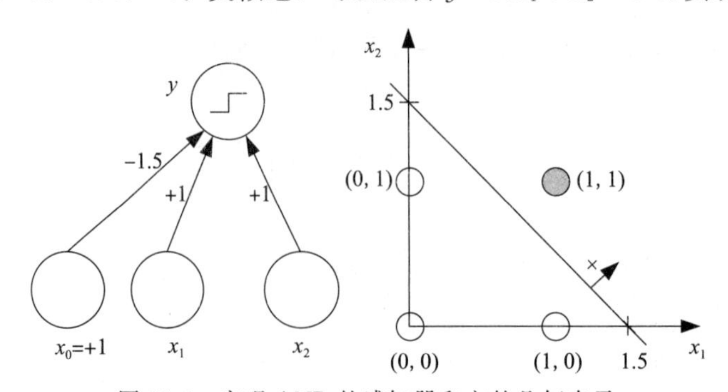

图11-4　实现AND的感知器和它的几何表示

尽管像AND和OR这样的布尔函数是线性可分的，并且是可以用感知器求解的，但是像XOR这样的函数不是。XOR的输入和要求的输出在表11-2中。正如我们可以从图11-5看到的，该问题不是线性可分的。可以证明这一点。注意不存在 w_0、w_1 和 w_2 的值满足下列不等式：

$$
\begin{aligned}
w_0 &\leqslant 0\\
w_2 + w_0 &> 0\\
w_1 + \quad\quad w_0 &> 0\\
w_1 + w_2 + w_0 &\leqslant 0
\end{aligned}
$$

表 11-2　XOR 函数的输入和输出

x_1	x_2	r
0	0	0
0	1	1
1	0	1
1	1	0

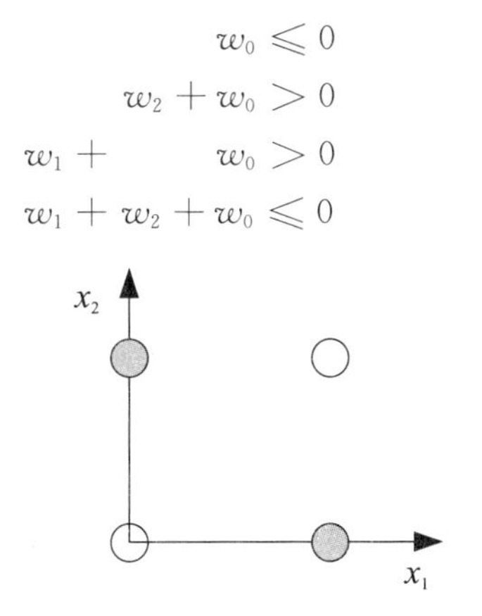

图 11-5　XOR问题不是线性可分的。我们不能划一条直线使得空心圆在一侧，而实心圆在另一侧

我们对这一结果并不奇怪，因为(二维)直线的VC维为3。具有二元输入，存在4种情况，因此我们知道存在具有两个输入的问题，它们不能用直线求解。XOR就是其中之一。

11.5　多层感知器

具有单层权重的感知器只能近似输入的线性函数，不能解决像XOR这样的问题，这些问题的判别式是非线性的。类似地，这种感知器也不能用于非线性回归。对于输入和输出层之间存在中间层或隐藏层(hidden layer)的前馈网络，就不存在这种局限性。如果用于分类，这种多层感知器(MultiLayer Perceptron，MLP)可以实现非线性判别式，而如果用于回归，可以近似输入的非线性函数。

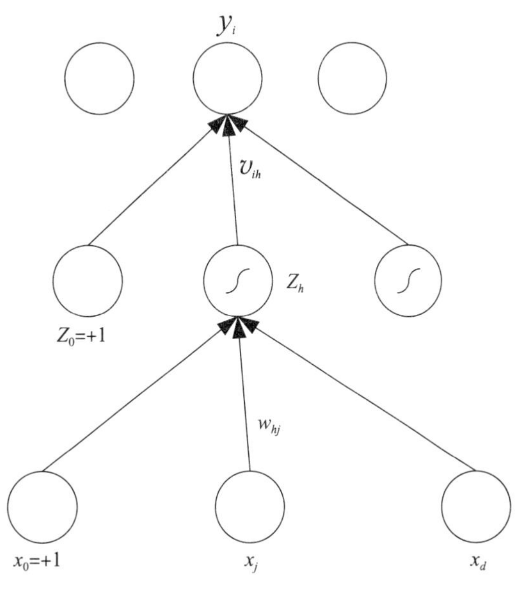

图 11-6　多层感知器的结构。x_j $(j=0, \cdots, d)$ 是输入，z_h $(h=1, \cdots, H)$ 是隐藏单元，其中 H 是隐藏空间的维度。z_0 是隐藏层的偏倚。y_i $(i=1, \cdots, K)$ 是输出单元。w_{hj} 是第一层的权重，而 v_{ih} 是第二层的权重

输入 $\boldsymbol{x}$ 提供给输入层(包括偏倚)，“活性”向前传播，并计算隐藏单元的值 z_h(参见图11-6)。每个隐藏单元自身都是一个感知器，并将非线性的S形函数作用于它的加权和：

$$
z_h = \mathrm{sigmoid}(\boldsymbol{w}_h^{\mathrm{T}}\boldsymbol{x}) = \frac{1}{1+\exp\left[-\left(\sum_{j=1}^{d} w_{hj}x_j + w_{h0}\right)\right]}, \quad h=1,\cdots,H \tag{11-11}
$$

输出 y_i 是在第二层的感知器，它取隐藏单元的输出作为它们的输入

$$y_i = \boldsymbol{v}_i^{\mathrm{T}}\boldsymbol{z} = \sum_{h=1}^{H} v_{ih} z_h + v_{i0} \tag{11-12}$$

其中隐藏层还有一个偏倚单元，记作 z_0，而 v_{i0} 是偏倚权重。x_j 的输入层不计，因为计算不在那里进行，并且当有一个隐藏层时，网络是两层网络。

与通常一样，在回归问题中，在计算 y 的输出层不存在非线性性。在两类判别任务中，有一个 S 形输出单元，并且在 $K>2$ 个类时，有 K 个以软最大作为输出非线性的输出。

如果隐藏层单元的输出是线性的，则隐藏层就没有用：线性组合的线性组合还是一种线性组合。S 形函数是取阈值的连续、可微版本。需要可微性，因为我们将看到学习方程是基于梯度的。另一种可以使用的 S 形非线性基函数是双曲正切函数 tanh，它的值域是 $-1\sim+1$，而不是 $0\sim+1$。在实践中，使用 sigmoid 与使用 tanh 并无区别。还有一种可能是使用高斯函数，它使用欧氏距离而不是用点积表示相似性；我们将在第 12 章讨论这种径向基函数网络。

输出是隐藏单元计算的非线性基函数值的线性组合。可以说隐藏单元做了一个从 d 维输入空间到隐藏单元生成的 H 维空间的非线性变换，并且在这个空间中，输出层实现了一个线性函数。

我们不限于只有一个隐藏层，而是可以将更多的、具有自己的输入权重的隐藏层放置在具有 S 形隐藏单元的第一个隐藏层之后，从而计算隐藏单元的第一层的非线性函数，实现输入的更复杂的函数。在实践中，人们很少构建超过一个隐藏层的网络，因为分析多个隐藏层的网络相当复杂。但是，有时当隐藏层包含的隐藏单元太多时，使用多个隐藏层可能是明智的，宁可要“长而窄”的网络，而不要“短而胖”的网络。

11.6 作为普适近似的 MLP

276 ~ 281

我们可以将任意布尔函数表示成合取的析取，因此一个布尔表达式可以用一个具有一个隐藏层的多层感知器来实现。每个合取用一个隐藏单元实现，而析取用输出单元实现。例如，

$$x_1 \text{ XOR } x_2 = (x_1 \text{ AND} \sim x_2) \text{ OR } (\sim x_1 \text{ AND } x_2)$$

前面，我们已经看到如何使用感知器实现 AND 和 OR。因此，两个感知器可以平行地实现两个 AND，而另一个感知器可以将它们 OR 在一起(参见图 11-7)。我们看到，第一个隐藏层将输入从(x_1，x_2)映射到由第一层感知器定义的(z_1，z_2)空间。注意，输入(0，0)和(1，1)都被映射到(z_1，z_2)空间的(0，0)，使得在第二个空间是线性可分的。

这样，在二元情况下，对于输出为 1 的每个输入组合，我们定义一个隐藏单元，它检查输入的这个特定合取。然后，输出层实现析取。注意，这只是一个存在性证明，而这种网络可能不现实，因为当存在 d 个输入时，可能需要多达 2^d 个隐藏单元。这种结构实现了表查找而不是一般化。

我们可以将这些扩展到输入是连续值的情况，并且类似地证明具有连续输入和输出的任何函数都可以用多层感知器近似。使用两个隐藏层，普适近似(universal approximation)的证明很容易：对于每种输入或区域，使用第一个隐藏层上的隐藏单元，该区域可以被所有边上的超平面所界定。第二个隐藏层的单元 AND 它们，围住该区域。然后，将隐藏单元到输出单元的连接权重设置为期望的函数值。这给出函数的分段常量近似(piecewise constant approximation)，这对应于忽略泰勒展开式中除常数项之外的所有项。增加

隐藏单元的数量，并在输入空间中取更细的栅格，可以提高逼近期望值的精度。注意，没有给定期望的隐藏单元个数的形式化上界。这种性质只是确保存在一个解。除此之外对我们并无其他帮助。业已证明，具有一个隐藏层的 MLP(具有任意个数的隐藏单元)可以学习输入的任意非线性函数(Hornik，Stinchcombe 和 White 1989)。

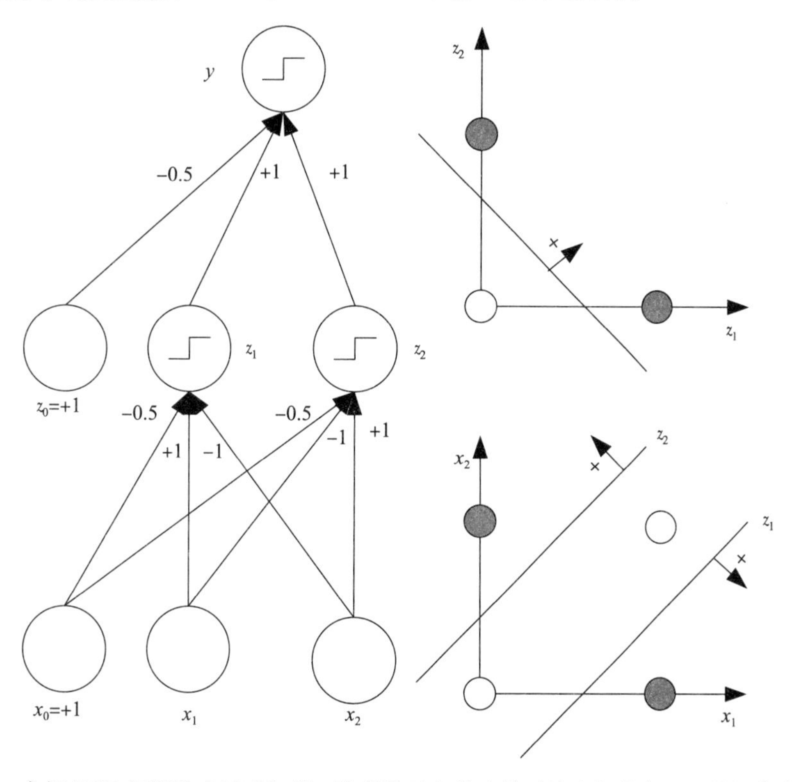

图 11-7 求解 XOR 问题的多层感知器。隐藏单元和输出单元具有阈值在 0 上的阈值激活函数

11.7 向后传播算法

训练多层感知器与训练一个感知器一样。唯一的区别是现在的输出是输入的非线性函数，这多亏了隐藏单元中的非线性偏倚函数。把隐藏单元看作输入，第二层是感知器，并且我们已经知道在给定输入 z_h 的情况下，如何更新参数 v_{ij}。对于第一层权重 w_{hj}，使用链规则计算梯度：

$$\frac{\partial E}{\partial w_{hj}} = \frac{\partial E}{\partial y_i}\frac{\partial y_i}{\partial z_h}\frac{\partial z_h}{\partial w_{hj}}$$

误差就像从输出 y 传回到输入一样，因此新创了术语向后传播(backpropagation)(Rumelhart，Hinton 和 Williams 1986a)。

282～283

11.7.1 非线性回归

让我们首先考虑用下式计算的(具有单个输出的)非线性回归：

$$y^t = \sum_{h=1}^{H} v_h z_h^t + v_0 \tag{11-13}$$

其中 z_h 用式(11-11)计算。在整个回归样本上的误差函数是

$$E(\boldsymbol{W},\boldsymbol{v}\mid\mathcal{X})=\frac{1}{2}\sum_{t}(r^t-y^t)^2 \tag{11-14}$$

第二层是以隐藏单元为输入的感知器，并且我们使用最小二乘规则来更新第二层的权重：

$$\Delta v_h=\eta\sum_t(r^t-y^t)z_h^t \tag{11-15}$$

第一层也由以隐藏单元作为输出单元的感知器组成，但在更新第一层权重时，我们不能直接使用最小二乘规则，因为对于这些隐藏单元，我们没有指定的期望输出。这正是链规则起作用的地方。我们有

$$\begin{aligned}\Delta w_{hj}&=-\eta\frac{\partial E}{\partial w_{hj}}=-\eta\sum_t\frac{\partial E^t}{\partial y^t}\frac{\partial y^t}{\partial z_h^t}\frac{\partial z_h^t}{\partial w_{hj}}\\&=-\eta\sum_t\underbrace{-(r^t-y^t)}_{\partial E^t/\partial y^t}\underbrace{v_h}_{\partial y^t/\partial z_h^t}\underbrace{z_h^t(1-z_h^t)x_j^t}_{\partial z_h^t/\partial w_{hj}}\\&=\eta\sum_t(r^t-y^t)v_hz_h^t(1-z_h^t)x_j^t\end{aligned} \tag{11-16}$$

前两项的乘积$(r^t-y^t)v_h$充当隐藏单元h的误差项。该误差向后传播到隐藏单元。(r^t-y^t)是输出的误差，按隐藏单元的“责任”加权，由其权重v_h给出。在第三项中，$z_h(1-z_h)$是S形函数的导数，x_j^t是加权和关于权重w_{hj}的导数。注意，第一层权重的改变Δw_{hj}使用了第二层的权重v_h。因此，我们应当计算这两层的改变，并更新第一层的权重，然后使用第二层权重的旧值更新第二层的权重。

284

初始，权重w_{hj}和v_h从小随机值(例如，区间[-0.01，0.01]中的值)开始，使得S形函数不饱和。规范化输入使得它们都具有均值0和单位方差，并且具有相同尺度也是一种好的想法，因为我们使用了单个η参数。

使用这里给定的学习方程，对于每个模式，我们计算每个参数的改变方向和改变量。在批量学习(batch learning)中，我们累积所有模式上的改变，并且在完全扫描了整个训练集后做一次改变，如前面的更新方程所示。

也可以在线学习，在每个模式后更新权重，从而实现随机梯度下降。训练集中所有模式的一次完整扫描称作一个周期(epoch)。在这种情况下，应当选择较小的学习因子η，并且应当以随机次序扫描模式。因为数据集中可能有类似的模式，在线学习收敛较快，并且随机性具有增加噪声的效果，并有助于避免陷入局部极小。

为回归训练多层感知器的一个例子显示在图11-8中。随着训练继续，MLP拟合逐渐接近底层函数，并且误差降低(参见图11-9)。图11-10显示如何形成MLP拟合作为隐藏单元输出的和。

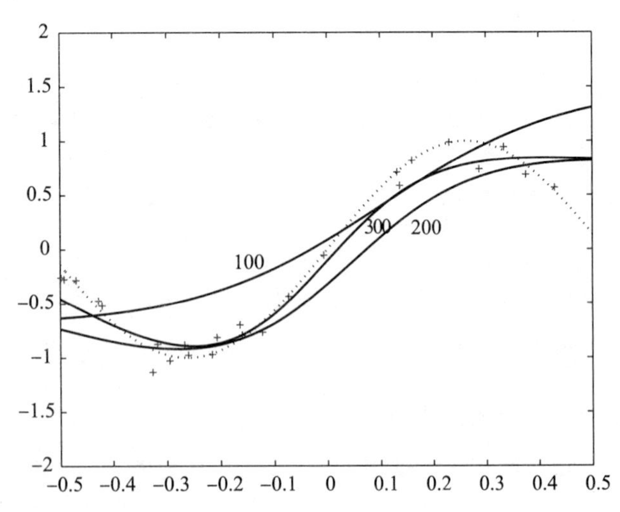

图11-8 样本训练数据显示为“+”，其中$x^t\sim U(-0.5,0.5)$，而$y^t=f(x^t)+\mathcal{N}(0,0.1)$。$f(x)=\sin(6x)$用虚线显示。图中绘制了100、200和300个周期后，具有两个隐藏单元的MLP的拟合演变

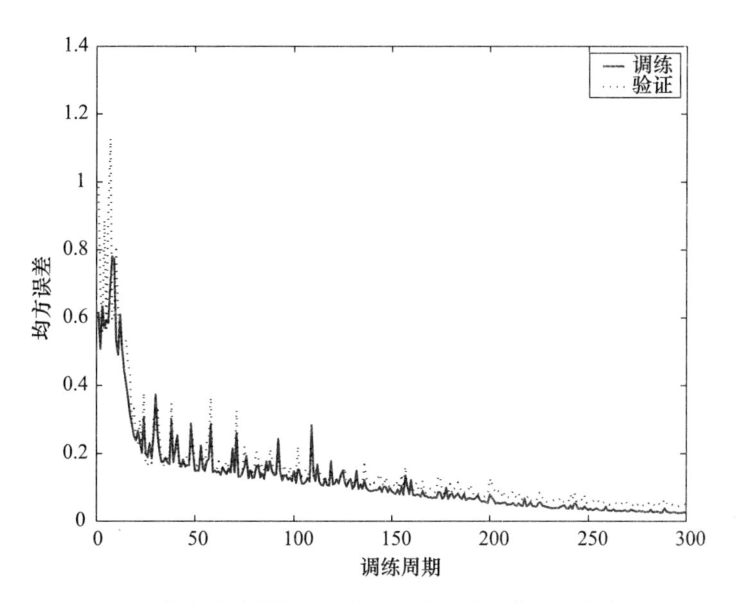

图 11-9 作为训练周期的函数，训练和验证集上的均方误差

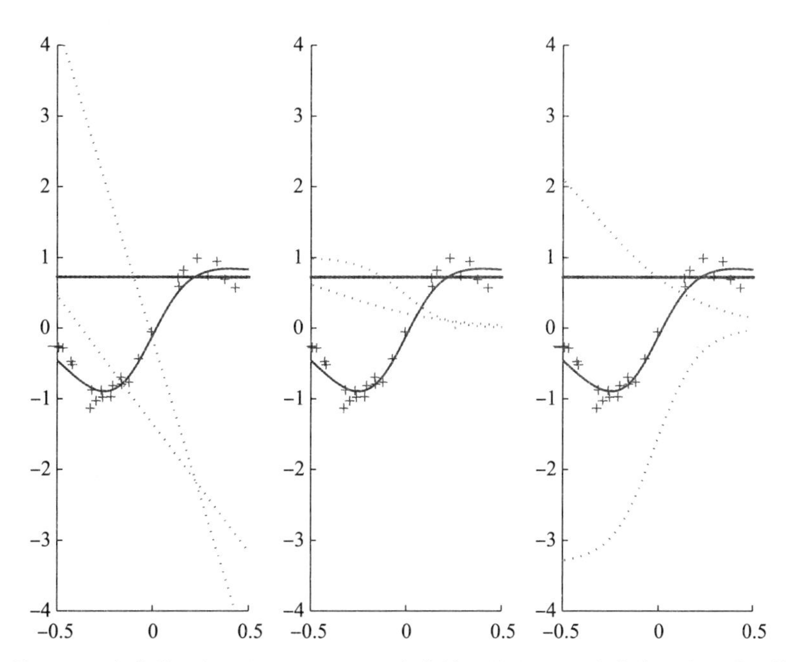

图 11-10 a) 第一层上隐藏单元权重的超平面，b) 隐藏单元输出，c) 隐藏单元输出乘以第二层的权重。纤细线显示两个 S 形隐藏单元，一个乘以负权重，相加时实现隆起。使用更多的隐藏单元可以得到更好的近似(参见图 11-12)

还可以有多个输出单元。在这种情况下，同时学习多个回归问题。我们有

$$y_i^t = \sum_{h=1}^{H} v_{ih} z_h^t + v_{i0} \tag{11-17}$$

而误差是

$$E(\mathbf{W},\mathbf{V} \mid \mathcal{X}) = \frac{1}{2}\sum_t \sum_i (r_i^t - y_i^t)^2 \tag{11-18}$$

批量更新规则为

$$\Delta_{jh} = \eta \sum_t (r_i^t - y_i^t) z_h^t \tag{11-19}$$

$$\Delta w_{hj} = \eta \sum_t \Big[\sum_i (r_i^t - y_i^t) v_{ih} \Big] z_h^t (1 - z_h^t) x_j^t \tag{11-20}$$

$\sum_i (r_i^t - y_i^t) v_{ih}$ 是从所有输出单元累积的隐藏单元 h 的向后传播误差。算法的伪代码在图 11-11 中。注意，在这种情况下，所有输出单元共享相同的隐藏单元，因而使用相同的隐藏表示，因此我们假定对应于这些不同的输出，我们有相关的预测问题。一种可供选择的方法是对每个回归问题训练一个多层感知器，每个都有自己的隐藏单元。

```
将所有的 v_ih 和 w_hj 初始化为 rand(−0.01, 0.01)
Repeat
  For 随机次序下所有的(x^t, r^t) ∈ X
    For h=1, …, H
      z_h ← sigmoid(w_h^T x^t)
    For i=1, …, K
      y_i = v_i^T z
    For i=1, …, K
      Δv_i = η(r_i^t − y_i^t) z
    For h=1, …, H
      Δw_h = η( Σ_i (r_i^t − y_i^t) v_ih ) z_h (1 − z_h) x^t
    For i=1, …, K
      v_i ← v_i + Δv_i
    For h=1, …, H
      w_h ← w_h + Δw_h
Until 收敛
```

图 11-11 为具有 K 个输出的回归训练多层感知器的向后传播算法。容易调整代码用于两类问题(设置单个 S 形输出)和 $K>2$ 类问题(使用软最大输出)

11.7.2 两类判别式

当有两个类时，一个输出单元就足够了：

$$y^t = \text{sigmoid}\Big(\sum_{h=1}^{H} v_h z_h^t + v_0 \Big) \tag{11-21}$$

它近似 $P(C_1 | \boldsymbol{x}^t)$ 和 $\hat{P}(C_2 | \boldsymbol{x}^t) \equiv 1 - y^t$。从 10.7 节，我们知道在此情况下，误差函数是

$$E(\mathbf{W}, \boldsymbol{v} | \mathcal{X}) = -\sum_t r^t \log y^t + (1 - r^t) \log(1 - y^t) \tag{11-22}$$

实现梯度下降的更新方程是

$$\Delta v_h = \eta \sum_t (r^t - y^t) z_h^t \tag{11-23}$$

$$\Delta w_{hj} = \eta \sum_t (r^t - y^t) v_h z_h^t (1 - z_h^t) x_j^t \tag{11-24}$$

与简单的感知器一样，回归和分类的更新方程是相同的(这并不意味它们的值相同)。

11.7.3 多类判别式

在 $K>2$ 类分类问题中，有 K 个输出

$$o_i^t = \sum_{h=1}^{H} v_{ih} z_h^t + v_{i0} \tag{11-25}$$

并且我们使用软最大指示类之间的依赖性，即它们是互斥的和穷举的：

$$y_i^t = \frac{\exp o_i^t}{\sum_k \exp o_k^t} \tag{11-26}$$

其中 y_i 近似 $P(C_i | \boldsymbol{x}^t)$。误差函数是

$$E(\mathbf{W}, \mathbf{V} | \mathcal{X}) = -\sum_t \sum_i r_i^t \log y_i^t \tag{11-27}$$

并且我们使用梯度下降得到更新方程：

$$\Delta v_{ih} = \eta \sum_t (r_i^t - y_i^t) z_h^t \tag{11-28}$$

$$\Delta w_{hj} = \eta \sum_t \Big[\sum_i (r_i^t - y_i^t) v_{ih} \Big] z_h^t (1 - z_h^t) x_j^t \tag{11-29}$$

285 ~ 289

Richard 和 Lippmann(1991)证明，给定一个足够复杂的网络和足够的训练数据，适当训练的多层感知器估计后验概率。

11.7.4 多个隐藏层

正如我们在前面看到的，可以有多个隐藏层，每个具有自己的权重，并将 S 形函数作用于它的加权和。对于回归，假设有一个多层感知器，具有两个隐藏层，我们有

$$z_{1h} = \text{sigmoid}(\boldsymbol{w}_{1h}^{\mathrm{T}} \boldsymbol{x}) = \text{sigmoid}\Big(\sum_{j=1}^{d} w_{1hj} x_j + w_{1h0} \Big), \quad h = 1, \cdots, H_1$$

$$z_{2l} = \text{sigmoid}(\boldsymbol{w}_{2l}^{\mathrm{T}} \boldsymbol{z}_1) = \text{sigmoid}\Big(\sum_{h=0}^{H_1} w_{2lh} z_{1h} + w_{2l0} \Big), \quad l = 1, \cdots, H_2$$

$$y = \boldsymbol{v}^{\mathrm{T}} \boldsymbol{z}_2 = \sum_{l=1}^{H_2} v_l z_{2l} + v_0$$

其中 $\boldsymbol{w}_{1h}$ 和 $\boldsymbol{w}_{2l}$ 分别是第一和第二层的权重，z_{1h} 和 z_{2h} 分别是第一和第二个隐藏层的单元，而 $\boldsymbol{v}$ 是第三层的权重。训练这种网络是类似的，唯一的区别在于，为了训练第一层的权重，需要向后传播更多层(习题 5)。

11.8 训练过程

11.8.1 改善收敛性

梯度下降具有多种优点。它简单，它是局部的，即权重的改变只使用前后突触单元和误差(适合向后传播)的值。当使用在线训练时，它不需要存储训练集，并且可以自适应学习任务的变化。由于这些原因，它可以(并且已经)用硬件实现。但是，就自身而言，梯度下降收敛很慢。当学习时间很重要时，可以使用更复杂的优化方法(Battiti 1992)。Bishop (1995)详细讨论了训练多层感知器的共轭梯度的应用和二阶方法。然而，有两种频繁使用的简单技术，可以显著地改善梯度下降的性能，使得基于梯度的方法在实际应用中是可行的。

290

1. 动量

令 w_i 为多层感知器任意层中的任意权重，包括偏倚。在每次参数更新时，连续的 Δw_i^t 值可能很不相同以至于可能出现摆动，减缓收敛。t 为时间指数，是批量学习的周期数和在线学习的迭代次数。基本思想是在当前的改变中考虑上一次的更新，取移动平均，好像因上次更新而存在*动量*(momentum)：

$$\Delta w_i^t = -\eta \frac{\partial E^t}{\partial w_i} + \alpha \Delta w_i^{t-1} \tag{11-30}$$

通常，α 在 0.5～1.0 之间取值。当使用在线学习时，这种方法特别有用。我们将得到平均和光滑收敛轨迹的效果。缺点是需要将过去的 Δw_i^{t-1} 存放在额外的存储器中。

2. 自适应学习率

在梯度下降中，学习因子 η 决定参数的改变量。它通常在 0.0～1.0 之间取值，大部分情况下小于或等于 0.2。为了更快收敛，可以让它自适应。学习进行时它保持较大，学

习减慢时它也减小：

$$\Delta\eta = \begin{cases} +a & \text{如果 } E^{t+\tau} < E^t \\ -b\eta & \text{否则} \end{cases} \tag{11-31}$$

这样，如果训练集上的误差减小，则 η 增加一个常量；如果误差增大，则 η 减小。由于 E 可能从一个周期到另一个周期震荡，所以最好用过去几个周期的平均值作为 E^t。

11.8.2 过分训练

具有 d 个输入、H 个隐藏单元、K 个输出的多层感知器在第一层有 $H(d+1)$ 个权重，第二层有 $K(H+1)$ 个权重。MLP 的时间和空间复杂度都是 $\mathcal{O}(H\cdot(K+d))$。用 e 表示训练周期数，则训练时间复杂度为 $\mathcal{O}(e\cdot H\cdot(K+d))$。

291

在一个应用中，d 和 K 都是预先确定的，而 H 是参数，我们用它来调整模型的复杂性。从前面的章节我们知道，过于复杂的模型记住了训练集中的噪声，不能泛化到验证集。例如，先前我们在多项式回归中已经看到这种现象，那里我们看到噪声或小样本的出现增加了多项式的阶，导致更糟糕的泛化。类似地，在 MLP 中，当隐藏单元数很大时，泛化精度恶化（参见图 11-12），并且像任何统计学估计一样，对于 MLP，也存在偏倚/方差的两难选择（Geman，Bienenstock 和 Doursat 1992）。

当训练持续时间过长时，类似的事情也会发生：随着训练周期的增加，训练集上的误差降低，但是当超过某一点时，验证集上的误差开始增加（参见图 11-13）。回忆一下，初始时所有的权重都接近于 0，因此影响都很小。随着训练继续进行，大部分重要的权重开始远离 0 并发挥作用。但是，如果训练一直继续，则训练集上的误差越来越小，几乎所有的权重都被更新，远离 0 成为有效的参数。这样，随着训练继续进行，就像将新的参数添加到系统中一样，增加了系统的复杂度，导致糟糕的泛化。学习应当在不是太晚时停止，以减轻过分训练（overtraining）问题。停止训练的最佳点和最佳隐藏单元数通过交叉验证确定，这涉及在训练期间未曾见过的验证集上测试网络的性能。

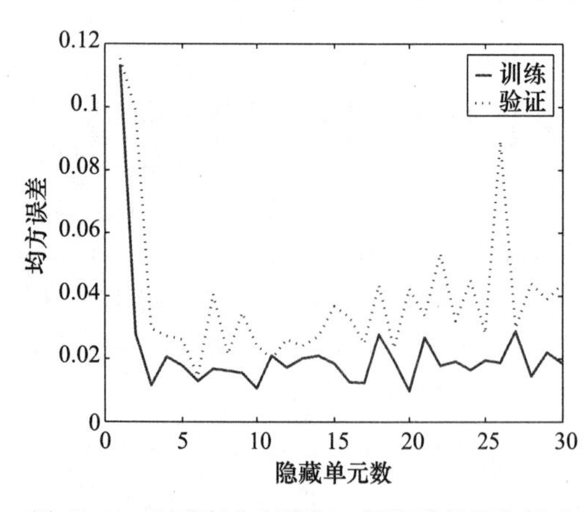

图 11-12 随着复杂度增加，训练误差固定但验证误差开始增加，网络开始过拟合

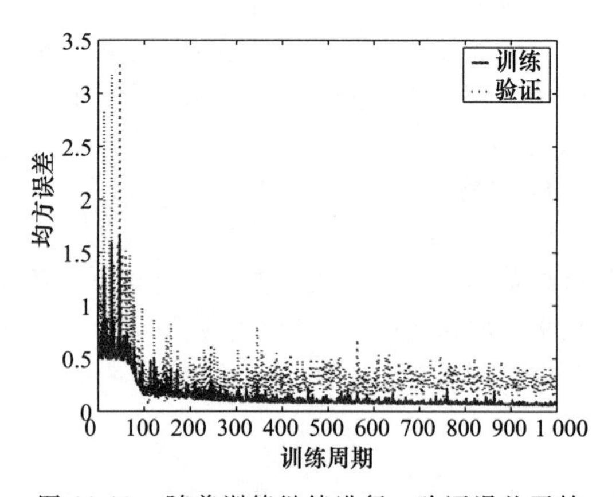

图 11-13 随着训练继续进行，验证误差开始增加，网络开始过拟合

由于非线性性，误差函数可能具有多个极小，而梯度下降收敛于最近的极小。为了能够评估期望的误差，通常以不同的初始权重开始，对相同的网络训练多次，并且计算验证误差的平均值。

11.8.3 构造网络

在某些应用中，我们可能相信输入具有局部结构。例如，在视频中，我们知道邻近的像素是相关的，并且存在诸如边、角等局部特征。任何对象，如手写体数字，都可以定义为这些图元的组合。类似地，在语音中，存在时间局部性，并且时间上相近的输入可能组成语音基元。组合这些基元，可以定义较长的发音，如语音音素。在这种情况下，在设计MLP时，并不是将隐藏单元连接到所有的输入单元，因为并非所有的输入都是相关的。另外，我们定义隐藏单元，它在输入空间上定义一个输入窗口，并且仅与输入的一个小的局部子集相连接。这样做减少了连接数，从而减少了自由参数的数目(Le Cun 等 1989)。

我们可以在连续层重复这一做法，每层连接下一层的少量局部单元，并且通过组合下面输入空间的较大部分，检测更复杂的特征，直到输出层(参见图 11-14)。例如，输入可能是像素。通过观察像素，第一个隐藏层的单元可以学习检测各方向的边。然后，通过组合一些边，第二个隐藏层的单元可以学习检测边的组合(例如，弧、角、线段)，并且在较高层组合它们。这些单元可以寻找半圆、矩形，或者在人脸识别应用中，寻找眼、嘴等。这是*层次锥体*(hierarchical cone)的一个例子，随着我们沿着网络向上直到得到类，特征越来越复杂、抽象，并且数量越来越少。这种结构称作*卷积神经网络*(convolutional neural network)，其中每个隐藏单元的工作被认为是其输入与其权重向量的一个卷积。先前的类似结构是*神经认知机*(neocognitron)(Fukushima 1980)。

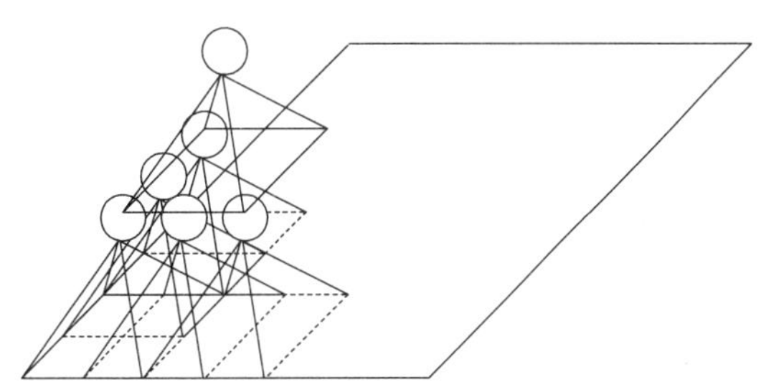

图 11-14 一个结构化的 MLP。每个单元都连接到其下单元的一个局部组，并检测一个特定的特征(例如，视频中的边、角等)。每个区域只显示了一个隐藏单元。通常，有许多用于检测不同局部特征的隐藏单元

在这种情况下，我们可以通过*权重共享*(weight sharing)进一步减少参数的数目。再次以图像识别为例，我们可以看到，在我们寻找像有向边这样的特征时，它们可能出现在输入空间的不同部分。因此，不是定义独立的隐藏单元学习输入空间不同部分的不同特征，我们可以有考察输入空间的不同部分的相同隐藏单元的拷贝(参见图 11-15)。在学习期间，我们取不同的输入计算梯度，然后对它们取平均值，并做单个更新。这意味着单个参数定义多个连接上的权重。此外，由于一个权重上的更新基于多个输入的梯度，所以训练集实际上就好像在成倍增加。

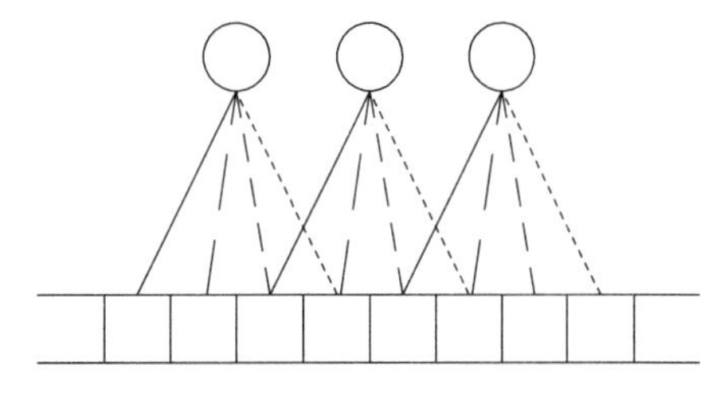

图 11-15 在权重共享中，不同的单元具有到不同输入的连接，但是共享相同的权重值(用线型表示)。只显示了一组单元；应当有多组单元，每个检测不同的特征

11.8.4 线索

局部结构的知识使得我们可以预先构造多层网络，并且使用权重共享使得它具有较少的参数。具有全连接层的 MLP 不具有这种结构，并且更难训练。如果可能，与应用相关

的任何类型的知识都应当构建到网络结构中。这些称作*线索*(hint)(Abu-Mostafa 1995)。它们是我们知道的目标函数的性质，独立于训练实例。

292 ~ 295

在图像识别中，存在一些不变性线索：当对象旋转、变换或缩放时，它的身份不变(参见图 11-16)。线索是辅助信息，可以用来指导学习过程，并且当训练集有限时特别有用。使用线索可以有不同的方法：

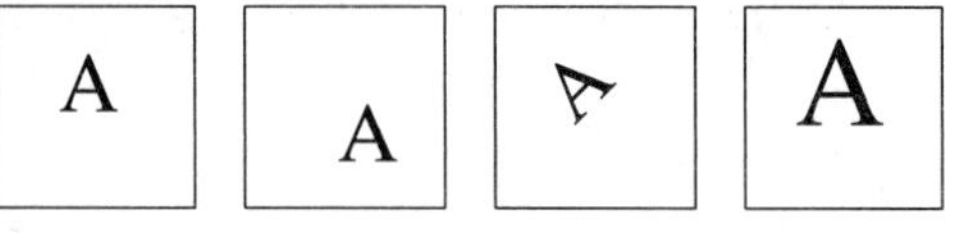

图 11-16　当对象变换、旋转或缩放时，它的恒等性不变。注意这并非总是为真，或者可能在某种程度为真："b"和"q"互为旋转版本。这些是可以纳入到学习过程中的线索使得学习更容易

1) 可以使用线索创建*虚拟实例*(virtual example)。例如，知道对象是缩放不变的，从给定的训练实例，我们可以用不同的尺寸产生多个拷贝，并以相同的类标号将它们添加到训练集中。这样做的优点是增大了训练集且不需要对学习方法做任何修改。问题可能是对于学习方法，可能需要太多实例来学习不变性。

2) 不变性可以作为预处理阶段实现。例如，光学字符阅读器可以有一个预处理步骤，将输入字符的图像关于尺寸和倾斜进行中心化和规范化。当可行时，这是最简单的解决方案。

3) 线索可以纳入网络结构中。我们在 11.8.3 节看到的局部结构和权重共享就是一个例子，它对小变换和旋转得到不变性。

4) 也可以通过修改误差函数纳入线索。假设我们知道从应用角度来说，$\boldsymbol{x}$ 和 $\boldsymbol{x}'$ 是相同的，其中 $\boldsymbol{x}'$ 可能是 $\boldsymbol{x}$ 的"虚拟实例"。也就是说，当 $f(\boldsymbol{x})$ 是我们要近似的函数时，$f(\boldsymbol{x})=f(\boldsymbol{x}')$。让我们用 $g(\boldsymbol{x}|\theta)$ 表示近似函数，例如 MLP，其中 θ 是它的权重。然后，对于所有这样的$(\boldsymbol{x}, \boldsymbol{x}')$，我们定义罚函数

296

$$E_h = [g(\boldsymbol{x}|\theta) - g(\boldsymbol{x}'|\theta)]^2$$

并把它作为一个额外项加到通常的误差函数中：

$$E' = E + \lambda_h \cdot E_h$$

这是一个罚项，惩罚预测不服从线索的案例，而 λ_h 是这种惩罚的权重(Abu-Mostafa 1995)。

另一个例子是近似线索。假设对于 $\boldsymbol{x}$，我们不知道准确的 $f(\boldsymbol{x})$值，但是我们知道它在区间$[a_x, b_x]$中，则我们添加的罚项是：

$$E_h = \begin{cases} 0 & \text{如果 } g(x|\theta) \in [a_x, b_x] \\ (g(x) - a_x)^2 & \text{如果 } g(x|\theta) < a_x \\ (g(x) - b_x)^2 & \text{如果 } g(x|\theta) > b_x \end{cases}$$

这类似于支持向量机回归使用的误差函数(13.10 节)，它容忍小的近似误差。

还有一个例子是*正切支撑*(tangent prop)(Simard 等 1992)，其中变换与我们定义的线索相对。例如，旋转一个角度用一个函数建模。通常的误差函数被修改(添加另一个项)，使得参数可以沿着这条变换线移动而不改变误差。

11.9　调整网络规模

前面我们看到，当网络太大且具有太多的自由参数时，泛化可能不好。为了寻找最佳的网络规模，最常用的方法是尝试不同的结构，在训练集上训练它们，并选择对验证集泛化最好的结构。另一种方法是将*结构自适应*(structural adaptation)合并到学习算法中。有

两种方法可以做这件事：

1）在*破坏性*(destructive)方法中，我们从一个大网络开始，逐步删除不必要的单元和连接。

2）在*建设性*(constructive)方法中，我们从一个小网络开始，逐步增加改善性能的单元和连接。

297

一种破坏性方法是*权衰减*(weight decay)，其基本思想是删除不必要的连接。理想地，为了能够确定一个单元或连接是否必要，我们需要使用它训练一次，不使用它训练一次，并检查独立的验证集上的误差之差。这种开销很大，因为这件事需要在单元/连接的所有组合上进行。

假设如果一个连接的权重为0，则没有使用它。我们给每个连接一个衰减到0的趋势，使得除非为了降低误差它被明显地加强，否则它将消失。对于网络中的任意权重 w_i，我们使用更新规则：

$$\Delta w_i = -\eta \frac{\partial E}{\partial w_i} - \lambda w_i \tag{11-32}$$

这等价于在具有一个附加的罚项的误差函数上做梯度下降，惩罚具有许多非零权重的网络：

$$E' = E + \frac{\lambda}{2}\sum_i w_i^2 \tag{11-33}$$

较简单的网络是较好的泛化器暗示我们通过增加一个罚项来实现。注意，我们并不是说简单的网络总是比大网络好。我们是说如果有两个具有相同训练误差的网络，则较简单的那个(即具有较少权重的那个)可以更好地泛化到验证集上的可能性较高。

式(11-32)中第二项的效果像一个弹簧，将每个权重拉向0。从一个接近于0的值开始，除非实际误差的梯度很大并导致更新，否则由于第二项，权重将逐渐衰减为0。λ 是参数，决定训练集上的误差和由于非零参数导致的复杂性的相对重要性，因此决定衰减速度：使用大的 λ，无论训练误差多大，权重将被拉向0；使用小的 λ，对非零权重的惩罚不大。使用交叉验证对 λ 进行微调。

不是从大网络开始并剪去不必要的连接或单元，我们也可以从小网络开始，必要时添加单元和相关的连接(参见图11-17)。在*动态节点创建*(dynamic node creation)中(Ash 1989)，训练具有一个隐藏层一个隐藏单元的MLP且收敛后如果误差仍然很高，则添加一个隐藏单元。随机初始化新添加单元的输入权重和输出权重并与先前存在的权重一起训练。先前存在的权重不再重新初始化，而是从先前的值开始训练。

298

在*级联相关*(cascade correlation)中(Fahlman 和 Lebiere 1990)，每个添加的单元是另一个隐藏层中的新的隐藏单元。每个隐藏层只有一个单元，连接到它前面所有隐藏单元和输入。已存在的权重被冻结，不再训练，只训练新添加单元的输入和输出权重。

动态节点创建在已经存在的隐藏层中创建一个新的隐藏单元，而不增加新的隐藏层。级联关联总是创建具有单个单元的新的隐藏层。理想的建设性方法应当能够决定何时引进一个新的隐藏层，何时向已有的隐藏层添加一个新单元。这是一个尚待解决的研究问题。

增量算法很有趣，因为它在学习期间不仅修改参数，而且修改模型结构。我们可以考虑多层感知器的结构定义的空间和在该空间中对应于增加/删除单元或层的操作的移动(Aran 等 2009)。于是，增量算法在这个状态空间搜索，(按照某种次序)尝试这些操作，并根据某种优劣度量(例如，复杂度与验证误差的某种组合)接受或拒绝。另一个例子是多项式回归，其中高阶项在训练阶段自动地添加/删除，使得模型的复杂度与数据的复杂度相适应。随着计算费用逐渐降低，这种自动的模型选择将成为学习过程的一部分自动地进行，而不需要用户干预。

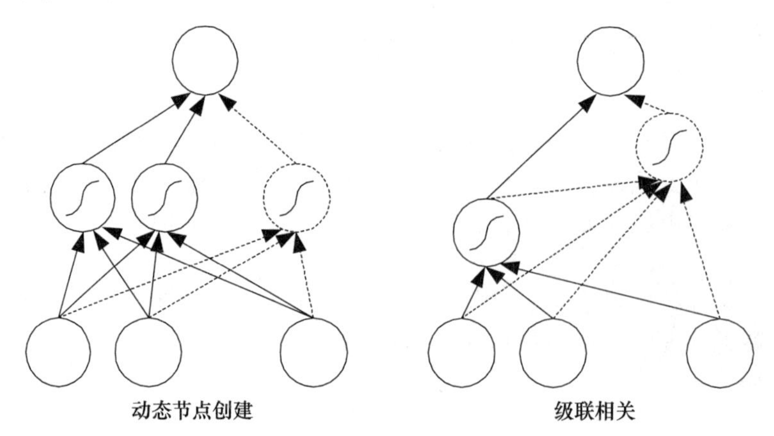

图 11-17　建设性方法的两个例子。动态节点创建向一个已存在的隐藏层添加一个单元。级联相关添加每个单元作为新的隐藏层，连接到前面的所有层。虚线表示新增加的单元/连接。为了清晰起见，忽略了偏倚单元/权重

11.10　学习的贝叶斯观点

贝叶斯方法在训练神经网络时将参数(即连接权重 w_i)看作取自先验分布 $p(w_i)$的随机变量，并计算给定数据的后验概率

$$p(\boldsymbol{w}\mid\mathcal{X})=\frac{p(\mathcal{X}\mid\boldsymbol{w})P(\boldsymbol{w})}{p(\mathcal{X})} \tag{11-34}$$

其中 $\boldsymbol{w}$ 是网络的所有权重的向量。MAP 估计 $\hat{\boldsymbol{w}}$是后验的众数

$$\hat{\boldsymbol{w}}_{\text{MAP}}=\arg\max_{\boldsymbol{w}}\log p(\boldsymbol{w}\mid\mathcal{X}) \tag{11-35}$$

取式(11-34)的对数，得到

$$\log p(\boldsymbol{w}\mid\mathcal{X})=\log p(\mathcal{X}\mid\boldsymbol{w})+\log p(\boldsymbol{w})+C$$

右边的第一项是对数似然，而第二项是先验概率的对数。如果权重是独立的，并且先验概率取作高斯分布$\mathcal{N}(0,1/2\lambda)$

$$p(\boldsymbol{w})=\prod_i p(w_i)\quad 其中\ p(w_i)=c\cdot\exp\left[-\frac{w_i^2}{2(1/2\lambda)}\right] \tag{11-36}$$

则 MAP 估计最小化增广误差函数

$$E'=E+\lambda\|\boldsymbol{w}\|^2 \tag{11-37}$$

其中 E 为通常的分类或回归误差(负的对数似然)。这个增广误差正是我们在权重衰减(参见式(11-33))中使用的误差函数。使用较大的 λ 意味着较小的参数可变性，对它们施加更大的力量，使之接近于 0，并且更多地考虑先验而不是数据；如果 λ 较小，则允许较大的参数可变性。这种删除不必要的参数的方法在统计学中称作岭回归(ridge regression)。

299～300

这是使用代价函数、结合对数据的拟合和模型复杂度正则化(regularization)的另一个例子

$$代价=数据错拟合+\lambda\cdot复杂度 \tag{11-38}$$

MacKay(1992a,b)讨论了在训练多层感知器时使用贝叶斯估计。我们将在第 16 章更详细地讨论贝叶斯估计。

经验表明，训练后多层感知器的大部分权重都围绕 0 正态分布，证明使用权重衰减是正确的。但是，并非总是这种情况。Nowlan 和 Hinton(1992)提出了软权重共享(soft weight sharing)，其中权重取自混合高斯分布，允许它们形成多个而不是一个簇。此外，这些簇的中心可以在任何地方，而不必在 0，并且具有可以修改的方差。这将式(11-36)的先验概率改变成 $M \geqslant 2$ 个高斯混合

$$p(w_i) = \sum_{j=1}^{M} \alpha_j p_j(w_i) \tag{11-39}$$

其中 α_j 是先验，$p_j(w_i) \sim \mathcal{N}(m_j, s_j^2)$ 是高斯分量。M 由用户设置，而 α_j、m_j 和 s_j 从数据中学习。在训练阶段使用这种先验并用它的对数增广误差函数，权重收敛以降低误差，并且还自动地分组以提高对数先验。

11.11　维度归约

在多层感知器中，如果隐藏单元数小于输入数，则第一层进行维度归约。这种归约形式和隐藏单元生成的新空间依赖于 MLP 的训练目的。如果 MLP 用来分类，输出单元紧随隐藏层，则定义新空间并学习映射来降低分类误差(参见图 11-18)。

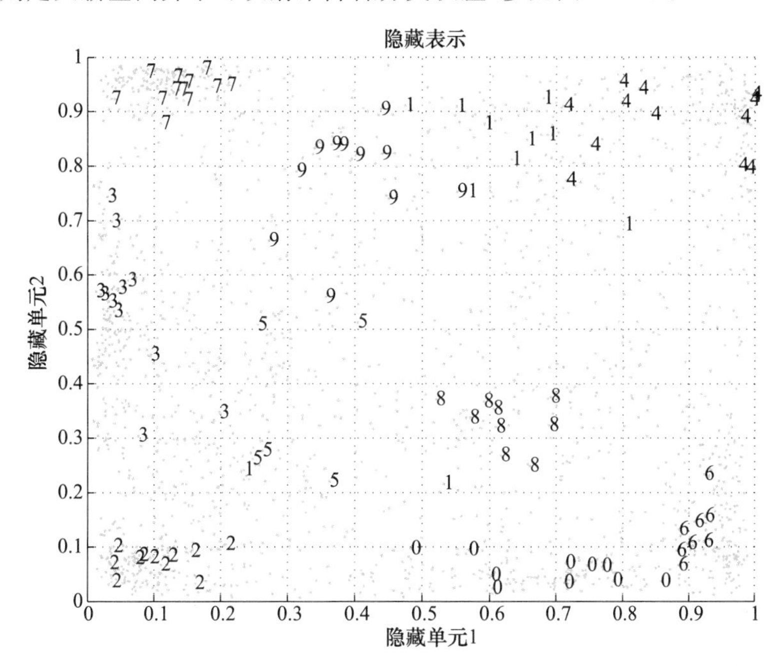

图 11-18　绘制在用于分类的训练后的 MLP 的两个隐藏单元的空间中的 Optdigits 数据。只显示了 100 个数据点的标号。该 MLP 具有 64 个输入、2 个隐藏单元和 10 个输出，具有 80% 的准确率。由于 S 形函数，隐藏单元的值在 0～1 之间，并且类在角落附近聚集。可以将该图与第 6 章的图比较。第 6 章的图在相同的数据集上使用其他维度归约方法绘制

通过分析权重，我们可以明白 MLP 在做什么。我们知道当两个向量相等时点积最大。因此，我们可以认为每个隐藏单元定义了其输入权重的模板，并通过分析这些模板，可以从训练后的 MLP 中提取知识。如果输入是规范化的，则权重告诉我们它们的相对重要性。这样的分析并不容易，但是让我们洞察 MLP 在做什么，并使我们可以窥视黑箱。

一种有趣的结构是自动关联器(autoassociator)(Cottrell，Munro 和 Zipser 1987)。这是一种 MLP 结构，其中输出与输入一样多，并定义期望输出等于输入(参见图 11-19)。为了能够在输出层重新产生输入，MLP 被迫寻找输入在隐藏层的最佳表示。当隐藏单元数小于输入数时，这意味着维度归约。一旦训练完成，从输入到隐藏层的第一层充当编码

301～302

器，而隐藏单元的值形成编码表示。从隐藏单元到输出单元的第二层充当解码器，由原始信号的编码表示重构原始信号。

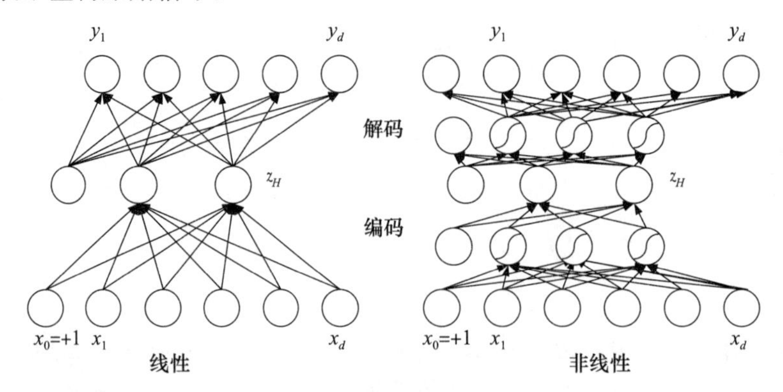

图 11-19 在自动编码器中，输出与输入一样多且期望的输出是输入。当隐藏单元数小于输入数时，MLP 被训练以便发现输入在隐藏层上的最佳编码，实现维度归约。左边第一层充当编码器，第二层充当解码器。在右边，如果编码器和解码器是具有 S 形隐藏单元的多层感知器，则网络进行非线性维度归约

已经证明(Bourlard 和 Kamp 1988)，具有一个隐藏层的自动编码 MLP 实现主成分分析(6.3 节)，不同之处在于隐藏单元的权重不是使用特征值按重要性排序的特征向量，但是它与 H 个主特征向量生成相同的空间。如果编码器和解码器不是一层，而是在隐藏单元具有 S 形非线性的多层感知器，则编码器实现非线性的维度归约(Hinton 和 Salakhutdinov 2006)。在 11.13 节，我们将讨论由多个非线性隐藏层的“深度”网络。

303

另一种使用 MLP 进行维度归约的方法是通过多维定标(6.7 节)。Mao 和 Jain(1995) 说明了如何使用 MLP 学习 Sammon 映射(Sammon mapping)。回忆式(6-37)，Sammon 应力定义为

$$E(\theta|\mathcal{X})=\sum_{r,s}\left[\frac{\|g(\boldsymbol{x}^r|\theta)-g(\boldsymbol{x}^s|\theta)\|-\|\boldsymbol{x}^r-\boldsymbol{x}^s\|}{\|\boldsymbol{x}^r-\boldsymbol{x}^s\|}\right]^2 \tag{11-40}$$

一个具有 d 个输入，H 个隐藏单元和 $k<d$ 个输出单元的 MLP 用来实现 $g(\boldsymbol{x}|\theta)$，将 d 维输入映射到一个 k 维向量，其中 θ 对应于 MLP 的权重。给定一个数据集 $\mathcal{X}=\{\boldsymbol{x}^t\}_t$，我们可以使用梯度下降直接最小化 Sammon 应力来学习 MLP(即 $g(\boldsymbol{x}|\theta)$)，使得 k 维表示之间的距离与原始空间中的距离尽可能接近。

11.12 学习时间

到目前为止，我们一直关注输入一次全部提供的情况。在某些应用中，输入是时间数据，我们需要学习时间序列。换句话说，输出也可能随时间变化。例子有

- *序列识别*(sequence recognition)。这是把给定的序列指派到多个类中的一个。语音识别是一个例子，其中输入信号序列是口语语音，而输出是词的编码。也就是说，输入随时间变化，但输出不随时间变化。
- *序列再现*(sequence reproduction)。这里，在看到给定序列的一部分之后，系统将预测其余部分。时间序列预测是一个例子，这里输入是给定的，但输出是变化的。
- *时间关联*(temporal association)。这是最一般的情况，其中特定的输出序列作为特定的输入序列之后的输出给出。输入和输出序列可能不同。这里，输入和输出都随时间变化。

11.12.1 时间延迟神经网络

识别时间序列的最简单方法是把它转换成空间序列。然后可以利用前面讨论的任意方法进行分类。在时间延迟神经网络(time delay neural network)中(Waibel 等 1989)，前面的输入被延迟，以便与最后的输入同步，并且一起作为输入提交系统(参见图 11-20)。然后，使用向后传播训练权重。为了提取局部于时间的特征，可以有结构化连接层和权重共享，以便得到变换的时间不变性。这种结构的主要限制是我们滑过序列的时间窗口大小应当预先固定。

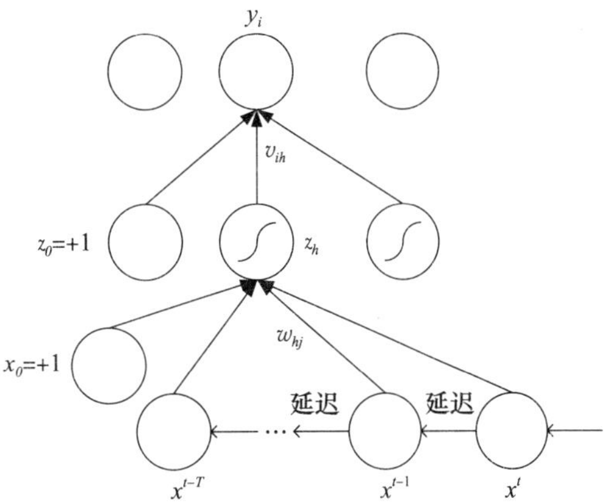

304

图 11-20 一个时间延迟神经网络。长度为 T 的时间窗口中的输入被延迟，直到可以将所有 T 个输入作为输入向量提供给 MLP

11.12.2 递归网络

在递归网络(recursive network)中，除了前馈连接之外，单元具有自连接或到前面层的连接。这种递归性充当短期记忆，并使网络记住过去发生的事。

在大部分情况下，我们使用部分递归网络，其中有限多个递归连接被添加到多层感知器中(参见图 11-21)。这结合了多层感知器的非线性近似能力和递归的时间表达能力的优点，并且这样的网络可以用来实现三种时间关联任务中的任何一种。还可以在递归向后连接中具有隐藏单元，这些称作上下文单元(context unit)。给定具体应用，如何选择最佳的网络结构尚无已知的形式化结果。

305

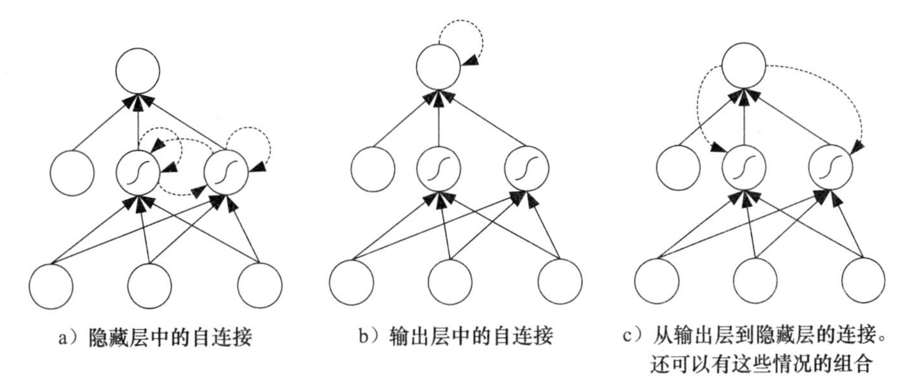

a）隐藏层中的自连接　b）输出层中的自连接　c）从输出层到隐藏层的连接。还可以有这些情况的组合

图 11-21 具有部分递归的 MLP 的例子。递归连接用虚线显示

如果序列具有较小的最大长度，则可以使用按时间展开(unfolding in time)，将任意的递归网络转换成等价的前馈网络(参见图 11-22)。为不同时间的拷贝创建单独的单元和连接。结果网络可以用向后传播训练，附加的要求是每个连接的所有拷贝应当保持相等。与权重共享一样，方法是按时间对不同权重的改变求和，并用平均值更新权重。这称作通过时间向后传播(backpropagation throught time)(Rumelhart，Hinton 和 Willams 1986b)。这种方法的问题是，如果序列的长度很长，则存储需求量很大。实时递归学习(real time recursive learning)(William 和 Zipser 1989)是一种训练递归网络而不展开的算法，并且具有可以用于任意长度序列的优点。

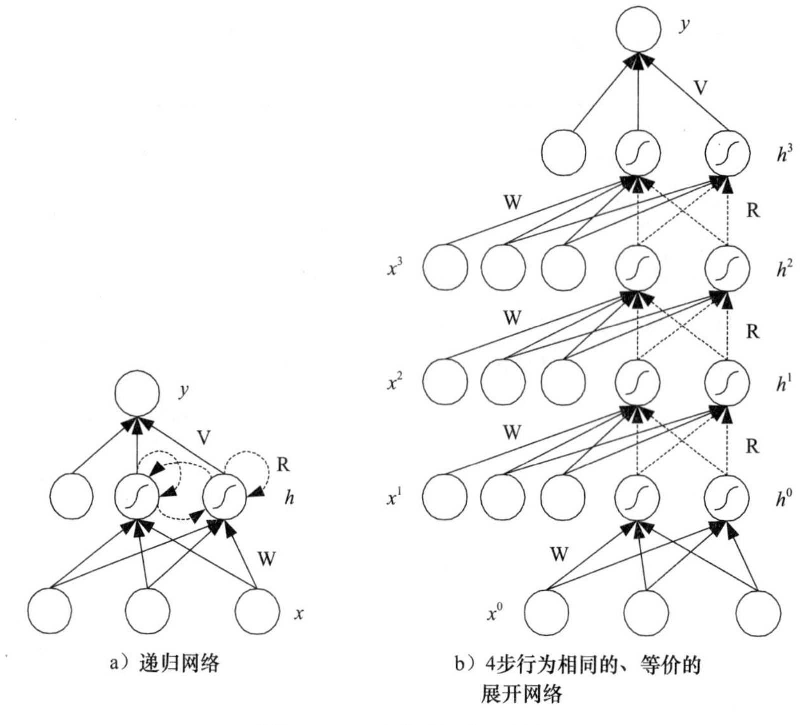

图 11-22　通过时间向后传播

11.13　深度学习

当线性模型不充分时，一种可能的方法是，用输入的非线性函数定义新的特征(例如，高阶项)，然后在这些特征的空间上建立线性模型。我们在 10.2 节中讨论过这一问题。这要求我们知道这种好的基函数是什么。另一种可能的方法是，使用 6 章讨论的特征提取方法(例如，PCA 或 Isomap)来学习新空间。这种方法的优点是它们都在数据上训练。然而，最好的方法似乎是使用 MLP，在它的隐藏层提取这种特征。这种 MLP 的优点是，第一层(特征提取)和第二层(组合这些特征来预测输出)在耦合和监督的方式下一起学习。

具有一个隐层的 MLP 的能力有限，而使用具有多个隐藏层的 MLP 可以学习输入的更复杂的函数。这就是深度神经网络(deep neural networks)背后的思想。在深度神经网络中，从未加工的输入开始，每个隐藏层都组合前一层的值，学习输入的更复杂的函数。

306～307

深度网络的另一个特点是，连续的隐藏层对应于更抽象的表示，直至到达输出层。输出层使用这些最抽象的概念学习输出。

我们在卷积神经网络中看到了一个这种例子(11.8.3 节)，它从像素开始，得到边，然后是角，等等，直到得到数字。但是，为了定义连通性和整体结构，用户的知识是必要的。考虑一个人脸识别 MLP，其中输入是图像的像素，每个隐藏单元都连接到所有的输入。在这种情况下，网络不知道输入是人脸图像，甚至不知道输入是二维的。输入只是值的向量。使用其隐藏单元被馈入局部二维小片的卷积网络是一种提供这一信息学习正确抽象的方式。

在深度学习中，基本思想是以最小的人力学习递增的抽象的特征层(Bengio 2009)。这是因为在大多数应用中，我们不知道输入有什么结构、有何种依赖关系(例如，局部性)应在训练时自动发现。正是这种依赖、模式或规律的提取允许抽象和学习通用描述。

训练具有多个隐藏层的 MLP 的一个主要问题是，在把误差向后传播到先前的层时，需要把后面所有层中的导数相乘，使梯度变成零。这也就是展开递归神经网络(11.12.2 节)学习很慢的原因。在卷积神经网络中这不会发生，因为隐藏单元的扇入和扇出一般都很小。

通常，深度神经网络一次训练一层(Hinton 和 Salakhutdinov 2006)。每一层的目的是提取馈入它的数据中的显著特征，而像 11.11 节讨论的自动编码器这样的方法都可以用于这一目的。附加的优点是为此可以使用未标记的数据。这样，从未加工的输入开始，训练一个自动编码器，然后把在其隐藏层学习的编码表示作为输入，训练下一个自动编码器，以此类推，直至到达最后一层。最后一层使用标记的数据，以监督的方式训练。一旦所有的层都用这种方式逐层完成训练，就把它们都组装在一起，并使用标记的数据对整个网络进行微调。

如果有许多标记数据和强大的计算能力，则整个深度网络可以以监督的方式进行训练。但是目前的共识是，使用非监督方法初始化权重比随机初始化好得多——学习可以更快，并且使用更少的标记数据。 308

深度学习方法是有吸引力的，主要是因为它们需要较少的人工干预。我们不需要手工制作正确的特征或合适的基函数(或核——第 13 章)，也不必担心合适的网络结构。一旦我们有数据(如今我们有“大”数据)和足够的计算能力，我们就只需等待，让学习算法独自发现所需要的一切。

深层学习背后的多层抽象思想是直观的。不仅在视觉(手写体数字或面部图像)，而且在许多应用中，我们都可以考虑抽象层，并发现这种抽象表示将提供更丰富的信息。例如，它允许可视化和更好的问题描述。

考虑机器翻译。例如，从一个英语句子开始，在从对英语的词法、句法和语义规则编码的、非常大的英语句子语料库中自动学习的多层处理和抽象中，我们将得到最抽象的表示。现在考虑法语的相同句子。这次从法语语料库学习到的处理层次会不相同，但如果两个句子意思相同，在最抽象的、独立于语言的层次中，它们应该具有非常相似的表示。

11.14 注释

人工神经网络的研究历史与数字计算机一样长。McCulloch 和 Pitts(1943)提出了人工神经网络的第一个数学模型。Rosenblatt(1962)提出了感知器模型和学习算法。Minsky 和 Papert(1969)指出了单层感知器的局限性(例如，XOR 问题)，并且由于那时还没有训练具有隐藏层的多层感知器的算法，所以除了少数地方之外，人工神经网络的工作几乎都停止了。Hopfield(1982)的文章带来了神经网络的复兴。随后出现了并行分布处理(PDP)研究小组编写的两卷并行分布处理的书(Rumelhart 和 McClelland 1986)。似乎向后传播几乎同时在多个地方被发明，而单层感知器的局限性也不复存在。 309

从 20 世纪 80 年代中期开始，出现了关于人工神经网络模型的大量研究，来自各个学科：物理学、统计学、心理学、认知科学、神经系统科学、语言学，更不必说计算机科学、电气工程和自适应控制了。或许，人工神经网络研究的最重要贡献是这种沟通不同学科，尤其是统计学和工程。多亏如此，机器学习领域现在得以确立。

现在，该领域更加成熟，目标被更适当、更好地确定。对向后传播的批评之一是，这不是生物学的言之有理！尽管术语“神经网络”仍然被广泛使用，但是通常把神经网络模型(例如，多层感知器)理解为非参数估计方法，并且分析它的最佳方法是使用统计学方法。

例如，一种类似于多层感知器的统计学方法是*投影追踪*(projection pursuit)(Friedman and Stuetzle 1981)，它表示为

$$y = \sum_{h=1}^{H} \phi_h(\boldsymbol{w}_h^{\mathrm{T}}\boldsymbol{x})$$

不同的是每个"隐藏单元"都具有自己的函数 $\phi_h(\cdot)$，尽管在 MLP 中，它们都是 S 型函数。在第 12 章中，我们将看到另一种称作径向基函数的神经网络结构，它在隐藏单元使用高斯函数。

有各种神经网络教科书。Hertz，Krogh 和 Palmer 1991 是最早的，仍然值得一读。Bishop 1995 重点是模式识别，并详细讨论了可以用于训练的各种优化算法，以及贝叶斯方法，推广了权重衰减。Ripley 1996 从统计学的角度分析了神经网络。

人工神经网络，例如多层感知器，具有各种成功应用。除了成功地用于自适应控制、语音识别和视频之外，有两点值得注意。Tesauro 的 TD-Gammon 程序(Tesauro 1994)使用增强学习(第 18 章)训练多层感知器，并在大师级玩西洋双陆棋。Pomerleau 的 ALVINN 是一个神经网络，通过观察驾驶员学习 5 分钟之后，它可以自动驾驶厢式货车，速度达每小时 20 英里(Pomerleau 1991)。

310

近年来，随着深度学习和深层神经网络的出现，神经网络研究看到了巨大的推动力，并且我们看到它们已应用在许多领域，例如，金融、生物学、自然语言处理等，产生了令人印象深刻的结果。更多信息参见 deeplearning. net。随着每年都有更大的数据和更便宜的处理硬件，它们可望在不久的将来更受欢迎。

11.15 习题

1. 给出计算其输入的 NOT 的感知器。

   解：

$$y = s(-x + 0.5)$$

2. 给出计算其 2 个输入的 NAND 的感知器。
3. 给出计算其 3 个输入的奇偶性的感知器。

   解：

$$h_1 = s(-x_1 - x_2 + 2x_3 - 1.5) \quad (001)$$
$$h_2 = s(-x_1 + 2x_2 - x_3 - 1.5) \quad (010)$$
$$h_3 = s(2x_1 - x_2 - x_3 - 1.5) \quad (100)$$
$$h_4 = s(x_1 + x_2 + x_3 - 2.5) \quad (111)$$
$$y = s(h_1 + h_2 + h_3 + h_4 - 0.5$$

   4 个隐藏单元对应于(x_1，x_2，x_3)的奇偶性为 1 的 4 种情况，即 001、010、100 和 111。然后 OR 它们，计算整个输出。注意，另一种可能的方法是使用 2 位奇偶性计算 3 位奇偶性：(x_1 XOR x_2)XOR x_3。

4. 当隐藏单元使用 tanh 函数而不是使用 S 形函数时，推导更新方程。使用事实 $\tanh' = (1-\tanh^2)$。
5. 为具有 2 个隐藏层的 MLP 推导更新方程。

   解： 先定义向前方程

$$z_{1h} = \text{sigmoid}(\boldsymbol{w}_{1h}^{\mathrm{T}}\boldsymbol{x}) = \text{sigmoid}\left(\sum_{j=1}^{d} w_{1hj}x_j + w_{1h0}\right) \quad h = 1,\cdots,H_1$$

$$z_{21} = \text{sigmoid}(\boldsymbol{w}_{2l}^{\mathrm{T}}\boldsymbol{z}_1) = \text{sigmoid}\left(\sum_{h=0}^{H_1} w_{2lh}z_{1h} + w_{2l0}\right) \quad l = 1,\cdots,H_2$$

311

$$y_i = \boldsymbol{v}_i^{\mathrm{T}}\boldsymbol{z}_2 = \sum_{l=1}^{H_2} v_{il}z_{21} + v_0$$

考虑回归：

$$E=\frac{1}{2}\sum_{t}\sum_{i}(r_i^t-y_i^t)^2$$

我们只是向后传播，即继续链规则，我们可以把一层的误差写成其后面层的误差的函数，把输出层的监督误差带到前面的层：

$$\mathrm{err}_i \equiv r_i^t-y_i^t \Rightarrow \Delta v_{il}=\eta\sum_t \mathrm{err}_i z_{2l}$$

$$\mathrm{err}_{2l} \equiv \Big[\sum_i \mathrm{err}_i v_i\Big] z_{2l}(1-z_{2l}) \Rightarrow \Delta w_{2lh}=\eta\sum_t \mathrm{err}_{2l} z_{1h}$$

$$\mathrm{err}_{1h} \equiv \Big[\sum_l \mathrm{err}_{2l} w_{2lh}\Big] z_{1h}(1-z_{1h}) \Rightarrow \Delta w_{1hj}=\eta\sum_t \mathrm{err}_{1h} x_j$$

6. 考虑一个具有一个隐藏层的 MLP 结构，其中还存在直接从输入到输出单元的权重。解释这种结构何时是有益的，如何训练它。
7. 奇偶性是循环移动不变的。例如，“0101”和“1010”具有相同的奇偶性。使用这个提示，提出一个学习奇偶函数的多层感知器。
8. 在级联相关中，冻结前面已经存在的权重有何优点？
9. 为实现最小化 Sammon 应力(式(11-40))的 Sammon 映射的 MLP，推导更新方程。
10. 在 11.6 节，我们讨论了一个具有两个隐藏层的 MLP 如何实现分段常数近似。证明：如果最后一层的权重不是常数而是输入的线性函数，则我们可以实现分段线性近似。
11. 为软权重共享推导更新方程。

解：为了简单起见，对两类分类假设一个单层网络：

$$y^t=\mathrm{sigmoid}\Big(\sum_i w_i x_i^t\Big)$$

增广误差为

$$E'=\log\sum_t r^t\log y^t+\lambda\sum_i\log\sum_{j=1}^{M}\alpha_j p_j(w_i)$$

[312]

其中 $p_j(w_i)\sim\mathcal{N}(m_j,\ s_j^2)$。注意，$\{w_i\}_i$包括含偏倚在内的所有权重。当使用梯度下降时，得到

$$\Delta w_i^t=\eta(r^t-y^t)x_i^t-\eta\lambda\sum_j\pi_j(w_i)\frac{(w_i-m_j)}{s_j^2}$$

其中

$$\pi_j(w_i)=\frac{\alpha_j p_j(w_i)}{\sum_l \alpha_l p_l(w_i)}$$

是 w_i属于分支 j 的后验概率。更新权重来降低互熵并把它移向最近的高斯均值。使用这种策略，也可以更新混合参数，例如，

$$\Delta m_j=\eta\lambda\sum_i\pi_j(w_i)\frac{(w_i-m_j)}{s_j^2}$$

$\pi_j(w_i)$接近于 1，如果 w_i很可能来自分支 j。在这种情况下，更新 m_j使之更靠近它所代表的权重 w_i。这是一个迭代聚类过程，我们将在第 12 章更详细地讨论这种方法，例如，参见式(12-5)。

12. 在自动编码网络中，如何决定隐藏单元的个数？
13. MLP 结构的增量学习可以看作状态空间搜索。操作是什么？优度函数是什么？什么类型的搜索策略是合适的？以这样方式定义这些，使得动态节点创建和级联相关都是特例。
14. 对于图 11-22 给出的 MLP，为展开网络推导更新方程。

11.16 参考文献

Abu-Mostafa, Y. 1995. "Hints." *Neural Computation* 7:639–671.

Aran, O., O. T. Yıldız, and E. Alpaydın. 2009. "An Incremental Framework Based on Cross-Validation for Estimating the Architecture of a Multilayer Perceptron." *International Journal of Pattern Recognition and Artificial Intelligence* 23:159–190.

Ash, T. 1989. "Dynamic Node Creation in Backpropagation Networks." *Connection Science* 1:365–375.

Battiti, R. 1992. "First- and Second-Order Methods for Learning: Between Steepest Descent and Newton's Method." *Neural Computation* 4:141–166.

Bengio, Y. 2009. "Learning Deep Architectures for AI." *Foundations and Trends in Machine Learning* 2 (1): 1–127.

Bishop, C. M. 1995. *Neural Networks for Pattern Recognition.* Oxford: Oxford University Press.

Bourlard, H., and Y. Kamp. 1988. "Auto-Association by Multilayer Perceptrons and Singular Value Decomposition." *Biological Cybernetics* 59:291–294.

Cottrell, G. W., P. Munro, and D. Zipser. 1987. "Learning Internal Representations from Gray-Scale Images: An Example of Extensional Programming." In *Ninth Annual Conference of the Cognitive Science Society*, 462–473. Hillsdale, NJ: Erlbaum.

Durbin, R., and D. E. Rumelhart. 1989. "Product Units: A Computationally Powerful and Biologically Plausible Extension to Backpropagation Networks." *Neural Computation* 1:133–142.

Fahlman, S. E., and C. Lebiere. 1990. "The Cascade Correlation Architecture." In *Advances in Neural Information Processing Systems 2*, ed. D. S. Touretzky, 524-532. San Francisco: Morgan Kaufmann.

Friedman, J. H., and W. Stuetzle. 1981. "Projection Pursuit Regression." *Journal of the American Statistical Association* 76:817–823.

Fukushima, K. 1980. "Neocognitron: A Self-Organizing Neural Network Model for a Mechanism of Pattern Recognition Unaffected by Shift in Position." *Biological Cybernetics* 36:193–202.

Geman, S., E. Bienenstock, and R. Doursat. 1992. "Neural Networks and the Bias/Variance Dilemma." *Neural Computation* 4:1–58.

Hertz, J., A. Krogh, and R. G. Palmer. 1991. *Introduction to the Theory of Neural Computation.* Reading, MA: Addison-Wesley.

Hinton, G. E., and R. R. Salakhutdinov. 2006. "Reducing the dimensionality of data with neural networks." *Science* 313:504–507.

Hopfield, J. J. 1982. "Neural Networks and Physical Systems with Emergent Collective Computational Abilities." *Proceedings of the National Academy of Sciences USA* 79:2554–2558.

Hornik, K., M. Stinchcombe, and H. White. 1989. "Multilayer Feedforward Networks Are Universal Approximators." *Neural Networks* 2:359–366.

Le Cun, Y., B. Boser, J. S. Denker, D. Henderson, R. E. Howard, W. Hubbard, and L. D. Jackel. 1989. "Backpropagation Applied to Handwritten Zipcode Recognition." *Neural Computation* 1:541–551.

MacKay, D. J. C. 1992a. "Bayesian Interpolation." *Neural Computation* 4:415–447.

MacKay, D. J. C. 1992b. "A Practical Bayesian Framework for Backpropagation Networks" *Neural Computation* 4:448–472.

Mao, J., and A. K. Jain. 1995. "Artificial Neural Networks for Feature Extraction and Multivariate Data Projection." *IEEE Transactions on Neural Networks* 6:296–317.

Marr, D. 1982. *Vision*. New York: Freeman.

McCulloch, W. S., and W. Pitts. 1943. "A Logical Calculus of the Ideas Immenent in Nervous Activity." *Bulletin of Mathematical Biophysics* 5:115–133.

Minsky, M. L., and S. A. Papert. 1969. *Perceptrons*. Cambridge, MA: MIT Press. (Expanded ed. 1990.)

Nowlan, S. J., and G. E. Hinton. 1992. "Simplifying Neural Networks by Soft Weight Sharing." *Neural Computation* 4:473–493.

Pomerleau, D. A. 1991. "Efficient Training of Artificial Neural Networks for Autonomous Navigation." *Neural Computation* 3:88–97.

Posner, M. I., ed. 1989. *Foundations of Cognitive Science*. Cambridge, MA: MIT Press.

Richard, M. D., and R. P. Lippmann. 1991. "Neural Network Classifiers Estimate Bayesian *a Posteriori* Probabilities." *Neural Computation* 3:461–483.

Ripley, B. D. 1996. *Pattern Recognition and Neural Networks*. Cambridge, UK: Cambridge University Press.

Rosenblatt, F. 1962. *Principles of Neurodynamics: Perceptrons and the Theory of Brain Mechanisms*. New York: Spartan.

Rumelhart, D. E., G. E. Hinton, and R. J. Williams. 1986a. "Learning Representations by Backpropagating Errors." *Nature* 323:533–536.

Rumelhart, D. E., G. E. Hinton, and R. J. Williams. 1986b. "Learning Internal Representations by Error Propagation." In *Parallel Distributed Processing*, ed. D. E. Rumelhart, J. L. McClelland, and the PDP Research Group, 318–362. Cambridge, MA: MIT Press.

Rumelhart, D. E., J. L. McClelland, and the PDP Research Group, eds. 1986. *Parallel Distributed Processing*. Cambridge, MA: MIT Press.

Simard, P., B. Victorri, Y, Le Cun, and J. Denker. 1992. "Tangent Prop: A Formalism for Specifying Selected Invariances in an Adaptive Network." In *Advances in Neural Information Processing Systems 4*, ed. J. E. Moody, S. J. Hanson, and R. P. Lippman, 895–903. San Francisco: Morgan Kaufmann.

Tesauro, G. 1994. "TD-Gammon, a Self-Teaching Backgammon Program, Achieves Master-Level Play." *Neural Computation* 6:215–219.

Thagard, P. 2005. *Mind: Introduction to Cognitive Science*. 2nd ed. Cambridge, MA: MIT Press.

Waibel, A., T. Hanazawa, G. Hinton, K. Shikano, and K. Lang. 1989. "Phoneme Recognition Using Time-Delay Neural Networks." *IEEE Transactions on Acoustics, Speech, and Signal Processing* 37:328–339.

Williams, R. J., and D. Zipser. 1989. "A Learning Algorithm for Continually Running Fully Recurrent Neural Networks." *Neural Computation* 1:270–280.

313 ≀ 316

第 12 章

Introduction to Machine Learning, Third Edition

局部模型

我们继续讨论多层神经网络，考察第一层包含局部接受单元的模型；这些局部接受单元响应输入空间的局部区域中的实例。上面第二层对这些局部区域学习回归或分类函数。我们讨论找出重要局部区域以及这些区域中的模型的学习方法。

12.1 引言

进行函数近似的一种方法是将输入空间划分成局部小片，并且在每个局部小片分别学习拟合。在第 7 章，我们讨论了聚类的统计学方法，它使我们能够对输入实例分组并对输入分布建模。竞争方法是用于在线聚类的神经网络方法。本章讨论 k 均值的在线版本以及两种神经网络扩展：自适应共鸣理论(ART)和自组织影射(SOM)。

然后，我们讨论一旦输入局部化，如何实现监督学习。如果局部小片上的拟合是常量，则该技术称作径向基函数(RBF)网络；如果拟合是输入的线性函数，则称作混合专家技术(MoE)。我们讨论回归和分类，并与第 11 章讨论的 MLP 方法进行比较。

317

12.2 竞争学习

在第 7 章，我们使用半参数高斯混合密度，它假定输入来自 k 个高斯源中的一个。在本节，我们做相同的假设，数据中存在 k 个分组(或簇)，但是我们的方法不是概率方法，因为我们不将参数模型强加在数据源上。另一个区别是我们提出的学习方法是在线的：在训练期间我们并没有全部样本。我们逐个接收实例并更新模型参数。使用术语*竞争学习*(competitive learning)是因为这些分组，更确切地说，代表这些分组的单元为成为代表实例而相互竞争。这种方法也称为*胜者全取*(winner-take-all)。它就像一个分组获胜并得到更新，而其他分组则完全不更新一样。

与第 7 章讨论的批处理方法相反，这些方法本身可以用于在线聚类。在线方法具有通常的优点：1)不需要额外的存储为保存整个训练集；2)每步更新简单、易于实现(例如，用硬件实现)；3)输入分布可以随时间而改变，并且模型可以自动地适应这些改变。如果我们使用批处理算法，则我们将需要收集新样本，并且从头开始在整个样本上运行批处理方法。

从 12.3 节开始，我们还将讨论这种方法如何后跟一种监督方法，以便学习回归或分类问题。这将是一个两阶段系统，可以用两层网络实现，其中第一阶段(层)对输入密度建模并找出相应的局部模型，而第二阶段是产生最终输出的局部模型。

12.2.1 在线 k 均值

在式(7-3)中，我们定义重构误差为

$$E(\{\boldsymbol{m}_i\}_{i=1}^{k} \mid \mathcal{X}) = \frac{1}{2}\sum_t \sum_i b_i^t \|\boldsymbol{x}^t - \boldsymbol{m}_i\|^2 \tag{12-1}$$

其中

318

$$b_i^t = \begin{cases} 1 & \text{如果} \|\boldsymbol{x}^t - \boldsymbol{m}_i\| = \min_l \|\boldsymbol{x}^t - \boldsymbol{m}_l\| \\ 0 & \text{否则} \end{cases} \tag{12-2}$$

$\mathcal{X}=\{\boldsymbol{x}^t\}_t$是样本，而$\boldsymbol{m}_i(i=1, \cdots, k)$是簇中心。如果$\boldsymbol{m}_i$是$\boldsymbol{x}^t$的欧氏距离最接近的中心，则$b_i^t$为1。好像是所有的$\boldsymbol{m}_l(l=1, \cdots, k)$竞争，而$\boldsymbol{m}_i$赢得竞争，因为它是最近的。

k均值的批处理算法按下式更新中心

$$\boldsymbol{m}_i=\frac{\sum_t b_i^t \boldsymbol{x}^t}{\sum_t b_i^t} \tag{12-3}$$

一旦使用式(12-2)选取获胜者，它将最小化式(12-1)。正如我们先前看到的，计算b_i^t和更新$\boldsymbol{m}_i$的这两个步骤迭代，直到收敛。

通过进行随机梯度下降、逐个考虑实例并在每一步进行少许更新而不忘记先前的更新，我们可以得到在线k均值(online k-means)。对于单个实例，重构误差为

$$E(\{\boldsymbol{m}_i\}_{i=1}^k \mid \boldsymbol{x}^t)=\frac{1}{2}\sum_i b_i^t\|\boldsymbol{x}^t-\boldsymbol{m}_i\|^2=\frac{1}{2}\sum_i\sum_{j=1}^d b_i^t(x_j^t-m_{ij})^2 \tag{12-4}$$

其中b_i^t的定义同式(12-2)。对上式使用梯度下降，得到每个实例$\boldsymbol{x}^t$的更新规则：

$$\Delta m_{ij}=-\eta\frac{\partial E^t}{\partial m_{ij}}=\eta b_i^t(x_j^t-m_{ij}) \tag{12-5}$$

这把最近的中心(其$b_i^t=1$)向输入移动一个因子η。其他中心的$b_l^t(l\neq i)$等于0，并且不更新(参见图12-1)。批处理过程也可以通过将式(12-5)在所有的t上求和来定义。与任何梯度下降过程一样，也可以添加一个动量项。为了收敛，η逐渐递减到0。但是，这意味着稳定性与可塑性的两难选择(stability-plasticity dilemma)：如果η向0递减，则网络变得稳定，但是因为更新变得太小，所以失去了对随时出现的新模式的适应性。如果我们一直保持η较大，则$\boldsymbol{m}_i$可能震荡。

在线k均值的伪代码在图12-2中。这是图7-3的批处理算法的在线版本。

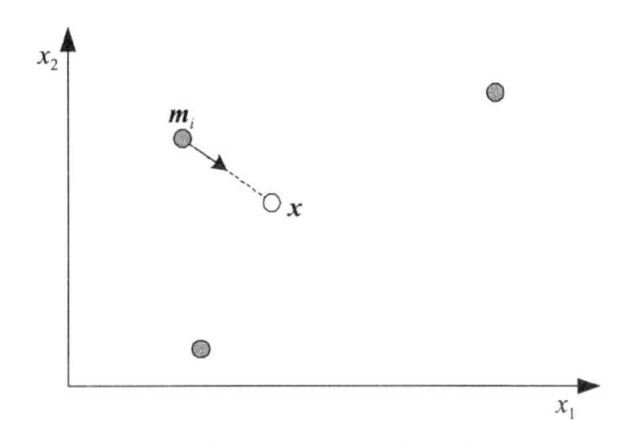

图12-1 阴影圆是中心，空心圆是输入实例。k均值算法的在线版本沿方向$(\boldsymbol{x}-\boldsymbol{m}_i)$将最近的中心移动一个因子$\eta$

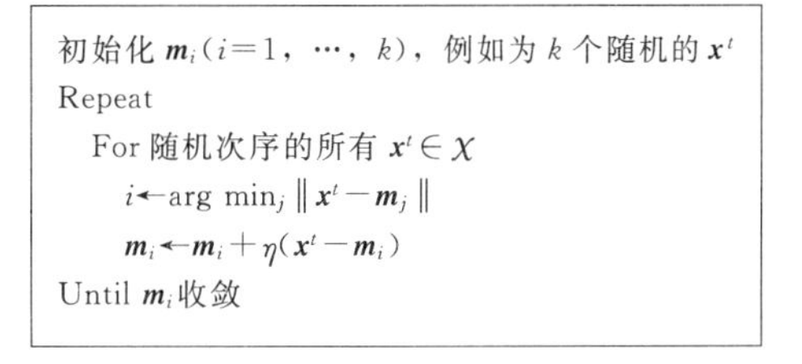

图12-2 在线k-均值算法。批处理版本在图7-3中

竞争网络可以用单层递归网络实现，如图12-3所示。输入层包含输入向量$\boldsymbol{x}$，注意没有偏倚单元。输出单元的值是b_i，并且它们是感知器：

$$b_i=\boldsymbol{m}_i^{\mathrm{T}}\boldsymbol{x} \tag{12-6}$$

然后，我们需要选择最大的b_i，并将它设置为1，而设置其他$b_l(l\neq i)$为0。如果我们想用纯粹的神经系统方法做所有的事，即使用并发操作处理单元网络，则最大值的选择可以用侧抑制(lateral inhibition)来实现。如图12-3所示，每个单元有一个到自身的兴奋的递归连接(即具有正权重)和到其他输出单元的抑制的递归连接(即具有负权重)。使用适当的非线性激活函数和正的、负的递归权重值，这样的网络在某些迭代后收敛于一种状态，

其中最大值变成 1，而其余的变成 0(Grossberg 1980，Feldman 和 Ballard 1982)。

式(12-6)中使用的点积是一种相似性度量，并且我们在 5.5 节(式(5-25))中看到，如果 $\boldsymbol{m}_i$ 具有相同的范数，则具有最小欧氏距离 $\|\boldsymbol{m}_i-\boldsymbol{x}\|$ 的单元与具有最大点积 $\boldsymbol{m}_i^{\mathrm{T}}\boldsymbol{x}$ 的单元相同。

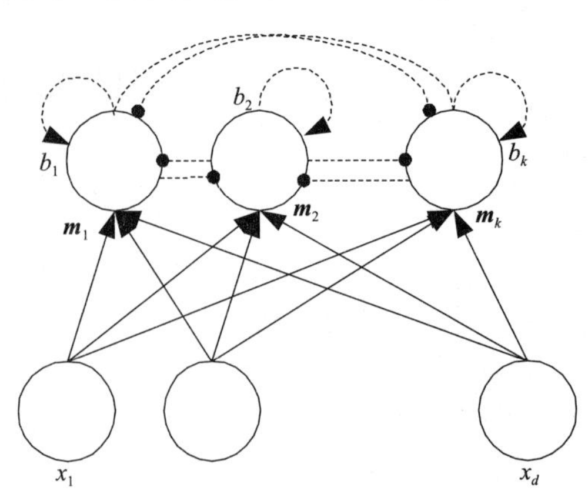

图 12-3　胜者全取竞争神经网络，它是在输出层有递归连接的 k 个感知器的网络。虚线是递归连接，其中带箭头的是兴奋的，而带圆点的是抑制的。输出层的每个单元加强它的值，并试图超过其他输出。在这些递归权重的适当赋值下，最大的抑制了其他所有的。这具有实际结果：其 $\boldsymbol{m}_i$ 最接近 $\boldsymbol{x}$ 的一个单元以其 b_i 等于 1 告终，而其他所有的 $b_l(l\neq i)$ 为 0

这里和后面，当我们讨论其他竞争方法时，我们使用欧氏距离，但是我们应当记住，使用欧氏距离意味着所有输入属性具有相同的方差且它们是不相关的。如果不是这种情况，则应当反映在距离度量中(即使用马氏距离)，或者在使用欧氏距离前，在预处理阶段做适当的规范化(例如，用 PCA)。

我们可以将式(12-5)改写为

$$\Delta m_{ij}^t = \eta b_i^t x_j^t - \eta b_i^t m_{ij} \tag{12-7}$$

让我们回想一下，m_{ij} 是从 x_j 到 b_i 的连接的权重。正如我们在第一项中所看到的，更新

$$\Delta m_{ij}^t = \eta b_i^t x_j^t \tag{12-8}$$

是 Hebbian 学习(Hebbian learning)，它定义更新为前突触与后突触单元值的乘积。它是作为神经可塑性模型提出的：一个突触变得更重要，如果该连接的前后单元都同时激活，表明它们是相关的。然而，仅用 Hebbian 学习，权重的增加无界($x_j^t\geqslant 0$)，并且我们需要第二种力量来减少未更新的权重。一种可能的方法是显式地规范化权重，使得 $\|\boldsymbol{m}_i\|=1$。如果 $\Delta m_{ij}>0$ 和 $\Delta m_{il}=0(l\neq j)$，一旦我们把 $\boldsymbol{m}_i$ 规范化为单位向量，则 m_{il} 减少。另一种可能的方法是引进权衰减项(Oja 1982)，而式(12-7)的第二项就可以看作这样的项。Hertz，Krogh 和 Palmer(1991)更详细地讨论了竞争网络和 Hebbian 学习，并且说明如何学习这种网络来做 PCA。Mao 和 Jain(1995)讨论了 PCA 和 LDA 的在线算法。

正如我们在第 7 章中所看到的，一个问题是避免死中心，即存在但没有被实际利用的中心。在竞争网络中，它对应于因为被初始化远离任何输入而从来未能赢得竞争的中心。存在多种方法避免它：

1) 可以通过随机地选择输入实例来初始化 $\boldsymbol{m}_i$，并确保它们从有数据的地方开始。

2) 可以使用领导者聚类算法并逐个添加单元，总是将它们添加在需要它们的地方。一个例子是 ART 模型，将在 12.2.2 节讨论它。

3) 更新时，不仅更新最近单元的中心，而且也更新某些其他中心。随着它们被更新，它们也向输入移动，逐渐移向输入空间存在输入的部分，并最终赢得竞争。一个例子是我们将在 12.2.3 节讨论的 SOM。

319 ~ 322

4) 另一种可能是引进良心(conscience)机制(Desieno 1988)：当前赢得竞争的单元有负罪感并允许其他单元获胜。

12.2.2　自适应共鸣理论

在计算参数前，应当知道并指定分组数 k。另一种方法是增量的，它从单个分组开始，

并在需要时添加新的分组。作为增量算法的一个例子，我们讨论自适应共鸣理论(Adaptive Resonance Theory，ART)算法(Carpenter 和 Grossberg 1988)。在 ART 中，给定一个输入，所有的输出单元都计算它们的值，并选择与输入最相似的单元。如果使用如式(12-6)中那样的点积，则它是具有最大值的单元；如果使用欧氏距离，则它是具有最小值的单元。

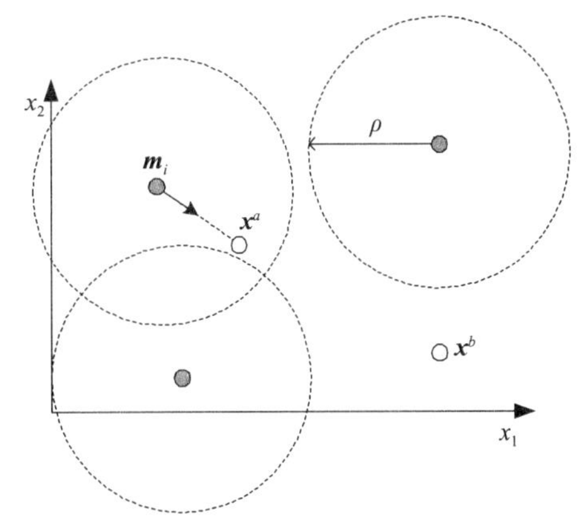

图 12-4 从 $\boldsymbol{x}^a$ 到最近中心的距离小于警戒值 ρ，中心与在线 k 均值一样进行更新。然而，$\boldsymbol{x}^b$ 与任何中心都不足够近，应当在该位置创建一个新的分组

假定我们使用欧氏距离。如果最小值小于某个称作警戒值(vigilance)的阈值，则与在线 k 均值一样进行更新。如果距离大于警戒值，则增加一个新的输出单元，并且它的中心用该实例初始化。这定义了一个超球，其半径由定义每个单元范围体积的警戒值给定。只要有一个输入不能被任何单元覆盖，就增加一个新单元(参见图 12-4)。

323

记警戒值为 ρ，在每次更新时，我们使用下式：

$$b_i = \|\boldsymbol{m}_i - \boldsymbol{x}^t\| = \min_{l=1}^{k}\|\boldsymbol{m}_l - \boldsymbol{x}^t\|$$

$$\begin{cases}\boldsymbol{m}_{k+1} \leftarrow \boldsymbol{x}^t & \text{如果 } b_i > \rho \\ \Delta\boldsymbol{m}_i = \eta(\boldsymbol{x}^t - \boldsymbol{m}_i) & \text{否则}\end{cases} \tag{12-9}$$

在距离上设定阈值等价于在每个距离的重构误差上设定阈值，并且如果距离是欧氏距离，误差像式(12-4)那样定义，则这表明每个实例允许的最大重构误差为警戒值的平方。

12.2.3 自组织映射

避免死单元的一种方法是不仅更新获胜者，而且也更新某些其他单元。在 Kohonen (1990，1995)提出的自组织映射(Self-Organizing Map，SOM)中，单元下标(如 $\boldsymbol{m}_i$ 中的 i)定义该单元的邻域。当 $\boldsymbol{m}_i$ 是最近的中心时，除了更新 $\boldsymbol{m}_i$ 之外，还更新它的近邻。例如，如果邻域大小为 2，则 $\boldsymbol{m}_{i-2}$、$\boldsymbol{m}_{i-1}$、$\boldsymbol{m}_{i+1}$、$\boldsymbol{m}_{i+2}$ 也更新，但是随着邻域的加大，使用较小的权重。如果 i 是最近中心的下标，则这些中心按下式更新

$$\Delta\boldsymbol{m}_l = \eta e(l,i)(\boldsymbol{x}^t - \boldsymbol{m}_l) \tag{12-10}$$

其中 $e(l, i)$是邻域函数。当 $l=i$ 时，$e(l, i)=1$，并随着$|l-i|$的增大而减小。例如，定义它为高斯函数$\mathcal{N}(i, \sigma)$：

$$e(l,i) = \frac{1}{\sqrt{2\pi}\sigma}\exp\left[-\frac{(l-i)^2}{2\sigma^2}\right] \tag{12-11}$$

为了收敛，邻域函数的支集随时间减小，例如 σ 减小，最终只有一个获胜者被更新。

由于邻域单元也向输入移动，所以避免了死单元，因为从它们的邻近朋友那里得到一点初始帮助之后，稍后的某个时候它们将赢得竞争(参见图 12-5)。

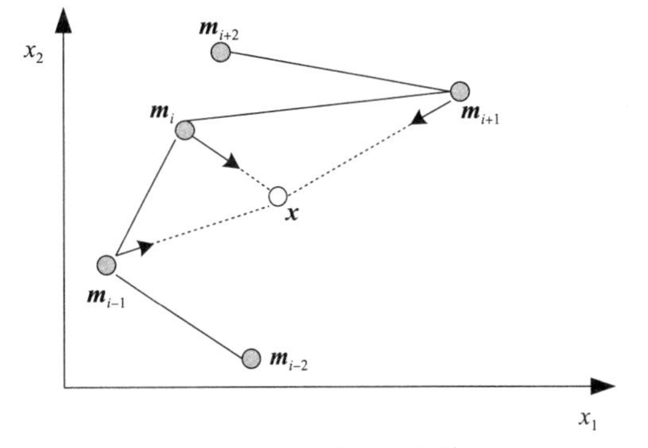

图 12-5 在 SOM 中，不仅最近的单元，而且还有它的近邻(就下标而言)都向输入移动。这里，邻域为 1；$\boldsymbol{m}_i$ 和它的 1-最近邻被更新。注意，这里 $\boldsymbol{m}_{i+1}$ 远离 $\boldsymbol{m}_i$，但是随着它与 $\boldsymbol{m}_i$ 一起更新，并且当 $\boldsymbol{m}_{i+1}$ 是胜者时 $\boldsymbol{m}_i$ 也被更新，它们最终也成为输入空间的近邻

更新近邻具有如下效果：即使中心被随机初始化，但因为它们一起朝着相同的输入移动，所以一旦系统收敛，具有邻近下标的单元也将是输入空间的近邻。

在大部分应用中，单元被组织成二维映射。即每个单元将具有两个下标 $\boldsymbol{m}_{i,j}$，并且邻域定义在两个维上。如果 $\boldsymbol{m}_{i,j}$ 是最近的中心，则中心按下式更新

$$\Delta \boldsymbol{m}_{k,l} = \eta e(k,l,i,j)(\boldsymbol{x}^t - \boldsymbol{m}_{k,l}) \tag{12-12}$$

其中邻域函数现在是二维的。收敛后，这形成了原始 d 维输入空间的二维*地形图*(topographical map)。该图包含了空间的高密度部分的许多单元，而对于没有输入的部分则不显示其中的任何单元。一旦该图收敛，则原始空间靠近的输入被映射到该图中靠近的单元。从这种角度讲，该图可以解释为做一个非线性形式的多维缩放，将原来的 $\boldsymbol{x}$ 空间映射到二维(i, j)上。类似地，如果映射是一维的，则单元放置在输入空间的最大密度的曲线上，作为*主曲线*(principal curve)。

324 ≀ 325

12.3 径向基函数

在隐藏单元使用点积的多层感知器中(第 11 章)，每一个隐藏单元都定义了一个超平面，并且由于 S 形函数的非线性，隐藏单元具有 0～1 之间的值，对实例关于超平面的位置编码。每个超平面都将输入空间一分为二，并且对于给定的输入，通常许多隐藏单元都具有非零输出。这称作*分布表示*(distributed representation)，因为输入被许多隐藏单元的同时激活编码。

另一种可能性是*局部表示*(local representation)，对于给定的输入，只有一个或多个单元是活跃的。就像这些*局部调整的单元*(locally tuned unit)在它们之间划分输入空间，并且只对某些输入具有选择性。输入空间的单元中具有非零响应的部分称作*接受域*(receptive field)。输入空间则被这样的单元覆盖。

在大脑皮层的多处都发现了具有这种响应特征的神经元。例如，视觉皮层细胞对刺激有选择地响应，既局部于视网膜的位置，又局部于视觉方向的角度。这种局部调整的细胞通常排列在大脑皮层图上，它与在 SOM 中一样，细胞对其响应的变量值随它们在图中的位置而变化。

局部性意味着有一个距离函数，它度量给定输入 $\boldsymbol{x}$ 和单元 h 的位置 $\boldsymbol{m}_h$ 的相似度。通常，该度量取欧氏距离 $\|\boldsymbol{x}-\boldsymbol{m}_h\|$。选取响应函数使得当 $\boldsymbol{x}=\boldsymbol{m}_h$ 时取最大值，并且随着它们的相似性减小而减少。通常，我们使用高斯函数(参见图 12-6)：

$$p_h^t = \exp\left[-\frac{\|\boldsymbol{x}^t - \boldsymbol{m}_h\|^2}{2s_h^2}\right] \tag{12-13}$$

严格地说，这不是高斯密度，但是我们还是使用了相同的名字。$\boldsymbol{m}_j$ 和 s_j 分别表示局部单元 j 的中心和展宽，这样定义了一个径向对称的基函数。以使用更复杂的模型为代价，我们可以使用椭球，不同的维具有不同的展宽，甚至使用马氏距离，允许相关的输入(见习题 2)。

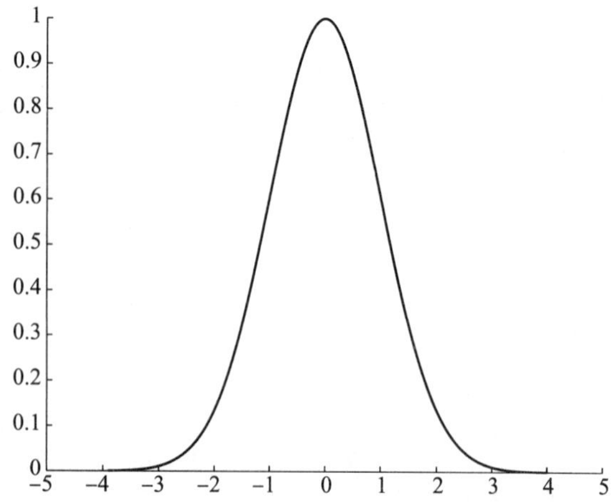

图 12-6 用于径向基函数网络的钟形函数的一维形式。这个函数有 $m=0$，$s=1$。它像高斯函数但不是密度函数，其积分不等于 1。在$(m-3s, m+3s)$中它等于零，但是更保守的区间是$(m-2s, m+2s)$

使用这种局部基函数的基本思想是，在输入数据中存在一些实例的分组或簇，而对每个簇，我们定义一个基函数 p_h^t，当实例 $\boldsymbol{x}^t$ 属于簇 h 时它不为零。我们可以使用 12.2 节讨论的任意在线竞争方法来找出中心 $\boldsymbol{m}_h$。有一种简单的且有效的启发式方法来找出展宽：一旦我们求出中心，我们就可以找出簇中的最远实例，并令 s_h 为它到簇中心距离的一半。我们本来也可以使用 1/3，但是我们宁愿保守一点。我们还可以使用统计聚类方法找出簇参数。例如，在高斯混合分布上使用第 7 章讨论的 EM 方法，找出簇参数，即均值、方差(和协方差)。

$p_h^t(h=1, \cdots, H)$定义了一个新的 H 维空间，并且形成 $\boldsymbol{x}^t$ 的新表示。我们也可以使用 b_h^t(式(12-2))对输入编码，但是 b_h^t 为 0/1。p_h^t 具有其他的优点，它用(0，1)中的值对点到其中心的距离编码。该值衰减到 0 的速度依赖于 s_h。图 12-7 给出了一个例子，并将这种局部表示与多层感知器使用的分布表示进行比较。由于高斯函数是局部的，所以与使用分布表示相比，通常它需要更多的局部单元，当输入是高维的时尤其如此。

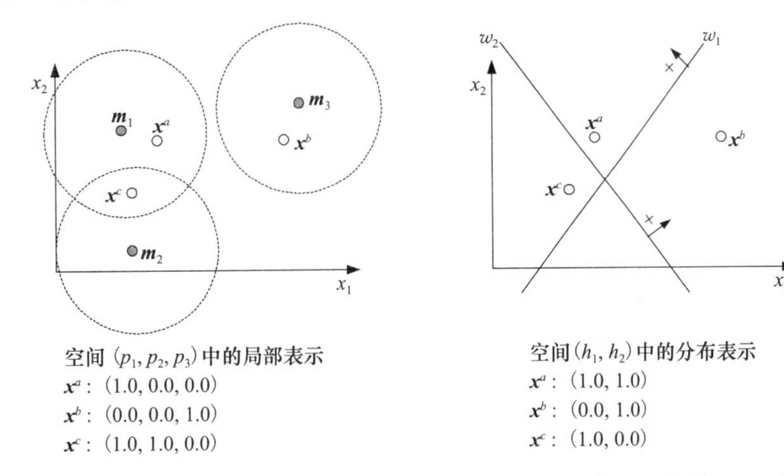

图 12-7　局部表示与分布表示之间的差别。值是硬的 0/1 值。我们可以使用(0，1)之间的软值得到携带更多信息的编码。在局部表示中，用高斯 RBF 来做，它使用到中心 $\boldsymbol{m}_i$ 的距离；而在分布表示中，使用 **S** 形函数来做，它使用到超平面 $\boldsymbol{w}_i$ 的距离

在监督学习的情况下，可以使用这种新的局部表示作为输入。如果使用感知器，则有

$$y^t = \sum_{h=1}^{H} w_h p_h^t + w_0 \tag{12-14}$$

其中 H 是基函数的个数。这种结构称作径向基函数(Radial Basis Function，RBF)网络(Broomhead 和 Lowe 1988；Moody 和 Darken 1989)。通常，人们不使用多于一个高斯单元层的 RBF 网络。H 是复杂度参数，与多层感知器的隐藏单元数一样。之前，当它对应于非监督学习中的中心数时，我们用 k 表示它。

这里，我们看到使用 p_h 而不使用 b_h 的优点。由于 b_h 是 0/1，所以如果在式(12-14)中使用 b_h 而不是 p_h，则它将给出在单元区域边界不连续的分段常量近似。p_h 值是软的并导致光滑的近似，从一个区域到另一个时取加权平均。我们可以容易地看到这种网络是一种普适近似，因为给定足够多的单元，它可以以期望的精度逼近任意函数。对于我们期望的精度，我们可以形成一个输入空间中的网格，对每个网格单元定义一个活跃单元，并设置它的外出权重 w_h 为预期的输出值。

326~328

这种结构与非参数估计(例如，我们在第 8 章所看到的 Parzen 窗口)非常相似，并且

p_h可以看作核函数。不同之处在于没有整个训练集上的核函数，而是使用聚类方法将它们分组，使用少量核函数。单元数 H 是复杂度参数，在简洁性和准确性之间平衡。使用更多的单元，可以更好地近似训练数据，但是得到更复杂的模型并有过拟合的风险；单元太少可能欠拟合。最佳值仍然用交叉验证来确定。

一旦给定和固定 $\boldsymbol{m}_h$和 s_h，则 p_h也是固定的。于是，可以容易地批处理或在线地训练 w_h。对于回归，这是一个线性回归模型(p_h作为输入)，并且 w_h可以解析地求解，而不需要迭代(参见 4.6 节)。对于分类，需要借助于一个迭代过程。我们在第 10 章讨论过这些学习方法，此处不再赘述。

这里，我们要做的是一个两阶段过程：使用非监督方法确定中心，然后在其上构建一个监督层。这称作混合学习(hybrid learning)。我们还可以用监督方式学习所有的参数，包括 $\boldsymbol{m}_h$和 s_h。式(12-13)的径向基函数是可微的，并且可以向后传播，与在多层感知器中向后传播来更新第一层的权重一样。该结构类似于多层感知器，以 p_h为隐藏单元，$\boldsymbol{m}_h$和 s_h作为第一层的参数，高斯函数作为该隐藏层的激活函数，而 w_h作为第二个隐藏层的权重(参见图 12-8)。

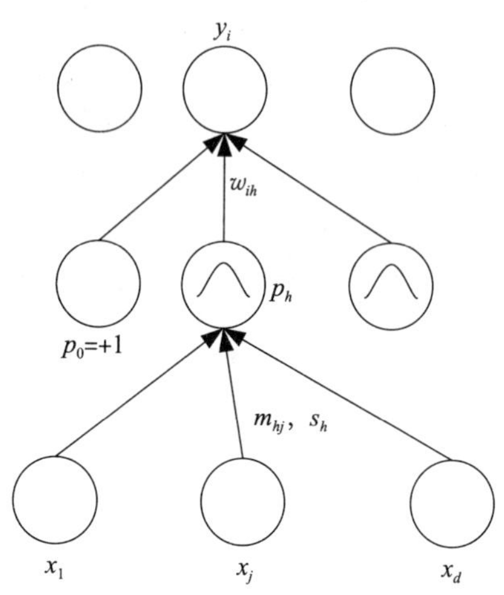

图 12-8 RBF 网络，其中 p_h是使用钟形激活函数的隐藏单元，$\boldsymbol{m}_h$、s_h是第一层的参数，而 $\boldsymbol{w}_i$是第二层的权重

但是，在我们讨论这些之前，我们应当记住训练两层网络很慢。混合学习一次训练一层，因而比较快。另一种技术称作锚(anchor)方法，它将中心设置为从训练集随机选取的模式，而不进一步更新。如果有许多单元，这足以满足需要。

另一方面，精度通常没有使用完全监督方法的高。考虑输入是均匀分布的情况。k 均值聚类均匀地安放单元。如果函数在一小部分空间稍有变化，则更好的想法是将更多的中心安放在函数变化快的地方，以便使误差尽可能小。这正是完全监督方法所要做的。

让我们讨论如何在完全监督方式下训练所有参数。方法与用于多层感知器的向后传播一样。让我们考虑具有多个输出的回归。批处理的误差为

$$E(\{\boldsymbol{m}_h, s_h, w_{ih}\}_{i,h} \mid \mathcal{X}) = \frac{1}{2}\sum_t \sum_i (r_i^t - y_i^t)^2 \tag{12-15}$$

其中

$$y_i^t = \sum_{h=1}^{H} w_{ih} p_h^t + w_{i0} \tag{12-16}$$

329 ~ 330

使用梯度下降，得到第二层权重的如下更新规则：

$$\Delta w_{ih} = \eta \sum_t (r_i^t - y_i^t) p_h^t \tag{12-17}$$

这是通常的感知器更新规则，其中 p_h作为输入。通常，p_h交叠不多，并且在每次迭代中，只有少量的 p_h为非零，且只有它们的 w_h被更新。这就是为什么 RBF 网络学习非常快，并且比使用分布表示的多层感知器快的原因。

类似地，可以用向后传播(链规则)得到中心和展宽的更新方程：

$$\Delta m_{hj} = \eta \sum_t \left[\sum_i (r_i^t - y_i^t) w_{ih} \right] p_h^t \frac{(x_j^t - m_{hj})}{s_h^2} \tag{12-18}$$

$$\Delta s_h = \eta \sum_t \Big[\sum_i (r_i^t - y_i^t) w_{ih} \Big] p_h^t \frac{\| \boldsymbol{x}^t - \boldsymbol{m}_h \|^2}{s_h^3} \qquad (12\text{-}19)$$

让我们比较式(12-18)和式(12-5)。首先，这里我们使用 p_h 而不是 b_h，这意味着不仅最近的单元，而且所有的单元都根据它们的中心和展宽来更新。其次，这里更新是监督的，并且包含向后传播的误差项。更新不仅依赖于输入，而且还依赖于最终的误差($r_i^t - y_i^t$)、单元对输出的影响 w_{ih}、单元的活性 p_h 和输入($\boldsymbol{x}-\boldsymbol{m}_h$)。

在实践中，式(12-18)和式(12-19)都需要一些附加的控制。我们需要显式地检查 s_h 不要变得非常小或非常大而变得无用，我们还需要检查 m_h 在有效的输入范围内。

对于分类，有

$$y_i^t = \frac{\exp\Big[\sum_h w_{ih} p_h^t + w_{i0} \Big]}{\sum_k \exp\Big[\sum_h w_{kh} p_h^t + w_{k0} \Big]} \qquad (12\text{-}20)$$

且互熵误差为

$$E(\{\boldsymbol{m}_h, s_h, w_{ih}\}_{i,h} | \mathcal{X}) = -\sum_t \sum_i r_i^t \log y_i^t \qquad (12\text{-}21)$$

使用梯度下降，可以类似地导出更新规则(习题 3)。

让我们再考虑式(12-14)。对于任意输入，如果 p_h 为非零，则它对输出的贡献为 w_h。它的贡献是常量拟合，由 w_h 给定。通常，高斯函数交叠不多，并且它们之中的一或两个具有非零的 p_h 值。在任何情况下，只有少数单元对输出有贡献。w_0 是常量偏移，加到活跃(非零)单元的加权和上。我们还看到如果所有的 p_h 均为 0，则 $y=w_0$。这样，我们可以把 w_0 看作 y 的默认值：如果没有高斯单元是活跃的，则输出由该值给定。因此，有可能使得该“默认模型”具有更强的能力。例如，可以令

331

$$y^t = \underbrace{\sum_{h=1}^{H} w_h p_h^t}_{\text{例外}} + \underbrace{\boldsymbol{v}^{\mathrm{T}} \boldsymbol{x}^t + v_0}_{\text{规则}} \qquad (12\text{-}22)$$

在这种情况下，默认规则是线性的：$\boldsymbol{v}^t \boldsymbol{x}^t + v_0$。当它们为非零时，高斯模型好像是“例外”并修改输出，补偿预期输出与规则输出之差。这种模型可以以监督方式训练，而规则与 w_h 一起训练(习题 4)。我们将在 17.11 节讨论类似的模型级联(cascading)，那里我们将看到两个学习器的组合，一个是通用规则，另一个由一组例外形成。

12.4 结合基于规则的知识

如果我们能够把*先验知识*(prior knowledge)纳入系统初始化，则任何学习系统的训练都可以更简单。例如，先验知识可以以一组规则的形式提供，指定模型(例如，RBF 网络)必须学习的输入/输出映射。这种情况在业界和医学应用中经常出现，那里规则可以由专家提供。类似地，一旦网络被训练，就可以从中提取规则，使问题的解更容易理解。

包含先验知识还有其他优点。如果需要将网络外推到输入空间中从未见到训练数据的区域中，则可能依赖这种先验知识。此外，在许多控制应用中，需要网络一开始就做出合理的预测。在它看到足够多的训练数据之前，必须主要依赖这种先验知识。

在许多应用中，通常我们被告知一些开始需要遵循的基本规则，而后通过经验来精炼和改变它们。我们关于问题的初始知识越好，我们得到好性能就越快，并且需要的训练就越少。

332

使用 RBF 网络，这种包含先验知识或提取学习的知识很容易做，因为单元是局部的。这使得*规则提取*(rule extraction)更容易(Tresp，Hollatz 和 Ahmad 1997)。一个例子是

$$\text{IF}((x_1 \approx a)\text{AND}(x_2 \approx b))\text{OR}(x_3 \approx c)\text{THEN}y = 0.1 \qquad (12\text{-}23)$$

其中 $x_1 \approx a$ 意指"x_1 约等于 a"。在 RBF 框架中，这个规则被两个高斯单元编码为

$$p_1 = \exp\left[-\frac{(x_1 - a)^2}{2s_1^2}\right] \cdot \exp\left[-\frac{(x_2 - b)^2}{2s_2^2}\right], \quad \text{其中 } w_1 = 0.1$$

$$p_2 = \exp\left[-\frac{(x_3 - c)^2}{2s_3^2}\right], \quad \text{其中 } w_2 = 0.1$$

"约等于"被一个高斯函数建模，这里中心是理想值，展宽表示理想值周围允许的差。合取是两个一元高斯函数的积，它是二元高斯函数。于是，第一个乘积项可以被一个二维(即 $\boldsymbol{x}=[x_1, x_2]$)高斯函数处理，其中心在$(a, b)$，而在两个维上的展宽分别由 s_1 和 s_2 给出。析取被两个单独的高斯函数建模，每个处理一个析取项。

给定标记的训练数据，使用较小的 η 值，这样构造的 RBF 网络的参数在初始构造后可以微调。

这种表示方法与模糊逻辑方法有关，式(12-23)称作*模糊规则*(fuzzy rule)。检查近似相等的高斯基函数对应于*模糊隶属关系函数*(fuzzy membership function)(Berthold 1999; Cherkassky 和 Mulier 1998)。

12.5 规范化基函数

在式(12-14)中，对于一个输入，可能所有的 p_h 都为 0。在某些应用中，我们可能希望有一个规范化步骤，确保局部单元值的和为 1，从而确保对于任何输入，至少存在一个非零单元：

$$g_h^t = \frac{p_h^t}{\sum_{l=1}^{H} p_l^t} = \frac{\exp[-\|\boldsymbol{x}^t - \boldsymbol{m}_h\|^2 / 2s_h^2]}{\sum_l \exp[-\|\boldsymbol{x}^t - \boldsymbol{m}_l\|^2 / 2s_l^2]} \tag{12-24}$$

333

图 12-9 给出了一个例子。取 p_h 为 $p(\boldsymbol{x}|h)$，g_h 对应于 $\boldsymbol{x}$ 属于单元 h 的后验概率 $p(h|\boldsymbol{x})$。这就像单元在它们之间划分输入空间。我们可以想象 g_h 本身是分类器，为给定的输入选择响应单元。这种分类基于距离来实现，就像在参数高斯分类器中那样(第 5 章)。

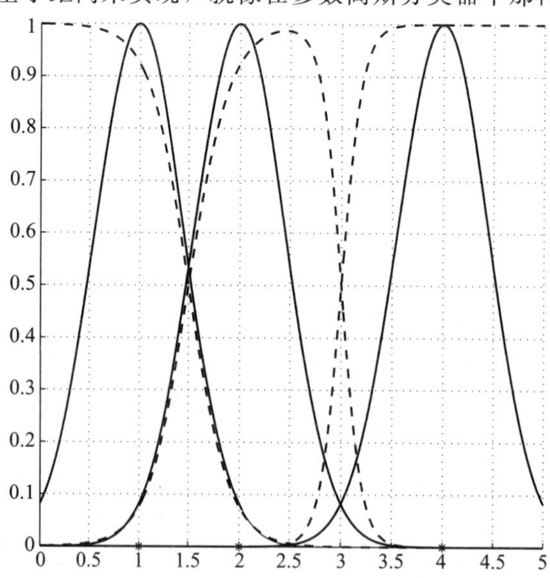

图 12-9 规范化前(—)和规范化后(— —)的 3 个高斯分布，其中心用"*"标记。注意一个单元的非零区域还依赖其他单元的位置。如果展宽较小，则规范化实现较硬的划分；使用较大的展宽，单元重叠更多

输出是加权和

$$y_i^t = \sum_{h=1}^{H} w_{ih} g_h^t \tag{12-25}$$

这里不需要偏倚项，因为对于每个 $\boldsymbol{x}$，至少有一个非零的 g_h。使用 g_h 而不是 p_h 并不引入附加的参数，它只是将单元联系在一起。p_h 仅依赖于 $\boldsymbol{m}_h$ 和 s_h，但是由于规范化，g_h 依赖于所有单元的中心和展宽。

334

对于回归，使用梯度下降，有如下更新规则：

$$\Delta w_{ih} = \eta \sum_t (r_i^t - y_i^t) g_h^t \tag{12-26}$$

$$\Delta m_{hj} = \eta \sum_t \sum_i (r_i^t - y_i^t)(w_{ih} - y_i^t) g_h^t \frac{(x_j^t - m_{hj})}{s_h^2} \tag{12-27}$$

可以类似地导出 s_h 的更新规则和用于分类的规则。让我们把这些规则与具有非规范化高斯的 RBF 的规则式(12-17)进行比较。这里，我们使用 g_h 而不是 p_h，这使得单元的更新不仅依赖于它自己的参数，而且也依赖于其他单元的中心和展宽。比较式(12-27)和式(12-18)，我们看到我们有 $(w_{ih} - y_i^t)$ 而不是 w_{ih}，这说明规范化在输出上的作用。"负责任"的单元希望降低它的输出 w_{ih} 与最终输出 y_i^t 之间的差，正比于它的责任 g_h。

12.6 竞争的基函数

正如我们迄今为止所看到的，在 RBF 网络中，最终的输出由局部单元贡献的加权和确定。尽管单元是局部的，但是重要的是最终的加权和，并且我们希望使它与预期输出尽可能接近。例如，对于回归，我们最小化式(12-15)，这基于概率模型

$$p(\boldsymbol{r}^t | \boldsymbol{x}^t) = \prod_i \frac{1}{\sqrt{2\pi}\sigma} \exp\left[-\frac{(r_i^t - y_i^t)^2}{2\sigma^2}\right] \tag{12-28}$$

其中 y_i^t 由式(12-16)(非规范化的)或式(12-25)(规范化的)给出。在这两种情况下，我们都可以将模型看作协同(cooperative)模型，因为单元协同操作来产生最终的输出 y_i^t。现在，我们讨论使用竞争的基函数(competitive basis functions)的方法，其中我们假定输出取自混合模型

$$p(\boldsymbol{r}^t | \boldsymbol{x}^t) = \sum_{h=1}^{H} p(h | \boldsymbol{x}^t) p(\boldsymbol{r}^t | h, \boldsymbol{x}^t) \tag{12-29}$$

$p(h | \boldsymbol{x}^t)$ 是混合比例，$p(\boldsymbol{r}^t | h, \boldsymbol{x}^t)$ 是产生输出的混合分支，如果该分支被选择。注意这两项都依赖于输入 $\boldsymbol{x}$。

335

混合比例为

$$p(h | \boldsymbol{x}) = \frac{p(\boldsymbol{x} | h) p(h)}{\sum_l p(\boldsymbol{x} | l) p(l)} \tag{12-30}$$

$$g_h^t = \frac{a_h \exp[-\|\boldsymbol{x}^t - \boldsymbol{m}_h\|^2 / 2s_h^2]}{\sum_l a_l \exp[-\|\boldsymbol{x}^t - \boldsymbol{m}_l\|^2 / 2s_l^2]} \tag{12-31}$$

通常，我们假定 a_h 相等并忽略它们。让我们先考虑回归，其中分支是高斯的。在式(12-28)中，噪声被加到加权和上。这里，一个分支被选中，并且噪声加到它的输出 y_{ih}^t 上。

使用式(12-29)的混合模型，对数似然是

$$\mathcal{L}(\{\boldsymbol{m}_h, s_h, w_{ih}\}_{i,h} | \mathcal{X}) = \sum_t \log \sum_h g_h^t \exp\left[-\frac{1}{2} \sum_i (r_i^t - y_{ih}^t)^2\right] \tag{12-32}$$

其中 $y_{ih}^t = w_{ih}$ 是由分支 h 对输出 i 做的常量拟合。严格地说，它不依赖于 $\boldsymbol{x}$。(在 12.8.2 节，我们讨论竞争的混合专家模型，其中局部拟合是 $\boldsymbol{x}$ 的线性函数。)我们看到如果 g_h^t 为 1，则它对产生正确的输出负责，并且需要最小化它的预测误差的平方和 $\sum_i (r_i^t - y_{ih}^t)^2$ 。

使用梯度上升最大化该对数似然，得到

$$\Delta w_{ih} = \eta \sum_t (r_i^t - y_{ih}^t) f_h^t \tag{12-33}$$

其中

$$f_h^t = \frac{g_h^t \exp\left[-\frac{1}{2}\sum_i (r_i^t - y_{ih}^t)^2\right]}{\sum_l g_l^t \exp\left[-\frac{1}{2}\sum_i (r_i^t - y_{il}^t)^2\right]} \tag{12-34}$$

$$p(h|\boldsymbol{r},\boldsymbol{x}) = \frac{p(h|\boldsymbol{x})p(\boldsymbol{r}|h,\boldsymbol{x})}{\sum_l p(l|\boldsymbol{x})p(\boldsymbol{r}|l,\boldsymbol{x})} \tag{12-35}$$

$g_h^t \equiv p(h|\boldsymbol{x}^t)$ 是给定输入的单元 h 的后验概率，并且它依赖于所有单元的中心和展宽。$f_h^t \equiv p(h|\boldsymbol{r}, \boldsymbol{x}^t)$ 是给定输入和预期输出的单元 h 的后验概率，也在选择负责单元时考虑误差。

类似地，我们可以推导更新中心的规则：

336

$$\Delta m_{hj} = \eta \sum_t (f_h^t - g_h^t) \frac{(x_j^t - m_{hj})}{s_h^2} \tag{12-36}$$

f_h 是也考虑预期输出的单元 h 的后验概率，而 g_h 是仅使用输入空间信息的后验概率。它们的差是中心的误差项。可以类似地导出 Δs_h。在协同情况下，并不强求单元是局部的。为了降低误差，均值和展宽都可以取任意值，有时，甚至可以增加和展平展宽。然而，在竞争情况下，为了提高似然，单元必须是局部的，它们之间更加分离，并具有更小的展宽。

对于分类，每个分支本身是多项式。于是，对数似然为

$$\mathcal{L}(\{\boldsymbol{m}_h, s_h, w_{ih}\}_{i,h} | \mathcal{X}) = \sum_t \log \sum_h g_h^t \prod_i (y_{ih}^t)^{r_i^t} \tag{12-37}$$

$$= \sum_t \log \sum_h g_h^t \exp\left[\sum_i r_i^t \log y_{ih}^t\right] \tag{12-38}$$

其中

$$y_{ih}^t = \frac{\exp w_{ih}}{\sum_k \exp w_{kh}} \tag{12-39}$$

可以使用梯度上升导出 w_{ih}、$\boldsymbol{m}_h$ 和 s_h 的更新规则，它包括

$$f_h^t = \frac{g_h^t \exp\left[\sum_i r_i^t \log y_{ih}^t\right]}{\sum_l g_l^t \exp\left[\sum_i r_i^t \log y_{il}^t\right]} \tag{12-40}$$

在第 7 章，我们讨论了用混合高斯模型拟合数据的 EM 算法。也可以将 EM 推广到监督学习。实际上，计算 f_h^t 对应于 E 步。$f_h^t \equiv p(\boldsymbol{r}|h, \boldsymbol{x}^t)$ 取代了 $p(h|\boldsymbol{x}^t)$，后者是当应用非监督的时我们在第 7 章的 E 步所使用的。对于回归，在 M 步我们用下式更新参数

$$\boldsymbol{m}_h = \frac{\sum_t f_h^t \boldsymbol{x}^t}{\sum_t f_h^t} \tag{12-41}$$

$$\boldsymbol{S}_h = \frac{\sum_t f_h^t (\boldsymbol{x}^t - \boldsymbol{m}_h)(\boldsymbol{x}^t - \boldsymbol{m}_h)^{\mathrm{T}}}{\sum_t f_h^t} \tag{12-42}$$

$$w_{ih} = \frac{\sum_t f_h^t r_i^t}{\sum_t f_h^t} \tag{12-43}$$

我们看到 w_{ih} 是加权平均，其中给定输入和预期的输出，权重是单元的后验概率。对于分类，M 步没有解析解并且需要借助于迭代过程，例如梯度上升(Jordan 和 Jacobs 1994)。 337

12.7 学习向量量化

假设对每个类有 H 个单元，它们已经被这些类标记。这些单元已经被它们类中的实例随机初始化。在每次迭代中，我们寻找在欧式距离中离输入实例最近的单元 $\boldsymbol{m}_i$，并使用如下的更新规则：

$$\begin{cases} \Delta \boldsymbol{m}_i = \eta(\boldsymbol{x}^t - \boldsymbol{m}_i) & \text{如果 } \boldsymbol{x}^t \text{ 和 } \boldsymbol{m}_i \text{ 具有相同的类标号} \\ \Delta \boldsymbol{m}_i = -\eta(\boldsymbol{x}^t - \boldsymbol{m}_i) & \text{否则} \end{cases} \tag{12-44}$$

如果最近的中心具有正确的标号，则它将移向输入以便更好地代表它。如果它属于错误的类，则它远离输入，期望如果它移得足够远，则在未来的迭代中正确的类将是最近的。这称作学习向量量化(Learning Vector Quantization，LVQ)模型，由 Kohonen(1990，1995)提出。

LVQ 更新方程类似于式(12-36)，其中中心移动的方向依赖于两个值的差：获胜单元基于输入距离的预测和获胜者基于预期的输出。

12.8 混合专家模型

在 RBF 中，对应于每个局部小片，我们给出一个常量拟合。在对于任意输入的情况下，有一个 g_h 为 1，而其余为 0，得到一个分段常量近似，其中对于输出 i，小片 h 的局部拟合由 w_{ih} 给出。从泰勒展开式我们知道在每个点，函数可以写成

$$f(x) = f(a) + (x-a)f'(a) + \cdots \tag{12-45}$$

这样，如果 x 足够接近 a 并且 $f'(a)$ 接近 0，即如果 $f(x)$ 在 a 附近是平坦的，则常量近似很好。如果不是这种情况，则需要将空间划分成大量小片。当输入维度很高时，由于维灾难，这是一个特别严重的问题。 338

一种可供选择的方法是考虑泰勒展开式的下一项(即线性项)，使用分段线性近似(piecewise linear approximation)。这就是混合专家模型(mixture of experts)所做的(Jacobs 等 1991)。我们令

$$y_i^t = \sum_{h=1}^{H} w_{ih} g_h^t \tag{12-46}$$

它与式(12-25)一样，但是这里小片 h 对输出 i 的贡献 w_{ih} 而不是常量，但是输入的线性函数：

$$w_{ih}^t = \boldsymbol{v}_{ih}^{\mathrm{T}} \boldsymbol{x}^t \tag{12-47}$$

$\boldsymbol{v}_{ih}$ 是定义线性函数的参数向量，它包含一个偏倚项，使得混合专家模型是 RBF 网络的推广。单元活性可以取规范化的 RBF：

$$g_h^t = \frac{\exp[-\|\boldsymbol{x}^t - \boldsymbol{m}_h\|^2 / 2s_h^2]}{\sum_l \exp[-\|\boldsymbol{x}^t - \boldsymbol{m}_l\|^2 / 2s_l^2]} \tag{12-48}$$

除第二层权重不是常量而是线性模型的输出外，这可以看作一个 RBF 网络(参见图 12-10)。Jacobs 等(1991)用另一种方式来看它：他们将 $\boldsymbol{w}_h$ 看作线性模型，每个都取输入，并称它们为专家。g_h 被看作一个门控网络(gating network)的输出。门控网络就像其输出之和为 1 的分类器一样，将输入指派到一个专家(参见图 2-11)。

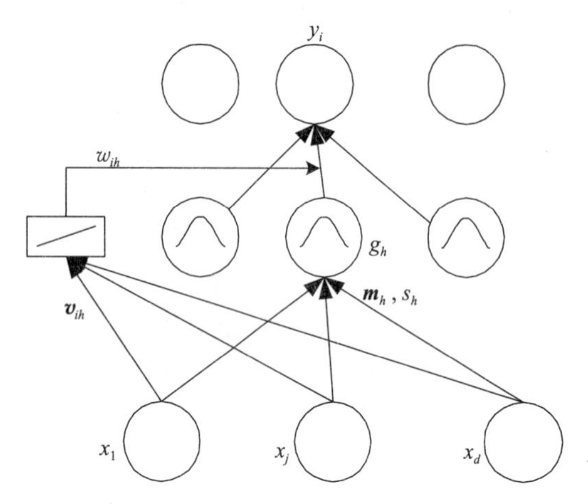

图 12-10　混合专家模型可以看作 RBF 网络，其中第二层的权重是线性模型的输出。为了清晰起见，只显示了一个线性模型

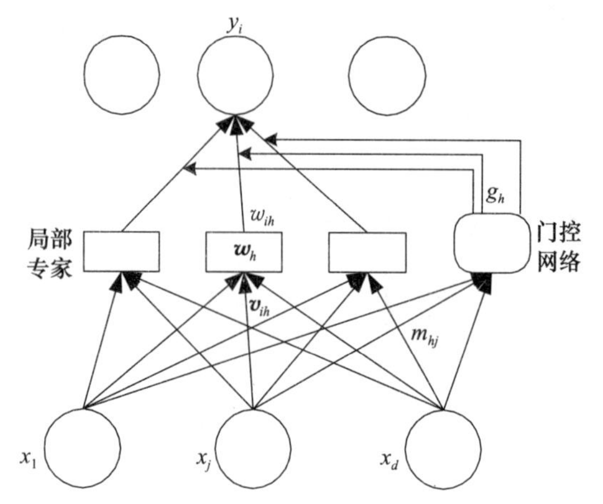

图 12-11　混合专家模型可以看作组合多种模型的模型。$\boldsymbol{w}_h$ 是模型，而门控网络是另一种确定每个模型权重的模型，由 g_h 给出。用这种方式来看，专家和门控网络都不局限于是线性的

用这种方式看待门控网络，任何分类器都可以用在门控网络中。当 $\boldsymbol{x}$ 是高维的时，使用局部高斯单元可能需要大量专家，而 Jacobs 等(1991)提议取

$$g_h^t = \frac{\exp[\boldsymbol{m}_h^{\mathrm{T}}\boldsymbol{x}^t]}{\sum_l \exp[\boldsymbol{m}_l^{\mathrm{T}}\boldsymbol{x}^t]} \tag{12-49}$$

339～340

这是一个线性分类器。注意，$\boldsymbol{m}_h$ 不再是中心，而是超平面，并因此包含偏倚值。门控网络实现了分类，它将输入区域线性地划分成专家 h 负责的区域和其他专家负责的区域。正如我们将在第 17 章中再次看到的，混合专家模型是一种组合多个模型的通用结构，专家和门控网络都可以是非线性的，例如，包含多层感知器而不是线性感知器(习题 6)。

Bottou 和 Vapnik(1992)提出了一种类似于混合专家模型并进行移动线性光滑的结构。在他们的方法中，初始时并不做训练。当给定一个检验样本时，选择一个接近检验实例的数据子集(与 k 最近邻一样，但使用更大的 k)，使用这些局部数据训练一个简单模型(如线性分类器)，对实例做出预测，然后丢弃该模型。对于下一个实例，创建一个新模型，以此类推。在手写数字识别应用中，这种模型比多层感知器、k 最近邻和 Parzen 窗口具有更小的误差。缺点是需要实时对每个检验实例训练一个新模型。

12.8.1　协同专家模型

在协同情况下，y_i^t 由式(12-46)给出，而我们希望使它与要求的输出 r_i^t 尽可能接近。对于回归，误差函数是

$$E(\{\boldsymbol{m}_h, s_h, w_{ih}\}_{i,h} | \mathcal{X}) = \frac{1}{2}\sum_t\sum_i (r_i^t - y_i^t)^2 \tag{12-50}$$

使用梯度下降，第二层(专家)权重参数更新为

$$\Delta \boldsymbol{v}_{ih} = \eta \sum_t (r_i^t - y_i^t) g_h^t \boldsymbol{x}^t \tag{12-51}$$

与式(12-26)比较，我们看到唯一的区别是，新的更新是输入的函数。

如果我们使用软最大门控(参见式(12-49))，则使用梯度下降，我们有超平面的如下更新规则：

$$\Delta m_{hj} = \eta \sum_t \sum_i (r_i^t - y_i^t)(w_{ih}^t - y_i^t) g_h^t x_j^t \tag{12-52}$$

如果我们使用径向门控(参见式(12-48))，则只有最后一项 $\partial p_h / \partial m_{hj}$ 不同。

对于分类，我们有

$$y_i = \frac{\exp\left[\sum_h w_{ih} g_h^t\right]}{\sum_k \exp\left[\sum_h w_{kh} g_h^t\right]} \tag{12-53}$$

341

其中 $w_{ih} = \boldsymbol{v}_{ih}^{\mathrm{T}} \boldsymbol{x}$，并且使用梯度下降可以导出最小化互熵的更新规则(习题 7)。

12.8.2 竞争专家模型

与竞争 RBF 一样，我们有

$$\mathcal{L}(\{\boldsymbol{m}_h, s_h, w_{ih}\}_{i,h} \mid \mathcal{X}) = \sum_t \log \sum_h g_h^t \exp\left[-\frac{1}{2} \sum_i (r_i^t - y_{ih}^t)^2\right] \tag{12-54}$$

其中 $y_{ih}^t = w_{ih}^t = \boldsymbol{v}_{ih} \boldsymbol{x}^t$。使用梯度上升，得到

$$\Delta \boldsymbol{v}_{ih} = \eta \sum_t (r_i^t - y_{ih}^t) f_h^t \boldsymbol{x}^t \tag{12-55}$$

$$\Delta \boldsymbol{m}_h = \eta \sum (f_h^t - g_h^t) \boldsymbol{x}^t \tag{12-56}$$

假定软最大门控由式(12-49)给出。

对于分类，我们有

$$\mathcal{L}(\{\boldsymbol{m}_h, s_h, w_{ih}\}_{i,h} \mid \mathcal{X}) = \sum_t \log \sum_h g_h^t \prod_i (y_{ih}^t)^{r_i^t} \tag{12-57}$$

$$= \sum_t \log \sum_h g_h^t \exp\left[\sum_i r_i^t \log y_{ih}^t\right] \tag{12-58}$$

其中

$$y_{ih}^t = \frac{\exp w_{ih}^t}{\sum_k \exp w_{kh}^t} = \frac{\exp[\boldsymbol{v}_{ih} \boldsymbol{x}^t]}{\sum_k \exp[\boldsymbol{v}_{kh} \boldsymbol{x}^t]} \tag{12-59}$$

Jordan 和 Jacobs(1994)将 EM 推广到具有局部线性模型的竞争情况。Alpaydin 和 Jordan (1996)比较了用于分类任务的协同和竞争模型，发现协同模型一般更准确，但是竞争版本学习更快。这是因为在协同情况下，模型重叠更多并且实现了更光滑的近似，所以更适合回归问题。竞争模型做更硬的划分。通常，对于一个输入，只有一个专家是活跃的，因此学习更快。

12.9 层次混合专家模型

342

在图 12-11 中，我们看到一组专家和一个选择一个专家作为输入的函数的门控网络。在层次混合专家模型(hierarchical mixture of expert)中，我们以递归方式用一个完整的混合专家系统取代每个专家(Jordan 和 Jacobs 1994)。一旦结构选定，即选定深度、专家和门控模型，整棵树就可以从标记的样本中学习。Jordan 和 Jacobs(1994)为这样的结构推导出了梯度下降和 EM 学习规则。

这种结构也可以解释成一棵决策树(第 9 章)，而它的门控网络是决策节点。在我们前面

讨论的决策树中，决策节点做硬决策并取其中的一个分支，所以我们只取一条从树根到树叶的路径。这里，我们有一棵软决策树(soft decision tree)。因为门控模型返回一个概率，所以我们取所有的分支，但以不同的概率。于是，我们遍历所有到树叶的路径，并取所有树叶值的加权和，其中权重等于到树叶路径上的门控值的乘积。这种平均的优点是，树叶区域之间的边界不再是硬的，而是之间有一个过渡，这平滑了响应(·Irsoy，Yıldız 和 AlpaydıN 2012)。

12.10　注释

RBF 网络可以看作神经网络，由简单处理单元的网络实现。它不同于多层感知器，因为第一层和第二层实现了不同的函数。Omohundro(1987)讨论了如何用神经网络实现局部模型，并且还提出了相关局部单元快速局部化的层次数据结构。Specht(1991)表明 Parzen 窗口可以作为神经网络实现。

Platt(1991)提出了 RBF 的增量版本，新单元可以在必要时添加。类似地，Fritzke(1995)提出了 SOM 的增长版本。

Lee(1991)在手写数字识别应用上比较了 k 最近邻、多层感知器和 RBF 网络，结论是三种方法都具有小的误差率。RBF 网络学习比多层感知器上的向后传播快，但是使用更多参数。就分类速度和存储需求而言，这两种方法都优于 k-NN。在实际应用中，像时间、存储器和计算复杂度等实际限制可能比误差率的些许差别更重要。

343

Kohonen 的 SOM(1990，1995)是最流行的神经网络方法之一，已经用于各种应用中，包括探测式数据分析和作为监督学习之前的预处理步骤。一个有趣的和成功的应用是旅行商问题(Angeniol，Vaubois 和 Le Texier 1988)。正如 k 均值聚类与高斯混合上的 EM(第 7 章)之间的区别一样，生成地形图映射(Generative Topographic Mapping，GTM)(Boshop，Svebsén 和 Williams 1998)是 SOM 的概率版本，它使用其均值落在二维流形上的(关于低维上的拓扑序)混合高斯优化数据的对数似然。

在 RBF 网络中，一旦中心和展宽固定(例如，与锚方法一样，通过随机选择训练实例中的一个子集作为中心)，训练第二层是一个线性模型。这个模型等价于取高斯核的支持向量机。该方法，在学习期间，选择称作支持向量的最佳实例子集。我们将在第 13 章讨论。高斯过程(第 14 章)也类似，由存放的实例插值。

12.11　习题

1. 给出一个实现 XOR 的 RBF 网络。

解：有两种可能性(参见图 12-12)：a) 我们可以有两个以两个正实例为中心的圆形高斯，并且第二层 OR 它们；b) 我们可以有一个以(0.5，0.5)为中心、具有负相关的椭圆高斯，覆盖两个正实例。

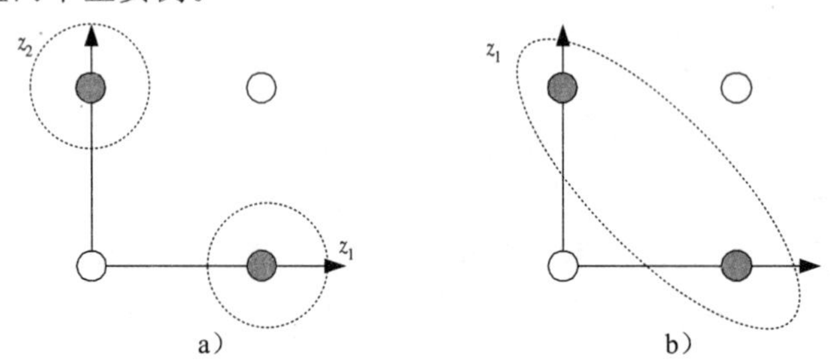

图 12-12　用 RBF 实现 XOR 的两种方法

2. 写下 RBF 网络，它使用椭圆单元，而不是像式(12-13)中那样的径向单元。

解：

$$p_h^t = \exp\left[-\frac{1}{2}(\boldsymbol{x}^t - \boldsymbol{m}_h)^{\mathrm{T}}\boldsymbol{S}_h^{-1}(\boldsymbol{x}^t - \boldsymbol{m}_h)\right]$$

其中是局部协方差矩阵。

3. 为分类的 RBF 网络推导更新方程(式(12-20)和式(12-21))。
4. 说明如何训练式(12-22)给定的系统。
5. 比较混合专家结构和 RBF 网络的参数个数。

解：具有 d 个输入、K 个类和 H 个高斯的 RBF 网络需要 $H \cdot d$ 个参数为中心，H 个参数为展宽，$(H+1)K$ 个参数为第二层的权重。关于 MoE，对于第二层的每个权重，我们需要线性模型的一个 $d+1$ 维的向量，但没有偏倚。因此我们有 $HK(d+1)$ 个参数。注意，第一层参数的数量与 RBF 相同，无论是高斯门控还是软最大门控。对于每个隐藏单元，在高斯门控的情况下，需要 d 个参数为中心，1 个参数为展宽；在软最大门控的情况下，线性模型有 $d+1$ 个参数(d 个输入和一个偏倚)。

6. 给出混合专家结构的严格描述，其中专家和门控网络都是多层感知器。为回归和分类推导更新方程。
7. 为分类推导协同混合专家模型的更新方程。
8. 为分类推导竞争混合专家模型的更新方程。
9. 给出具有两层的层次混合专家结构的严格描述。使用梯度下降，为回归和分类推导更新方程。

解：以下取自 Jordan 和 Jacobs 1994，符号稍微改变，以便与本书的符号一致。让我们考察具有单个输出的回归：y 是整体输出，y_i 是第一层的输出，而 y_{ij} 是第二层的输出，它们在两层模型的叶子上。类似地，g_i 是第一层的门控输出，而 $g_{j|i}$ 是第二层上的输出，即给定我们在第一层已经选择了分支$_i$，第二层上专家 j 的门控值：

344~345

$$y = \sum_i g_i y_i$$

$$y_i = \sum_j g_{j|i} y_{ij} \quad 且 \quad g_i = \frac{\exp \boldsymbol{m}_i^{\mathrm{T}}\boldsymbol{x}}{\sum_k \exp \boldsymbol{m}_k^{\mathrm{T}}\boldsymbol{x}}$$

$$y_{ij} = \boldsymbol{v}_{ij}^{\mathrm{T}}\boldsymbol{x} \quad 且 \quad g_{j|i} = \frac{\exp \boldsymbol{m}_{ij}^{\mathrm{T}}\boldsymbol{x}}{\sum_l \exp \boldsymbol{m}_{il}^{\mathrm{T}}\boldsymbol{x}}$$

在回归中，需要最小化的误差是(注意这里我们使用竞争版本)：

$$E = \sum_t \log \sum_i g_i^t \sum_j g_{j|i}^t \exp\left[-\frac{1}{2}(r^t - y_{ij}^t)^2\right]$$

使用梯度下降，我们得到如下更新方程：

$$\Delta \boldsymbol{v}_{ij} = \eta \sum_t f_i^t f_{j|i}^t (r^t - y^t)\boldsymbol{x}^t$$

$$\Delta \boldsymbol{m}_i = \eta \sum_t (f_i^t - g_i^t)\boldsymbol{x}^t$$

$$\Delta \boldsymbol{m}_{ij} = \eta \sum_t f_i^t (f_{j|i}^t - g_{j|i}^t)\boldsymbol{x}^t$$

其中，使用了如下性质：

$$f_i^t = \frac{g_i^t \sum_j g_{j|i}^t \exp[-(1/2)(r^t - y_{ij}^t)^2]}{\sum_k g_k^t \sum_j g_{j|k}^t \exp[-(1/2)(r^t - y_{kj}^t)^2]}$$

$$f_{j|i}^t = \frac{g_{j|i}^t \exp[-(1/2)(r^t - y_{ij}^t)^2]}{\sum_l g_{l|i}^t \exp[-(1/2)(r^t - y_{il}^t)^2]}$$

$$f_{ij}^t = \frac{g_i^t g_{j|i}^t \exp[-(1/2)(r^t - y_{ij}^t)^2]}{\sum_k g_k^t \sum_l g_{l|k}^t \exp[-(1/2)(r^t - y_{kl}^t)^2]}$$

注意我们如何将从根到树叶专家的路径上的门控值相乘。

对于 $K>2$ 类分类，一种可能是像上面一样(有单个输出专家)，有 K 个单独的 HME，我们软最大化它们的输出，以便最大化对数似然：

$$\mathcal{L} = \sum_t \log \sum_i g_i^t \sum_j g_{j|i}^t \exp\left[\sum_c r_c^t \log p_c^t\right]$$

$$p_c^t = \frac{\exp y_c^t}{\sum_k \exp y_k^t}$$

346

其中，每个 y_c^t 代表一个单输出的 HME 的输出。单个多类 HME 的更有趣的情况在 Waterhouse 和 Robinson 1994 中讨论，那里专家有 K 个软最大输出。

10. 在混合专家模型中，由于不同的专家专攻输入空间的不同部分，所以他们需要关注不同的输入。讨论如何在专家模型中局部地进行维度归约。

12.12 参考文献

Alpaydın, E., and M. I. Jordan. 1996. "Local Linear Perceptrons for Classification." *IEEE Transactions on Neural Networks* 7:788–792.

Angeniol, B., G. Vaubois, and Y. Le Texier. 1988. "Self Organizing Feature Maps and the Travelling Salesman Problem." *Neural Networks* 1:289–293.

Berthold, M. 1999. "Fuzzy Logic." In *Intelligent Data Analysis: An Introduction*, ed. M. Berthold and D. J. Hand, 269–298. Berlin: Springer.

Bishop, C. M., M. Svensén, and C. K. I. Williams. 1998. "GTM: The Generative Topographic Mapping." *Neural Computation* 10:215–234.

Bottou, L., and V. Vapnik. 1992. "Local Learning Algorithms." *Neural Computation* 4:888–900.

Broomhead, D. S., and D. Lowe. 1988. "Multivariable Functional Interpolation and Adaptive Networks." *Complex Systems* 2:321–355.

Carpenter, G. A., and S. Grossberg. 1988. "The ART of Adaptive Pattern Recognition by a Self-Organizing Neural Network." *IEEE Computer* 21 (3): 77–88.

Cherkassky, V., and F. Mulier. 1998. *Learning from Data: Concepts, Theory, and Methods.* New York: Wiley.

DeSieno, D. 1988. "Adding a Conscience Mechanism to Competitive Learning." In *IEEE International Conference on Neural Networks*, 117–124. Piscataway, NJ: IEEE Press.

Feldman, J. A., and D. H. Ballard. 1982. "Connectionist Models and their Properties." *Cognitive Science* 6:205–254.

Fritzke, B. 1995. "Growing Cell Structures: A Self Organizing Network for Unsupervised and Supervised Training." *Neural Networks* 7:1441–1460.

Grossberg, S. 1980. "How Does the Brain Build a Cognitive Code?" *Psychological Review* 87:1–51.

Hertz, J., A. Krogh, and R. G. Palmer. 1991. *Introduction to the Theory of Neural Computation.* Reading, MA: Addison-Wesley.

İrsoy, O., O. T. Yıldız, and E. Alpaydın. 2012. "Soft Decision Trees." In *International Conference on Pattern Recognition,* 1819–1822. Piscataway, NJ: IEEE Press.

Jacobs, R. A., M. I. Jordan, S. J. Nowlan, and G. E. Hinton. 1991. "Adaptive Mixtures of Local Experts." *Neural Computation* 3:79–87.

Jordan, M. I., and R. A. Jacobs. 1994. "Hierarchical Mixtures of Experts and the EM Algorithm." *Neural Computation* 6:181–214.

Kohonen, T. 1990. "The Self-Organizing Map." *Proceedings of the IEEE* 78:1464–1480.

Kohonen, T. 1995. *Self-Organizing Maps.* Berlin: Springer.

Lee, Y. 1991. "Handwritten Digit Recognition Using *k*-Nearest Neighbor, Radial Basis Function, and Backpropagation Neural Networks." *Neural Computation* 3:440–449.

Mao, J., and A. K. Jain. 1995. "Artificial Neural Networks for Feature Extraction and Multivariate Data Projection." *IEEE Transactions on Neural Networks* 6:296–317.

Moody, J., and C. Darken. 1989. "Fast Learning in Networks of Locally-Tuned Processing Units." *Neural Computation* 1:281–294.

Oja, E. 1982. "A Simplified Neuron Model as a Principal Component Analyzer." *Journal of Mathematical Biology* 15:267–273.

Omohundro, S. M. 1987. "Efficient Algorithms with Neural Network Behavior." *Complex Systems* 1:273–347.

Platt, J. 1991. "A Resource Allocating Network for Function Interpolation." *Neural Computation* 3:213–225.

Specht, D. F. 1991. "A General Regression Neural Network." *IEEE Transactions on Neural Networks* 2:568–576.

Tresp, V., J. Hollatz, and S. Ahmad. 1997. "Representing Probabilistic Rules with Networks of Gaussian Basis Functions." *Machine Learning* 27:173–200.

Waterhouse, S. R., and A. J. Robinson. 1994. "Classification Using Hierarchical Mixtures of Experts." In *IEEE Workshop on Neural Networks for Signal Processing,* 177–186. Piscataway, NJ: IEEE Press.

347 ≀ 348

第 13 章

Introduction to Machine Learning, Third Edition

核 机 器

核机器是最大边缘方法，允许把模型表示为训练实例的一个子集的影响之和。这些影响用面向应用的相似性核给出。我们讨论"核化的"分类、回归、排名、离群点检测和维度归约，以及如何选择和使用核。

13.1 引言

现在，我们讨论一种不同的线性分类和回归方法。不必惊奇，即使对于线性模型这种简单情况，也存在很多不同的方法。每种学习算法都具有不同的归纳偏倚，做不同的假设，定义不同的目标函数，因此可能找到不同的模型。

本章，我们将讨论的模型称作**支持向量机**(Support Vector Machine，SVM)，稍后推广到**核机器**(kernel machine)。近年来它非常流行，原因如下：

1) 它是基于判别式的方法，并使用 Vapnik 原则：不要在解决实际问题之前把解决一个更复杂的问题作为第一步(Vapnik 1995)。例如，对于分类，当任务是学习一个判别式时，不必估计类密度 $p(\boldsymbol{x}|C_j)$或准确的后验概率值 $P(C_i|\boldsymbol{x})$；只需要估计类边界在哪里，即哪里的 $\boldsymbol{x}$ 有 $P(C_i|\boldsymbol{x})=P(C_i|\boldsymbol{x})$。类似地，对于离群点检测，不需要估计全密度 $p(\boldsymbol{x})$；只需要找出把具有较低 $p(\boldsymbol{x})$值的 $\boldsymbol{x}$ 分开的边界，即对于某个阈值 $\theta\in(0, 1)$，找出把满足 $p(\boldsymbol{x})<\theta$ 的 $\boldsymbol{x}$ 分开的边界。

349

2) 训练后，线性模型的参数(权重向量)可以用训练集的一个子集表示，这个子集称作**支持向量**(support vector)。对于分类，这些是靠近边界的实例，因此知道它们可以提取知识：这些是在两个类之间的边界附近、不确定或有错误的实例。它们的个数给我们提供了泛化误差的一个估计，并且正如我们将在下面看到的，能够用实例集表示模型参数可以进行核化(kernelization)。

3) 正如我们稍后将看到的，输出用支持向量的影响之和表示，并且这些用**核函数**(kernel function)给出。核函数是数据实例之间相似性的面向应用的度量。前面，我们谈到非线性基函数使我们能够把输入映射到另一个空间，那里可以找到线性(光滑的)解。核函数使用相同的思想。

4) 通常，在大部分学习算法中，数据点用向量表示，并且或者使用点积(如在多层感知器中)，或者使用欧氏距离(如在径向基函数网络中)。核函数使我们走得更远。例如，G_1和 G_2可以是两个图，而 $K(G_1, G_2)$可以对应于共享路径数，我们可以计算它，而不必显式地用向量表示 G_1或 G_2。

5) 基于核的算法可以形式化地表示成凸优化问题，并且存在可以解析地求解的单个最优解。因此，我们不再受启发式方法的学习率、初始化、检查收敛性等的困扰。当然，这并不意味我们没有用于模型选择的超参数。我们有超参数，任何方法都需要它们，它们使算法与当前数据相匹配。

我们首先讨论分类，然后推广到回归、排名、离群点(新颖性)检测，然后是维度归约。我们看到，在所有情况下，我们基本上都有类似的二次规划模板，在解的光滑性约束下，最大化实例的分离性或边缘(margin)。通过对它求解得到支持向量。核函数根据其相似性概念定义空间，并且一个核函数如果在其对应空间中有更好的分离性，则它是好的。 350

13.2　最佳分离超平面

让我们还是从两类开始，并使用－1 和＋1 标记这两个类。样本为$\mathcal{X}=\{\boldsymbol{x}^t, r^t\}$，其中如果 $\boldsymbol{x}^t\in C_1$ 则 $r^t=+1$，如果 $\boldsymbol{x}^t\in C_2$ 则 $r^t=-1$。我们希望找到 $\boldsymbol{w}$ 和 w_0，使得

$$\text{对于 } r^t=+1, \quad \boldsymbol{w}^{\mathrm{T}}\boldsymbol{x}^t+w_0\geqslant+1$$
$$\text{对于 } r^t=-1, \quad \boldsymbol{w}^{\mathrm{T}}\boldsymbol{x}^t+w_0\leqslant-1$$

它们可以改写为

$$r^t(\boldsymbol{w}^{\mathrm{T}}\boldsymbol{x}^t+w_0)\geqslant+1 \tag{13-1}$$

注意，我们并不是简单地要求

$$r^t(\boldsymbol{w}^{\mathrm{T}}\boldsymbol{x}^t+w_0)\geqslant 0$$

为了更好地泛化，我们不仅希望实例在超平面的正确一侧，而且还希望它们离超平面有一定距离。超平面到它两侧最近实例的距离称作边缘(margin)。为了更好地泛化，我们希望最大化边缘。

在 2.1 节中，在讨论拟合一个矩形时谈到过边缘的概念，并且我们指出最好把矩形放在 S 和 G 的中间，留有余地。这样做是为了在噪声少许移动检验实例时，它仍然在边界的正确一侧。

类似地，既然我们使用直线的假设类，那么最佳分离超平面(optimal separating hyperplane)是最大化边缘的超平面。

回忆 10.3 节，$\boldsymbol{x}^t$ 到判别式的距离为

$$\frac{|\boldsymbol{w}^{\mathrm{T}}\boldsymbol{x}^t+w_0|}{\|\boldsymbol{w}\|}$$

当 $r^t\in\{-1, +1\}$时，上式可以写作

$$\frac{r^t(\boldsymbol{w}^{\mathrm{T}}\boldsymbol{x}^t+w_0)}{\|\boldsymbol{w}\|}$$

并且我们希望至少对于某个 ρ 值，

$$\frac{r^t(\boldsymbol{w}^{\mathrm{T}}\boldsymbol{x}^t+w_0)}{\|\boldsymbol{w}\|}\geqslant\rho, \forall t \tag{13-2}$$

351

我们希望最大化 ρ，但是通过缩放 $\boldsymbol{w}$ 可以得到的解有无限多个。为了得到唯一解，我们固定 $\rho\|\boldsymbol{w}\|=1$。这样，为最大化边缘，我们最小化$\|\boldsymbol{w}\|$。这个任务可以定义为(见 Cortes 和 Vapnik 1995；Vapnik 1995)：

$$\min\frac{1}{2}\|\boldsymbol{w}\|^2, \text{受限于 } r^t(\boldsymbol{w}^{\mathrm{T}}\boldsymbol{x}^t+w_0)\geqslant+1, \forall t \tag{13-3}$$

这是一个标准的二次优化问题，其复杂度依赖于 d，并且可以直接求解来找到 $\boldsymbol{w}$ 和 w_0。于是，在超平面的两侧，实例距离超平面至少为 $1/\|\boldsymbol{w}\|$，而整个边缘为 $2/\|\boldsymbol{w}\|$。

在 10.2 节中我们看到，如果问题不是线性可分的，则我们不拟合非线性函数，而是使用非线性基函数将问题映射到新的空间。通常，新空间的维度比原始空间的高，并且在这种情况下，我们对复杂度不依赖输入维度的方法感兴趣。

在寻找最佳分离超平面时，我们可以把该优化问题转换成复杂度依赖于训练实例数 N 而不依赖于 d 的形式。正如我们将在 13.5 节所看到的，这种新表示方法的另一个优点是，

它使我们可以用核函数改写基函数。

为了得到新的公式，我们先使用拉格朗日乘子 α^t，将式(13-3)改写成非约束问题：

$$
\begin{aligned}
L_p &= \frac{1}{2}\|\boldsymbol{w}\|^2 - \sum_{t=1}^{N} \alpha^t [r^t(\boldsymbol{w}^{\mathrm{T}}\boldsymbol{x}^t + w_0) - 1] \\
&= \frac{1}{2}\|\boldsymbol{w}\|^2 - \sum_t \alpha^t r^t (\boldsymbol{w}^{\mathrm{T}}\boldsymbol{x}^t + w_0) + \sum_t \alpha^t \qquad (13\text{-}4)
\end{aligned}
$$

这应当是关于 $\boldsymbol{w}$，最小化 w_0，关于 $\alpha^t \geqslant 0$，最大化 w_0。鞍点给出解。

这是一个凸二次优化问题，因为主要项是凸的且线性约束也是凸的。这样，我们可以使用 Karush-Kuhn-Tucker 条件，解其对偶问题。对偶问题是关于 α^t 最大化 L_p，受限于约束 L_p 关于 $\boldsymbol{w}$ 和 w_0 的梯度为 0，并且 $\alpha^t \geqslant 0$：

352

$$
\frac{\partial L_p}{\partial \boldsymbol{w}} = 0 \quad \Rightarrow \quad \boldsymbol{w} = \sum_t \alpha^t r^t \boldsymbol{x}^t \qquad (13\text{-}5)
$$

$$
\frac{\partial L_p}{\partial w_0} = 0 \quad \Rightarrow \quad \sum_t \alpha^t r^t = 0 \qquad (13\text{-}6)
$$

将它们代入式(13-4)，我们得到对偶问题

$$
\begin{aligned}
L_d &= \frac{1}{2}(\boldsymbol{w}^{\mathrm{T}}\boldsymbol{w}) - \boldsymbol{w}^{\mathrm{T}} \sum_t \alpha^t r^t \boldsymbol{x}^t - w_0 \sum_t \alpha^t r^t + \sum_t \alpha^t \\
&= -\frac{1}{2}(\boldsymbol{w}^{\mathrm{T}}\boldsymbol{w}) + \sum_t \alpha^t \\
&= -\frac{1}{2}\sum_t \sum_s \alpha^t \alpha^s r^t r^s (\boldsymbol{x}^t)^{\mathrm{T}} \boldsymbol{x}^s + \sum_t \alpha^t \qquad (13\text{-}7)
\end{aligned}
$$

我们只需要关于 α^t 对它最大化，受限于约束

$$
\sum_t \alpha^t r^t = 0\text{，并且对于任意 } t, \alpha^t \geqslant 0
$$

这可以使用二次优化方法来求解。对偶问题的规模依赖于样本的大小 N，而不依赖于输入的维度 d。时间复杂度的上界为 $\mathcal{O}(N^3)$，而空间复杂度的上界为 $\mathcal{O}(N^2)$。

一旦我们解出 α^t，我们看到尽管它们有 N 个，但是多半以 $\alpha^t=0$ 消失，而只有少量满足 $\alpha^t>0$。$\alpha^t>0$ 的 $\boldsymbol{x}^t$ 的集合是**支持向量**(support vector)，并且正如我们在式(13-5)中所看到的，$\boldsymbol{w}$ 可以写成那些选作支持向量的训练实例的加权和。这些 $\boldsymbol{x}^t$ 满足

$$
r^t(\boldsymbol{w}^{\mathrm{T}}\boldsymbol{x}^t + w_0) = 1
$$

并且落在边缘上。我们使用这一事实，由任意支持向量来计算 w_0：

$$
w_0 = r^t - \boldsymbol{w}^{\mathrm{T}}\boldsymbol{x}^t \qquad (13\text{-}8)
$$

从数值稳定性来讲，建议对所有支持向量计算上式，并取平均值。这样找出的判别式称作**支持向量机**(Support Vector Machine，SVM)(参见图 13-1)。

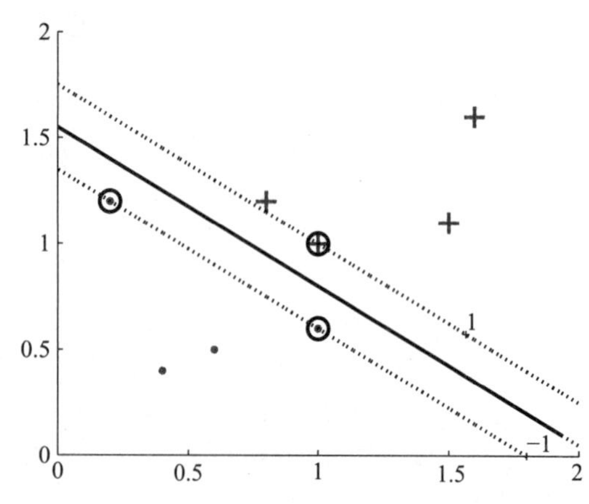

图 13-1 一个两类问题，其中类实例用加号和圆点表示，粗线是边界，两侧的虚线定义边缘。圈住的实例是支持向量

α^t 的大部分为 0，对于它们，$r^t(\boldsymbol{w}^{\mathrm{T}}\boldsymbol{x}^t + w_0)>1$。这些 $\boldsymbol{x}^t$ 落在远离判别式的地方，并且对超平面没有影响。非支持向量的实例不携带信息，即便删除它们的任意子集，仍然得到相

同的解。从这个角度讲，SVM 算法与精简的最近邻算法(8.5 节)类似，它只保存邻近(因而约束)类判别式的实例。

作为基于判别式的算法，SVM 只关注那些靠近边界的实例，丢弃那些落在内部的实例。使用这种思想，可以在求 SVM 之前先使用一种较简单的分类器过滤掉这种实例的大部分，从而降低 SVM 优化阶段的复杂度(习题 1)。

353~354

在检验阶段，我们不强调边缘。计算 $g(\boldsymbol{x})=\boldsymbol{w}^{\mathrm{T}}\boldsymbol{x}+w_0$，并根据 $g(\boldsymbol{x})$ 的符号选择：

$$\text{如果 } g(\boldsymbol{x})>0 \text{ 则选择 } C_1\text{，否则选择 } C_2$$

13.3 不可分情况：软边缘超平面

如果数据不是线性可分的，则我们前面讨论的算法就不能解决问题。在这种情况下，如果两个类不是线性可分的，使得不存在将它们分开的超平面，则我们寻找出错最少的超平面。我们定义*松弛变量*(slack variable)$\xi^t\geqslant 0$，存放到边缘的离差。有两种类型的离差：一个实例可能位于超平面的错误一侧，并被错误地分类；或者实例可能在正确的一侧但可能落在边缘中，即离超平面不够远。放宽式(13-1)，我们要求

$$r^t(\boldsymbol{w}^{\mathrm{T}}\boldsymbol{x}^t+w_0)\geqslant 1-\xi^t \tag{13-9}$$

如果 $\xi^t=0$，则 $\boldsymbol{x}^t$ 没有问题。如果 $0<\xi^t<1$，则 $\boldsymbol{x}^t$ 被正确分类，但是它在边缘中。如果 $\xi^t\geqslant 1$，则 $\boldsymbol{x}^t$ 被错误地分类(参见图 13-2)。错误分类数为 $\#\{\xi^t>1\}$，并且不可分的点数为 $\#\{\xi^t>0\}$。我们定义*软误差*(soft error)为 $\sum_t\xi^t$，并将加上它作为罚项：

$$L_p=\frac{1}{2}\|\boldsymbol{w}\|^2+C\sum_t\xi^t \tag{13-10}$$

受限于式(13-9)的约束。C 是罚因子，与任意正则化模式一样，在复杂度和数据误拟合之间权衡，其中复杂度用权重向量的 L_2 范数度量(类似于多层感知器中的权衰减，参见 11.9 和 11.10 节)，而数据误拟合用未分开的点数度量。注意，为了更好地泛化，我们不仅惩罚误分类的点，也惩罚边缘中的点，尽管后者在检验时将正确地分类。

加上这些约束，式(13-4)的拉格朗日方程变成

$$L_p=\frac{1}{2}\|\boldsymbol{w}\|^2+C\sum_t\xi^t-\sum_t\alpha^t[r^t(\boldsymbol{w}^{\mathrm{T}}\boldsymbol{x}^t+w_0)-1+\xi^t]-\sum_t\mu^t\xi^t \tag{13-11}$$

其中 μ_t 是新的拉格朗日参数，确保 ξ^t 为正。当我们对上式关于参数求导并令它们为 0 时，我们得到

355

$$\frac{\partial L_p}{\partial\boldsymbol{w}}=\boldsymbol{w}-\sum_t\alpha^t r^t\boldsymbol{x}^t=0\Rightarrow\boldsymbol{w}=\sum_t\alpha^t r^t\boldsymbol{x}^t \tag{13-12}$$

$$\frac{\partial L_p}{\partial w_0}=\sum_t\alpha^t r^t=0 \tag{13-13}$$

$$\frac{\partial L_p}{\partial\xi^t}=C-\alpha^t-\mu^t=0 \tag{13-14}$$

由于 $\mu^t\geqslant 0$，所以式(13-14)意味 $0\leqslant\alpha^t\leqslant C$。把这些代入式(13-11)，得到关于 α^t 最大化的对偶问题

$$L_d=\sum_t\alpha^t-\frac{1}{2}\sum_t\sum_s\alpha^t\alpha^s r^t r^s(\boldsymbol{x}^t)^{\mathrm{T}}\boldsymbol{x}^s \tag{13-15}$$

受限于

$$\sum_t\alpha^t r^t=0\text{，并且对于任意 }t\text{，}0\leqslant\alpha^t\leqslant C$$

解这个对偶问题，我们看到与可分情况一样，落在边界正确一侧并距边界足够远的实例随 $\alpha^t=0$ 消失(参见图 13-2)。支持向量的 $\alpha^t>0$，并且如式(13-12)所示，它们定义 $\boldsymbol{w}$。当然，那些使 $\alpha^t<C$ 的实例在边缘上，并且我们使用它们计算 w_0。它们有 $\xi^t=0$，并且满足 $r^t(\boldsymbol{w}^{\mathrm{T}}\boldsymbol{x}^t+w_0)=1$。同样，最好在这些 w_0 的估计上取平均值。在边缘中或误分类的那些实例的 $\alpha^t=C$。

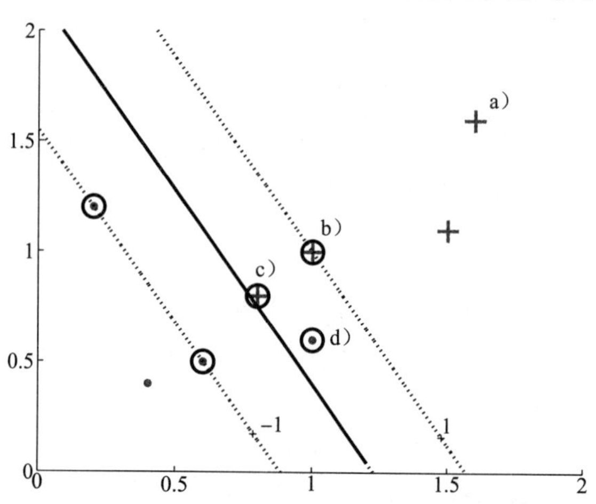

图 13-2 在对实例进行分类时，有 4 种可能的情况。a) 实例在正确一侧且远离边缘，$r^tg(\boldsymbol{x}^t)>1$，$\xi=0$。b) $\xi=0$，它在正确一侧且在边缘上。c) $\xi=1-g(\boldsymbol{x})$，$0<\xi<1$，点在正确一侧，但在边缘中，离超平面不够远。d) $\xi=1+g(\boldsymbol{x})>1$，点在错误一侧——这是误分类。除了 a)之外，所有实例都是支持向量。用对偶变量来说，在 a)中有 $\alpha^t=0$，在 b)中有 $\alpha^t<C$，在 c)和 d)中有 $\alpha^t=C$

作为支持向量存放的那些不可分的实例是这种实例，如果它们不在训练集中，则就会有麻烦，不能正确地对它们分类。它们要么被错误分类，要么被正确分类但没有足够的置信度。我们可以说，支持向量的个数是期望错误估计的一个上界。并且，实际上，Vapnik(1995)已经证明期望检验错误率是

$$E_N[P(\text{error})]\leqslant\frac{E_N[\text{支持向量数}]}{N}$$

其中 $E_N[\cdot]$表示在大小为 N 的训练集上的期望。这意味着错误率依赖于支持向量的个数，而不依赖于输入的维度。

式(13-9)说明，如果实例在错误一侧或者离边界的距离小于 1，则定义它为错误。这称作转折点损失(hinge loss)。如果 $y^t=\boldsymbol{w}^{\mathrm{T}}\boldsymbol{x}^t+w_0$ 是输出，r^t 是期望的输出，则转折点损失定义为

$$L_{\text{hinge}}(y^t,r^t)=\begin{cases}0 & \text{如果 } y^tr^t\geqslant 1\\ 1-y^tr^t & \text{否则}\end{cases}\tag{13-16}$$

在图 13-3 中，我们把转折点损失与 0/1 损失、平方误差和互熵进行比较。我们看到，与 0/1 损失不同，转折点损失还惩罚在边缘内的实例，尽管它们可能在正确一侧，并且损失随着实例远离错误一侧而线性增加。这也不同于平方损失，因而平方损失不如转折点损失鲁棒。我们看到互熵最小化逻辑斯谛判别式(10.7 节)，或利用线性感知器(11.3 节)，是对转折点损失的一个好的连续近似。

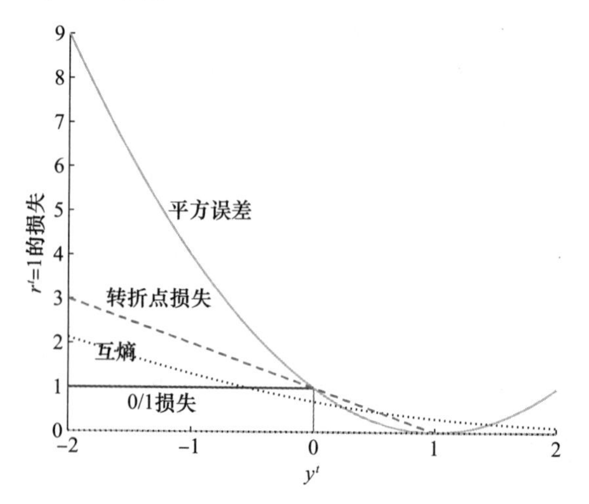

图 13-3 比较 $r^t=1$ 的不同损失函数。如果 $y^t=1$ 则 0/1 损失为 0，否则为 1。如果 $y^t>1$ 则转折点损失为 0，否则为 $1-y^t$。平方误差是$(1-y^t)^2$。互熵是 $\log(1/(1+\exp(-y^t)))$

式(13-10)的 C 是用交叉验证微调的正则化参数。它准确地解释边缘最大化与误差最小化之间的权衡：如果它太大，则对未分开的点有高的惩罚，并且可能

存放许多支持向量且过拟合；如果它太小，则可能找到过于简单的解且欠拟合。通常，通过考察验证集上的准确率，在对数尺度$[10^{-6}, 10^{-5}, \cdots, 10^{+5}, 10^{+6}]$中选择。

13.4 v-SVM

另一种等价的软边缘超平面表示使用参数$v \in [0, 1]$，而不是C(Schölkopf 等 2000)。目标函数是

$$\min \frac{1}{2}\|\boldsymbol{w}\|^2 - v\rho + \frac{1}{N}\sum_t \xi^t \tag{13-17}$$

受限于

356~358

$$r^t(\boldsymbol{w}^{\mathrm{T}}\boldsymbol{x}^t + w_0) \geqslant \rho - \xi^t, \quad \xi^t \geqslant 0, \quad \rho \geqslant 0 \tag{13-18}$$

ρ是一个新参数，它是优化问题的变量并缩放边缘：现在边缘是$2\rho/\|\boldsymbol{w}\|$。v已经被证明是支持向量所占比例的一个下界和具有边缘误差($\sum_t \#\{\xi^t > 0\}$)的实例所占比例的一个上界。对偶问题是

$$L_d = -\frac{1}{2}\sum_t \sum_s \alpha^t \alpha^s r^t r^s (\boldsymbol{x}^t)^{\mathrm{T}} \boldsymbol{x}^s \tag{13-19}$$

受限于

$$\sum_t \alpha^t r^t = 0, \quad 0 \leqslant \alpha^t \leqslant \frac{1}{N}, \quad \sum_t \alpha^t \geqslant v$$

当我们将式(13-19)与式(13-15)比较时，我们看到项$\sum_t \alpha^t$不再出现在目标函数中，而是一个常数。通过操控v，我们可以控制支持向量所占的比例，并且这被认为比操控C更直观。

13.5 核技巧

10.2节指出，如果问题是非线性的，则不训练非线性模型，而是使用合适的基函数通过非线性变换将问题映射到新空间，然后在新空间使用线性模型。新空间中的线性模型对应于原始空间中的非线性模型。这种方法可以用于分类和回归问题，并且对于分类这种特殊情况，它可以与任意模式一起使用。在支持向量机这种特定情况下，这将导致下面要讨论的某种简化。

设有通过基函数

$$\boldsymbol{z} = \boldsymbol{\phi}(\boldsymbol{x}), \text{其中 } z_j = \phi_j(\boldsymbol{x}), j = 1, \cdots, k$$

计算的新维，将d维$\boldsymbol{x}$空间映射到k维$\boldsymbol{z}$空间，判别式为

$$\begin{aligned} g(\boldsymbol{z}) &= \boldsymbol{w}^{\mathrm{T}}\boldsymbol{z} \\ g(\boldsymbol{x}) &= \boldsymbol{w}^{\mathrm{T}}\boldsymbol{\phi}(\boldsymbol{x}) \\ &= \sum_{j=1}^{k} w_j \phi_j(\boldsymbol{x}) \end{aligned} \tag{13-20}$$

359

这里，我们并不使用单独的w_0。我们假定$z_1 = \phi_1(\boldsymbol{x}) \equiv 1$。通常，$k$远大于$d$，$k$也可能大于$N$，并且这也是使用对偶形式的优点。对偶问题的复杂度依赖于N，如果我们使用原问题，则将依赖于k。这里，我们也使用软边缘超平面的更一般情况，因为我们不能保证问题在新空间是线性可分的。

问题是一样的

$$L_p = \frac{1}{2}\|\boldsymbol{w}\|^2 + C\sum_t \xi^t \tag{13-21}$$

不同之处是，现在约束定义在新空间

$$r^t \boldsymbol{w}^{\mathrm{T}} \boldsymbol{\phi}(\boldsymbol{x}^t) \geqslant 1 - \xi^t \tag{13-22}$$

拉格朗日方程是

$$L_p = \frac{1}{2}\|\boldsymbol{w}\|^2 + C\sum_t \xi^t - \sum_t \alpha^t [r^t \boldsymbol{w}^{\mathrm{T}} \boldsymbol{\phi}(\boldsymbol{x}^t) - 1 + \xi^t] - \sum_t \mu^t \xi^t \tag{13-23}$$

当关于参数求导并令它们等于 0 时，得到

$$\frac{\partial L_p}{\partial \boldsymbol{w}} = \boldsymbol{w} = \sum_t \alpha^t r^t \boldsymbol{\phi}(\boldsymbol{x}^t) \tag{13-24}$$

$$\frac{\partial L_p}{\partial \xi^t} = C - \alpha^t - \mu^t = 0 \tag{13-25}$$

现在，对偶问题是

$$L_d = \sum_t \alpha^t - \frac{1}{2}\sum_t \sum_s \alpha^t \alpha^s r^t r^s \boldsymbol{\phi}(\boldsymbol{x}^t)^{\mathrm{T}} \boldsymbol{\phi}(\boldsymbol{x}^s) \tag{13-26}$$

受限于

$$\sum_t \alpha^t r^t = 0 \text{ 并且对于任意 } t, 0 \leqslant \alpha^t \leqslant C$$

核机器(kernel machine)的基本思想是用原始输入空间中的实例之间的*核函数*(kernel function)$K(\boldsymbol{x}^t, \boldsymbol{x}^s)$取代基函数的内积$\boldsymbol{\phi}(\boldsymbol{x}^t)^{\mathrm{T}}\boldsymbol{\phi}(\boldsymbol{x}^s)$。这样，取代把两个实例$\boldsymbol{x}^t$和$\boldsymbol{x}^s$映射到$\boldsymbol{z}$空间并在那里做点积，我们直接使用原始空间中的核函数。

360

$$L_d = \sum_t \alpha^t - \frac{1}{2}\sum_t \sum_s \alpha^t \alpha^s r^t r^s K(\boldsymbol{x}^t, \boldsymbol{x}^s) \tag{13-27}$$

核函数也出现在判别式中

$$\begin{aligned} g(\boldsymbol{x}) &= \boldsymbol{w}^{\mathrm{T}} \boldsymbol{\phi}(\boldsymbol{x}) = \sum_t \alpha^t r^t \boldsymbol{\phi}(\boldsymbol{x}^t)^{\mathrm{T}} \boldsymbol{\phi}(\boldsymbol{x}) \\ &= \sum_t \alpha^t r^t K(\boldsymbol{x}^t, \boldsymbol{x}) \end{aligned} \tag{13-28}$$

这意味着，如果有核函数，则完全不需要把它映射到新空间。实际上，对于任何有效的核函数，确实存在对应的映射函数，但是使用$K(\boldsymbol{x}^t, \boldsymbol{x})$比计算$\boldsymbol{\phi}(\boldsymbol{x}^t)$和$\boldsymbol{\phi}(\boldsymbol{x})$再求点积简单得多。正如我们在下一节将看到的，许多算法都被*核化*(kernelized)，而这正是我们称之为“核机器”的原因。

核值的矩阵$\boldsymbol{K}$(其中$\boldsymbol{K}_{ts} = K(\boldsymbol{x}^t, \boldsymbol{x}^s)$)称作 *Gram 矩阵*(Gram matrix)，它应该是对称的、半正定的。近来，在共享数据集中，仅有$\boldsymbol{K}$矩阵而不提供$\boldsymbol{x}^t$或$\boldsymbol{\phi}(\boldsymbol{x}^t)$已经成为标准做法。尤其是在生物信息学和自然语言处理的应用中，$\boldsymbol{x}$(或$\boldsymbol{\phi}(\boldsymbol{x})$)有数百维或数千维，存放/下载这个$N \times N$矩阵开销小得多(Vert，Tsuda 和 Schölkopf 2004)。然而，这意味着我们只能使用这些可用的信息进行训练/检验，并且不能使用训练后的模型对该数据集之外的数据进行预测。

13.6 向量核

最流行的通用核函数是

- *q 次多项式*

$$K(\boldsymbol{x}^t, \boldsymbol{x}) = (\boldsymbol{x}^{\mathrm{T}} \boldsymbol{x}^t + 1)^q \tag{13-29}$$

其中 q 由用户选择。例如，当 $q=2$，$d=2$ 时，

$$\begin{aligned}K(\boldsymbol{x},\boldsymbol{y}) &= (\boldsymbol{x}^{\mathrm{T}}\boldsymbol{y}+1)^2 \\ &= (x_1y_1+x_2y_2+1)^2 \\ &= 1+2x_1y_1+2x_2y_2+2x_1x_2y_1y_2+x_1^2y_1^2+x_2^2y_2^2\end{aligned}$$

它对应于如下基函数的内积(Cherkassky 和 Mulier 1998)：

$$\boldsymbol{\phi}(\boldsymbol{x}) = [1,\sqrt{2}x_1,\sqrt{2}x_2,\sqrt{2}x_1x_2,x_1^2,x_2^2]^{\mathrm{T}}$$

361

一个例子在图 13-4 中给出。当 $q=1$ 时，有对应于原公式的线性核(linear kernel)。

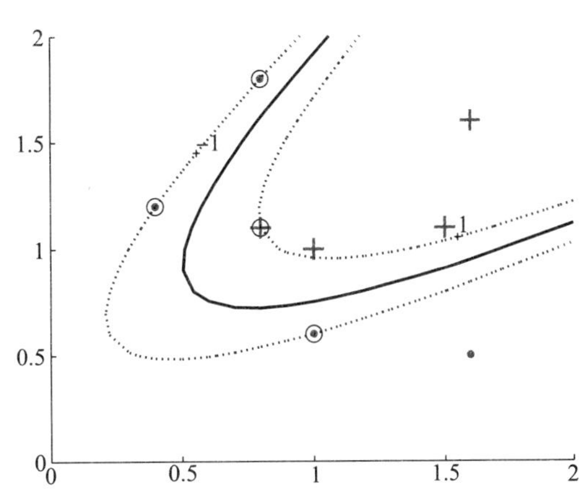

图 13-4　被二次多项式核找出的决策边界和边缘。圈住的实例是支持向量

- 径向基函数(radial-based function)

$$K(\boldsymbol{x}^t,\boldsymbol{x}) = \exp\left[-\frac{\|\boldsymbol{x}^t-\boldsymbol{x}\|^2}{2s^2}\right] \quad (13\text{-}30)$$

与 Parzen 窗口一样(第 8 章)，它定义一个球形核，其中 $\boldsymbol{x}^t$ 是中心，而 s 由用户提供，定义半径。这也类似于第 12 章讨论的径向基函数。

一个例子在图 13-5 中给出。我们看到，较大的展宽光滑了边界，最好的值用交叉验证找到。注意，当有两个参数使用交叉验证优化时(例如，这里的 C 和 s^2)，应该在两个维上进行栅格(因子)搜索。我们将在 19.2 节讨论搜索这种因子的最佳组合的方法。

我们可以推广欧氏距离，使用马氏距离核：

$$K(\boldsymbol{x}^t,\boldsymbol{x}) = \exp\left[-\frac{1}{2}(\boldsymbol{x}^t-\boldsymbol{x})^{\mathrm{T}}\boldsymbol{S}^{-1}(\boldsymbol{x}^t-\boldsymbol{x})\right] \quad (13\text{-}31)$$

362

其中 $\boldsymbol{S}$ 是协方差矩阵。或者，在最一般的情况下，对于某个距离函数 $\mathcal{D}(\boldsymbol{x}^t,\boldsymbol{x})$

$$K(\boldsymbol{x}^t,\boldsymbol{x}) = \exp\left[-\frac{\mathcal{D}(\boldsymbol{x}^t,\boldsymbol{x})}{2s^2}\right] \quad (13\text{-}32)$$

- S 形函数(sigmoidal function)

$$K(\boldsymbol{x}^t,\boldsymbol{x}) = \tanh(2\boldsymbol{x}^{\mathrm{T}}\boldsymbol{x}^t+1) \quad (13\text{-}33)$$

其中 tanh(·)与 S 形函数具有相同的形状，不同的是它的取值在 $-1\sim+1$ 之间。这类似于第 11 章讨论的多层感知器。

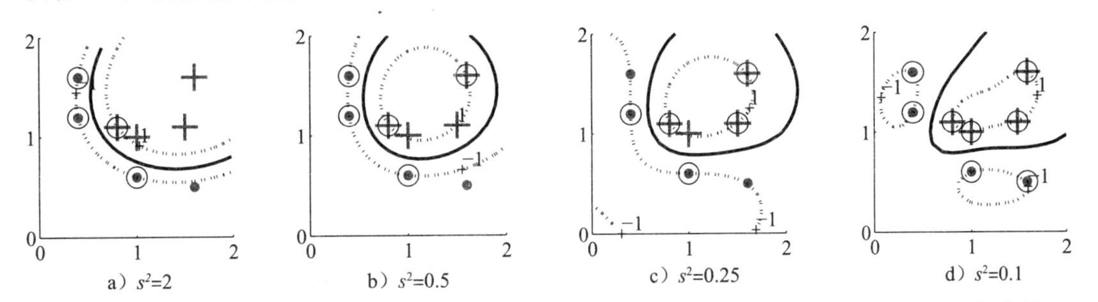

图 13-5　被具有不同展宽值 s^2 的高斯核找出的决策边界和边缘。使用较大的展宽，得到更光滑的边界

363

13.7　定义核

还可以定义面向应用的核。核通常被看作相似性的度量，意指从应用的角度来看，当

$\boldsymbol{x}$ 和 $\boldsymbol{y}$ 更“相似”时，$K(\boldsymbol{x}, \boldsymbol{y})$取更大的值。这意味着，关于应用的任何先验知识都可以通过定义合适的核提供给学习算法(“核工程”)，并且核的这种用法可以看作“线索”(11.8.4节)的另一个例子。

有串核、树核、图核等(Vert，Tsuda 和 Schölkopf 2004)，取决于我们如何表示数据，如何度量这种表示下的相似性。

例如，给定两个文档，出现在这两个文档中的词的个数可以作为核。假定 D_1 和 D_2 是两个文档，而一种可能的表示称作*词袋*(bag of words)，其中预先定义了 M 个与任务相关的词。我们定义 $\boldsymbol{\phi}(D_1)$为 M 维二元向量，如果第 i 个词出现在 D_1 中，则其第 i 个分量为1，否则为 0。于是，$\boldsymbol{\phi}(D_1)^{\mathrm{T}}\boldsymbol{\phi}(D_2)$计算共享的词的个数。这里，我们看到，如果直接把 $K(D_1, D_2)$作为共享的词的个数来定义和实现，则不需要预先选择 M 个词，而是使用词典中的任何词(当然，在丢弃诸如 of、and 等不提供信息的词之后)，并且不需要显式地产生词袋表示，仿佛我们允许 M 想多大就多大一样。

有时(例如在生物信息学应用中)，我们可以计算两个对象之间的*相似度得分*(similarity score)，这不必是半正定的。给定两个(基因)串，一种核度量是*编辑距离*(edit distance)，即把一个串转换成另一个需要做多少次操作(插入、删除、替换)，这又称为*比对*(alignment)。在这种情况下，一种技巧是定义一个 M 个模板的集合，并把对象表示成一个在所有模板上得分的 M 维向量。也就是说，如果 $\boldsymbol{m}_i(i=1, \cdots, M)$是模板，$s(\boldsymbol{x}^t, \boldsymbol{m}_i)$是 $\boldsymbol{x}^t$ 和 $\boldsymbol{m}_i$之间的得分，则定义

$$\boldsymbol{\phi}(\boldsymbol{x}^t) = [s(\boldsymbol{x}^t, \boldsymbol{m}_1), s(\boldsymbol{x}^t, \boldsymbol{m}_2), \cdots, s(\boldsymbol{x}^t, \boldsymbol{m}_M)]^{\mathrm{T}}$$

并且我们定义*经验核映射*(empirical kernel map)为

$$K(\boldsymbol{x}^t, \boldsymbol{x}^s) = \boldsymbol{\phi}(\boldsymbol{x}^t)^{\mathrm{T}}\boldsymbol{\phi}(\boldsymbol{x}^s)$$

364

这是一个合法的核。

有时，我们有二元评分函数。例如，两种蛋白质可能相互作用，也可能不相互作用，而我们希望把这推广到任意两个实例的得分。在这种情况下，技巧是定义一个图，其中节点是实例，而两个节点如果相互作用(即该二元评分返回 1)则被连接。于是，我们说两个不直接连接的节点是“相似的”，如果它们之间的路径短或被许多路径连接。这把逐对局部相互作用转换成全局相似性度量，很像 Isomap 使用的测地距离(6.7 节)，并称为*扩散核*(diffusion kernel)。

如果 $p(\boldsymbol{x})$是概率密度，则

$$K(\boldsymbol{x}^t, \boldsymbol{x}) = p(\boldsymbol{x}^t)p(\boldsymbol{x})$$

是一个合法的核函数。当 $p(\boldsymbol{x})$是 $\boldsymbol{x}$ 的生成模型(度量看到 $\boldsymbol{x}$ 的可能性)时，则使用这个核函数。例如，如果 $\boldsymbol{x}$ 是一个序列，则 $p(\boldsymbol{x})$可能是隐马尔科夫模型(第 15 章)。使用这个核函数，如果 $\boldsymbol{x}^t$ 和 $\boldsymbol{x}$ 可能是被相同模型产生的，则 $K(\boldsymbol{x}^t, \boldsymbol{x})$将取很高的值。还可以将生成模型参数化为 $p(\boldsymbol{x}|\theta)$，并且由数据学习 θ，这称作*费希尔核*(Fisher kernel)(Jaakkola 和Haussler 1998)。

13.8 多核学习

可以通过组合一些简单的核来构造新的核。如果 $K_1(\boldsymbol{x}, \boldsymbol{y})$和 $K_2(\boldsymbol{x}, \boldsymbol{y})$是两个合法的核，而 c 是常数，则

$$K(\boldsymbol{x},\boldsymbol{y}) = \begin{cases} cK_1(\boldsymbol{x},\boldsymbol{y}) \\ K_1(\boldsymbol{x},\boldsymbol{y}) + K_2(\boldsymbol{x},\boldsymbol{y}) \\ K_1(\boldsymbol{x},\boldsymbol{y}) \cdot K_2(\boldsymbol{x},\boldsymbol{y}) \end{cases} \tag{13-34}$$

也是合法的核。

还可以对 $\boldsymbol{x}$ 的不同子集使用不同的核。这样，我们看到组合核作为融合来自不同信息源的信息的另一种方法，其中每个核都根据自己的领域度量相似性。当我们有来自两种表示 A 和 B 的输入时，

$$\begin{aligned} K_A(\boldsymbol{x}_A,\boldsymbol{y}_A)+K_B(\boldsymbol{x}_B,\boldsymbol{y}_B) &= \boldsymbol{\phi}_A(\boldsymbol{x}_A)^{\mathrm{T}}\boldsymbol{\phi}_A(\boldsymbol{y}_A)+\boldsymbol{\phi}_B(\boldsymbol{x}_B)^{\mathrm{T}}\boldsymbol{\phi}_B(\boldsymbol{y}_B) \\ &= \boldsymbol{\phi}(\boldsymbol{x})^{\mathrm{T}}\boldsymbol{\phi}(\boldsymbol{y}) \\ &= K(\boldsymbol{x},\boldsymbol{y}) \end{aligned} \tag{13-35}$$

365

其中 $\boldsymbol{x}=[\boldsymbol{x}_A, \boldsymbol{x}_B]$是两种表示的连接。也就是说，取两个核的和对应于在连接的特征向量中做点积。这可以推广到大量核

$$K(\boldsymbol{x},\boldsymbol{y})=\sum_{i=1}^{m}K_i(\boldsymbol{x},\boldsymbol{y}) \tag{13-36}$$

这类似于取分类器的平均(17.4 节)，这次是在核上取平均，省得我们必须选择一个特定的核。还可以取加权和，并由数据学习权重(Lanckriet 等 2004；Sonnenburg 等 2006)：

$$K(\boldsymbol{x},\boldsymbol{y})=\sum_{i=1}^{m}\eta_i K_i(\boldsymbol{x},\boldsymbol{y}) \tag{13-37}$$

满足 $\eta_i\geqslant 0$，满足或不满足约束 $\sum_i \eta_i=1$，分别称作凸组合和锥形组合。这称作*多核学习*(multiple kernel learning)，其中用核的加权和取代单核。单核目标函数式(13-27)变成

$$L_d=\sum_t\alpha^t-\frac{1}{2}\sum_t\sum_s\alpha^t\alpha^s r^t r^s\sum_i\eta_i K_i(\boldsymbol{x}^t,\boldsymbol{x}^s) \tag{13-38}$$

它求解支持向量机参数 α^t 和核权重 η_i。多核的组合也出现在判别式中

$$g(\boldsymbol{x})=\sum_t\alpha^t r^t\sum_i\eta_i K_i(\boldsymbol{x}^t,\boldsymbol{x}) \tag{13-39}$$

训练后，η_i 的取值取决于对应的核 $K_i(\boldsymbol{x}^t, \boldsymbol{x})$在判别式中的作用。还可以通过把核权重定义为输入 $\boldsymbol{x}$ 的有参函数对核局部化，这非常像混合专家模型的门控函数(17.8 节)

$$g(\boldsymbol{x})=\sum_t\alpha^t r^t\sum_i\eta_i(\boldsymbol{x}|\theta_i)K_i(\boldsymbol{x}^t,\boldsymbol{x}) \tag{13-40}$$

并且门控参数 θ_i 与支持向量机参数一起学习(Gönen 和 Alpaydin 2008)。

当有来自多个不同的表示或不同形态下的多个源的信息时(例如，在语音识别中，可能有声波和唇动图像)，通常的方法是把它们分别提供给不同的分类器，然后融合它们的决策。我们将在第 17 章详细讨论这种方法。组合多个核提供了另一种集成多源输入的方法，其中单个分类器对不同源的输入使用不同的核，因此有不同的相似性概念(Noble 2004)。于是，局部化版本可以看作它的扩展，它可以根据输入来选择数据源，从而选择相似性度量。

366

13.9　多类核机器

当存在 $K>2$ 个类时，直截了当的一对所有(one-vs-all)方法是定义 K 个两类问题，每个都把一个类与其他所有类分开，并学习 K 个支持向量机 $g_i(\boldsymbol{x})(i=1, \cdots, K)$。也就是说，在训练 $g_i(\boldsymbol{x})$时，C_i类的实例标记为$+1$，而 $C_k(k\neq i)$类的实例标记为-1。在检验时，计算所有的 $g_i(\boldsymbol{x})$，并选择最大的。

Platt(1999)提出用一个 S 形函数拟合单个(2 类)SVM 的输出，把输出转换成后验概

率。类似地，可以训练一个软最大输出层来最小化互熵，产生 $K>2$ 个后验概率(Mayoraz 和 Alpaydin 1999)：

$$y_i(\boldsymbol{x}) = \sum_{j=1}^{K} v_{ij} f_j(\boldsymbol{x}) + v_{i0} \tag{13-41}$$

其中 $f_j(\boldsymbol{x})$是 SVM 的输出，而 y_i是后验概率输出。训练权重 v_{ij} 来最小化互熵。然而需要注意，与层叠中一样(17.9 节)，训练 v_{ij} 的数据应当不同于用来训练基本支持向量机 $f_j(\boldsymbol{x})$ 的数据，以便减轻过拟合。

与其他分类方法一样，不是构建 K 个两类 SVM 把一个类与其余类分开的通常办法，可以构建 $K(K-1)/2$ 个逐对(pairwise)分类器(又见 10.4 节)，每个 $g_{ij}(\boldsymbol{x})$取 C_i类实例标记为+1，C_j类实例标记为−1，并且不使用其他类的实例。一般认为逐对把类分开是一个较简单的事，另外的优点是由于使用较少的数据，优化更快。但注意，这需要训练$\mathcal{O}(K^2)$个而不是$\mathcal{O}(K)$个判别式。 367

在一般情况下，一对所有和逐对分开都是把一个多类问题分解成一组两类问题的校正输出码(error-correcting output code)的特例(Dietterich 和 Bakiri 1995)(又见 17.6 节)。作为两类分类器的 SVM 是两类分类的理想选择(Allwein，Schapire 和 Singer 2000)，并且还可以有增量方法，增加新的两类 SVM，更好地把存在问题的一对类分开，以改善不理想的 ECOC 矩阵(Mayoraz 和 Alpaydin 1998)。

另一种可能的方法是设计一个涉及所有类的多类(multiclass)优化问题(Weston 和 Watkins 1998)：

$$\min \frac{1}{2}\sum_{i=1}^{K}\|\boldsymbol{w}_i\|^2 + C\sum_i\sum_t \xi_i^t \tag{13-42}$$

受限于

$$\boldsymbol{w}_{z^t}\boldsymbol{x}^t + w_{z^t0} \geqslant \boldsymbol{w}_i\boldsymbol{x}^t + w_{i0} + 2 - \xi_i^t, \quad \forall i \neq z^t \text{ 且 } \xi_i^t \geqslant 0$$

其中，z^t包含 $\boldsymbol{x}^t$的类索引。正则化项同时最小化所有超平面的范数，而约束是确保该类与任何其他类之间的边缘至少为 2。正确类的输出应当至少为+1，其他类的输出应当至少为−1，而定义松弛变量用来补差。

尽管这看上去漂亮，但是一对所有方法通常更可取，因为它分别解 K 个 N 个变量的问题，而多类方法使用 $K \cdot N$ 个变量。

13.10 用于回归的核机器

现在，让我们看看如何将支持向量机推广到回归问题。我们看到相同的定义可接受的边缘、松弛变量、综合光滑性和误差的正则化函数的方法在这里也能用。从线性模型开始，稍后看看如何使用核函数：

$$f(\boldsymbol{x}) = \boldsymbol{w}^{\mathrm{T}}\boldsymbol{x} + w_0$$

对于一般的回归，使用差的平方作为误差： 368

$$e_2(r^t, f(\boldsymbol{x}^t)) = [r^t - f(\boldsymbol{x}^t)]^2$$

然而，对于支持向量回归，使用 ϵ 敏感损失函数：

$$e_\epsilon(r^t, f(\boldsymbol{x}^t)) = \begin{cases} 0 & \text{如果 } |r^t - f(\boldsymbol{x}^t)| < \epsilon \\ |r^t - f(\boldsymbol{x}^t)| - \epsilon & \text{否则} \end{cases} \tag{13-43}$$

这意味我们容忍高达 ϵ 的误差，并且超出的误差具有线性而不是平方影响。因此，这种误差函数更能抵御噪声，因而更加鲁棒(参见图 13-6)。与转折点损失中一样，有一个区域没有误差，这导致稀疏性。

类似于软边缘超平面，我们引入松弛变量来处理 ε 区域外的偏差，并且得到（Vapnik 1995）：

$$\min \frac{1}{2}\|\boldsymbol{w}\|^2 + C\sum_t (\xi_+^t + \xi_-^t) \tag{13-44}$$

受限于

$$r^t - (\boldsymbol{w}^{\mathrm{T}}\boldsymbol{x} + w_0) \leqslant \varepsilon + \xi_+^t$$
$$(\boldsymbol{w}^{\mathrm{T}}\boldsymbol{x} + w_0) - r^t \leqslant \varepsilon + \xi_-^t$$
$$\xi_+^t, \xi_-^t \geqslant 0$$

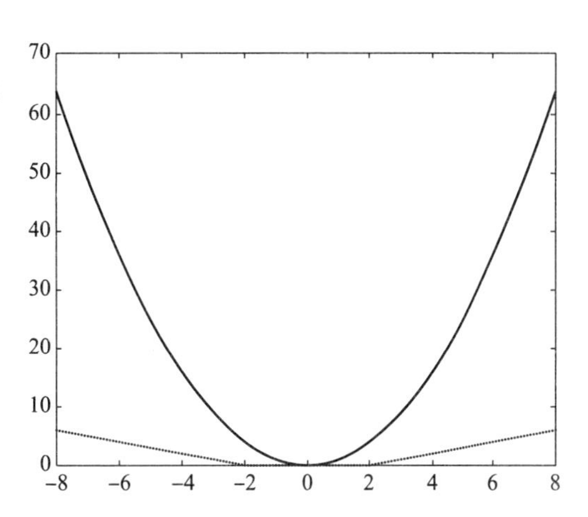

图 13-6　平方误差函数和 ε 敏感误差函数。我们看到 ε 敏感误差函数不受小误差的影响，并且受大误差的影响也较小，因此对离群点更鲁棒

这里，对正的和负的偏差，我们使用了两种类型的松弛变量，以保持它们为正。实际上，可以把这看作两个背靠背加上的转折点损失，一个用于正松弛，一个用于负松弛。该式对应于式(13-43)中给出的 ε 敏感损失函数。拉格朗日方程是

$$\begin{aligned} L_p = &\frac{1}{2}\|\boldsymbol{w}\|^2 + C\sum_t (\xi_+^t + \xi_-^t) - \sum_t \alpha_+^t\left[\varepsilon + \xi_+^t - r^t + (\boldsymbol{w}^{\mathrm{T}}\boldsymbol{x} + w_0)\right] - \\ &\sum_t \alpha_-^t\left[\varepsilon + \xi_-^t + r^t - (\boldsymbol{w}^{\mathrm{T}}\boldsymbol{x} + w_0)\right] - \sum_t (\mu_+^t \xi_+^t + \mu_-^t \xi_-^t) \end{aligned} \tag{13-45}$$

取偏导数，得到

$$\frac{\partial L_p}{\partial \boldsymbol{w}} = \boldsymbol{w} - \sum_t (\alpha_+^t - \alpha_-^t)\boldsymbol{x}^t = 0 \Rightarrow \boldsymbol{w} = \sum_t (\alpha_+^t - \alpha_-^t)\boldsymbol{x}^t \tag{13-46}$$

$$\frac{\partial L_p}{\partial \boldsymbol{w}_0} = \sum_t (\alpha_+^t - \alpha_-^t)\boldsymbol{x}^t = 0 \tag{13-47}$$

$$\frac{\partial L_p}{\partial \xi_+^t} = C - \alpha_+^t - \mu_+^t = 0 \tag{13-48}$$

$$\frac{\partial L_p}{\partial \xi_-^t} = C - \alpha_-^t - \mu_-^t = 0 \tag{13-49}$$

对偶问题是

$$\begin{aligned} L_d = &-\frac{1}{2}\sum_t\sum_s (\alpha_+^t - \alpha_-^t)(\alpha_+^s - \alpha_-^s)(\boldsymbol{x}^t)^{\mathrm{T}}\boldsymbol{x}^s - \\ &\varepsilon\sum_t (\alpha_+^t + \alpha_-^t) + \sum_t r^t(\alpha_+^t - \alpha_-^t) \end{aligned} \tag{13-50}$$

受限于

$$0 \leqslant \alpha_+^t \leqslant C,\quad 0 \leqslant \alpha_-^t \leqslant C,\quad \sum_t (\alpha_+^t - \alpha_-^t) = 0$$

一旦求出它的解，就会看到落入管(tube)中的所有实例都有 $\alpha_+^t = \alpha_-^t = 0$。这些是以足够精度拟合的实例(参见图 13-7)。支持向量满足 $\alpha_+^t > 0$ 或 $\alpha_-^t > 0$，并且都是这两种类型。它们可能是管边界上的实例(α_+^t 或 α_-^t 在 0C 之间)，并且使用它们计算 w_0。例如，假定 $\alpha_+^t > 0$，则有 $r^t = \boldsymbol{x}^{\mathrm{T}}\boldsymbol{x}^t + w_0 + \varepsilon$。落在 ε 管外的实例是第二种类型，这些是没有很好拟合的实例($\alpha_+^t = C$)，如图 13-7 所示。

369～370

使用式(13-46)，可以把拟合直线写成支持向量的加权和：

$$f(\boldsymbol{x}) = \boldsymbol{w}^{\mathrm{T}}\boldsymbol{x} + w_0 = \sum_t (\alpha_+^t - \alpha_-^t)(\boldsymbol{x}^t)^{\mathrm{T}}\boldsymbol{x} + w_0 \tag{13-51}$$

式(13-50)中的点积$(\boldsymbol{x}^t)^{\mathrm{T}}\boldsymbol{x}^s$也可以用核函数$K(\boldsymbol{x}^t, \boldsymbol{x}^s)$替换，并且类似地，$(\boldsymbol{x}^t)^{\mathrm{T}}\boldsymbol{x}$可以用核函数$K(\boldsymbol{x}^t, \boldsymbol{x})$替换，可以得到非线性拟合。使用多项式核将类似于拟合一个多项式(参见图 13-8)，而使用高斯核(参见图 13-9)则类似于非参数光滑模型(8.8 节)，不同之处在于由于解的稀疏性，所以不需要整个训练集，而只需要一个子集。

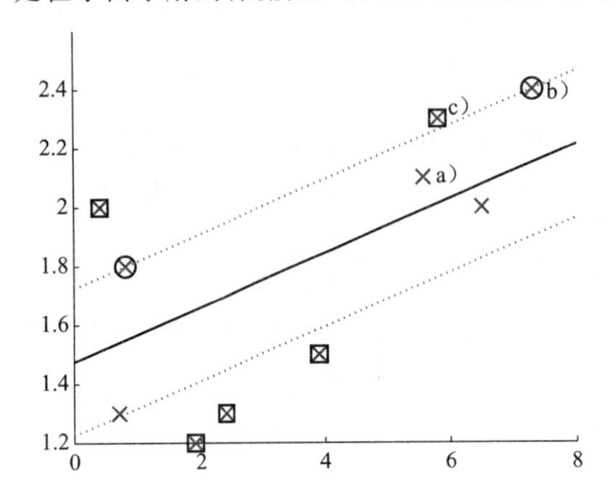

图 13-7 “×”表示拟合数据点的回归线，并显示了 ε 管(C=10，ε=0.25)。有 3 种情况：a) 实例在管中；b) 实例在管的边界上(圆中的实例)；c) 实例在管外，具有正的松弛，即 $\xi_+ > 0$(方框中的实例)。b)和 c)是支持向量。用对偶变量来表示，在 a)中有 $\alpha_+^t = 0$，$\alpha_-^t = 0$；在 b)中有 $\alpha_+^t < C$；在 c)中有 $\alpha_+^t = C$

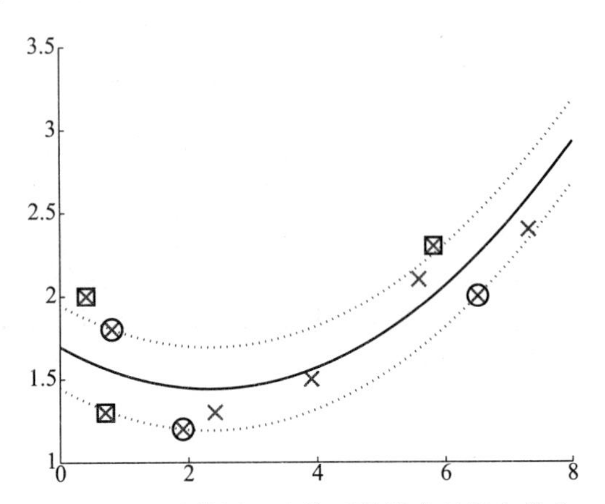

图 13-8 显示使用二次核函数拟合的回归线和 ε 管(C=10，ε=0.25)。圆中的实例是边缘上的支持向量，方框中的实例是离群点支持向量

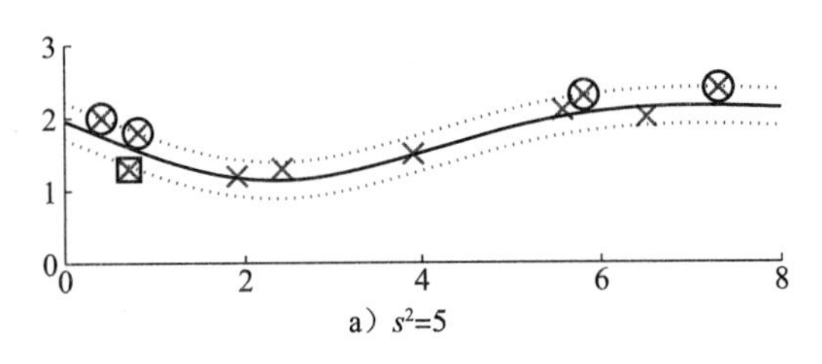

a) $s^2=5$

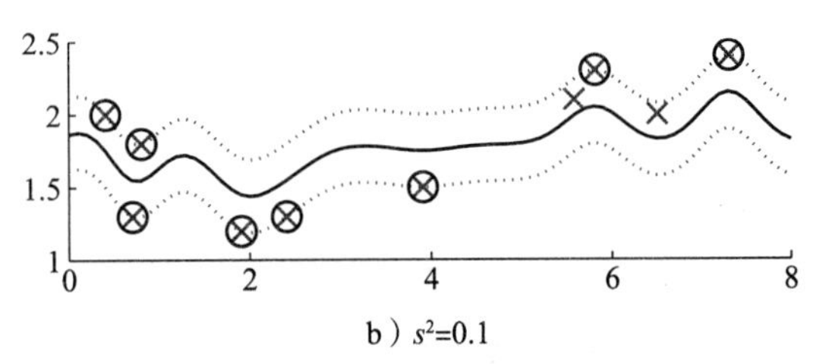

b) $s^2=0.1$

图 13-9 显示使用两个具有不同展宽的高斯核拟合的回归线和 ε 管(C=10，ε=0.25)。圆中的实例是边缘上的支持向量，方框中的实例是离群点支持向量

对于回归，也有一个等价的 v-SVM(Schölkopf 等 2000)，其中取代固定的 ε，我们固定 v 来限制支持向量的比例。仍然需要 C。

13.11 用于排名的核机器

回想在排名时，我们有需要按一定方式排序的实例(Liu 2011)。例如，可能有像 $r^u \prec r^v$ 这样的成对约束，这意味着实例 $\boldsymbol{x}^u$ 应该产生比 $\boldsymbol{x}^v$ 更高的得分。在 10.9 节中，我们讨论了如何对此使用梯度下降来训练一个线性模型。现在，我们讨论如何使用支持向量机做同样的事。

把每个成对约束看作一个数据实例 t：$r^u \prec r^v$，并最小化

$$L_p = \frac{1}{2}\|\boldsymbol{w}\|^2 + C\sum_t \xi^t \tag{13-52}$$

受限于

$$\boldsymbol{w}^{\mathrm{T}}\boldsymbol{x}^{u} \geqslant \boldsymbol{w}^{\mathrm{T}}\boldsymbol{x}^{v} + 1 - \xi^{t} \quad \text{对于每个 } t: r^{u} < r^{v}$$
$$\xi^{t} \geqslant 0 \tag{13-53}$$

式(13-53)要求 $\boldsymbol{x}^u$的得分至少比 $\boldsymbol{x}^v$的得分多 1 个单位，从而定义了边缘。如果约束不满足，则松弛变量是非零，并且式(13-52)最小化这样的松弛变量和复杂度项的和，这又对应于使边缘的宽度尽可能大(Herbrich，Obermayer 和 Graepel 2000；Joachims 2002)。注意，除 1 个单位边缘外，第二项松弛变量的和与式(10-46)中使用的误差相同，并且与之前所讨论的一样，复杂度项可以解释为线性模型的权重衰减项(参见 11.10 节)。

注意，对每个序已定义的对偶有一个约束，因此这种约束的个数为$\mathcal{O}(N^2)$。式(13-53)的约束也可以记作

$$\boldsymbol{w}^{\mathrm{T}}(\boldsymbol{x}^{u} - \boldsymbol{x}^{v}) \geqslant 1 - \xi^{t}$$

也就是说，我们可以把这看作是一个逐对差 $\boldsymbol{x}^u - \boldsymbol{x}^v$的两类分类。这样通过计算这些差并根据 $r^u < r^v$还是 $r^v < r^u$把它们分别标记 $r^t \in \{-1, +1\}$，任何两类核机器都可以用来实现排名。但这不是最有效的方法，已经提出了更快的方法(Chapelle 和 Keerthi 2010)。

371～373

对偶问题是

$$L_d = \sum_t \alpha^t = \frac{1}{2}\sum_t \sum_s \alpha^t \alpha^s (\boldsymbol{x}^u - \boldsymbol{x}^v)^{\mathrm{T}}(\boldsymbol{x}^k - \boldsymbol{x}^l) \tag{13-54}$$

受限于 $0 \leqslant \alpha^t \leqslant C$。这里，$t$ 和 s 是两对约束，如 t：$r^u < r^v$和 s：$r^k < r^l$。对此求解，对于满足约束的，有 $\xi^t = 0$ 和 $\alpha^t = 0$；对于满足约束但在边缘中的，有 $0 < \xi^t < 1$ 和 $\alpha^t < C$；而对于不满足约束(并被误标记)的，有 $\xi^t > 1$ 和 $\alpha^t = C$。

对于新的检验实例 $\boldsymbol{x}$，得分用下式计算：

$$g(\boldsymbol{x}) = \sum_t \alpha^t (\boldsymbol{x}^u - \boldsymbol{x}^v)^{\mathrm{T}} \boldsymbol{x} \tag{13-55}$$

给出原问题、对偶问题和评分函数的核化版本是直截了当的，留给读者(习题 7)。

13.12　一类核机器

支持向量机最初是为分类提出的。通过为回归线附近的偏差而不是为判别式定义松弛变量，SVM 被扩展到回归。现在，我们看看如何把 SVM 用于一类受限的非监督学习，即估计高密度区域。我们并不进行全密度估计，而是想找出把高密度区域与低密度区域分开的边界(因此它像一个分类问题)(Tax 和 Duin 1999)。这种边界可以用于*新颖性*(novelty)或*离群点检测*(outlier detection)。这也称作*一类分类*(one-class classification)。

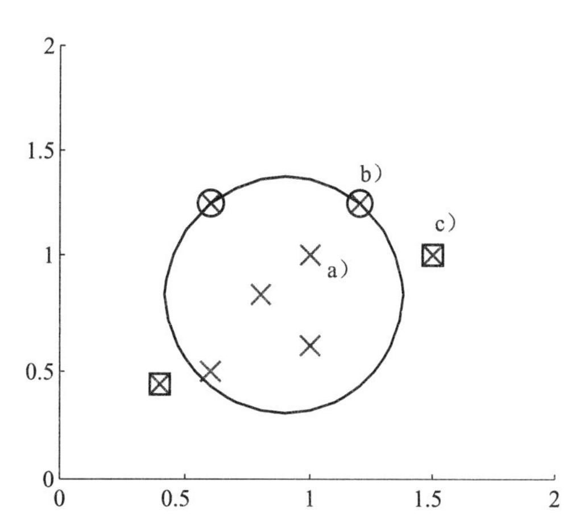

图 13-10　一类支持向量机把光滑的边界(这里使用线性核函数，圆具有最小半径)放置在围住尽可能多的实例的地方。存在 3 种可能的情况：a) 实例是典型的实例；b) 实例落在边界上，$\xi = 0$，这种实例定义 R；c) 实例是离群点，$\xi > 0$。b)和 c)是支持向量。用对偶变量的术语表示，在 a)中有 $\alpha^t = 0$；在 b)中有 $0 < \alpha^t < C$；在 c)中有 $\alpha^t = C$

考虑一个中心为 $\boldsymbol{a}$、半径为 R 的球。我们希望它围住的密度尽可能大，其中密度根据经验用训练集百分比度量。同时，与之权衡，我们希望找到最小半径(参见图 13-10)。为落在球外的实例定义一个松弛变量(只有一种类型的松弛变量，因为只有来自一个类的实例，并且对落在球内的那些没有惩罚)，并

且有一个正比于半径的光滑性度量：

$$\min R^2 + C\sum_t \xi^t \tag{13-56}$$

受限于

$$\|\boldsymbol{x}^t - \boldsymbol{a}\|^2 \leqslant R^2 + \xi^t \text{ 且 } \xi^t \geqslant 0, \forall t$$

加上这些约束，注意$\|\boldsymbol{x}^t-\boldsymbol{a}\|^2=(\boldsymbol{x}^t-\boldsymbol{a})^{\mathrm{T}}(\boldsymbol{x}^t-\boldsymbol{a})$，得到拉格朗日方程：

$$L_p = R^2 + C\sum_t \xi^t - \sum_t \alpha^t (R^2 + \xi^t - [(\boldsymbol{x}^t)^{\mathrm{T}}\boldsymbol{x}^t - 2\boldsymbol{a}^{\mathrm{T}}\boldsymbol{x}^t + \boldsymbol{a}^{\mathrm{T}}\boldsymbol{a}]) - \sum_t \gamma^t \xi^t \tag{13-57}$$

其中$\alpha^t \geqslant 0$，$\gamma^t \geqslant 0$是拉格朗日乘子。关于参数求导，得到

$$\frac{\partial L}{\partial R} = 2R - 2R\sum_t \alpha^t = 0 \Rightarrow \sum_t \alpha^t = 1 \tag{13-58}$$

374～375

$$\frac{\partial L}{\partial \boldsymbol{a}} = \sum_t \alpha^t (2\boldsymbol{x}^t - 2\boldsymbol{a}) = 0 \Rightarrow \boldsymbol{a} = \sum_t \alpha^t \boldsymbol{x}^t \tag{13-59}$$

$$\frac{\partial L}{\partial \xi^t} = C - \alpha^t - \gamma^t = 0 \tag{13-60}$$

由于$\gamma^t \geqslant 0$，所以可以把最后一个约束写成：$0 \leqslant \alpha^t \leqslant C$。把这些代入式(13-53)，得到关于$\alpha^t$最大化的对偶问题：

$$L_d = \sum_t \alpha^t (\boldsymbol{x}^t)^{\mathrm{T}} \boldsymbol{x}^t - \sum_t \sum_s \alpha^t \alpha^s (\boldsymbol{x}^t)^{\mathrm{T}} \boldsymbol{x}^s \tag{13-61}$$

受限于

$$0 \leqslant \alpha^t \leqslant C \text{ 且 } \sum_t \alpha^t = 1$$

当求解该优化问题时，再次看到大部分实例随着它们的$\alpha^t=0$消失；这些是落在球体内的典型的、高度相似的实例(参见图 13-10)。有两种类型的支持向量满足$\alpha^t>0$。满足$0<\alpha^t<C$且落在边界上的实例，$\|\boldsymbol{x}^t-\boldsymbol{a}\|^2=R^2(\xi^t=0)$，这些用来计算$R$。满足$\alpha^t=C(\xi^t>0)$的实例且落在边界外，是离群点。由式(13-55)，我们看到中心$\boldsymbol{a}$是支持向量的加权和。

于是，给定一个检验输入$\boldsymbol{x}$，我们说它是离群点，如果

$$\|\boldsymbol{x}^t - \boldsymbol{a}\|^2 > R^2$$

或

$$\boldsymbol{x}^{\mathrm{T}}\boldsymbol{x} - 2\boldsymbol{a}^{\mathrm{T}}\boldsymbol{x} + \boldsymbol{a}^{\mathrm{T}}\boldsymbol{a} > R^2$$

使用核函数，可以不限于球，可以定义任意形状的边界。将点积用核函数替换，得到(受限于相同的约束)：

$$L_d = \sum_t \alpha^t K(\boldsymbol{x}^t, \boldsymbol{x}^t) - \sum_t \sum_s \alpha^t \alpha^s K(\boldsymbol{x}^t, \boldsymbol{x}^s) \tag{13-62}$$

例如，使用二次多项式核可以使用任意的二次曲面。如果使用高斯核(式(13-30))，则有局部球的并。我们拒绝$\boldsymbol{x}$，如果

376

$$K(\boldsymbol{x}, \boldsymbol{x}) - 2\sum_t \alpha^t K(\boldsymbol{x}, \boldsymbol{x}^t) + \sum_t \sum_s \alpha^t \alpha^s K(\boldsymbol{x}^t, \boldsymbol{x}^s) > R^2$$

第三项不依赖于$\boldsymbol{x}$，因此它是常量(我们把它用作等量，以便求解R，其中$\boldsymbol{x}$是边缘上的实例)。在高斯核的情况下，$K(\boldsymbol{x}, \boldsymbol{x})=1$，该条件约简为：对某个常数$R_C$，

$$\sum_t \alpha^t K_G(\boldsymbol{x}, \boldsymbol{x}^t) < R_C$$

除了解的稀疏性之外，这类似于具有概率密度阈值R_C的核密度估计(8.2.2 节，参见图 13-11)。

一类支持向量机表示也有一种替代的、等价的v-SVM 类型，它使用光滑的标准型

$\frac{1}{2}\|\boldsymbol{w}\|^2$(Schölkopf 等 2001)。

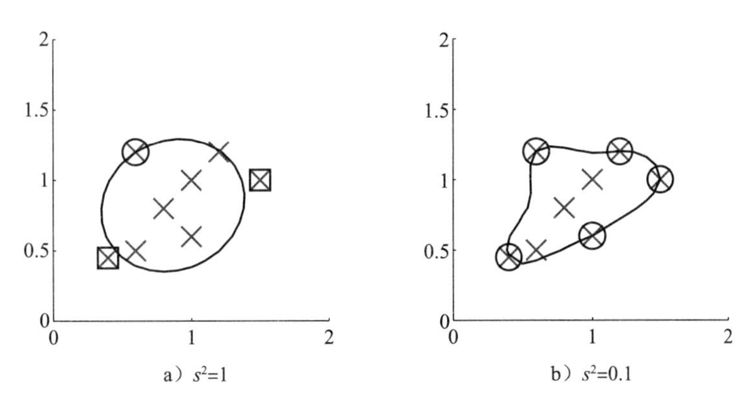

图 13-11 使用具有不同展宽的高斯核的一类支持向量机

13.13 大边缘最近邻分类

在第 8 章中，我们讨论了非参数方法。它不是用一个全局模型拟合数据，而是从相邻实例的一个子集插值。特别是在 8.6 节，我们阐述了使用好的距离度量的重要性。现在，我们讨论从数据中学习距离度量方法。严格地说，这不是核机器，但是它使用了保持边缘排名的思想，正如我们在 13.11 节指出的。

377

其基本思想是把 k 最近邻分类(第 8.4 节)看作一个排名问题。假定 $\boldsymbol{x}^i$ 的 k 最近邻包括两个实例 $\boldsymbol{x}^j$ 和 $\boldsymbol{x}^l$，使得 $\boldsymbol{x}^i$ 和 $\boldsymbol{x}^j$ 属于同一类，而 $\boldsymbol{x}^l$ 属于另一类。在这种情况下，我们想要一个距离度量，使得 $\boldsymbol{x}^i$ 和 $\boldsymbol{x}^l$ 之间的距离大于 $\boldsymbol{x}^i$ 和 $\boldsymbol{x}^j$ 之间的距离。实际上，我们不仅需要前者的距离比后者大，而且要求它们之间有一个单位的边缘，如果不满足，对于差，我们有一个松弛变量：

$$\mathcal{D}(\boldsymbol{x}^i,\boldsymbol{x}^l) \geqslant \mathcal{D}(\boldsymbol{x}^i,\boldsymbol{x}^j) + 1 - \xi^{ijl}$$

距离度量就像排名问题中的评分函数，并且每个三元组都定义了一个与式(13-53)中一样的排名约束。

这就是大边缘最近邻(Large Margin Nearest Neighbor，LMNN)算法的基本思想(Weinberger 和 Saul 2009)。最小化的误差函数是：

$$(1-\mu)\sum_{i,j}\mathcal{D}(\boldsymbol{x}^i,\boldsymbol{x}^j) + \mu\sum_{i,j,l}(1-y_l)\xi_{ijl} \tag{13-63}$$

受限于

$$\begin{aligned}&\mathcal{D}(\boldsymbol{x}^i,\boldsymbol{x}^l) \geqslant \mathcal{D}(\boldsymbol{x}^i,\boldsymbol{x}^j) + 1 - \xi^{ijl}, \quad \text{如果 } \boldsymbol{r}^i = \boldsymbol{r}^j \text{ 且 } \boldsymbol{r}^i \neq \boldsymbol{r}^l\\ &\xi^{ijl} \geqslant 0\end{aligned} \tag{13-64}$$

这里，$\boldsymbol{x}^j$ 是 $\boldsymbol{x}^i$ 的 k 最近邻之一，并且它们属于相同的类：$\boldsymbol{r}^i = \boldsymbol{r}^j$——它是一个目标(target)近邻。$\boldsymbol{x}^l$ 也是 $\boldsymbol{x}^i$ 的 k 最近邻之一。如果它们有相同的标号，则 y_{il} 设置为 1 且没有损失；如果它们是不同的类，则 $\boldsymbol{x}^l$ 是一个假冒者(impostor)，y_{il} 设置为 0，并且如果式(13-64)不满足，则松弛变量定义了一个代价。式(13-63)的第二项是这样的松弛变量之和。第一项是到所有目标近邻的总距离，并且最小化具有正则化的效果——我们想保持距离尽可能小。

在 LMNN 中，使用马氏距离作为距离度量模型：

$$\mathcal{D}(\boldsymbol{x}^i,\boldsymbol{x}^j \mid \boldsymbol{M}) = (\boldsymbol{x}^i - \boldsymbol{x}^j)^{\mathrm{T}}\boldsymbol{M}(\boldsymbol{x}^i - \boldsymbol{x}^j) \tag{13-65}$$

且 $\boldsymbol{M}$ 矩阵是待优化的参数。式(13-63)定义了一个凸(更准确地说，半正定)问题，因此具有唯一极小。

378

当输入维度高并且只有少量数据时，与式(8-21)中讨论的一样，可以通过将 $\boldsymbol{M}$ 分解为 $\boldsymbol{L}^{\mathrm{T}}\boldsymbol{L}$(其中 $\boldsymbol{L}$ 是 $k\times d$ 矩阵，$k<d$)来正则化：

$$\mathcal{D}(\boldsymbol{x}^i,\boldsymbol{x}^j|\boldsymbol{L}) = \|\boldsymbol{L}\boldsymbol{x}^i - \boldsymbol{L}\boldsymbol{x}^j\|^2 \tag{13-66}$$

$\boldsymbol{L}\boldsymbol{x}$ 是 $\boldsymbol{x}$ 的 k 维投影，而原始 d 维 $\boldsymbol{x}$ 空间中的马氏距离对应于新的 k 维空间中的(平方)欧氏距离(例如，参见图 8-7)。如果把式(13-66)作为距离度量代入式(13-63)，则得到大边缘支分析(Large Margin Component Analysis，LMCA)算法(Torresani 和 Lee 2007)。但是，这不再是一个凸优化问题，并且如果使用梯度下降法，则得到一个局部最优解。

13.14 核维度归约

从 6.3 节我们知道，通过投影到协方差矩阵 $\boldsymbol{\Sigma}$ 的具有最大特征值的特征向量上，主成分分析(PCA)降低维度。如果数据实例是中心化的($E[\boldsymbol{x}]=0$)，则这可以记作 $\boldsymbol{X}^{\mathrm{T}}\boldsymbol{X}$。在核版本中，我们在 $\boldsymbol{\phi}(\boldsymbol{x})$ 的空间而不是在原始 $\boldsymbol{x}$ 空间中处理，因为通常这个新空间的维度 d 可能比数据集的大小 N 大得多，我们宁愿使用 $N\times N$ 矩阵 $\boldsymbol{X}\boldsymbol{X}^{\mathrm{T}}$ 并做特征嵌入，而不愿使用 $d\times d$ 矩阵 $\boldsymbol{X}^{\mathrm{T}}\boldsymbol{X}$。投影后的数据矩阵是 $\boldsymbol{\Phi}=\boldsymbol{\phi}(\boldsymbol{x})$，因此在 $\boldsymbol{\Phi}^{\mathrm{T}}\boldsymbol{\Phi}$ 的特征向量上进行处理因而在核矩阵 $\boldsymbol{K}$ 上进行处理。

核 PCA(kernel PCA)使用核矩阵的特征向量和特征值，而这对应于在 $\boldsymbol{\phi}(\boldsymbol{x})$ 空间中做线性维度归约。当 $\boldsymbol{c}_i$ 和 λ_i 是对应的特征向量和特征值时，投影后的新的 k 维值可以用下式计算：

$$z_j^t = \sqrt{\lambda_j}\boldsymbol{c}_j^t \quad j=1,\cdots,k, \quad t=1,\cdots,N$$

图 13-12 给出了一个例子，其中首先使用二次核，然后再使用核 PCA 把维度(从五维)降到二维，并在那里实现线性 SVM。注意，在一般情况下(例如，使用高斯核)，特征值不一定衰减，并且不能保证可以使用核 PCA 降低维度。

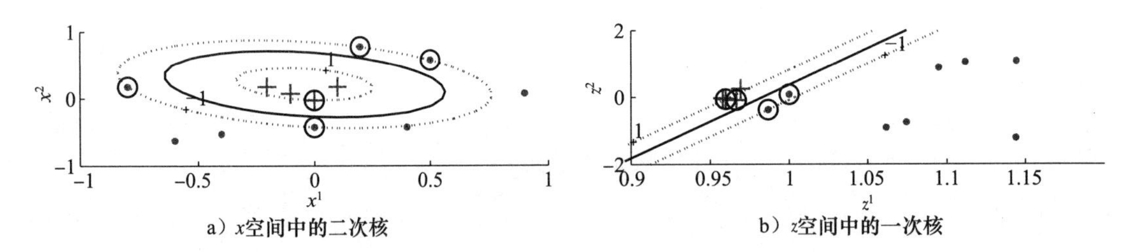

图 13-12 取代使用原始空间中的二次核 a)，我们使用二次核值上的核 PCA 映射到二维新空间，这里我们使用线性判别式 b)；(五维中的)这两个维贡献了方差的 80%

这里，我们做的是使用核值作为相似度值进行多维定标(6.7 节)。例如，取 $k=2$，我们可以在被核矩阵导出的空间中观察数据，这可以让我们看到所使用的核定义的相似性的效果如何。线性判别分析(LDA，6.8 节)也可以类似地核化(Müller 等 2001)。典范相关分析(CCA，参见 6.9 节)的核化版本在 Hardoon，Szedmak，Shawe-Taylor 2004 中讨论。

在第 6 章中，我们讨论了非线性维度归约方法，Isomap 和 LLE。事实上，把式(6-58)中的代价矩阵的元素看作输入对的核估计值，LLE 可以看作选择了特定核的核 PCA。当核函数定义为图中的测地距离时，这一结论对 Isomap 也成立。

379 ~ 380

13.15 注释

通过非线性基函数把数据映射到新空间来推广线性模型的思想由来已久，但是支持向量机的新颖性之处是把它集成到学习算法中，其参数用数据子集定义(所谓的对偶表示(dual representation))，因此也不需要显式地计算基函数，从而训练集的大小就限制了计算复杂性。对于高斯过程情况也如此，高斯过程中核函数称作协方差函数(16.9节)。

解的稀疏性表明与 k 最近邻和 Parzen 窗口或高斯过程这样的非参数估计相比，核方法更具优势，并且使用核函数的灵活性使我们能够处理非向量数据。由于优化问题存在唯一解，所以不需要像神经网络那样使用迭代优化过程。由于所有这些理由，所以支持向量机现在被看作最好的现成的学习器，并被广泛地应用于许多领域，特别是生物信息学(Schölkopf，Tsuda 和 Vert 2004)和自然语言处理应用，那里正在开发越来越多的技巧来得到核函数(Shawe-Taylor 和 Cristianini 2004)。

核函数的使用意味不同的数据表示我们不再只是把实例(对象/事件)自己定义成属性的向量，而是依据它与其他实例相似或差异程度来定义它们。这类似于使用距离矩阵(不必知道如何计算)的多维定标和使用空间中的向量的主成分分析之间的差别。

支持向量机被认为是目前最好的现成的学习算法，并已成功应用于不同的领域中。事实上，我们正在解决一个凸问题，而允许我们把先验信息编码的核思想已经使它很流行。关于支持向量机和所有类型的核机器有大量文献。经典的书是 Vapnik(1995，1998)和 Schölkopf 和 Smola(2002)。Burgess 1998、Smola 和 Schölkopf 1998 分别是 SVM 分类和回归的好指南。有许多免费软件包，最受欢迎的有 SVMlight(Joachims 2004)和 LIBSVM (Chang 和 Lin 2008)。

381

13.16 习题

1. 提出一种过滤算法，找出非常可能不是支持向量的训练实例。

   解： 支持向量是那些靠近边界的实例。因此，如果一个实例被大量同类实例包围，则它很可能不被选择为支持向量。因此，例如，我们可以对所有实例做一次 11 最近邻搜索，如果一个实例的所有 11 个近邻都与它同属一类，则我们可以从训练集剪掉该实例。

2. 在式(13-31)中，如何估计 $\boldsymbol{S}$?

   解： 我们可以计算数据的协方差矩阵并用作 $\boldsymbol{S}$。另一种可能的方法是，对每一个支持向量有一个局部 $\boldsymbol{S}^t$，并且可以使用一些邻域数据点来估计它。我们可能需要设法确保 $\boldsymbol{S}$ 不是奇异或降维的。

3. 在经验核映射中，如何选择模板?

   解： 最简单、最常用的方法是使用所有的训练实例，并且在这种情况下 $\boldsymbol{\phi}(\cdot)$ 是 N 维的。我们可以通过选择一个子集来降低复杂度并使模型更有效。我们可以使用一个随机选择的子集，进行聚类，并用簇中心作为模板(如在向量量化中那样)，或使用一个以尽可能少的实例覆盖输入空间的子集。

4. 在式(13-40)的局部化的多核中，为 $\eta_i(\boldsymbol{x}|\theta)$ 提出一个合适的模型，并讨论如何训练它。
5. 在核回归中，如果有的话，ε 与噪声方差之间有何关系?
6. 在核回归中，在偏倚和方差中使用不同的 ε 有什么影响?

   解： ε 是光滑参数。当它太大时，过于光滑，这样会降低方差，但增加偏倚。如果它太小，则方差可能大而偏倚将会太小。

7. 为排名推导原问题、对偶问题和评分函数的核化版本。

解：原问题是

$$L_p = \frac{1}{2}\|\boldsymbol{w}\|^2 + C\sum_t \xi^t$$

受限于

$$\boldsymbol{w}^{\mathrm{T}}\boldsymbol{\phi}(\boldsymbol{x}^u - \boldsymbol{x}^v) \geqslant 1 - \xi^t$$
$$\xi^t \geqslant 0$$

382

对偶问题是

$$L_d = \sum_t \alpha^t - \frac{1}{2}\sum_t\sum_s \alpha^t\alpha^s K(\boldsymbol{x}^u - \boldsymbol{x}^v, \boldsymbol{x}^k - \boldsymbol{x}^l)$$

其中 $K(\boldsymbol{x}^u - \boldsymbol{x}^v,\ \boldsymbol{x}^k - \boldsymbol{x}^l) = \boldsymbol{\phi}(\boldsymbol{x}^u - \boldsymbol{x}^v)^{\mathrm{T}}\boldsymbol{\phi}(\boldsymbol{x}^k - \boldsymbol{x}^l)$。

对于新的检验实例 $\boldsymbol{x}$，得分用下式计算

$$g(\boldsymbol{x}) = \sum_t \alpha^t K(\boldsymbol{x}^u - \boldsymbol{x}^v, \boldsymbol{x})$$

8. 如何对分类使用一类 SVM？

解：我们可以对每个类使用一个一类 SVM，并组合它们来做出决策。例如，对于每个类 C_i，我们拟合一个一类 SVM，找出参数 α_i^t：

$$\sum_t \alpha_i^t K_G(\boldsymbol{x}, \boldsymbol{x}^t)$$

然后可以把这作为 $p(\boldsymbol{x}|C_i)$的估计。如果先验大致相等，则可以简单地选择具有最大值的类，否则可以使用贝叶斯规则分类。

9. 在图 13-12 的情况中，使用高斯核的核 PCA。

10. 假定我们有相同对象的两种表示，并且相互关联，我们有不同的核。使用核 PCA，如何使用这两种表示实现联合维度归约？

13.17 参考文献

Allwein, E. L., R. E. Schapire, and Y. Singer. 2000. “Reducing Multiclass to Binary: A Unifying Approach for Margin Classifiers.” *Journal of Machine Learning Research* 1:113–141.

Burges, C. J. C. 1998. “A Tutorial on Support Vector Machines for Pattern Recognition.” *Data Mining and Knowledge Discovery* 2:121–167.

Chang, C.-C., and C.-J. Lin. 2011. *LIBSVM: A Library for Support Vector Machines. ACM Transactions on Intelligent Systems and Technology* 2: 27:1–27:27.

Chapelle, O., and S. S. Keerthi. 2010. “Efficient Algorithms for Ranking with SVMs.” *Information Retrieval* 11:201–215.

Cherkassky, V., and F. Mulier. 1998. *Learning from Data: Concepts, Theory, and Methods.* New York: Wiley.

Cortes, C., and V. Vapnik. 1995. “Support Vector Networks.” *Machine Learning* 20:273–297.

Dietterich, T. G., and G. Bakiri. 1995. “Solving Multiclass Learning Problems via Error-Correcting Output Codes.” *Journal of Artificial Intelligence Research* 2: 263–286.

Gönen, M., and E. Alpaydın. 2008. "Localized Multiple Kernel Learning." In *25th International Conference on Machine Learning*, ed. A. McCallum and S. Roweis, 352–359. Madison, WI: Omnipress.

Gönen, M., and E. Alpaydın. 2011. "Multiple Kernel Learning Algorithms." *Journal of Machine Learning Research* 12:2211–2268.

Hardoon, D. R., S. Szedmak, J. Shawe-Taylor. 2004. "Canonical Correlation Analysis: An Overview with Application to Learning Methods." *Neural Computation* 16:2639–2664.

Herbrich, R., K. Obermayer, and T. Graepel. 2000. "Large Margin Rank Boundaries for Ordinal Regression." In *Advances in Large Margin Classifiers*, ed. A. J. Smola, P. Bartlett, B. Schölkopf and D. Schuurmans, 115–132. Cambridge, MA: MIT Press.

Jaakkola, T., and D. Haussler. 1999. "Exploiting Generative Models in Discriminative Classifiers." In *Advances in Neural Information Processing Systems 11*, ed. M. J. Kearns, S. A. Solla, and D. A. Cohn, 487–493. Cambridge, MA: MIT Press.

Joachims, T. 2002. "Optimizing Search Engines using Clickthrough Data." In *ACM SIGKDD International Conference on Knowledge Discovery and Data Mining*, 133–142. New York, NY: ACM.

Joachims, T. 2008. *SVMlight*, `http://svmlight.joachims.org`.

Lanckriet, G. R. G, N. Cristianini, P. Bartlett, L. El Ghaoui, and M. I. Jordan. 2004. "Learning the Kernel Matrix with Semidefinite Programming." *Journal of Machine Learning Research* 5: 27–72.

Liu, T.-Y. 2011. *Learning to Rank for Information Retrieval.* Heidelberg: Springer.

Mayoraz, E., and E. Alpaydın. 1999. "Support Vector Machines for Multiclass Classification." In *Foundations and Tools for Neural Modeling, Proceedings of IWANN'99, LNCS 1606*, ed. J. Mira and J. V. Sanchez-Andres, 833–842. Berlin: Springer.

Müller, K. R., S. Mika, G. Rätsch, K. Tsuda, and B. Schölkopf. 2001. "An Introduction to Kernel-Based Learning Algorithms." *IEEE Transactions on Neural Networks* 12:181–201.

Noble, W. S. 2004. "Support Vector Machine Applications in Computational Biology." In *Kernel Methods in Computational Biology*, ed. B. Schölkopf, K. Tsuda, and J.-P. Vert, 71–92. Cambridge, MA: MIT Press.

Platt, J. 1999. "Probabilities for Support Vector Machines." In *Advances in Large Margin Classifiers*, ed. A. J. Smola, P. Bartlett, B. Schölkopf, and D. Schuurmans, 61–74. Cambridge, MA: MIT Press.

Schölkopf, B., J. Platt, J. Shawe-Taylor, A. J. Smola, and R. C. Williamson. 2001. "Estimating the Support of a High-Dimensional Distribution." *Neural Computation* 13:1443–1471.

Schölkopf, B., and A. J. Smola. 2002. *Learning with Kernels: Support Vector Machines, Regularization, Optimization, and Beyond.* Cambridge, MA: MIT Press.

Schölkopf, B., A. J. Smola, R. C. Williamson, and P. L. Bartlett. 2000. "New Support Vector Algorithms." *Neural Computation* 12:1207–1245.

Schölkopf, B., K. Tsuda, and J.-P. Vert, eds. 2004. *Kernel Methods in Computational Biology.* Cambridge, MA: MIT Press.

Shawe-Taylor, J., and N. Cristianini. 2004. *Kernel Methods for Pattern Analysis.* Cambridge, UK: Cambridge University Press.

Smola, A., and B. Schölkopf. 1998. *A Tutorial on Support Vector Regression*, NeuroCOLT TR-1998-030, Royal Holloway College, University of London, UK.

Sonnenburg, S., G. Rätsch, C. Schäfer, and B. Schölkopf. 2006. "Large Scale Multiple Kernel Learning." *Journal of Machine Learning Research* 7:1531–1565.

Tax, D. M. J., and R. P. W. Duin. 1999. "Support Vector Domain Description." *Pattern Recognition Letters* 20:1191–1199.

Torresani, L., and K. C. Lee. 2007. "Large Margin Component Analysis." In *Advances in Neural Information Processing Systems 19*, ed. B. Schölkopf, J. Platt, and T. Hoffman, 1385–1392. Cambridge, MA: MIT Press.

Vapnik, V. 1995. *The Nature of Statistical Learning Theory*. New York: Springer.

Vapnik, V. 1998. *Statistical Learning Theory*. New York: Wiley.

Vert, J.-P., K. Tsuda, and B. Schölkopf. 2004. "A Primer on Kernel Methods." In *Kernel Methods in Computational Biology*, ed. B. Schölkopf, K. Tsuda, and J.-P. Vert, 35–70. Cambridge, MA: MIT Press.

Weinberger, K. Q., and L. K. Saul. 2009. "Distance Metric Learning for Large Margin Classification." *Journal of Machine Learning Research* 10:207–244.

383 ~ 386

Weston, J., and C. Watkins. 1998. "Multiclass Support Vector Machines." *Technical Report CSD-TR-98-04*, Department of Computer Science, Royal Holloway, University of London.

图　方　法

图模型可视化地表示变量之间的相互影响，并且它有一个优点：利用条件独立性可以将大量变量上的推断分解成一组涉及少量变量的局部计算。在给出一些手工推断的例子后，我们讨论 d 分离和各种图上的信念传播算法。

14.1　引言

图模型(graphical model)又称为贝叶斯网络(Bayesian network)、信念网络(belief network)或概率网络(probabilistic network)，它由节点和节点之间的有向弧构成。每个节点对应于一个随机变量 X，并且具有一个对应于该随机变量的概率值 $P(X)$。如果存在一条从节点 X 到节点 Y 的有向弧，则表明 X 对 Y 有直接影响(direct influence)。这一影响被条件概率 $P(Y|X)$所指定。网络是一个有向无环图(Directed Acyclic Graph，DAG)，即图中没有环。节点和节点之间的弧定义了网络的结构，而条件概率是给定结构的参数。

一个简单的例子在图 14-1 中给出，它对下雨(R)导致草地变湿(W)建模。下雨的可能性为 40%，并且下雨时草地变湿的可能性为 90%，也许 10%的时间雨下得不长，不足以让我们认为草地被淋湿。在这个例子中，随机变量都是二元的，它们或者为真或者为假。存在 20%的可能性草地变湿而实际上并没有下雨，例如，使用喷水器时。

387

我们看到这三个值就可以完全指定联合分布 $P(R, W)$。如果 $P(R)=0.4$，则$P(\sim R)=0.6$。类似地，$P(\sim W|R)=0.1$，而 $P(\sim W|\sim R)=0.8$。联合概率表示成

$$P(R,W) = P(R)P(W|R)$$

通过在其父节点的所有可能取值上求和，可以计算湿草地的个体(边缘)概率：

$$P(W) = \sum_R P(R,W) = P(W|R)P(R) + P(W|\sim R)P(\sim R)$$
$$= 0.9 \times 0.4 + 0.2 \times 0.6 = 0.48$$

如果我们知道下过雨，则湿草地的概率为 0.9；如果我们相信没有下过雨，则湿草地的概率低至 0.2；不知道是否下过雨，这个概率是 0.48。

图 14-1 显示了一个因果图(causal graph)，解释草地变湿的主要原因是下雨。贝叶斯规则允许我们颠倒因果关系并且做出诊断(diagnosis)。例如，已知草地是湿的，则下过雨的概率可以如下计算：

$$P(R|W) = \frac{P(W|R)P(R)}{P(W)} = 0.75$$

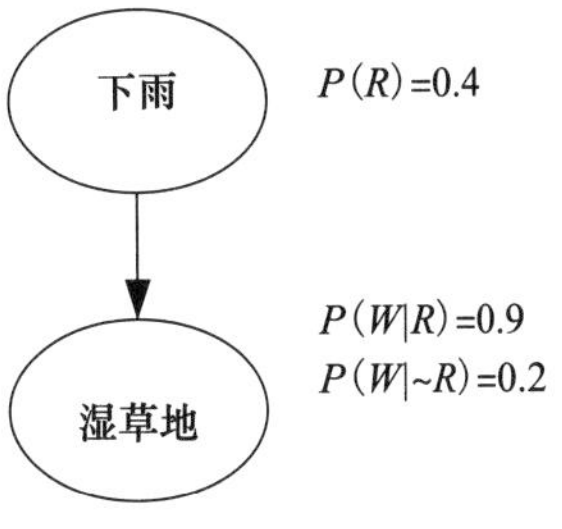

知道草地是湿的把下雨的概率由 0.4 增加到 0.75，这是因为 $P(W|R)$高，而 $P(W|\sim R)$低。

图 14-1　对下雨是湿草地原因建模的贝叶斯网络

我们通过添加节点和弧形成图并产生依赖性。X 和 Y 是独立事件(independent event)，如果

$$p(X,Y) = P(X)P(Y) \tag{14-1}$$

388

给定第三个事件Z，X和Y是条件独立事件(conditional independent event)，如果

$$P(X,Y|Z) = P(X|Z)P(Y|Z) \tag{14-2}$$

这也可以写成

$$P(X|Y,Z) = P(X|Z) \tag{14-3}$$

在图模型中，并非所有的节点都是连接的。实际上，一个节点一般只连接少数其他节点。特定的子图蕴含条件独立性陈述，并且这些使我们可以将一个复杂的图分解成较小的子集，其中推断可以局部地做出，并且其结果稍后在图上传播。有三种典型情况，并且可以使用它们作为子图来构造较大的图。

14.2 条件独立的典型情况

1. 情况1：头到尾连接(head-to-tail connection)

三个事件可以顺序连接，如图14-2a所示。这里，我们看到，给定Y、X与Z是独立的：知道Y就知道Z的一切；知道X的状态并不能为Z增加附加知识。我们记作$P(Z|Y,X)=P(Z|Y)$。我们说Y阻塞(block)了从X到Z的路径，或者，换句话说，Y分开(separate)X和Z，意指如果删掉Y，则就不存在X和Z之间的路径。在这种情况下，联合概率写作

$$P(X,Y,Z) = P(X)P(Y|X)P(Z|Y) \tag{14-4}$$

这样表示联合概率意味独立性：

$$P(Z|X,Y) = \frac{P(X,Y,Z)}{P(X,Y)} = \frac{P(X)P(Y|X)P(Z|Y)}{P(X)P(Y|X)} = P(Z|Y) \tag{14-5}$$

典型地，X是Y的原因，而Y是Z的原因。例如，如图14-2b所示，X可以是多云(C)，Y可以是下雨(R)，而Z可以是湿草地(W)。我们可以沿着链传播信息。如果我们不知道多云状态，则我们有

$$P(R) = P(R|C)P(C) + P(R|\sim C)P(\sim C) = 0.38$$

$$P(W) = P(W|R)P(R) + P(W|\sim R)P(\sim R) = 0.48$$

假设早上我们看到天气是多云。关于草地湿的概率我们能够说什么？为此，我们需要先将证据传播到中间节点下雨，然后传播到询问节点湿草地。

$$P(W|C) = P(W|R)P(R|C) + P(W|\sim R)P(\sim R|C) = 0.76$$

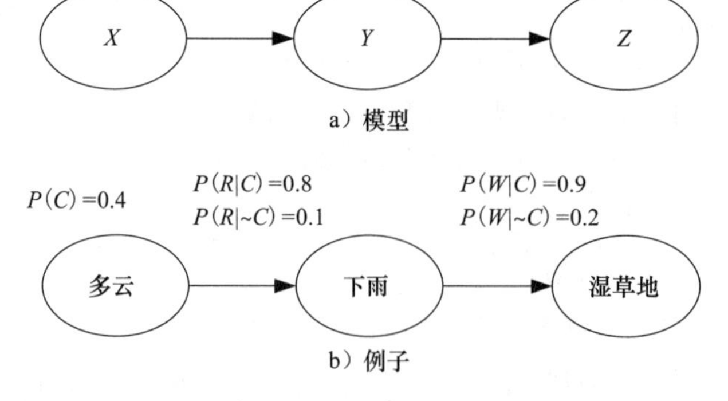

图14-2 头到尾连接。a) 三个节点顺序连接。给定中间节点Y、X和Z是独立的：$P(Z|Y,X)=P(Z|Y)$。b) 例子：天气多云导致下雨，而下雨又导致湿草地

知道天气多云提高了湿草地的概率。我们还可以使用贝叶斯规则向后传播证据。假设

我们旅游归来，看到草地是湿的，那天多云的概率是多少？使用贝叶斯规则逆转方向：

$$P(C|W)=\frac{P(W|C)P(C)}{P(W)}=0.65$$

知道草地是湿的将天气多云的概率从它的默认(先验)值 0.4 提高到 0.65。

2. 情况 2：尾到尾连接(tail-to-tail connection)

389 ~ 390

X 可能是两个节点 Y 和 Z 的父节点，如图 14-3a 所示。联合密度可以写作

$$P(X,Y,Z)=P(X)P(Y|X)P(Z|X) \tag{14-6}$$

通常，Y 和 Z 是通过 X 依赖的。给定 X，它们变成独立的：

$$P(Y,Z|X)=\frac{P(X,Y,Z)}{P(X)}=\frac{P(X)P(Y|X)P(Z|X)}{P(X)}=P(Y|X)P(Z|X) \tag{14-7}$$

当 X 的值已知时，它阻塞了 Y 和 Z 之间的路径，或者换言之，X 分开了它们。

在图 14-3b 中，我们看到一个例子，那里多云(C)天气影响下雨(R)和使用喷水器(S)，一个影响是正的而另一个是负的。例如，知道下雨，我们可以使用贝叶斯规则逆转依赖性，并推断原因：

$$P(C|R)=\frac{P(R|C)P(C)}{P(R)}=\frac{P(R|C)P(C)}{\sum_C P(R,C)}$$

$$=\frac{P(R|C)P(C)}{P(R|C)P(C)+P(R|\sim C)P(\sim C)}=0.89 \tag{14-8}$$

注意，这个值大于 $P(C)$，知道下雨提高了天气多云的概率。

在图 14-3a 中，例如，如果 X 未知但知道 Y，则可以推断 X，然后使用它推断 Z。在图 14-3b 中，知道喷水器的状态对下雨的概率有影响。如果我们知道喷水器正在工作，则

$$P(R|S)=\sum_C P(R,C|S)=P(R|C)P(C|S)+P(R|\sim C)P(\sim C|S)$$

$$=P(R|C)\frac{P(S|C)P(C)}{P(S)}+P(R|\sim C)\frac{P(S|\sim C)P(\sim C)}{P(S)}$$

$$=0.22 \tag{14-9}$$

这小于 $P(R)=0.45$。即知道喷水器正在工作降低了下雨的概率，因为喷水和下雨发生在多云天气的不同状态。如果知道喷水器未工作，则我们发现 $P(R|\sim S)=0.55$。这时，下雨的概率提高。

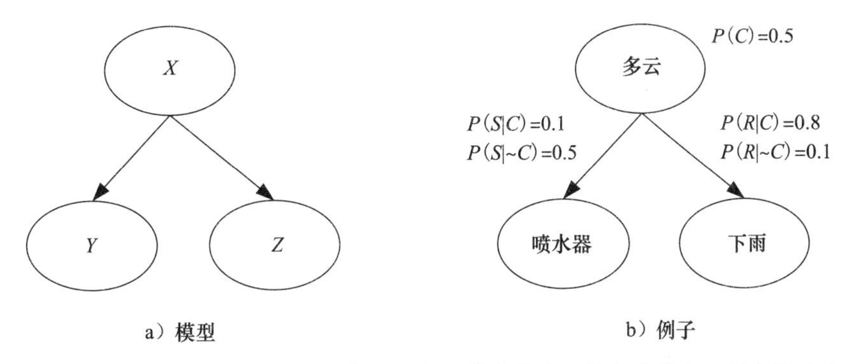

图 14-3 尾到尾连接。X 是两个节点 Y 和 Z 的父节点。给定父节点，两个子节点是独立的：$P(Y|X, Z)=P(Y|X)$。在这个例子中，多云天气导致下雨，也使得我们使用喷水器的可能性更小

3. 情况 3：头到头连接(head-to-head connection)

在头到头连接中，有两个父节点 X 和 Y 连接到单个节点 Z，如图 14-4a 所示。联合密度记作

$$P(X,Y,Z) = P(X)P(Y)P(Z|X,Y) \tag{14-10}$$

X 和 Y 是独立的：$P(X, Y)=P(X)\cdot P(Y)$（习题 2）。当知道 Z 时，它们变成依赖的。对于这种情况，阻塞或分开的概念不同。当观察不到 Z 时，X 和 Y 之间的路径被阻塞，或它们是分开的；当 Z(或者它的任意后代)被观测到时，它们不再是被阻塞的、分离的，也不是独立的。

例如，在图 14-4b 中，我们看到节点湿草地(W)有两个父节点下雨(R)和喷水器(S)，因此它的概率是这两个值上的条件概率 $P(W|R, S)$。

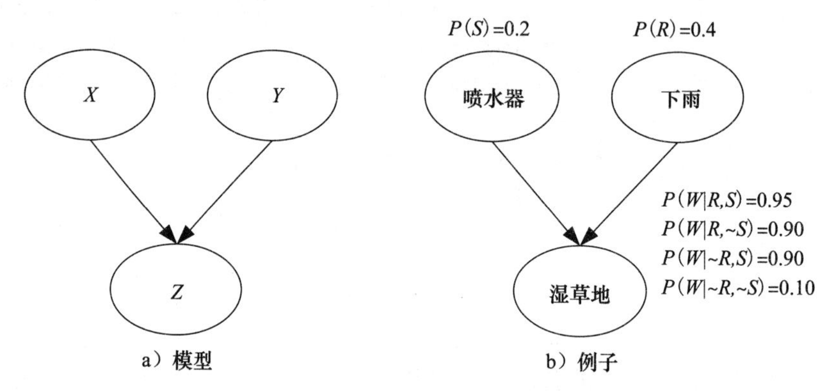

图 14-4 头到头连接。一个节点有两个父节点，除非给定孩子，否则两个父节点是独立的。例如，一个事件可能有两个独立的原因

不知道其他事情，草地是湿的的概率通过联合概率边缘化来计算：

$$\begin{aligned}P(W) &= \sum_{R,S} P(W,R,S)\\&=P(W|R,S)P(R,S)+P(W|\sim R,S)P(\sim R,S)\\&\quad+P(W|R,\sim S)P(R,\sim S)+P(W|\sim R,\sim S)P(\sim R,\sim S)\\&=P(W|R,S)P(R)P(S)+P(W|\sim R,S)P(\sim R)P(S)\\&\quad+P(W|R,\sim S)P(R)P(\sim S)+P(W|\sim R,\sim S)P(\sim R)P(\sim S)\\&=0.52\end{aligned}$$

现在，假设我们知道喷水器开着，我们可以检查它对这个概率的影响。这是一个因果(预测)推理：

$$\begin{aligned}P(W|S) &= \sum_{R} P(W,R|S)\\&=P(W|R,S)P(R|S)+P(W|\sim R,S)P(\sim R|S)\\&=P(W|R,S)P(R)+P(W|\sim R,S)P(\sim R)\\&=0.92\end{aligned}$$

我们看到 $P(W|S)>P(W)$。知道喷水器正在工作提高了湿草地的概率。

给定草地是湿的，我们也可以计算喷水器开着的概率。这是诊断推理。

$$P(S|W) = \frac{P(W|S)P(S)}{P(W)} = 0.35$$

$P(S|W)>P(S)$，即知道草地是湿的提高了喷水器开着的概率。现在让我们假设下过

雨。于是，我们有

$$P(S|R,W)=\frac{P(W|R,S)P(S|R)}{P(W|R)}=\frac{P(W|R,S)P(S)}{P(W|R)}=0.21$$

391 ~ 393

这个值比 $P(S|W)$小。这称作解释远离(explaining away)。给定我们已知下过雨，则喷水器导致湿草地的概率降低了。已知草地是湿的，下雨和喷水器成为相互依赖的。类似地，$P(S|\sim R, W)>P(S|W)$。当我们比较 $P(R|W)$和 $P(R|W, S)$时，我们看到类似的情况(习题 3)。

我们可以通过组合这样的子图来构造更大的图。例如，在图 14-5 中，我们组合了前面的两个子图，可以计算如果多云，湿草地的概率：

$$\begin{aligned}P(W|C) &= \sum_{R,S}P(W,R,S|C)\\ &=P(W,R,S|C)+P(W,\sim R,S|C)+P(W,R,\sim S|C)+P(W,\sim R,\sim S|C)\\ &=P(W|R,S,C)P(R,S|C)+P(W|\sim R,S,C)P(\sim R,S|C)\\ &\quad+P(W|R,\sim S,C)P(R,\sim S|C)+P(W|\sim R,\sim S,C)P(\sim R,\sim S|C)\\ &=P(W|R,S)P(R|C)P(S|C)+P(W|\sim R,S)P(\sim R|C)P(S|C)\\ &\quad+P(W|R,\sim S)P(R|C)P(\sim S|C)+P(W|\sim R,\sim S)P(\sim R|C)P(\sim S|C)\end{aligned}$$

其中，我们使用了 $P(W|R, S, C)=P(W|R, S)$。给定 R 和 S，W 独立于 C：R 和 S 阻塞了 W 和 C 之间的路径。类似地，$P(R, S|C)=P(R|C)P(S|C)$。给定 C，R 和 S 是独立的。这里，我们看到贝叶斯网络的优点：它明确地表示了独立性，并且使我们能够将推断分解成若干从证据节点到查询节点传播的小变量组上的计算。

我们可以计算 $P(C|W)$，并且有诊断推理：

$$P(C|W)=\frac{P(W|C)P(C)}{P(W)}$$

图形表示是可视化的且有助于理解。网络提供了条件独立性陈述，并且允许我们将许多变量的联合分布问题分解成局部结构，这简化了分析和计算。图 14-5 表示了一个 4 个二元变量的联合密度，它通常需要存储 15 个值(2^4-1)，而这里只有 9 个。如果每个节点只有少量的父节点，则复杂度将从指数降到线性(按节点数)。正如我们在前面所看到的，当联合密度分解成较小变量组的条件密度时，推断也会变得更容易：

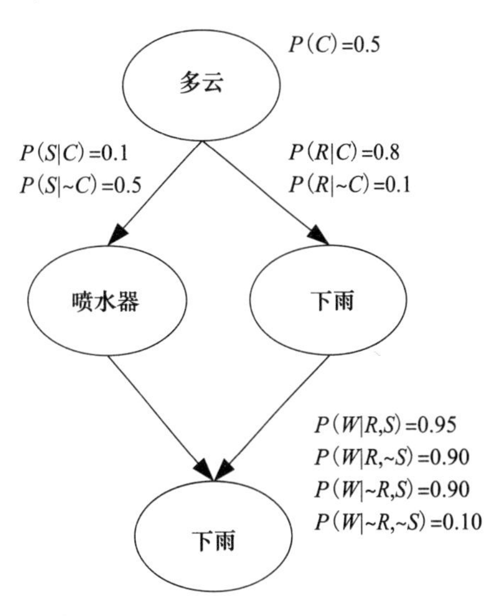

图 14-5 通过组合较简单的子图形成较大的图，使用隐含的条件独立性，信息在图上传播

$$P(C,S,R,W)=P(C)P(S|C)P(R|C)P(W|S,R) \tag{14-11}$$

在通常情况下，当有变量 $X_1, \cdots, X_d$时，有

$$P(X_1,\cdots,X_d)=\prod_{i=1}^{d}P(X_i|\text{parents}(X_i)) \tag{14-12}$$

于是，给定 X_i的任意子集，即根据证据赋予它们一定的值，则通过边缘化联合分布，可以计算 X_i的其他子集的概率分布。这开销很大，因为它需要计算指数多个联合概率组合，即使每个都能像式(14-11)那样被简化。然而，给定相同的证据，对于不同的 X_i，可以

394～395

使用相同的中间值(条件概率的乘积和边缘化的和)，并且在 14.5 节我们将讨论信念传播算法，通过进行一次可以用于不同的查询节点多次的局部中间计算，以更小的开销做推断。

尽管在这个例子中我们使用了二元变量，但是可以将它直接推广到具有任意多个可能值的离散变量(具有 m 个可能值和 k 个父节点，需要大小为 m^k 的条件概率表)或连续变量(参数化的，例如 $p(Y|x)\sim\mathcal{N}(\mu(x|\theta),\sigma^2)$。参见图 14-7)。

使用贝叶斯网络的一个主要优点是我们不必明确指定某些变量作为输入，某些其他变量作为输出。任何变量集的值都能通过证据建立，而任何其他变量集的概率都可以推断，并且非监督学习和监督学习之间的区别变得模糊不清。从这个角度看，一个图模型可以看作一个"概率数据库"(Jordan 2009)，一个可以回答关于随机变量值的查询的机器。

在一个问题中，还可能存在*隐藏变量*(hidden variable)，它们的值不能通过证据知道。使用隐藏变量的优点是可以更容易地定义依赖结构。例如，在购物篮分析中，当我们想找出所销售商品之间的依赖性时，比如说我们知道"婴儿食品"、"尿布"和"牛奶"之间的依赖性，因为顾客购买其中一种多半可能购买另外两种。我们不是将(非因果的)弧放在这三者之间，而可能是指定一个隐藏节点"家有婴儿"作为这三种商品消费的隐藏原因。当存在隐藏节点时，它们的值用观测节点的给定值估计并填写。

这里需要强调一点，从节点 X 到 Y 的链不是，也不必总是意味着*因果关系*(causality)。它只是意味着 X 在 Y 上有*直接影响*(direct influence)，即 Y 的概率以 X 的值为条件，并且即使没有直接的原因，两个节点之间仍可能有一个边。通过提供关于数据如何产生的解释，在构造网络时有因果关系更可取(Pearl 2000)，但是这种因果关系并非总是能够得到。

14.3 生成模型

然而，图形模型经常用来观察表示创建数据过程的*生成模型*(generative model)。例如，对于分类，对应的图模型显示在图 14-6a 中，其中 $\boldsymbol{x}$ 是输入，C 是一个多元变量，取类编码的 K 个状态之一。仿佛我们首先通过从 $P(C)$ 抽样随机选择一个类 C，然后固定 C，通过从 $p(\boldsymbol{x}|C)$ 抽样选择 $\boldsymbol{x}$。正如我们在图 14-1 的下雨和湿草地的例子中所看到的，贝叶斯规则逆转生成方向并允许诊断：

396

$$P(C|\boldsymbol{x})=\frac{P(C)p(\boldsymbol{x}|C)}{P(\boldsymbol{x})}$$

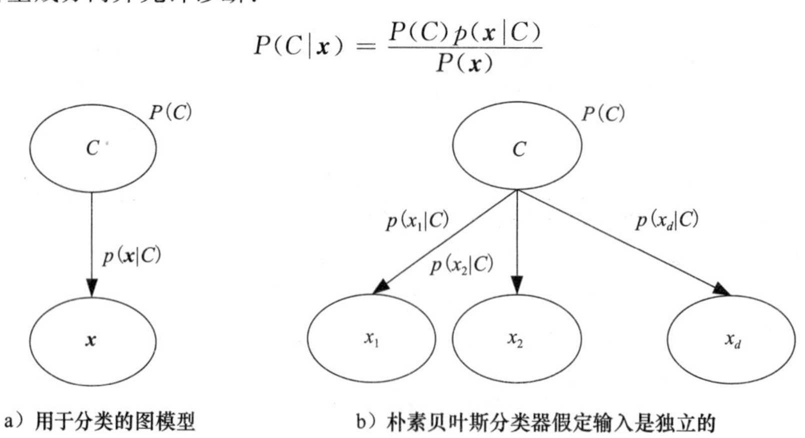

图 14-6

注意，聚类是类似的，不同之处是取代类指示变量 C，我们有簇指示变量 Z，并且它在训练时是不可观察的。期望最大化算法(7.4 节)的 E 步使用贝叶斯规则逆转弧的方向并填入给定输入的簇指示符。

如果输入的是独立的，则有图 14-6b 所示的图形，它称作朴素贝叶斯分类器(naïve Bayes' classifier)，因为它忽略了输入之间的可能的依赖性(即相关性)，将一个多变量问题归约为一组单变量问题：

$$p(\boldsymbol{x}|C)=\prod_{j=1}^{d}p(x_j|C)$$

在 5.5 节和 5.7 节，我们已经分别对数值的和离散的 $\boldsymbol{x}$ 讨论过这种情况的分类。

线性回归可以看作一个图模型，如图 14-7 所示。输入 $\boldsymbol{x}^t$ 从先验 $p(\boldsymbol{x})$ 中抽取，因变量 r^t 依赖于输入 $\boldsymbol{x}$ 和权重 $\boldsymbol{w}$。这里，我们为具有被 α 参数化的先验权重 $\boldsymbol{w}$（即 $p(\boldsymbol{w})\sim\mathcal{N}(0,\alpha^{-1}\boldsymbol{I})$）定义一个节点。对于被 β 参数化的噪声 ε 变量(即 $p(\varepsilon)\sim\mathcal{N}(0,\beta^{-1})$)，也有一个节点：

$$p(r^t|\boldsymbol{x}^t,\boldsymbol{w})\sim\mathcal{N}(\boldsymbol{w}^{\mathrm{T}}\boldsymbol{x}^t,\beta^{-1})\quad(14\text{-}13)$$

训练集中有 N 个这样的对，显示在图中的矩形板(plate)中——板对应于训练集 $\mathcal{X}$。给定一个新的输入 $\boldsymbol{x}'$，目标是估计 r'。权重 $\boldsymbol{w}$ 未给出，但可以使用 $\mathcal{X}$ 的训练集$[\boldsymbol{x},\boldsymbol{r}]$估计它们。

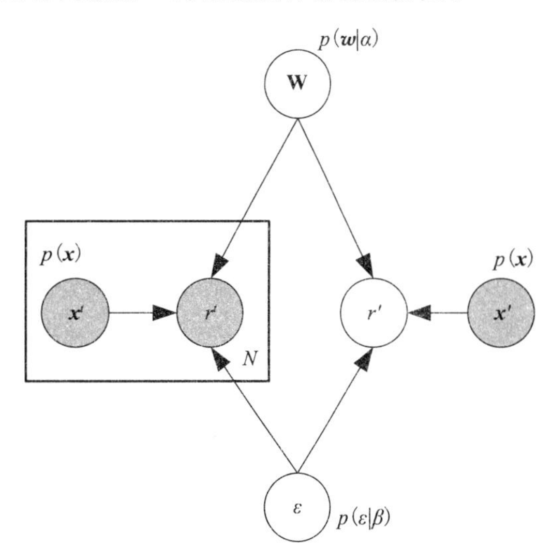

图 14-7 线性回归的图模型

在式(14-9)中，C 是 R 和 S 的原因，我们记

$$P(R|S)=\sum_C P(R,C|S)=P(R|C)P(C|S)+P(R|\sim C)P(\sim C|S)$$

用观测的 S 填补 C 并在所有可能的 C 值上取平均。类似地，这里有

$$\begin{aligned}p(r'|\boldsymbol{x}',\boldsymbol{r},\boldsymbol{X})&=\int p(r'|\boldsymbol{x}',\boldsymbol{w})p(\boldsymbol{w}|\boldsymbol{X},\boldsymbol{r})\mathrm{d}\boldsymbol{w}\\&=\int p(\boldsymbol{r}'|\boldsymbol{x}',\boldsymbol{w})\frac{p(\boldsymbol{r}|\boldsymbol{X},\boldsymbol{w})p(\boldsymbol{w})}{p(\boldsymbol{r})}\mathrm{d}\boldsymbol{w}\\&\propto\int p(\boldsymbol{r}'|\boldsymbol{x}',\boldsymbol{w})\prod_t p(r^t|\boldsymbol{x}^t,\boldsymbol{w})p(\boldsymbol{w})\mathrm{d}\boldsymbol{w}\end{aligned}\quad(14\text{-}14)$$

397
~
398

其中，第二行根据贝叶斯规则，而第三行根据训练集中实例的独立性。

注意，图 14-7 是一个贝叶斯模型，其中指明参数 $\boldsymbol{w}$ 是一个具有先验分布的随机变量。正如我们在式(14-14)中所看到的，我们实际上做的是估计后验 $p(\boldsymbol{w}|\boldsymbol{X},\boldsymbol{r})$，然后将它积分。我们在 4.4 节开始讨论这一问题，并将在第 16 章对不同的生成模型和不同的参数集更详细地进行讨论。

14.4 *d* 分离

现在，我们用 d 分离(d-separation)推广阻塞和分开的概念，并用这样的方式定义它，使得对于节点的任意子集 A、B 和 C，可以检查给定 C、A 和 B 是否是独立的。Jordan(2009)将这想象成一个球在图上跳动，并称之为贝叶斯球(bayes' ball)。我们将 C 中的节点设置为它们的值，在 A 中的每个节点上放置一个球，让这些球按照一组规则四处移动，并检查是否有一个球到达 B 中的某个节点。如果是，则它们是依赖的；否则，它们是独立的。

为了检查给定 C、A 和 B 是否是 d 分离的，我们考虑 A 中任意节点与 B 中任意节点之间的所有可能的路径。任意一条这样的路径是阻塞的(blocked)，如果

a）路径上边的方向或者满足头到尾(情况 1)，或者满足尾到尾(情况 2)，并且该节点在 C 中。或者

b）路径上边的方向满足头到头(情况 3)，并且无论该节点还是它的任意后代都不在 C 中。

如果所有的路径都是阻塞的，则我们说 A 和 B 是 d 分离的，即给定 C 它们是独立的；否则，它们是依赖的。一个例子在图 14-8 中。

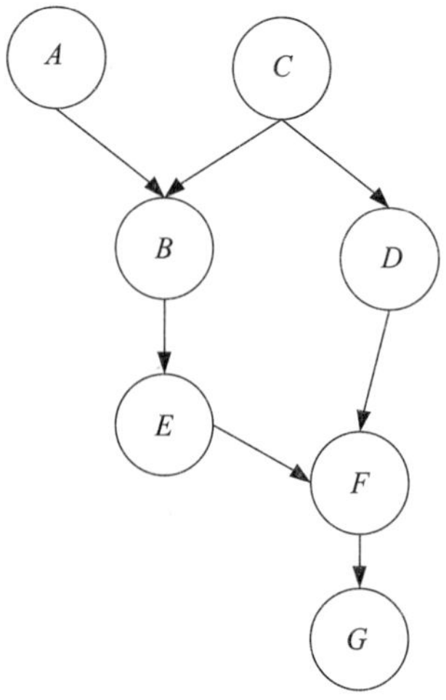

图 14-8　d 分离的例子。给定 C，路径 $BCDF$ 是阻塞的，因为 C 是一个尾到尾节点。$BEFG$ 是被 F 阻塞的，因为 F 是一个头到尾节点。$BEFD$ 是阻塞的，除非给定 F(或 G)

14.5　信念传播

我们已经讨论了一些手工推断的例子。现在，我们感兴趣的是可以回答诸如 $P(X|E)$ 这种查询的算法，其中 X 是图中的任意查询节点(query node)，而 E 是其值已设置为确定值的证据节点(evidence node)的任意子集。按照 Pearl(1988)的做法，我们从链这种最简单的情况开始，逐渐考虑更复杂的图。我们的目标是找到诸如贝叶斯规则或边缘化这样的概率过程的对应图操作，使推断任务可以映射到通用的图算法。

14.5.1　链

399 ~ 400

链(chain)是头到尾节点的序列，有一个没有父节点的根(root)节点，其他所有节点都恰有一个父节点。除了最后一个称作叶子(leaf)的节点外，其他所有节点都有一个子节点。如果证据在 X 的祖先中，则我们只能做诊断推断，并沿着链向下传播证据；如果证据在 X 的后代中，则我们可以使用贝叶斯规则做因果推断并向上传播。让我们看看通用的情况。我们在两个方向上都有证据，上链 E^+ 和下链 E^-(参见图 14-9)。注意，任何证据节点都将 X 与链上证据另一侧的节点分开，并且它们的值不影响 $p(X)$。这对两个方向都成立。

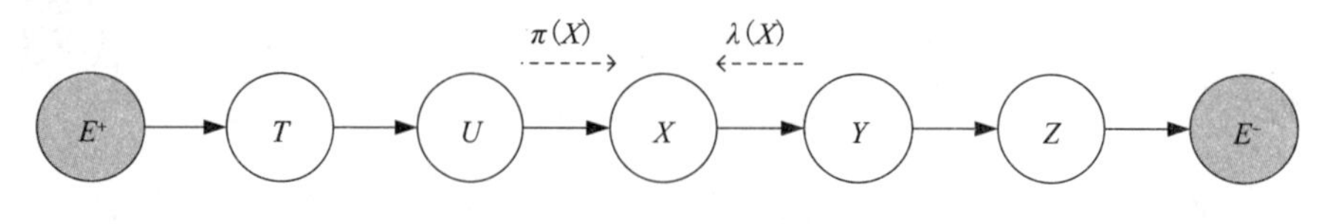

图 14-9　沿链推断

我们把每个节点都看作一个处理器，它从它的邻居接收消息并在局部计算后沿着链传递。每个节点 X 都局部地计算并存储两个值：$\lambda(X)\equiv P(E^-|X)$是传播的 E^-，X 从它的子节点接收并传给它的父节点；而 $\pi(X)\equiv P(E^+|X)$是传播的 E^+，X 从它的父节点接收并传给它的子节点。对于某个不依赖于 X 值的规范化的常量 α，

$$
\begin{aligned}
P(X|E) &= \frac{P(E|X)P(X)}{P(E)} = \frac{P(E^+,E^-|X)P(X)}{P(E)} \\
&= \frac{P(E^+|X)P(E^-|X)P(X)}{P(E)} \\
&= \frac{P(X|E^+)P(E^+)P(E^-|X)P(X)}{P(X)P(E)} \\
&= \alpha P(X|E^+)P(E^-|X) = \alpha\pi(X)\lambda(X)
\end{aligned} \tag{14-15}
$$

第二行是因为给定 X，E^+ 和 E^- 是独立的，而第三行是根据贝叶斯规则。

如果节点 E 实例化为确定的值 $\tilde{e}$，则 $\lambda(\tilde{e})\equiv 1$ 和 $\lambda(e)\equiv 0$，$e\neq\tilde{e}$。没有实例化的叶子节点对所有的 x 值有 $\lambda(x)\equiv 1$。没有实例化的根节点 X 取先验概率作为 π 值：对于任意 x，$\pi(x)\equiv P(x)$。

给定这些初始条件，可以设计一个沿着链传播证据的递归公式。

对于 π 消息，有

$$
\begin{aligned}
\pi(X) &\equiv P(X|E^+) = \sum_U P(X|U,E^+)P(U|E^+) \\
&= \sum_U P(X|U)P(U|E^+) = \sum_U P(X|U)\pi(U)
\end{aligned} \tag{14-16}
$$

其中，第二行基于 U 阻塞 X 与 E^+ 之间的路径这一事实。

对于 λ 消息，有

401

$$
\begin{aligned}
\lambda(X) &\equiv P(E^-|X) = \sum_Y P(E^-|X,Y)P(Y|X) \\
&= \sum_Y P(E^-|Y)P(Y|X) = \sum_Y P(Y|X)\lambda(Y)
\end{aligned} \tag{14-17}
$$

其中，第二行基于 Y 阻塞 X 与 E^- 之间的路径这一事实。

当证据节点的值被设置时，它们启动传播，并且节点持续更新直至收敛。Pearl(1988)将这看作一台并行机器，其中每个节点用一个处理器实现，每个处理器都与其他处理器并行，通过 π 消息和 λ 消息与它的父节点和子节点交换信息。

14.5.2 树

链是受限的，因为每个节点只能有一个父节点和一个子节点，即单个原因和单个症状。在树中，每个节点都可以有多个孩子，但是除了单个根外，所有的节点都恰有一个父节点。相同的信念传播也可以在树上进行，与链的不同之处是：节点由它的各个孩子接收不同的 λ 消息，并且向它的各个孩子发送不同的 π 消息。$\lambda_Y(X)$ 表示 X 从它的孩子 Y 接收的消息，$\pi_Y(X)$ 表示 X 发送到它的孩子 Y 的消息。

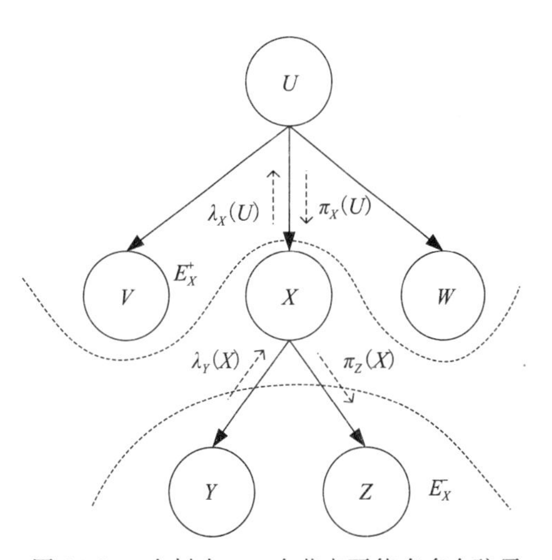

图 14-10 在树中，一个节点可能有多个孩子，但只有一个父节点

我们还是将可能的证据划分成两部分：E^- 是以查询节点 X 为根的子树中的证据节点，而 E^+ 是其他证据节点(参见图 14-10)。注意，E^+ 中的节点不必是 X 的祖先，而可以

在以 X 的兄弟节点为根的子树中。重要的是，X 分开了 E^+ 和 E^-，使我们可以有 $P(E^+, E^-|X)=P(E^+|X)P(E^-|X)$，因而有

$$P(X|E) = \alpha\pi(X)\lambda(X)$$

其中，α 是一个规范化常量。

$\lambda(X)$是以 X 为根的子树中的证据，并且如图 14-10 所示，如果 X 有两个孩子 Y 和 Z，则它用下式计算：

$$\begin{aligned}\lambda(X) &\equiv P(E_X^-|X) = P(E_Y^-, E_Z^-|X) \\ &= P(E_Y^-|X)P(E_Z^-|X) = \lambda_Y(X)\lambda_Z(X)\end{aligned} \tag{14-18}$$

在一般情况下，如果 X 有 m 个孩子 $Y_j(j=1, \cdots, m)$，则将它们的所有 λ 值相乘：

$$\lambda(X) = \prod_{j=1}^{m}\lambda_{Y_j}(X) \tag{14-19}$$

一旦 X 从它的孩子的 λ 消息中收集了 λ 证据，它就将这些证据上传给它的父节点：

$$\lambda_X(U) = \sum_X \lambda(X)P(X|U) \tag{14-20}$$

类似地，在另一个方向，$\pi(X)$是收集在 $P(U|E^+)$中且作为 π 消息传播到 X 的其他地方的证据：

$$\pi(X) \equiv P(X|E_X^+) = \sum_U P(X|U)P(U|E_X^+) = \sum_U P(X|U)\pi_X(U) \tag{14-21}$$

402～403

然后，这个计算的 π 值向下传播到 X 的孩子。注意，Y 从 X 接收的是 X 从它的父节点 U 和它的其他孩子 Z 接收的；它们一起组成 E_Y^+(参见图 14-12)：

$$\begin{aligned}\pi_Y(X) &\equiv P(X|E_Y^+) = P(X|E_X^+, E_Z^-) \\ &= \frac{P(E_Z^-|X, E_X^+)P(X|E_X^+)}{P(E_Z^-)} = \frac{P(E_Z^-|X)P(X|E_X^+)}{P(E_Z^-)} \\ &= \alpha\lambda_Z(X)\pi(X)\end{aligned} \tag{14-22}$$

同样，如果 Y 不止 Z 一个兄弟，而是有多个，则需要取它们所有的 λ 值的乘积：

$$\pi_{Y_j}(X) = \alpha\prod_{s\neq j}\lambda_{Y_s}(X)\pi(X) \tag{14-23}$$

14.5.3 多树

在树中，节点有单个父节点，即单个原因。在多树(polytree)中，一个节点可以有多个父节点，但是我们要求图是单连接的，这意味任意两个节点之间只有一条链。如果我们删除 X，则图就被划分成两个分支。这是必要的，使我们可以继续将 E_X划分成 E_X^+ 和 E_X^-，给定 X，则它们是独立的(参见图 14-11)。

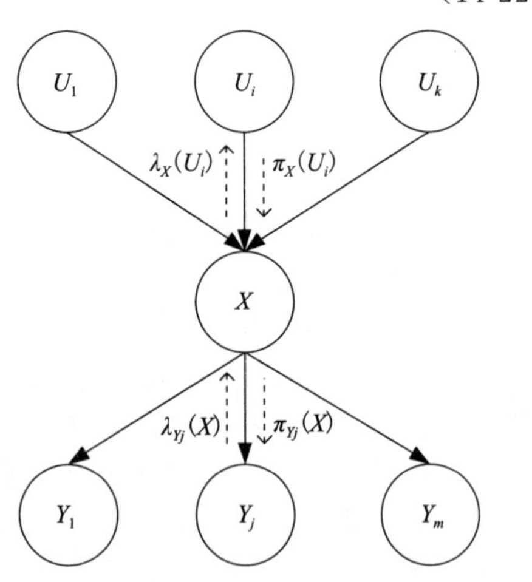

图 14-11　在多树中，一个节点可以有多个子节点和多个父节点，但是图是单连接的。即 U_i 和 Y_j 之间只有一条经过 X 的链

404

如果 X 有多个父节点 $U_i(i=1, \cdots, k)$，则它从所有父节点接收 π 消息 $\pi_X(U_i)$，按如下方法组合它们：

$$\pi(X) \equiv P(X|E_X^+) = P(X, E_{U_1X}^+, E_{U_2X}^+, \cdots, E_{U_kX}^+)$$

$$= \sum_{U_1} \sum_{U_2} \cdots \sum_{U_k} P(X \mid U_1, U_2, \cdots U_k) P(U_1 \mid E^+_{U_1 X}) \cdots P(U_k \mid E^+_{U_k X})$$

$$= \sum_{U_1} \sum_{U_2} \cdots \sum_{U_k} P(X \mid U_1, U_2, \cdots U_k) \prod_{i=1}^{k} \pi_X(U_i) \tag{14-24}$$

并将它传递给多个孩子 $Y_j(j=1, \cdots, m)$：

$$\pi_{Y_j}(X) = \alpha \prod_{s \neq j} \lambda_{Y_S}(X) \pi(X) \tag{14-25}$$

在 X 具有多个父节点的情况下，X 传递到它的一个父节点 U_i 的 λ 消息不仅组合了 X 从它的孩子接收的证据，而且还有 X 从它的其他父节点 $U_r(r \neq i)$ 接收的 π 消息。它们一起构成 $E^-_{U_i X}$：

$$\begin{aligned}
\lambda_X(U_i) &\equiv P(E^-_{U_i X} \mid X) \\
&= \sum_X \sum_{U_{r \neq i}} P(E^-_X, E^+_{U_{r \neq i} X}, X, U_{r \neq i} \mid U_i) \\
&= \sum_X \sum_{U_{r \neq i}} P(E^-_X, E^+_{U_{r \neq i} X} \mid X, U_{r \neq i}, U_i) P(X, U_{r \neq i} \mid U_i) \\
&= \sum_X \sum_{U_{r \neq i}} P(E^-_X \mid X) P(E^+_{U_{r \neq i} X} \mid U_{r \neq i}) P(X \mid U_{r \neq i}, U_i) P(U_{r \neq i} \mid U_i) \\
&= \sum_X \sum_{U_{r \neq i}} P(E^-_X \mid X) \frac{P(U_{r \neq i} \mid E^+_{U_{r \neq i} X}) P(E^+_{U_{r \neq i} X})}{P(U_{r \neq i})} P(X \mid U_{r \neq i}, U_i) P(U_{r \neq i} \mid U_i) \\
&= \beta \sum_X \sum_{U_{r \neq i}} P(E^-_X \mid X) P(U_{r \neq i} \mid E^+_{U_{r \neq 1} X}) P(X \mid U_{r \neq i}, U_i) \\
&= \beta \sum_X \sum_{U_{r \neq i}} \lambda(X) \prod_{r \neq i} \pi_X(U_r) P(X \mid U_1, \cdots, U_k) \\
&= \beta \sum_X \lambda(X) \sum_{U_{r \neq i}} P(X \mid U_1, \cdots, U_k) \prod_{r \neq i} \pi_X(U_r)
\end{aligned} \tag{14-26}$$

与树一样，为了找出它的总 λ，父节点取它从孩子接收的 λ 消息的乘积：

$$\lambda(X) = \prod_{j=1}^{m} \lambda_{Y_j}(X) \tag{14-27}$$

405

在这种多个父节点的情况下，我们需要存储和处理给定所有父节点的条件概率 $p(X \mid U_1, \cdots, U_k)$。对于大的 k，这个开销很大。已经提出了一些方法将复杂度从 k 的指数降低到线性。例如，在噪声或门(noisy OR gate)中，当多个父事件出现时，任意父节点都足以导致该事件且似然不减少。如果在仅有一个原因出现时 X 发生的概率是 $1-q_i$

$$P(X \mid U_i, \sim U_{p \neq j}) = 1 - q_i \tag{14-28}$$

则当它们的一个子集 T 出现时，X 发生的概率用下式计算：

$$P(X \mid T) = 1 - \prod_{u_i \in T} q_i \tag{14-29}$$

例如，假设湿草地有两个原因，下雨和使用喷淋器，其概率为 $q_R = q_S = 0.1$。即二者都有 90%的可能性导致湿草地。于是，$P(W \mid R, \sim S) = 0.9$，$P(W \mid R, S) = 0.99$。

另一种可能是，给定参数集，将该条件概率写成某个函数，例如一个线性模型

$$P(X \mid U_1, \cdots, U_k, w_0, w_1, \cdots, w_k) = \text{sigmoid}\left(\sum_{i=1}^{k} w_i U_i + w_0\right) \tag{14-30}$$

其中，sigmoid 确保输出是 0～1 之间的概率。例如，在训练阶段，我们可以学习参数 w_i $(i=1, \cdots, d)$，最大化样本上的似然。

14.5.4 结树

如果有环，即如果基本无向图有环(例如，如果 X 的父母有共同的祖先)，则我们先前讨论的算法就不能运行。在这种情况下，存在多条传播证据的路径，在计算 X 上的概率时，我们不能说 X 把 E 分开成 E_X^+ 和 E_X^-，分别作为原因(向上)和诊断(向下)证据；删除 X 不会把图一分为二。以 X 为条件不会使它们独立，而它们两个可能通过不涉及 X 的其他路径相互影响。

如果可以将该图转换成多树，则仍然可以使用同样的算法。我们定义团节点(clique nodes)对应于原始变量的一个子集，并且连接它们使得它们形成一棵树(见图14-12)。于是，可以通过某些改动运行同样的信念传播算法。这就是结树算法(junction tree algorithm)的基本思想(Lauritzen 和 Spiegehalter 1988；Jensen 1996；Jordan 2004)。

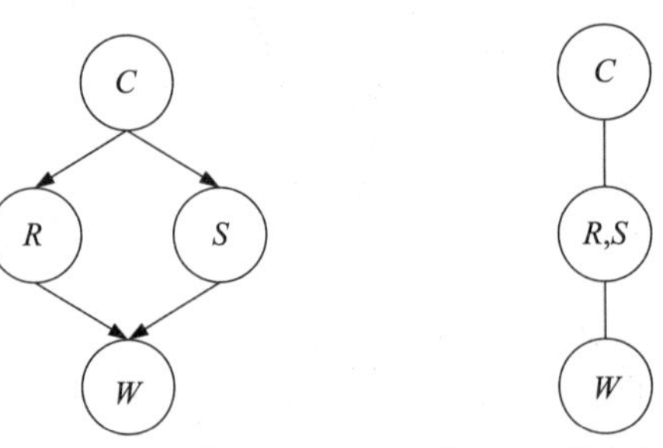

a) 一个多连接图　　b) 它的节点被聚类为对应的结树

图 14-12

14.6 无向图：马尔科夫随机场

迄今为止，我们讨论了有向图，其中影响是无向的，并且我们使用贝叶斯规则来逆转弧的方向。如果影响是对称的，则我们使用无向图模型来表示它们，这种模型也称作马尔科夫随机场(Markov random field)。例如，图像中的邻近像素趋向于具有相同的颜色(即相关的)，并且相关性沿着两个方向。

有向和无向图以不同的方式定义条件独立性，因而存在被有向图表示但不被无向图表示的概率分布，反之亦然(Pearl 1988)。

由于没有方向，所以没有弧的头尾之分，因此无向图的处理更简单。例如，给定 C，检查 A 和 B 是否独立更加简单。我们只需要检查如果删除 C 中的所有节点，我们是否还有一条从 A 中的一个节点到 B 中的一个节点的路径。如果有，则它们是依赖的。否则，如果 A 中节点与 B 中节点之间的所有路径都经由 C 中的节点，使得 C 的删除导致 A 中的节点和 B 中的节点在不同的分支中，则我们有独立性。

406 ≀ 407

在无向图的情况下，我们不提父节点或子节点，而是谈论团(clique)。团是节点的集合，使得该集合中的任意两个节点之间都存在一条边。极大团(maximal clique)是元素数取极大的团。取代条件概率(旨指方向)，在无向图中，我们有势函数(potential function) $\Psi_C(X_C)$，其中 X_C 是团 C 中变量的集合，并且我们定义联合分布为图中极大团的势函数的乘积：

$$p(X) = \frac{1}{Z}\prod_C \Psi_C(X_C) \tag{14-31}$$

其中 Z 是正则化常数，确保 $\sum_X p(X) = 1$：

$$Z = \sum_X \prod_C \Psi_C(X) \tag{14-32}$$

可以证明，有向图已经是正则化的(习题5)。

与有向图不同，无向图中的势函数不必有概率解释，并且在定义它们时可以有更大的自由度。一般地，我们可以把势函数看作表示局部约束，即偏爱某种局部配置而不是其他局部配置。例如，在图像中，我们可以定义邻近像素之间的两两势函数，它们的颜色相似时的取值比颜色不同时的取值更大(Bishop 2006)。于是，设置某些像素的值作为证据，我们可以估计其他未知像素的值，例如，基于咬合(occlusion)。

如果我们有有向图，则很容易简单地通过丢弃所有方向将它重新绘制成无向图，并且如果一个节点只有一个父节点，则我们可以简单地令两两势函数为条件概率。然而，如果一个节点有多个父节点，则由于头到头节点的“解释远离”现象使得这些父节点是依赖的，所以我们应该将这些父节点放在相同的团中，使得该团的势包含所有的父节点。这通过如下方法来实现：用链连接节点的所有父节点，使它们之间完全连接并形成一个团。这称作“嫁娶”(marrying)父节点，而这一过程称作*教化*(moralization)。顺便说一下，教化是产生无向结树的步骤之一。

408

将信念传播算法用于无向图是直截了当的，并且更容易，因为势函数是对称的，并且不需要区分因果证据和诊断证据。这样，我们可以在无向链和无向树上做推断。但是在节点具有多个父节点的多树中，教化必然导致环，因此这种方法不行。一个技巧是将其转换成因子图(factor graph)。除了变量节点之外，因子图使用第二种类型的*因子节点*(factor node)。我们将联合分布表示成因子的乘积(Kschischang，Frey 和 Loeliger 2001)：

$$p(X) = \frac{1}{Z}\prod_{S} f_S(X_S) \tag{14-33}$$

其中，X_S代表被因子 S 使用的变量节点的子集。有向图是一种特例，其中因子对应于局部条件分布；无向图是另一个特例，其中因子是极大团上的势函数。正如我们在图 14-13 中所看到的，这样做的优点是教化后仍然能够保持树结构。

可以将信念传播算法推广到因子图，这称作*和-积算法*(sum-product algorithm)(Bishop 2006；Jordan 2009)。该算法具有同样的思想：做一次局部计算，并作为消息通过图来传播它们。不同的是，这里有两类消息，因为有因子和变量两类节点，而我们要区分它们的消息。注意，因子图是一个二部图，一类节点只能与另一类节点直接连接。

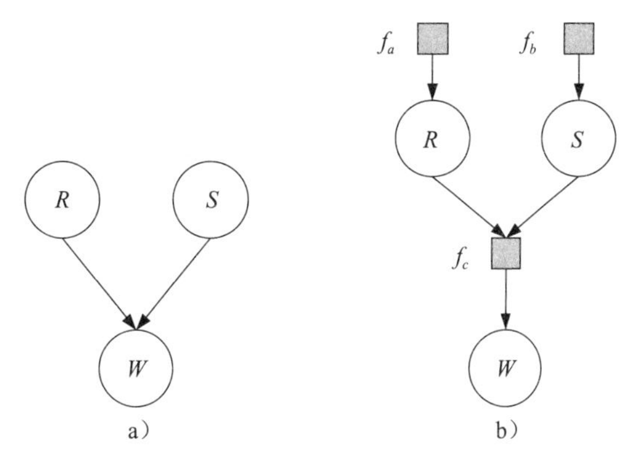

图 14-13　a) 一个有向图，教化后它将有一个环。b) 它对应的因子图是一棵树。3 个因子是 $f_a(R)\equiv P(R)$，$f_b(S)\equiv P(S)$和 $f_c(R, S, W)\equiv P(W|R, S)$

在信念传播或者在和-积算法中，给定固定为某个特定值的证据节点的集合 E，目标是找出节点集合 X 的概率，即求 $P(X|E)$。在某些应用中，我们感兴趣的可能是找出最大化联合概率分布 $p(X)$的所有 X 的设置。例如，在势函数对局部一致性编码的无向的情况下，这种方法将在整个图上传播局部一致性，并找出最大化全局一致性的解。在节点对应于像素且两两势函数支持相关性的图中，这种方法将实现噪声删除(Bishop 2006)。做这件事的算法称作*最大积算法*(max-product algorithm)(Bishop 2006；Jordan 2004)，它与和-积算法一样，但是它取最大值(最可能的值)，而不是取和(边缘化)。这类似于我们将在第 15 章讨论的隐马尔科夫模型的向前-向后算法与 Viterbi 算法之间的区别。

注意，节点不必对应于诸如像素这样的低层概念。例如，在视频应用中，我们可以有针对不同类型的角或不同方向的线的节点，使用势函数检查相容性，以便观察它们是否可能是相同解释的一部分(例如，回忆 Necher 立方体)，使得总体相容的解在组合局部证据之后显现。

推断算法在多树或结树上的复杂度由父节点的最大个数或最大团的大小决定。当这些很大时，严格推断是不可行的。在这种情况下，我们需要使用近似或抽样算法(Jordan 1999；Bishop 2006)。

14.7 学习图模型的结构

与任何学习方法一样，学习图模型有两部分工作。第一部分是给定结构来学习参数。这相对容易(Buntine 1996)，并且在图模型中，可以训练条件概率表或它们的参数设置(如式(14-30)中的参数)，以便最大化似然，或者，如果已知适当的先验，可以使用贝叶斯方法(参见第 14 章)。

409 ~ 410

第二部分更困难、更有趣，是学习图结构(Cowell 等 1999)。这基本上是一个模型选择问题，就像学习多层感知器的结构的增量方法一样(参见 11.9 节)，我们可以将这看作在所有可能的图的空间中进行搜索。例如，我们可以考虑增加或删除一条弧、增加或删除一个隐藏节点的操作，然后进行搜索来(在每次中间迭代使用参数学习)评估每一步的改进。然而需要注意，为了检查过拟合，我们应该适当地正则化，这对应于偏爱较简单的图贝叶斯方法(Neapolitan 2004)。然而，由于状态空间很大，所以如果有人类专家能够手工定义变量之间的因果关系并创建变量的小的组群的子图，这将是特别有益的。

在第 16 章中，我们将讨论贝叶斯方法，并在 16.8 节讨论非参数贝叶斯方法，随着更多数据的到来，模型结构可能最终变得更复杂。

14.8 影响图

正如在第 3 章中，我们将概率推广到具有风险的动作一样，*影响图*(influence diagram)是一种图形模型，是包括决策和效用的图模型的推广。影响图包含*机会节点*(chance node)，它代表在图模型中使用的随机变量(参见图 14-14)。影响图还包含决策节点和效用节点。*决策节点*(decision node)代表动作的选择。*效用节点*(utility node)是计算效用的地方。决策可以根据机会节点做出，并且可能影响其他机会节点和效用节点。

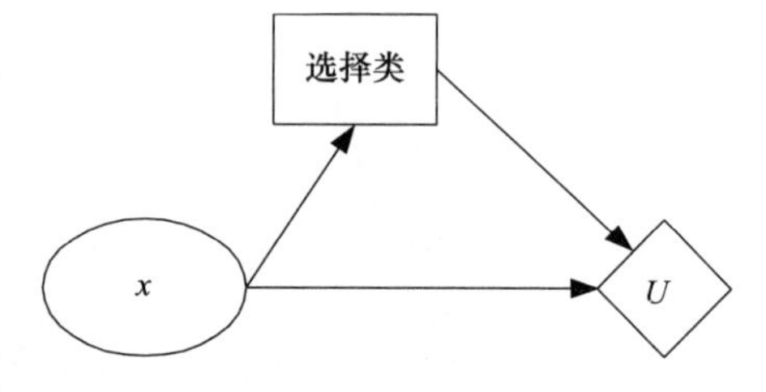

图 14-14 对应于分类的影响图。依赖于输入 x，选择一个导致一定效用(风险)的类

影响图上的推断是对图模型上的信念传播的扩展。给定一些机会节点上的证据，传播证据，并且对每一个可能的决策，计算效用并选择具有最大效用的决策。对一个给定输入分类的影响图在图 14-14 中给出。给定输入，决策节点决定类，而对每个选择，我们得到一定的效用(风险)。

14.9 注释

图模型有两个优点。第一个优点是，可以呈现变量的相互影响，更好地理解过程。例如，使用因果生成模型。第二个优点是，通过找出对应于贝叶斯规则和边缘化等基本概率过程的图操作，可以将推断任务映射到可以有效表示和实现的通用图算法。

变量和它们之间的依赖性用图直观地表示，许多变量的复杂的全局函数分解成每个都只涉及变量的一个小子集的局部函数的乘积的思想被用在决策、编码和信号处理的不同领域。Kschischang，Frey 和 Loeliger(2001)给出了评述。

推断算法在多树或结树上的复杂度由父节点的最大个数或最大团的大小决定。当这些很大时，严格推断可能是不可行的。在这种情况下，我们需要使用近似或抽样算法。Jordan 等 1999、MacKay 2003、Andrieu 等 2003、Bishop 2006 和 Jordan 2009 讨论了各种近似算法和马尔科夫链蒙特卡洛(Markov chain Monto Carlo，MCMC)算法。

图模型特别适合表示表示贝叶斯方法，其中除了代表变量节点之外，还有代表隐藏变量和模型参数的节点。我们还可以引进分层结构，其中有代表超参数(即第一级参数的先验的第二级参数)的节点。

411 ~ 412

在许多领域中，把数据看成是从一个可以可视化为图的因果生成模型抽样都可以使得理解和推理更容易。例如，在文本分类中，生成文本可以看作这样一个过程，作者决定在一些话题上编写文档，然后为每个话题选择一组词。在生物信息学中，许多使用图形方法的领域之一是进化树(phylogenetic tree)的建模。进化树是一个有向图，它的叶子节点是当前的物种，非终端节点是过去的祖先，它们在物种形成事件时分裂成多个物种；它的条件概率取决于物种和它祖先之间的进化距离(Jordan 2004)。

我们将在第 15 章讨论的隐马尔科夫模型也是一种类型的图模型，与语音识别一样，它的输入是顺序依赖的。在语音识别中，词是称作音素的基本语音的序列(Ghahramani 2001)。这种动态图形模型(dynamic graphical model)在许多存在时间维的领域(如演讲、音乐等)都找到了应用(Zweig 2003；Bilmes 和 Bartels 2005)。

图模型也可以用于计算机视觉、信息检索(Barnard 等 2003)和场景分析(Sudderth 等 2008)中。图模型在生物信息学中应用的一个综述在 Donkers 和 Tuyls 2008 中。

14.10 习题

1. 在分类问题中使用两个独立的输入变量，即 $p(x_1, x_2|C)=p(x_1|C)p(x_2|C)$，如何计算 $p(x_1|x_2, C)$？为 $p(x_j|C_i)\sim\mathcal{N}(\mu_{ij}, \sigma_{ij}^2)$推导公式。
2. 对于头到头节点，证明式(14-10)蕴含 $P(X, Y)=P(X)\cdot P(Y)$。

   解： 我们知道 $P(X, Y, Z)=P(Z|X, Y)P(X, Y)$，如果我们还知道 $P(X, Y, Z)=P(X)P(Y)P(Z|X, Y)$，则我们有 $P(X, Y)=P(X)\cdot P(Y)$。
3. 在图 14-4 中，计算 $P(R|W)$、$P(R|W, S)$和 $P(R|W, \sim S)$。

   解：

$$P(R|W)=\frac{P(R,W)}{P(W)}=\frac{\sum_S P(R,W,S)}{\sum_R\sum_S P(R,W,S)}$$

$$=\frac{\sum_S P(R)P(S)P(W|R,S)}{\sum_R\sum_S P(R)P(S)P(W|R,S)}$$

$$P(R|W,S)=\frac{P(R,W,S)}{P(W,S)}=\frac{P(R)P(S)P(W|R,S)}{\sum_R P(R)P(S)P(W|R,S)}$$

$$P(R|W,\sim S)=\frac{P(R,W,\sim S)}{P(W,\sim S)}=\frac{P(R)P(\sim S)P(W|R,\sim S)}{\sum_R P(R)P(\sim S)P(W|R,\sim S)}$$

413

4. 在式(14-30)中，X 是二元的。如果 X 可以取 K 个离散值之一，则需要对它做什么修改？

解：假设有 $j=1, \cdots, K$ 个状态。于是，为了保持模型是线性的，需要用单独的 $\boldsymbol{w}_j$ 对每个状态参数化，并使用软最大映射到概率。

$$P(X=j \mid U_1, \cdots U_k, \{w_{ji}\}) = \frac{\exp \sum_{i=1}^{k} w_{ji} U_i + w_{j0}}{\sum_{l=1}^{K} \exp \sum_{i=1}^{k} w_{ji} U_i + w_{l0}}$$

5. 证明：在联合分布可以表示成式(14-12)的有向图中，$\sum_{\boldsymbol{x}} p(\boldsymbol{x}) = 1$ 。

解：当我们在所有可能的值上求和时，这些项消失，因为这些是概率。例如，取图 14-3：

$$P(X,Y,Z) = P(X)P(Y|X)P(Z|X)$$

$$\begin{aligned}
\sum_X \sum_Y \sum_Z P(X,Y,Z) &= \sum_X \sum_Y \sum_Z P(X)P(Y|X)P(Z|X) \\
&= \sum_X \sum_Y P(X)P(Y|X) \sum_Z P(Z|X) \\
&= \sum_X \sum_Y P(X)P(Y|X) \sum_Z \frac{P(Z,X)}{P(X)} \\
&= \sum_X \sum_Y P(X)P(Y|X) \frac{P(X)}{P(X)} \\
&= \sum_X \sum_Y P(X)P(Y|X) \\
&= \sum_X P(X) \sum_Y P(Y|X) = \sum_X P(X) = 1
\end{aligned}$$

6. 将 Decker 立方体绘制成图模型，定义链指示不同角解释之间的互斥增强或抑制关系。

解：我们要有对应于角的节点，并且它们的取值取决于解释。在具有相同的角解释的角之间会有正的、增强、兴奋连接；在具有不同的角解释的角之间会有负的、抑制的连接(参见图 14-15)。

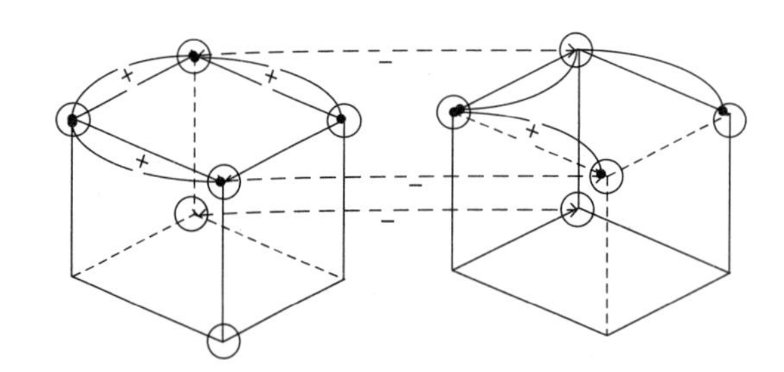

图 14-15　Necker 立方体的两种不同解释。“+”标记的实线是兴奋的，而“－”标记的虚线是抑制的

7. 用图 14-7 的方式，为两类的线性逻辑斯缔回归给出图模型。
8. 提出一种合适的度量，可以在学习图结构中用作状态-空间搜索。合适的操作是什么？

解：我们需要一个评分函数，它是两部分的和。一部分量化拟合的优度，即给定模型，数据有多大可能是由模型生成的；一个量化图形的复杂度，以减轻过拟合。在度量复杂性时，我们必须考虑节点的总数和表示条件概率分布所需的参数个数。例如，为了使节点具有尽可能少的父节点。可能的操作是添加/删除一条边和添加/删除一个隐藏节点。

9. 通常，在报纸上，一个记者在连续几天内写一系列关于同一个主题的文章作为新闻报道进展。如何使用图模型对这建模。

14.11 参考文献

Andrieu, C., N. de Freitas, A. Doucet, and M. I. Jordan. 2003. "An Introduction to MCMC for Machine Learning." *Machine Learning* 50:5-43.

Barnard, K., P. Duygulu, D. Forsyth, N. de Freitas, D. M. Blei, and M. I. Jordan. 2003. "Matching Words and Pictures." *Journal of Machine Learning Research* 3:1107-1135.

Bilmes, J., and C. Bartels. 2005. "Graphical Model Architectures for Speech Recognition." *IEEE Signal Processing Magazine* 22:89-100.

Bishop, C. M. 2006. *Pattern Recognition and Machine Learning.* New York: Springer.

Buntine, W. 1996. "A Guide to the Literature on Learning Probabilistic Networks from Data." *IEEE Transactions on Knowledge and Data Engineering* 8:195-210.

Cowell, R. G., A. P. Dawid, S. L. Lauritzen, and D. J. Spiegelhalter. 1999. *Probabilistic Networks and Expert Systems.* New York: Springer.

Donkers, J., and K. Tuyls. 2008. "Belief Networks in Bioinformatics." In *Computational Intelligence in Bioinformatics*, ed. A. Kelemen, A. Abraham, and Y. Chen, 75-111. Berlin: Springer.

Ghahramani, Z. 2001. "An Introduction to Hidden Markov Models and Bayesian Networks." *International Journal of Pattern Recognition and Artificial Intelligence* 15:9-42.

Jensen, F. 1996. *An Introduction to Bayesian Networks.* New York: Springer.

Jordan, M. I., ed. 1999. *Learning in Graphical Models.* Cambridge, MA: MIT Press.

Jordan, M. I. 2004. "Graphical Models." *Statistical Science* 19:140-155.

Jordan, M. I., Z. Ghahramani, T. S. Jaakkola, and L. K. Saul. 1999. "An Introduction to Variational Methods for Graphical Models." In *Learning in Graphical Models*, ed. M. I. Jordan, 105-161. Cambridge, MA: MIT Press.

Kschischang, F. R., B. J. Frey, and H.-A. Loeliger. 2001. "Factor Graphs and the Sum-Product Algorithm." *IEEE Transactions on Information Theory* 47:498-519.

Lauritzen, S. L., and D. J. Spiegelhalter. 1988. "Local Computations with Probabilities on Graphical Structures and their Application to Expert Systems." *Journal of Royal Statistical Society B* 50:157-224.

MacKay, D. J. C. 2003. *Information Theory, Inference, and Learning Algorithms.* Cambridge, UK: Cambridge University Press.

Murphy, K. P. 2012. *Machine Learning: A Probabilistic Perspective.* Cambridge, MA: MIT Press.

Neapolitan, R. E. 2004. *Learning Bayesian Networks.* Upper Saddle River, NJ: Pearson.

Pearl, J. 1988. *Probabilistic Reasoning in Intelligent Systems: Networks of Plausible Inference.* San Francisco, CA: Morgan Kaufmann.

Pearl, J. 2000. *Causality: Models, Reasoning, and Inference.* Cambridge, UK: Cambridge University Press.

Sudderth, E. B., A. Torralba, W. T. Freeman, and A. S. Willsky. 2008. "Describing Visual Scenes Using Transformed Objects and Parts." *International Journal of Computer Vision* 77:291-330.

Zweig, G. 2003. "Bayesian Network Structures and Inference Techniques for Automatic Speech Recognition." *Computer Speech and Language* 17:173-193.

414 ~ 416

第 15 章

Introduction to Machine Learning, Third Edition

隐马尔科夫模型

我们放宽样本实例相互独立的假设，引入马尔科夫模型，将输入序列建模为由一个参数化随机过程所生成的序列。我们讨论如何进行这种建模，并介绍从样本序列学习这种模型的参数的算法。

15.1 引言

迄今为止，我们一直假设样本中的实例是独立同分布的。这样做的好处是样本的似然可简化为各个实例的似然之积。然而，这一假设在连续实例相互依赖的应用中并不成立。例如，在一个单词中的连续字母是依赖的；在英文中，“h”非常可能跟随在“t”而非“x”之后。这类观测序列(例如，单词中的字母，DNA 序列中的基对)的过程并不能用简单的概率分布进行建模。一个类似的例子是语言识别，其中语音片段由称为音素的语音基元组成。只有某些音素序列是允许的，即该语言的单词。在更高的层次，以某种序列书写或读出单词，形成由该语言的语法和语义规则定义的语句。

一个序列可用一个参数化的随机过程(parametric random process)来刻画。本章中，我们讨论如何进行这种建模，还讨论如何从实例序列的训练样本中学习模型的参数。

417

15.2 离散马尔科夫过程

考虑一个系统，其在任意时刻处于 N 个离散状态 S_1，S_2，…，S_N 中的一个。时刻 t 的状态记作 q_t，$t=1$，2，…。例如，$q_t=S_i$ 表示在时刻 t 系统处于状态 S_i。尽管我们用“时刻”好像这应该是一个时间序列，但是这种方法对任意序列，无论是时间、空间、DNA 串上位置等，都是有效的。

系统在有规律的、间隔的离散时刻，根据以前的状态值，以给定的概率转移到一个状态：

$$P(q_{t+1}=S_j \mid q_t=S_i, q_{t-1}=S_k, \cdots)$$

对于一阶马尔科夫模型(Markov model)的特例，系统在时刻 $t+1$ 的状态仅仅依赖于在时刻 t 的状态，而与之前的状态无关：

$$P(q_{t+1}=S_j \mid q_t=S_i, q_{t-1}=S_k, \cdots) = P(q_{t+1}=S_j \mid q_t=S_i) \quad (15\text{-}1)$$

这相当于说，给定当前的状态，未来的系统状态独立于过去的状态。这恰是谚语“今天是你余生的第一天”的数学表达版本。

我们进一步简化模型(即正则化)通过假定从 S_i 到 S_j 的转移概率(transition probability)是独立于时间的：

$$a_{ij} \equiv P(q_{t+1}=S_j \mid q_t=S_i) \quad (15\text{-}2)$$

满足

$$a_{ij} \geqslant 0 \text{ 且 } \sum_{j=1}^{N} a_{ij} = 1 \quad (15\text{-}3)$$

因此，从状态 S_i 到状态 S_j 的状态转移总是具有相同的概率，无论这个转移在观测序列中何时或何地发生。$\mathbf{A}=[a_{ij}]$是一个 $N\times N$ 矩阵，其每行之和均为 1。

这可看作一个随机自动机(stochastic automation)(参见图 15-1)。从每个状态 S_i，系统以概率 a_{ij} 转移到状态 S_j，并且这一概率在任何时刻 t 均相同。唯一的特例是第一个状态。我们定义*初始概率*(initial probability)π_i，它是序列中第一个状态 S_i 的概率：

$$\pi_i \equiv P(q_1 = S_i) \tag{15-4}$$

满足

$$\sum_{i=1}^{N} \pi_i = 1 \tag{15-5}$$

$\boldsymbol{\Pi}=[\pi_i]$是一个具有 N 个元素向量，元素和为 1。

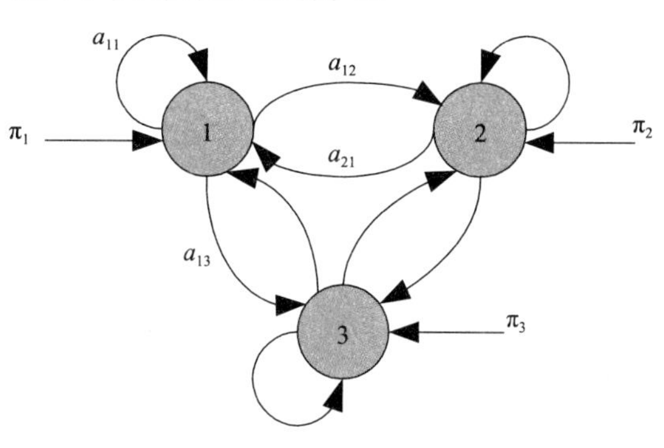

图 15-1 具有三个状态的马尔科夫模型的例子。这是一个随机自动机，其中 π_i 是系统始于状态 S_i 的概率，a_{ij} 是系统从状态 S_i 转移到状态 S_j 的概率

在一个*可观测的马尔科夫模型*(observable Markov model)中，状态是可观测的。在任意时刻 t，我们知道 q_t，并且随着系统从一个状态转移到另一个状态，我们得到一个观测序列，这是一个状态序列。该过程的输出是每个时刻状态的集合，其中每个状态对应于一个物理可观测事件。

有一个观测序列 O，它是状态序列 $O=\mathbf{Q}=\{q_1q_2\cdots q_T\}$，其概率为

$$P(O = \mathbf{Q}|\mathbf{A},\boldsymbol{\Pi}) = P(q_1)\prod_{t=1}^{T} P(q_t|q_{t-1}) = \pi_{q_1} a_{q_1 q_2} \cdots a_{q_{T-1} q_T} \tag{15-6}$$

π_{q_1} 是第一个状态 q_1 的概率，$a_{q_1 q_2}$ 是从 q_1 到 q_2 的概率等。我们将这些概率相乘，得到产生整个序列的概率。

418
≀
419

为了有助于理解，我们现在看一个具体例子(Rabiner 和 Juang 1986)。假定有 N 个容器，每个容器中仅有一种颜色的球。例如，有一个装红色球的容器，一个装蓝色球的容器等。某人一个接一个地从各个容器中取球，并将它们的颜色展示给我们。令 q_t 表示在时刻 t 所取球的颜色。假定有 3 个状态：

$$S_1\text{:红},\quad S_2\text{:蓝},\quad S_3\text{:绿}$$

并有初始概率：

$$\boldsymbol{\Pi} = [0.5, 0.2, 0.3]^{\mathrm{T}}$$

a_{ij} 是从容器 i 取一个颜色 i 的球后，从容器 j 取一个(颜色 j 的)球的概率。例如，转移矩阵为：

$$\mathbf{A} = \begin{bmatrix} 0.4 & 0.3 & 0.3 \\ 0.2 & 0.6 & 0.2 \\ 0.1 & 0.1 & 0.8 \end{bmatrix}$$

给定 $\boldsymbol{\Pi}$ 和 $\mathbf{A}$，很容易生成 K 个长度为 T 的随机序列。我们来看看如何计算一个序列的概率：假定前 4 个球是“红，红，绿，绿”。这对应于观测序列 $O=\{S_1, S_1, S_3, S_3\}$。其概率为：

$$\begin{aligned} P(O|\mathbf{A},\boldsymbol{\Pi}) &= P(S_1)\cdot P(S_1|S_1)\cdot P(S_3|S_1)\cdot P(S_3|S_3) \\ &= \pi_1 \cdot a_{11} \cdot a_{13} \cdot a_{33} \\ &= 0.5 \times 0.4 \times 0.3 \times 0.8 = 0.048 \end{aligned} \tag{15-7}$$

现在，我们来看看如何学习参数 $\boldsymbol{\Pi}$ 和 $\boldsymbol{A}$。给定 K 个长度为 T 的序列，其中 q_t^k 表示序列 k 在 t 时刻的状态，初始概率估计是以 S_i 开始的序列个数除以序列总数：

$$\hat{\pi}_i = \frac{\#\{以\ S_i\ 开始的序列\}}{\#\{序列\}} = \frac{\sum_k 1(q_1^k = S_i)}{K} \tag{15-8}$$

其中，如果 b 取真值则 1(b)为 1，否则 1(b)为 0。

至于转移概率，对 a_{ij} 的估计为从 S_i 转移到 S_j 的个数除以所有序列中从 S_i 转移的总数：

$$\hat{a}_{ij} = \frac{\#\{从\ S_i\ 到\ S_j\ 的转移\}}{\#\{从\ S_i\ 的转移\}} = \frac{\sum_k \sum_{t=1}^{T-1} 1(q_t^k = S_i\ 且\ q_{t+1}^k = S_j)}{\sum_k \sum_{t=1}^{T-1} 1(q_t^k = S_i)} \tag{15-9}$$

420

$\hat{a}_{12}$ 是一个蓝色球跟在一个红色球之后的个数除以所有序列中红色球的总数。

15.3 隐马尔科夫模型

在隐马尔科夫模型(Hidden Markov Model，HMM)中，系统状态是不可观测的，但是到达一个状态时，可以记录一个观测，这个观测是该状态的概率函数。我们假定每个状态的一个离散观测取自集合 $\{v_1, v_2, \cdots, v_M\}$：

$$b_j(m) \equiv P(O_t = v_m | q_t = S_j) \tag{15-10}$$

$b_j(m)$ 是系统处于状态 S_j 时，我们观测到 $v_m(m=1, \cdots, M)$ 的观测概率(observation probability)或发射概率(emission probability)。我们再次假定齐次模型，其中发射概率不依赖于时间 t。这种观测值形成了观测序列 O。状态序列 Q 是不可观测的，这正是称为“隐”模型的缘由，但是状态序列可以通过观测序列推断。注意，通常许多不同的状态序列 Q 可以产生相同的观测序列 O，但是以不同的概率产生。正如给定服从正态分布的一个独立同分布(iid)的样本，有无限多对可能的 (μ, σ) 值，我们感兴趣的是能以最大似然生成这个样本的那对 (μ, σ)。

还需要注意的是，在隐马尔科夫模型中，随机性源自两个方面：除了随机地从一个状态转移到另一状态外，系统在一个状态中产生的观测也是随机的。

再次回到我们的例子。在隐马尔科夫模型对应的容器-球实例中，每个容器包含不同颜色的球。令 $b_j(m)$ 表示从容器 j 取出一个 m 颜色球的概率。我们再次观球颜色的序列，但并不知道抽取球的容器序列。因此，好像容器置于一个布帘后，一个人随机地从一个容器中取一个球，而展示给我们的仅仅是球而不展示抽取球的容器。球展示后被放回容器以保持发射概率不变。球的颜色数可能不同于容器数。例如，我们假定有 3 个容器，而观测序列为：

$$O = \{红, 红, 绿, 蓝, 黄\}$$

在前面的情况下，知道观测(球的颜色)，我们就确切知道状态(容器)，因为对不同颜色的球有不同的容器，而且每个容器只含有一种颜色的球。可观测马尔科夫模型是隐马尔

421

科夫模型的一个特例，其中 $M=N$，并且如果 $j=m$，则 $b_j(m)$ 为 1，否则 $b_j(m)$ 为 0。但是在隐马尔科夫模型中，一个球可能取自任意容器。在这种情况下，对于相同的观测序列 O，可能存在多个可能的状态序列 Q 产生 O(参见图 15-2)。

对上述进行总结和形式化，一个 HMM 具有以下元素：

1) N：模型的状态个数。

$$S = \{S_1, S_2, \cdots, S_N\}$$

2）M：字母表中的不同观测符号的个数。

$$V = \{v_1, v_2, \cdots, v_M\}$$

3）状态转移概率：

$$\boldsymbol{A} = [a_{ij}] \quad 其中\ a_{ij} \equiv P(q_{t+1} = S_j \mid q_t = S_i)$$

4）观测概率：

$$\boldsymbol{B} = [b_j(m)] \quad 其中\ b_j(m) \equiv P(O_t = v_m \mid q_t = S_j)$$

5）初始状态概率：

$$\boldsymbol{\Pi} = [\pi_i] \quad 其中\ \pi_i \equiv P(q_1 = S_i)$$

N 和 M 隐式地定义在其他参数中，因此 $\lambda = (\boldsymbol{A}, \boldsymbol{B}, \boldsymbol{\Pi})$ 是 HMM 的参数集。给定 λ，模型可用于产生任意多个任意长度的观测序列，但是我们通常感兴趣的是另一方向，即给定观测序列组成的训练集，估计模型的参数。

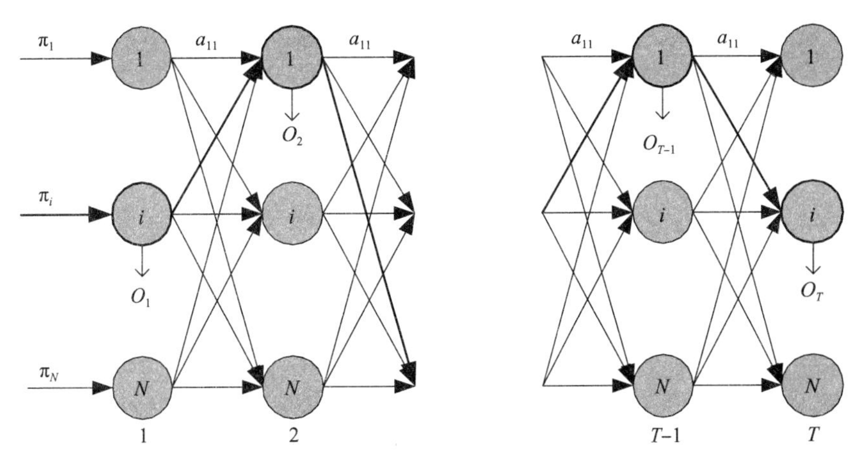

图 15-2　HMM 按时间展开为网格，它展示了所有可能的轨道。以粗线所示的一条路径是产生观测序列的真正（未知）状态轨迹

15.4　HMM 的三个基本问题

给定一些观测序列，我们对下面三个问题感兴趣：

1）给定一个模型 λ，我们希望估计任意给定的观测序列 $O=\{O_1 O_2 \cdots O_T\}$ 的概率，即估计 $P(O|\lambda)$。

2）给定一个模型 λ 和一个观测序列 O，我们希望找出状态序列 $Q=\{q_1 q_2 \cdots q_T\}$，它具有产生 O 的最大概率。即我们要找到最大化 $P(Q|O, \lambda)$ 的 Q^*。

3）给定观测序列组成的训练集 $\mathcal{X}=\{O^k\}_k$，我们希望学习这样的模型，它最大化产生 $\mathcal{X}$ 的概率。即我们要找到最大化 $P(\mathcal{X}|\lambda)$ 的 λ^*。

让我们逐一考察这些问题的解决方法，其中每个方法又用于解决下一个问题，直到我们计算出 λ，或者从数据中学习一个模型。

15.5　估值问题

给定观测序列 $O=\{O_1 O_2 \cdots O_T\}$ 和状态序列 $Q=\{q_1 q_2 \cdots q_T\}$，给定状态序列 Q 观测 O 的概率为：

$$P(O|Q,\lambda) = \prod_{t=1}^{T} P(O_t | q_t, \lambda) = b_{q_1}(O_1) \cdot b_{q_2}(O_2) \cdots b_{q_T}(O_T) \tag{15-11}$$

422 ~ 423

我们无法直接计算上式，因为我们不知道状态序列。状态序列 Q 的概率是：

$$P(Q|\lambda) = P(q_1)\prod_{t=2}^{T}P(q_t|q_{t-1}) = \pi_{q_1}a_{q_1q_2}\cdots a_{q_{T-1}q_T} \tag{15-12}$$

因此联合概率为：

$$\begin{aligned}P(O,Q|\lambda) &= P(q_1)\prod_{t=2}^{T}P(q_t|q_{t-1})\prod_{t=1}^{T}P(O_t|q_t)\\&= \pi_{q_1}b_{q_1}(O_1)a_{q_1q_2}b_{q_2}(O_2)\cdots a_{q_{T-1}q_T}b_{q_T}(O_T)\end{aligned} \tag{15-13}$$

我们可以通过边缘化这一联合概率，即通过在所有可能的 Q 上求和，计算 $P(O|\lambda)$：

$$P(O|\lambda) = \sum_{\text{所有可能的}Q}P(O,Q|\lambda)$$

但是，这种方法是不现实的，因为如果假定所有的概率都是非零的，则有 N^{T} 个可能的 Q。幸运的是，存在计算 $P(O|\lambda)$ 的有效方法，称为**正反向过程**(forward-backward procedure)(参见图 15-3)。其基本思想是将观测序列分为两个部分：第一部分始于时刻 1 止于时刻 t，而第二部分从时刻 $t+1$ 到时刻 T。

给定模型 λ，我们定义**正向变量**(forward variable)$\alpha_t(i)$为到时刻 t 观测到部分序列$\{O_1\cdots O_t\}$且在时刻 t 的状态为 S_i的概率：

$$\alpha_t(i) \equiv P(O_1\cdots O_t, q_t = S_i|\lambda) \tag{15-14}$$

这种方法的优点在于可通过累积结果而递归地计算上式。

- 初始化：

$$\begin{aligned}\alpha_1(i) &\equiv P(O_1, q_1 = S_i|\lambda)\\&= P(O_1|q_1 = S_i,\lambda)P(q_1 = S_i|\lambda)\\&= \pi_i b_i(O_1)\end{aligned} \tag{15-15}$$

- 递归(参见图 15-3a)：

424

$$\begin{aligned}\alpha_{t+1}(j) &\equiv P(O_1\cdots O_{t+1}, q_{t+1} = S_j|\lambda)\\&= P(O_1\cdots O_{t+1}|q_{t+1} = S_j,\lambda)P(q_{t+1} = S_j|\lambda)\\&= P(O_1\cdots O_t|q_{t+1} = S_j,\lambda)P(O_{t+1}|q_{t+1} = S_j,\lambda)P(q_{t+1} = S_j|\lambda)\\&= P(O_1\cdots O_t, q_{t+1} = S_j|\lambda)P(O_{t+1}|q_{t+1} = S_j,\lambda)\\&= P(O_{t+1}|q_{t+1} = S_j,\lambda)\sum_i P(O_1\cdots O_t, q_t = S_i, q_{t+1} = S_j|\lambda)\\&= P(O_{t+1}|q_{t+1} = S_j,\lambda)\\&\quad\sum_i P(O_1\cdots O_t, q_{t+1} = S_j|q_t = S_i,\lambda)P(q_t = S_i|\lambda)\\&= P(O_{t+1}|q_{t+1} = S_j,\lambda)\\&\quad\sum_i P(O_1\cdots O_t|q_t = S_i,\lambda)P(q_{t+1} = S_j|q_t = S_i,\lambda)P(q_t = S_i|\lambda)\\&= P(O_{t+1}|q_{t+1} = S_j,\lambda)\\&\quad\sum_i P(O_1\cdots O_t, q_t = S_i|\lambda)P(q_{t+1} = S_j|q_t = S_i,\lambda)\\&= \left[\sum_{i=1}^{N}\alpha_t(i)a_{ij}\right]b_j(O_{t+1})\end{aligned} \tag{15-16}$$

$\alpha_t(i)$解释前 t 个观测并且止于状态 S_i。通过将其乘以概率 a_{ij} 转移到状态 S_j，但是因

为有 N 个可能的先前状态，所以我们需要在所有这样的可能先前状态 S_i 上求和。$b_j(O_{t+1})$ 则是产生第($t+1$)个观测且在时刻 $t+1$ 处于状态 S_j 的概率。

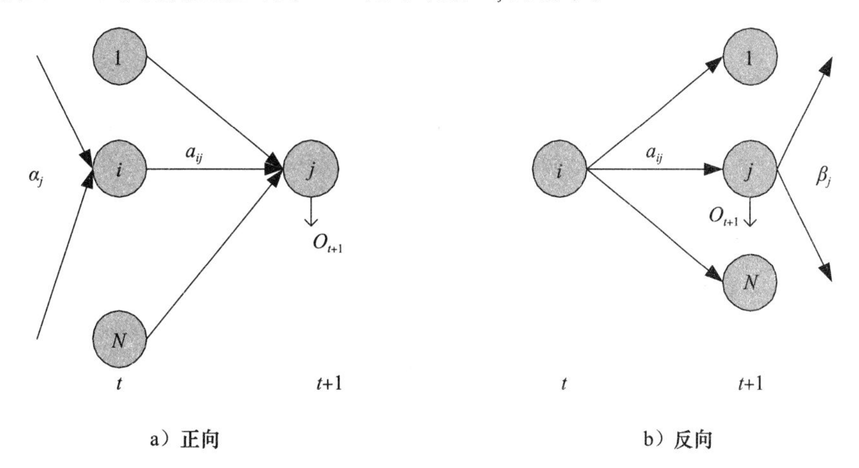

图 15-3 正反向过程：a) $\alpha_t(j)$的计算，b) $\beta_t(j)$的计算

当我们计算正向变量时，容易计算观测序列的概率：

$$P(O|\lambda) = \sum_{i=1}^{N} P(O, q_T = S_i|\lambda) = \sum_{i=1}^{N} \alpha_T(i) \tag{15-17}$$

$\alpha_T(i)$是产生整个观测序列并终止于状态 S_i 的概率。我们需要在所有可能的终止状态上求和。

计算 $\alpha_t(i)$的复杂度为$\mathcal{O}(N^2T)$，并且这在合理的时间内解决了第一个估值问题。虽然现在我们并不需要它，但是我们类似地定义反向变量(backward variable)$\beta_t(i)$，作为在时刻 t 处于状态 S_i 且观测到部分序列 $O_{t+1}\cdots O_T$ 的概率：

$$\beta_t(i) \equiv P(O_{t+1}\cdots O_T|q_t = S_i, \lambda) \tag{15-18}$$

这也可以按如下步骤递归地计算，这次反向进行：

- 初始化(任意地初始化为 1)：

$$\beta_T(i) = 1$$

- 递归(见图 15-3b)：

$$\begin{aligned}
\beta_t(i) &= P(O_{t+1}\cdots O_T|q_t = s_i, \lambda)\\
&= \sum_j P(O_{t+1}\cdots O_T, q_{t+1} = S_j|q_t = S_i, \lambda)\\
&= \sum_j P(O_{t+1}\cdots O_T|q_{t+1} = S_j, q_t = S_i, \lambda) P(q_{t+1} = S_j|q_t = S_i, \lambda)\\
&= \sum_j P(O_{t+1}|q_{t+1} = S_j, q_t = S_i, \lambda)\\
&\quad P(O_{t+2}\cdots O_T|q_{t+1} = S_j, q_t = S_i, \lambda) P(q_{t+1} = S_j|q_t = S_i, \lambda)\\
&= \sum_j P(O_{t+1}|q_{t+1} = S_j, \lambda)\\
&\quad P(O_{t+2}\cdots O_T|q_{t+1} = S_j, \lambda) P(q_{t+1} = S_j|q_t = S_i, \lambda)\\
&= \sum_{j=1}^{N} a_{ij} b_j(O_{t+1}) \beta_{t+1}(j)
\end{aligned} \tag{15-19}$$

当处于状态 S_i时，有 N 种可能的下一状态 S_j，每个的概率为 a_{ij}。在该状态上，我们

425 ~ 426

产生第 $t+1$ 个观测，而 $\beta_{t+1}(j)$解释时刻 $t+1$ 后的所有观测。

对于实现，需要引起注意的是：α_t和 β_t都是通过多个小概率相乘计算的，而当序列很长时有下溢的危险。为了避免下溢，我们在每一步通过将 $\alpha_t(i)$乘以

$$c_t = \frac{1}{\sum_j \alpha_t(j)}$$

对其进行规范化。同样也将 $\beta_t(i)$乘以相同的 c_t对其进行规范化($\beta_t(i)$之和不为 1)。规范化后不能使用式(15-17)。而我们有(Rabiner 1989)

$$P(O|\lambda) = \frac{1}{\prod_t c_t} \text{ 或 } \log P(O|\lambda) = -\sum_t \log c_t \tag{15-20}$$

15.6 寻找状态序列

我们现在考虑第二个问题，即给定模型 λ，寻找以最高概率产生观测序列 $O=\{O_1O_2\cdots O_T\}$的状态序列 $Q=\{q_1q_2\cdots q_T\}$。

定义 $\gamma_t(i)$为给定 O 和λ，在时刻 t 处于状态 S_i的概率，它可以按下式计算：

$$\begin{aligned}
\gamma_t(i) &= P(q_t = S_i | O, \lambda) \\
&= \frac{P(O|q_t = S_i, \lambda)P(q_t = S_i|\lambda)}{P(O|\lambda)} \\
&= \frac{P(O_1\cdots O_t|q_t = S_i, \lambda)P(O_{t+1}\cdots O_T|q_t = S_i, \lambda)P(q_t = S_i|\lambda)}{\sum_{j=1}^N P(O, q_t = S_j|\lambda)} \\
&= \frac{P(O_1\cdots O_t, q_t = S_i, \lambda)P(O_{t+1}\cdots O_T|q_t = S_i, \lambda)}{\sum_{j=1}^N P(O|q_t = S_j, \lambda)P(q_t = S_i|\lambda)} \qquad (15\text{-}21) \\
&= \frac{\alpha_t(i)\beta_t(i)}{\sum_{j=1}^N \alpha_t(j)\beta_t(j)} \qquad (15\text{-}22)
\end{aligned}$$

427

这里我们看到 $\alpha_t(i)$和 $\beta_t(i)$是如何很好地在它们之间分割序列：正向变量 $\alpha_t(i)$解释到时刻 t 并终止于状态 S_i的序列的前一部分，而反向变量 $\beta_t(i)$解释从那里开始直到时刻 T 的后一部分。

分子 $\alpha_t(i)\beta_t(i)$解释在时刻 t 系统处于状态 S_i的整个序列。我们需要将其除以所有在时刻 t 可能转移到的中间状态来对其进行规范化，并保证 $\sum_i \gamma_t(i) = 1$。

为了找到状态序列，可以在每一时间步 t 选择具有最高概率的状态：

$$q_t^* = \arg\max_i \gamma_t(i) \tag{15-23}$$

但是这有可能在时刻 t 和时刻 $t+1$ 选择 S_i和 S_j作为最合适的状态，即使这时有 $a_{ij}=0$。为了找到单个最好的状态序列(路径)，我们使用基于动态规划的 Viterbi 算法(Viterbialgorithm)，它将这样的转移概率考虑在内。

给定状态序列 $Q=q_1q_2\cdots q_T$和观测序列 $O=O_1O_2\cdots O_T$，定义 $\delta_t(i)$为在时刻 t 导致前 t 个观测并止于状态 S_i的最高概率路径的概率：

$$\delta_t(i) \equiv \max_{q_1q_2\cdots q_{t-1}} p(q_1q_2\cdots q_{t-1}, q_t = S_i, O_1\cdots O_t|\lambda) \tag{15-24}$$

于是，可以递归地计算 $\delta_{t+1}(i)$，而最优路径可以从 T 反向读取，在每个时刻选择最

可能的状态。算法如下：

1）初始化：

$$\delta_1(i)=\pi_i b_i(O_1)$$

$$\Psi_1(i)=0$$

2）递归：

$$\delta_t(j)=\max_i \delta_{t-1}(i)a_{ij}\cdot b_j(O_t)$$

$$\Psi_t(j)=\arg\max_i \delta_{t-1}(i)a_{ij}$$

3)终止：

$$p^*=\max_i \delta_T(i)$$

$$q_T^*=\arg\max_i \delta_T(i)$$

428

4)路径(状态序列)回溯：

$$q_t^*=\Psi_{t+1}(q_{t+1}^*) \quad t=T-1,T-2,\cdots,1$$

使用图 15-2 的网格结构，$\Psi_t(j)$跟踪在时刻 $t-1$ 最大化 $\delta_t(j)$的状态，即最佳先前状态。Viterbi 算法与正向阶段具有相同的复杂度，其中在每一步用取最大值替代求和。

15.7 学习模型参数

我们现在考虑第三个问题，从数据中学习 HMM。该方法是最大似然，我们要计算最大化训练序列样本$\mathcal{X}=\{O^k\}_{k=1}^K$的似然的 λ^*，即计算最大化 $P(\mathcal{X}|\lambda)$的 λ^*。我们从定义便于稍后讨论的新变量开始。

给定整个观测 O 和λ，定义 $\xi_t(i,j)$为在时刻 t 处于状态 S_i且在时刻$t+1$ 处于状态 S_j 的概率：

$$\xi_t(i,j)\equiv P(q_t=S_i,q_{t+1}=S_j|O,\lambda) \tag{15-25}$$

上式可以计算如下(参见图 15-4)：

$$\begin{aligned}
\xi_t(i,j) &\equiv P(q_t=S_i,q_{t+1}=S_j|O,\lambda)\\
&=\frac{P(O|q_t=S_i,q_{t+1}=S_j,\lambda)P(q_t=S_i,q_{t+1}=S_j|\lambda)}{P(O|\lambda)}\\
&=\frac{P(O|q_t=S_i,q_{t+1}=S_j,\lambda)P(q_{t+1}=S_j|q_t=S_j,\lambda)P(q_t=S_i|\lambda)}{P(O|\lambda)}\\
&=\left(\frac{1}{P(O|\lambda)}\right)P(O_1\cdots O_t|q_t=S_i,\lambda)P(O_{t+1}|q_{t+1}=S_j,\lambda)\\
&\quad P(O_{t+2}\cdots O_T|q_{t+1}=S_j,\lambda)a_{ij}P(q_t=S_i|\lambda)\\
&=\left(\frac{1}{P(O|\lambda)}\right)P(O_1\cdots O_t,q_t=S_i|\lambda)P(O_{t+1}|q_{t+1}=S_j,\lambda)\\
&\quad P(O_{t+2}\cdots O_T|q_{t+1}=S_j,\lambda)a_{ij}\\
&=\frac{\alpha_t(i)b_j(O_{t+1})\beta_{t+1}(j)a_{ij}}{\sum_k\sum_l P(q_t=S_k,q_{t+1}=S_l,O|\lambda)}\\
&=\frac{\alpha_t(i)a_{ij}b_j(O_{t+1})\beta_{t+1}(j)}{\sum_k\sum_l \alpha_t(k)a_{kl}b_l(O_{t+1})\beta_{t+1}(l)}
\end{aligned} \tag{15-26}$$

$\alpha_t(i)$解释产生前 t 个观测且在时刻t 止于状态S_i。以概率 a_{ij} 转移到态S_j，产生第 $t+1$

个观测，并在 $t+1$ 时刻从 S_j 开始继续产生观测序列的其余部分。通过将 $\xi_t(i, j)$ 除以所有在时刻 t 和时刻 $t+1$ 可能处于的状态对对其进行规范化。

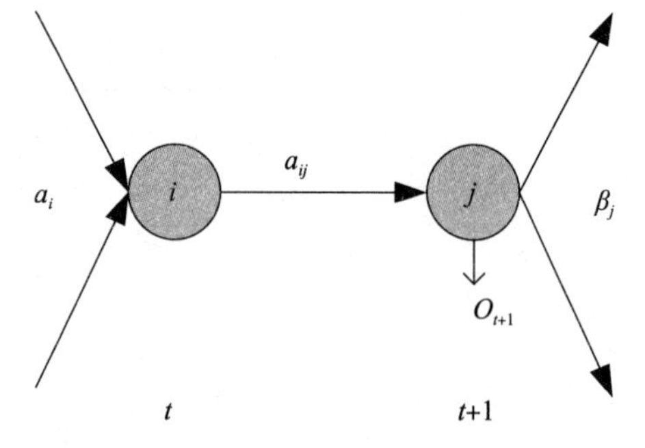

图 15-4　计算弧概率 $\xi_t(i, j)$

如果需要，可以通过对所有可能的下一状态在弧概率上边缘化来计算在 t 时刻系统处于状态 S_i 的概率：

$$\gamma_t(i) = \sum_{j=1}^{N} \xi_t(i,j) \tag{15-27}$$

需要注意的是，如果马尔科夫模型不是隐的而是可观测的，则 $\gamma_t(i)$ 和 $\xi_t(i, j)$ 两者均为 0/1。当它们不是 0/1 时，通过软计数(soft count)这样的后验概率来估计它们。正如监督分类和非监督聚类之间的区别，类标号相应为已知的和未知的。在使用 EM 算法的非监督聚类中(7.4 节)，类标号是未知的，我们首先(在 E 步中)估计它们，而后(在 M 步中)使用这些估计计算参数。

类似地，这里使用 Baum-Welch 算法(Baum-Welch algorithm)，它是一种 EM 过程。在每次迭代中，首先在 E 步，给定当前 $\lambda=(\boldsymbol{A}, \boldsymbol{B}, \boldsymbol{\Pi})$，计算 $\xi_t(i, j)$ 和 $\gamma_t(i)$ 的值，然后在 M 步，给定 $\xi_t(i, j)$ 和 $\gamma_t(i)$，再计算 λ。这两个步骤交替进行直到收敛，这是因为 $P(O|\lambda)$ 的值在这个过程中不会减小。

429～430

假设指示变量 z_i^t 为：

$$z_i^t = \begin{cases} 1 & \text{如果 } q_t = S_i \\ 0 & \text{否则} \end{cases} \tag{15-28}$$

并且

$$z_{ij}^t = \begin{cases} 1 & \text{如果 } q_t = S_i \text{ 且 } q_{t+1} = S_j \\ 0 & \text{否则} \end{cases} \tag{15-29}$$

这些值在可观测马尔科夫模型情况下为 0/1，而在 HMM 情况下为隐随机变量。在后一种情况下，在 E 步对其进行估计：

$$\begin{aligned} E[z_i^t] &= \gamma_t(i) \\ E[z_{ij}^t] &= \xi_t(i,j) \end{aligned} \tag{15-30}$$

在 M 步，给定这些估计值，计算参数。从 S_i 到 S_j 的转移的期望数为 $\sum_t \xi_t(i,j)$，而从 S_i 转移的总数为 $\sum_t \gamma_t(i)$。这两个数值的比值给出了任意时刻从状态 S_i 转移到 S_j 的概率：

$$\hat{a}_{ij} = \frac{\sum_{t=1}^{T-1} \xi_t(i,j)}{\sum_{t=1}^{T-1} \gamma_t(i)} \tag{15-31}$$

注意：除了将实际的计数替换为估计的软计数外，上式与式(15-9)是一样的。

在状态 S_j 观测 v_m 的概率为系统处于状态 S_j 时观测 v_m 的期望次数除以系统处于状态 S_j 的总数：

$$\hat{b}_j(m) = \frac{\sum_{t=1}^{T} \gamma_t(j) 1(O_t = v_m)}{\sum_{t=1}^{T} \gamma_t(j)} \tag{15-32}$$

当有多个观测序列$\mathcal{X}=\{O^k\}_{k=1}^K$时，我们假定它们是相互独立的：

$$P(\mathcal{X}|\lambda)=\prod_{k=1}^{K}P(O^k|\lambda)$$

431

参数在全部序列的所有观测上取平均：

$$\hat{a}_{ij}=\frac{\sum_{k=1}^{K}\sum_{t=1}^{T_k-1}\xi_t^k(i,j)}{\sum_{k=1}^{K}\sum_{t=1}^{T_k-1}\gamma_t^k(i)} \tag{15-33}$$

$$\hat{b}_j(m)=\frac{\sum_{k=1}^{K}\sum_{t=1}^{T_k}\gamma_t^k(j)1(O_t^k=v_m)}{\sum_{k=1}^{K}\sum_{t=1}^{T_k}\gamma_t^k(j)}$$

$$\hat{\pi}=\frac{\sum_{k=1}^{K}\gamma_t^k(i)}{K}$$

15.8 连续观测

在我们的讨论中，我们假定离散的观测服从多项式分布：

$$P(O_t|q_t=S_j,\lambda)=\prod_{m=1}^{M}b_j(m)^{r_m^t} \tag{15-34}$$

其中

$$r_m^t=\begin{cases}1 & 如果\ O_t=v_m\\ 0 & 否则\end{cases} \tag{15-35}$$

如果输入是连续的，一种方法是将其离散化，然后使用这些离散值作为观测值。通常使用向量量化(7.3节)，将连续值转换为最接近的参考向量的离散值索引。例如，在语音识别中，一个单词发音被分割为小的语音片段，对应于音素或部分音素。预处理后，这些片段通过向量量化被离散化，然后使用HMM将一个单词的发音建模为一个离散化片段的序列。

我们还记得用于向量量化的k均值是高斯混合模型的一个硬版本：

$$p(O_t|q_t=S_j,\lambda)=\sum_{l=1}^{L}P(\mathcal{G}_l)p(O_t|q_t=S_j,\mathcal{G}_l,\lambda) \tag{15-36}$$

其中

$$p(O_t|q_t=S_j,\mathcal{G}_l,\lambda)\sim\mathcal{N}(\boldsymbol{\mu}_l,\boldsymbol{\Sigma}_l) \tag{15-37}$$

并且观测保持连续性。在这种高斯混合情况下，可以为分量参数(以合适的正则化来保持对参数个数进行检验)和混合比例推导出EM方程(Rabiner 1989)。

432

现在我们看看观测为连续标量的情形，$O_t\in\Re$。最简单的方法是假定其服从正态分布：

$$p(O_t|q_t=S_j,\lambda)\sim\mathcal{N}(u_j,\sigma_j^2) \tag{15-38}$$

这意味着在状态S_j，观测取自均值为μ_j、方差为σ_j^2的正态分布。在这种情况下，M步的公式为：

$$\hat{\mu}_j = \frac{\sum_t \gamma_t(j) O_t}{\sum_t \gamma_t(j)} \tag{15-39}$$

$$\hat{\sigma}_j^2 = \frac{\sum_t \gamma_t(j)(O_t - \hat{\mu}_j)^2}{\sum_t \gamma_t(j)}$$

15.9 HMM 作为图模型

我们在第 14 章讨论了图模型，而隐马尔可夫模型也可以描述为一个图模型。3 个连续的状态 q_{t-2}、q_{t-1}、q_t对应于一阶马尔可夫模型中链上的 3 个状态。时刻 t 的状态 q_t仅依赖于时刻 $t-1$ 的状态 q_{t-1}，并且给定 q_{t-1}，q_t独立于 q_{t-2}

$$P(q_t | q_{t-1}, q_{t-2}) = P(q_t | q_{t-1})$$

与状态转移矩阵 **A** 所给出的一样(参见图 15-5)。每个隐藏变量产生一个观测的离散观测值，与观测概率矩阵 **B** 所给出的一样。本章讨论的隐马尔科夫模型的正反向过程是 14.5 节讨论的信念传播的一个应用。

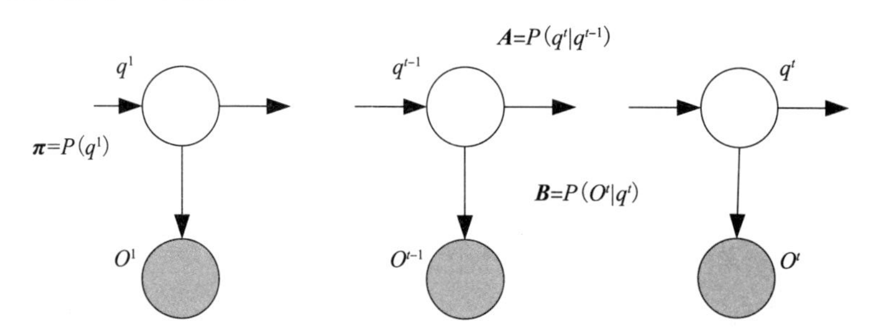

图 15-5 隐马尔科夫模型可以绘制成图模型，其中 q^t是隐藏状态，而带阴影的 O^t是观测的状态

继续图形式化的讨论，不同类型的 HMM 可以设计和描绘成不同的图模型。图 15-6a 显示了一个输入-输出 HMM，它有两个独立的观测输入-输出序列，并且还有一个隐藏状态序列(Bengio 和 Frasconi 1996)。在某些应用中就是这种情况，也就是说，除了观测序列 O_t之外，还有一个输入序列 x_t，并且我们知道观测也依赖于输入。在这种情况下，我们把观测 O_t限制在状态 S_j和输入 x_t上，并记作 $P(O_t | q_t = S_j, x_t)$。例如，当观测为数值时，我们用一个广义模型替换式(15-38)：

$$p(O_t | q_t = S_j, x_t, \lambda) \sim \mathcal{N}(g_j(x^t | \theta_j), \sigma_j^2) \tag{15-40}$$

其中，假定取线性模型，则有：

$$g_j(x^t | w_j, w_{j0}) = w_j x^t + w_{j0} \tag{15-41}$$

如果观测是离散的和多项式的，则得到一个将 x^t作为输入并产生 M 选 1(1-of-M)输出的分类器，否则产生后验类概率并保持观测的连续性。

类似地，状态转移概率也可以以输入为条件，即 $P(q_{t+1} = S_j | q_t = S_i, x_t)$，这可以通过一个选择将 $t+1$ 时刻的状态作为 t 时刻状态和输入的函数的分类器来实现。这就是马尔科夫混合专家模型(markov mixture of expert)(Meila 和 Jordan 1996)，并且是混合专家结构的一般化(参见 12.8 节)，其中门控网络跟踪其在前一时间步所做的决策。其优点是，模型不再是齐次的；在不同的时间步使用不同的观测和转移概率。仍然可以对每个状态使用一个由 θ_j参数化的单一模型，但是根据所看到的输入产生不同的转移或观测概率。可能

输入并不是单值，而是围绕时刻 t 的一个窗口，使输入是一个向量，这样可以处理输入和观测序列具有不同长度的应用。

即使没有其他显式的输入序列，也可以通过某种以前观测的指定函数

$$\boldsymbol{x}_t = \boldsymbol{f}(O_{t-\tau}, \cdots, O_{t-1})$$

产生一个“输入”来使用带有输入的 HMM，从而提供一个大小为 τ 的背景输入窗口。

433 ~ 434

另一类可以很容易可视化的 HMM 是因子 HMM(factorial HMM)，它有多个独立的隐藏序列相互作用生成单个观测序列。一个例子是显示亲子关系的谱系(Jordan 2004)。图 15-6b对减数分裂建模，其中两个序列对应于父亲和母亲的染色体(它们是独立的)，并在每个点(基因)，后代从父亲接收一个等位基因，而另一个等位基因来自母亲。

耦合 HMM(coupled HMM)显示在图 15-6c 中，它对生成两个并行观测序列的两个并行而又相互作用的隐藏序列建模。例如，在语音识别中，可能有一个读词声音的观测序列和一个唇动图像的视频序列，各有其隐藏状态，两者是依赖的。

在图 15-6d 的开关 HMM 中，有 K 个并行的、独立的隐藏状态序列，而状态变量 S 在任何时刻都选择其中之一，并且选中的那个产生输出。也就是说，随着前进，在状态序列之间切换。

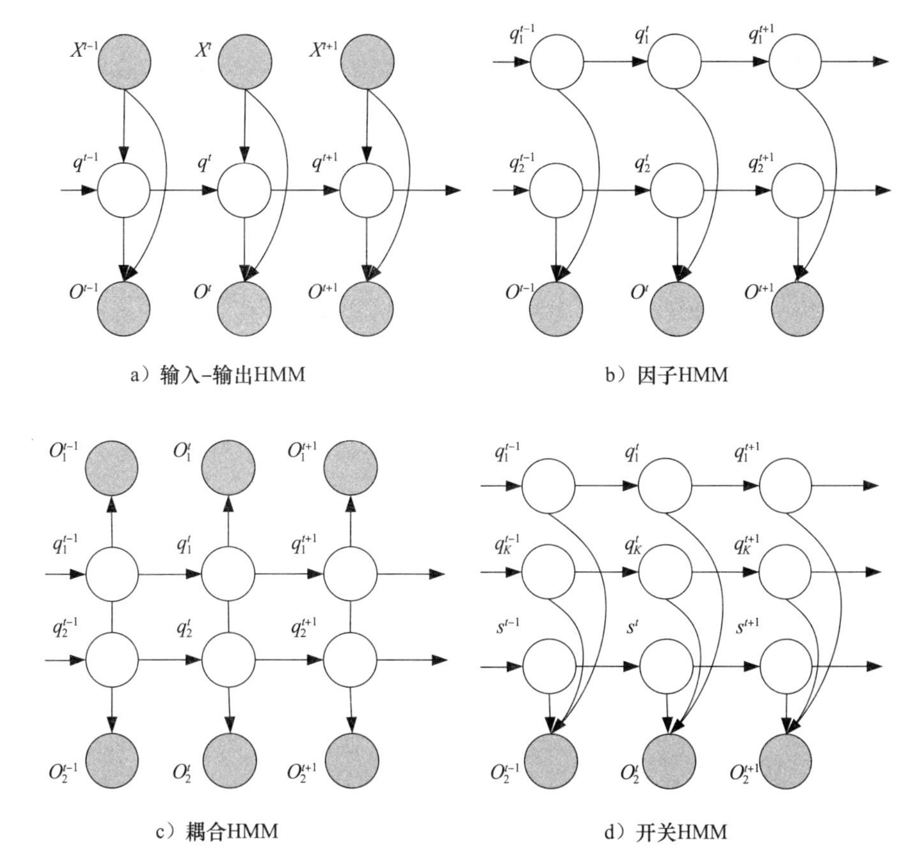

图 15-6 不同类型的 HMM 对观测数据(阴影显示)被潜在变量的马尔可夫序列生成方式的不同假设建模

在 HMM 中，尽管观测可以是连续的，但是状态变量是离散的。在线性动态系统(linear dynamical system)中，状态和观测都是连续的。线性动态系统也称为卡尔曼滤波器(Kalman filter)。在基本情况下，时刻 t 的状态是时刻 $t-1$ 状态的线性函数加上零均值的

高斯噪声。而在每个状态，观测是状态的另一个线性函数加上零均值的高斯噪声。两个线性映射和两个噪声源的协方差组成参数。我们先前讨论的所有 HMM 的变体都可以类似地推广到使用连续状态。

通过适当地修改图模型，可以使结构与产生数据过程的特点相适应。这种把模型与数据匹配的过程是最佳权衡偏倚和方差的模型选择过程。缺点是，在这种扩展的 HMM 上，精确推断或许不再可能，而需要近似或抽样方法(Ghahramani 2001；Jordan 2004)。

15.10 HMM 中的模型选择

与任意其他模型一样，需要调整 HMM，使复杂度与面对的数据的规模和性质平衡。一种可能的方法是调整 HMM 的拓扑。在完全连接(遍历)的 HMM 中，从一个状态可转移到任意其他状态，使得 $\mathbf{A}$ 是一个 $N\times N$ 的全矩阵。在一些应用中，仅允许某些转移，而不允许的转移有 $a_{ij}=0$。当可能的下一个状态较少(即 $N'<N$)时，正反向扫描和 Viterbi 过程的复杂度为$\mathcal{O}(NN'T)$，而不是$\mathcal{O}(N^2T)$。

435～436

例如，在语音识别中，使用*自左向右* HMM(left-to-right HMM)，其中系统状态按时间排序，随着时间的推进，状态下标增加或保持不变。这样的约束可用来对性质随时间变化的序列(如语音)进行建模，并且当到达一个状态时，我们近似地知道其前的状态。有一个性质：系统绝不向具有更小下标的状态转移，即对于 $j<i$ 有 $a_{ij}=0$。而在状态下标上跨度很大的状态转移也不允许，即对于 $j>i+\tau$ 有 $a_{ij}=0$。图 15-7 给出了自左向右 HMM 的一个例子，其中 $\tau=2$，状态转移矩阵为：

$$\mathbf{A}=\begin{bmatrix}a_{11} & a_{12} & a_{13} & 0\\ 0 & a_{22} & a_{23} & a_{24}\\ 0 & 0 & a_{33} & a_{34}\\ 0 & 0 & 0 & a_{44}\end{bmatrix}$$

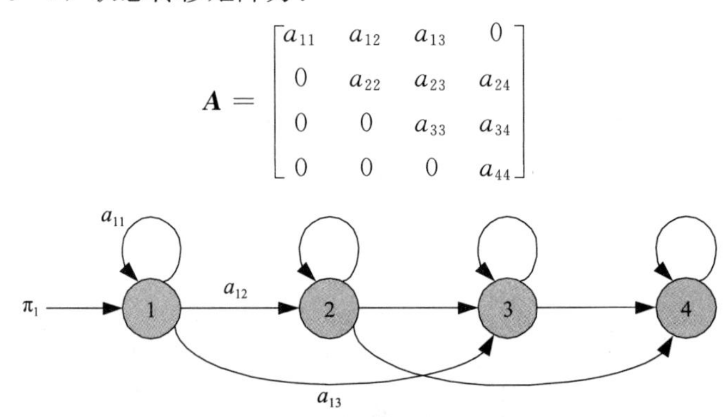

图 15-7　自左向右 HMM 的例子

决定 HMM 复杂度的另一因素是状态的个数 N。因为状态是隐藏的，所以其个数未知并且应该在训练前选定。这需要使用先验信息对其进行决定，并通过交叉验证，即通过检查验证序列的似然，进行微调。

当用于分类时，可使用一组 HMM，每个 HMM 对属于一个类的序列进行建模。例如，在口语单词识别中，每个单词的样本训练一个不同的模型 λ_i。当对新的单词发音 O 进行分类时，所有不同的单词模型都被用来计算 $P(O|\lambda_i)$。然后使用贝叶斯规则得到后验概率：

$$P(\lambda_i|O)=\frac{P(O|\lambda_i)P(\lambda_i)}{\sum_j P(O|\lambda_j)P(\lambda_j)} \tag{15-42}$$

其中 $P(\lambda_i)$是单词 i 的先验概率。该发音被指派到具有最高后验概率的单词。这是基于似然的方法，还存在直接训练有判别力的 HMM，以便最大化后验概率的工作。当存在同一单词的多种发音时，它们在该单词的 HMM 中被定义为并行路径。

在像语音这样的连续输入的情况下，困难之处在于将信号分割为较小的离散观测。通常使用取作基元部分的音素，并组合它们形成更长的序列(例如，单词)。每个音素(通过向量量化)被并行地识别，然后用 HMM 将它们顺序组合。如果语音基元简单，则 HMM 会比较复杂，反之亦然。在连续语音识别中，单词并非一个接一个地以清晰间隔进行发音，这时可以采用多层的层次 HMM。一层用于组合音素以识别单词，另一层通过建立语言模型对单词组合以识别语句，等等。

神经网络/HMM 混合模型也用于语音识别(Morgan 和 Bourlard 1995)。在这样的模型中，一个多层感知器(第 11 章)用于捕获时间局部但可能是比较复杂和非线性的基元(如音素)，而 HMM 用于学习时间结构。神经网络作为预处理器，将时间窗口中的原始观测转换成比向量量化的输出更容易建模的形式。

HMM 可以看作一种图模型，而 HMM 中的估计可以看作第 14 章讨论的信念传播算法的一个特例。专门写 HMM 这一章，因为这种特定模型具有广泛和成功的应用，特别是在自动语音识别领域。但是，正如 15.9 节所讨论的，基本 HMM 结构可以扩展，例如，通过有多个序列，或通过引入隐藏(潜在)变量，来扩展基本 HMM 结构。

在第 16 章中，我们将讨论贝叶斯方法，并在 16.8 节讨论非参数贝叶斯方法，该方法随着更多的数据到达，模型的结构可以变得越来越复杂。它的一种应用是*无限* HMM(infinite HMM)(Beal，Ghahramani 和 Rasmussen 2002)。

15.11 注释

437～438

HMM 是一项成熟的技术，并且基于 HMM 的商业语音识别系统已投入实际使用(Rabiner 和 Juang 1993；Jekinek 1997)。在 11.12 节，我们讨论了如何训练多层感知器用于序列识别。与延迟神经网络相比，HMM 的优点在于不用事先定义时间窗口，并且 HMM 的训练效果优于递归神经网络。HMM 可以应用于各种序列识别任务。HMM 在生物信息领域的应用在 Baldi 和 Brunak 1998 中有介绍，在自然语音处理的应用在 Manning 和 Schutz 1999 中有介绍。HMM 也用于在线手写符号识别，它与于光学识别的不同之处在于书写者在触觉感知的书写板上书写，并且输入是笔尖在书写板上移动的(x，y)坐标序列，而不是静态的图像。Bengio 等(1995)介绍了一种用于在线识别的混合系统，其中 MLP 识别单个字符，而 HMM 将字符组合来识别单词。Bengio 1999 讨论了 HMM 的各种应用和多种扩展，例如有判别力的 HMM。一个关于 HMM 可以做什么和不能做什么的综述在 Bilmes 2006 中。

在任何识别系统中，一个关键点在于决定多少工作并行进行以及将什么工作留做串行处理。在语音识别中，音素可通过一个并行系统来识别，这相当于假定所有的音素声音同时发出。然后，通过组合音素串行地识别单词。在另一种系统中，如果相同的音素有多个版本，比如依赖于之前和之后的音素，则音素本身可设计为更简单的语音发声序列。并行工作是好的，但仅仅是在一定程度上。我们应当在并行和串行处理之间找到理想的平衡。为了可以一键式接通任何人的电话，我们可能需要电话上有百万个按键。作为替代，我们有 10 个按键并以顺序方式拨号。

我们在第 14 章讨论了图模型。我们知道 HMM 可以看作一类特殊的图模型，并且 HMM 上的推断和学习操作类似于贝叶斯网络上的对应操作(Smyth，Heckerman 和 Jordan 1997)。正如我们稍后就会看到的，HMM 有多种扩展，如因子 HMM(factorial

HMM)，该方法在每一时间步，有许多共同生成观测的状态；树结构 HMM(tree-structured HMM)，它有状态的层次关系。通用的形式化机制使我们可以处理连续状态和离散状态，称作线性动态系统(linear dynamical system)。对于这类模型中的某些，不可能做精确推断，而需要近似或抽样方法(Ghahramani 2001)。 439

实际上，任何图形模型都可以通过展开并增加连续拷贝之间的依赖性来扩展。事实上，隐马尔可夫模型只不过是一个聚类问题的序列，其中时刻 t 的簇标志不仅依赖于时刻 t 的观测，也依赖于时刻 $t-1$ 的标志；而 Baum-Welch 算法是期望最大化的扩展，也包括这种时间依赖性。在 6.5 节，我们讨论了因子分析，其中少数隐藏因子产生了观测。类似地，线性动态系统可以看作这种因子分析模型的序列，其中当前的因子也依赖于以前的因子。

这种动态的依赖性可以在需要时添加。例如，图 14-5 对特定一天的湿草地原因建模。如果我们相信昨天的天气对今天的天气有影响(并且我们应该相信会连续几天阴天，然后晴数天，等等)，则我们可以有图 15-8 所示的动态图形模型，那里我们对这种依赖性建模。

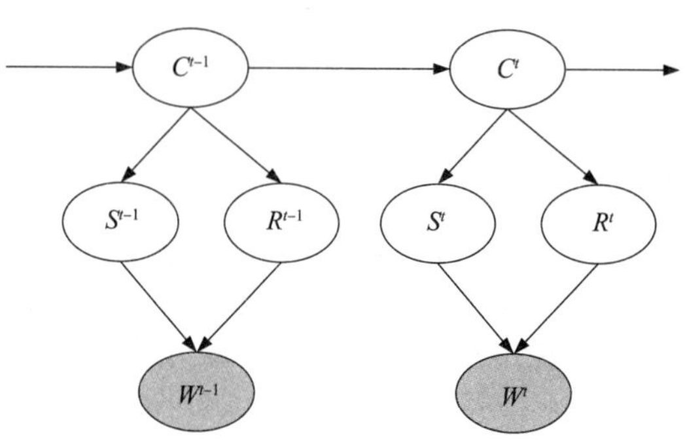

图 15-8 湿草地原因的动态版本，这里我们有一个图链，显示连续几天天气的依赖性

15.12 习题

1. 给定一个有 3 个状态 S_1、S_2 和 S_3 的可观测马尔可夫模型，其初始概率为： 440

$$\boldsymbol{\Pi} = [0.5, 0.2, 0.3]^{\mathrm{T}}$$

转移概率为：

$$\mathbf{A} = \begin{bmatrix} 0.4 & 0.3 & 0.3 \\ 0.2 & 0.6 & 0.2 \\ 0.1 & 0.1 & 0.8 \end{bmatrix}$$

产生 100 个有 1000 个状态的序列。

2. 使用上题中产生的数据来估计 $\boldsymbol{\Pi}$ 和 $\mathbf{A}$，并与产生这些数据的参数进行比较。

3. 形式化地描述一个二阶马尔可夫模型。其参数是什么？如何计算一个给定的状态序列的概率？对于一个可观测模型如何学习参数？

解：在二阶模型中，当前状态依赖于前两个状态：

$$a_{ijk} \equiv P(q_{t+2} = S_k | q_{t+1} = S_j, q_t = S_i)$$

初始状态概率定义第一个状态的概率：

$$\pi_i \equiv P(q_1 = S_i)$$

给定第一个状态，我们还需要参数来定义第二个状态的概率：

$$\theta_{ij} \equiv P(q_2 = S_j | q_1 = S_i)$$

给定具有参数 $\lambda = (\Pi, \Theta, \mathbf{A})$ 的二阶可观测 MM，观测状态序列的概率是：

$$P(O = Q|\lambda) = P(q_1)P(q_2|q_1)\prod_{t=3}^{T} P(q_t|q_{t-1}, q_{t-2})$$
$$= \pi_{q_1}\theta_{q_2q_1}a_{q_3q_2q_1}a_{q_4q_3q_2}\cdots a_{q_Tq_{T-1}q_{T-2}}$$

概率估计为比例：

$$\hat{\pi}_i = \frac{\sum_k 1(q_1^k = S_i)}{K}$$

$$\hat{\theta}_{ij} = \frac{\sum_k 1(q_2^k = S_j \text{ 且 } q_1^k = S_i)}{\sum_k 1(q_1^k = S_i)}$$

$$\hat{a}_{ijk} = \frac{\sum_k \sum_{t=3}^{T} 1(q_t^k = S_k \text{ 且 } q_{t-1}^k = S_j \text{ 且 } q_{t-2}^k = S_i)}{\sum_k \sum_{t=3}^{T} 1(q_{t-1}^k = S_j \text{ 且 } q_{t-2}^k = S_i)}$$

4. 证明任意二阶(或更高阶)马尔可夫模型都可以转化为一个一阶马尔可夫模型。

　　解：在二阶模型中，每个状态都依赖于前两个状态。我们可以定义一个新的状态集，它对应于原始状态集与自身的笛卡儿积。定义在 N^2 个新状态上的一阶模型对应于定义在 N 个原始状态上的二阶模型。

441

5. 有些研究者将马尔可夫模型定义为当穿越一条弧而没有到达一个状态时产生一个观测。这种模型的能力是否比我们讨论的模型更强?

　　解：类似于上一题，如果输出不仅依赖于当前状态，而且还依赖于下一状态，则我们可以定义新状态对应于这种状态对，并且让输出由这个(联合)状态产生。

6. 从一个你选择的 HMM 产生训练和验证序列。在相同的训练集上通过变化隐藏状态的个数来训练多个不同的 HMM 并计算相应的验证似然。观察验证似然如何随着状态个数的增加而变化。

7. 在式(15-38)中，如果我们有多元观测，那么 M 步的方程是什么?

　　解：如果我们有 d 维 $\boldsymbol{O}_t \in \Re^d$，抽取自具有它们的均值向量和协方差矩阵的 d 元高斯

$$p(\boldsymbol{O}_t | q_t = S_j, \lambda) \sim \mathcal{N}(\boldsymbol{\mu}_j, \boldsymbol{\Sigma}_j)$$

则 M 步的方程为

$$\hat{\boldsymbol{\mu}}_j = \frac{\sum_t \gamma_t(j) \boldsymbol{O}_t}{\sum_t \gamma_t(j)}$$

$$\hat{\boldsymbol{\Sigma}}_j = \frac{\sum_t \gamma_t(j)(\boldsymbol{O}_t - \hat{\boldsymbol{\mu}}_j)(\boldsymbol{O}_t - \hat{\boldsymbol{\mu}}_j)^{\mathrm{T}}}{\sum_t \gamma_t(j)}$$

8. 考虑容器-球的例子。如果我们不放回抽取，那么会有何不同?

　　解：如果我们不放回抽取，则在每次迭代中，球的数量改变，这意味着观测概率 $\boldsymbol{B}$ 改变。我们将不再有齐次模型。

9. 假定在任意时刻我们都有两个来自不同字母表的观测。例如，我们每天观测两种货币的币值。如何使用 HMM 实现?

　　解：在这种情况下，一个隐藏状态产生两个不同的观测。也就是说，我们有两个 $\boldsymbol{B}$，每个用自己的观测序列训练。然后，需要组合这两个观测来估计 $\boldsymbol{A}$ 和 π。

10. 如何得到增量 HMM? 增量 HMM 允许在必要时增加新的隐藏状态。

解：这又是状态空间搜索。我们的目标可以是最大化验证集上的对数似然，以及一个可以让我们添加隐藏状态的操作。然后，我们做向前搜索。对于图模型的更一般的情况，存在结构学习算法，这些我们已在第 14 章中讨论过。

442

15.13 参考文献

Baldi, P., and S. Brunak. 1998. *Bioinformatics: The Machine Learning Approach.* Cambridge, MA: MIT Press.

Beal, M. J., Z. Ghahramani, and C. E. Rasmussen. 2002. "The Infinite Hidden Markov Model." In *Advances in Neural Information Processing Systems 14*, ed. T. G. Dietterich, S. Becker, and Z. Ghahramani, 577–585. Cambridge, MA: MIT Press.

Bengio, Y. 1999. "Markovian Models for Sequential Data." *Neural Computing Surveys* 2: 129–162.

Bengio, Y., and P. Frasconi. 1996. "Input-Output HMMs for Sequence Processing." *IEEE Transactions on Neural Networks* 7:1231–1249.

Bengio, Y., Y. Le Cun, C. Nohl, and C. Burges. 1995. "LeRec: A NN/HMM Hybrid for On-line Handwriting Recognition." *Neural Computation* 7:1289–1303.

Bilmes, J. A. 2006. "What HMMs Can Do." *IEICE Transactions on Information and Systems* E89-D:869–891.

Ghahramani, Z. 2001. "An Introduction to Hidden Markov Models and Bayesian Networks." *International Journal of Pattern Recognition and Artificial Intelligence* 15:9–42.

Jelinek, F. 1997. *Statistical Methods for Speech Recognition.* Cambridge, MA: MIT Press.

Jordan, M. I. 2004. "Graphical Models." *Statistical Science* 19:140–155.

Manning, C. D., and H. Schütze. 1999. *Foundations of Statistical Natural Language Processing.* Cambridge, MA: MIT Press.

Meila, M., and M. I. Jordan. 1996. "Learning Fine Motion by Markov Mixtures of Experts." In *Advances in Neural Information Processing Systems 8*, ed. D. S. Touretzky, M. C. Mozer, and M. E. Hasselmo, 1003–1009. Cambridge, MA: MIT Press.

Morgan, N., and H. Bourlard. 1995. "Continuous Speech Recognition: An Introduction to the Hybrid HMM/Connectionist Approach." *IEEE Signal Processing Magazine* 12:25–42.

Smyth, P., D. Heckerman, and M. I. Jordan. 1997. "Probabilistic Independence Networks for Hidden Markov Probability Models." *Neural Computation* 9:227–269.

Rabiner, L. R. 1989. "A Tutorial on Hidden Markov Models and Selected Applications in Speech Recognition." *Proceedings of the IEEE* 77:257–286.

Rabiner, L. R., and B. H. Juang. 1986. "An Introduction to Hidden Markov Models." *IEEE Acoustics, Speech, and Signal Processing Magazine* 3:4–16.

Rabiner, L. R., and B. H. Juang. 1993. *Fundamentals of Speech Recognition.* New York: Prentice Hall.

443 ~ 444

贝叶斯估计

在贝叶斯方法中，把参数看作具有某种分布的随机变量，允许我们估计它们，对不确定性建模。我们继续 4.4 节的讨论，并讨论如何估计分布的参数和回归、分类、聚类或维度归约模型的参数。我们还将讨论非参数贝叶斯建模，该模型的复杂度不是固定的，而是取决于数据。

16.1 引言

贝叶斯估计(我们在 4.4 节介绍过)将参数 θ 看作一个具有某种概率分布的随机变量。我们在 4.2 节讨论的最大似然估计方法把参数看作未知常数。例如，如果我们要估计的参数是均值 μ，则它的最大似然估计是样本平均值 $\overline{X}$。我们在训练集上计算 $\overline{X}$，将它代入模型，并使用它做分类等。然而，我们知道，尤其是具有小样本时，最大似然估计可能是很差的估计并具有方差——随着训练集的变化，可能计算出不同的 $\overline{X}$ 值，从而导致具有不同泛化准确率的不同判别式。

在贝叶斯估计中，利用估计 θ 具有不确定性这一事实，不是估计单个 θ_{ML}，而是通过估计分布 $p(\theta|\mathcal{X})$，加权使用所有的 θ。也就是说，我们分摊估计 θ 的不确定性。

在估计 $p(\theta|\mathcal{X})$时，可以利用我们可能具有的、关于参数值的先验信息。当我们有小样本时(并且当最大似然估计的方差高时)，这样的先验知识尤其重要。在这种情况下，我们感兴趣的是，把数据告诉我们的(即由样本计算的值)与我们的先验信息结合在一起。正如我们在 4.4 节讨论的，我们使用先验概率(prior probability)分布对这种信息编码。例如，在审视样本来估计均值之前，我们可能有某种先验，知道均值接近 2，在 1～3 之间。在这种情况下，我们以这样一种方式给出 $p(\mu)$，使得密度的主要部分位于区间[1，3]。

使用贝叶斯规则，我们把先验与似然结合在一起，并计算后验概率(posterior probability)分布：

$$p(\theta|\mathcal{X})=\frac{p(\theta)p(\mathcal{X}|\theta)}{p(\mathcal{X})} \tag{16-1}$$

这里，$p(\theta)$是先验密度，它是我们在考察样本之前就知道的 θ 的可能取值。$p(\mathcal{X}|\theta)$是样本似然(sample likelihood)，它告诉我们如果分布的参数取该 θ 值，样本$\mathcal{X}$出现的可能有多大。例如，如果样本中的实例在 5～10 之间，那么若 μ 为 7 则这种样本是可能的，但是如果 μ 为 3 则不大可能，而 μ 为 1 则更不可能。分母中的 $p(\mathcal{X})$是规范化子，确保后验 $p(\theta|\mathcal{X})$的积分等于 1。$p(\theta|\mathcal{X})$称为后验概率，因为它告诉我们在看到样本之后 θ 取特定值的可能性有多大。贝叶斯规则取先验分布，把它与数据揭示的信息结合在一起，并产生后验分布。然后，在稍后的推断中使用这个后验分布。

假设有从某个具有未知参数 θ 的分布中提取的旧样本$\mathcal{X}=\{\boldsymbol{x}^t\}_{t=1}^N$。然后，可以再抽取一个实例 x'，并且想计算它的概率分布。我们可以把这可视化地表示为一个图模型(参见第 14 章)，如图 16-1 所示。这里所显示的是一个生成模型(generative model)，它表示数

据如何生成：首先由 $p(\theta)$选 θ，然后从 $p(x|\theta)$抽样产生训练实例 $\boldsymbol{x}^t$，再产生新的测试实例 x'。

我们把联合概率表示成

$$p(x',\mathcal{X},\theta) = p(\theta)p(\mathcal{X}|\theta)p(x'|\theta)$$

给定样本$\mathcal{X}$，我们能够用它估计新实例 x'的概率分布：

$$p(x'|\mathcal{X}) = \frac{p(x',\mathcal{X})}{p(\mathcal{X})} = \frac{\int p(x',\mathcal{X},\theta)\mathrm{d}\theta}{p(\mathcal{X})} = \frac{\int p(\theta)p(\mathcal{X}|\theta)p(x'|\theta)\mathrm{d}\theta}{p(\mathcal{X})}$$
$$= \int p(x'|\theta)p(\theta|\mathcal{X})\mathrm{d}\theta \tag{16-2}$$

在计算 $p(\theta|\mathcal{X})$时，贝叶斯规则允许逆转弧的方向并做诊断推理。然后，推断出的(后验)分布用来对新的 x'导出预测分布。

我们看到，我们的估计是 θ 的所有可能估计值的加权和(如果 θ 是离散值，则用 $\sum_\theta$ 替换 $\int \mathrm{d}\theta$)，权重是给定样本$\mathcal{X}$下 θ 的可能性。

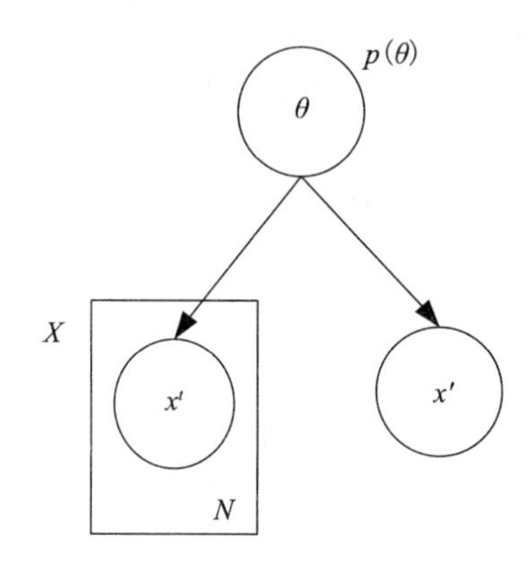

图 16-1 生成图模型(参见第 14 章)。弧是抽样方向。首先由 $p(\theta)$选 θ，然后从 $p(x|\theta)$中抽样产生数据。矩形板包含 N 个独立的实例，它们构成训练集$\mathcal{X}$。给定 θ，新实例 x'独立地抽取。这是独立同分布假设。如果 θ 是未知的，则它们是依赖的。使用贝叶斯规则由过去的实例推断 θ，然后用它推断新的 x'

这是全贝叶斯方法(full Bayesian treatment)。如果后验概率不容易求积分，则这样做或许不可能。正如我们在 4.4 节看到的，在最大后验(Maximum A Posteriori，MAP)估计中，使用后验的众数：

$$\theta_{\mathrm{MAP}} = \arg\max_\theta p(\theta|\mathcal{X})$$
$$\text{且}\ p_{\mathrm{MAP}}(x'|\mathcal{X}) = p(x'|\theta_{\mathrm{MAP}})$$

446 ~ 447

MAP 估计对应于假定后验在单个点(即众数)附近制造很窄的尖峰。如果先验 $p(\theta)$在所有的 θ 上是均匀的，则后验 $p(\theta|\mathcal{X})$的众数与似然 $p(\mathcal{X}|\theta)$的众数在同一个点，并且 MAP 估计与最大似然(ML)估计相等：

$$\theta_{\mathrm{ML}} = \arg\max_\theta p(\mathcal{X}|\theta)\ \text{且}\ p_{\mathrm{ML}}(x'|\mathcal{X}) = p(x'|\theta_{\mathrm{ML}})$$

这说明使用 ML 对应于假定 θ 的不同值之间没有先验分布。

从根本上说，贝叶斯方法有两个优点：

1) 先验帮助我们忽略 θ 不太可能取的值，并将注意力集中到 θ 可能落入的区域。即便一个具有长尾的弱先验可能也是非常有益的。

2) 不是在预测时使用单个 θ 估计，而是生成可能的 θ 值的集合(如被后验定义的)，并在预测时全部使用，用它们的可能性加权。

如果使用 MAP 估计而不是在 θ 上积分，则利用第一个优点而不是第二个。如果使用 ML 估计，则失去了这两个优点。如果使用一个无信息的(均匀)先验，则利用第二个优点而不是第一个。实际上，正是第二个优点而不是第一个，使得贝叶斯方法很有趣。在第 17 章中，我们将讨论组合多个模型的方法，我们将看到一些非常类似于贝叶斯但并不总是贝叶斯的方法。

这种方法可以用于不同类型的分布和不同类型的应用。参数 θ 可以是一个分布的参数。例如，在分类中，它可能是未知的类均值，对它定义先验并得到它的后验；然后，对均值的每个可能值，得到一个不同的判别式，因此贝叶斯方法将在所有可能的判别式上取平均。而在 ML 方法中，只有一个均值估计，因此只有一个判别式。

正如我们稍后将看到的，未知参数也可以是一个拟合模型的参数。例如，在线性回归分析中，我们可以在斜率和截距参数上定义一个先验分布并计算它们的后验，即直线上的分布。然后，我们将平均所有可能直线的预测，按它们被它们先验权重表示的可能性和它们拟合给定数据的好坏加权。 448

贝叶斯估计饱受批评的地方之一是计算式(16-2)中的积分。在某些情况下，可以计算它，但是大多数情况下不能计算它。在这种情况下，我们需要近似计算。在接下来的几节中，我们将看到一些近似方法，即拉普拉斯和变分近似，以及马尔可夫链蒙特卡罗(MC-MC)抽样。

现在，让我们由简到繁，更详细地考察贝叶斯方法的这些和其他应用。

16.2 离散分布的参数的贝叶斯估计

16.2.1 $K>2$ 个状态：狄利克雷分布

假定每个实例都是一个取 K 个不同状态之一多项式变量(参见 4.2.2 节)。我们说 $x_i^t=1$，如果实例 t 在状态 i 中，并且对于任意 $j\neq i$，$x_j^t=0$。参数是状态的概率 $\boldsymbol{q}=[q_1, q_2, \cdots, q_K]^{\mathrm{T}}$，其中 q_i 满足 $q_i\geqslant 0(i=1, \cdots, K)$ 且 $\sum_i q_i=1, \forall i$。

例如，x^t 可以对应于新闻文档，状态可以对应于 K 个不同的新闻类别：体育、政治、艺术等。于是，概率 q_i 对应于不同类别新闻所占的比例，而关于它们的先验使得我们可以对这些比例的先验编码。例如，我们可以预料与体育相关的新闻比与艺术相关的新闻更多。

样本似然是

$$p(\mathcal{X}|\boldsymbol{q})=\prod_{t=1}^{N}\prod_{i=1}^{K}q_i^{x_i^t}$$

$\boldsymbol{q}$ 的先验分布是狄利克雷分布(Dirichlet distribution)

$$\text{Dirichlet}(\boldsymbol{q}|\boldsymbol{\alpha})=\frac{\Gamma(\alpha_0)}{\Gamma(\alpha_1)\cdots\Gamma(\alpha_K)}\prod_{i=1}^{K}q_i^{\alpha_i-1}$$

其中，$\boldsymbol{\alpha}=[\alpha_1, \cdots, \alpha_K]^{\mathrm{T}}$，并且 $\alpha_0=\sum_i\alpha_i$。α_i 是先验的参数，称作超参数(hyperparameter)。$\Gamma(x)$ 是伽马函数(Gamma function)，定义为

$$\Gamma(x)\equiv\int_0^{\infty}u^{x-1}\mathrm{e}^{-u}\mathrm{d}u$$

给定先验和似然，可以导出后验

$$p(\boldsymbol{q}|\mathcal{X})\propto p(\mathcal{X}|\boldsymbol{q})p(\boldsymbol{q}|\boldsymbol{\alpha})\propto\prod_i q_i^{\alpha_i+N_i-1} \tag{16-3}$$

449

其中，$N_i=\sum_{t=1}^{N}x_i^t$。我们看到后验与先验具有相同的形式，我们称这种先验为共轭先验(conjugate prior)。先验和似然都是 q_i 的幂的乘积形式，可以把它们结合来构成后验

$$p(\boldsymbol{q}|\mathcal{X})=\frac{\Gamma(\alpha_0+N)}{\Gamma(\alpha_1+N_1)\cdots\Gamma(\alpha_K+N_K)}\prod_{i=1}^{K}q_i^{\alpha_i+N_i-1}=\text{Dirichlet}(\boldsymbol{q}|\boldsymbol{\alpha}+\boldsymbol{n}) \tag{16-4}$$

其中，$\boldsymbol{n}=[N_1, \cdots, N_K]^{\mathrm{T}}$，$\sum_i N_i = N$。

观察式(16-3)，可以得到超参数 α_i 的一种解释(Bishop 2006)。正如 n_i 是 N 个样本中状态 i 出现的次数一样，可以将 α_i 看作在 α_0 个实例的某个假想样本中状态 i 出现的次数。在定义先验时我们主观地说：在 α_0 个样本中，我们预料它们之中的 α_i 个属于状态 i。注意，较大的 α_0 说明我们对我们的主观比例有较高的置信度(更尖的分布)：预料 100 次出现中的 60 次属于状态 1 的置信度比预料 10 次出现中的 6 次属于状态 1 的置信度高。于是，后验是另一个狄利克雷分布，它对分别由先验和似然给定的想象的和实际的状态出现次数求和。

共轭性具有很好的含义。在顺序接收实例序列的情况下，因为后验与先验具有相同的形式，所以当前后验从所有过去的实例累积信息，并且成为下一个实例的先验。

16.2.2 K＝2 个状态：贝塔分布

当变量是二元的时，$x^t \in \{0, 1\}$，多项样本变成伯努利：

$$p(\mathcal{X}|q) = \prod_t q^{x^t}(1-q)^{1-x^t}$$

并且狄利克雷先验归约为贝塔分布(beta distribution)

450

$$\text{beta}(q|\alpha,\beta) = \frac{\Gamma(\alpha+\beta)}{\Gamma(\alpha)\Gamma(\beta)} q^{\alpha-1}(1-q)^{\beta-1}$$

例如，x^t 可以是 0 或 1，分别取决于大小为 N 的随机样本中标志为 t 的电子邮件是正常邮件还是垃圾邮件。于是，定义 q 上的先验使我们可以对垃圾邮件的概率定义先验信念：我们预料在平均情况下，电子邮件是垃圾邮件的概率为 $\alpha/(\alpha+\beta)$。

贝塔是共轭先验，并且对于后验我们得到

$$p(q|A,N,\alpha,\beta) \propto q^{A+\alpha-1}(1-p)^{N-A+\beta-1}$$

其中 $A = \sum_t x^t$，并且我们再次看到，我们组合了想象和实际样本中的出现。注意，当 $\alpha=\beta=1$ 时，我们有均匀先验分布，并且后验与似然具有相同的形状。随着这两个计数(无论是关于先验的 α 和 β，还是关于后验的 $\alpha+A$ 和 $\beta+N-A$)的增加和它们之差的增加，我们得到具有更小方差的更尖的分布(参见图 16-2)。随着我们看到更多的数据(想象的或实际的)，方差减小。

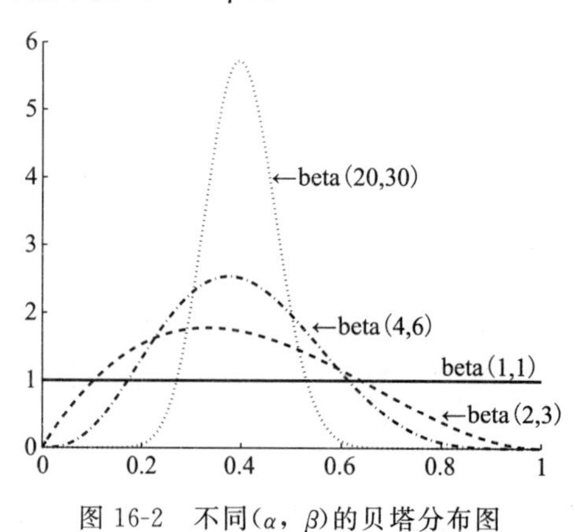

图 16-2 不同(α，β)的贝塔分布图

16.3 高斯分布的参数的贝叶斯估计

16.3.1 一元情况：未知均值，已知方差

451

现在，我们考虑实例是高斯分布的情况。从单变量开始，$p(x) \sim \mathcal{N}(\mu, \sigma^2)$，参数是 μ 和 σ^2。我们已经在 4.4 节简略讨论过。样本似然为

$$p(\mathcal{X}|\mu,\sigma^2) = \prod_t \frac{1}{\sqrt{2\pi}\sigma}\exp\left[-\frac{(x^t-\mu)^2}{2\sigma^2}\right] \tag{16-5}$$

μ 的共轭先验是高斯的，$p(\mu) \sim \mathcal{N}(\mu_0^2, \sigma_0^2)$，后验是

$$p(\mu|\mathcal{X}) \propto p(\mu)p(\mathcal{X}|\mu) \sim \mathcal{N}(\mu_N, \sigma_N^2)$$

其中

$$\mu_N=\frac{\sigma^2}{N\sigma_0^2+\sigma^2}\mu_0+\frac{N\sigma_0^2}{N\sigma_0^2+\sigma^2}m \tag{16-6}$$

$$\frac{1}{\sigma_N^2}=\frac{1}{\sigma_0^2}+\frac{N}{\sigma^2} \tag{16-7}$$

其中 $m=\sum_t x^t/N$ 是样本平均值。我们看到后验密度的均值(它是 MAP 估计)μ_N是先验均值 μ_0和样本均值 m 的加权平均，其中权重与它们的方差成反比(例子参见图 16-3)。注意，因为两个系数都在 0～1 之间且其和为 1，所以 μ_N总是在$\mu_0\sim m$ 之间。当样本规模 N 或先验的方差 σ_0^2 大时，后验的均值接近于 m，更多地依赖样本提供的信息。当 σ_0^2 小时，即当 μ 的正确值的先验不确定性较小时，或当有小样本时，先验猜测 μ_0具有更大的影响。

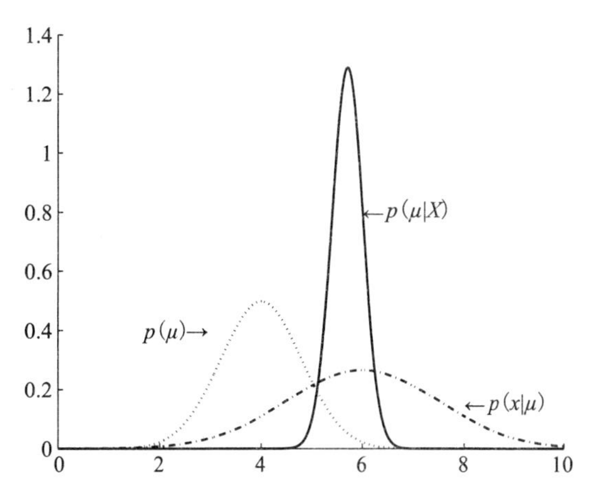

图 16-3　20 个数据点从 $p(x)\sim\mathcal{N}(6,\ 1.5^2)$中抽取，先验是 $p(\mu)\sim\mathcal{N}(4,\ 0.8^2)$，于是后验是 $p(\mu|\mathcal{X})\sim\mathcal{N}(5.7,\ 0.3^2)$

当 σ_0或 σ 变小，或 N 较大时，σ_N变小。还要注意，σ_N小于σ_0和 $\sigma/\sqrt{N}$，即后验方差小于先验方差和 m 的方差。将两者结合导致比单独使用先验或样本更好的后验估计。

如果 σ^2是已知的，则对于新的 x，我们可以在这个后验上积分来做预测：

$$p(x|\mathcal{X})=\int p(x|u)p(u|\mathcal{X})\mathrm{d}u\sim\mathcal{N}(\mu_N,\sigma_N^2+\sigma^2) \tag{16-8}$$

我们看到，x 仍然是高斯分布，它的中心在后验均值，而它的方差现在包含由于均值的估计和新的采样实例 x 导致的不确定性。我们可以记 $x=\mu+x'$，其中 $x'\sim\mathcal{N}(0,\ \sigma^2)$，于是 $E[x]=E[\mu]+E[x']=\mu_N$，$\mathrm{Var}(x)=\mathrm{Var}(\mu)+\mathrm{Var}(x')=\sigma_N^2+\sigma^2$，其中最后一个源于 x'是独立抽取的这一事实。

一旦我们得到 $p(x|\mathcal{X})$的分布，我们就可以把它用于不同的目的。例如在分类中，这种方法对应于假定高斯类，其中均值具有高斯先验并使用$\mathcal{X}_i$训练，而$\mathcal{X}_i$是$\mathcal{X}$的子集，被标记为 C_i类。于是，上面计算的 $p(x|\mathcal{X}_i)$对应于 $p(x|C_i)$，把它与先验 $P(C_i)$结合得到后验，从而得到判别式。

16.3.2　一元情况：未知均值，未知方差

如果我们不知道 σ^2，则我们也需要估计它。对于方差这种情况，我们使用精度(precision)，方差的倒数，$\lambda\equiv 1/\sigma^2$。使用它，样本似然表示为

$$\begin{aligned}p(\mathcal{X}|\lambda)&=\prod^t\frac{\lambda^{1/2}}{\sqrt{2\pi}}\exp\left[-\frac{\lambda}{2}(x^t-\mu)^2\right]\\&=\lambda^{N/2}(2\pi)^{-N/2}\exp\left[-\frac{\lambda}{2}\sum_t(x^t-\mu)^2\right]\end{aligned} \tag{16-9}$$

452～453

精度的共轭先验是伽马分布(gamma distribution)：

$$p(\lambda)\sim\mathrm{gamma}(a_0,b_0)=\frac{1}{\Gamma(a_0)}b_0^{a_0}\lambda^{a_0-1}\exp(-b_0\lambda)$$

其中，我们定义 $a_0 \equiv v_0/2$ 和 $b_0 \equiv (v_0/2)s_0^2$，使得 s_0^2 是方差的先验估计，v_0 是我们对该先验的置信度——它可以看作想象样本的大小，我们相信 s_0^2 是在该样本上估计的。

于是，后验也是伽马分布：

$$p(\lambda|\mathcal{X}) \propto p(\mathcal{X}|\lambda)p(\lambda) \sim \text{gamma}(a_N, b_N)$$

其中

$$\begin{aligned} a_N &= a_0 + N/2 = \frac{v_0 + N}{2} \\ b_N &= b_0 + \frac{N}{2}s^2 = \frac{v_0}{2}s_0^2 + \frac{N}{2}s^2 \end{aligned} \tag{16-10}$$

$s^2 = \sum_t (x^t - \mu)^2/N$ 是样本方差。我们再次看到后验的估计是先验和样本统计量的加权和。

为了对新的 x 做预测，当 μ 和 σ^2 都是未知的时，我们需要如下联合后验

$$p(\mu,\lambda) = p(\mu|\lambda)p(\lambda)$$

其中，$p(\lambda) \sim \text{gamma}(a_0, b_0)$，而 $p(\mu|\lambda) \sim \mathcal{N}(\mu_0, 1/(\kappa_0\lambda))$。这里，$\kappa_0$ 又可以看作想象样本的大小，因而它定义先验的置信度。这种情况下的联合共轭先验称作*正态-伽马分布*（normal-gamma distribution）

$$\begin{aligned} p(\mu|\lambda) &\sim \text{normal-gamma}(\mu_0, \kappa_0, a_0, b_0) \\ &= \mathcal{N}(\mu_0, 1/(\kappa_0\lambda)) \cdot \text{gamma}(a_0, b_0) \end{aligned}$$

后验是

$$p(\mu,\lambda|\mathcal{X}) \sim \text{normal-gamma}(\mu_N, \kappa_N, a_N, b_N) \tag{16-11}$$

其中

$$\begin{aligned} \kappa_N &= \kappa_0 + N \\ \mu_N &= \frac{\kappa_0\mu_0 + N_m}{\kappa_N} \\ a_N &= a_0 + N/2 \\ b_N &= b_0 + \frac{N}{2}s^2 + \frac{\kappa_0 N}{2\kappa_N}(m - \mu_0)^2 \end{aligned} \tag{16-12}$$

454

为了对新的 x 做预测，我们在后验上积分：

$$p(x|\mathcal{X}) = \iint p(x|\mu,\lambda)p(\mu,\lambda|\mathcal{X})\,d\mu d\lambda \tag{16-13}$$

$$\sim t_{2a_N}\left(\mu_N, \frac{b_N(\kappa_N + 1)}{a_N\kappa_N}\right) \tag{16-14}$$

也就是说，我们得到一个具有给定的均值和方差值、自由度为 $2a_N$ 的(非标准的)t 分布。在式(16-8)中，我们有一个高斯分布，这里均值相同，但由于 σ^2 是未知的，所以它的估计增加了不确定性，并且我们得到了一个具有较宽尾巴的 t 分布。有时，等价地，取代对精度 λ 建模，我们对 σ^2 建模，为此我们可以用逆伽马或逆卡方分布，见 Murphy 2007。

16.3.3 多元情况：未知均值，未知协方差

如果我们有多元变量 $\boldsymbol{x} \in \Re^d$，则除了必须使用分布的多元版本之外，我们还使用完全相同的方法(Murphy 2012)。我们有

$$p(\boldsymbol{x}) \sim \mathcal{N}_d(\boldsymbol{\mu}, \boldsymbol{\Lambda})$$

其中 $\boldsymbol{\Lambda} \equiv \boldsymbol{\Sigma}^{-1}$ 是*精度矩阵*(precision matrix)。对于均值，我们使用高斯先验(以 $\boldsymbol{\Lambda}$ 为条件)：

$$p(\boldsymbol{\mu}|\boldsymbol{\Lambda}) \sim \mathcal{N}_d(\boldsymbol{\mu}_0, (1/\kappa_0)\boldsymbol{\Lambda})$$

而对于精度矩阵，伽马分布的多元版本称作 Wishart 分布(Wishart distribution)：

$$p(\boldsymbol{\Lambda}) \sim \text{Wishart}(v_0, \boldsymbol{V}_0)$$

其中，与 κ_0 一样，v_0 对应于我们的先验信念强度。

共轭联合先验是正态-Wishart 分布(normal-Wishart distribution)：

$$\begin{aligned} p(\mu, \boldsymbol{\Lambda}) &= p(\boldsymbol{\mu}|\boldsymbol{\Lambda})p(\boldsymbol{\Lambda}) \\ &\sim \text{normal-Wishart}(\boldsymbol{\mu}_0, \kappa_0, v_0, \boldsymbol{V}_0) \end{aligned} \tag{16-15}$$

而后验是

$$p(\mu, \boldsymbol{\Lambda}|\mathcal{X}) \sim \text{normal-Wishart}(\boldsymbol{\mu}_N, \kappa_N, v_N, \boldsymbol{V}_N)$$

455

其中

$$\begin{aligned} \kappa_N &= \kappa_0 + N \\ \boldsymbol{\mu}_N &= \frac{\kappa_0 \boldsymbol{\mu}_0 + N\boldsymbol{m}}{\kappa_N} \\ v_N &= v_0 + N \\ \boldsymbol{V}_N &= \left(\boldsymbol{V}_0^{-1} + \boldsymbol{C} + \frac{\kappa_0 N}{\kappa_N}(\boldsymbol{m} - \boldsymbol{\mu}_0)(\boldsymbol{m} - \boldsymbol{\mu}_0)^{\mathrm{T}}\right)^{-1} \end{aligned} \tag{16-16}$$

并且 $\boldsymbol{C} = \sum_t (\boldsymbol{x}^t - \boldsymbol{m})(\boldsymbol{x}^t - \boldsymbol{m})^{\mathrm{T}}$ 是散布矩阵。

为了对新的 $\boldsymbol{x}$ 做预测，我们在联合后验上积分：

$$p(\boldsymbol{x}|\mathcal{X}) = \iint p(\boldsymbol{x}|\boldsymbol{\mu}, \boldsymbol{\Lambda}) p(\boldsymbol{\mu}, \boldsymbol{\Lambda}|\mathcal{X}) \mathrm{d}\boldsymbol{\mu}\mathrm{d}\boldsymbol{\Lambda} \tag{16-17}$$

$$\sim t_{v_N - d + 1}\left(\boldsymbol{\mu}_N, \frac{\kappa_N + 1}{\kappa_N(v_N - d + 1)}(\boldsymbol{V}_N)^{-1}\right) \tag{16-18}$$

也就是说，我们得到了一个具有该均值和协方差、自由度为 $v_N - d + 1$ 的(非标准的) t 分布。

16.4 函数的参数的贝叶斯估计

现在，我们对回归和分类讨论参数估计，不是讨论分布的参数，而是讨论输入的某个函数的参数。我们的方法仍然是将这些参数看作具有一种先验分布的随机变量，并使用贝叶斯规则计算后验分布。然后，或者求积分、近似它，或者使用 MAP 估计

16.4.1 回归

让我们考虑线性回归模型的情况

$$r = \boldsymbol{w}^{\mathrm{T}}\boldsymbol{x} + \varepsilon, \quad \text{其中 } \varepsilon \sim \mathcal{N}(0, 1/\beta) \tag{16-19}$$

其中 β 是加法噪声的精度(假设 d 个输入中的一个总是 $+1$)。

参数是权重 $\boldsymbol{w}$，并且我们有样本 $\mathcal{X} = \{\boldsymbol{x}^t, r^t\}_{t=1}^N$，其中 $\boldsymbol{x} \in \mathfrak{R}^d$，$r^t \in \mathfrak{R}$。我们可以把 $\mathcal{X}$ 分解成输入矩阵和期望输出的向量 $\mathcal{X} = [\boldsymbol{X}, \boldsymbol{r}]$。由式(16-19)，我们有

$$p(r^t|\boldsymbol{x}^t, \boldsymbol{w}, \beta) \sim \mathcal{N}(\boldsymbol{w}^{\mathrm{T}}\boldsymbol{x}, 1/\beta)$$

456

前面，在 4.6 节我们看到对数似然是

$$\begin{aligned} \mathcal{L}(\boldsymbol{w}|\mathcal{X}) &\equiv \log p(\mathcal{X}|\boldsymbol{w}) = \log p(\boldsymbol{r}, \boldsymbol{X}|\boldsymbol{w}) \\ &= \log p(\boldsymbol{r}|\boldsymbol{X}, \boldsymbol{w}) + \log p(\boldsymbol{X}) \end{aligned}$$

其中第二项是常数，独立于参数。我们把第一项展开成

$$
\begin{aligned}
\log p(\boldsymbol{r}|\boldsymbol{X},\boldsymbol{w},\beta) &= \log\prod_t p(r^t|\boldsymbol{x}^t,\boldsymbol{w},\beta) \\
&= -N\log(\sqrt{2\pi}) + N\log\sqrt{\beta} - \frac{\beta}{2}\sum_t (r^t - \boldsymbol{w}^{\mathrm{T}}\boldsymbol{x}^t)^2
\end{aligned} \tag{16-20}
$$

对于 ML 估计，我们找出最大化上式或等价地最小化上式的最后一项，即误差的平方和的 $\boldsymbol{w}$。该项可以改写为

$$
\begin{aligned}
E &= \sum_{t=1}^{N}(r^t - \boldsymbol{w}^{\mathrm{T}}\boldsymbol{x}^t)^2 = (\boldsymbol{r} - \boldsymbol{X}\boldsymbol{w})^{\mathrm{T}}(\boldsymbol{r} - \boldsymbol{X}\boldsymbol{w}) \\
&= \boldsymbol{r}^{\mathrm{T}}\boldsymbol{r} - 2\boldsymbol{w}^{\mathrm{T}}\boldsymbol{X}^{\mathrm{T}}\boldsymbol{r} + \boldsymbol{w}^{\mathrm{T}}\boldsymbol{X}^{\mathrm{T}}\boldsymbol{X}\boldsymbol{w}
\end{aligned}
$$

关于 $\boldsymbol{w}$ 求导并令它等于 0，

$$
-2\boldsymbol{X}^{\mathrm{T}}\boldsymbol{r} + 2\boldsymbol{X}^{\mathrm{T}}\boldsymbol{X}\boldsymbol{w} = 0 \Rightarrow \boldsymbol{X}^{\mathrm{T}}\boldsymbol{X}\boldsymbol{w} = \boldsymbol{X}^{\mathrm{T}}\boldsymbol{r}
$$

我们得到最大似然估计(在 5.8 节曾经推导出它)：

$$
\boldsymbol{w}_{\mathrm{ML}} = (\boldsymbol{X}^{\mathrm{T}}\boldsymbol{X})^{-1}\boldsymbol{X}^{\mathrm{T}}\boldsymbol{r} \tag{16-21}
$$

计算出参数之后，我们就可以做预测。给定新的输入 $\boldsymbol{x}'$，响应用下式计算

$$
\boldsymbol{r}' = \boldsymbol{w}_{\mathrm{ML}}^{\mathrm{T}}\boldsymbol{x}' \tag{16-22}
$$

在一般情况下，对于任意模型 $g(\boldsymbol{x}|\boldsymbol{w})$，例如对于多层感知器，其中 $\boldsymbol{w}$ 是权重，使用梯度下降最小化：

$$
E(\mathcal{X}|\boldsymbol{w}) = [r^t - g(\boldsymbol{x}^t|\boldsymbol{w})]^2
$$

并且把最小化上式的 $\boldsymbol{w}_{\mathrm{LSQ}}$ 称作最小二乘估计子(least square estimator)。于是，预测用下式计算：

$$
r' = g(\boldsymbol{x}'|\boldsymbol{w}_{\mathrm{LSQ}})
$$

在贝叶斯方法的情况下，我们为参数定义一个高斯先验(Gaossian prior)：

$$
p(\boldsymbol{w}) \sim \mathcal{N}(\boldsymbol{0},(1/\alpha)\boldsymbol{I})
$$

它是共轭先验，并且对于后验，我们得到

$$
p(\boldsymbol{w}|\mathcal{X},\boldsymbol{r}) \sim \mathcal{N}(\boldsymbol{\mu}_N,\boldsymbol{\Sigma}_N)
$$

其中

$$
\begin{aligned}
\boldsymbol{\mu}_N &= \beta\boldsymbol{\Sigma}_N\boldsymbol{X}^{\mathrm{T}}\boldsymbol{r} \\
\boldsymbol{\Sigma}_N &= (\alpha\boldsymbol{I} + \beta\boldsymbol{X}^{\mathrm{T}}\boldsymbol{X})^{-1}
\end{aligned} \tag{16-23}
$$

为了计算新 $\boldsymbol{x}'$ 的输出，我们在后验上积分

$$
r' = \int(\boldsymbol{w}^{\mathrm{T}}\boldsymbol{x}')p(\boldsymbol{w}|\mathcal{X},\boldsymbol{r})\mathrm{d}\boldsymbol{w}
$$

其图模型显示在图 14-7 中。

如果我们想用点估计，则 MAP 估计是

$$
\boldsymbol{w}_{\mathrm{MAP}} = \boldsymbol{\mu}_N = \beta(\alpha\boldsymbol{I} + \beta\boldsymbol{X}^{\mathrm{T}}\boldsymbol{X})^{-1}\boldsymbol{X}^{\mathrm{T}}\boldsymbol{r} \tag{16-24}
$$

并且在计算输入 $\boldsymbol{x}'$ 的输出时，我们将密度替换成单个点，即均值：

$$
r' = \boldsymbol{w}_{\mathrm{MAP}}^{\mathrm{T}}\boldsymbol{x}'
$$

我们也可以计算估计的方差：

$$
\mathrm{Var}(r') = 1/\beta + (\boldsymbol{x}')^{\mathrm{T}}\boldsymbol{\Sigma}_N\boldsymbol{x}' \tag{16-25}
$$

将式(16-24)与式(16-21)的 ML 估计比较，这可以看作正则化。即，我们给对角线增加一个常数项 α，使矩阵可逆。

先验 $p(\boldsymbol{w})\sim\mathcal{N}(\mathbf{0},\ \alpha^{-1}\boldsymbol{I})$表明我们期望参数接近于 0，展宽与 α 成反比。当 $\alpha\to 0$ 时，我们有平坦的先验，并且 MAP 估计收敛于 ML 估计。

在图 16-4 中我们看到，如果增大 α，则迫使参数更接近 0，并且后验分布移近原点并收缩。如果减小 β，则假定噪声具有高方差，并且后验也具有高方差。

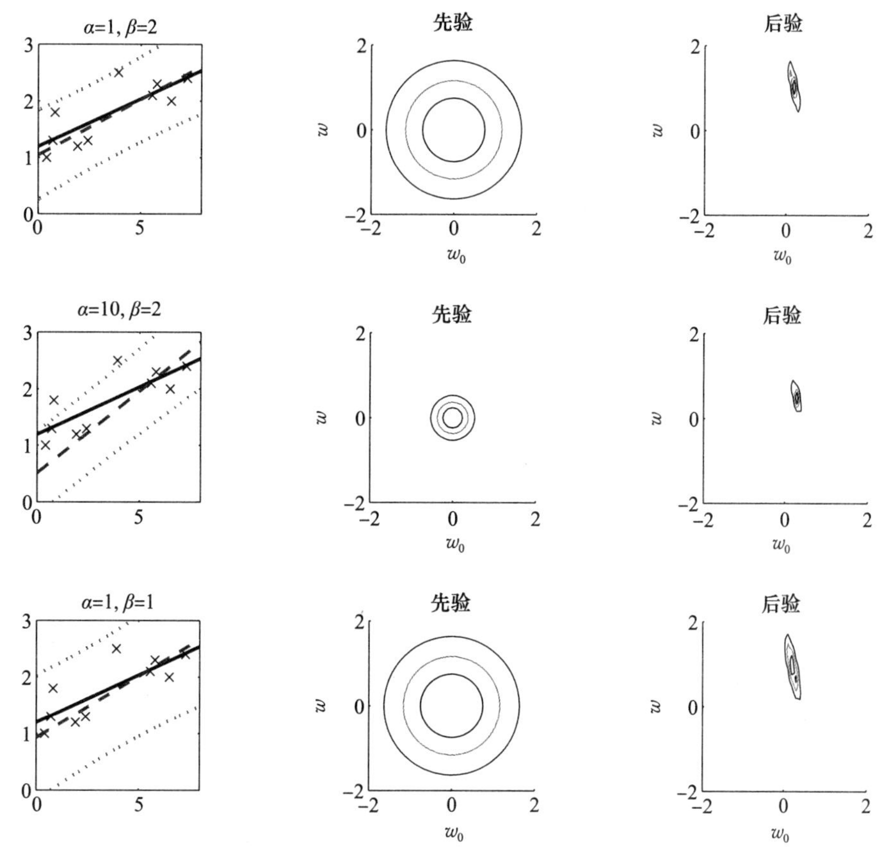

图 16-4　不同 α 和 β 值的贝叶斯线性回归。左边：“×”是数据点，直线条是 ML 解。还用虚线显示了具有一个标准差偏差线的 MAP 解。中间：中心在 0，方差为 $1/\alpha$ 的先验密度。右边：后验密度，其均值是 MAP 解。我们看到，当 α 增大时，先验的方差收缩，并且线移向平坦的 0 线。当 β 减小时，假定有更多的噪声，并且后验密度具有较高的方差

如果我们取后验的对数，则有

$$\log p(\boldsymbol{w}\mid\boldsymbol{X},\boldsymbol{r})\propto\log p(\boldsymbol{r}\mid\boldsymbol{X},\boldsymbol{w})+\log p(\boldsymbol{w})$$

$$=-\frac{\beta}{2}\sum_t(r^t-\boldsymbol{w}^{\mathrm{T}}\boldsymbol{x}^t)^2-\frac{\alpha}{2}\boldsymbol{w}^{\mathrm{T}}\boldsymbol{w}+c$$

我们对其最大化，得到 MAP 估计。在一般情况下，给定模型 $g(\boldsymbol{x}\mid\boldsymbol{w})$，我们可以写一个增广误差函数

$$E_{\text{ridge}}(\boldsymbol{w}\mid\mathcal{X})=\sum_t[r^t-g(\boldsymbol{x}^t\mid\boldsymbol{w})]^2+\lambda\sum_i w_i^2$$

其中 $\lambda\equiv\alpha/\beta$。在统计学中，这称作**参数收缩**(parameter shrinkage)或**岭回归**(ridge regression)。在 4.8 节中，我们称这为**正则化**(regularization)，而在 11.9 节中，我们称这为神经网络中的**权衰减**(weight decay)。第一项是似然的负对数，第二项是惩罚远离 0 的 w_i(正如先验的 α 所指示的)。

尽管这种方法减少 $\sum_i w_i^2$，但是它并不强制个体 w_i 为 0。即它不能用于特征选择，也就是说，不能用于决定哪些 x_i 是冗余的。为此，可以使用利用 L_1 范数而不是 L_2 范数的拉普拉斯先验(Laplacian prior)(Figueiredo 2003)：

$$p(\boldsymbol{w}|\alpha) = \prod_i \frac{\alpha}{2}\exp(-\alpha|w_i|) = \left(\frac{\alpha}{2}\right)^d \exp\left(-\alpha\sum_i |w_i|\right)$$

后验概率不再是高斯的，而 MAP 估计通过最小化下式找出：

$$E_{\text{lasso}}(\boldsymbol{w}|\mathcal{X}) = \sum_t (r^t - \boldsymbol{w}^{\mathrm{T}}\boldsymbol{x}^t)^2 + 2\sigma^2\alpha\sum_i |w_i|$$

其中 σ^2 是噪声方差(对此我们插入我们的估计)。这称作 lasso(least absolute shrinkage and selection operator)(Tibshirani 1996)。为了明白为什么 L_1 降低稀疏性，让我们考虑两个权重 $[w_1, w_2]^{\mathrm{T}}$ 的情况(Figueiredo 2003)：$\|[1, 0]^{\mathrm{T}}\|_2 = \|[1/\sqrt{2}, 1/\sqrt{2}]^{\mathrm{T}}\|_2 = 1$，而 $\|[1, 0]^{\mathrm{T}}\|_1 = 1$，$\|[1/\sqrt{2}, 1/\sqrt{2}]^{\mathrm{T}}\|_1 = \sqrt{2}$，因此 L_1 更倾向于置 w_2 为 0 并使用较大的 w_1，而不是让它们都取较小的值。

16.4.2 具有噪声精度先验的回归

上面，我们假定噪声精度 β 是已知的，并且 $\boldsymbol{w}$ 是我们在其上积分的唯一参数。如果我们不知道 β，则我们也可以定义它上面的先验。正如我们在 16.3 节所做的那样，我们可以定义一个伽马先验：

$$p(\beta) \sim \text{gamma}(a_0, b_0)$$

457 ~ 460

和 $\boldsymbol{w}$ 上以为 β 条件的先验：

$$p(\boldsymbol{w}|\beta) \sim \mathcal{N}(\boldsymbol{\mu}_0, \beta\boldsymbol{\Sigma}_0)$$

如果 $\boldsymbol{\mu}_0 = 0$ 和 $\boldsymbol{\Sigma}_0 = \alpha\boldsymbol{I}$，则正如上面所讨论的，我们得到岭回归。现在我们可以写出参数 $\boldsymbol{w}$ 和 β 上的共轭正态-伽马先验：

$$p(\boldsymbol{w}, \beta) = p(\beta)p(\boldsymbol{w}|\beta) \sim \text{normal-gamma}(\boldsymbol{\mu}_0, \boldsymbol{\Sigma}_0, a_0, b_0)$$

可以证明(Hoff 2009)后验是

$$p(\boldsymbol{w}, \beta|\boldsymbol{X}, \boldsymbol{r}) \sim \text{normal-gamma}(\boldsymbol{\mu}_N, \boldsymbol{\Sigma}_N, a_N, b_N)$$

其中

$$\begin{aligned}
\boldsymbol{\Sigma}_N &= (\boldsymbol{X}^{\mathrm{T}}\boldsymbol{X} + \boldsymbol{\Sigma}_0)^{-1} \\
\boldsymbol{\mu}_N &= \boldsymbol{\Sigma}_N(\boldsymbol{X}^{\mathrm{T}}\boldsymbol{r} + \boldsymbol{\Sigma}_0\boldsymbol{\mu}_0) \\
a_N &= a_0 + N/2 \\
b_N &= b_0 + \frac{1}{2}(\boldsymbol{r}^{\mathrm{T}}\boldsymbol{r} + \boldsymbol{\mu}_0^{\mathrm{T}}\boldsymbol{\Sigma}_0\boldsymbol{\mu}_0 - \boldsymbol{\mu}_N^{\mathrm{T}}\boldsymbol{\Sigma}_N\boldsymbol{\mu}_N)
\end{aligned} \tag{16-26}$$

一个例子在图 16-5 中给出。图中，我们在实例的小集合上拟合不同次数的多项式——$\boldsymbol{w}$ 对应于多项式系数向量。我们看到，随着多项式的次数增加，最大似然开始过拟合。

我们使用马尔可夫链蒙特卡罗抽样(Markov chain Monte Carlo sampling)得到的贝叶斯拟合，方法如下：从 $p(\beta) \sim \text{gamma}(a_N, b_N)$ 抽取一个 β 值，然后从 $p(\boldsymbol{w}|\beta) \sim \mathcal{N}(\boldsymbol{\mu}_N, \beta\boldsymbol{\Sigma}_N)$ 抽取 $\boldsymbol{w}$，这给我们一个从后验 $p(\boldsymbol{w}, \beta)$ 抽样的模型。对多项式的每个次数，抽取 10 个这样的样本，如图 16-5 所示。粗线是这 10 个模型的平均值，是全积分的一个近似。我们看到，即便使用 10 个样本，我们也得到了一个合理的、非常光滑的数据拟合。注意，从后验抽样的模型不一定比最大似然估计好，它是取平均导致光滑从而导致更好的拟合。

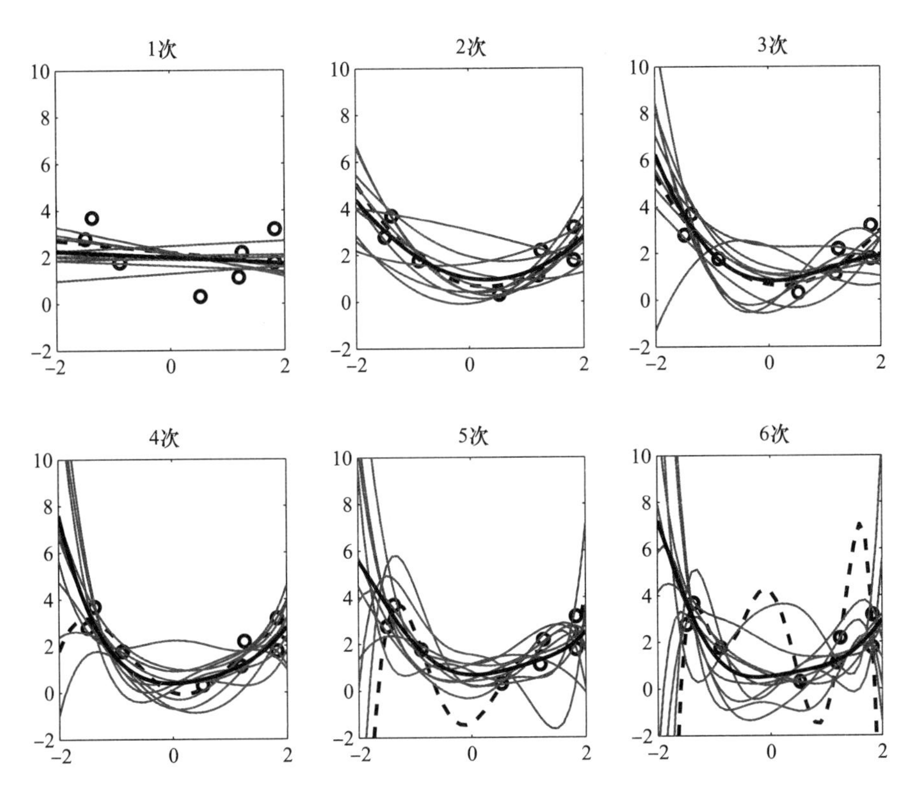

图 16-5 贝叶斯多项式回归的例子。圆圈是数据点。虚线是最大似然拟合，随着多项式的次数增加，它过拟合。细线是取自后验 $p(\boldsymbol{w},\beta)$的 10 个样本，而粗线是它们的平均

16.4.3 基或核函数的使用

使用式(16-23)的贝叶斯估计，预测可以表示为

$$\begin{aligned} r' &= (\boldsymbol{x}')^{\mathrm{T}}\boldsymbol{w} \\ &= \beta(\boldsymbol{x}')^{\mathrm{T}}\boldsymbol{\Sigma}_N\boldsymbol{X}^{\mathrm{T}}\boldsymbol{r} \\ &= \sum_t \beta\,(\boldsymbol{x}')^{\mathrm{T}}\,\boldsymbol{\Sigma}_N\boldsymbol{x}^t r^t \end{aligned}$$

这是对偶表示(dual representation)。当我们可以用训练数据或像支持向量机(第 13 章)那样用训练数据的一个子集表示参数时，我们可以把预测写成当前输入和过去数据的函数。我们可以把这表示为

$$r' = \sum_t K(\boldsymbol{x}',\boldsymbol{x}^t)r^t \tag{16-27}$$

其中，我们定义

461～462

$$K(\boldsymbol{x}',\boldsymbol{x}^t) = \beta(\boldsymbol{x}')^{\mathrm{T}}\boldsymbol{\Sigma}_N\boldsymbol{x}^{\mathrm{T}} \tag{16-28}$$

我们知道我们可以通过使用非线性基函数 $\phi(\boldsymbol{x})$映射到新空间，在新空间中拟合线性模型，来推广式(16-28)中的线性核。在这种情况下，我们有 k 维$\boldsymbol{\phi}(\boldsymbol{x})$而不是 d 维 $\boldsymbol{x}$，其中 k 是基函数的个数，并且有 $N\times k$ 个基函数 $\boldsymbol{\Phi}$ 的图像，而不是 $N\times d$ 的数据矩阵 $\boldsymbol{X}$。

在检验期间，我们有

$$\begin{aligned} r' &= \boldsymbol{\phi}(\boldsymbol{x}')^{\mathrm{T}}\boldsymbol{w}\text{，其中 } \boldsymbol{w} = \beta\boldsymbol{\Sigma}_N^{\phi}\boldsymbol{\Phi}^{\mathrm{T}}\boldsymbol{r},\ \boldsymbol{\Sigma}_N^{\phi} = (\alpha\boldsymbol{I} + \beta\boldsymbol{\Phi}^{\mathrm{T}}\boldsymbol{\Phi})^{-1} \\ &= \beta\boldsymbol{\phi}(\boldsymbol{x}')^{\mathrm{T}}\,\boldsymbol{\Sigma}_N^{\phi}\boldsymbol{\Phi}^{\mathrm{T}}r \end{aligned}$$

$$
\begin{aligned}
&= \sum_t \beta \boldsymbol{\phi}(\boldsymbol{x}')^{\mathrm{T}} \boldsymbol{\Sigma}_N^{\phi} \boldsymbol{\phi}(\boldsymbol{x}^t) r^t \\
&= \sum_t K(\boldsymbol{x}', \boldsymbol{x}^t) r^t
\end{aligned} \tag{16-29}
$$

其中，我们定义

$$
K(\boldsymbol{x}', \boldsymbol{x}^t) = \beta \boldsymbol{\phi}(\boldsymbol{x}')^{\mathrm{T}} \boldsymbol{\Sigma}_N^{\phi} \boldsymbol{\phi}(\boldsymbol{x}^t) \tag{16-30}
$$

作为等价核。这是$\boldsymbol{\phi}(\boldsymbol{x})$的空间中的对偶表示。我们可以将估计表示成训练集中实例影响的加权和，其中影响由核函数 $K(\boldsymbol{x}', \boldsymbol{x}^t)$给定。这类似于我们在第 8 章讨论的核光滑或第 13 章的核机器。

误差线可以用下式定义

$$
\mathrm{Var}(r') = \beta^{-1} + \boldsymbol{\phi}(\boldsymbol{x}')^{\mathrm{T}} \boldsymbol{\Sigma}_N^{\phi} \boldsymbol{\phi}(\boldsymbol{x}')
$$

对于线性、二次核和六次核，图 16-6 给出了一个例子。这等价于我们在图 16-5 中看到的多项式回归，唯一不同是我们在这里使用对偶表示且多项式的系数 $\boldsymbol{w}$ 嵌入核函数中。我们看到，与在严格意义下的回归中我们可以在原始 $\boldsymbol{x}$ 或$\boldsymbol{\phi}(\boldsymbol{x})$上进行一样，在贝叶斯回归中，我们也可以在预处理的$\boldsymbol{\phi}(\boldsymbol{x})$上进行，在该空间中定义参数。本章的后面，我们将考察高斯过程，那里可以直接定义和使用 $K(\boldsymbol{x}, \boldsymbol{x}^t)$，而不必计算 $\boldsymbol{\phi}(\boldsymbol{x})$。

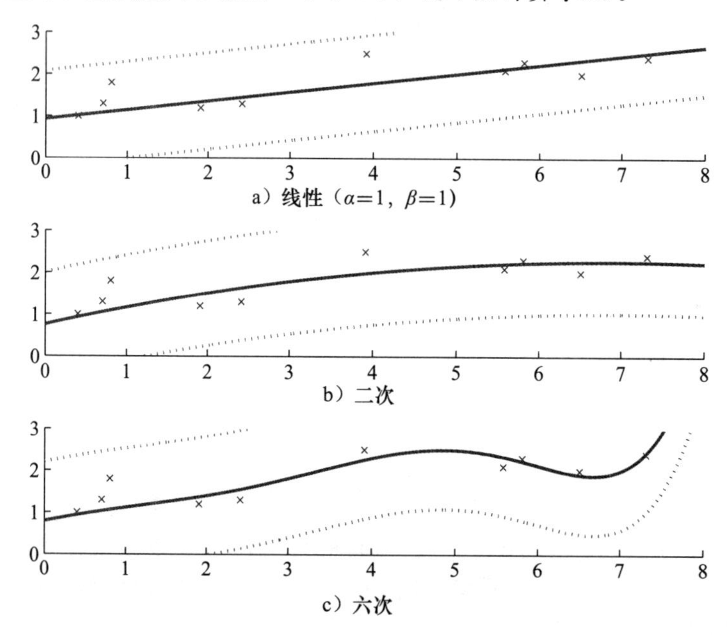

图 16-6　使用具有标准差误差线的核的贝叶斯回归：a）线性：$\boldsymbol{\phi}(x)=[1, x]^{\mathrm{T}}$；b）二次：$\boldsymbol{\phi}(x)=[1, x, x^2]^{\mathrm{T}}$；c）六次：$\boldsymbol{\phi}(x)=[1, x, x^2, x^3, x^4, x^5, x^6]^{\mathrm{T}}$

16.4.4　贝叶斯分类

在两类问题中，我们有单个输出，并且假定一个线性模型，我们有

$$
P(C_1 | \boldsymbol{x}^t) = y^t = \mathrm{sigmoid}(\boldsymbol{w}^{\mathrm{T}} \boldsymbol{x}^t)
$$

伯努利样本的对数似然为

$$
\mathcal{L}(\boldsymbol{r} | \boldsymbol{X}) = \sum_t r^t \log y_t + (1 - r^t) \log(1 - y^t)
$$

例如，我们使用梯度下降最大化它或最小化它的负对数(互熵)，得到 ML 估计。这称作逻

辑斯谛判别式(logistic discrimination)(参见 10.7 节)。

在贝叶斯方法中，我们假定高斯先验

$$p(\boldsymbol{w}) = \mathcal{N}(\boldsymbol{m}_0, \boldsymbol{S}_0) \tag{16-31}$$

而后验的对数为

$$\begin{aligned}\log p(\boldsymbol{w} \mid \boldsymbol{r}, \boldsymbol{X}) &\propto \log p(\boldsymbol{w}) + \log p(\boldsymbol{r} \mid \boldsymbol{w}, \boldsymbol{X}) \\ &= -\frac{1}{2}(\boldsymbol{w} - \boldsymbol{m}_0)^{\mathrm{T}} \boldsymbol{S}_0^{-1} (\boldsymbol{w} - \boldsymbol{m}_0) + \sum_t r^t \log y_t \\ &\quad + (1 - r^t)\log(1 - y^t) + c\end{aligned} \tag{16-32}$$

463 ~ 464

这个后验分布不再是高斯分布，并且我们不能精确地求积分。我们可以使用拉普拉斯近似(Laplace approximation)，方法如下(MacKay 2003)。假设我们想要近似某个分布 $f(x)$，不必是规范化的(积分为 1)。在拉普拉斯近似中，我们找出 $f(x)$的众数 x_0，拟合一个中心在 x_0、方差由均值附近的 $f(x)$的曲率给定的高斯函数 $q(x)$，而后如果我们想要积分，就在拟合的高斯函数上积分。为了得到该高斯的方差，我们考虑 $f(\cdot)$在 $x=x_0$处的泰勒展式

$$\log f(x) = \log f(x_0) - \frac{1}{2}a(x - x_0)^2 + \cdots$$

其中

$$a \equiv -\frac{\mathrm{d}}{\mathrm{d}x^2}\log f(x)\bigg|_{x=x_0}$$

注意，第一项(线性项)消失，因为在众数上的一阶导数为 0。取指数，我们得到

$$f(x) = f(x_0)\exp\left[-\frac{a}{2}(x - x_0)^2\right]$$

为了规范化 $f(x)$，我们考虑在高斯分布中

$$\int \frac{1}{\sqrt{2\pi}(1/\sqrt{a})}\exp\left[-\frac{a}{2}(x - x_0)^2\right] = 1 \Rightarrow \int \exp\left[-\frac{a}{2}(x - x_0)^2\right] = \sqrt{a/2\pi}$$

因此

$$q(x) = \sqrt{a/2\pi}\exp\left[-\frac{a}{2}(x - x_0)^2\right] \sim \mathcal{N}(x_0, 1/a)$$

在多元情况下，$\boldsymbol{x} \in \Re^d$，我们有

$$\log f(\boldsymbol{x}) = \log f(\boldsymbol{x}_0) - \frac{1}{2}(\boldsymbol{x} - \boldsymbol{x}_0)^{\mathrm{T}}\boldsymbol{A}(\boldsymbol{x} - \boldsymbol{x}_0) + \cdots$$

其中 $\boldsymbol{A}$ 是二阶导数的(Hessian)矩阵：

$$\boldsymbol{A} = -\nabla\nabla\log f(\boldsymbol{x})\big|_{\boldsymbol{x}=\boldsymbol{x}_0}$$

于是，拉普拉斯近似为

$$f(\boldsymbol{x}) = \frac{|\boldsymbol{A}|^{1/2}}{(2\pi)^{d/2}}\exp\left[-\frac{1}{2}(\boldsymbol{x} - \boldsymbol{x}_0)^{\mathrm{T}}\boldsymbol{A}(\boldsymbol{x} - \boldsymbol{x}_0)\right] \sim \mathcal{N}_d(\boldsymbol{x}_0, \boldsymbol{A}^{-1})$$

在讨论了如何近似之后，现在可以使用它计算后验密度。$\boldsymbol{w}_{\mathrm{MAP}}$是 $p(\boldsymbol{w} \mid \boldsymbol{r}, \boldsymbol{X})$的众数，取作均值，协方差矩阵由负的对数似然的二阶导数矩阵的逆给出：

465

$$\boldsymbol{S}_N = -\nabla\nabla\log p(\boldsymbol{w} \mid \boldsymbol{r}, \boldsymbol{X}) = \boldsymbol{S}_0^{-1} + \sum_t y^t(1 - y^t)\boldsymbol{x}^t(\boldsymbol{x}^t)^{\mathrm{T}}$$

于是，我们在这个高斯函数上积分，估计类概率

$$P(C_1 \mid \boldsymbol{x}) = y = \int \mathrm{sigmoid}(\boldsymbol{w}^{\mathrm{T}}\boldsymbol{x})q(\boldsymbol{w})\mathrm{d}\boldsymbol{w}$$

其中 $q(\boldsymbol{w}) \sim \mathcal{N}(\boldsymbol{w}_{\mathrm{MAP}}, \boldsymbol{S}_N^{-1})$。另一个难题是我们不能解析地求解带 sigmoid 的高斯卷积的

积分。概率单位函数(probit function)与 sigmoid 函数具有相同的 S 形，如果我们代之以概率单位函数，则可以得到解析解(Bishop 2006)。

16.5 选择先验

定义先验是贝叶斯估计的主观部分，因此应该小心进行。最好是定义具有重尾的鲁棒先验，以免对参数空间限制太多。在没有先验偏好的极端情况下，可以使用一个无信息的先验，并且已为此提出了一些方法，例如，Jeffreys 先验(Murphy 2012)。有时，我们的先验选择也受到简洁性的推动——例如，共轭先验使得推理很容易。

一个关键决定是何时取参数为常数，何时定义它为一个具有先验并被积分(取平均)的随机变量。例如，在16.4.1节中，我们假设我们知道噪声精度，而在16.4.2节中，我们假设我们不知道噪声精度并在它上面定义一个伽马先验。类似地，对于线性回归的权重展宽，我们假设了一个常量 α 值，但是如果我们愿意，也可以在它上面定义一个先验并对它取平均。当然，这使得先验更复杂的，整个推理更困难，但是如果我们不知道好的 α 值是什么，则应首选在 α 上取平均。

另一个决定是定义先验要走多远。假设我们有参数 θ，并且在它上面定义了一个后验。在预测中，我们有

层Ⅰ：
$$p(x|\mathcal{X}) = \int p(x|\theta)p(\theta|\mathcal{X})\mathrm{d}\theta$$

466

其中 $p(\theta|\mathcal{X}) \propto p(\mathcal{X}|\theta)p(\theta)$。如果我们相信除非依赖于某个其他变量，否则我们不能定义一个好的 $p(\theta)$，则我们可以让 θ 以超参数 α 为条件并在它上面积分：

层Ⅱ：
$$p(x|\mathcal{X}) = \int p(x|\theta)p(\theta|\mathcal{X},\alpha)p(\alpha)\mathrm{d}\theta\mathrm{d}\alpha$$

这称为*层次先验*(hierarchical prior)。这确实使推断相当困难，因为我们需要在两层上积分。一种捷近是在数据上检验不同的 α 值，选取最佳的 α^*，并只使用该值：

层ⅡML：
$$p(x|\mathcal{X}) = \int p(x|\theta)p(\theta|\mathcal{X},\alpha^*)\mathrm{d}\theta$$

这称作*层Ⅱ最大似然*(level Ⅱ maximum likelihood)或*经验贝叶斯*(empirical Bayes)。

16.6 贝叶斯模型比较

假设我们有许多模型 $\mathcal{M}_j$，每个有它自己的一套参数 θ_j，而我们想要比较这些模型。例如，在图16-5中，我们有不同次数的多项式，并且假设我们想检查它们对数据的拟合情况。

对于给定的模型 $\mathcal{M}$ 和参数 θ，数据的似然是 $p(\mathcal{X}|\mathcal{M},\theta)$。为了得到给定模型的贝叶斯*边缘似然*(marginal likelihood)，我们在 θ 上取平均：

$$p(\mathcal{X}|\mathcal{M}) = \int p(\mathcal{X}|\theta,\mathcal{M})p(\theta|\mathcal{M})\mathrm{d}\theta \tag{16-33}$$

这又称*模型证据*(model evidence)。例如，在上面的多项式回归的例子中，对于给定的多项式次数，我们有

$$p(\boldsymbol{r}|\boldsymbol{X},\mathcal{M}) = \iint p(\boldsymbol{r}|\boldsymbol{X},\boldsymbol{w},\beta,\mathcal{M})p(\boldsymbol{w},\beta|\mathcal{M})\mathrm{d}\boldsymbol{w}\mathrm{d}\beta$$

其中 $p(\boldsymbol{w},\beta|\mathcal{M})$ 是模型 $\mathcal{M}$ 的先验假设。于是，给定数据，我们可以计算模型的后验概率：

$$p(\mathcal{M}|\mathcal{X}) = \frac{p(\mathcal{X}|\mathcal{M})p(\mathcal{M})}{p(\mathcal{X})} \tag{16-34}$$

其中 $P(\mathcal{M})$是定义在模型上的先验分布。贝叶斯方法的一个好的性质是：即使均匀抽取这些先验，因为在所有的 θ 上取平均值，所以边缘似然也倾向于简单模型。假设我们有一些复杂度递增的模型，例如，次数递增的多项式。 467

假设有一个包含 N 个实例的数据集$\mathcal{X}$。与简单模型相比，更复杂的模型能够相当好地拟合更多这样的数据集。考虑在平面上随机选择 3 个点。可以被一条直线拟合的这样的三元组的数量比可以被一条二次曲线拟合的三元组的数量少得多。给定 $\sum_{\mathcal{X}} p(\mathcal{X} \mid \mathcal{M})=1$，因为对于复杂模型而言，它存在更多可能的$\mathcal{X}$，它可以做出合理的拟合，所以对于某个特定的$\mathcal{X}'$，如果存在一个拟合，则 $p(\mathcal{X}' \mid \mathcal{M})$值将会较小(参见图 16-7)。因此，对于较简单模型，$p(\mathcal{M} \mid \mathcal{X})$将会较高(即使假定先验概率 $p(\mathcal{M})$都是相等的)。这是奥卡姆剃刀的贝叶斯解释(MacKay 2003)。

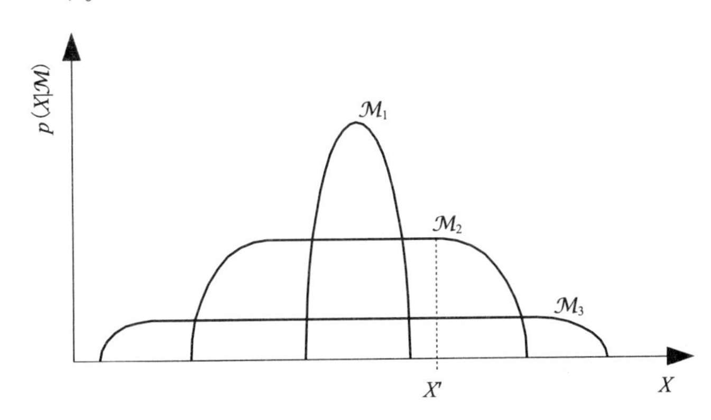

图 16-7 贝叶斯模型比较倾向于简单模型。$\mathcal{M}_1$，$\mathcal{M}_2$ 和$\mathcal{M}_3$ 是 3 个复杂度递增的模型。x 轴是包含 N 个实例的所有数据集的空间。复杂模型可以拟合更多的数据集，但稀薄地散布在大小为 N 的所有可能的数据集的空间上；较简单的模型可以拟合较少数据集，但每个都有较高的概率。对于一个特定的数据集$\mathcal{X}'$，如果两个模型都可以拟合，则较简单的模型将有更高的边缘似然(MacKay 2003)

对于图 16-5 中的多项式拟合的例子，似然与边缘似然的比较如图 16-8 所示。我们看到，当复杂度增加时似然增大，这意味着过拟合，但是边缘似然增大直到正确的程度，然后开始下降。这是因为有许多更复杂的模型，它们对数据拟合很差，并且随着在它们之上取平均，它们拉低了似然。 468

如果我们有两个模型$\mathcal{M}_0$ 和$\mathcal{M}_1$，则可以比较它们

$$\frac{P(\mathcal{M}_1 \mid \mathcal{X})}{P(\mathcal{M}_0 \mid \mathcal{X})}=\frac{P(\mathcal{X} \mid \mathcal{M}_1)}{P(\mathcal{X} \mid \mathcal{M}_0)}\frac{P(\mathcal{M}_1)}{P(\mathcal{M}_0)}$$

并且如果这个比例大于 1，则我们对 M_1 更有信心，否则我们对 M_0 更有信心。

这里有两个要点。第一，这两个边缘似然的比称为**贝叶斯因子**(Bayes factor)，并且即使两先验取相同的值，但对于模型选择它也足够用了。第二，在贝叶斯方法中，我们不在模型之间选择，并且不做模型选择。而是与贝叶斯方法的精神一致，平均它们的预测，而不是选择一个而舍弃其他。例如，在上面的多项式回归例子中，与其选择一个多项式次数，不如取所有次数上用边缘似然加权的加权平均。

一种相关的方法是使用拉普拉斯近似(参见 16.4.4 节)的贝叶斯信息准则(Bayesian Information Criterion，BIC)，式(16-33)近似地表示为

$$\log p(\mathcal{X} \mid \mathcal{M}) \approx \mathrm{BIC} \equiv \log p(\mathcal{X} \mid \theta_{\mathrm{ML}}, \mathcal{M})-\frac{|\mathcal{M}|}{2}\log N \tag{16-35}$$

第一项是使用 ML 估计的似然，第二项是惩罚复杂模型的罚：$|\mathcal{M}|$是模型复杂度度量，换句话说，是模型的自由度——例如，线性回归模型中系数的数量。随着模型复杂度的增加，第一项可能会更高，但第二个罚项对此进行补偿。

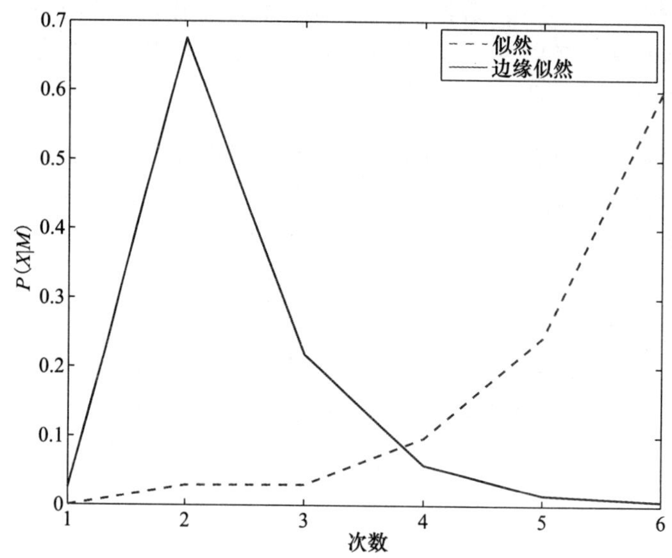

图 16-8　多项式回归例子的似然与边缘似然。尽管似然随多项式的次数增加而增加，但是在参数值上取平均的边缘似然在正确的复杂度上达到尖峰，而后下降

一种相关但非贝叶斯的方法是 Akaike 信息准则(Akaike's Information Criterion, AIC)，记作

$$\mathrm{AIC} \equiv \log p(\mathcal{X} \mid \theta_{\mathrm{ML}}, \mathcal{M}) - |\mathcal{M}| \tag{16-36}$$

这里，我们再次看到正比于模型复杂度的罚项。重要的是要注意，在这样的准则中，$|\mathcal{M}|$代表“有效”自由度而不是简单模型中可调参数的数量。例如，在多层感知器(参见第 11 章)中，有效自由度远少于可调的连接权重的数量。

罚项的一种解释是看作一个“乐观”项(Hastie，Tibshirani 和 Friedman 2011)。在复杂模型，ML 估计可能会过拟合，因而是模型性能的一个非常乐观的指示。因此，它应该与模型的复杂度成比例地减少。

16.7　混合模型的贝叶斯估计

在 7.2 节，我们讨论了混合模型，该模型把密度写成支密度的加权和。回忆式(7.1)

$$p(\boldsymbol{x}) = \sum_{i=1}^{k} P(\mathcal{G}_i) p(\boldsymbol{x} \mid \mathcal{G}_i)$$

其中，$p(\mathcal{G}_i)$是混合比例，$p(\boldsymbol{x} \mid \mathcal{G}_i)$是支密度。例如，在混合高斯中，有 $p(\boldsymbol{x} \mid \mathcal{G}_i) \sim \mathcal{N}(\boldsymbol{\mu}_i, \boldsymbol{\Sigma}_i)$，并且定义 $\pi_i \equiv P(\mathcal{G}_i)$，我们有参数向量 $\boldsymbol{\Phi} = \{\pi_i, \boldsymbol{\mu}_i, \boldsymbol{\Sigma}_i\}_{j=1}^{k}$，它需要由数据 $\mathcal{X} = \{\boldsymbol{x}^t\}_{t=1}^{N}$学习。

在 7.4 节，我们讨论了 EM 算法，它是一个最大化似然过程：

$$\boldsymbol{\Phi}_{\mathrm{MLE}} = arg \max_{\boldsymbol{\Phi}} \log p(\mathcal{X} \mid \boldsymbol{\Phi})$$

如果有先验分布 $p(\boldsymbol{\Phi})$，则可以设计一种贝叶斯方法。例如，MAP 估计是

$$\boldsymbol{\Phi}_{\mathrm{MAP}} = \arg \max_{\boldsymbol{\Phi}} \log p(\boldsymbol{\Phi} \mid \mathcal{X}) = \arg \max_{\boldsymbol{\Phi}} \log p(\mathcal{X} \mid \boldsymbol{\Phi}) + \log p(\boldsymbol{\Phi}) \tag{16-37}$$

现在，我们来写出先验。$\prod_i$ 是多项式变量，并且与在 16.2.1 节讨论的那样，可以对它们使用狄利克雷先验。对于高斯分支，对于均值和精度(逆协方差)矩阵，可以像 16.3 节讨论的那样，使用正态-Wishart 先验：

$$\begin{aligned} p(\Phi) &= p(\boldsymbol{\pi})\prod_i p(\boldsymbol{\mu}_i,\boldsymbol{\Lambda}_i) \\ &= \text{Dirichlet}(\boldsymbol{\pi}|\boldsymbol{\alpha})\prod_i \text{normal-Wishart}(\boldsymbol{\mu}_0,\kappa_0,v_0,\boldsymbol{V}_0) \end{aligned} \tag{16-38}$$

因此，在这种情况下使用 EM，E 步不变，但是在 M 步，最大化具有该先验的后验(Murphy 2012)。加上后验的对数，式(7.10)变成

$$\begin{aligned} \mathcal{Q}(\Phi|\Phi^l) = \sum_t\sum_i h_i^t\log\pi_i + \sum_t\sum_i h_i^t\log p_i(\boldsymbol{x}|\Phi^l) + \log p(\boldsymbol{\pi}) + \\ \sum_i \log p(\boldsymbol{u}_i,\boldsymbol{\Lambda}_i) \end{aligned} \tag{16-39}$$

其中 $h_i^t \equiv E[z_i^t]$是在 E 步使用 Φ 的当前值估计的软标号。M 步 MAP 对混合比例估计如下(基于式(16-4))：

$$\pi_i^{l+1} = \frac{\alpha_i + N_i - 1}{\sum_i \alpha_i + N - K} \tag{16-40}$$

其中 $N_i = \sum_i h_i^t$ 。M 步 MAP 对高斯支密度参数估计如下(基于式(16-16))：

$$\begin{aligned} \boldsymbol{\mu}_i^{l+1} &= \frac{\kappa_0\boldsymbol{\mu}_0 + N_i\boldsymbol{m}_i}{\kappa_0 + N_i} \\ \boldsymbol{\Lambda}_i^{l+1} &= \left(\frac{\boldsymbol{V}_0^{-1} + \boldsymbol{C}_i + \boldsymbol{S}_i}{v_0 + N_i + d + 2}\right)^{-1} \end{aligned} \tag{16-41}$$

其中，$\boldsymbol{m}_i = \sum_t h_i^t/N_i$ 是支均值，$\boldsymbol{C}_i = \sum_t h_i^t(\boldsymbol{x}^t - \boldsymbol{m}_i)(\boldsymbol{x}^t - \boldsymbol{m}_i)^{\mathrm{T}}$ 是分支 i 的散布内(within-scatter)矩阵，而 $\boldsymbol{S}_i = (\kappa_0 N_i)/(\kappa_0 + N_i)(\boldsymbol{m}_i - \boldsymbol{\mu}_0)(\boldsymbol{m}_i - \boldsymbol{\mu}_0)^{\mathrm{T}}$是先验均值附近分支 i 的散布间(between-scatter)矩阵。

如果取 $\alpha_i = 1/K$，则这是均匀先验。我们可以取 $k_0 = 0$ 不影响均值估计，除非我们有一些关于它们的先验信息。我们可以取 $\boldsymbol{V}_0$ 为单位矩阵，因而 MAP 估计具有正则化效果。

混合密度在图 16-9 中被显示为生成图模型。

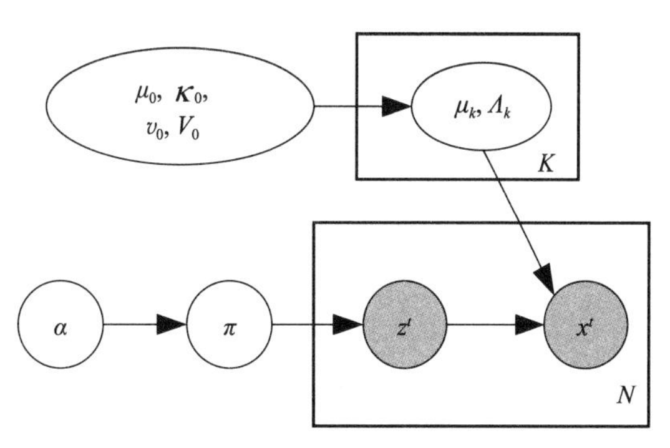

图 16-9 高斯混合模型的生成图表示

一旦我们知道如何以贝叶斯方式做基本块，我们就可以组合它们得到以便更复杂的模型。例如，组合我们这里的混合模型和 16.4.1 节讨论的线性回归模型，可以写出混合专家模型(12.8 节)的贝叶斯版本。其中，把数据聚类成分支，并且同时在每个分支上学习一个单独的线性回归模型。后验变得相当难以对付。Waterhouse 等 1996 利用变分近似，粗略地说，其工作原理如下。

我们记得，在拉普拉斯近似中，用高斯和高斯上的积分近似 $p(\theta|\mathcal{X})$。在变分近似(variational approximation)中，用其参数 Ψ 可调的密度$q(z|\Psi)$近似后验(Jordan 等 1999；MacKay 2003；Bishop 2006)。因此，它更通用，因为不限于使用高斯密度。这里，z包含

469
~
472

模型的所有潜在变量和参数 θ，并且近似模型 $q(z|\Psi)$的 Ψ 被调整，使得 $q(z|\Psi)$尽可能地接近 $p(z|\mathcal{X})$。

我们定义两者之间的 Kullback-Leibler 距离(Kullback-Leibler distance)：

$$D_{\mathrm{KL}}(q \parallel p) = \sum_{z} q(z|\Psi)\log\frac{q(z|\Psi)}{p(z|\mathcal{X})} \tag{16-42}$$

为了简便，假设潜在变量的集合(包括参数)被划分成子集 z_i，$i=1$，…，k，使得变分分布可以分解为因子：

$$q\{z|\Psi\} = \prod_{i=1}^{k} q_i(z_i|\Psi_i) \tag{16-43}$$

每个因子中参数的调整是迭代的，非常像7.4节中讨论的期望最大化算法。从(可能随机的)初始值开始，并在调整每个参数时，以循环的方式使用 $z_j(j\neq i)$的期望值。这称为*均值场近似*(mean-field approximation)。

这种因子分解是一种近似。例如，在16.4.2节中，当我们讨论回归时，我们有

$$p(\boldsymbol{w},\beta) = p(\beta)p(\boldsymbol{w}|\beta)$$

因为 $\boldsymbol{w}$ 以 β 为条件。变分近似假设

$$p(\boldsymbol{w},\beta) = p(\beta)p(\boldsymbol{w})$$

例如，在混合专家模型中，潜在参数是分支指数，参数是门控模型中的参数、局部专家中的回归权重、噪声的方差，以及门控和回归权重的先验的超参数。它们都是因子(Waterhouse，MacKay 和 Robinson 1996)。

16.8 非参数贝叶斯建模

本章前面讨论的模型都是参数的，意指我们有具有一组参数的复杂度固定的模型，使用数据和先验信息优化这些参数。在8章中，我们讨论了非参数模型，其中训练数据构成模型，因此模型的复杂度取决于数据的大小。现在，我们看看如何将这样的非参数方法用于贝叶斯建模。

473

非参数模型并不意味着模型没有参数，而是意味着参数的数目不是固定的，参数数目的增长可能依赖数据的规模，或者更好一些，依赖存在于数据中的规律的复杂度。这种模型有时也称为*无限*(infinite)模型，意指它们的复杂度可以随着数据增加而持续增加。在11.9节中，我们讨论了增量神经网络模型，在该模型中新的隐藏单元在需要时添加，而网络在训练期间增长。但通常在参数学习时，通过检查独立验证集上的性能在处循环调整模型的参数。非参数贝叶斯方法通过使用一个合适的先验在参数训练时调整模型(Gershman 和 Blei 2012)。这使得这种模型更加灵活，并且如果不是贝叶斯方法减轻过拟合风险，则通常会使它们易于过拟合。

因为参数是增长的，所以这种参数上的先验知识应该能够处理这种增长。我们将对机器学习的3种不同类型的应用讨论3种先验分布实例，即用于监督学习的高斯过程，用于聚类的狄利克雷过程和用于维归约的贝塔过程。

16.9 高斯过程

假定有线性模型 $y=\boldsymbol{w}^{\mathrm{T}}\boldsymbol{x}$。于是，对于每个 $\boldsymbol{w}$，有一条直线。给定先验分布 $p(\boldsymbol{w})$，得到直线的分布，或者更具体地说，对于任意的 $\boldsymbol{w}$，当 $\boldsymbol{w}$ 是从 $p(\boldsymbol{w})$抽样时，得到在 $\boldsymbol{x}$ 处计算的 y 值(记作 $y(\boldsymbol{w}|\boldsymbol{x})$)的分布，而这就是高斯过程。我们知道，如果 $p(\boldsymbol{w})$是高斯分布，则

每个 y 都是高斯分布的线性组合，并且也是高斯分布。尤其是，我们对 N 个输入点 $\boldsymbol{x}^t(t=1,\cdots,N)$上计算的 y 值的联合分布感兴趣(Mackay 1998)。

假定有 0 均值的高斯先验

$$p(\boldsymbol{w}) \sim \mathcal{N}(\mathbf{0},(1/\alpha)\boldsymbol{I})$$

给定 $N\times d$ 的数据点 $\boldsymbol{X}$ 和 $d\times 1$ 的权重向量，我们将输出 y 写作

$$\boldsymbol{y} = \boldsymbol{X}\boldsymbol{w} \tag{16-44}$$

474

这是 N 元高斯，满足

$$\begin{aligned} E[\boldsymbol{y}] &= \boldsymbol{X}E[\boldsymbol{w}] = 0 \\ \mathrm{Cov}(\boldsymbol{y}) &= E[\boldsymbol{y}\boldsymbol{y}^{\mathrm{T}}] = \boldsymbol{X}E[\boldsymbol{w}\boldsymbol{w}^{\mathrm{T}}]\boldsymbol{X}^{\mathrm{T}} = \frac{1}{\alpha}\boldsymbol{X}\boldsymbol{X}^{\mathrm{T}} \equiv \boldsymbol{K} \end{aligned} \tag{16-45}$$

其中 $\boldsymbol{K}$ 是格拉姆(Gram)矩阵，其元素是

$$K_{i,j} \equiv K(\boldsymbol{x}^i,\boldsymbol{x}^j)\ \frac{(\boldsymbol{x}^i)^{\mathrm{T}}\boldsymbol{x}^j}{\alpha}$$

在高斯过程的文献中，这称作*协方差函数*(covariance function)，并且其思想与核函数相同：如果使用基函数 $\boldsymbol{\phi}(\boldsymbol{x})$的集合，则通过核

$$K_{i,j} = \frac{\boldsymbol{\phi}(\boldsymbol{x}^i)^{\mathrm{T}}\boldsymbol{\phi}(\boldsymbol{x}^j)}{\alpha}$$

把原输入的点积推广为基函数的点积。

实际的观测输出 r 由加上噪声的直线 $r=y+\varepsilon$ 给出，其中 $\varepsilon\sim\mathcal{N}(0,\beta^{-1})$。对于所有 N 个数据点，将它记作

$$\boldsymbol{r} \sim \mathcal{N}_N(\mathbf{0},\boldsymbol{C}_N),\text{其中 } \boldsymbol{C}_N = \beta^{-1}\boldsymbol{I} + \boldsymbol{K} \tag{16-46}$$

为了做预测，我们将新数据看作第 $N+1$ 个数据点对$(\boldsymbol{x}', r')$，并使用所有 $N+1$ 个数据点表示联合分布。我们有

$$\boldsymbol{r}_{N+1} \sim \mathcal{N}_N(\mathbf{0},\boldsymbol{C}_{N+1}) \tag{16-47}$$

其中

$$\boldsymbol{C}_{N+1} = \begin{bmatrix} \boldsymbol{C}_N & \boldsymbol{k} \\ \boldsymbol{k}^{\mathrm{T}} & c \end{bmatrix}$$

其中 $\boldsymbol{k}$ 是 $K(\boldsymbol{x}', \boldsymbol{x}^t)(t=1,\cdots,N)$的 $N\times 1$ 维向量，而 $c=K(\boldsymbol{x}',\boldsymbol{x}')+\beta^{-1}$。于是，为了做出预测，我们计算 $p(r'|\boldsymbol{x}',\boldsymbol{X},\boldsymbol{r})$，它是高斯的，满足

$$E[r'|\boldsymbol{x}'] = \boldsymbol{k}^{\mathrm{T}}\boldsymbol{C}_N^{-1}\boldsymbol{r}$$

$$\mathrm{Var}(r'|\boldsymbol{x}') = c - \boldsymbol{k}^{\mathrm{T}}\boldsymbol{C}_N^{-1}\boldsymbol{k}$$

475

图 16-10 给出了一个例子，其中使用线性、二次和高斯核。前两个定义为它们对应的基函数的点积，高斯核直接定义为

$$K_G(\boldsymbol{x}^i,\boldsymbol{x}^j) = \exp\left[-\frac{\|\boldsymbol{x}^i-\boldsymbol{x}^j\|^2}{s^2}\right]$$

均值是点估计(如果不在整个分布上积分)，也可以写成核效果的加权和

$$E[r'|\boldsymbol{x}'] = \sum_t a^t K(\boldsymbol{x}^t,\boldsymbol{x}') \tag{16-48}$$

其中，a^t是$\boldsymbol{C}_N^{-1}\boldsymbol{r}$ 的第 t 个分量。我们还可以将它表示成训练数据点的输出的加权和，其中权重由如下核函数给出

$$E[r'|\boldsymbol{x}'] = \sum_t r^t w^t \tag{16-49}$$

其中，w^t是 $\boldsymbol{k}^{\mathrm{T}}\boldsymbol{C}_N^{-1}$ 的第 t 个分量。

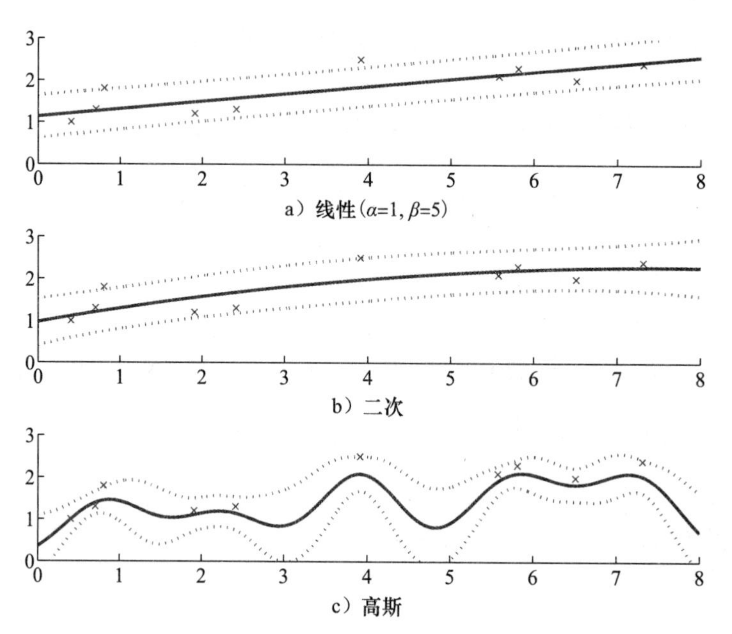

图 16-10 具有一个标准差误差线的高斯过程回归：a）线性核，b）二次核，c）具有展宽 $s^2=0.5$ 的高斯核

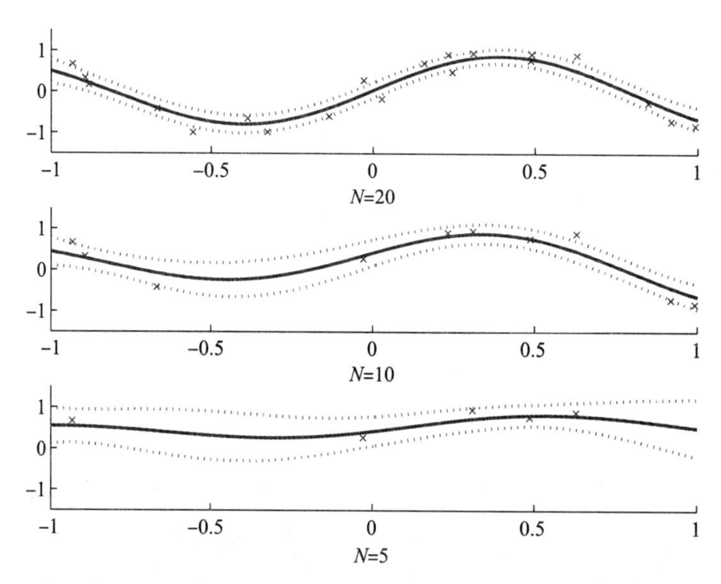

图 16-11 使用 $s^2=0.5$ 的高斯核和不同数量的训练数据的高斯过程回归。我们看到，在数据不多的地方预测的方差较大

注意，我们也可以在一个点上计算预测方差，以便了解那里的不确定性，并且这依赖于影响其预测的实例。在高斯核的情况下，只有局部区域内的那些点是有影响的，并且附近数据点很少的地方的预测方差高(参见图 16-11)。

正如第 13 章介绍核机器时所讨论的，可以根据应用定义和使用核函数。直接使用核函数而不必计算或存储基函数提供了很大的灵活性。通常，给定训练集，我们先计算参数(例如，使用式(16-21))，然后使用参数用式(16-22)做预测，而不再需要训练集。这是有意义的，因为参数的维度通常为$\mathcal{O}(d)$，一般比训练集的规模 N 小得多。

476 ~ 477

然而，当我们使用基函数时，可能不再这样显式计算参数，因为基函数的维度可能很高，甚至为无限。在这种情况下，正如我们这里所做的，使用核函数，考虑训练实例的影响，用对偶表示可能更经济。这种思想也用于非参数光滑(参见第 8 章)和核机器(参见第 13 章)。

这里要求 $\boldsymbol{C}_N$ 是可逆的，因而是正定的。为此，$\boldsymbol{K}$ 应当是半正定的，使得将 $\beta^{-1}>0$ 加到对角线上后得到正定性。我们还看到，最昂贵的操作是计算 $N\times N$ 矩阵的逆。幸运的是，它只需要(在训练时)计算一次并存储。然而，对于很大的 N，可能还是需要近似计算。

当我们使用它对两类问题分类时，输出要经过 S 形函数过滤，即 $y=\text{sigmoid}(\boldsymbol{w}^{\mathrm{T}}\boldsymbol{x})$，并且 y 的分布不再是高斯的。求导类似，不同之处是条件概率 $p(\boldsymbol{r}_{N+1}|\boldsymbol{x}_{N+1},\boldsymbol{X},\boldsymbol{r})$ 不再是高斯的，并且我们需要近似计算，例如，使用拉普拉斯近似(Bishop 2006，Rasmussen 和 Williamsburg 2006)。

16.10 狄利克雷过程和中国餐馆

为了解释狄利克雷过程，让我们从一个隐喻开始。有一家有很多餐桌的中国餐馆。顾客逐个进入。我们从坐在第一张餐桌的第一个顾客开始，并且任何后来的顾客都可以坐在已占用的餐桌的一个位置上，或开始一张新餐桌。顾客坐到一张已占用的餐桌的概率与已经坐在该餐桌的顾客数量成比例，而他坐到一张新餐桌的概率取决于中国餐馆参数 α。这就是所谓的*中国餐馆过程*(Chinese restaurant process)：

$$\text{以概率 } P(z_i=1)=\frac{n_i}{\alpha+n-1}(i=1,\cdots,k)\text{ 加入一张已有的餐桌}$$

$$\text{以概率 } P(z_{k+1}=1)=\frac{\alpha}{\alpha+n-1}\text{ 开始一张新餐桌}$$

其中 n_i 是已经在餐桌 i 的顾客数，$n=\sum_{i=1}^{k}n_i$ 是顾客总数。α 是开始一张新餐桌的倾向，是过程的参数。注意，在每一步，顾客座位安排定义了一个把整数 $1\sim n$ 分成 k 个子集的划分。这称作以 α 为参数的*狄利克雷过程*(Dirichlet process)。

478

通过让顾客的选择不仅依赖于餐桌的占用情况而且也依赖输入，我们可以将这种方法用于聚类。假设这不是一个中国餐厅而是一个大型会议(例如，NIPS)的宴会。宴会有一个有很多桌子的大宴会厅。晚上，与会者逐一进入宴会厅。他们想吃饭，但他们还想参加有趣的交谈。为此，他们想坐一张已经有很多人坐的餐桌，但他们也想坐到旁边有类似研究兴趣的人的餐桌。如果他们没有看到这样的餐桌，则他们开始一个新餐桌并期待进来的类似与会者找到并加入他们。

假设实例/与会者 t 用一个 d 维向量 $\boldsymbol{x}^t$ 表示，并且假设这种 $\boldsymbol{x}^t$ 是局部高斯分布。这在整个空间/宴会厅定义了一个混合高斯分布。为了使它是贝叶斯分布，像在 16.7 节中讨论的那样，我们在高斯分支的参数上定义先验。为了使它是非参数的，我们定义一个狄利克雷过程作为先验，因此可以在必要时添加新分支，过程如下：

$$\text{以 } P(z_i^t=1)\propto\frac{n_i}{\alpha+n-1}p(\boldsymbol{x}^t|\mathcal{X}_i)(i=1,\cdots,k)\text{ 加入分支 } i$$

$$\text{以 } P(z_{k+1}^t)\propto\frac{\alpha}{\alpha+n-1}p(x^t)\text{ 开始一个新分支}$$

$\mathcal{X}_i$ 是以前指派到分支 i 的实例的集合。使用它们的数据和先验，可以计算后验并在其上积分，可以计算 $p(\boldsymbol{x}^t|\mathcal{X}_i)$。粗略地说，如果分支 i 中已经有许多实例(即由于高的先验)，或者新实例 $\boldsymbol{x}^t$ 类似于已在 $\mathcal{X}_i$ 中的实例，则这个新实例被指派到分支 i 的概率将会较高。如果

现有的分支都不具有高概率，增加一个新分支：$p(\boldsymbol{x}^t)$是边缘概率(在分支参数的先验上积分，因为没有数据)。

不同的 α 可能导致不同的簇个数。为了调整 α，可以使用经验贝叶斯，也可以在其上定义先验并对它取平均。

在第 7 章中，当我们谈论 k 均值聚类时(参见 7.3 节)，讨论了领导者聚类算法，该算法在训练期间添加新的簇。作为它的一个例子，在 12.2.2 节中，我们讨论了自适应共鸣理论，该理论表明如果新实例到最近簇中心的距离大于警戒值，则添加一个新的簇。我们在这里做的非常类似：假定高斯分支和对角协方差矩阵，如果到所有簇的欧氏距离都太远，则所有的后验都很小，并且将添加一个新的分支。

479

16.11　本征狄利克雷分配

让我们看看贝叶斯方法在文本处理中的应用，即**主题建模**(topic modeling)(Blei 2012)。在这个时代，数字存储库中包含大量文档，如科学论文、网页、电子邮件、博客等。但是，为查询找出有关主题是很困难的，除非手工地用诸如“艺术”、“体育”等主题为文档进行注释。我们想做的是自动注释。

假设我们有一个包含 M 个词的词汇表。每个文档包含 N 个词，以不同的比例从大量主题中选择。换句话说，每个文档都是主题上的一个概率分布。例如，一个文档可以一部分是“艺术”，一部分是“政治”。相应地，每个主题定义为一个 M 个词的混合分布；即每个主题对应于词上的一个概率分布。例如，对于艺术这个主题，词“油画”和“雕塑”有很高的概率，但是词“膝盖”的概率则很低。

在**本征狄利克雷分配**(latent Dirichlet allocation)中，定义一个生成过程(参见图 16-12)——有 K 个主题，一个包含 M 词的词汇表，并且所有文档都包含 N 个词(Blei，Ng 和 Jordan 2003)。方法如下：

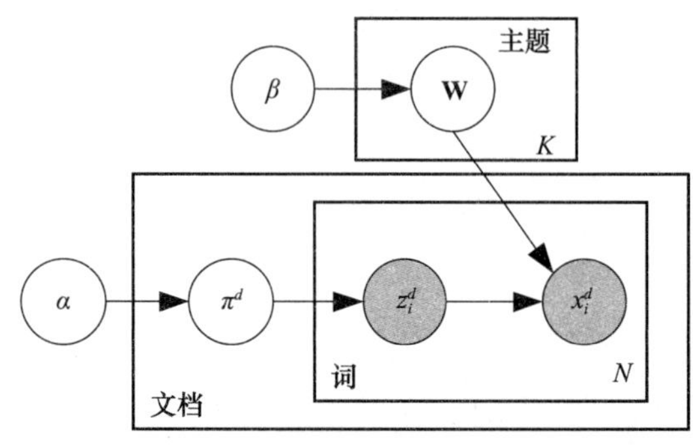

图 16-12　本征狄利克雷分配的图模型

为了产生每个文档 d，我们首先决定文档的主题。这些主题的概率 $\pi_k^d(k=1,\cdots,K)$定义了一个多项式分布，并且由一个以 $\boldsymbol{\alpha}$ 为超参数的狄利克雷先验抽取(16.2.1 节)：

$$\boldsymbol{\pi}^d \sim \text{Dirichlet}_K(\boldsymbol{\alpha})$$

一旦知道文档 d 的主题分布，就使用它来产生文档 d 的 N 个词。在产生词 i 时，首先通过从 $\boldsymbol{\pi}$ 中抽样决定它的特定主题：掷一个具有 K 个面、面 k 具有概率 π_k 的筛子。定义 z_i^d 为输出，它是 $1\sim K$ 之间的值：

$$z_i^d \sim \text{Mult}_K(\boldsymbol{\pi}^d)$$

现在，我们知道在文档 d 中，第 i 个词将是关于主题 $z_i^d\in\{1,\cdots,K\}$的。有一个 $K\times M$ 概率矩阵 $\boldsymbol{W}$，其第 k 行 $\boldsymbol{w}_k\equiv[w_{k1},\cdots,w_{KM}]^{\mathrm{T}}$ 给出主题 k 中 M 个词出现的概率。因此，知道词 i 的主题应来自主题 z_i^d，将从其参数由 $\boldsymbol{W}$ 的第 z_i^d 行给定的多项式分布中抽样，得到词 x_i^d(它是 $1\sim M$ 之间的值)：

$$x_i^d \sim \text{Mult}_M(\boldsymbol{w}_{z_i^d})$$

这是一个多项式抽样，并且我们在多项式概率的这些行上定义一个具有超参数 $\boldsymbol{\beta}$ 的狄利克雷先验：

$$\boldsymbol{w}_k \sim \text{Dirichlet}(\boldsymbol{\beta})$$

这就完成了产生一个词的过程。为了产生文档的 N 个词，我们将上述过程做 N 次；即对于每个词，我们决定主题；然后，给定主题，我们选择一个词(图 16-12 的内板)。当我们开始下一个文档时，我们抽取另一个主题分布 $\boldsymbol{\pi}$(外板)，然后从该主题分布抽取 N 个词。

在所有的文档上，我们总是使用相同的 $\boldsymbol{W}$，并且在学习时，我们有一个大文档集，即，只有 x_i^d 值被观察。我们可以像通常一样写一个后验分布并学习所有文档共享的主题的词概率 $\boldsymbol{W}$。

480～481

一旦学习了 $\boldsymbol{W}$，它的每一行就对应一个主题。通过观察具有高概率的词，我们可以对这些主题指定一些含义。然而，注意，我们总能学习某个 $\boldsymbol{W}$，行是否有意义是另一回事。

我们刚才讨论的模型是参数的，并且它的大小是固定的。我们可以通过使用狄利克雷过程，必要时增加主题数 K(隐藏的复杂度参数)使之成为非参数的。但是我们必须要小心。每个文档都包含来自某些主题的 N 个词，而我们有一些文档，并且它们都需要共享相同的主题集合；也就是说，我们需要生成主题的狄利克雷过程。为此，我们定义一个层次。我们定义一个较高层的狄利克雷过程，从中我们可以抽取个体文档的狄利克雷。这是一个*层次狄利克雷过程*(hierarchical Dirichlet process)(Teh 等 2006)，它允许为一个文档学习的主题被所有文档共享。

16.12 贝塔过程和印度自助餐

现在，让我们看看贝叶斯方法在因子分析的维度归约中的应用。记住，给定 $N\times d$ 数据矩阵 $\boldsymbol{X}$，我们想找到 k 个特征或潜在因子，它们每个都是 d 维的，使得数据可以表示成它们的线性组合。也就是说，我们要找到 $\boldsymbol{Z}$ 和 $\boldsymbol{A}$ 使得

$$\boldsymbol{X} = \boldsymbol{Z}\boldsymbol{A}$$

其中，$\boldsymbol{A}$ 是 $k\times d$ 矩阵，它的第 j 行是 d 维特征向量(类似于 PCA(6.3 节)中的特征向量)，而 $\boldsymbol{Z}$ 是 $N\times k$ 矩阵，它的第 t 行将实例 t 定义为特征的向量。

我们假定 z_j^t 是二元的，并且是以概率 μ_j 从伯努利分布抽取的：

$$z_j^t = \begin{cases} 1 & \text{概率为 } \mu_j \\ 0 & \text{概率为 } 1-\mu_j \end{cases} \tag{16-50}$$

这样，z_j^t 指示构建实例 t 时隐藏因子 j 的缺失或出现。如果对应的因子出现，则 $\boldsymbol{A}$ 的第 j 行被选中，并且所有被选中行的和构成 $\boldsymbol{X}$ 的第 t 行。

我们现在是讨论贝叶斯，因此我们定义先验。我们在 $\boldsymbol{A}$ 上定义一个高斯先验，在伯努利 z_j^t 的 μ_j 上定义一个贝塔共轭先验：

482

$$\mu_j \sim \text{beta}(\alpha, 1) \tag{16-51}$$

其中 α 是超参数。我们可以写出后验并估计矩阵 $\boldsymbol{A}$。考察 $\boldsymbol{A}$ 的行，我们可以明白隐藏因子代表什么。例如，如果 k 很小(例如，$k=2$)，则我们可以绘图并观察数据。

我们假定某个 k，因此该模型是参数的。我们可以把它变成非参数的，并允许 k 随数据增加而增加(Griffiths 和 Ghahrabetamani 2011)。这定义了一个*贝塔过程*(beta process)，而对应的隐喻称为*印度自助餐过程*(Indian buffet process)，它定义了一个生成模型，过程如下。

有一个印度餐馆，它提供包括 k 种菜肴的自助餐，而每位顾客都可以取一份由这些菜肴的任意子集组成的食物。第一个顾客(实例)进入并取前 m 道菜。我们假设 m 是一个随

机变量，由参数为 α 的泊松分布产生。然后，每个后来的顾客 n 都能以概率 n_j/n 取任意现有的菜肴 j，其中 n_j 是之前取过菜肴 j 的顾客数。一旦他在现有的菜肴中完成抽样，该顾客还可以另外要求 Poisson(α/n)种新菜肴，因此模型增长。当应用于前面的潜在因子模型时，这对应于因子数不必固定而是随着数据中固有的复杂度增加而增长的模型。

16.13 注释

贝叶斯方法近来日趋流行。生成图模型的使用对应于贝叶斯形式化机制，并且从自然语言处理到计算机视觉再到生物信息学，在各个领域中我们都看到了一些有趣的应用。

贝叶斯非参数建模的新领域也很有趣，因为现在适应模型复杂度是训练的一部分，而不是模型复杂度调整的外循环。我们期望在不久的将来看到沿着这个方向的更多工作。这方面的一个例子是无限隐马尔可夫模型(Beal，Ghahramani 和 Rasmussen 2002)，该模型隐藏状态的数量随着更多的数据自动调整。

由于篇幅限制和需要保持本章具有合理长度，近似和抽样方法未在这一章中详细讨论。关于变分方法和马尔可夫链蒙特卡罗抽样的更多信息，见 MacKay 2003、Bishop 2006；或 Murphy 2012。

483

贝叶斯方法是有趣的和有前途的，并且已在许多情况下获得成功，但是它远未完全取代非贝叶斯或频率论方法。为了易于处理，生成模型可以很简单。例如，本征狄利克雷分析失去了词序。近似方法可能很难获得，而抽样方法收敛很慢。于是，频率论的捷近(例如，经验贝叶斯)在某些情况下可能成为首选。因此，最好是在这两者之间寻找一个理想的妥协，而不是完全致力于一个。

16.14 习题

1. 对于图 16-3 的情况，观察后验如何随 N、σ 和 σ_0^2 变化。
2. 设 x 表示从 n 个随机样本中接收的垃圾邮件数。假定垃圾邮件所占的比例 q 的先验是 $[0, 1]$中的均匀分布。找出后验分布 $p(q|x)$。
3. 如上，但假定 $p(q)\sim\mathcal{N}(\mu_0, \sigma_0{}^2)$。还假定 n 很大，使得我们可以使用中心极限定理，并用高斯近似二元分布。推导 $p(q|x)$。
4. 在使用最大似然估计时，Var(r')是什么？将它与式(16-25)比较。
5. 在图 16-10 中，当 s^2 改变时，拟合如何变化？

   解：与通常一样，s 是光滑参数，并且随着 s 的增加，我们得到更光滑的拟合。
6. 提出一种过滤算法，在高斯过程中选择训练集的子集。

   解：高斯过程的一个很好的性质是，可以计算某一个点上的方差。对于训练集中的任何实例，可以在那里计算留一估计，检查实际输出是否在(例如，百分之 95)预测区间内。如果是，这意味着不需要这个实例，可以去掉它。那些不能被剪掉的实例，就像核机器的支持向量，就是那些被保留和需要的实例，以便限制拟合的总误差。

484

7. 在*主动学习*(active learning)中，学习程序在学习期间能够逐一产生 x、并请求监督者提供对应的 r 值，而不是被动地接受一个训练集。如何用高斯过程实现主动学习？(提示：何处具有最大的不确定性?)

   解：这就与上一题一样，只是增加替代了修剪。使用同样的逻辑，可以看到需要预测区间大的实例。给定方差为 $\boldsymbol{x}$ 的函数，我们寻找它的局部极大值。在高斯核的情况下，我们预料远离训练数据的点具有高的方差，但不必对所有的核都如此。搜索时，我们需要确保我们不越过输入的有效边界。

8. 假定我们有一个文档集，其中对于每个文档，我们有一个英文拷贝和一个法文拷贝。如何对这种情况扩展本征狄利克雷分配？

16.15 参考文献

Beal, M. J., Z. Ghahramani, and C. E. Rasmussen. 2002. "The Infinite Hidden Markov Model." In *Advances in Neural Information Processing Systems 14*, ed. T. G. Dietterich, S. Becker, and Z. Ghahramani, 577–585. Cambridge, MA: MIT Press.

Bishop, C. M. 2006. *Pattern Recognition and Machine Learning.* New York: Springer.

Blei, D. M. 2012. "Probabilistic Topic Models." *Communications of the ACM* 55 (4): 77–84.

Blei, D. M., A. Y. Ng, and M. I. Jordan. 2003. "Latent Dirichlet Allocation." *Journal of Machine Intelligence* 3:993–1022.

Figueiredo, M. A. T. 2003. "Adaptive Sparseness for Supervised Learning." *IEEE Transactions on Pattern Analysis and Machine Intelligence* 25:1150–1159.

Gershman, S. J., and D. M. Blei. 2012. "A Tutorial on Bayesian Nonparametric Models." *Journal of Mathematical Psychology* 56:1–12.

Griffiths, T. L., and Z. Ghahramani. 2011. "The Indian Buffet Process: An Introduction and Review." *Journal of Machine Learning Research* 12:1185–1224.

Hastie, T., R. Tibshirani, and J. Friedman. 2011. *The Elements of Statistical Learning: Data Mining, Inference, and Prediction*, 2nd ed. New York: Springer.

Hoff, P. D. 2009. *A First Course in Bayesian Statistical Methods.* New York: Springer.

Jordan, M. I., Z. Ghahramani, T. S. Jaakkola, L. K. Saul. 1999. "An Introduction to Variational Methods for Graphical Models." *Machine Learning* 37:183–233.

MacKay, D. J. C. 1998. "Introduction to Gaussian Processes." In *Neural Networks and Machine Learning*, ed. C. M. Bishop, 133–166. Berlin: Springer.

MacKay, D. J. C. 2003. *Information Theory, Inference, and Learning Algorithms.* Cambridge, UK: Cambridge University Press.

Murphy, K. P. 2007. "Conjugate Bayesian Analysis of the Gaussian Distribution." `http://www.cs.ubc.ca/~murphyk/Papers/bayesGauss.pdf`.

Murphy, K. P. 2012. *Machine Learning: A Probabilistic Perspective.* Cambridge, MA: MIT Press.

Rasmussen, C. E. , and C. K. I. Williams. 2006. *Gaussian Processes for Machine Learning.* Cambridge, MA: MIT Press.

Teh, Y. W., M. I. Jordan, M. J. Beal, and D. M. Blei. 2006. "Hierarchical Dirichlet Processes." *Journal of Americal Statistical Association* 101: 1566–1581.

Tibshirani, R. 1996. "Regression Shrinkage and Selection via the Lasso." *Journal of the Royal Statistical Society B* 58: 267–288.

Waterhouse, S., D. MacKay, and T. Robinson. 1996. "Bayesian Methods for Mixture of Experts." In *Advances in Neural Information Processing Systems 8*, ed. D. S. Touretzky, M. C. Mozer, and M. E. Hasselmo, 351–357. Cambridge, MA: MIT Press.

485 ≀ 486

第 17 章

Introduction to Machine Learning, Third Edition

组合多学习器

我们在前面的章节中讨论了许多不同的学习算法。尽管一般而言它们是成功的，但没有哪一个算法总是最准确的。现在，我们将讨论由多个学习器组成的模型。这些学习器互补，因此组合它们，获得更高的准确率。

17.1 基本原理

在任何应用中，我们都可以使用多个学习算法中的一个，而使用确定的算法，都存在影响最终学习器的超参数。例如，在分类的情况下，我们可以使用参数分类器或多层感知器，而对一个多层感知器，我们还要确定隐藏单元的数目。“没有免费的午餐”法则表明没有一个学习算法可以在任何领域总是产生最准确的学习器。通常的方法是试验很多种算法，然后选择一个在单独的验证集上性能最佳的算法。

每个学习算法都构建一个基于一组假设的某种模型。当假设在数据上不成立时，这种归纳偏倚将导致误差。学习是一个不适定问题(ill-posed problem)，并且在有限的数据上，每个学习算法都收敛到不同的解，并在不同的情况下失效。可以通过性能调节使一个学习算法在验证集上达到尽可能最高的准确率，但是调节本身就是一个复杂的任务，并且即使对于最好的学习器，也存在一些实例使其无法足够准确。解决之道在于也许存在另一种学习方法，在这些实例上是准确的。通过合适的方式将多个基学习器组合可以提高准确率。近来，随着计算和存储器变得更为廉价，由多个学习器组成的系统也随之流行(Kuncheva 2004)。

487

这里有两个基本问题：

1）如何产生互补的基学习器？

2）为了最大化准确率，如何组合基学习器的输出？

本章的讨论将回答这两个相关的问题。我们将看到，模型组合并不总是能够提高准确率的诀窍；模型组合确实总是增加训练和检验的时间和空间复杂度，并且除非小心地训练基学习器并精明地组合它们的决策，否则只会为这种附加的复杂度付出代价，而在准确率方面得不到显著收益。

17.2 产生有差异的学习器

由于组合总是采用类似决策的学习器是没有意义的，所以我们的目标是能够寻找一组*有差异的*(diverse)学习器，它们采用不同的决策，使得它们可以互补。与此同时，除非这些学习器至少在它们专门领域是准确的，否则组合也不可能获得整体成功。因此，我们具有双重任务：最大化个体学习器的准确率和学习器之间的差异性。现在，我们讨论实现这些目标的不同方法。

1. 不同的算法

我们可以使用不同的学习算法来训练不同的基学习器。不同的算法对数据做不同的假设并导致不同的分类器。例如，一个基学习器可以是参数的，而另一个可以是非参数的。

当我们决定使用一个算法时，我们将重点放在单一方法上并忽略所有其他方法。通过组合基于多个算法的多个学习器，我们摆脱了做单一决策，并且再也不将所有鸡蛋放在同一个篮子中。

2. **不同的超参数**

488

我们可以使用相同的学习算法，但以不同的超参数。这样的例子包括：多层感知器中的隐藏单元数目、k 最近邻中的 k 值、决策树中的误差阈值、支持向量机中的核函数等。对于高斯参数分类器，协方差矩阵是否共享是一个超参数。如果在优化算法中使用诸如梯度下降这样的最终状态依赖于初始状态的迭代过程，如使用向后传播的多层感知器，则初始状态(如初始权重)是另一种超参数。当我们用不同的超参数值训练多个基学习器时，我们平均这种因子并降低方差，从而减小误差。

3. **不同的输入表示**

不同的基学习器也可能使用相同输入对象或事件的不同表示，从而使集成不同类型的感知器、测量或模态成为可能。不同的表示凸显了对象的不同特征，从而产生更好的识别。在许多应用中，存在多个信息源，使用所有这些数据来提取更多的信息并在预测中达到更高的准确率是令人期望的。

例如，在语音识别中，为了识别语音单词，除了声学输入外，我们还可以使用讲话者在读出单词时的嘴唇和口型的视频图像。这类似于*传感器融合*(sensor fusion)，该方法将来自不同传感器的数据集成在一起，为特定应用提取更多的信息。另一个例子是信息检索，如图像检索，除了图像本身之外，还可以有关键词形式的文本注释。在这种情况下，我们希望能够组合这两种信息源，以便找到正确的图像集。有时，这也称为多视图学习(multi-view learning)。

最简单的方法就是连接所有数据向量并将其视为是来自同一数据源的一个大向量，但是这种方法在理论上似乎不太合适，因为这样相当于对取自多元统计分布的数据进行建模。此外，更高的输入维度使系统更复杂，并且为了得到精确的估计需要更大的样本。我们采用的方法是使用不同的基学习器在不同的数据源上分别进行预测，然后组合它们的预测结果。

489

即使只有一种输入表示，通过从中选择随机子集，也可以有使用不同输入特征的多个分类器。这称为*随机子空间方法*(random subspace method)(Ho 1998)。这具有如下效果：不同的学习器将从不同的视角考察同一个问题，并且它将是鲁棒的。这也有助于降低维灾难，因为输入只有较少的维。

4. **不同的训练集**

另一可能的方法是使用训练集的不同子集来训练不同的基学习器。这可以通过在给定的样本上随机抽取随机训练集来实现。这称作*装袋*(bagging)。或者，可以串行地训练学习器，使得前一个基学习器上预测不准的实例在之后的基学习器的训练中获得更多的重视。这种例子有*提升*(boosting)和*级联*(cascading)，这些方法积极地尝试生成互补的学习器，而不是靠碰运气。

训练样本的划分也可以基于数据空间的局部性来完成，使得每个基学习器在输入空间的某一局部的实例上训练。这就是第 12 章讨论的“混合专家模型”所做的，不过我们从多学习器组合的角度来再次讨论。类似地，可以将主任务定义为由基学习器实现的若干子任务，像*纠错输出码*(error-correcting output code)所做的那样。

5. **差异性与准确率**

非常重要的一点是，当生成多个基学习器时，只要它们有合理的准确率即可，而不要求它们每个都非常准确，因此不需要，也不必要对这些基学习器进行单独优化来获取最佳的准确率。基学习器的选择并不是由于它的准确性，而是由于它的简单性。然而，我们的确要求基学习器是有差异的，即在不同实例上是准确的，专注于问题的子领域。我们所关心的是基学习器组合后的准确性，而不是开始时各个基学习器的准确性。例如，我们有一个准确率80%的分类器。当我们确定第二个分类器时，我们不关心其总体准确率。只要我们知道何时使用哪个分类器，我们就只关心它在第一个分类器误分类的20%实例上的准确性如何。

490

正如我们将要讨论的，这意味着所要求的学习器的准确性和差异性也依赖于如何组合它们的决策。如果像投票策略中那样，学习器用于所有的输入，则它应该处处准确且必须处处存在差异。如果我们将输入空间划分成针对不同学习器的专门区域，则差异性已经被划分所保证，而学习器只需要在它的局部域中是准确的。

17.3 模型组合方案

存在组合多个基学习器来产生最终输出的不同方法：

- *多专家组合*(multiexpert combination)方法让基学习器并行工作。这些方法可以进一步划分成两类：
  - *全局*(global)方法又称为*学习器融合*(learner fusion)。在全局方法中，给定一个输入，所有的基学习器都产生一个输出，并且所有这些输出都要使用。例子包括投票(voting)和层叠(stacking)。
  - 在*局部*(local)或*学习器选择*(learner selection)方法中，例如*混合专家*(mixture of experts)，有一个*门控*(gating)模型，它考察输入，并选择一个(或几个)学习器来产生输出。
- *多级组合*(multistage combination)方法使用一种顺序方法，其中下一个基学习器只在前一个基学习器预测不够准确的实例上进行训练或检验。其基本思想是，基学习器(或其所使用的不同表示)按复杂度递增排序，使得除非前一个更简单的基学习器不是足够可信的，否则就不使用复杂的基学习器(或不提取其复杂表示)。一个这样的例子是*级联*(cascading)。

假设有 L 个基学习器。我们用 $d_j(x)$ 表示基学习器 M_j 在给定的任意维输入 x 上的预测。在存在多种表示的情况下，每个 $\mathcal{M}_j$ 使用一种不同的输入表示 x_j。最终的预测由各个基学习器的预测计算：

$$y = f(d_1, d_2, \cdots, d_L \mid \Phi) \tag{17-1}$$

其中 $f(\cdot)$是一个组合函数，Φ 表示其参数。

当有 K 个输出时，每个学习器有 K 个输出 $d_{ji}(x)$，$i=1$，…，K，$j=1$，…，L。而组合它们，我们仍然产生 K 个值 y_i，$i=1$，…，K。然后，比方说在分类中，我们选择具有最大 y_i值的类：

491

$$\text{如果 } y_i = \max_{k=1}^{K} y_k \text{，则选择 } C_i$$

17.4 投票法

组合多个分类器的最简单方法是通过*投票*(voting)，这相当于取学习器的线性组合(参见图17-1)：

$$y_i = \sum_j w_j d_{ji} \quad 其中\ w_j \geqslant 0, \sum_j w_j = 1 \tag{17-2}$$

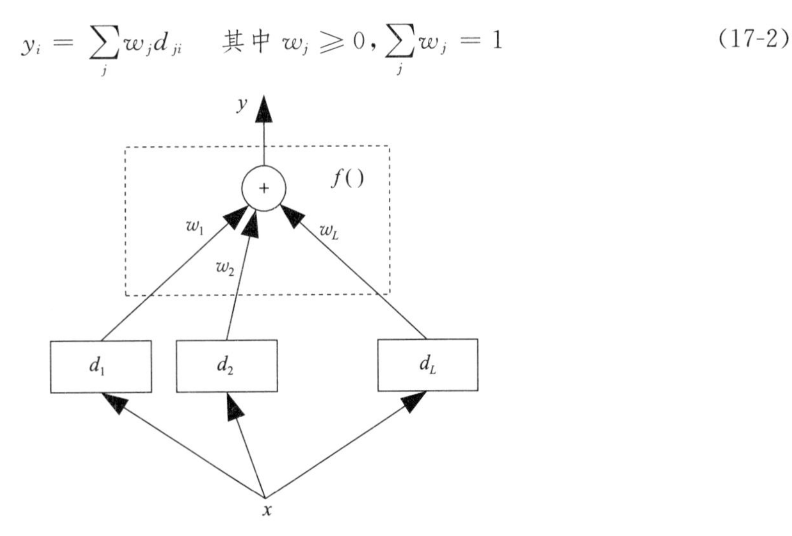

图 17-1　基学习器是 d_j，它们的输出用 $f(\cdot)$ 组合。这是单个输出。对于分类，每个基学习器都有 K 个输出，它们分别用于计算 y_i，然后我们选择最大的。注意，图中的所有学习器都观察相同的输入。可能不同的学习器观察相同输入对象或事件的不同表示

这种方法也称为系综(ensemble)或线性民调(linear opinion pool)。在最简单的情况下，所有的学习器都赋予相等的权重，而我们有对应于取平均值的简单投票(simple voting)。取(加权)和也只是一种可能的方法，还有一些其他组合规则，如表 17-1 所示(Kittler 等 1998)。如果输出不是后验概率，则这些规则要求输出规范化为相同的尺度(Jain，Nandakumar 和 Ross 2005)。

表 17-1　分类器组合规则

规则	融合函数 $f(\cdot)$
和	$y_i = \frac{1}{L}\sum_{j=1}^{L} d_{ji}$
加权和	$y_i = \sum_j w_j d_{ji} \quad w_j \geqslant 0, \sum_j w_j = 1$
中位数	$y_i = \text{median}_j\, d_{ji}$
最小值	$y_i = \min_j d_{ji}$
最大值	$y_i = \max_j d_{ji}$
乘积	$y_i = \prod_j d_{ji}$

使用这些规则的一个例子显示在表 17-2 中，它展示了不同规则的效果。求和规则最直观，并且在实践中使用最广泛。中位数规则对离群点更鲁棒；最小和最大规则分别是悲观和乐观的。使用乘积规则，每个学习器都有否决权。无论其他学习器如何投票，如果一个学习器的输出为 0，则整体输出就为 0。注意，使用组合规则后，y_i之和不必为 1。

表 17-2　在 3 个学习器和 3 个类上，组合规则的例子

规则	C_1	C_2	C_1	规则	C_1	C_2	C_1
d_1	0.2	0.5	0.3	中位数	0.2	**0.5**	0.4
d_2	0.0	0.6	0.4	最小值	0.0	**0.4**	0.2
d_3	0.4	0.4	0.2	最大值	0.4	**0.6**	0.4
和	0.2	**0.5**	0.3	乘积	0.0	**0.12**	0.032

在加权和中，d_{ji}是学习器 j 对 C_i类的投票，w_j是它的投票权重。简单投票是加权投票的特殊情况，其中所有的投票者具有相同的权重，即 $w_j=1/L$。在分类中，这称为相对多数表决(plurality voting)，其中得票最多的类胜出。当只有两个类时，这就是多数表决(majority voting)，其中胜出类获取一半以上的票(习题 1)。如果投票者还能提供它们为

每个类投票多少的额外信息(例如，通过后验概率)，则规范化后，这些信息就可用作**加权投票**(weighted voting)方案的权重。等价地，如果 d_{ji} 是类后验概率 $P(C_i|x, \mathcal{M}_j)$，则可以简单将其相加($w_j=1/L$)并选取具有最大 y_i 的类。

对于回归，可以使用简单平均、加权平均或中位数来融合基回归器的输出。中位数对噪声比平均值更鲁棒。

另一种找出 w_j 的可能方法是在其他的验证集上评估学习器(回归器或分类器)的准确率并使用这些信息来计算权重，使我们可以对更准确的学习器赋予更高的权重。正如我们将在 17.9 节讨论层叠泛化时讨论的那样，这些权重也可以从数据中学习。

投票方案可以看作贝叶斯框架下的近似，以权重近似先验模型概率，并以模型决策近似模型条件似然。这就是**贝叶斯模型组合**(Bayesian model combination)——见 16.6 节。例如，在分类中有 $w_j=P(\mathcal{M}_j)$ 和 $d_{ji}=P(C_i|x, \mathcal{M}_j)$，而式(17-2)对应于：

$$P(C_i|x) = \sum_{\text{所有模型}\mathcal{M}_j} P(C_i|x,\mathcal{M}_j)P(\mathcal{M}_j) \tag{17-3}$$

简单投票相当于假定一致先验。如果先验分布更倾向于较简单的模型，则这将赋予简单模型更大的权重。我们可以不集成所有模型，只选取一个我们认为 $P(\mathcal{M}_j)$ 值高的子集，或者可以执行另一个贝叶斯步骤来计算给定样本上模型的条件概率 $P(\mathcal{M}_j|\mathcal{X})$，并从该密度选取一些高概率的模型。

492 ~ 494

Hansen 和 Salamon(1990)证明：给定成功概率高于 1/2(即比随机猜测好)的一组独立的两类分类器，使用多数表决，预测准确率随着投票分类器个数的增加而提高。

假设 d_j 是独立同分布的，其期望值为 $E[d_j]$、方差为 $\mathrm{Var}(d_j)$，那么当使用 $w_j=1/L$ 取简单平均时，输出的期望值和方差分别为：

$$E[y] = E\left[\sum_j \frac{1}{L}d_j\right] = \frac{1}{L}LE[d_j] = E[d_j]$$

$$\mathrm{Var}(y) = \mathrm{Var}\left(\sum_j \frac{1}{L}d_j\right) = \frac{1}{L^2}\mathrm{Var}\left(\sum_j d_j\right) = \frac{1}{L^2}L\mathrm{Var}(d_j) = \frac{1}{L}\mathrm{Var}(d_j) \tag{17-4}$$

可以看到期望值没有改变，因而偏倚也不改变。但是方差，进而均方误差随着独立投票者数量 L 的增加而降低。在一般情况下，

$$\mathrm{Var}(y) = \frac{1}{L^2}\mathrm{Var}\left(\sum_j d_j\right) = \frac{1}{L^2}\left(\sum_j \mathrm{Var}(d_j) + 2\sum_j\sum_{i<j}\mathrm{Cov}(d_j,d_i)\right) \tag{17-5}$$

这暗示，如果学习器是正相关的，则方差(和误差)增加。这样，我们可以将使用不同算法和输入特征看作正在努力减少正相关性，如果不是完全消除。在 17.10 节中，我们将讨论剪枝方法，从系综中删除高度正相关的学习器。

这里，我们还看到，如果投票者并不是独立的而是负相关的，则进一步降低方差是可能的。如果随此增加的偏倚不是很高(因为这些目标是矛盾的)，则误差也会降低。我们不可能有大量准确且负相关的分类器。例如，在混合专家模型中，学习器是局部化的，专家是负相关的但有偏的(Jacobs 1997)。

如果将每个基学习器看作附加在真实判别式/回归函数上的随机噪声函数，而且这些噪声函数是不相关的且均值为 0，那么在每个估计上平均就很像在噪声上平均。从这种意义上说，投票具有光滑函数空间的效果，并且可以看作一个在真实函数上具有光滑假设的正则化子(Perrone 1993)。我们在图 4-5d 中看到过一个例子，该例子中通过在具有大方差的模型上取平均，得到了比单独模型更好的拟合。这就是投票的思想：在具有高方差低偏倚的模型上投票，使得在组合后，偏倚依然保持很小而通过取平均降低了方差。即使单个

模型是有偏的，方差的降低也可能抵消偏倚并且仍然可能降低误差。 495

17.5 纠错输出码

在纠错输出码(Error-Correcting Output Code，ECOC)(Dietterich 和 Bakiri 1995)中，主要的分类任务是通过由基学习器实现的一组子任务来定义的。其思想是：将一个类与其他类区分开来的原始任务可能是一个困难的问题。作为替代，我们可以定义一组简单的分类问题，每个问题专注于原始任务的一个方面，并通过组合这些简单分类器来得到最终的分类器。

这时，基学习器是输出为+1/−1 的二元分类器，并且有一个 $K\times L$ 的编码矩阵(code matrix)$\boldsymbol{W}$，其 K 行是关于 L 个基学习器 d_j 的类的二元编码。例如，如果 $\boldsymbol{W}$ 的第二行是[−1，+1，+1，−1]，则这意味着如果一个实例属于 C_2 类，则该实例应在 d_1 和 d_4 上取负值，在 d_2 和 d_3 上取正值。类似地，编码矩阵的列定义了基学习器的任务。例如，如果第三列是$[-1，+1，+1]^T$，则可理解为第三个基学习器 d_3 的任务是将属于 C_1 类的实例与属于 C_2 和 C_3 类的实例区分开。这就是如何构成基学习器的训练集的方法。例如，在这个例子中，所有标记为 C_2 类和 C_3 类的实例形成 $\mathcal{X}_3^+$，标记为 C_1 类的实例构成 $\mathcal{X}_3^-$，而对 d_3 的训练应该使得当 $x^t\in\mathcal{X}_3^+$ 时输出+1，当 $x^t\in\mathcal{X}_3^-$ 时输出−1。

这样，编码矩阵使我们可以用二分问题($K=2$ 的分类问题)定义多分问题($K>2$ 的分类问题)，并且这是一种适用于任意可以实现二分基学习器的学习算法的方法，例如，线性或多层感知器(单输出)、决策树或最初定义用于两类问题的 SVM。

典型的每类一个判别式的情况对应于对角编码矩阵，其中 $L=K$。例如，对于 $K=4$，有

$$\boldsymbol{W}=\begin{bmatrix}+1 & -1 & -1 & -1\\ -1 & +1 & -1 & -1\\ -1 & -1 & +1 & -1\\ -1 & -1 & -1 & +1\end{bmatrix}$$

这里的问题是：如果某个基学习器存在错误，就会有误分类，因为类的码字之间非常相似。因而纠错码采用的方法是使 $L>K$ 并增加码字之间的汉明距离。一种可能的方法是类逐对分开(pairwise separation)，其中对 $i<j$ 有一个不同的基学习器将 C_i 与 C_j 分开(10.4 节)。在这种情况下，$L=K(K-1)/2$，并且当 $K=4$ 时编码矩阵为 496

$$\boldsymbol{W}=\begin{bmatrix}+1 & +1 & +1 & 0 & 0 & 0\\ -1 & 0 & 0 & +1 & +1 & 0\\ 0 & -1 & 0 & -1 & 0 & +1\\ 0 & 0 & -1 & 0 & -1 & -1\end{bmatrix}$$

其中 0 表示“无关”。这就是说，训练 d_1 来将 C_1 与 C_2 分开并且在训练中不使用属于其他类的实例。类似地，我们说一个实例属于 C_2 如果有 $d_1=-1$ 且 $d_4=d_5=+1$，并且我们不考虑 d_2、d_3 和 d_6 的值。这种方法的问题是 L 是$\mathcal{O}(K^2)$。因而，对于比较大的 K，逐对分开可能是不可行的。

如果我们能使 L 变大，则我们可以用−1 和+1 随机地生成编码矩阵，并且这很有效的。但是，如果想保持 L 较小，则我们需要优化。方法是预先设置 L 值，然后寻找 $\boldsymbol{W}$ 使得以汉明距离度量的行之间的距离以及列之间的距离都尽可能的大。对 K 个类而言，存在 $2^{(K-1)}-1$ 种可能的列，即 $2^{(K-1)}-1$ 种两类问题。这是因为 K 位可写为 2^K 种不同的形式，而补(比如，“0101”和“1010”，从我们的角度来看，二者定义相同的判别式)将所有可

能组合除以 2，然后减 1，因为全为 0(或 1)的列是无用的。例如，当 $K=4$ 时，有

$$\boldsymbol{W}=\begin{bmatrix}-1 & -1 & -1 & -1 & -1 & -1 & -1\\ -1 & -1 & -1 & +1 & +1 & +1 & +1\\ -1 & +1 & +1 & -1 & -1 & +1 & +1\\ +1 & -1 & +1 & -1 & +1 & -1 & +1\end{bmatrix}$$

当 K 很大时，对于一个给定的 L 值，我们从 $2^{(K-1)}-1$ 列中选取 L 列。我们希望 $\boldsymbol{W}$ 的这些列尽可能不相同，以便每个基学习器所学习的子任务都尽可能互不相同。同时，我们希望 $\boldsymbol{W}$ 的行也尽可能不相同，使得在一个或多个基学习器失效时可以获得最大的纠错。

497 ECOC 可以用投票方式来表述，其中 $\boldsymbol{W}$ 的元素 w_{ij} 被看作投票权重：

$$y_i=\sum_{j=1}^{L} w_{ij} d_j \tag{17-6}$$

然后，我们选取具有最大 y_i 值的类。通过取加权和然后选择最大值而不是寻求一个精确的匹配使 d_j 也不必是二元的，而是可以取 $-1\sim+1$ 之间的任意值，以软确定性取代硬判决。注意，位于 $0\sim1$ 之间的 p_j 值(例如，后验概率)可以很简单地转换为 $-1\sim+1$ 之间的 d_j 值：

$$d_j=2p_j-1$$

式(17-6)与式(17-2)的一般投票模型的不同在于，投票的权重对不同的类可以不同，即以 w_{ij} 取代 w_j，并且 $w_j\geqslant 0$ 而 w_{ij} 为 -1、0 或 $+1$.

ECOC 的一个问题是：由于编码矩阵 $\boldsymbol{W}$ 被设置为先验的，所以不能保证由 $\boldsymbol{W}$ 的列所定义的子任务一定是简单的。Dietterich 和 Bakiri(1995)的研究表明二分树可能比多分树大，而且当使用多层感知器时，向后传播可能收敛较慢。

17.6 装袋

装袋(bagging)是一种投票方法，其中基学习器通过在稍有差异的训练集上训练而有所不同。通过自助抽样从给定的样本数据上产生 L 个稍微不同的样本集，其中给定一个大小为 N 的数据集 $\mathcal{X}$，随机地从 $\mathcal{X}$ 中*有放回地*(with replacement)抽取 N 个实例(14.2.3 节)。由于抽样是通过有放回方式完成的，所以可能某些实例被多次抽取而某些实例根本没有被抽到。当抽取 L 个样本 $\mathcal{X}_j(j=1, \cdots, L)$后，这些样本集是彼此相似的，因为它们都是从相同的原始样本抽取的，但是源于随机性而又稍有不同。基学习器 d_j 在这 L 个样本集的 $\mathcal{X}_j$ 上训练。

一个学习算法是*不稳定算法*(unstable algorithm)，如果训练集中很小的变化就会引起所产生的学习器很大的差异，即学习算法具有高方差。装袋(bagging)是自助聚集(bootstrap aggregating)的简单说法，就是使用自助抽样产生 L 个训练集，使用不稳定的学习过程训练 L 个基学习器，并在检验时取(预测的)平均值(Breiman 1996)。装袋可用于分类和回归。在用于回归的情况下，为了更加鲁棒，可以在组合预测结果时以中位数取代平均值。

498

前面，我们已经看到，仅当正相关性小时，取平均值才能降低方差。一个算法是稳定的，如果该算法在相同数据集的再抽样版本上多次运行导致具有高正相关性的学习器。决策树和多层感知器这样的算法是不稳定的。最近邻算法是稳定的，但是精简的最近邻算法是不稳定的(Alpaydin 1997)。如果原始训练集很大，则我们可能希望使用自助法从它产生小一些的大小为 N' 的数据集($N'<N$)，否则各个自助副本 $\mathcal{X}_j$ 将会非常相似，从而各个 d_j 将高度相关。

17.7 提升

在装袋中，产生互补的基学习器是靠偶然性和学习方法的不稳定性。在提升中，我们通过在前一个学习器所犯的错误上训练下一个学习器，积极地尝试产生互补的学习器。原始的提升(boosting)算法(Schapire 1990)组合 3 个弱学习器来产生一个强学习器。所谓弱学习器(weak learner)是错误概率小于 1/2 的学习器，这使得它对两类问题比随机猜测好，而强学习器(strong learner)具有任意小的错误概率。

给定一个大训练集，随机地将其划分为 3 部分。使用$\mathcal{X}_1$来训练 d_1。然后取$\mathcal{X}_2$并将它馈入 d_1。将 d_1错误分类的所有实例以及在$\mathcal{X}_2$中被 d_1正确分类的一些实例一起作为 d_2的训练集。然后取$\mathcal{X}_3$并将它馈入 d_1和 d_2。其中 d_1和 d_2输出不一致的实例来形成 d_3的训练集。在检验期间，给定一个实例，首先将其提供给 d_1和 d_2。如果二者输出一致，这就作为输出结果，否则将 d_3的输出作为结果。Schapire(1990)表明这个整体系统降低了错误率，并且错误率可以通过递归地使用这样的系统(即将 3 个模型构成的提升系统作为更高层系统的 d_j)来任意降低。

尽管这种方法很成功，但是最初的提升方法的缺点是需要一个非常大的训练样本。样本需要一分为三，而且第二和第三个分类器只对由其前面的分类器犯错的实例构成的子集上训练。因此，除非有一个很大的训练集，否则 d_2和 d_3将无法拥有合理大小的训练集。Drucker 等(1994)在其提出的提升多层感知器中使用了有 118 000 个实例的数据集，用于光学手写数字识别。 499

Freund 和 Schapire(1996)提出了提升的一个变种，叫作 AdaBoost，它是自适应提升的缩写，它重复使用相同的训练集因而不要求数据集很大。但是，分类器应该简单，以防止过拟合。AdaBoost 还可以组合任意多个基学习器，不一定是 3 个。

已经提出了很多 AdaBoost 的变种。这里我们讨论原始的算法 AdaBoost. M1(参见图 17-2)。其思想是将实例抽取的概率修改为误差的函数。令 p_j^t 表示实例对(x^t, r^t)被抽取用于训练第 j 个基学习器的概率。开始时，所有的 $p_1^t=1/N$。然后，从 $j=1$ 开始以如下方式添加新的基学习器：ϵ_j表示 d_j的错误率。AdaBoost 要求学习器是弱的，即对任意的 j，$\epsilon_j<1/2$。如果不满足，即停止添加新的基学习器。注意，这里的错误率并不是基于原始问题，而是基于在第 j 步中使用的数据集。定义 $\beta_j=\epsilon_j/(1-\epsilon_j)<1$，如果 d_j正确地对 x^t分类，则置 $p_{j+1}^t=\beta_j p_j^t$，否则置 $p_{j+1}^t=p_j^t$。由于 p_{j+1}^t应该是概率，所以我们用 p_{j+1}^t除以 $\sum_t p_{j+1}^t$ 对其规范化，使它们的和为 1。这样做的效果是将正确分类的实例的(抽取)概率降低，而将错误分类的实例的概率提高。然后，根据这些修改后的概率

训练：
For 所有的$\{x^t, r^t\}_{t=1}^N\in\mathcal{X}$，初始化 $p_1^t=1/N$
For 所有的基分类器 $j=1, \cdots, L$
  按照概率 p_j^t 随机地从$\mathcal{X}$抽取$\mathcal{X}_j$
  使用$\mathcal{X}_j$训练 d_j
  For 每个(x^t, r^t)，计算 $y_t \leftarrow d_j(x^t)$
  计算错误率：$\epsilon_j \leftarrow \sum_t p_j^t \cdot 1(y_j^t \neq r^t)$
  If $\epsilon_j>1/2$ then $L\leftarrow j-1$；stop
  $\beta_j \leftarrow \epsilon_j/(1-\epsilon_j)$
  For 每个(x^t, r^t) //如果正确，则降低概率
    If $y_j^t=r^t$ then $p_{j+1}^t \leftarrow \beta_j p_j^t$ Else $p_{j+1}^t \leftarrow p_j^t$
  //规范化概率
  $Z_j \leftarrow \sum_t p_{j+1}^t$；$p_{j+1}^t \leftarrow p_{j+1}^t/Z_j$
检验：
  给定 x，计算 $d_j(x)$，$j=1, \cdots, L$
  计算类输出，$i=1, \cdots, K$：
  $$y_i=\sum_{j=1}^{L}\left(\log\frac{1}{\beta_j}\right)d_{ji}(x)$$

图 17-2 AdaBoost 算法

p_{j+1}^t，从原始样本中有放回地抽取相同大小的样本集，用于训练 d_{j+1}。

这样做的效果是使得 d_{j+1} 更专注于被 d_j 误分类的实例。这就是为什么基学习器以简单而不是准确为原则选取的原因，否则下一个训练样本集将仅仅包含少数多次重复出现的离群点和噪声实例。例如，对于决策树，使用决策树桩(decision stump)，它是一种只有一层或两层的树。因此，很明显它们是有偏的，但是方差的降低比较大，而且总误差也会降低。像线性判别式这样的算法本身就具有低方差，不能通过自适应提升线性判别式受益。

一旦完成训练，AdaBoost 就采用投票方法。给定一个实例，所有的 d_j 决定其分类，而后取一个加权的投票结果，其中权重与基学习器(在训练集上)的准确率成正比：$w_j = \log(1/\beta_j)$。Freund 和 Schapire(1996)表明 AdaBoost 在 22 个基准问题上提高了准确率，在 1 个基准问题上准确率相同，而在 4 个基准问题上准确率较差。

Schapire 等(1998)认为 AdaBoost 的成功源于其扩展了边缘(margin)。如果边缘增加，训练实例可以更好地被分隔而使误分类不易发生。这使得 AdaBoost 的目标与支撑向量机(第 13 章)类似。

在 AdaBoost 中，尽管不同的基学习器使用稍有差异的训练集，但是这种差异不像装袋一样靠偶然性，而是它是前一个基学习器的误差的函数。提升对一个特定问题的实际性能显然依赖于数据和基学习器。为此，需要有充足的训练数据，并且基学习器应当是弱的但又不是太弱的，而且提升对噪声和离群点尤其敏感。

500～501

AdaBoost 已经被推广到回归。Avnimelech 和 intrator(1997)提出的一种直截了当的方法是，检查预测误差是否大于某个阈值，如果是则将其标记为错误，然后正规地使用 AdaBoost。在另一个版本中(Drucker 1997)，根据误差量修改抽取概率，使得前一个基学习器预测误差较大的实例，在下一个基学习器的训练中有较大的概率被抽取。最后用加权平均或中值来组合这些基学习器的预测结果。

17.8　重温混合专家模型

在投票中，权重 w_j 在输入空间上是常数。在混合专家模型构架中(在 12.8 节作为局部方法，作为径向基函数的扩展讨论过)，存在一个门控网络，其输出为专家的权重。因而这一构架可以看作一种投票方法，其中投票依赖于输入，而且可能因输入不同而有所不同。混合专家模型使用的竞争学习算法局部化了基学习器，使得每个基学习器变成输入空间的一个不同领域的专家，并且其权重 $w_j(x)$ 在其专长的领域中接近于 1。最终的输出与投票一样是加权平均：

$$y = \sum_{j=1}^{L} w_j(x) d_j \tag{17-7}$$

不同之处在于基学习器和权重二者均是输入的函数(参见图 17-3)。

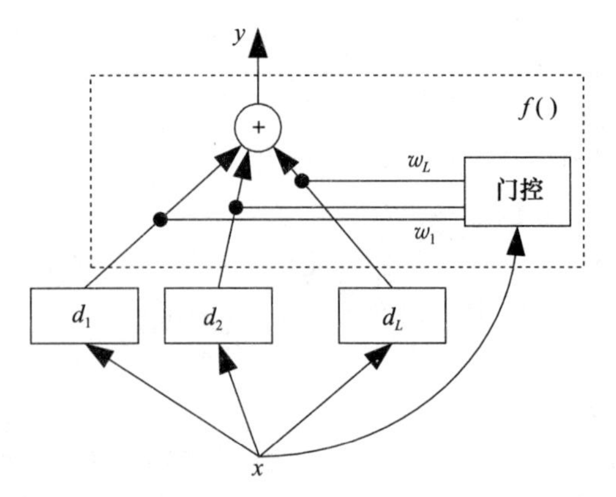

图 17-3　混合专家模型是一种投票方法，其中，与由门控系统给出的一样，投票是输入的函数。组合系统 f 也包含这种门控系统

Jacobs(1997)指出在混合专家模型构架中，专家是有偏的，但是负相关的。随着训练的进行，偏倚降低而专家的方差增加，但

与此同时，随着专家局部化于输入空间的不同部分，它们的协方差为负且越来越小。根据式(17-5)，这将降低总体方差，进而降低误差。在12.8节，我们讨论了均为线性函数的专家和门控网络，但是非线性方法(例如，具有隐藏单元的多层感知器)同样可以用于二者。这会降低专家的偏倚，但是有增加专家的方差和过拟合的风险。

在*动态分类器选择*(dynamical classifier selection)中，类似于混合专家模型的门控网络，系统首先取检验输入并评估基学习器在输入周围的竞争力。然后，它挑选最有竞争力的基学习器来产生输出，并将该输出作为总体输出。Wood、Kegelmeyer 和 Bowyer(1977)寻找检验输入的 k 个最近的训练点，考察基分类器在它们上准确率，从中选择性能最好的一个。只需要用选定的基分类器对该检验输入求值。为了降低方差，以更多计算为代价，可以取多个竞争的基分类器的投票，而不是只用一个。

注意，在这种模式下，需要确保对于输入空间的任何区域，都存在一个竞争的基分类器。这意味着在基分类器之间存在输入空间的学习划分。这是混合专家模型的一个很好的性质，即做选择的门控模型和它选择的专家基学习器以耦合方式训练。这种动态学习器选择算法有一个显而易见的回归版本(习题5)。

502～503

17.9 层叠泛化

层叠泛化(stacked generalization)是 Wolpert(1992)提出的一种扩展的投票方法，其中基学习器的输出组合方式不必是线性的，而是通过一个组合器系统 $f(\cdot|\Phi)$ 来学习。组合器是另一个学习器，其参数 Φ 也要训练(参见图17-4)：

$$y = f(d_1, d_2, \cdots, d_L | \Phi) \tag{17-8}$$

当基学习器给出某种输出组合时，组合器学习正确的输出。我们不能在训练数据上训练组合器函数，因为基学习器可能记忆训练数据集。组合器系统应当真正地学习基学习器如何产生误差。层叠是估计和纠正基学习器偏倚的一种手段。因此，组合器应当在训练基学习器时没有出现的数据上训练。

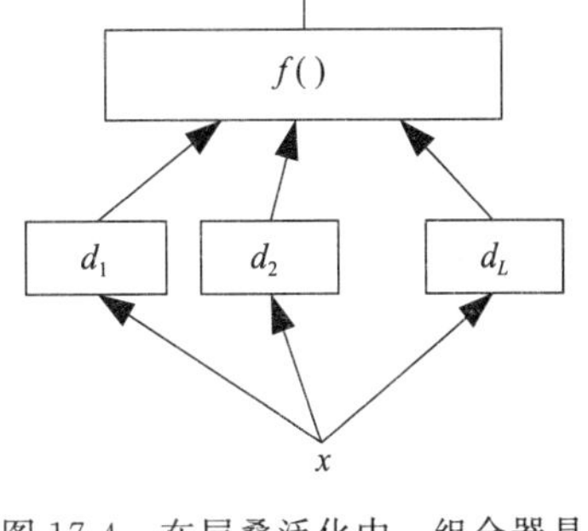

图17-4 在层叠泛化中，组合器是另一个学习器，并且不必像投票一样是线性的

如果 $f(\cdot | w_1, \cdots, w_L)$ 是线性模型，其约束为 $w_i \geq 0, \sum_i w_i = 1$，则最佳权重可以通过受约束的回归来获得，但是我们当然不必强制这样做。在层叠方法中，对组合器函数没有限制，并且不像投票，$f(\cdot)$可以是非线性的。例如，它可以用一个多层感知器实现，Φ 是其连接权重。

基学习器 d_j 的输出定义了一个新的 L 维空间，组合器函数在该空间学习输出的判别式/回归函数。

在层叠泛化中，希望基学习器尽可能不同，使得它们可以互补。为此，最好每个基学习器都基于不同的学习算法。如果组合可以产生连续输出(如后验概率)的分类器，则最好组合这些连续输出，而不是组合硬决策。

当我们将一个训练过的组合器(如层叠中的组合器)与诸如投票中的固定规则进行比较时，我们看到二者都有各自的优点。训练过的规则更灵活并且可能具有更小的偏倚，但是它增加了额外的参数，有引入方差的风险，并且需要更多的时间和数据进行训练。还要注意，在进行层叠之前，不必对分类器的输出进行规范化。

17.10 调整系综

模型组合并非总是能保证降低误差的神奇方法。基学习器应该是有差异的和准确的——即它们应该提供有用的信息。如果一个基学习器不能提高准确率，则可以丢弃它。此外，如果两个基学习器是高度相关的，则其中一个不需要。注意，一个不准确的学习器也可能恶化准确率。例如，多数表决假定超过一半的分类器对一个输入是准确的。因此，给定一组候选基学习器，使用所有的基学习器可能不是一个好主意。另外，我们可能希望做某种预处理。

事实上，我们可以认为基学习器的输出为后面的组合阶段形成特征向量，而且在第6章中我们也有同样的特征选择问题。有些特征可能是无用的，有些可能是高度相关的。因此，这里我们可以利用特征选择和提取的同样想法。第一种方法是从基学习器的集合中选择一个子集，保留一些并丢弃其余的；第二种方法是由原来的基学习器定义少量新的、不相关的元学习器(metalearner)。

504 ~ 505

17.10.1 选择系综的子集

从基学习器的系综中选择一个子集类似于输入特征选择，并且*系综选择*(ensemble selection)的可能方法也与特征选择相同。我们可以用向前/增量/增长方法，在每次迭代中，从候选基学习器的集合中选择一个最能提高准确率的基学习器，添加到系综中。我们也可以用向后/减量/剪枝方法，在每次迭代中，从系综中删除一个其缺失能够最大地提高性能的基学习器。或者，我们可以使用浮动方法，允许添加和删除。

组合方案可以是一个固定的规则(如投票)，也可以是一个训练过的层叠。这样的选择方案将排除不准确的学习器，排除那些差异不足或相关的学习器(Caruana 等 2004；Ruta 和 Gabrys 2005)。这样，丢弃无用的学习器也降低了整体复杂度。不同的学习器可能使用不同的表示，这种方法还可以选择最佳的互补表示(Demir 和 Alpaydın 2005)。注意，如果使用决策树作为组合器，则它既充当选择器，又充当组合器(Ulas 等 2009)。

17.10.2 构建元学习器

不管我们如何变化学习算法、超参数、再抽样的折或输入特征，我们都会得到正相关的分类器(Ulas，Yıldız 和 Alpaydın 2012)，并且需要后处理来排除这种可能有害的相关性。一种可能的方法是丢弃一些相关的基分类器，正如我们先前讨论的；另一种是使用特征提取方法，从基学习器的输出空间到一个新的低维空间，在低维空间中，我们定义不相关、数量也更少的元学习器。

Merz(1999)提出了 SCANN 算法，在基分类器的输出上使用对应分析(主成分分析(6.3节)的一种变形)，并使用最近均值分类器组合它们。实际上，我们在第6章讨论的任何线性或非线性特征提取方法都可以使用，并且它的(最好是连续的)输出可以提供给任意学习器，正如我们在层叠中所做的那样。

假设有 L 个学习器，每个都有 K 个输出。于是，例如，使用主成分分析，可以从 $K\cdot L$ 维空间映射到一个“特征学习器”(eigenlearner)不相关的低维空间(Ulas，Yıldız 和 Alpaydın 2012)。然后，我们可以在这个新空间(使用训练基学习器和维归约时未使用的独立数据集)中训练组合器。实际上，通过观察特征向量的系数，还可以了解基学习器的贡献，评估它们的效用。

506

Jacobs(1995)指出，L 个依赖的学习器与 $L'(L'\leqslant L)$ 个独立的学习器有同样的价值，这就是这里的想法。另一点需要注意的是，不是彻底地丢弃或保留系综的一个子集，这种方法使用所有的基学习器，因而使用了所有的信息，但以更高的计算开销。

17.11 级联

级联分类器的思想是使用一个基分类器 d_j 的序列，按照它们的空间和时间复杂度或它们使用的数据表示的代价对其进行排序，使得 d_{j+1} 的代价高于 d_j（Kaynak 和 Alpaydin 2000）。级联(cascading)是一种多级方法，并且只有在所有前面的学习器 $d_k(k<j)$ 都不足够确信时才使用 d_j（参见图 17-5）。为此，与每个学习器相关联的是一个置信度 w_j，当有 $w_j>\theta_j$ 时我们说 d_j 对其输出是确信的且其结果可用，其中 $1/K<\theta_j<\theta_{j+1}<1$ 是置信度阈值。在分类中，其置信度函数设置为最高的后验：$w_j\equiv\max\limits_i d_{ji}$。这正是用于拒绝的策略(3.3 节)。

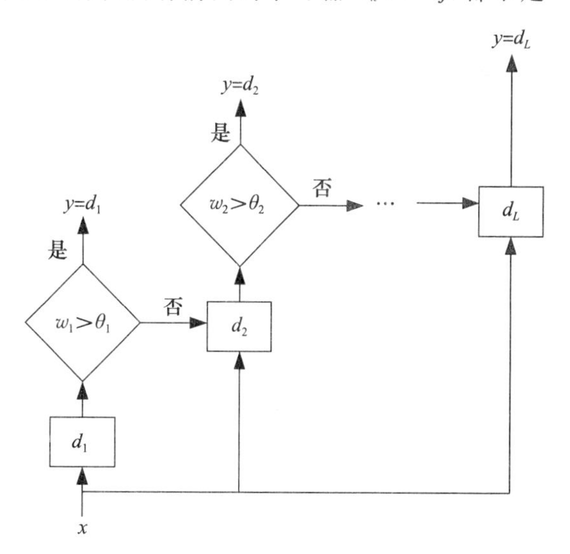

图 17-5　级联是一种多级方法，其中使用一个分类器序列，并且仅当前驱分类器不够好时才使用下一个分类器

如果所有前面的学习器都不确信，才使用学习器 d_j：

$$y_i = d_{ji}\text{，如果 } w_j > \theta_j \quad \text{并且对于所有 } k<j\text{，有 } w_k<\theta_k \tag{17-9}$$

给定一个训练集，从 $j=1$ 开始训练 d_j。然后从另一个验证集中找出所有 d_j 不确信的实例，这些组成 d_{j+1} 的训练集。注意，与 AdaBoost 不同，这里不仅选择误分类的实例，而且还选择前面基分类器不确信的实例。这包括误分类的实例以及后验概率不足够高的实例。这些实例位于边界的正确一侧，但是它们与判别式之间的距离(即边缘)不足够大。

级联的思想是：初期使用简单的分类器处理大多数实例，而更为复杂的分类器仅用于少数实例，因此并不显著增加总体复杂度。这与投票这样的所有基学习器都为每个实例产生输出的多专家方法相反。如果问题空间比较复杂，则在每一级多个复杂性递增的基学习器可以级联。为了不增加基分类器的个数，少数没有被任何基分类器覆盖的实例将被原样保留，并通过一个非参数分类器(如 k-NN)来处理。

级联的归纳偏倚是类可以通过复杂度递增的少量“规则”来解释，并存在一个没有被这些规则覆盖的小的“异常”集合。这些规则通过简单的基学习器来实现(例如，复杂度递增的感知器)，学习在整个输入空间上有效的一般规则。异常是局部实例，最好用非参数模型处理。

507～508

因此，级联位于参数和非参数分类两个极端之间。前者(例如，线性模型)寻找覆盖所有实例的单个规则。而非参数模型(如 k-NN)存储所有的实例而不产生任何解释它们的简单规则。级联产生一个(或多个)规则，以尽可能低的代价解释大部分实例，并将其余实例作为异常存储。这在很多学习应用中是有道理的。例如，在多数情况下，英语动词的过去式是在其后加“d”或“ed”，但也存在不规则动词且不遵守这一规则(例如，“go/went”)。

17.12 注释

组合学习器的思想是将复杂任务划分为较简单的子任务，这些子任务可以由分别训练的基学习器处理。每个基学习器都有自己的子任务。如果用一个大的学习器包含所有的基学习器，则会有过拟合的风险。例如，考虑取 3 个多层感知器上的投票，每个感知器具有一个隐藏层。如果用线性模型组合其输出，将它们组合在一起，则有一个大的、具有 2 个隐藏层的多层感知器。如果用全部样本来训练这个大模型，则很可能产生过拟合。而当我们分别对 3 个多层感知器训练时(比如用 ECOC、装袋等)，就如同为这个大的多层感知器的第二层隐藏节点定义了所需要的输出。这就为整体学习器应对学习什么附加了约束，进而简化了学习任务。

组合的一个缺点是组合系统不是可解释的。例如，即使决策树是可解释的，装袋的或提升的决策树也不是可解释的。具有权重(如 −1/0/+1)的纠错码允许某种形式的可解释性。Mayoraz 和 Moreira(1997)讨论了用于学习纠错输出码的增量方法，其中基学习器在需要时添加。Allwein，Schapire 和 Singer(2000)讨论了将多类问题用两类问题编码的各种方法。Alpaydin 和 Mayoraz(1999)考虑了 ECOC 的应用，其中对线性基学习器组合得到非线性判别式，他们还提出了从数据中学习 ECOC 矩阵的方法。

509 最早也是最直观的方法就是投票。Kittler 等(1998)回顾了固定规则，还讨论了一种组合多种数据表示的应用。该任务使用 3 种表示进行人脸识别：正面人脸图像、人脸轮廓图像和声音。投票模型的误差率低于使用单一表示的误差率。Alimoğlu 和 Alapaydin 1997 给出了另一种应用，其中为了改善手写数字的识别，对两种信息源进行了组合。一种是数字在触摸书写板书写时笔移动的时态数据，另一种是数字书写后静态的二维位图图像。在这个应用中，使用其中一种数据表示的两个分类器的误差率约为 5%，但是通过组合误差率降至 3%。应用研究还表明关键在于设计互补的学习器和数据表示，学习器的组合方式并非是至关重要的。

组合不同模态广泛用于**生物测定学**，目标是使用指纹、签名、面部等不同的输入源进行身份认证。在这种情况下，不同的分类器分别使用不同的模态，而将它们的预测进行组合。这提高了准确率并使欺骗更困难。

当有来自不同表示或模态的多个数据源时，Noble(2004)区分了 3 种类型的组合策略：

- 在**早期集成**(early integration)中，所有这些输入都串接起来形成单个向量，然后提供给单个分类器。前面我们讨论过为什么这不是一个很好的主意。
- **后期集成**(late integration)是本章提倡的。在后期集成中，不同的输入分别提供给单独的分类器，然后通过投票、层叠或讨论过的任何方法组合它们的输出。
- 第 13 章讨论的核算法容许一种不同的集成方法，Noble(2004)称之为**中期集成**(intermediate integration)，因为它介于早期集成与后期集成之间。这是一种**多核学习**(multiple kernel learning)方法(参见 13.8 节)，其中只有一个核机器分类器，它对不同的输入使用多个核函数，并且组合不像前期集成那样在输入空间进行，也不像后期集成那样在决策空间中进行，而是在定义核函数的基函数空间中进行。对于不同的源，存在由其核函数计算的不同的相似性概念，而分类器累积并使用它们。 510

诸如投票等一些系综方法类似于贝叶斯平均(参见第 16 章)。例如，当我们装袋并在不同的再抽样的训练集上训练同样的模型时，我们可以把它们看作后验分布的样本，但其他组合方法，如专家混合和层叠，超出了在参数或模型上平均。

当组合多个视图/表示时，连接它们不是一个好办法，但一个有趣的可能性是做某种组合维度归约。我们可以考虑生成模型(14.3 节)，我们假设有一组并行产生这些视图的潜在因子，从观察的视图，可以回到潜在空间并在那里做分类(Chen 等 2012)。

自 20 世纪 90 年代初以来，组合多学习器就已经成为机器学习领域中的一个流行课题，并且从那时起研究一直在进行。Kuncheva(2004)讨论了分类器组合的不同方面，该书还包含一节，讨论多个聚类结果的组合。

AdaBoost 提升的决策树被认为是最好的机器学习算法之一。还存在 AdaBoost 的其他版本，其中下一个基学习器在前一个学习器的残余上进行训练(Hastie，Tibshirani，和 Friedman 2001)。最近，人们注意到系综并非总能提高准确率，并且研究者开始关注好的系综的标准，以及如何得到好的系综。关于系综中差异性作用的综述在 Kuncheva 2005 中。

17.13 习题

1. 如果每个基学习器是独立同分布的且正确的概率 $p>1/2$，那么 L 个分类器上的一个多数表决给出正确答案的概率是多少？

   解：这个概率由二项分布给出(参见图 17-6)：

$$P(X \geqslant \lfloor L/2 \rfloor + 1) = \sum_{i=\lfloor L/2 \rfloor+1}^{L} \binom{L}{i} p^i (1-p)^{L-i}$$

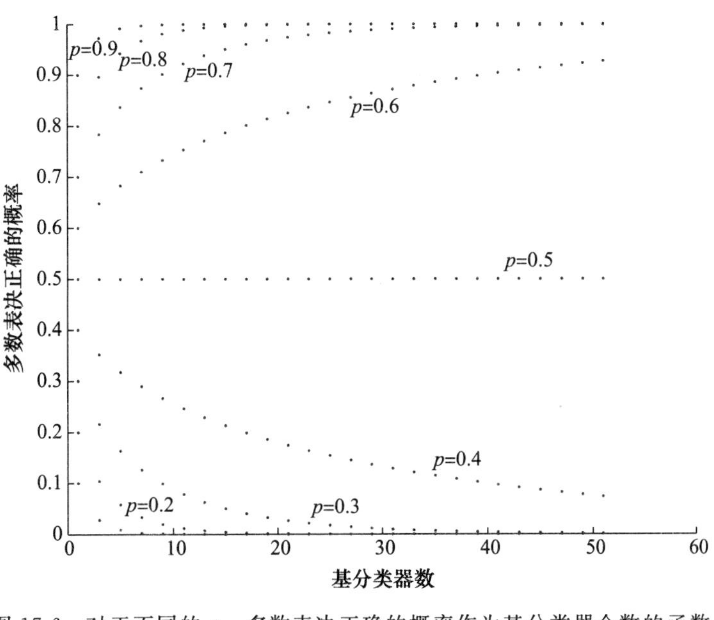

图 17-6 对于不同的 p，多数表决正确的概率作为基分类器个数的函数。仅当 $p>0.5$ 时，这个概率增加

2. 在装袋中，为了产生 L 个训练集，以 L 折交叉验证来替代自助法的效果如何？
3. 提出一个学习纠错输出码的增量算法，其中新的二类问题在需要时添加，以便更好地解决多类问题。
4. 在混合专家模型中，可以让不同的专家使用不同的输入表示。在这种情况下，如何设计门控网络？
5. 提出一种动态回归器选择算法。

6. 使用线性感知器作为组合器函数，投票和层叠的区别是什么？

解：如果也训练投票系统，则唯一不同的是，对于层叠，权重不必为正或权重之和为 1，并且也有一个偏倚项。当然，层叠的主要优点是组合器可以是非线性的。

7. 在级联中，为什么要求 $\theta_{j+1}>\theta_j$？

解：置信度小于 θ_j 的实例已经被 d_j 过滤掉。我们要求阈值提高，以便有更高的置信度。

511 ~ 512

8. 为了能够对回归使用级联，在检验时，回归器应该能够表示对其输出是否有把握。如何实现这一点？

9. 如何组合多个聚类解的结果？

解：最简单的方法是，任意取两个训练实例，每个聚类或者把它们放在同一个簇，或者不是。我们将这分别记作 1 和 0。在所有聚类解上的这些计数的平均值是这两个实例在同一个簇的整体概率(Kuncheva 2004)。

10. 在 17.10 节中，我们说过，如果使用决策树作为层叠中的组合器，则决策树充当选择器和组合器。还有什么其他优点和缺点？

解：一棵决策树只使用诸分类器的一个子集而不是全部。使用决策树速度快，并且只需要计算路径上的节点，而路径可能很短。更多细节见 Ulas 等 2009。缺点是组合器比不上分类器决策的组合(假设树是一元的)。使用一个子集也可能是有害的；如果某些分类器出错，则没有我们需要的冗余。

17.14 参考文献

Alimoğlu, F., and E. Alpaydın. 1997. "Combining Multiple Representations and Classifiers for Pen-Based Handwritten Digit Recognition." In *Fourth International Conference on Document Analysis and Recognition*, 637-640. Los Alamitos, CA: IEEE Computer Society.

Allwein, E. L., R. E. Schapire, and Y. Singer. 2000. "Reducing Multiclass to Binary: A Unifying Approach for Margin Classifiers." *Journal of Machine Learning Research* 1:113-141.

Alpaydın, E. 1997. "Voting over Multiple Condensed Nearest Neighbors." *Artificial Intelligence Review* 11:115-132.

Alpaydın, E., and E. Mayoraz. 1999. "Learning Error-Correcting Output Codes from Data." In *Ninth International Conference on Artificial Neural Networks*, 743-748. London: IEE Press.

Avnimelech, R., and N. Intrator. 1997. "Boosting Regression Estimators." *Neural Computation* 11:499-520.

Breiman, L. 1996. "Bagging Predictors." *Machine Learning* 26:123-140.

Caruana, R., A. Niculescu-Mizil, G. Crew, and A. Ksikes. 2004. "Ensemble Selection from Libraries of Models." In *Twenty-First International Conference on Machine Learning*, ed. C. E. Brodley, 137-144. New York: ACM.

Chen, N., J. Zhu, F. Sun, and E. P. Xing. 2012. "Large-Margin Predictive Latent Subspace Learning for Multiview Data Analysis." *IEEE Transactions on Pattern Analysis and Machine Intelligence* 34:2365-2378.

Demir, C., and E. Alpaydın. 2005. "Cost-Conscious Classifier Ensembles." *Pattern Recognition Letters* 26:2206-2214.

Dietterich, T. G., and G. Bakiri. 1995. "Solving Multiclass Learning Problems via Error-Correcting Output Codes." *Journal of Artificial Intelligence Research* 2:263-286.

Drucker, H. 1997. "Improving Regressors using Boosting Techniques." In *Fourteenth International Conference on Machine Learning*, ed. D. H. Fisher, 107-115. San Mateo, CA: Morgan Kaufmann.

Drucker, H., C. Cortes, L. D. Jackel, Y. Le Cun, and V. Vapnik. 1994. "Boosting and Other Ensemble Methods." *Neural Computation* 6:1289-1301.

Freund, Y., and R. E. Schapire. 1996. "Experiments with a New Boosting Algorithm." In *Thirteenth International Conference on Machine Learning*, ed. L. Saitta, 148-156. San Mateo, CA: Morgan Kaufmann.

Hansen, L. K., and P. Salamon. 1990. "Neural Network Ensembles." *IEEE Transactions on Pattern Analysis and Machine Intelligence* 12:993-1001.

Hastie, T., R. Tibshirani, and J. Friedman. 2001. *The Elements of Statistical Learning: Data Mining, Inference, and Prediction.* New York: Springer.

Ho, T. K. 1998. "The Random Subspace Method for Constructing Decision Forests." *IEEE Transactions on Pattern Analysis and Machine Intelligence* 20:832-844.

Jacobs, R. A. 1995. "Methods for Combining Experts' Probability Assessments." *Neural Computation* 7:867-888.

Jacobs, R. A. 1997. "Bias/Variance Analyses for Mixtures-of-Experts Architectures." *Neural Computation* 9:369-383.

Jain, A., K. Nandakumar, and A. Ross. 2005. "Score Normalization in Multimodal Biometric Systems." *Pattern Recognition* 38:2270-2285.

Kaynak, C., and E. Alpaydın. 2000. "MultiStage Cascading of Multiple Classifiers: One Man's Noise is Another Man's Data." In *Seventeenth International Conference on Machine Learning*, ed. P. Langley, 455-462. San Francisco: Morgan Kaufmann.

Kittler, J., M. Hatef, R. P. W. Duin, and J. Matas. 1998. "On Combining Classifiers." *IEEE Transactions on Pattern Analysis and Machine Intelligence* 20:226-239.

Kuncheva, L. I. 2004. *Combining Pattern Classifiers: Methods and Algorithms.* Hoboken, NJ: Wiley.

Kuncheva, L. I. 2005. Special issue on Diversity in Multiple Classifier Systems. *Information Fusion* 6:1-115.

Mayoraz, E., and M. Moreira. 1997. "On the Decomposition of Polychotomies into Dichotomies." In *Fourteenth International Conference on Machine Learning*, ed. D. H. Fisher, 219-226. San Mateo, CA: Morgan Kaufmann.

Merz, C. J. 1999. "Using Correspondence Analysis to Combine Classifiers." *Machine Learning* 36:33-58.

Noble, W. S. 2004. "Support Vector Machine Applications in Computational Biology." In *Kernel Methods in Computational Biology*, ed. B. Schölkopf, K. Tsuda, and J.-P. Vert, 71-92. Cambridge, MA: MIT Press.

Özen, A., M. Gönen, E. Alpaydın, and T. Haliloğlu. 2009. "Machine Learning Integration for Predicting the Effect of Single Amino Acid Substitutions on Protein Stability." *BMC Structural Biology* 9 (66): 1-17.

Perrone, M. P. 1993. "Improving Regression Estimation: Averaging Methods for Variance Reduction with Extensions to General Convex Measure." Ph.D. thesis, Brown University.

Ruta, D., and B. Gabrys. 2005. "Classifier Selection for Majority Voting." *Information Fusion* 6:63-81.

Schapire, R. E. 1990. "The Strength of Weak Learnability." *Machine Learning* 5:197-227.

Schapire, R. E., Y. Freund, P. Bartlett, and W. S. Lee. 1998. “Boosting the Margin: A New Explanation for the Effectiveness of Voting Methods.” *Annals of Statistics* 26:1651–1686.

Ulaş, A., M. Semerci, O. T. Yıldız, and E. Alpaydın. 2009. “Incremental Construction of Classifier and Discriminant Ensembles.” *Information Sciences* 179:1298–1318.

Ulaş, A., O. T. Yıldız, and E. Alpaydın. 2012. “Eigenclassifiers for Combining Correlated Classifiers.” *Information Sciences* 187:109–120.

Wolpert, D. H. 1992. “Stacked Generalization.” *Neural Networks* 5:241–259.

Woods, K., W. P. Kegelmeyer Jr., and K. Bowyer. 1997. “Combination of Multiple Classifiers Using Local Accuracy Estimates.” *IEEE Transactions on Pattern Analysis and Machine Intelligence* 19:405–410.

513 ≀ 516

第 18 章

Introduction to Machine Learning, Third Edition

增强学习

在增强学习中，学习器是一个制定决策的智能主体。智能主体在其所处的环境中执行一些动作并根据其试图解决一个问题所执行的动作而获得奖励(或惩罚)。经过反复试运行，学习程序应当可以学习得到最优策略，即一个最大化总体奖励的动作序列。

18.1 引言

假设我们要构建一个学习下国际象棋的机器。在这种情况下，我们不能使用监督学习，原因有二。首先，请一位国际象棋老师带领我们遍历许多棋局并告诉我们每个位置的最佳棋步的代价非常昂贵。其次，在很多情况下，根本就没有这种最佳棋步。一个棋步的好坏依赖于其后的多个棋步。单一的棋步并不算数；如果经过一个棋步序列我们赢得了比赛，则该棋步序列才是好的。而整个过程的唯一反馈是在最后我们赢得或者输掉游戏时才产生的。

另一个例子是置于迷宫中的机器人。机器人能够按照 4 个罗盘方向之一移动，并进行一系列的移动到达迷宫出口。只要机器人在迷宫中，就不存在反馈，并且机器人尝试各种移动，直至到达出口，只有这时它才得到一个奖励。在这种情况下，机器人不存在对手，但是我们可能更偏好更短的(到达出口的)路径，这意味着我们是在和时间比赛。

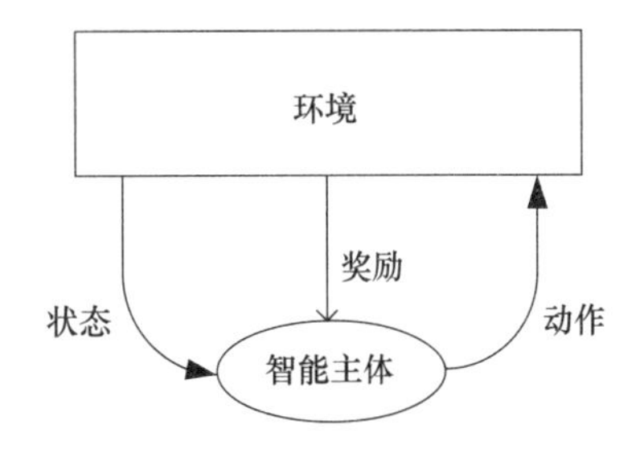

图 18-1 智能主体与环境进行交互。在环境的任意一个状态，智能主体执行一个改变环境状态的动作并获得一个奖励

这两种应用有许多共同点。存在一个称为智能主体(agent)的决策者，它置于某一环境(environment)中(参见图 18-1)。在国际象棋的例子中，棋手是决策者而环境是棋盘；在第二个例子中，迷宫是机器人的环境。在任何时刻，环境总是处于某种状态(state)，该状态来自一组可能的状态之一，例如，棋盘的布局状态、机器人在迷宫中的位置。决策者可以做一组可能的动作(action)：棋盘上棋子的合法移动、机器人沿着可能的方向移动而不会撞墙等。一旦选择并做了某一动作，状态就随之改变。完成任务需要执行一系列的动作，之后我们才得到反馈，反馈以极少发生的奖励(reward)的形式给出，通常只有在完整的动作序列执行完毕后才发生。奖励定义了问题，同时是构建一个学习的(learning)智能主体所必需的。学习的智能主体学习解决一个问题的最佳步骤序列，其中“最佳的”以获取最大累积奖励的动作序列来量化。以上就是增强学习(reinforcement learning)的背景。

增强学习在诸多方面都不同于以前讨论的各种学习方法。它称为“与批评者一起学习”，而与之前的与老师一起学习的监督学习方法相反。批评者(critic)不同于老师之处在于他并不告诉我们做什么，而仅仅告诉我们之前所做的怎么样；批评者永远不会提前提供信息。批评者提供的反馈稀少，并且当他提供时，也是事后提供。这就导致了信度

517~518

分配(credit assignment)问题。在执行若干动作并获得奖励后，我们希望对之前所执行的单个动作进行评估并找到可以引领我们赢得奖励的那些动作，以便对其记录并在之后使用。正如我们即将看到的，增强学习程序所做的就是为中间状态或动作产生一个内部值(internal value)，该值表明这些状态或动作在引领我们达到目标并获取真正奖励方面有多好。一旦学习得到这样的内部奖励机制，智能主体就可以只执行最大化内部奖励的局部动作。

任务的完成需要执行一个动作序列，从这个角度，我们可能想到第15章讨论的马尔科夫模型。的确，我们使用马尔科夫决策过程来对智能主体建模。不同之处在于，对于马尔科夫模型，存在一个外部过程来产生一个对其观测和建模的信号序列，如语音。而在增强学习中，产生动作序列的是智能主体。之前，我们还区别可观测的和隐藏的马尔科夫模型，分别对应于系统状态是可观测的或者隐藏的(并且也需要推断)。类似地，有时候我们使用一个部分可观测的马尔科夫决策过程来建模，其中智能主体不是确切地知道它所处的状态，而是需要通过使用传感器的观测以某种非确定性对其进行推断。例如，机器人在房间中移动时，机器人可能不知道它在房间中的确切位置，也不知道障碍物或目标的确切位置，而是通过一个照相机提供的有限图像来决策。

18.2 单状态情况：K 臂赌博机问题

从一个简单的例子开始。K 臂赌博机是一种假想的具有 K 个手柄的老虎机。可做的动作是选择并拉下其中的一个手柄，而由此所赢取的一定量的钱就是与这个手柄(动作)相关联的奖励。任务是决定拉下哪个手柄，以便得到最大奖励。这是一个分类问题，其中选择 K 个手柄中的一个。如果是监督学习，则老师会告诉我们正确的类，即产生最大收益的手柄。而在增强学习中，我们只能尝试不同的手柄并记录其中最好的。这是一个简化的增强学习问题，因为只有一个状态，或者说，只有一个老虎机，而我们只需要决定动作。另一个称其为简化问题的原因是，在一个动作之后立即得到一个奖励。奖励并没有延迟，因此在动作后可以立即看到动作的价值。

假设 $Q(a)$是动作 a 的价值。初始时，对所有的 a 都有 $Q(a)=0$。当我们尝试执行动作 a 时，我们获得一个奖励 $r_a \geqslant 0$。如果奖励是确定性的，则拉下手柄 a，我们总是获得相同的奖励 r_a，并且在这种情况下，我们可以简单地令 $Q(a)=r_a$。如果我们想充分利用已有发现，那么一旦我们发现一个动作 a 具有 $Q(a)>0$，我们就可以不停地选择它并在每次拉下手柄时得奖励 r_a。然而，很可能还存在另一个具有更高奖励的手柄，因此我们还需要进行探索。

519

我们可以选择不同的动作并对所有的 a 存储 $Q(a)$。只要我们想充分利用已有的发现，我们就可以选择具有最高价值的动作，即

$$\text{选择 } a^*, \text{如果 } Q(a^*) = \max_a Q(a) \tag{18-1}$$

如果奖励并不是确定性的而是随机的，则在选择相同的动作时我们每次获得不同的奖励。奖励量被概率分布 $p(r|a)$定义。在这种情况下，我们定义 $Q_t(a)$作为在时刻 t 时执行动作 a 的价值估计。它是在时刻 t 之前执行动作 a 所获得的所有奖励的平均值。一种在线更新方法可定义如下：

$$Q_{t+1}(a) \leftarrow Q_t(a) + \eta[r_{t+1}(a) - Q_t(a)] \tag{18-2}$$

其中 $r_{t+1}(a)$是在时刻 $t+1$ 执行动作 a 之后所获得的奖励。

注意式(18-2)正是我们在之前章节中多次使用的 delta 规则(delta rule)。η 是学习因子(为了收敛而随时间逐渐降低)，r_{t+1} 是期望输出，而 $Q_t(a)$是当前的预测。$Q_{t+1}(a)$是在 $t+$

1 时刻的动作 a 的期望值，并且随着 t 的增加收敛到 $p(r|a)$ 的均值。

完整的增强学习问题从以下几个方面推广了这种简单情况。第一，有多个状态。这相当于同时存在具有多个不同奖励概率 $p(r|s_i, a_j)$ 的老虎机，而我们需要对 $Q(s_i, a_j)$，即在状态 s_i 时执行动作 a_j 的价值，进行学习。第二，动作不仅影响获得的奖励而且影响下一状态，并且我们从一个状态转移到另一个状态。第三，奖励被延迟，而我们需要能够从延迟的奖励值估计立即值。

18.3 增强学习的要素

学习决策者称为*智能主体*(agent)。智能主体与*环境*(environment)之间进行交互。环境包含了除智能主体之外的所有东西。智能主体具有感知器，它用来决定其在环境中所处的*状态*(state)，并执行一个修改其状态的*动作*。当智能主体执行一个动作时，环境提供一个*奖励*(reward)。时间被离散化为 $t=0, 1, 2, \cdots$，并且 $s_t \in S$ 表示智能主体在时刻 t 的状态，其中 S 是所有可能状态的集合。$a_t \in \mathcal{A}(s_t)$ 表示智能主体在时刻 t 所执行的动作，其中 $\mathcal{A}(s_t)$ 是在状态 s_t 时所有可能执行的动作集合。当处于状态 s_t 的智能主体执行动作 a_t 时，时钟嘀嗒，接收到奖励 $r_{t+1} \in \Re$，并且智能主体转移到下一个状态 s_{t+1}。整个问题通过*马尔科夫决策过程*(Markov Decision Process，MDP)来建模。奖励和下一状态分别采样于它们相应的概率分布 $p(r_{t+1}|s_t, a_t)$ 和 $P(s_{t+1}|s_t, a_t)$。注意，我们所有的是一个*马尔科夫*(Markov)系统，其中下一时刻的状态和奖励仅仅依赖于当前的状态和动作。在某些应用中，奖励和下一状态是确定性的，并且对某个状态和所执行的动作，存在一个可能的奖励值和下一状态。

520

依赖于应用，某一状态可能被指定为初始状态，而在某些应用中，也存在一个停止搜索的终止(目标)状态。所有在终止状态执行的动作都以概率 1 将状态转移到自身且没有任何奖励。从初始状态到终止状态的动作序列称为一个*片段*(episode)，或一次*试验*(trial)。

策略(policy)π 定义了智能主体的行为，并且是从环境的状态到动作之间的一个映射：$\pi: S \to \mathcal{A}$。策略定义了在任意状态 s_t 可以执行的动作：$a_t = \pi(s_t)$。策略 π 的价值 $V^\pi(s_t)$ 是智能主体从状态 s_t 开始，遵循该策略所获得的期望累积奖励。

在*有限时界*(finite-horizon)或*片段*(episodic)模型中，智能主体试图最大化后面 T 个步骤的期望奖励：

$$V^\pi(s_t) = E[r_{t+1} + r_{t+2} + \cdots + r_{t+T}] = E\left[\sum_{i=1}^{T} r_{t+i}\right] \tag{18-3}$$

某些任务是连续的，并且不存在预先固定的关于情景的限制。在*无限时界*(infinite-horizon)模型中，不存在序列长度的限制，但是未来的奖励将被打折扣：

$$V^\pi(s_t) = E[r_{t+1} + \gamma r_{t+2} + \gamma^2 r_{t+3} + \cdots] = E\left[\sum_{i=1}^{\infty} \gamma^{i-1} r_{t+i}\right] \tag{18-4}$$

其中 $0 \leqslant \gamma < 1$ 是*折扣率*(discount rate)，用于保证所返回的奖励是有限的。如果 $\gamma=0$，则只有立即的奖励计数。随着 γ 趋向于 1，未来的奖励将更多地被计算在内，而这时我们说智能主体变得更有远见了。γ 是小于 1 的，因为对于完成任务的动作序列总是有一个时间上的限制。智能主体也许是一个靠电池运行的机器人。因此我们喜欢更早获得的奖励而非更晚，因为我们不确定智能主体可以运行多久。

521

对每个策略 π，存在其价值 $V^\pi(s_t)$，我们想要找到*最优策略*(optimal policy)π^* 使得：

$$V^*(s_t) = \max_\pi V^\pi(s_t) \quad \forall s_t \tag{18-5}$$

在某些应用中，例如在控制中，我们更希望处理成对的状态-动作的价值 $Q(s_t, a_t)$，而不是简单状态的价值 $V(s_t)$。$V(s_t)$表示智能主体处于状态 s_t的价值，而 $Q(s_t, a_t)$表示当处于状态 s_t时执行动作 a_t的价值。我们定义 $Q^*(s_t, a_t)$为处于状态 s_t时执行动作 a_t并在其后遵循最优策略的期望累积奖励。状态的价值等于其上可采取的最优动作的价值：

$$
\begin{aligned}
V^*(s_t) &= \max_{a_t} Q^*(s_t, a_t) \\
&= \max_{a_t} E\left[\sum_{i=1}^{\infty} \gamma^{i-1} r_{t+i}\right] \\
&= \max_{a_t} E\left[r_{t+1} + \gamma \sum_{i=1}^{\infty} \gamma^{i-1} r_{t+i+1}\right] \\
&= \max_{a_t} E[r_{t+1} - \gamma V^*(s_{t+1})]
\end{aligned} \tag{18-6}
$$

$$
V^*(s_t) = \max_{a_t}\left(E[r_{t+1}] + \gamma \sum_{s_{t+1}} p(s_{t+1} \mid s_t, a_t) V^*(s_{t+1})\right)
$$

对于每一个可能的下一状态 s_{t+1}，以概率 $P(s_{t+1} \mid s_t, a_t)$转移到 s_{t+1}并自此遵循最优策略，所得到的期望累积奖励是 $V^*(s_{t+1})$。我们在所有可能的下一状态上求和，并且打折扣，因为它晚一个时间步。加上立即期望奖励，得到动作 a_t的总体期望累积奖励。最后我们选择所有动作中最好的一个。式(18-6)称为 Bellman 公式(Bellman equation)(Bellman 1957)。类似地，还可以有

522

$$
Q^*(s_t, a_t) = E[r_{t+1}] + \gamma \sum_{s_{t+1}} P(s_{t+1} \mid s_t, a_t) \max_{a_{t+1}} Q^*(s_{t+1}, a_{t+1}) \tag{18-7}
$$

一旦得到 $Q^*(s_t, a_t)$值，我们就可以定义策略 π 为执行动作 a_t^*，它在所有 $Q^*(s_t, a_t)$中具有最大值：

$$
\pi^*(s_t)\text{: 选择 } a_t^*\text{，其中 } Q^*(s_t, a_t^*) = \max_{a_t} Q^*(s_t, a_t) \tag{18-8}
$$

这意味着只要获得所有 $Q^*(s_t, a_t)$的值，那么在每个局部步骤中使用贪心搜索，就可以得到一个最优的步骤序列，该序列最大化累积(cumulative)奖励。

18.4 基于模型的学习

我们从基于模型的学习开始，其中我们完全知道环境模型的参数 $p(r_{t+1} \mid s_t, a_t)$和 $P(s_{t+1} \mid s_t, a_t)$。在这种情况下，我们不需要进行任何探索就可以使用动态规划直接对最优价值函数和策略求解。最优价值函数是唯一的，即为式(18-6)给出的联立方程的解。一旦获得了最优价值函数，最优策略就是选择最大化下一状态价值的动作：

$$
\pi^*(s_t) = \arg\max_{a_t}\left(E[r_{t+1} \mid s_t, a_t] + \gamma \sum_{s_{t+1} \in s} P(s_{t+1} \mid s_t, a_t) V^*(s_t + 1)\right) \tag{18-9}
$$

18.4.1 价值迭代

为了找到最优策略，可以使用最优价值函数，并且存在一个称为价值迭代(value iteration)的迭代算法，业已证明它收敛于正确的 V^* 值。价值迭代算法的伪代码在图 18-2 中。

```
将 V(s)初始化为任意值
Repeat
  For 所有的 s∈S
    For 所有的 a∈A
      Q(s, a)←E[r | s, a]+γ Σ_{s'∈S} P(s' | s,a)V(s')
    V(s)←max_a Q(s, a).
Until V(s)收敛
```

图 18-2 基于模型学习的价值迭代算法

我们说价值迭代是收敛的，如果两次迭代之间的最大价值差小于某个阈值 δ：

$$
\max_{s \in S} |V^{(l+1)}(s) - V^{(l)}(s)| < \delta
$$

其中 l 是迭代计数。由于我们只关心具有最大价值的动作，所以有可能在价值收敛于最优

价值之前策略就收敛于最优策略。每次迭代的复杂度是$\mathcal{O}(|S|^2|\mathcal{A}|)$，但是下一个可能状态数$k<|S|$很小，因此复杂度降低到$\mathcal{O}(k|S||\mathcal{A}|)$。

18.4.2 策略迭代

在策略迭代中，我们直接存储和更新策略，而不是间接地通过价值迭代寻找最优策略。图18-3给出了其伪代码。其思想是从一个策略开始，不断地改进它直到没有改变为止。价值函数可通过求解线性方程来计算。然后检验是否可以通过将这些解考虑在内而改进策略。这一步骤保证了对策略的改进，并且当不再可能继续改进时，可以确保所得到的策略是最优的。该算法每次迭代的时间复杂度是$\mathcal{O}(|\mathcal{A}||S|^2+|S|^3)$，比价值迭代的复杂度高，但是策略迭代比价值迭代需要更少的迭代次数。

```
任意初始化一个策略 π'
Repeat
  π ← π'
  通过解线性方程组，计算使用 π 的价值
    V^π(s) = E[r|s, π(s)] + γ Σ_{s'∈S} P(s'|s,π(s)) V^π(s')
  在每个状态上改进策略
    π'(s) ← arg max_a (E[r|s, a] + γ Σ_{s'∈S} P(s'|s,a) V^π(s'))
Until π = π'
```

图18-3 基于模型学习的策略迭代算法

523
~
524

18.5 时间差分学习

通过奖励和下一状态的概率分布来定义模型，而且从18.4节可以看到，当这些值均为已知时，可以使用动态规划来求解最佳策略。然而，这些方法代价很高，并且我们很少具有如此完全的关于环境的知识。增强学习更有趣和更实际的应用是当没有模型时。这时，需要对环境进行探索来查询模型。我们首先讨论如何进行探索，而后我们讨论在确定性和非确定性情况下的无模型学习算法。尽管我们并不假定关于环境模型的全部知识是已知的，但是还是要求模型是固定的。

正如我们稍后将要看到的，当我们进行探索并得以看到下一个状态的价值和奖励时，我们利用这一信息来更新当前状态的价值。这些算法称为*时间差分*(temporal difference)算法，因为我们所做的是考察一个状态(或状态-动作对)的价值的当前估计值与下一状态和所得到奖励的折扣值之间的差。

18.5.1 探索策略

为了对环境进行探索，一种可能的方法是使用ε贪心(ε-greedy)搜索，其中我们以概率ε在所有可能的动作中均匀、随机地选择一个动作，即进行探索。而以概率$1-\varepsilon$选择已知的最好动作，即进行利用。我们并不想无休止地进行探索，而是一旦进行了足够的探索就开始对其利用；为此，我们以一个较大的ε值开始，并逐渐减小它。我们需要确认所采取的策略是软(soft)策略，也就是说，在状态$s\in S$执行任意动作$a\in\mathcal{A}$的概率大于0。

我们可以根据概率进行选择，使用软最大函数将价值转化为概率：

$$P(a|s)=\frac{\exp Q(s,a)}{\sum_{b\in\mathcal{A}}\exp Q(s,b)} \tag{18-10}$$

然后根据这些概率对动作进行选择。为了逐渐从探索向利用转移，可以使用一个“温度”变量T，并定义选择动作a的概率为：

$$P(a|s)=\frac{\exp[Q(s,a)/T]}{\sum_{b\in\mathcal{A}}\exp[Q(s,b)/T]} \tag{18-11}$$

525

当 T 很大时，所有的概率都相等，因而我们进行的是探索。而当 T 很小时，更好的动作更被青睐。因此，我们的策略是以一个大的 T 值开始并逐渐减小它，这称为退火(annealing)过程，在这种情况下就是在时间上平滑地从探索过渡到利用。

18.5.2　确定性奖励和动作

在无模型学习中，我们首先讨论较为简单的确定性情况，其中对任意状态-动作对，只有一个可能的奖励和下一状态。在这种情况下，式(18-7)简化为：

$$Q(s_t,a_t)\leftarrow r_{t+1}+\gamma\max_{a_{t+1}}Q(s_{t+1},a_{t+1}) \tag{18-12}$$

我们简单地将其作为一个赋值来更新 $Q(s_t, a_t)$。当处于状态 s_t 时，使用之前所见到的各种随机策略之一选择一个动作 a_t，这返回一个奖励 r_{t+1} 并转移到状态 s_{t+1}。然后，前一动作的价值更新为：

$$\hat{Q}(s_t,a_t)\leftarrow r_{t+1}+\gamma\max_{a_{t+1}}\hat{Q}(s_{t+1},a_{t+1}) \tag{18-13}$$

其中 Q 上加帽表示该值为估计值。$\hat{Q}(s_{t+1}, a_{t+1})$是一个稍后的值，因此有更高的概率是正确的。我们以 γ 对其进行折扣并加上立即奖励(如果有)，并将此作为前一个$\hat{Q}(s_t, a_t)$的新估计。这称为后推(backup)，因为这可以看作取下一个时间步骤中动作的价值估计并“将其后退”用来修改当前动作的价值估计。

目前，我们假定所有的值$\hat{Q}(s_t, a_t)$存储于一张表中。稍后，我们讨论当$|S|$和$|A|$很大时，如何更为简洁地存储这些信息。

初始时，所有的$\hat{Q}(s_t, a_t)$均为 0，并且作为试验片段的结果及时更新。假设我们有一个状态转移序列，并且在每次转移时，使用式(18-13)用当前状态-动作对的 Q 值来更新前一对状态-动作的 Q 值的估计。在中间状态，所有的奖励为 0 从而价值为 0，因此不进行更新。当到达目标状态时，得到奖励 r，因而可以将前一对状态-动作的 Q 值更新为 γr。对于这个之前的状态-动作对，其立即奖励为 0 且来自下一状态-动作对的贡献又因为晚一步而以 γ 折扣。于是，在下一个片段中，如果再次到达这个状态，则将其前一状态更新为 $\gamma^2 r$，以此类推。按照这种方式，经过多个片段后，这一信息被后推到更早的状态-动作对。随着我们寻找到具有更高累积奖励的路径，如更短路径，这些 Q 值不断递增直到它们的最优值，而且这些 Q 值绝不会降低(参见图 18-4)。

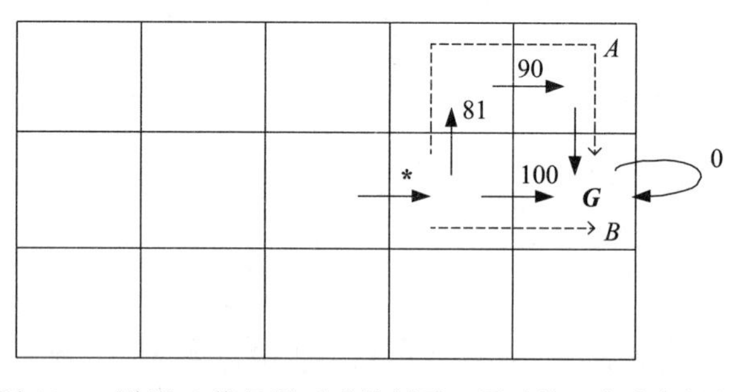

图 18-4　说明 Q 值只增不减的例子。图示是一个确定性的网格世界，其中 G 是目标状态并具有奖励 100，所有其他立即奖励均为 0 且有 $\gamma=0.9$。考虑由星号标记的转移的 Q 值，而且只考虑 A 和 B 两条路径。假设在看到路径 B 之前先看到路径 A，则有 $\gamma\max(0, 81)=72.9$。如果之后又看到了 B，则找到了更短的路径，而 Q 的值变为 $\gamma\max(100, 81)=90$。如果路径 B 在 A 之前看到，则 Q 值为$\gamma\max(100, 0)=90$。于是，当看到 A 时，(寻找到路径 A 时)Q 的值不变，因为 $\gamma\max(100, 81)=90$

注意，这里我们并不知道奖励或下一状态函数。它们是环境的一部分，就好像是我们在探索时对其进行查询。我们也不对其进行建模，尽管有这种可能性。我们只是原样接受它们并通过估计的价值函数来直接学习最优策略。

18.5.3 非确定性奖励和动作

如果奖励和动作的结果都不是确定性的，则有一个奖励从中抽样的概率分布 $p(r_{t+1}|s_t, a_t)$，并且存在一个下一状态的概率分布 $P(s_{t+1}|s_t, a_t)$。这些概率分布函数帮助我们对环境中不可控制的力量所引发的非确定性进行建模。这些不可控制的力量是国际象棋中的对手、西洋双陆棋中的骰子，或者我们对系统知识的匮乏等。例如，或许我们有一个不完美的机器人，它有时候无法按预定的方向前进而产生偏离，或者比期望的距离走得更近或更远。

526
~
527

在这种情况下，有

$$Q(s_t, a_t) = E[r_{t+1}] + \gamma \sum_{s_{t+1}} P(s_{t+1}|s_t, a_t) \max_{a_{t+1}} Q(s_{t+1}, a_{t+1}) \tag{18-14}$$

在这种情况下，我们不能进行直接赋值，因为对于相同的状态或动作，我们可能获得不同的奖励或者转移到不同的下一状态。我们所做的是取移动平均。这称为 Q 学习（Q learning）算法：

$$\hat{Q}(s_t, a_t) \leftarrow \hat{Q}(s_t, a_t) + \eta(r_{t+1} + \gamma \max_{a_{t+1}} \hat{Q}(s_{t+1}, a_{t+1}) - Q(s_t, a_t)) \tag{18-15}$$

我们将这些 $r_{t+1} + \gamma \max_{a_{t+1}} \hat{Q}(s_{t+1}, a_{t+1})$ 值看作每个 (s_t, a_t) 对的实例的一个样本，并希望 $\hat{Q}(s_t, a_t)$ 收敛到其均值。与通常一样，为了收敛，η 的值随时间递减，并且已经证明该算法收敛于最优的 Q^* 值（Watkins 和 Dayan 1992）。Q 学习算法的伪代码见图 18-5。

```
任意初始化所有的 Q(s, a)
For 所有的片断
  初始化 s
  Repeat
    使用由 Q 导出的策略(例如，ε 贪心)选择 a
    执行动作 a，观测 r 和 s'
    更新 Q(s, a)：
      Q(s, a)←Q(s, a)+η(r+γ max_a' Q(s', a')−Q(s, a))
    s←s'
Until s 是终止状态
```

图 18-5　Q 学习，它是一种离策略时间差分学习算法

我们还可以认为式(18-15)的作用是减小当前的 Q 值和一个时间步骤之后的被后推的估计之间的差。这类算法称为时间差分（Temporal Difference，TD）算法（Sutton 1988）。

这是一种离策略（off-policy）方法，因为该方法使用下一个最优动作是而不使用策略。在一个在策略（on-policy）方法中，策略还用于确定下一个动作。Q 学习的在策略版本就是 Sarsa 算法，其伪代码在图 18-6 中。我们看到，在策略的 Sarsa 算法不是寻找所有可能的下一动作 a' 并选择其中最好的，而是使用从 Q 值推导出的策略来选择下一个动作 a'，并使用该动作的 Q 值来计算时间差分。在策略方法估计一个策略的价值并用它来采取动作。而在离

```
任意初始化所有的 Q(s, a)
For 所有的片段
  初始化 s
  使用由 Q 导出的策略(例如 ε-贪心)选择 a
  Repeat
    执行动作 a，观测 r 和 s'
    使用由 Q 导出的策略(例如 ε-贪心)选择 a'
    更新 Q(s, a)：
      Q(s, a)←Q(s, a)+η(r+γQ(s', a')−Q(s, a))
    s←s', a←a'
Until s 是终止状态
```

图 18-6　Sarsa 算法，它是 Q 学习算法的在策略版本

策略方法中，这些都是分离的，并且用于产生行为的策略称为行为(behavior)策略。行为策略事实上可能不同于称为估计(estimation)策略的被评估和被改进的策略。

如果采用 GLIE 策略来选择动作，则 Sarsa 算法以概率 1 收敛到最优策略和状态-动作值。GLIE(Greedy in Limit with Infinite Exploration，使用无限探索的极限贪心)策略：1)所有状态-动作对都被访问无限次；并且 2)策略收敛到贪心策略的极限(贪心策略是可设定的，比如使用 ε 贪心策略时，设定 $\varepsilon=1/t$)。

除了 $Q(s, a)$之外，时间差分相同的思想还可以用于学习 $V(s)$值。TD 学习(TD learning)(Sutton 1988)使用如下的更新规则来更新状态值：

$$V(s_t) \leftarrow V(s_t) + \eta[r_{t+1} + \gamma V(s_{t+1}) - V(s_t)] \tag{18-16}$$

528 ~ 529

上式依然是一个 delta 规则，其中 $r_{t+1} + \gamma V(s_{t+1})$是更好的、后一时刻的预测，而 $V(s_t)$是当前的估计。它们之间的差就是时间差分，而更新是为了减小这个差。更新因子 η 逐渐减小，因而 TD 确保收敛到最优值函数 $V^*(s)$。

18.5.4 资格迹

前面的算法均为单步算法，即是时间差分仅用于更新前一个(状态或状态-动作对的)值。资格迹(eligibility trace)是对以往出现的状态-动作对的一个记录，它使我们可以实现时间信度分配，并且还可以更新以往达到的状态-动作对的值。我们以 Sarsa 算法学习 Q 值为例来说明这些是如何完成的。对其进行修改来学习 V 值是直截了当的。

为了存储资格迹，需要为每个状态-动作对关联一个附加的内存变量 $e(s, a)$，初始化为 0。当状态-动作对(s, a)被访问时，也就是说，在状态 s 执行动作 a 时，其资格被设置为 1；其他所有状态-动作对的资格乘以 $\gamma\lambda$。$0\leqslant\lambda\leqslant1$ 是迹衰减参数。

$$e_t(s,a) = \begin{cases} 1 & \text{如果 } s = s_t \text{ 且 } a = a_t \\ \gamma\lambda e_{t-1}(s,a) & \text{否则} \end{cases} \tag{18-17}$$

如果某一状态-动作对从未被访问过，则其资格保持为 0；如果它被访问过，则随着时间的流逝和其他状态-动作对被访问，该状态的资格依赖于 γ 和 λ 的值进行衰减(参见图 18-7)。

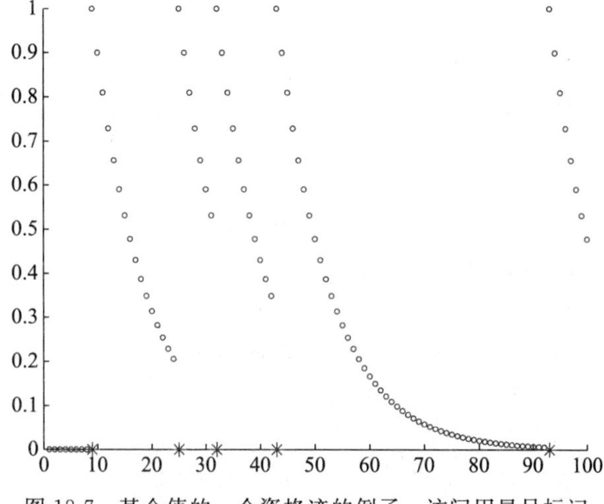

图 18-7 某个值的一个资格迹的例子。访问用星号标记

在 Sarsa 算法中，在时刻 t 的时间误差为：

$$\delta_t = r_{t+1} + \gamma Q(s_{t+1}, a_{t+1}) - Q(s_t, a_t) \tag{18-18}$$

在具有资格迹的 Sarsa 中，称为 Sarsa(λ)，所有状态-动作对按下式更新：

$$Q(s,a) \leftarrow Q(s,a) + \eta\delta_t e_t(s,a), \quad \forall s,a \tag{18-19}$$

上式对所有状态-动作对的资格进行更新，其中更新依赖于它们过去出现有多久。λ 值定义时间信度：如果 $\lambda=0$，则只进行单步更新。我们在 18.5.3 节讨论的算法就是属于这类，也正因为如此，它们命名为 $Q(0)$、Sarsa(0)或 TD(0)。随着 λ 趋近于 1，之前的更多步骤被考虑在内。当 $\lambda=1$ 时，所有之前的步骤均被考虑在内，并且分配给它们的信度仅以每步 γ 下降。在在线更新中，所有的资格值在每步之后立即更新；而在离线更新中，更新累积至片段结束进行一次性更新。在线更新花费更多的时间但是收敛得更快。Sarsa(λ)的伪代码在图 18-8 中。$Q(\lambda)$和 TD(λ)算法可类似地得到(Sutton 和 Barto 1998)。

```
任意初始化所有的 Q(s, a), e(s, a)←0, ∀s, a
For 所有的片段
  初始化 s
  使用由 Q 导出的策略(例如, ε 贪心)选择 a
  Repeat
    执行动作 a 观测 r 和 s'
    使用由 Q 导出的策略(例如, ε 贪心)选择 a'
    δ←r+γQ(s', a')−Q(s, a)
    e(s, a)←1
    For 所有的 s, a:
      Q(s, a)←Q(s, a)+ηδe(s, a)
      e(s, a)←γλe(s, a)
    s←s', a←a'
  Until s 是终止状态
```

图 18-8 Sarsa(λ)算法

18.6 推广

迄今为止，我们假定 $Q(s, a)$值(或者 $V(s)$值，如果我们估计的是状态值)存储在一个查找表中，而我们之前考虑的各种算法称为*表格*(tabular)算法。这种方法存在几个问题：1)当状态数和动作数很大时，表格的尺寸会变得非常大；2)状态和动作可能是连续的，例如，将方向盘以某个角度进行调整，而使用表格，需要对这些连续值进行离散化，这可能会导致误差；3)当搜索空间比较大时，可能需要非常多的片段才能以可接受的准确程度填满表格的所有项。

取代使用表格存储 Q 值，我们可以将这个问题看作一个回归问题。这是一个监督学习问题，其中我们定义一个回归器 $Q(s, a|\boldsymbol{\theta})$，将 s 和 a 作为输入并通过参数向量 $\boldsymbol{\theta}$ 进行参数化来学习 Q 值。例如，这个回归器可以是一个人工神经网络，以 s 和 a 为输入，一个输出，并以 $\boldsymbol{\theta}$ 为连接权重。

一个好的函数逼近器具有通常意义上的优点并可以解决之前讨论过的问题。一个好的逼近可以用一个简单模型来实现，而不必显式存储训练实例，可以使用连续输入，并且可以推广。如果我们知道相似的(s, a)对具有相似的 Q 值，则我们可以对之前的情况进行推广并产生好的 $Q(s, a)$值，即使这一状态-动作之前从未遇到过。

为了能够对回归器进行训练，我们需要一个训练集。在 Sarsa(0)的情况下，之前我们看到，我们希望 $Q(s_t, a_t)$的值接近于 $r_{t+1}+\gamma Q(s_{t+1}, a_{t+1})$。这样，我们可以形成一个训练集，其中输入是状态-动作对(s_t, a_t)，而要求的输出是 $r_{t+1}+\gamma Q(s_{t+1}, a_{t+1})$。我们可以将均方误差写为：

$$E^t(\boldsymbol{\theta}) = [r_{t+1} + \gamma Q(s_{t+1}, a_{t+1}) - Q(s_t, a_t)]^2 \tag{18-20}$$

可以类似地为 $Q(0)$和 TD(0)定义训练集。对于后者而言，我们学习 $V(s)$，要求的输出是 $r_{t+1}+\gamma V(s_{t+1})$。一旦准备好训练集，我们就可以使用任何监督学习算法在该训练集

530 ≀ 532

上进行学习。

如果我们像训练神经网络那样使用梯度下降方法，则参数向量可更新如下：

$$\Delta\boldsymbol{\theta} = \eta[r_{t+1} + \gamma Q(s_{t+1}, a_{t+1}) - Q(s_t, a_t)]\nabla\boldsymbol{\theta}_t Q(s_t, a_t) \tag{18-21}$$

这是单步更新。而在 Sarsa(λ)中，资格迹也被考虑在内：

$$\Delta\boldsymbol{\theta} = \eta\delta_t \boldsymbol{e}_t \tag{18-22}$$

其中时间差分误差是：

$$\delta_t = r_{t+1} + \gamma Q(s_{t+1}, a_{t+1}) - Q(s_t, a_t)$$

并且资格参数向量更新如下：

$$\boldsymbol{e}_t = \gamma\lambda \boldsymbol{e}_{t-1} + \nabla_{\boldsymbol{\theta}_t} Q(s_t, a_t) \tag{18-23}$$

其中 $\boldsymbol{e}_0$ 为零向量。在表格算法的情况下，会为每对状态-动作存储其资格，因为这些就是(存储为表格的)参数。而在使用估计子的情况下，资格是与估计子的参数相关联的。我们也注意到这非常类似于用于稳定向后传播的动量法(11.8.1 节)。不同之处在于在动量法中记忆的是先前的权重变化，而这里记忆的是先前的梯度向量。根据计算 $Q(s_t, a_t)$所使用的模型，比如神经网络，将其梯度向量插入式(18-23)。

理论上，任何回归方法都可用于训练 Q 函数，但是针对这一特定任务还是有许多要求。首先，使用的方法应可以推广，也就是说，我们的确需要保证相似的状态和动作具有相似的 Q 值。同时与在其他任意应用中一样，也需要对 s 和 a 有一个好的表示，使得相似性比较明显。其次，增强学习更新以一个接一个的方式提供实例，而不是作为一个整体的训练集，因而学习算法应当有能力进行单个更新来对新的实例进行学习并且不会忘记以前已经学到的东西。例如，只使用一个很小的学习率，一个使用向后传播的多层感知器可通过一个单个实例进行训练。或者，可以收集这些实例形成一个训练集来进行学习，但是这种方法减慢了学习速度，因为在一个足够大的样本集被收集到之前不会进行任何学习。

533

由于这些原因，使用局部学习器对 Q 值进行学习似乎是一个好主意。在这类方法中，例如在径向基函数中，信息被局部化并且当对一个新的实例进行学习时，学习器的一个局部被更新，而不损坏其他部分的信息。相同的要求也适用于用 $V(s_t|\boldsymbol{\theta})$估计状态值。

18.7 部分可观测状态

18.7.1 场景

在某些应用中，智能主体并不确切地知道系统状态。智能主体配备传感器，传感器返回观测(observation)，而智能主体使用这些观测对系统状态进行估计。比如我们有一个在房间内导航的机器人。这个机器人也许并不知道它在房间内的确切位置，或者，还有其他什么东西在房间内。机器人可能装备了一个照相机，使用它来记录传感观测。虽然这样并不能告诉机器人其确切的状态，但是可以提供关于它可能状态的提示信息。例如，这个机器人可能只是知道其右边有一个障碍物。

这一场景类似于一个马尔科夫决策过程，不同之处是在执行动作 a_t之后，新的状态 s_{t+1}是未知的，但是我们有一个观测 o_{t+1}，它是一个关于 s_t 和 a_t 的随机函数：$p(o_{t+1}|s_t, a_t)$。这称为部分可观测马尔科夫决策过程(Partially Observable MDP，POMDP)。如果 $o_{t+1}=s_{t+1}$，则 POMDP 简化为 MDP。这就像可观测的和隐马尔科夫模型之间的差别，而且它们的求解也类似。也是说，我们需要从观测来推断状态(或状态概率分布)并据此执行动作。如果智能主体认为其处于状态 s_1的概率为 0.4 而处于状态 s_2的概率为 0.6，则任一动作的值就是 0.4 乘以在 s_1状态执行该动作的值加上 0.6 乘以在 s_2状态执行该动作的值。

对于观测而言，马尔科夫性质并不成立。下一状态的观测并不仅仅依赖于当前的动作和观测。当只存在有限的观测时，两个状态表面上看起来可能是一样的，但是实际上是不同的，而且如果这两个状态要求执行不同的动作，那么就会导致以累积奖励为度量的性能上的损失。智能主体应当以某种方式将过去的轨迹压缩到一个当前的单一状态估计中。这些过去的观测还可以通过将观测上的一个过去的窗口作为策略的输入而被计算在内，或者使用递归神经网络(11.12.2 节)，在不忘记过去观测的同时维持状态估计。 534

在任何时候，智能主体都可以计算最可能的状态并执行相应的动作。或者，它可以执行动作来收集信息并减小不确定性。例如，搜索地标，或停下来询问方向等。这意味着信息价值(value of information)的重要性，并且事实上 POMDP 可以建模为动态影响图(16.8 节)。智能主体根据动作所提供的信息、所产生的奖励大小以及它们如何改变环境状态来选择动作。

为了保持整个过程是马尔科夫的，智能主体维护一个内部的信任状态(belief state)b_t 来对其经历进行总结(参见图 18-9)。智能主体有一个状态估计子(state estimator)，它基于上一动作 a_t、当前观测 o_{t+1} 和前一信任状态 b_t 来更新信任状态 b_{t+1}。智能主体还有一个策略 π，它与完全可观测环境中所使用的真实状态相反，策略 π 基于这个信任状态产生下一动作 a_{t+1}。信任状态是给定初始信任状态(在执行任何动作之前)的环境状态和智能主体以往的观测-动作历史(没有遗漏任何可能提高智能主体性能的信息)上的概率分布。在这种情况下，Q 学习使用信任状态-动作对的值，而不是实际的状态-动作对的值：

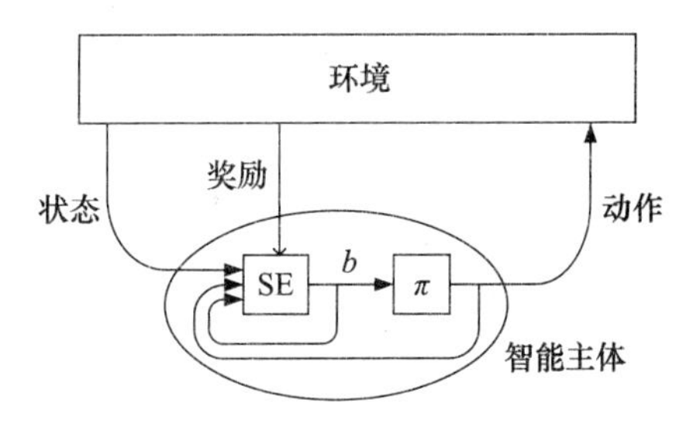

图 18-9 在部分可观测环境中，智能主体具有一个状态估计子(SE)，它对内部信任状态 b 进行维护，同时策略 π 根据这些信任状态产生动作

$$Q(b_t, a_t) = E[r_{t+1}] + \gamma \sum_{b_{t+1}} P(b_{t+1} \mid b_t, a_t) V(b_{t+1}) \tag{18-24}$$ 535

18.7.2 例子：老虎问题

现在，我们讨论一个例子，它与 Kaelbling，Littmann 和 Cassandra 1998 讨论的，并在 Thrun，Burgard 和 Fox 2005 中作为例子修改的老虎问题(tiger problem)稍微有点不同。假设我们正站在两扇门前，一扇门在我们的左边，而另一扇在右边，它们分别通往两个房间。两扇门之一的后面潜伏着一只老虎，而另一扇门后有一笔财富。对此，我们并不知晓。如果我们打开有老虎的门，则我们得到很大的负奖励，而如果我们打开有财富房间的门，则我们得到某种正奖励。隐藏状态 z_L 是老虎的位置。假设 p 表示老虎在左边房间的概率，因而老虎在右边房间的概率为 $1-p$：

$$p \equiv P(z_L = 1)$$

两个动作是 a_L 和 a_R，分别对应于打开左边或右边的门。奖励是

$r(A, Z)$	老虎在左边	老虎在右边
打开左边的门	−100	+80
打开右边的门	+90	−100

我们可以计算这两个动作的期望奖励。不存在进一步的奖励，因为一旦我们打开两扇门中的一扇，片段就结束了。

$$R(a_L)=r(a_L,z_L)P(z_L)+r(a_L,z_R)P(z_R)=-100p+80(1-p)$$

$$R(a_R)=r(a_R,z_L)P(z_L)+r(a_R,z_R)P(z_R)=90p-100(1-p)$$

给定这些奖励，如果 p 接近于 1，即如果我们相信老虎在左边的可能性大，则正确的动作是选择右边的门。类似地，如果 p 接近于 0，则最好选择左边的门。

当 p 在 0.5 附近时，二者交叉，并且期望奖励大约为−10。事实上，当 p 在 0.5 附近时(当我们不确定时)期望奖励为负表明收集信息的重要性。如果我们能够增加探测设备来降低不确定性，即是如果我们能够把 p 从 0.5 移动到 0 或 1 附近，则我们可以采取具有高的正奖励的行动。检测动作 a_S 可以具有较小的负奖励：$R(a_S)=-1$。这可以看作检测的开销，或看作等价于对未来奖励按 $\gamma<1$ 打折扣，因为我们推迟了采取(打开一扇门的)实际行动。

536

在这种情况下，期望的奖励和最佳动作的价值显示在图 18-10a 中：

$$V=\max(a_L,a_R,a_S)$$

假设作为检测的输入，使用麦克风检测老虎是在左边门后还是在右边门后，但是我们只有一个不可靠的传感器(因此我们仍然处在部分可观测状态)。假设只能以 0.7 的概率检测老虎的存在：

$$P(o_L|z_L)=0.7 \quad P(o_L|z_R)=0.3$$

$$P(o_R|z_L)=0.3 \quad P(o_R|z_R)=0.7$$

如果我们检测了 o_L，则我们对老虎位置的看法改变：

$$p'=P(z_L|o_L)=\frac{P(o_L|z_L)P(z_L)}{p(o_L)}=\frac{0.7p}{0.7p+0.3(1-p)}$$

其效果显示在图 18-10b 中，图中，绘制了 $R(a_L|o_L)$。检测到 o_L 使得打开右边门在更宽的范围内成为较好的动作。我们拥有的传感器越好(如果正确检测的概率从 0.7 移近 1)，这个范围就越大。类似地，正如在图 18-10c 中所看到的，如果检测到 o_R，则提高了打开左边门的可能性。注意：在需要(多次)检测的地方，检测也可能缩小这个范围。

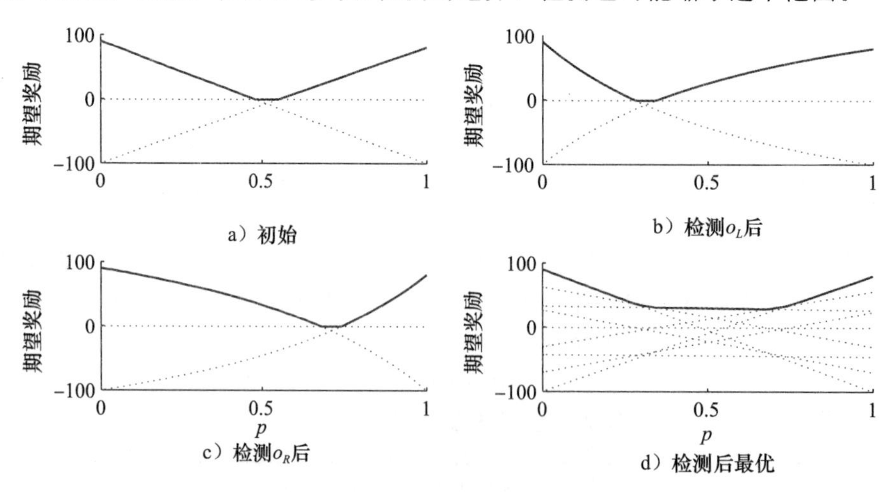

图 18-10　老虎问题的期望奖励和检测的效果

在这种情况下，动作的期望奖励是

$$\begin{aligned}R(a_L|o_L)&=r(a_L,z_L)P(z_L|o_L)+r(a_L,z_R)P(z_R|o_L)\\&=-100p'+80(1-p')\end{aligned}$$

$$=-100\frac{0.7p}{p(o_L)}+80\frac{0.3(1-p)}{p(o_L)}$$

$$R(a_R|o_L)=r(a_R,z_L)P(z_L|o_L)+r(a_R,z_R)P(z_R|o_L)$$

$$=90p'-100(1-p')$$

$$=90\frac{0.7p}{p(o_L)}-100\frac{0.3(1-p)}{p(o_L)}$$

$$R(a_S|o_L)=-1$$

这种情况下，最佳动作是最大化这三者的动作。类似地，如果我们检测到 o_R，则期望奖励变成

$$R(a_L|o_R)=r(a_L,z_L)P(z_L|o_R)+r(a_L,z_R)P(z_R|o_R)$$

$$=-100\frac{0.3p}{p(o_R)}+80\frac{0.7(1-p)}{p(o_R)}$$

$$R(a_R|o_L)=r(a_R,z_L)P(z_L|o_R)+r(a_R,z_R)P(z_R|o_R)$$

$$=90\frac{0.3p}{p(o_R)}-100\frac{0.7(1-p)}{p(o_R)}$$

$$R(a_S|o_R)=-1$$

为了计算期望奖励，我们需要在两个传感器读数上用它们的概率取加权平均：

537 ~ 538

$$V'=\sum_j[\max_j R(a_i|o_j)]P(O_j)$$

$$=\max(R(a_L|o_L),R(a_R|o_L),R(a_S|o_L))P(o_L)+$$
$$\max(R(a_L|o_R),R(a_R|o_R),R(a_S|o_R))P(o_R)$$

$$=\max(-70p+24(1-p),63p-30(1-p),-0.7p-0.3(1-p))+$$
$$\max(-30p+56(1-p),27p-70(1-p),-0.3p-0.7(1-p))$$

$$=\max\begin{pmatrix}-100p & +80(1-p)\\ -43p & -46(1-p)\\ 33p & +26(1-p)\\ 90p & -100(1-p)\end{pmatrix} \tag{18-25}$$

注意，当我们乘以 $P(o_L)$时，它被约去，而我们得到 p 的线性函数。这 5 条线和对应于它们的最大值的分段函数显示在图 18-10d 中。注意直线 $-40p-5(1-p)$ 以及涉及 a_S 的直线都在其他直线的下方，因此可以安全地删除。图 18-10d 比图 18-10a 更好这一事实表明了信息的价值。

这里，我们要计算的是选取 a_S后的最佳动作的值。例如，第一条线对应于选取 a_S之后选择 a_L。因此，为了找到长度为 2 的片断的最佳决策，需要通过减 1 来实现(-1 是 a_S 的奖励)，并得到检测动作的期望奖励。等价地，可以把这看作具有立即奖励 0 但将未来的奖励按 $\gamma<1$ 打折的等待。我们还有两个通常的动作 a_L和 a_R，并且我们选择这 3 个动作中(两个立即动作和一个打折的未来动作)的最佳动作。

现在，让我们像 Thrun，Burgard 和 Fox 2005 的例子中那样，将问题设计得更有趣。我们假设两个房间之间有一扇门，而我们并看不到，老虎可以从一个房间到另一个房间。假设这是一只好动的老虎，它待在一个房间的概率为 0.2，而走到另一个房间的概率为 0.8。这意味着 p 也应该更新为

$$p'=0.2p+0.8(1-p)$$

并且在选择 a_S之后选择最佳动作时，在式(18-25)中使用这个更新后的 p：

$$V' = \max\begin{pmatrix} -100p' & +80(1-p') \\ 33p' & +26(1-p') \\ 90p' & -100(1-p') \end{pmatrix}$$

539

图 18-11b 对应于使用该更新后 p'的图 18-10d。现在，当规划长度为 2 的片断时，有两个立即动作 a_L和 a_R，或者当 p 改变时等待并检测，然后执行动作并得到它的打折的奖励(见图 18-11b)：

$$V_2 = \max\begin{pmatrix} -100p & +80(1-p) \\ 90p & -100(1-p) \\ & \max V' - 1 \end{pmatrix}$$

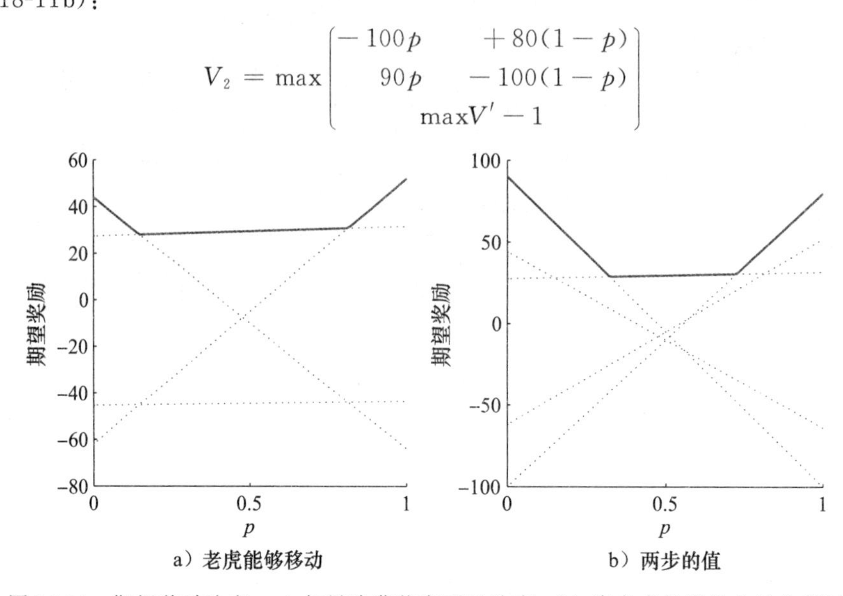

图 18-11 期望奖励改变：a）如果隐藏状态可以改变，b）当考虑长度为 2 的片断时

我们看到图 18-11b 比图 18-10a 好。当错误动作可能导致大的惩罚时，最好推迟决断，寻求附加的信息，并提前规划。可以通过以下方法来考虑更长的片断：继续 p 的迭代更新，通过减 1 打折，并包含两个立即动作 a_L和 a_R以便计算 $V_t(t>2)$。

我们刚才讨论的用分段线性函数表示的算法只能在状态数、动作数、观测数和片断长度均为有限时才能使用。即便在这些值的某个不太小或存在连续值的应用中，算法的复杂度仍很高，因而需要借助具有合理复杂度的近似算法。这类算法的综述在 Hauskrecht 2000 以及 Thrun、Burgard 和 Fox 2005 中。

540

18.8 注释

关于增强学习的更多信息可以在 Sutton 和 Barto(1998)的教科书中找到，该书讨论了增强学习的各个方面、学习算法以及多种应用。而 Kaelbling，Littman 和 Moore 1996 是增强学习的全面介绍。Thrun，Burgard 和 Fox 2005 包含增强学习用于机器人的近期工作，还给出了一些令人印象深刻的应用。

Bertsekas 1987 以及 Bertsekas 和 Tsitsiklis 1996 讨论了动态规划方法，而 TD(λ)和 Q 学习可以看作动态规划的随机近似(Jaakkola，Jordan 和 Singh 1994)。与经典的动态规划相比，增强学习有两个优点：首先，在学习期间，增强学习可以专注于空间的重要部分而忽略其他部分；其次，增强学习可以使用函数逼近方法来表示知识，进而得以推广和更快地学习。

一个相关的领域是学习自动机(learning automata)(Narendra 和 Thathachar 1974)，它是有限状态机器，通过“试错”学习解决类似于 K 臂赌博机问题。我们这里所讨论的场景同样也是最优控制的课题，其中一个控制器(智能主体)在设施(环境)中执行动作来最小化系统开销(最大化奖励)。

最早使用时间差分方法的是 Samuel 写于 1959 年的跳棋游戏程序(Sutton 和 Barto 1998)。对于游戏中每对连续的位置，通过棋盘评估函数对两个棋盘状态进行评估，进而引发一个更新来减小它们之间的差异。关于游戏方面的研究工作很多，因为其兼具易于定义和挑战性的特点。对类似国际象棋游戏的模拟也易于进行：允许的棋步可以形式化且目标明确。尽管定义游戏是简单的，但是以专家级别进行游戏却是非常困难的。

增强学习最令人印象深刻的应用之一是 TD-Gammon 程序。该程序通过与自己对弈来学习下西洋双陆棋(Tesauro 1995)。该程序优于同样由 Tesauro 开发的 neruogammon 程序，后者基于与专家对弈，以监督学习方式进行训练。西洋双陆棋是大约有 10^{20} 种状态的复杂任务，并存在由于掷骰子而产生的随机性。使用 TD(λ)算法，TD-Gammon 程序在经过与自身副本 1 500 000 次对弈后达到了大师级水平。

另一个有趣的应用是作业车间调度(job shop scheduling)问题，或寻找满足时间和资源约束的任务调度问题(Zhang 和 Dietterich 1996)。某些任务必须在其他任务开始之前完成，并且需要相同资源的两个任务不能同时进行。Zhang 和 Dietterich 使用增强学习很快找到了满足约束且较短的调度方式。每个状态是一个调度，而动作是调度更改，最终程序找到的不仅是一个好的调度，而且是对一类相关调度问题均有效的调度。

541

最近提出了层次化方法，它将问题分解为一组子问题。其优点是针对子问题学习而得到的策略可在多个问题上共享，这加快了对新问题的学习速度(Dietterich 2000)。每个子问题都更简单并且对它们单独进行学习更快一些。缺点是当对子问题的策略进行组合时，所得到的策略可能是次最优的。

尽管增强学习算法比监督学习算法慢一些，但很明显它们具有更广泛的应用且具有构建更好学习机器的潜力(Ballard 1997)。它们不需要任何监督，因而可能实际上更好一些，因为不会被老师误导。例如，Tesauro 的 TD-Gammon 程序在某些情况下所走的棋步比最好的棋手所走的棋步还要好。增强学习领域发展迅速，因而我们可以期待在不远的将来看到其他引人注目的成果。

18.9 习题

1. 给定图 18-12 的网格世界，如果达到目标的奖励为 100 且 $\gamma=0.9$，手工计算$Q^*(s, a)$，$V^*(S)$以及最优策略的动作。
2. 用习题 1 中相同的配置，使用 Q 学习算法学习最优策略。
3. 在习题 1 中，如果在右下角加入另一个目标状态，最优策略将如何改变？如果在右下角的状态定义奖励为-100(非常坏的状态)将发生什么？
4. 作为对 $\gamma<1$ 的替代，可以有 $\gamma=1$ 并且所有中间(非目标)状态都具有一个负的奖励$-c$。这二者有何差异？
5. 在习题 1 中，假设达到目标的奖励服从均值为 100 和方差为 40 的正态分布。同时假设动作也是随机的，即当机器人向一个方向前进时，它以 0.5 的概率向预定的方向前进，同时以 0.25 的概率向两个横向方向之一前进。在这种情况下，学习 $Q(s, a)$。

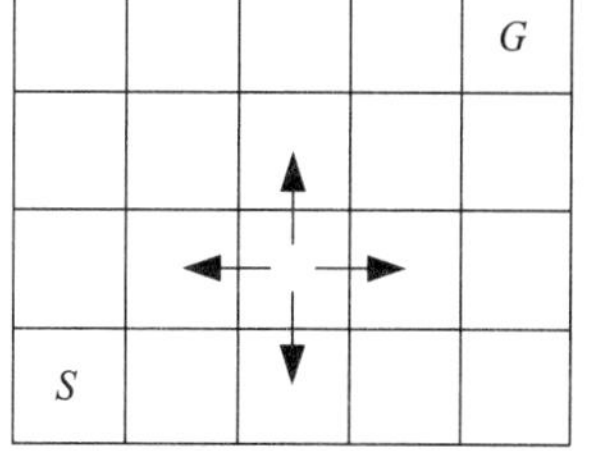

图 18-12 网格世界。智能主体始于 S，可以向 4 个罗盘方向移动。目标状态为 G

6. 假设我们想要使用 TD(λ)算法对状态的价值函数 $V(s)$进行估计。推导其表值迭代更新。

解：时刻 t 的时间误差是

$$\delta_t = r_{t+1} + \gamma V(s_{t+1}) - V(s_t)$$

所有的状态值用下式更新

$$V(s) \leftarrow V(s) + \eta\delta_t e_t(s) \quad \forall s$$

其中状态的资格随时间递减：

$$e_t(s) = \begin{cases} 1 & \text{如果 } s = s_t \\ \gamma\lambda e_{t-1}(s) & \text{否则} \end{cases}$$

7. 使用式(18-22)，推导使用多层感知器估计 Q 的权重更新公式。

解：为简单，假设有一维状态值 s_t 和一维动作值 a_t，并假设线性模型：

$$Q(s,a) = w_1 s + w_2 a + w_3$$

可以使用梯度下降(式(16-21))更新 3 个参数：

542
～
543

$$\Delta w_1 = \eta[r_{t+1} + \gamma Q(s_{t+1}, a_{t+1}) - Q(s_t, a_t)]s_t$$
$$\Delta w_2 = \eta[r_{t+1} + \gamma Q(s_{t+1}, a_{t+1}) - Q(s_t, a_t)]a_t$$
$$\Delta w_3 = \eta[r_{t+1} + \gamma Q(s_{t+1}, a_{t+1}) - Q(s_t, a_t)]$$

在多层感知器的情况下，只有最后一项不同于所有层上的权重更新。

在 Sarsa(λ)的情况下，$\boldsymbol{e}$ 是三维的：e_1 表示 w_1，e_2 表示 w_2，e_3 表示 w_0。更新资格(式(18-23))：

$$e_t^1 = \gamma\lambda e_{t-1}^1 + s_t$$
$$e_t^2 = \gamma\lambda e_{t-1}^2 + a_t$$
$$e_t^3 = \gamma\lambda e_{t-1}^3$$

并使用资格更新权重(式(18-22))：

$$\Delta w_1 = \eta[r_{t+1} + \gamma Q(s_{t+1}, a_{t+1}) - Q(s_t, a_t)]e_t^1$$
$$\Delta w_2 = \eta[r_{t+1} + \gamma Q(s_{t+1}, a_{t+1}) - Q(s_t, a_t)]e_t^2$$
$$\Delta w_3 = \eta[r_{t+1} + \gamma Q(s_{t+1}, a_{t+1}) - Q(s_t, a_t)]e_t^3$$

8. 给出一个可以用 POMDP 建模的增强学习应用的例子。定义其中的状态、动作、观测和奖励。
9. 在老虎例子中，说明当有更可靠的检测设备时，在需要再次检测的地方，范围将减小。
10. 使用如下奖励矩阵重做老虎例子。

$r(A, Z)$	老虎在左边	老虎在右边
打开左边的门	−100	+10
打开右边的门	20	−100

18.10 参考文献

Ballard, D. H. 1997. *An Introduction to Natural Computation.* Cambridge, MA: MIT Press.

Bellman, R. E. 1957. *Dynamic Programming.* Princeton: Princeton University Press.

Bertsekas, D. P. 1987. *Dynamic Programming: Deterministic and Stochastic Models.* New York: Prentice Hall.

Bertsekas, D. P., and J. N. Tsitsiklis. 1996. *Neuro-Dynamic Programming.* Belmont, MA: Athena Scientific.

Dietterich, T. G. 2000. "Hierarchical Reinforcement Learning with the MAXQ Value Decomposition." *Journal of Artificial Intelligence Research* 13:227–303.

Hauskrecht, M. 2000. "Value-Function Approximations for Partially Observable Markov Decision Processes." *Journal of Artificial Intelligence Research* 13:33–94.

Jaakkola, T., M. I. Jordan, and S. P. Singh. 1994. "On the Convergence of Stochastic Iterative Dynamic Programming Algorithms." *Neural Computation* 6:1185–1201.

Kaelbling, L. P., M. L. Littman, and A. R. Cassandra. 1998. "Planning and Acting in Partially Observable Stochastic Domains." *Artificial Intelligence* 101:99–134.

Kaelbling, L. P., M. L. Littman, and A. W. Moore. 1996. "Reinforcement Learning: A Survey." *Journal of Artificial Intelligence Research* 4:237–285.

Narendra, K. S., and M. A. L. Thathachar. 1974. "Learning Automata—A Survey." *IEEE Transactions on Systems, Man, and Cybernetics* 4:323–334.

Sutton, R. S. 1988. "Learning to Predict by the Method of Temporal Differences." *Machine Learning* 3:9–44.

Sutton, R. S., and A. G. Barto. 1998. *Reinforcement Learning: An Introduction.* Cambridge, MA: MIT Press.

Tesauro, G. 1995. "Temporal Difference Learning and TD-Gammon." *Communications of the ACM* 38 (3): 58–68.

Thrun, S., W. Burgard, and D. Fox. 2005. *Probabilistic Robotics.* Cambridge, MA: MIT Press.

Watkins, C. J. C. H., and P. Dayan. 1992. "Q-learning." *Machine Learning* 8:279–292.

Zhang, W., and T. G. Dietterich. 1996. "High-Performance Job-Shop Scheduling with a Time-Delay TD(λ) Network." In *Advances in Neural Information Processing Systems 8*, ed. D. S. Touretzky, M. C. Mozer, and M. E. Hasselmo, 1024–1030. Cambridge, MA: The MIT Press.

544 ~ 546

第 19 章

Introduction to Machine Learning, Third Edition

机器学习实验的设计与分析

我们讨论评估和比较实际学习算法性能的机器学习实验的设计，以及分析这些实验结果的统计检验。

19.1 引言

在前面的章节中，我们讨论了一些学习算法，并且看到对于一个给定的应用，多种算法都是可行的。现在，我们关心以下两个问题：

1）如何评估一个学习算法在给定问题上的期望误差？也就是说，例如，已经使用分类算法在取自某个应用的数据集上训练了一个分类器，我们是否能够以足够的置信度说在之后的实际应用中，其期望误差率将小于，比如说，2%？

2）给定两个学习算法，就给定的应用而言，我们能够说一个算法的误差比另一个低吗？进行比较的分类算法可能是不同的，例如，参数的与非参数的，或者它们可能使用不同的超参数设置。例如，给定一个具有 4 个隐藏单元的多层感知器(第 11 章)和另一个具有 8 个隐藏单元的感知器，我们希望可以判断哪一个具有更低的期望误差。或者在使用 k 最近邻分类(第 8 章)时，我们希望找到最佳的 k 值。

我们不能只看训练集上的误差并据此来做出判定。根据定义，训练集上的误差率总是小于包含训练时未见过实例的检验集上的误差率。类似地，训练误差不能用于比较两个算法。因为在训练集上，具有更多参数的较复杂模型几乎总是比简单模型的误差更小。

因此，正如我们反复讨论的，我们需要一个不同于训练集的验证集。并且即使是在验证集上，一轮运行也可能不够。其原因有二。第一，训练集和验证集都可能较小并且可能包含异常实例，如噪声或离群点，可能会对我们产生误导。第二，学习算法有可能依赖于影响泛化的其他随机因素。例如，对于使用向后传播训练的一个多层感知器，由于梯度下降收敛于局部极小，所以初始权重会影响最终的权重，并且以完全相同的结构和训练集，以不同的初始权重开始训练有可能最终产生多种分类器，这些分类器在相同的验证集上有不同的错误率。因而我们需要多轮运行，以便平均这些随机源。如果我们只是训练和验证一次，则无法检验这些因素的影响。只有在学习方法的代价很高以至于只能训练和验证一次时，训练和验证一次才是可以接受的。

在一个数据集上运行*学习算法*(learning algorithm)并产生一个*学习器*(learner)。如果我们只训练一次，则只得到一个学习器和一个验证误差。为了平均(来自训练数据、初始权重等的)各种随机性，使用相同的算法产生多个学习器。进而在多个验证集上检验它们并记录验证误差的一个样本。(当然，所有训练和验证集均应取自同一应用)。我们对学习算法的评估基于这些验证误差的*分布*(distribution)。我们可以使用这一分布来评估学习算法在该问题上的*期望误差*(expected error)，或者将它与某种其他学习算法的误差率分布进行比较。

在讨论这一过程如何完成之前，需要重点强调以下几点。

1）需要牢记的是，无论我们从分析中获得何种结论，该结论只局限于所给定的数据集。我们并不用独立于领域的方式来对学习算法进行比较，而是针对某一特定应用进行比较。一般而言，我们不对学习算法的期望误差率做任何讨论，也不将一个学习算法与另一个进行比较。我们所得到的任何结果只对特定的应用成立，而且仅在该应用可以由我们所使用的样本代表的意义上有效。而且无论如何，正如*没有免费的午餐法则*(No free lunch theorem)(Wolpert 1995)所述，没有诸如“最好的”学习算法之说。对于任何学习算法，均有一个数据集使其非常准确，而另一个数据集使其非常差。当我们说一个学习算法好时，我们只是量化其归纳偏倚在多大程度上与数据的性质一致。 548

2）将给定数据划分为一定数量的训练集和验证集对仅仅是为了检验。一旦所有的检验完成，并且决定了最终方法或超参数，为了训练最终的学习器，我们可以使用先前用于训练或验证的所有已标记的数据。

3）由于我们还使用验证集进行检验，比如，为了选择两个学习算法中较好的一个，或决定何时停止学习，所以验证集实际上成为我们所使用数据的一部分。在结束所有的检验之后，我们选定了某一特定的算法并且希望报告其期望误差，为此我们应使用另一个在训练最终系统过程中未曾使用过的*检验集*(test set)。该数据应当在之前的训练或验证过程中从未使用过，并且应足够大使得误差估计有意义。因此，给定一个数据集，我们应当留一部分数据作为检验集，而其余的数据用于训练和验证。通常，像我们在稍后看到那样，我们可以留 1/3 的样本作为检验集，使用另外 2/3 做交叉验证以便产生多对训练/验证集。因此，给定一个特定学习算法和模型结构，训练集用于优化参数。验证集用于优化学习算法或模型结构的超参数。而一旦二者均被优化，才在最后使用检验集。例如，对一个多层感知器(MLP)而言，训练集用于优化权重，验证集用于确定隐藏单元个数、训练多久、学习率等。一旦选择了最佳的 MLP 配置，其最终的误差在检验集上计算。对于 k-NN，训练集作为查找表存放。在验证集上优化距离度量和 k 值，最后在检验集上进行检验。

4）通常，我们根据错误率对学习算法比较，但应牢记，在现实生活中，误差仅仅是影响决策的一个标准。一些其他标准是(Turney 2000)： 549

- 当使用损失函数而非 0/1 损失(参见 3.3 节)对误差进行泛化时的风险。
- 训练的时间和空间复杂度。
- 检验的时间和空间复杂度。
- 可解释性，即使用的方法是否允许提取可以由专家检查和确认的知识。
- 易于编程。

这些因素的相对重要程度依赖于应用。例如，如果在工厂中只进行一次训练，那么训练的时间和空间复杂度就不重要。如果在使用过程中要求自适应性，则训练的时间和空间复杂度就变得重要了。大多数学习算法使用 0/1 损失并以误差最小化为唯一标准。最近，提出了这些算法的变种，即*代价敏感学习*(cost-sensitive learning)算法，把其他代价标准也考虑在内。

当在一个数据集上使用训练集训练学习器，在验证集上检验它的准确率并试图提取结论时，我们所做的是实验。统计学提供了系统的方法，指导我们正确地设计实验，告诉我们如何分析收集的数据，以便得到统计显著的结论(Montgomery 2005)。本章，将考察如何将这些方法用于机器学习。

19.2 因素、响应和实验策略

与科学和工程的其他分支一样，在机器学习中，我们也做实验，以便获得关于所考察过程的信息。这里，所考察的是学习器，它已经在一个数据集上训练，能够对给定的输入产生输出。一个实验(experiment)是一次检验或一系列检验，其中包含一些影响输出的因素(factor)。这些因素可以是所使用的算法、训练集、输入特征等，而我们观察响应(response)的变化，以便能够提取信息。目标可以是识别最重要的因素，排除不重要的因素，或者找出某种因素配置来优化响应，例如，优化在给定检验集上的分类准确率。

550

我们的目标是规划和进行机器学习实验，并分析实验产生的数据，以便能够排除随机性的影响，得到统计显著的(statistically significant)结论。在机器学习中，我们的目标是具有最高泛化准确率、最小复杂度(以便其实现的时间和空间代价低)的学习器，并且该学习器是鲁棒的，即受外部变化的影响最小。

一个训练后的学习器可能如图 19-1 所示。对于一个检验输入，它产生一个输出(例如，类编码)，并且依赖于两类因素：可控因素和不可控因素。正如名称所示，可控因素(controllable factor)是我们可以控制的那些因素。最基本的可控因素是所使用的学习算法。还有算法的超参数，例如，多层感知器的隐藏单元数、k 最近邻的 k、支持向量机的 C 等。所使用的数据集和输入表示(即，输入如何表示成向量)都是可控因素。

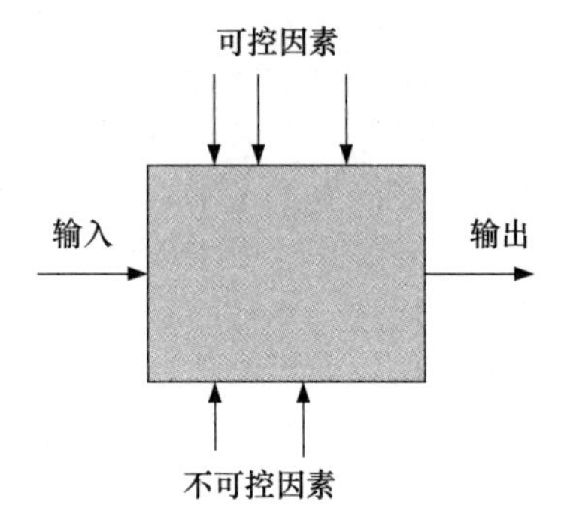

图 19-1　给定输入，产生输出的过程，它受可控因素和不可控因素的影响

还有一些我们不能控制的不可控因素(uncontrollable factor)，它们将不期望的可变性添加到过程中，我们不想让它们影响我们的决策。这些因素包括数据中的噪声、重复从大数据集中抽样产生的特定训练子集、优化过程中的随机性，例如多层感知器的梯度下降中的初始状态，等等。

551

我们使用输出来产生响应(response)变量。例如，检验集上的平均分类误差、使用损失函数的期望风险或其他测度(如稍后将讨论的精度和召回率)。

给定多种因素，我们需要为最佳响应找出这些因素的最佳设置。或者更一般地，我们需要确定它们对响应变量的影响。例如，在使用 k 最近邻(k-NN)分类方法之前，我们可能使用主成分分析(PCA)将维度降低到 d。d 和 k 是两个因素，而问题是 d 和 k 的哪个组合导致最优性能。或者，我们可能使用具有高斯核的支持向量机分类方法，而我们需要将正则化参数 C 和高斯分布的展宽 s^2 一起调整。

存在多种实验策略(strategy of experimentation)，如图 19-2 所示。在最佳猜测(best guess)方法中，从某个我们相信是好配置的因素设置开始。在此检验响应中，并且每次稍

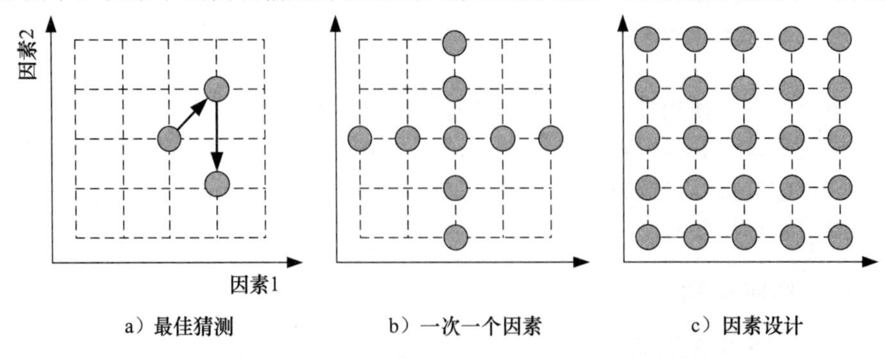

图 19-2　两个因素，每个有 5 个水平的不同实验策略

微改动一个(或少量)因素，检验每个组合，直至得到一个我们认为足够好的状态。如果实验过程很直观，则这种方法可能有效。但要注意，这里没有系统方法来修改因素，当我们停止时，不能保证找到最佳配置。

另一种策略是*一次一个因素*(one factor at a time)地修改。在这种方法中，我们为所有因素确定一个基线(默认)值，然后对一个因素尝试不同水平而令其他因素保持在基线上。这种方法的主要缺点是，它假定因素之间不相互影响，而这一假定并非总能成立。在稍早讨论的 PCA/k-NN 级联中，d 的每个选择都为 k-NN 定义了一个不同的输入空间，其中不同的 k 值可能更合适。 552

正确的方法是使用*因素设计*(factorial design)，其中因素一起变化，而不是一次一个地变化。这通俗地称作*网格搜索*(grid search)。对于 F 个因素，每个因素有 L 个水平，一次一个因素搜索需要$\mathcal{O}(L \cdot F)$时间，而因素设计实验需要做$\mathcal{O}(L^F)$次。

19.3　响应面设计

为了减少所需要的运行次数，一种可能的方法是运行部分因素设计，它仅运行所有配置的一个子集。另一种方法是尝试使用上一次运行收集的知识来估计看上去会有高响应的配置。在一次一个因素的搜索中，如果能够假定响应通常是二次的(具有单个最大，假定我们最大化响应，如检验准确率)，则取代尝试所有的值，可以使用一个迭代过程，从某个初始运行开始，拟合一个二次曲面，解析地找出它的极大值，取它作为下一个估计，在那里运行一次实验，把结果数据添加到样本中，然后继续拟合和抽样，直到不能进一步改进为止。

使用多个因素，这被推广为*响应面设计*(response surface design)方法，该方法尝试用有参的响应函数拟合这些因素：

$$r = g(f_1, f_2, \cdots, f_F | \phi)$$

其中，r 是响应，而 f_i($i=1$, $\cdots$, F)是因素。这个由给定参数 ϕ 定义的被拟合的有参函数是经验模型，它对(可控的)因素的具体配置估计响应。不可控因素的影响按噪声建模。$g(\cdot)$是回归模型(通常是二次的)，并且在基线(由所谓的*设计矩阵*(design matrix)定义)附近的少数几次运行后，就能得到足够的数据来拟合 $g(\cdot)$。然后，就能解析地计算拟合的 g 取最大值的 f_i，这被我们取作下一个猜测，在那里运行实验，得到数据实例，将它添加到样本中，再次拟合 g，如此下去，直到收敛。这种方法是否有效取决于响应是否确实是因素的具有单个最大值的二次函数。 553

19.4　随机化、重复和阻止

现在，我们讨论实验设计的 3 项基本原则：

- *随机化*(randomization)要求实验运行的次序应该随机确定，使得结果是独立的。通常，在涉及物理对象的现实世界的实验中，这是一个问题。例如，机器需要一些时间来预热直到它们在正常范围内运转，因此检验应该在随机次序下完成，不影响结果。在软件实验中，次序一般不是问题。
- *重复*(replication)意味着应该对(可控的)因素的相同配置做多次实验，以便平均不可控因素的影响。在机器学习中，这通常通过在相同数据集的许多再抽样的版本上运行相同的算法来实现。这称作*交叉验证*(cross-validation)，我们将在 19.6 节讨论。响应在相同实验的这些不同重复上的变化使我们可以得到实验误差(不可控因素的影响)的估计，这又可以用来确定多大的差别才能视为统计显著的(statistically significant)。

- 阻止(blocking)用来降低或消除有害因素(nuisance factor)导致的可变性。有害因素是影响响应但我们对其不感兴趣的因素。例如，工厂的生产缺陷也可能与原材料的批次有关，而这种影响应该与工厂里的设备、人员等可控因素分开。在机器学习实验中，当使用再抽样对不同的重复实验使用数据的不同子集时，需要确保如果我们比较学习算法，则它们应该使用相同的再抽样子集的集合，否则准确率的差异不仅取决于不同的算法，而且还取决于不同的子集。为了能够度量仅由于算法导致的差别，重复运行的不同训练集应该是一样的。这就是阻止的含义。在统计学，如果有两个总体，则这称作配对(pairing)并用于配对检验(pairing testing)。

554

19.5 机器学习实验指南

在开始实验前，需要清楚我们研究什么、如何收集数据、打算怎样分析它。对任何类型的实验来说，机器学习的步骤都是相同的(Montgomery 2005)。注意，这里，任务是分类还是回归、是非监督的还是增强学习应用，并不重要。整个讨论都适用，唯一的区别是所收集的响应数据的抽样分布。

1. 研究目标

我们需要通过从清楚地陈述问题、定义研究目标开始。在机器学习中，可能存在多种可能性。例如，正如我们以前所讨论的，我们感兴趣的可能是评估一种学习算法在特定问题上的期望误差(或某种其他响应度量)，并检查该误差是否低于某个可以接受的水平。

给定两个学习算法和一个由数据集定义的具体问题，我们可能希望确定哪个算法具有较低的泛化误差。这两个算法可能是不同的算法，也可能一个算法是另一个的改进，例如，通过使用更好的特征提取来改进。

在一般情况下，我们可能有多个学习算法，而我们可能想要选择具有最低误差的算法，或者对于给定数据集，将它们按误差排序。

在更一般的情况下，我们可能希望在两个或多个数据集上，而不是在单个数据集上比较两个或多个算法。

2. 响应变量的选择

需要确定应该使用什么质量度量。最常使用的是误差，即分类的误分类错误和回归的均方误差。也可以使用某些变形。例如，可以使用风险度量，将0/1损失推广为任意损失。在信息检索中，使用诸如精度和召回率这样的度量。我们将在19.7节讨论这种度量。在代价敏感学习中，不仅要考虑输出，而且还要考虑系统参数(例如，复杂度)。

555

3. 因素和水平的选择

因素是什么取决于研究目标。如果我们固定算法并且想要找出最佳超参数，则这些超参数就是因素。如果我们想比较算法，则学习算法是因素。如果我们有不同的数据集，则这些数据集也成为因素。

因素的水平应该小心选择，以便不失去好的配置，并且避免做不必要的实验。最好试着对因素水平规范化。例如，在优化 k 最近邻的 k 值时，可以尝试1、3、5等值，但在优化Parzen窗口的展宽 h 时，不要尝试1.0、2.0等绝对值，因为它依赖于输入的标度。最好使用指示标度的统计量，例如实例与它的最近邻之间的平均距离，并且尝试 h 作为该统计量的不同倍数。

尽管以前的经验一般是加分的，但是同样重要的是考察所有的因素和可能重要的因素水平，而不过于受以往经验的影响。

4. 实验设计的选择

除非我们确信因素之间不相互影响，否则最好做因素设计，因为因素之间多半会相互影响。重复的次数依赖于数据集的规模。当数据集大时，重复次数可以少一些。下一节讨论再抽样时将讨论这个问题。然而，太少的重复产生少量数据，使得分布比较很困难。在参数检验这种特殊情况下，高斯分布假设可能靠不住。

一般地，给定一个数据集，我们留一部分作为检验集，而其余的用来训练和验证，在大多数时候这可以通过再抽样来做。如何进行划分是重要的。在实践中，使用小数据集导致具有高方差的响应，差别可能不是显著的，而结果可能不是令人信服的。

此外，重要的是尽可能地避免使用无使用价值的人工数据集，而要使用从现实生活环境中收集的实际数据集。教学用的一、二维数据可能有助于提供直观解释，但是在高维空间中，算法的行为可能完全不同。 556

5. 做实验

在运行具有许多因素和水平的大型因素实验之前，最好先对某些随机设置试运行几次，检查一切是否如预期的一样。在一个大型实验中，最好保留一些中间结果(或随机数产生器的种子)，以便需要时可以重新运行整个实验的一部分。所有的结果都应当是可再现的。在运行具有许多因素和因素水平的大型实验时，应该清楚软件老化的负面影响。

重要的是，在做实验时，实验者是无偏向的。在将个人喜爱的算法与对手比较时，两个算法都要同样仔细地考察。在大规模的研究中，甚至可以设想测试者不同于开发者。

应该避免写自己的“程序库”的诱惑，而是应该尽可能地使用来源可靠的程序，这样的程序经受了更好的测试和优化。

与任何软件开发研究一样，好文档的作用不可低估，特别是在分组开发时。高质量的软件工程开发的所有方法也应该用在机器学习实验中。

6. 数据的统计分析

这对应于用这样的方式分析数据。无论得到什么结论，这些结论都不是主观的或随机的。在假设检验的框架下提出我们想要回答的问题，并检查样本是否支持该假设。例如，问题“A 是比 B 更准确的算法吗?”变成假设“我们能够说被 A 训练的学习器的平均误差显著低于被 B 训练的学习器吗?”

与通常一样，可视化分析是有帮助的，并且我们可以使用误差分布的直方图、盒图、变程图等。 557

7. 结论和建议

一旦收集和分析了所有数据，就可以提取客观的结论。最常遇到的结论是需要进一步实验。大部分统计学研究，因而大部分机器学习和数据挖掘研究，都是迭代的。正因为如此，我们从来都不是一开始就做所有的实验。有人建议，第一次实验考察的数据不超过可利用资源的 25%(Montgomery 2005)。第一次实验只是调查。这就是为什么最好开始不要抱太大期望，向你的老板或论文导师承诺什么的原因。

我们应该始终牢记，统计检验不会告诉我们假设是否正确，而是指出样本看上去与假设的一致程度有多大。总是存在得不到结论性结果或者得到错误结论的风险，特别是当数据集很小且存在噪声时。

当我们的期望不满足时，最好是考察为什么它们不满足。例如，检查为什么我们钟爱的算法 A 在某些情况下效果极差，我们可能对 A 的改进版本产生绝妙的想法。所有的改进都是由于以前的版本有缺陷，找到缺陷是有益的暗示，存在我们可以做的改进！

但是，在我们确信我们已经完全分析了当前的数据并且从中学习到我们能够学习的一切之前，不要急于做改进版本的检验。想法是廉价的、无用的，除非它被检验，而检验是昂贵的。

19.6 交叉验证和再抽样方法

为了重复实验，第一个需求是(在留下一些作为检验集后)从数据集 $\mathcal{X}$ 中获得一定数目的训练集/验证集对。为此，如果样本 $\mathcal{X}$ 足够大，可以随机地将其分为 K 个部分，然后将每一部分随机地分为两个部分，一半用于训练，另一半用于验证。K 通常为 10 或 30。不幸的是，数据集从未有如此之大，允许我们这样做。因此，我们应该在小数据集上尽力而为。其方法是以不同划分来重复使用它。这称为*交叉验证*(cross-validation)。其潜在的问题是交叉验证使错误率是相互依赖的，因为这些不同集合共享数据。

558

因此，给定一个数据集 $\mathcal{X}$，我们希望可以从该数据集产生 K 对训练集/验证集 $\{\mathcal{T}_i, \mathcal{V}_i\}_{i=1}^K$。要保持训练集和验证集尽可能大，以保证误差估计的鲁棒性。同时，要保持不同集合间的重叠尽可能小。还要确保当抽取数据子集时，以正确比例代表类，不扰乱类的先验概率，这称为*分层*(stratification)。如果一个类在整个数据集中占有 20%的实例，则在所有取自该数据集的抽样集中，该类也应该大约有 20%的实例。

19.6.1 K 折交叉验证

在 *K 折交叉验证*(K-fold cross-validation)中，数据集 $\mathcal{X}$ 被随机的划分为 K 等份 $\mathcal{X}_i$($i=1,\cdots,K$)。为了产生每对训练集/验证集，将 K 份数据中的一份保留为验证集，其余 $K-1$份合并为训练集。重复 K 次，每次保留 K 份中的另一份数据，可得到 K 对数据集：

$$\begin{aligned}
\mathcal{V}_1 &= \mathcal{X}_1 \quad \mathcal{T}_1 = \mathcal{X}_2 \cup \mathcal{X}_3 \cup \cdots \cup \mathcal{X}_K \\
\mathcal{V}_2 &= \mathcal{X}_2 \quad \mathcal{T}_2 = \mathcal{X}_1 \cup \mathcal{X}_3 \cup \cdots \cup \mathcal{X}_K \\
&\cdots \\
\mathcal{V}_K &= \mathcal{X}_K \quad \mathcal{T}_K = \mathcal{X}_1 \cup \mathcal{X}_2 \cup \cdots \cup \mathcal{X}_{K-1}
\end{aligned}$$

这种方法有两个问题。首先，为了保持训练集较大，允许验证集较小。其次，训练集在相当大程度上重叠，确切地说，任意两个训练集共享 $K-2$ 份数据。

K 一般为 10 或 30。随着 K 的增加，用于训练的实例的比例增加，因而产生更为鲁棒的估计，但是验证集相应变小。此外，也带来了将分类器训练 K 次的代价，这一代价随着 K 的增加而增加。当 N 增大时，K 可以较小；如果 N 小，则 K 应该大，以保证有足够大的训练集。K 折交叉验证的一个极端情况是*留一*(leave-one-out)，其中给定 N 个实例的数据集，只保留一个实例作为验证集(验证实例)，其余 $N-1$ 个实例作为训练集。由此我们通过在每次迭代中保留一个不同的实例而得到 N 对不同的训练集/验证集。这种方法通常用于诸如医疗诊断的应用中，这类应用很难找到标记数据。留一无法保证分层。

559

最近，随着计算费用的降低，多次运行 K 折交叉验证已经成为可能(例如，10×10 折)，并且在平均值上取平均，以便得到更可靠的误差估计(Bouchaert 2003)。

19.6.2 5×2 交叉验证

Dietterich(1998)提出了 *5×2 交叉验证*(5×2 cross-validation)，使用等大小的训练集

和验证集。将数据集$\mathcal{X}$随机地分为两个部分：$\mathcal{X}_1^{(1)}$和$\mathcal{X}_1^{(2)}$，这样就给出了第一对训练集和验证集：$\mathcal{T}_1=\mathcal{X}_1^{(1)}$和$\mathcal{V}_1=\mathcal{X}_1^{(2)}$。然后我们交换两个半份的角色来得到第二对训练集和验证集：$\mathcal{T}_2=\mathcal{X}_1^{(2)}$和$\mathcal{V}_2=\mathcal{X}_1^{(1)}$。这就是第一次对折。$\mathcal{X}_i^{(j)}$表示第$i$次对折中的第$j$个半份。

为了得到第二次对折，随机地将$\mathcal{X}$打乱并将其划分为新的对折$\mathcal{X}_2^{(1)}$和$\mathcal{X}_2^{(2)}$。这可通过从$\mathcal{X}$中随机无放回抽样来实现，即，$\mathcal{X}_1^{(1)}\cup\mathcal{X}_1^{(2)}=\mathcal{X}_2^{(1)}\cup\mathcal{X}_2^{(2)}=\mathcal{X}$。然后对调两者来得到另一对数据集。我们再做第三次对折，因为每次对折得到两对数据。做 5 次对折共得到 10 个训练集和验证集：

$$
\begin{array}{ll}
\mathcal{T}_1=\mathcal{X}_1^{(1)} & \mathcal{V}_1=\mathcal{X}_1^{(2)}\\
\mathcal{T}_2=\mathcal{X}_1^{(2)} & \mathcal{V}_2=\mathcal{X}_1^{(1)}\\
\mathcal{T}_3=\mathcal{X}_2^{(1)} & \mathcal{V}_3=\mathcal{X}_2^{(2)}\\
\mathcal{T}_4=\mathcal{X}_2^{(2)} & \mathcal{V}_4=\mathcal{X}_2^{(1)}\\
 & \vdots \\
\mathcal{T}_9=\mathcal{X}_5^{(1)} & \mathcal{V}_9=\mathcal{X}_5^{(2)}\\
\mathcal{T}_{10}=\mathcal{X}_5^{(2)} & \mathcal{V}_{10}=\mathcal{X}_5^{(1)}
\end{array}
$$

当然，我们可以做更多次对折以获得更多对的训练集和验证集，但是 Dietterich (1998)指出，在 5 次对折后各个集合共享了许多实例，过度的重叠使得由此计算的统计量，确切地说，验证误差率，变得相互依赖而无法增加新的信息。即使 5 次对折，各个集合也是有重叠而统计量也相互依赖，但是直到 5 折之前这些影响我还是可以容忍的。另一方面，如果使用更少的对折次数，则获得更少的数据(少于 10 组)，将无法获得足够大的样本来拟合分布并进行假设检验。

560

19.6.3 自助法

为了从单个样本中产生多个样本，替代交叉验证的另一个选择是*自助法*(bootstrap)，即采用从原始样本中以*有放回地*抽取实例的方法来产生新的样本。在 17.6 节我们看到，装袋使用自助法为不同的学习器产生训练集。自助样本可能比交叉验证样本有更多的重叠，因而其估计可能更为相互依赖，但对小数据集来说，这种方法被认为是进行再抽样的最好方法。

在自助法中，从大小为 N 的数据集中有放回地抽取 N 个实例。原始数据集作为验证集。选取一个实例的概率为 $1/N$，不选取这个实例的概率为 $1-1/N$。一个实例在 N 次抽取在均未选中的概率为：

$$\left(1-\frac{1}{N}\right)^N\approx \mathrm{e}^{-1}=0.368$$

这意味着训练集包含大约 63.2%的实例。也就是说，系统未在 36.8%的数据上进行训练，因而误差估计是悲观的。解决方法是重复该过程多次并观察平均行为。

19.7 度量分类器的性能

对于分类，特别是对于两类问题，已经提出了各种度量。存在 4 种情况，如表 19-1 所示。对于一个正实例，如果预测也是正的，则它是一个*真正*(true positive)例；如果对正实例的预测是负的，则它是一个*假负*(false negative)例。对于一个负实例，如果预测也是负的，则它是一个*真负*(true negative)例；如果将负实例预测为正的，则有一个*假正*(false positive)例。

表 19-1　两类的混淆矩阵

	预测的类		
实际的类	正的	负的	合计
正的	tp：真正	fn：假负	p
负的	fp：假正	tn：真负	n
合计	p'	n'	N

在某些两类问题中，我们区分这两类，因此有两种类型的错误：假正和假负。表 19-2 给出了适用于不同情况的不同度量。让我们设想一种身份认证应用，其中用户通过声音登录他的账户。假正是错误地允许冒名顶替者登录，而假负是拒绝合法用户。显然，这两种类型的错误并非同样糟糕，前一种更有害。真正率(tp-rate)，又称为命中率(hit rate)，度量通过身份认证的合法用户的比例；而假正率(fp-rate)又称为假报警率(false alarm rate)，是错误地接受冒名顶替者的比例。

表 19-2　两类问题使用的性能度量

名称	公式
误差	$(fp+fn)/N$
准确率	$(tp+tn)/N=1-$误差
tp-rate	tp/p
fp-rate	fp/n
精度	tp/p'
召回率	$tp/p=tp\text{-}rate$
灵敏度	$tp/p=tp\text{-}rate$
特效性	$tn/n=1-fp\text{-}rate$

假设系统返回正类的概率为$\hat{P}(C_1|x)$，而对于负类有$\hat{P}(C_2|x)=1-\hat{P}(C_1|x)$，并且如果$\hat{P}(C_1|x)>\theta$，则选择“正的”。如果$\theta$接近于1，则几乎不选择正类，也就是说，将没有假正例，但是也只有少量真正例。随着减小θ来增加真正例数，有引进假正例的风险。

561 ~ 562

对于不同的θ值，可以得到许多(tp-rate，fp-rate)值对，而连接它们将得到接受者操作特征(Receiver Operating Characteristic，ROC)曲线，如图 19-3a 所示。注意，不同的θ值对应于这两种类型误差的不同损失矩阵，并且 ROC 曲线也可以看作不同损失矩阵下的分类器行为(参见习题 1)。

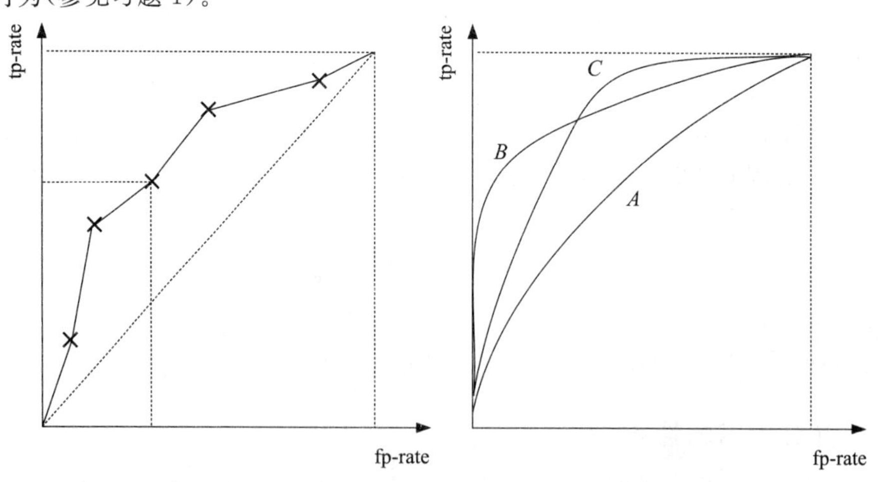

图 19-3　a）典型的 ROC 曲线。每个分类器有一个阈值，它使我们可以在曲线上移动，并根据命中和假警报(即真正和假正)之间的相对重要程度在曲线上确定一个点。ROC 曲线下方的面积称作 AUC。b）如果一个分类器的 ROC 更接近左上角(较大的 AUC)，则它更可取。*B* 和 *C* 都比 *A* 更可取；*B* 和 *C* 在不同的损失矩阵下更可取

理想情况下，分类器的真正率为 1 且假正率为 0，因此 ROC 曲线越靠近左上角的分类器越好。在对角线上，真决策与假决策一样多，并且这是最坏情况(对角线下方的分类器都可以通过翻转它的决策来改进)。给定两个分类器，我们说一个比另一个好，如果它的 ROC 曲线在另一个的上方。如果两条 ROC 曲线相交，则可以说两个分类器在不同的损失条件下更好，如图 19-3b 所示。

ROC 曲线提供了可视化分析。如果想将该曲线归结为一个数，则可以通过计算*曲线下方面积*(Area Under the Curve，AUC)来实现。理想情况下，分类器的 AUC 等于 1，并且可以比较不同分类器的 AUC 值来得到不同损失条件下平均的整体性能。

563

在*信息检索*(information retrieval)中，有一个记录的数据库。例如，我们使用某些关键词提出查询，系统(基本上是一个两类分类器)返回大量的记录。在该数据库中，存在一些相关记录，并且对于一个查询，系统可能检索到它们中的某些(真正例)，但可能不是所有的(假负例)；还可能错误地检索到不相关的记录(假正例)。相关和检索到的记录的集合可以用维恩图表示，如图 19-4a 所示。*精度*(precision)是检索到的且相关的记录数除以检索到的记录总数。如果精度为 1，则所有检索到的记录都是相关的，但可能还存在一些相关但未检索到的记录，如图 19-4b 所示。*召回率*(recall)是检索到的且相关的记录数除以相关记录的总数。即便召回率等于 1，所有相关记录可能都被检索到，但仍然可能有不相关的记录被检索到，如图 19-4c 所示。与 ROC 曲线一样，也可以对不同的阈值绘制精度和召回率的曲线。

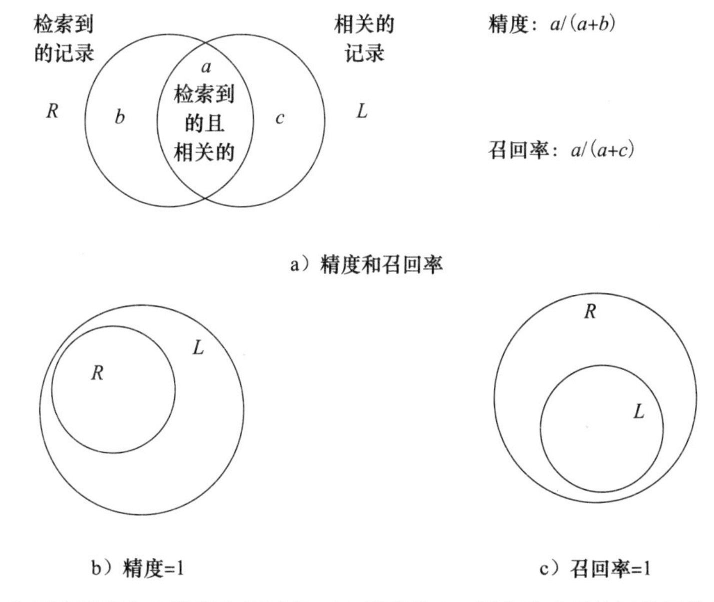

图 19-4　a) 使用维恩图定义精度和召回率。b) 精度为 1，所有检索到的记录都是相关的，但可能有相关的记录未被检索到。c) 召回率为 1，所有相关的记录都被检索到，但可能有不相关的记录也被检索到

从另一个角度但以相同的目的，还存在两个度量：*灵敏度*(sensitivity)和*特效性*(specificity)。灵敏度与真正率和召回率相同。特效性是度量检索负实例的好坏，它是真负实例数除以负实例的总数。它等于 1 减去假警报率。也可以使用不同的阈值绘制灵敏度和特效性的曲线。

对于 $K>2$ 个类，如果使用 0/1 误差，则*类混淆矩阵*(class confusion matrix)是一个

$K\times K$矩阵，其元素(i, j)是属于C_i类但却误分到C_j类的实例个数。理想情况下，所有的非对角线元素均应为 0，表示没有错误分类。类混淆矩阵准确地指出出现哪种类型的误分类，即是否有两个类经常被混淆。或者，也可以分别定义 K 个两类问题，每个将一个类与其他 $K-1$ 个类分开。

19.8　区间估计

下面快速了解我们将在假设检验中用到的区间估计(interval estimation)。点估计，如最大似然估计，是对参数 θ 指定一个值。在区间估计中，以某种置信度对参数 θ 位于的区间进行确定。为了得到这种区间估计，我们利用点估计的概率分布。

例如，假设要从样本$\mathcal{X}=\{x^t\}_{t=1}^N$中估计正态密度的均值 μ。$m=\sum_t x^t/N$ 是样本平均值，并且是对均值的点估计。m 是正态分布值的和，因而也是正态的，$m\sim\mathcal{N}(\mu, \sigma^2/N)$。用单位正态分布定义该统计量：

$$\frac{(m-\mu)}{\sigma/\sqrt{N}}\sim\mathcal{Z} \tag{19-1}$$

我们知道 95%的$\mathcal{Z}$落在$(-1.96, 1.96)$中，即，$P\{-1.96<\mathcal{Z}<1.96\}=0.95$，因而有(参见图 19-5)：

$$P\left\{-1.96<\sqrt{N}\frac{(m-\mu)}{\sigma}<1.96\right\}=0.95$$

或等价地

564～565

$$P\left\{m-1.96\frac{\sigma}{\sqrt{N}}<\mu<m+1.96\frac{\sigma}{\sqrt{N}}\right\}=0.95$$

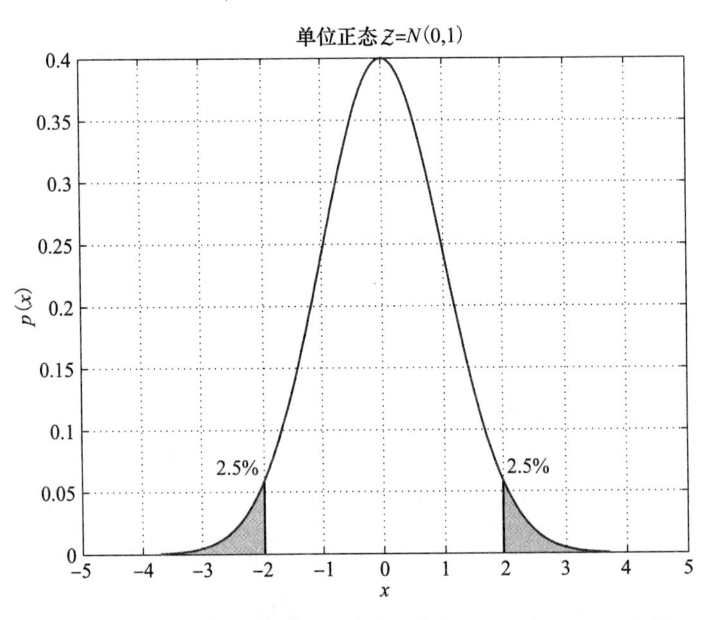

图 19-5　在单位正态分布中，95%的值位于$-1.96\sim1.96$之间

也就是说，“以 95%的置信度”，μ 落在样本平均值正负 $1.96\sigma/\sqrt{N}$个单位的区间内。这就是双侧置信区间(two-sided confidence interval)。以 99%的置信度，μ 落在$(m-2.85\sigma/\sqrt{N}, m+2.85\sigma/\sqrt{N})$中。也就是说，如果需要更高的置信度，则区间增大。随着

样本集的大小 N 增大，区间变小。

这可以按如下方法推广到任意置信度。令 z_α 使得

$$P\{Z > z_\alpha\} = \alpha \quad 0 < \alpha < 1$$

由于Z在均值附近是对称的，所以有 $z_{1-\alpha/2} = -z_{\alpha/2}$，并且 $P\{X < -z_{\alpha/2}\} = P\{X > z_{\alpha/2}\} = \alpha/2$。因而，对于任意给定的置信水平 $1-\alpha$，有：

$$P\{-z_{\alpha/2} < Z < z_{\alpha/2}\} = 1 - \alpha$$

并且

$$P\left\{-z_{\alpha/2} < \sqrt{N}\frac{(m-\mu)}{\sigma} < z_{\alpha/2}\right\} = 1 - \alpha$$

566

或

$$P\left\{m - z_{\alpha/2}\frac{\sigma}{\sqrt{N}} < \mu < m + z_{\alpha/2}\frac{\sigma}{\sqrt{N}}\right\} = 1 - \alpha \tag{19-2}$$

因而，对于任意 α，可以对 μ 计算置信度为 $100(1-\alpha)\%$的双侧置信区间。

类似地，如果 $P\{Z<1.64\}=0.95$，则有(参见图 19-6)

$$P\left\{\sqrt{N}\frac{(m-\mu)}{\sigma} < 1.64\right\} = 0.95$$

或

$$P\left\{m - 1.64\frac{\sigma}{\sqrt{N}} < \mu\right\} = 0.95$$

并且$(m-1.64\sigma/\sqrt{N}, \infty)$是 μ 的 95%的单侧上置信区间(one-sided upper confidence interval)，其定义了一个下界。一般而言，μ 的 $100(1-\alpha)\%$的单侧置信区间可通过下式计算：

$$P\left\{m - z_\alpha\frac{\sigma}{\sqrt{N}} < \mu\right\} = 1 - \alpha \tag{19-3}$$

类似地，可以计算定义上界的单侧下置信区间。

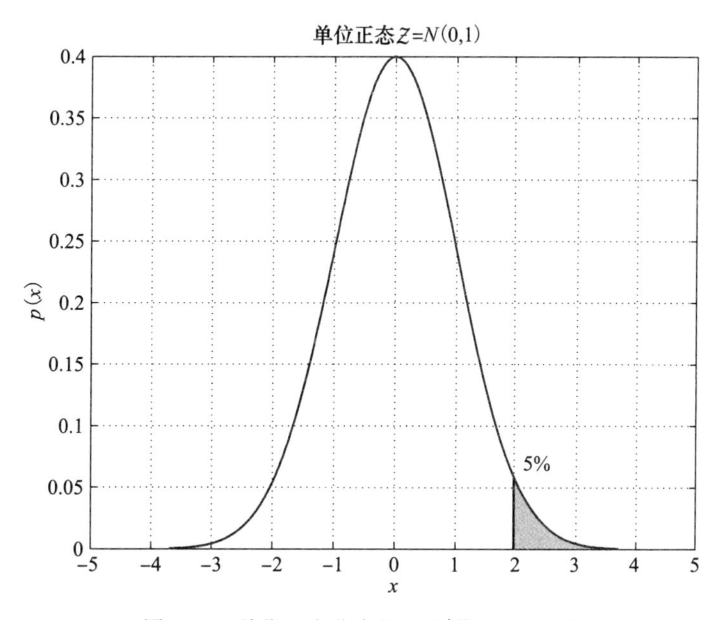

图 19-6 单位正态分布的 95%落在 1.64 前

在上述各个区间中，我们使用了 σ，即假定方差是已知的。如果方差未知，则可以用

样本方差

$$S^2=\sum(x^t-m)^2/(N-1)$$

来替代 σ^2。我们知道当 $x^t\sim\mathcal{N}(\mu,\sigma^2)$ 时，$(N-1)S^2/\sigma^2$ 是自由度为 $N-1$ 的卡方(分布)。我们还知道 m 和 S^2 是相互独立的。于是，$\sqrt{N}(m-\mu)/S$ 是自由度为 $N-1$ 的 t 分布(A.3.7节)，记作

$$\frac{\sqrt{N}(m-\mu)}{S}\sim t_{N-1} \tag{19-4}$$

因而，对于任意的 $\alpha\in(0,1/2)$，可以使用 t 分布(*t* distribution)而不是单位正态分布 z 确定的值来定义区间：

$$P\left\{t_{1-\alpha/2,N-1}<\sqrt{N}\frac{(m-\mu)}{S}<t_{\alpha/2,N-1}\right\}=1-\alpha$$

或使用 $t_{1-\alpha/2,N-1}=-t_{\alpha/2,N-1}$，有

$$P\left\{m-t_{\alpha/2,N-1}\frac{S}{\sqrt{N}}<\mu<m+t_{\alpha/2,N-1}\frac{S}{\sqrt{N}}\right\}=1-\alpha$$

类似地，可以定义单侧置信区间。t 分布比单位正态分布有更大的展宽(较长的尾)，因而 t 分布给出的区间一般更大。考虑到未知方差引入的附加不确定性的存在，这应该在预料之中。

19.9 假设检验

在某些应用中，我们可能希望使用样本对涉及参数的一些特定假设进行检验，而不是显式估计某些参数。例如，我们可能希望检验均值是否小于0.02，而不是估计均值。如果随机样本与所考虑的假设一致，则我们说"接受"该假设，否则，我们说它"被拒绝"。但是，当我们做这样的决定时，我们实际上并非说假设为真或假，而是说在一定的置信程度上，样本数据和假设看起来是一致的。

567 ~ 568

在假设检验(hypothesis testing)中，方法如下。定义一个统计量，如果假设正确，则该统计量服从某一分布。如果从样本中计算的统计量具有取自该分布的很低的概率，则拒绝该假设；否则，无法拒绝它。

假设有一个样本取自一个均值 μ 未知、方差 σ^2 已知的正态分布，而我们希望对一个关于 μ 的假设进行检验，例如其值是否等于一个指定的常数 μ_0。该假设记作 H_0 并称为*原假设*(null hypothesis)

$$H_0:\mu=\mu_0$$

相对的备择假设为：

$$H_1:\mu\neq\mu_0$$

m 是 μ 的点估计，而且如果 m 距离 μ_0 太远，则拒绝 H_0 是合理的。这正是要使用区间估计的地方。以*显著水平*(level of significance) α 无法拒绝该假设，如果 μ_0 位于 $100(1-\alpha)\%$ 的置信区间内，即如果

$$\frac{\sqrt{N}(m-\mu_0)}{\sigma}\in(-z_{\alpha/2},z_{\alpha/2}) \tag{19-5}$$

如果它落在任何一侧的外面，则拒绝原假设。这是一个*双侧检验*(two-sided test)。

当假设是正确的时，我们拒绝了它，这就是一个*第一类错误*(type I error)，在检验前设定的 α 值定义了可以在多大程度上容忍第一类错误，α 的通常取值为0.1、0.05、0.01

(见表 19-3)。第二类错误(type II error)是，当真实均值 μ 不等于 μ_0 时我们无法拒绝原假设。当真实均值为 μ 时不拒绝 H_0 的概率是 μ 的函数，并由下式给出：

$$\beta(\mu) = P_\mu \left\{ -z_{\alpha/2} \leqslant \frac{m-\mu_0}{\sigma/\sqrt{N}} \leqslant z_{\alpha/2} \right\} \tag{19-6}$$

表 19-3 第一类错误、第二类错误和检验功效

	决策	
事实	无法拒绝	拒绝
真	正确	第一类错误
假	第二类错误	正确(功效)

569

$1-\beta(\mu)$ 称为检验的*功效函数*(power function)，并且等于当 μ 为真实值时假设被拒绝的概率。随着 μ 与 μ_0 接近，第二类错误的概率增加，并且可以计算为了能够以足够的功效检测出差 $\delta=|\mu-\mu_0|$，需要多大的样本。

与备择假设为 $\mu \neq \mu_0$ 时的双侧检验相反，也可以进行如下形式的单侧检验(one-sided test)：

$$H_0 : \mu \leqslant \mu_0 \quad 与 \quad H_1 : \mu > \mu_0$$

显著性水平为 α 的单侧检验定义了界定于单侧的 $100(1-\alpha)\%$ 置信区间，为了接受假设，m 的值必须落在该区间内。无法拒绝该假设，如果

$$\frac{\sqrt{N}}{\sigma}(m-\mu_0) \in (-\infty, z_\alpha) \tag{19-7}$$

并且落在外边时拒绝。注意，原假设 H_0 也允许等式，这意味当检验被拒绝时只得到次序信息。这告诉我们应该使用哪个单侧检验。我们的任何断言都应该在 H_1 中，使得检验的拒绝将支持我们的断言。

如果方差未知，我们可以像在区间估计中所做的那样，以样本方差来替代总体方差并利用下述事实：

$$\frac{\sqrt{N}(m-\mu_0)}{S} \sim t_{N-1} \tag{19-8}$$

例如，对于 H_0：$\mu=\mu_0$ 和 H_1：$\mu \neq \mu_0$，我们以显著性水平 α 接受假设，如果

$$\frac{\sqrt{N}(m-\mu_0)}{S} \in (-t_{\alpha/2,N-1}, t_{\alpha/2,N-1}) \tag{19-9}$$

这就是*双侧 t 检验*(two-sided t test)。单侧 t 检验可以类似地定义。

19.10 评估分类算法的性能

既然我们已经回顾了假设检验，我们看看如何将其应用于错误率检验。我们将讨论分类误差，但是只要我们能够为抽样分布确定适当的参数形式，同样的技术就可以用于回归的均方误差、非监督学习的对数似然、增强学习的期望奖励等。我们还将讨论当找不到这种参数形式时的非参数检验。

570

我们从错误率评估入手，在下一节讨论错误率比较。

19.10.1 二项检验

从只有一个训练集 $\mathcal{T}$ 和一个验证集 $\mathcal{V}$ 的情况入手。我们在 $\mathcal{T}$ 上训练分类器并在 $\mathcal{V}$ 上检验它。我们以 p 表示分类器产生一个误分类错误的概率。我们不知道 p，我们要对它进行估计或对关于它的假设进行检验。对于来自验证集 $\mathcal{V}$ 的标引为 t 的实例，令 x^t 表示分类器

决策的正确性：x^t 是一个 0/1 伯努利随机变量，当分类器产生一次错误时它取值 1，而当分类器正确时它取值 0。二项随机变量 X 表示错误的总数：

$$X = \sum_{t=1}^{N} x^t$$

我们想检验错误的概率 p 是否小于或等于我们指定的某个值 p_0：

$$H_0 : p \leqslant p_0 \text{ 与 } H_1 : p > p_0$$

如果错误的概率为 p，则分类器在 N 次分类中犯 j 次错误的概率为：

$$P\{X = j\} = C_N^j p^j (1-p)^{N-j}$$

如果我们看到 $X=e$ 个或更多错误的概率很小，则拒绝 $p \leqslant p_0$ 是合理的。即，二项检验(binomial test)拒绝该假设，如果

$$P\{X \geqslant e\} = \sum_{x=e}^{N} C_N^x p_0^x (1-p_0)^{N-x} < \alpha \tag{19-10}$$

571

其中，α 是显著性，例如为 0.05。

19.10.2　近似正态检验

如果 p 是错误的概率，则点估计是 $\hat{p}=X/N$。于是，如果 $\hat{p}$ 比 p_0 大很多，则拒绝原假设是合理的。多大才算足够大，由 $\hat{p}$ 的选样分布和显著性 α 给定。

因为 X 是服从相同分布的独立随机变量之和，所以依据中心极限定理，对于大的 N 值，X/N 近似服从均值为 p_0、方差为 $p_0(1-p_0)$ 的正态分布。于是

$$\frac{X/N - p_0}{\sqrt{p_0(1-p_0)/N}} \dot{\sim} Z \tag{19-11}$$

其中 $\dot{\sim}$ 表示“近似服从分布”。于是，使用式(19-7)，当 $X=e$ 时，如果这个值大于 z_α，则近似正态检验(approximate normal test)拒绝原假设。$z_{0.05}$ 的值是 1.64。只要 N 的值不太小且 p 的值不是非常接近于 0 或 1，则这个近似将很有效。作为一种经验法则，要求 $Np \geqslant 5$ 且 $N(1-p) \geqslant 5$。

19.10.3　t 检验

前面讨论的两种检验方法都使用一个验证集。如果在 K 对训练集/验证集上运行算法 K 次，则在 K 个验证集上得到 K 个错误百分比 $p_i(i=1, \cdots, K)$。如果在 $\mathcal{T}_i$ 上训练的分类器对 $\mathcal{V}_i$ 中的实例 t 产生了一次误分类，则令 x_i^t 为 1；否则令 x_i^t 为 0。于是

$$p_i = \frac{\sum_{t=1}^{N} x_i^t}{N}$$

给定

$$m = \frac{\sum_{i=1}^{K} p_i}{K}, \quad S^2 = \frac{\sum_{i=1}^{K} (p_i - m)^2}{K-1}$$

根据式(19-8)，有

$$\frac{\sqrt{K}(m-p_0)}{S} \sim t_{K-1} \tag{19-12}$$

如果上式的值大于 $t_{\alpha,K-1}$，则 t 检验拒绝“分类算法以显著性水平 α 具有 p_0 或更低的错误率”的原假设。通常，K 取值为 10 或 30。$t_{0.05,9}=1.83$ 和 $t_{0.05,29}=1.70$。

572

19.11 比较两个分类算法

给定两个学习算法和一个训练集，我们想要比较和检验这两个算法所构建的分类器是否具有相同的期望错误率。

19.11.1 McNemar 检验

给定一个训练集和一个验证集，我们使用两个算法在训练集上训练两个分类器，在验证集对它们进行检验并计算它们的误差。如下所示的相依表(contingency table)是一个表示各种情况计数或频率的矩阵形式的自然数数组：

e_{00}：两个分类器都错误分类的实例个数	e_{01}：分类器 1 错误分类而分类器 2 没有错误分类的实例个数
e_{10}：分类器 2 错误分类而分类器 1 没有错误分类的实例个数	e_{11}：两个分类器都正确分类的实例个数

在两个分类算法有相同错误率的原假设下，我们期望 $e_{01}=e_{10}$ 且二者都等于 $(e_{01}+e_{10})/2$。我们有自由度为 1 的卡方统计量

$$\frac{(|e_{01}-e_{10}|-1)^2}{e_{01}+e_{10}} \sim \chi_1^2 \tag{19-13}$$

并且如果这个值大于 $\chi^2_{\alpha,1}$，则 McNamara 检验拒绝两个分类算法以显著性水平 α 具有相同错误率的假设。对于 $\alpha=0.05$，$\chi^2_{0.05,1}=3.84$。

19.11.2 K 折交叉验证配对 t 检验

使用 K 折交叉验证在数据集上产生 K 对训练/验证集。我们使用两个分类算法在训练集 $\mathcal{T}_i(i=1, \cdots, K)$ 上训练并在验证集 $\mathcal{V}_i$ 上检验。两个分类器在验证集上的误差率分别记作 p_i^1 和 p_i^2。

如果两个分类算法具有相同的错误率，则我们预期它们具有相同的均值，或等价地说，它们的均值之差为 0。在第 i 折，两个分类器的错误率之差是 $p_i=p_i^1-p_i^2$。这是配对检验(paired test)。是，对于每个 i，两个算法都使用相同的训练集和验证集。K 次比较后，得到一个包含 K 个点的 p_i 的分布。假定 p_i^1 和 p_i^2 都是(近似)正态的，则它们的差 p_i 也是正态的。原假设是该分布有 0 均值： [573]

$$H_0:\mu=0 \text{ 与 } \quad H_1:\mu\neq 0$$

我们定义

$$m=\frac{\sum_{i=1}^{K}p_i}{K}, \quad S^2=\frac{\sum_{i=1}^{K}(p_i-m)^2}{K-1}$$

在 $\mu=0$ 的原假设下，有一个统计量，它是自由度为 $K-1$ 的 t 分布：

$$\frac{\sqrt{K}(m-0)}{S}=\frac{\sqrt{K}\cdot m}{S} \sim t_{K-1} \tag{19-14}$$

因而，如果该值落在区间 $(-t_{\alpha/2,K-1}, t_{\alpha/2,K-1})$ 之外，则 K 折交叉验证配对 t 检验(K-fold cv paired t test)拒绝两个分类算法以显著性水平 α 具有相同误差率的假设。$t_{0.025\,9}=2.26$，$t_{0.025\,29}=2.05$。

如果想检验第一个算法的错误率是否比第二个算法的小，则需要使用单侧假设，并使用单尾检验：

$$H_0: \mu \geqslant 0 \text{ 与 } H_1: \mu < 0$$

如果检验拒绝，则断言第一个算法具有显著较小的错误率就得到了支持。

19.11.3 5×2 交叉验证配对 t 检验

在 Dietterich(1998)提出的 5×2 交叉验证 t 检验中，进行 5 轮 2 折交叉验证。在每一轮中，将数据集划分为两个大小相等的集合。$p_i^{(j)}$ 表示两个分类器在第 i 轮的第 j 折数据上的错误率之差，其中 $i=1$，…，5，$j=1$，2。第 i 轮的平均为 $\overline{p}_i=(p_i^{(1)}-p_i^{(2)})/2$，估计方差为 $s_i^2=(p_i^{(1)}-\overline{p}_i)^2+(p_i^{(2)}-\overline{p}_i)^2$。

在两个分类算法具有相同错误率的原假设下，$p_i^{(j)}$ 是两个相同分布的比例值之差，而忽略这些比例值不相互独立的事实，可近似地认为 $p_i^{(j)}$ 服从均值为 0、方差 σ^2 为未知的正态分布。于是，$p_i^{(j)}/\sigma$ 是近似单位正态的。如果假定 $p_i^{(1)}$ 和 $p_i^{(2)}$ 是独立的、正态的(严格地说并非如此，因为它们的训练集和验证集并非是相互独立抽取的)，则 s_i^2/σ^2 服从自由度为 1 的卡方分布。如果假定每个 s_i^2 是相互独立的(事实并非如此，因为它们是从相同数据集计算得到的)，则它们的和服从自由度为 5 的卡方分布：

574

$$M=\frac{\sum_{i=1}^{5} s_i^2}{\sigma^2} \sim \chi_5^2$$

并且

$$t=\frac{p_1^{(1)}/\sigma}{\sqrt{M/5}}=\frac{p_1^{(1)}}{\sqrt{\sum_{i=1}^{5} s_i^2/5}} \sim t_5 \tag{19-15}$$

给出了自由度为 5 的 t 统计量。如果该统计量的值落在区间$(-t_{\alpha/2,5}, t_{\alpha/2,5})$之外，则 5×2 交叉验证配对 t 检验(5×2 cv paired t test)拒绝两个分类算法以显著性水平 α 具有相同错误率的假设。$t_{0.025,5}=2.57$。

19.11.4 5×2 交叉验证配对 F 检验

注意式(19-15)中的分子 $p_1^{(1)}$ 是任意的。实际上，有 10 个不同的值可当作分子，即，$p_i^{(j)}$，$j=1$，2，$i=1$，…，5，产生 10 个可能的统计量：

$$t_i^{(j)}=\frac{p_i^{(j)}}{\sqrt{\sum_{i=1}^{5} s_i^2/5}} \tag{19-16}$$

Alpaydin(1999)提出了 5×2 交叉验证 t 检验的扩展，它组合了 10 个可能统计量的结果。如果 $p_i^{(j)}/\sigma \sim Z$，则有$(p_i^{(j)})^2/\sigma^2 \sim \chi_1^2$，并且它们的和是自由度为 10 的卡方分布：

$$N=\frac{\sum_{i=1}^{5}\sum_{j=1}^{2}(p_i^{(j)})^2}{\sigma^2} \sim \chi_{10}^2$$

将上式作为式(19-15)的分子，得到的统计量为两个卡方分布随机变量的比值。两个变量分别除以它们的自由度得到第一自由度为 10，第二自由度为 5 的 F 分布(A.3.8 节)：

$$f=\frac{N/10}{M/5}=\frac{\sum_{i=1}^{5}\sum_{j=1}^{2}(p_i^{(j)})^2}{2\sum_{i=1}^{5}s_i^2}\sim F_{10,5} \tag{19-17}$$

如果该值大于 $F_{\alpha,10,5}$，则5×2 交叉验证配对 F 检验(5×2 cv paired F test)拒绝两个分类算法以显著性水平 α 具有相同错误率的假设。$F_{0.05,10,5}=4.74$。

575

19.12 比较多个算法：方差分析

在很多情况下，有多个算法，我们希望比较它们的期望误差。给定 L 个算法，我们在 K 个训练集上对它们进行训练，每个算法产生 K 个分类器，然后在 K 个验证集上进行检验并记录相应的错误率。这样产生了 L 组，每组 K 个值。于是，问题是比较这 L 个样本的统计显著性差异。这是一个具有单个因素、L 个水平(学习算法)的实验，对每个水平重复 K 次。

在*方差分析*(analysis of variance，ANOVA)中，考虑 L 个独立的样本，每个大小为 K，由未知均值 μ_j 和未知公共方差 σ^2 的正态随机变量组成：

$$X_{ij}\sim\mathcal{N}(\mu_j,\sigma^2),\quad j=1,\cdots,L,i=1,\cdots,K$$

我们想对"所有均值相等"的假设 H_0 进行检验：

$$H_0:\mu_1=\mu_2=\cdots=\mu_L \text{ 与 } H_1:\mu_r\neq\mu_s,\text{至少在一对}(r,s)\text{ 上}$$

对多个分类算法的错误率进行比较就适合这种模式。有 L 个分类算法，并且有它们在 K 个验证折上的错误率。X_{ij} 是分类算法 j 在 i 折数据训练的分类器的验证错误数。每个 X_{ij} 都是二项的且是近似正态的。如果 H_0 未被拒绝，则在这 L 个分类算法的误差率之间找不到显著的错误差别。因而，这是我们在 19.11 节所看到的对两个分类算法进行比较的检验方法的推广。这 L 个分类算法可能不同或者使用不同的超参数，如多层感知器的隐藏单元数，k-NN 的近邻数等。

方差分析方法导出两个关于 σ^2 的估计。第一个估计只有在 H_0 为真时才为真，而第二个估计始终是一个有效估计，无论 H_0 是否为真。如果两个估计显著不同，则方差分析拒绝 H_0，即拒绝 L 个样本取自相同的总体。

第一个关于 σ^2 的估计是有效，仅当假设为真，即仅当 $\mu_j=\mu(j=1,\cdots,L)$。如果 $X_{ij}\sim\mathcal{N}(\mu,\sigma^2)$，则组平均

576

$$m_j=\sum_{i=1}^{K}\frac{X_{ij}}{K}$$

也是正态的且均值为 μ、方差为 σ^2/K。如果假设为真，则 $m_j(j=1,\cdots,L)$ 是 L 个取自 $\mathcal{N}(\mu,\sigma^2/K)$ 的实例。于是，它们的均值和方差分别为：

$$m=\frac{\sum_{j=1}^{L}m_j}{L},\quad S^2=\frac{\sum_j(m_j-m)^2}{L-1}$$

因而，σ^2 的一个估计是 $K\cdot S^2$，即

$$\hat{\sigma}_b^2=K\sum_{j=1}^{L}\frac{(m_j-m)^2}{L-1} \tag{19-18}$$

每个 m_j 都是正态的，$(L-1)S^2/(\sigma^2/K)$ 是自由度为 $(L-1)$ 的卡方分布。因而，有

$$\sum_{J} \frac{(m_j - m)^2}{\sigma^2/k} \sim \chi^2_{l-1} \tag{19-19}$$

定义组间平方和 SS_b 为

$$SS_b \equiv K \sum_j (m_j - m)^2$$

因而，当 H_0 为真时，有

$$\frac{SS_b}{\sigma^2} \sim \chi^2_{L-1} \tag{19-20}$$

第二个关于 σ^2 的估计是组方差 S_j^2 的平均值，定义为

$$S_j^2 = \frac{\sum_{i=1}^{K} (X_{ij} - m_j)^2}{K-1}$$

而它们的平均值为：

$$\hat{\sigma}^2 = \sum_{j=1}^{L} \frac{S_j^2}{L} = \sum_j \sum_i \frac{(X_{ij} - m_j)^2}{L(K-1)} \tag{19-21}$$

定义组内平方和 SS_w 为

$$SS_w \equiv \sum_j \sum_i (X_{ij} - m_j)^2$$

对正态样本，有

577

$$(K-1)\frac{S_j^2}{\sigma^2} \sim \chi^2_{K-1}$$

并且卡方分布之和仍然是卡方分布，有

$$(K-1)\sum_{j=1}^{L} \frac{S_j^2}{\sigma^2} \sim \chi^2_{L(K-1)}$$

因而

$$\frac{SS_w}{\sigma^2} \sim \chi^2_{L(K-1)} \tag{19-22}$$

于是，任务是比较两个方差是否相等，这可以通过检查它们的比值是否接近于1来实现。两个独立卡方变量分别除以其相应的自由度的比值是一个服从 F 分布的随机变量，因而当 H_0 为真时，有

$$F_0 = \left(\frac{SS_b/\sigma^2}{L-1}\right) / \left(\frac{SS_w/\sigma^2}{L(K-1)}\right) = \frac{SS_b/(L-1)}{SS_w/L(K-1)} = \frac{\hat{\sigma}_b^2}{\hat{\sigma}_w^2} \sim F_{L-1,L(K-1)} \tag{19-23}$$

对于任意给定的显著性水平值 α，如果该统计量的值大于 $F_{\alpha,L-1,L(K-1)}$，则拒绝 L 个分类算法具有相同期望错误率的假设。

注意，如果两个估计显著不一致，则拒绝 H_0。如果 H_0 不成立，则 m_j 在 m 附近的方差一般比 H_0 成立时大。因此，如果 H_0 不成立，则第一个估计 $\hat{\sigma}_b^2$ 将过高估计 σ^2，而该比值将大于1。对于 $\alpha=0.05$、$L=5$ 和 $K=10$，$F_{0.05,4,45}=2.6$。如果 X_{ij} 在 m 附近以方差 σ^2 变化，那么如果 H_0 成立，则 m_j 在 m 附近将以方差 σ^2/K 变化。看来，如果它们变化很大，则应该拒绝 H_0，因为 m_j 在 m 附近的位移很难再用某种不断增加的噪声解释。

*方差分析*的名字源于将数据中的总变化划分成它的分量。

$$SS_T \equiv \sum_j \sum_i (X_{ij} - m)^2 \tag{19-24}$$

SS_T 除以它的自由度 $K \cdot L-1$（存在 $K \cdot L$ 个数据点，且损失了一个自由度，因为 m

是固定的)，假定 X_{ij} 的样本方差。可以证明(习题 5)，总平方和可以分解为组间平方和与组内平方和

$$SS_T = SS_b + SS_w \tag{19-25}$$

578

ANOVA 的结果在表 19-4 所示的 ANOVA 表中。这是方差的单向(one-way)分析，其中只有一个因素，例如学习算法。我们可以考虑具有多个因素的实验，例如，一个因素可以是分类算法，另一个因素是分类前使用的特征提取算法，而这是一个具有相互影响的双因素实验(two-factor experiment with interaction)。

如果假设被拒绝，则只是知道 L 个分组之间存在某种差异，但并不知道差异在何处。为此，进行时事后检验(post hoc testing)，即涉及分组子集的检验集，例如逐对。

表 19-4 单个因素模型的方差分析(ANOVA)表

变化的源	平方和	自由度	均方	F_0
组间	$SS_b \equiv K\sum_j (m_j - m)^2$	$L-1$	$MS_b = \frac{SS_b}{L-1}$	$\frac{MS_b}{MS_w}$
组内	$SS_w \equiv \sum_j \sum_i (X_{ij} - m_j)^2$	$K(L-1)$	$MS_w = \frac{SS_w}{L(K-1)}$	
总和	$SS_T \equiv \sum_j \sum_i (X_{ij} - m)^2$	$L \cdot K - 1$		

费希尔的最小方差检验(least square difference test)以逐对的方式比较各组。对于每个组，有 $m_i \sim \mathcal{N}(\mu_i, \sigma_w^2 = MS_w/K)$，$m_i - m_j \sim \mathcal{N}(\mu_i - \mu_j, 2\sigma_w^2)$。于是，在原假设 $H_0: \mu_i = \mu_j$ 下，有

$$t = \frac{m_i - m_j}{\sqrt{2}\sigma_w} \sim t_{L(K-1)}$$

如果 $|t| > t_{\alpha/2, L(K-1)}$，则拒绝 H_0，支持备择假设 $H_1: \mu_i \neq \mu_j$。类似地，可以定义单边检验来寻找逐对次序。

当做大量实验提取结论时，这称为多重比较(multiple comparisons)，并且需要记住：如果以显著性水平 α 对 T 个假设进行检验，则至少有一个假设不正确地被拒绝的概率至多为 $T\alpha$。例如，每个均以 95%的单个置信区间进行计算的 6 个置信区间同时正确的概率至少为 70%。因而，为了确保整体置信区间至少为 $100(1-\alpha)$，每个置信区间应当设置为 $100(1-\alpha/T)$。这称为 Bonferroni 校正(Bonferroni correction)。

579

有时，可能出现这种情况：ANOVA 拒绝了原假设，而事后逐对检验都找不到显著的差别。在这种情况下，结论是：均值之间存在差别，但是需要更多的数据来指出差别到底在何处。

注意，分析的主要开销是在 K 个训练集/验证集上对 L 个分类算法进行训练和检验。一旦训练/检验完成且结果存储在一个 $K \times L$ 表中，则从表中进行方差分析或计算两两比较检验统计量的开销就相对很小。

19.13 在多个数据集上比较

假定想在多个数据集而不是在一个数据集上比较两个或多个算法。这与前面的不同之处在于：依赖于归纳偏倚与问题匹配程度的算法在不同的数据集上将有不同的表现，并且不能再说不同数据集上的误差值在平均准确率附近是正态分布的。这意味上一节讨论的基

于二项分布是近似正态分布的参数检验不能再使用，而需要借助于非参数检验(nonparametric test)。这种检验的优点是，还可以使用它们来比较其他非正态统计量，如训练时间、自由参数的个数等。

对于稍微偏离正态分布的情况，参数检验一般是鲁棒的，特别是当样本很大时。非参数检验不受分布的限制，但不太有效。也就是说，如果两种检验都可以使用，则优先选择参数检验。为了取得相同的功效，对应的非参数检验需要更大的样本。非参数检验并不假定知道基本的总体分布，而只假定值可以比较或者是有序的，并且正如我们将看到的，非参数检验使用这种次序信息。

当一个算法在许多不同数据集上训练后，它在这些数据集上的误差平均值不是一个有意义的值，例如，我们不能使用这种值来比较两个算法 A 和 B。为了比较两个算法，唯一可能的信息是，是否在任意数据集上 A 比 B 准确。于是，可以统计 A 比 B 准确的次数，并检查这是否可能是偶然的，它们是否确实同样准确。当有更多算法时，将考察被不同算法训练的学习器的平均排名(rank)。非参数检验基本上是使用这些排名数据，不是非绝对的数值。

580

在继续深入讨论这些检验前，应该强调的是，在各种应用上比较算法的错误率是没有意义的。因为不存在“最佳学习算法”，所以这种检验不令人信服。然而，可以在相同应用的大量数据集或版本上比较算法。例如，对于人脸识别，可以有许多不同的数据集，但具有不同的性质(分辨率、光照、研究对象数等)，可以使用非参数检验在这些数据集上比较算法。数据集的不同性质使我们不可能将来自不同数据集的图像混合，形成单个数据集，但是可以在不同的数据集上分别训练算法，分别得到排名，并组合这些得到总体决策。

19.13.1 比较两个算法

假定想比较两个算法。采用逐对方式在 N 个不同的数据集上训练和验证它们。即，除了不同的算法之外，所有的条件都应该是一样的。我们得到结果 e_i^1 和 e_i^2，并且如果在每个数据集上都使用 K 折交叉验证，则这些是 K 个值的均值或中位数。符号检验(sign test)基于如下思想：如果两个算法具有相同的误差，则在每个数据集上，第一个算法的误差比第二个算法的误差小的概率为 1/2，因而我们期望第一个在 $N/2$ 个数据集上获胜，我们定义

$$X_i = \begin{cases} 1 & \text{如果 } e_i^1 < e_i^2 \\ 0 & \text{否则} \end{cases} \quad \text{且 } X = \sum_{i=1}^{N} X_i$$

假定我们想检验

581

$$H_0: \mu_1 \geqslant \mu_2 \text{ 与 } H_1: \mu_1 < \mu_2$$

如果原假设是正确的，则 X 在 N 次试验上是二项的，其中 $p=1/2$。假设第一个算法在 $X=e$ 个数据集上获胜。于是，当确实有 $p=1/2$ 时，获胜的次数为 e 或更少的概率为

$$P\{X \leqslant e\} = \sum_{x=0}^{e} C_N^x \left(\frac{1}{2}\right)^x \left(\frac{1}{2}\right)^{N-x}$$

如果这个概率值太小，即小于 α，则拒绝原假设。如果出现平局，则将它们同等地划归两边。也就是说，如果有 t 次平局，则将 $t/2$ 加到 e 上(如果 t 是奇数，则忽略一次，并将 N 减 1)。

在检验

$$H_0: \mu_1 \leqslant \mu_2 \text{ 与 } H_1: \mu_1 > \mu_2$$

中，如果 $P\{X \geqslant e\} < \alpha$，则拒绝 H_0。

对于双边检验

$$H_0: \mu_1 = \mu_2 \text{ 与 } H_1: \mu_1 \neq \mu_2$$

如果 e 太小或太大，则拒绝原假设。当 $e < N/2$ 时，如果 $2P\{X \leqslant e\} < \alpha$，则拒绝原假设；当 $e > N/2$ 时，如果 $2P\{X \geqslant e\} < \alpha$，则拒绝原假设——需要找出对应的尾并将其乘以 2，因为这是双边检验。

正如前面所讨论的，非参数检验可以用来比较任意度量，例如训练时间。在这种情况下，我们看到非参数学习的优点：它使用次序，而不是绝对数值的平均值。假设在 10 个数据集上比较两个算法，其中 9 个数据集很小，两个算法的训练时间都以分钟计，而一个数据集很大，其训练时间以天计。如果使用参数检验，取训练时间的平均值，则一个大数据集就左右了决策。而当使用非参数检验并分别在每个数据集上比较时，使用次序将有在每个数据集上规范化的效果，因此有助于得到鲁棒的决策。

也可以将符号检验用作一个样本的检验，例如，不是将 μ_1 与第二个总体的均值比较而是将它与一个常数 μ_0 比较，以便检查算法在所有数据集上的平均误差是否小于 2%。可以简单地通过如下方法来做这件事：将常量 μ_0 取代第二个样本的所有观测，并使用前面的过程。即将统计误差大于或小于 0.02 的次数，并检查在原假设下这是否太不可能。对于大的 N，可以使用正态分布来近似二项分布（习题 6），但实践中，数据集的个数可能小于 20。注意，符号检验是在总体中位数上的检验，如果分布是对称的，则中位数等于均值。

582

符号检验只使用差的符号，而不是差的量值，但是我们可能面对这样一种情况：当第一个算法获胜时，它总是大幅度地赢；而当第二个算法获胜时，它总是勉强地赢。Wilcoxon 符号秩检验（Wilcoxon signed rank test）同时使用符号和差的量值，其方法如下。

假设除了差的符号外，还计算 $m_i = |e_i^1 - e_i^2|$，并将它们排序使得最小的 m_i 的秩为 1，次最小的秩为 2，以此类推。如果出现平局，则它们的秩取它们稍微不同时的平均值。例如，如果这些差值为 2、1、2、4，则秩为 2.5、1、2.5、4。然后，计算其符号为正的所有秩的和 w_+，其符号为负的所有秩的和 w_-。

仅当 w_+ 远小于 w_- 时，可以拒绝原假设 $\mu_1 \leqslant \mu_2$，而取备择假设 $\mu_1 > \mu_2$。类似地，仅当 w_+ 和 w_- 都很小时，即当 $w = \min(w_+, w_-)$ 很小时，可以拒绝双边假设 $\mu_1 = \mu_2$，而接受备择假设 $\mu_1 \neq \mu_2$。Wilcoxon 符号秩检验的关键值制作成表，而当 $N > 20$ 时，可以使用正态分布来近似。

19.13.2 比较多个算法

Kruskal-Wallis 检验（Kruskal-Wallis test）是 ANOVA 的非参数版本，是秩检验的多样本推广。给定 $M = L \cdot N$ 个观测，例如给定 L 个算法在 N 个数据集上的错误率 X_{ij}（$i = 1, \cdots, L$，$j = 1, \cdots, N$），将它们从小到大排序，并赋予它们 $1 \sim M$ 之间的秩 R_{ij}；出现平局时还是取平均值。如果原假设

$$H_0: \mu_1 = \mu_2 = \cdots = \mu_L$$

583 成立，则算法 i 的秩的平均值大约在 $1\sim M$ 的中间，即 $(M+1)/2$。将算法 i 的样本平均秩记作 $\overline{R}_{i\cdot}$，并且在平均秩看上去远离中间时拒绝该假设。检验统计量

$$H=\frac{12}{(M+1)L}\sum_{i=1}^{L}\left(\overline{R}_{i\cdot}-\frac{M+1}{2}\right)$$

是自由度为 $L-1$ 的近似卡方分布，并且当该统计量的值超过 $\chi_{\alpha,L-1}$ 时，拒绝原假设。

与参数方差检验一样，如果原假设被拒绝，则可以进行事后检验，对秩的逐对比较进行检查。一种进行这种检查的方法是 Tukey 检验(Tukey test)，它使用研究者的范围统计量(studentized range statistic)

$$q=\frac{\overline{R}_{\max}-\overline{R}_{\min}}{\sigma_w}$$

其中，$\overline{R}_{\max}$ 和 $\overline{R}_{\min}$ 分别是 L 个(秩的)均值中的最大均值和最小均值，而 σ_w^2 是组秩平均值附近的秩的平均方差。拒绝组 i 与组 j 具有相同的秩，接受它们具有不同秩的备择假设，如果

$$(\overline{R}_{i\cdot}-\overline{R}_{j\cdot})>q_\alpha(L,L(K-1))\sigma_w$$

其中 $q_\alpha(L,L(K-1))$ 被制成表。也可以定义单边检验，按平均秩对算法排序。

Demsar(2006)提出使用 CD(Critical Difference，关键差)图进行可视化。在 $1\sim L$ 的刻度上，我们标记平均值 $\overline{R}_{i\cdot}$，并在组之间绘制长度由关键差 $q_\alpha(L, L(K-1))\sigma_w$ 给定的直线，使得直线连接不是统计显著差的组。

19.14 多元检验

本章前面讨论的所有检验都是一元的。即，它们都使用单一的性能度量，例如，误差、精度、曲线下方面积等。然而我们知道，不同的度量展示了不同的行为，例如，误分类误差是假正和假负之和，而误差上的检验不能区分这两种类型的错误。另外，可以使用

584 这两者上的二元检验，这将比误差上的一元检验更有效，因为它还可以检查误分类的类型。类似地，可以定义，例如，在真正率和假正率，或精度和召回率上的二元检验，同时检查两种度量(Yıldız，Aslan 和 Alpaydın 2011)。

假设使用 p 种度量。如果用真正率和假正率，或用精度和召回率进行比较，则 $p=2$。实际上，表 19-2 中的所有性能度量(如误差、真正率、精度等)都是用表 19-1 中的 4 项计算的。可以直接在真正、假正、假负和真负上做四元检验，而不使用任何预定义的度量。

19.14.1 比较两个算法

假设 $\boldsymbol{x}_{ij}$ 是 p 元正态分布。我们有 $i=1$，…，K 折，并且我们从比较两个算法开始，因此 $j=1$，2。我们想要检验两个总体在 p 维空间是否具有相同的均值向量：

$$H_0:\boldsymbol{\mu}_1=\boldsymbol{\mu}_2 \text{ 与 } H_1:\boldsymbol{\mu}_1\neq\boldsymbol{\mu}2$$

对于配对检验，计算逐对的差 $\boldsymbol{d}_i=\boldsymbol{x}_{1i}-\boldsymbol{x}_{2i}$，并且检验这些差是否具有零均值：

$$H_0:\boldsymbol{\mu}_d=0 \text{ 与 } H_1:\boldsymbol{\mu}_d\neq 0$$

为了进行这一检验，计算样本的均值和协方差矩阵：

$$\boldsymbol{m}=\sum_{i=1}^{K}\boldsymbol{d}_i/K$$

$$S = \frac{1}{K-1}\sum_i (\boldsymbol{d}_i - \boldsymbol{m})(\boldsymbol{d}_i - \boldsymbol{m})^{\mathrm{T}} \tag{19-26}$$

在原假设下，Hotelling 多元检验(Hotelling's multivariate test)统计量

$$T'^2 = K\boldsymbol{m}^{\mathrm{T}}\boldsymbol{S}^{-1}\boldsymbol{m} \tag{19-27}$$

是具有 p 和 $K-1$ 个自由度的 Hotelling T^2 分布(Rencher 1995)。拒绝原假设，如果 $T'^2 > T^2_{\alpha,p,K-1}$。

当 $p=1$ 时，该多元检验就归结为 19.11.2 节讨论的配对 t 检验。在式(19-14)中，$\sqrt{K}m/S$ 度量一维空间中到 0 的规范化距离，而这里，$K\boldsymbol{m}^{\mathrm{T}}\boldsymbol{S}^{-1}\boldsymbol{m}$ 度量 p 维空间中到 $\boldsymbol{0}$ 的平方马氏距离。在这两种情况下，如果该距离太大，以至于它出现的可能性至多有 $\alpha \cdot 100\%$，则拒绝原假设。

585

如果多变量检验拒绝原假设，则可以做 p 个单独的事后一元检验(使用式(19-14))来检查哪个(些)变量导致拒绝。例如，如果在假正和假负上的多元检验拒绝原假设，则可以检查差异是否是由假正或假负或二者的显著差异导致的。

可能出现这种情况，单变量的差异都不显著，而多变量的差异是显著的。这是多元检验的优点之一。导致最大差异的变量的线性组合可以用下式计算

$$\boldsymbol{w} = \boldsymbol{S}^{-1}\boldsymbol{m} \tag{19-28}$$

于是，可以通过查看 $\boldsymbol{w}$ 的对应元素来观察不同的单变量维的效果。实际上，如果 $p=4$，则可以认为 $\boldsymbol{w}$ 由原来的混淆矩阵中的 4 个值为我们定义了一个新的性能度量。事实上，这是费希尔的 LDA 方向(参见 6.8 节)，这并非偶然，因为我们正在寻找最大化两组数据的分离性的方向。

19.14.2 比较多个算法

类似地，可以通过 ANOVA 的多元版本 MANOVA，得到比较 $L>2$ 个算法的多元检验。检验

$$H_0: \boldsymbol{\mu}_1 = \boldsymbol{\mu}_2 = \cdots = \boldsymbol{\mu}_L$$
$$H_1: \boldsymbol{\mu}_r \neq \boldsymbol{\mu}_s\text{，对于至少一对 } r \text{ 和 } s$$

假设 $\boldsymbol{x}_{ij}$($i=1, \cdots, K$，$j=1, \cdots, L$)表示算法 j 在第 i 个验证折上的 p 维性能向量。多元 ANOVA(MANOVA)计算散度间和散度内的两个矩阵：

$$\boldsymbol{H} = K\sum_{j=1}^{L}(\boldsymbol{m}_j - \boldsymbol{m})(\boldsymbol{m}_j - \boldsymbol{m})^{\mathrm{T}}$$

$$\boldsymbol{E} = \sum_{j=1}^{L}\sum_{i=1}^{K}(\boldsymbol{x}_{ij} - \boldsymbol{m}_j)(\boldsymbol{x}_{ij} - \boldsymbol{m}_j)^{\mathrm{T}}$$

于是，检验统计量

586

$$\Lambda' = \frac{|\boldsymbol{E}|}{|\boldsymbol{E}+\boldsymbol{H}|} \tag{19-29}$$

是自由度为 p、$L(K-1)$、$L-1$ 的 Wilks 的 Λ 分布(Rencher 1995)。如果 $\Lambda' > \Lambda_{\alpha,p,L(K-1),L-1}$，则拒绝原假设。注意，对于小的 Λ' 值，我们拒绝：如果样本均值向量相等，则我们期望 $\boldsymbol{H}$ 为 0 而 Λ' 趋向于 1；随着样本均值变得更发散，Λ' 变得比 $\boldsymbol{E}$“更大”且 Λ' 趋向于 0。

如果 MANOVA 拒绝原假设，则可以用多种方法做事后检验。可以像以前讨论过的那样做一组逐对多元检验，看看哪些对有显著差异。或者，可以在每个个体变量上做 p 个单

独的一元 ANOVA(参见19.12节)，看看哪个(些)变量导致拒绝。

如果 MANOVA 拒绝原假设，则这种差异可能是由于变量的某种线性组合所导致的。均值向量占据的空间的维度由 $s=\min(p, L-1)$ 给定，它的维是 $\boldsymbol{E}^{-1}\boldsymbol{H}$ 的特征向量，通过观察这些特征向量，可以准确地指出导致 MANOVA 拒绝的方向(新的性能度量)。例如，如果 $\lambda_i/\sum_{i=1}^{s}\lambda_i > 0.9$，则粗略地得到一个方向，并且绘制数据沿这个方向的投影使我们可以对算法进行一元排序。

19.15 注释

涉及实验设计的材料采用 Montgomery 2005 的讨论，这里改成适合机器学习的形式。关于区间估计、假设检验和方差分析的更为详细的讨论可以在任何统计学导论书籍中找到，如 Ross 1987。

Dietterich(1998)讨论了各种统计检验方法，并在多个应用上使用不同的分类算法对其进行了比较。Fawcett(2006)给出了 ROC 使用和 AUC 计算的综述。Demsar(2006)给出了在多个数据集上比较分类方法的统计检验综述。

当比较两个或多个算法时，如果它们具有相同错误率的原假设未被拒绝，则选择最简单的(即空间和时间复杂度较小的)算法。也就是说，如果数据在错误率方面并不偏好任何一个分类算法，则使用我们的先验偏好。例如，如果对一个线性模型和一个非线性模型进行比较，并且检验没有拒绝二者具有相同的期望错误率，则选择更为简单的线性模型。即使检验拒绝了这样的假设，在选择算法时，错误率也仅仅是一个标准。其他标准，如训练的(空间/时间)复杂度、检验的复杂度和可解释性等，在实际应用中都可能是更重要的标准。

587

Yildiz 和 Alpaydin(2006)给出如何在 MultiTest 算法中使用事后检验结果来产生全序。我们做 $L(L-1)/2$ 次单边逐对检验来对 L 个算法定序，但是这些检验可能不能产生全序，而只产生偏序。缺失的链可以使用先验复杂度信息来补充，以便得到全序。使用误差和复杂度这两类信息，拓扑排序产生算法的序。

还有一些检验可以检查对比(contrast)。假设1和2是神经网络方法，而3和4是模糊逻辑方法。可以检验1和2的平均情况是否不同于2和4的平均情况，因此可以更一般地比较各种方法。

统计比较不仅对于选择学习算法是必要的，而且还可以用于调整算法的超参数，而且实验设计框架为我们提供了有效选择超参数的工具。例如，响应面设计可以在多核学习情境中用于学习权重(Gönen 和 Alpaydın 2011)。

另一个需要注意的是，我们只对误分类错误进行评估或比较，这意味着从我们的观点出发，所有的误分类都具有相同的代价。如果事实并非如此，则我们的检验应当基于风险，将一个合适的损失函数考虑在内。这方面的工作还不是很多。类似地，这些检验也应当从分类推广到回归，使得可以对回归算法的均方误差进行评估，或者可以对两个回归算法的误差进行比较。

在比较两个分类算法时，注意我们只是对它们是否具有相同的期望错误率进行检验。如果是，这也不意味着它们产生相同的错误。这是第17章使用的想法。如果不同的分类器产生不同的错误，则可以通过组合多个模型来提高准确率。

19.16 习题

1. 在两类问题中，假设有损失矩阵，其中 $\lambda_{11}=\lambda_{22}=0$，$\lambda_{21}=1$ 和而 $\lambda_{12}=\alpha$。作为 α 的函数，确定决策的阈值。

   解：选择第一类的风险为 $0\cdot P(C_1|x)+\alpha P(C_2|x)$，而选择第二类的风险为 $1\cdot P(C_1|x)+0\cdot P(C_2|x)$（参见 3.3 节）。选择 C_1，如果前者小于后者且给定 $P(C_2|x)=1-P(C_1|x)$，选择 C_1，如果

588

$$P(C_1|x)>\frac{\alpha}{1+\alpha}$$

   也就是说，改变决策的阈值对应于改变假正与假负的相对代价。

2. 可以通过从伯努利分布抽取样本来模拟一个错误概率为 p 的分类器。进行此模拟，并对 $p_0\in(0,1)$进行二项检验、近似正态检验和 t 检验。对不同的 p 值，将这些检验进行至少 1000 次并计算拒绝原假设的概率。当 $p_0=p$ 时，你认为拒绝的期望概率是多少？

3. 假设 $x^t\sim\mathcal{N}(\mu,\sigma^2)$，其中 σ^2 是已知的。对假设 H_0：$\mu\geqslant\mu_0$ 与 H_1：$\mu<\mu_0$，如何进行检验？

   解：在原假设 H_0下，有

$$z=\frac{\sqrt{N}(m-\mu_0)}{\sigma}\sim Z$$

   如果 $z\in(-z_\alpha,\infty)$，则接受 H_0。

4. K 折交叉验证 t 检验只对错误率的相等性进行检验。如果假设拒绝原假设，我们并不知道哪个分类算法具有更低的错误率。如何对第一个分类算法的错误率不比第二个分类算法更高的假设进行检验？提示：需要对 $H_0:\mu\leqslant 0$ 与 $H_1:\mu>0$ 进行检验。

5. 证明总平方和可以分解为组间平方和与组内平方和：$SS_T=SS_b+SS_w$。

6. 对符号检验，使用正态分布近似二项分布。

   解：在两个模型一样好的原假设下，有 $p=1/2$，并且在 N 个数据集上，我们期望获胜次数 X 是近似正态的，其中 $\mu=pN=N/2$，$\sigma^2=p(1-p)N=N/4$。如果获胜 e 次，拒绝原假设，如果 $P(X<e)>\alpha$，或者如果 $P(Z<\frac{e-N/2}{\sqrt{N/4}})>\alpha$。

7. 假设有 3 个分类算法。如何将其从最好到最差进行排序？

8. 如果有算法 A 的 2 个变种，算法 B 的 3 个变种。考虑它们的所有变种，如何比较算法 A 和算法 B 的总体准确率？

   解：可以使用对比(Montgomery 2005)。根本上，我们要做的是把 A 的 2 个变种的平均与 B 的 3 个变种的平均进行比较。

589

9. 提出一种合适的检验来比较两个回归算法的误差。

   解：在回归中，最小化平方和，这是方差的度量，我们知道它是卡方分布的。既然使用 F 检验比较方差(就像在 ANOVA 中做的那样)，也可以用它来比较两个回归算法的平方和。

10. 提出一种合适的检验来比较两个增强学习算法的期望奖励。

19.17 参考文献

Alpaydın, E. 1999. "Combined 5 × 2 cv *F* Test for Comparing Supervised Classification Learning Algorithms." *Neural Computation* 11:1885-1892.

Bouckaert, R. R. 2003. "Choosing between Two Learning Algorithms based on Calibrated Tests." In *Twentieth International Conference on Machine Learning*, ed. T. Fawcett and N. Mishra, 51-58. Menlo Park, CA: AAAI Press.

Demsar, J. 2006. "Statistical Comparison of Classifiers over Multiple Data Sets." *Journal of Machine Learning Research* 7:1-30.

Dietterich, T. G. 1998. "Approximate Statistical Tests for Comparing Supervised Classification Learning Algorithms." *Neural Computation* 10:1895-1923.

Fawcett, T. 2006. "An Introduction to ROC Analysis." *Pattern Recognition Letters* 27:861-874.

Gönen, M. and, E. Alpaydın. 2011. "Regularizing Multiple Kernel Learning using Response Surface Methodology." *Pattern Recognition* 44:159-171.

Montgomery, D. C. 2005. *Design and Analysis of Experiments.* 6th ed. New York: Wiley.

Rencher, A. C. 1995. *Methods of Multivariate Analysis.* New York: Wiley.

Ross, S. M. 1987. *Introduction to Probability and Statistics for Engineers and Scientists.* New York: Wiley.

Turney, P. 2000. "Types of Cost in Inductive Concept Learning." Paper presented at Workshop on Cost-Sensitive Learning at the Seventeenth International Conference on Machine Learning, Stanford University, Stanford, CA, July 2.

Wolpert, D. H. 1995. "The Relationship between PAC, the Statistical Physics Framework, the Bayesian Framework, and the VC Framework." In *The Mathematics of Generalization*, ed. D. H. Wolpert, 117-214. Reading, MA: Addison-Wesley.

Yıldız, O. T., and E. Alpaydın. 2006. "Ordering and Finding the Best of $K > 2$ Supervised Learning Algorithms." *IEEE Transactions on Pattern Analysis and Machine Intelligence* 28:392-402.

Yıldız, O. T., Ö. Aslan, and E. Alpaydın. 2011. "Multivariate Statistical Tests for Comparing Classification Algorithms," In *Learning and Intelligent Optimization (LION) Conference*, ed. C. A. Coello Coello, 1-15. Heidelberg: Springer.

590 ~ 592

概 率 论

我们简略回顾概率论原理、随机变量概念和实例分布。

A.1 概率论原理

随机试验是其结果不能事先以确定的方式预测的试验(Ross 1987；Casella 和 Berger 1990)。所有可能结果的集合称作样本空间(sample space)S。样本空间是离散的(discrete)，如果它由结果的有限(或无限可数)集组成；否则它是连续的(continuous)。S 的任意子集 E 是一个事件(event)。事件是集合，并且我们可以谈论它们的补、交、并等。

概率的一种解释是频率(frequency)。当一个试验在完全相同的条件下不断重复时，对于任意事件 E，结果在 E 中的次数所占的比例趋向于某个常数值。这个常数极限频率是事件的概率，把它记作 $P(E)$。

有时，概率解释为可信程度(degree of belief)。例如，当我们说土耳其赢得 2018 年足球世界杯的概率时，我们并不是指出现的频率，因为 2018 年足球世界杯只进行一次，并且(在写本书时)它还未进行。在这种情况下，我们的意思是我们主观相信该事件出现的程度。由于是主观的，所以对同一事件，不同的人可能指派不同的概率。

A.1.1 概率论公理

公理确保指派到随机试验的概率可以解释为相对频率，并且这种指派符合我们对相对频率之间关系的直观理解。

1) $0\leqslant P(E)\leqslant 1$。如果 E_1 是不可能出现的事件，则 $P(E_1)=0$。如果 E_2 是一定出现的事件，则 $P(E_2)=1$。

2) 如果 S 是包含所有可能结果的样本空间，则 $P(S)=1$。

3) 如果 $E_i(i=1,\cdots,n)$ 是互斥的(即如果它们不可能同时出现，$E_i\cap E_j=\varnothing$，$i\neq j$，其中 $\varnothing$ 是不包含任何可能结果的空事件)，则有

$$P\left(\bigcup_{i=1}^{n} E_i\right)=\sum_{i=1}^{n} P(E_i) \tag{A-1}$$

例如，设 E^c 表示 E 的补，它由不在 E 中的 S 中的所有可能的结果组成，有 $E\cap E^c=\varnothing$，并且

$$P(E\cup E^c)=P(E)+P(E^c)=1$$
$$P(E^c)=1-P(E)$$

如果 E 和 F 的交集为非空，则有

$$P(E\cup F)=P(E)+P(F)-P(E\cap F) \tag{A-2}$$

A.1.2 条件概率

$P(E|F)$是给定事件 F 出现，事件 E 出现的概率，并由下式给出

$$P(E|F)=\frac{P(E\cap F)}{P(F)} \tag{A-3}$$

知道事件 F 出现将样本空间缩小到 F，而 E 也出现的部分为 $E\cap F$。注意，式(A-3)仅当 $P(F)>0$ 时才有定义。由于$\cap$是可交换的，所以有

$$P(E\cap F)=P(E|F)P(F)=P(F|E)P(E)$$

由此得到贝叶斯公式(Bayes′ formula)：

$$P(F|E)=\frac{P(E|F)P(F)}{P(E)} \tag{A-4}$$

当 F_i 互斥并穷举时，即当 $\bigcup_{i=1}^{n}F_i=S$ 时，

$$E=\bigcup_{i=1}^{n}E\cap F_i$$

$$P(E)=\sum_{i=1}^{n}P(E\cap F_i)=\sum_{i=1}^{n}P(E|F_i)P(F_i) \tag{A-5}$$

贝叶斯公式使我们有

$$P(F_i|E)=\frac{P(E\cap F_i)}{P(E)}=\frac{P(E|F_i)P(F_i)}{\sum_j P(E|F_j)P(F_j)} \tag{A-6}$$

如果 E 和 F 是独立的(independent)，则有 $P(E|F)=P(E)$，因此

$$P(E\cap F)=P(E)P(F) \tag{A-7}$$

也就是说，F 是否出现的知识并不改变 E 出现的概率。

A.2 随机变量

随机变量(random variable)是一个函数，它对随机试验的样本空间中的每个结果指派一个数。

A.2.1 概率分布与密度函数

对于任意实数值 a，随机变量 X 的概率分布函数 $F(\cdot)$是

$$F(a)=P\{X\leqslant a\} \tag{A-8}$$

并且有

$$P\{a<X\leqslant b\}=F(b)-F(a) \tag{A-9}$$

如果 X 是离散的随机变量，则

$$F(a)=\sum_{\forall x\leqslant a}P(x) \tag{A-10}$$

其中 $P(\cdot)$是概率质量函数(probability mass function)，定义为 $P(a)=P\{X=a\}$。如果 X 是连续的随机变量，则 $p(\cdot)$是概率密度函数(probability density function)，使得

$$F(a)=\int_{-\infty}^{a}p(x)\mathrm{d}x \tag{A-11}$$

A.2.2 联合分布与密度函数

在特定的试验中，可能对两个或多个随机变量之间的关系感兴趣，并且使用 X 和 Y 的联合(joint)概率分布和密度函数，它满足

$$F(x,y)=P\{X\leqslant x,Y\leqslant y\} \tag{A-12}$$

单个边缘(marginal)分布和密度可以通过边缘化来计算，即在自由变量上求和：

$$F_X(x)=P\{X\leqslant x\}=P\{X\leqslant x,Y\leqslant\infty\}=F(x,\infty) \tag{A-13}$$

在离散情况下，有

$$P(X=x)=\sum_j P(x,y_j) \tag{A-14}$$

而在连续情况下，有

$$p_X(x)=\int_{-\infty}^{\infty} p(x,y)\mathrm{d}y \tag{A-15}$$

如果 X 和 Y 是独立的(independent)，则有

$$p(x,y)=p_X(x)p_Y(y) \tag{A-16}$$

这些都能够以直截了当的方式推广到多于两个随机变量的情况。

A.2.3 条件分布

当 X 和 Y 是随机变量时，

$$P_{X|Y}(x|y)=P(X=x|Y=y)=\frac{P(X=x,Y=y)}{P(Y=y)}=\frac{P(x,y)}{P_Y(y)} \tag{A-17}$$

A.2.4 贝叶斯规则

当两个随机变量联合分布，其中一个的值已知时，另一个取给定值的概率可以使用贝叶斯规则计算：

$$P(y|x)=\frac{P(x|y)P_Y(y)}{P_X(x)}=\frac{P(x|y)P_Y(y)}{\sum_y P(x|y)P_Y(y)} \tag{A-18}$$

换言之，

$$\text{后验}=\frac{\text{似然}\times\text{先验}}{\text{证据}} \tag{A-19}$$

注意，分母通过在所有可能的 y 值上对分子求和(或积分，如果 y 是连续的)得到。$p(y|x)$的“形状”取决于分子，分母作为规范化因子确保 $p(y|x)$的和为 1。通过考虑 x 提供的信息，贝叶斯规则使我们将一个先验概率修改为后验概率。

贝叶斯规则将依赖性反转：如果 $p(x|y)$是已知的，则可以计算 $p(y|x)$。假设 y 是 x 的“原因”，如 y 是度暑假，x 是被晒黑，则 $p(x|y)$是已知某人度暑假，他被晒黑的概率。这是因果(causal)(或预测)方法。贝叶斯规则允许我们使用诊断(diagnostic)方法来计算 $p(y|x)$。即知道某人被晒黑，他去度暑假的概率。$p(y)$是任何人去度暑假的概率，而 $p(x)$是任何人被晒黑的概率，包括度暑假和不度暑假的人。

A.2.5 期望

随机变量 X 的期望(expectation)、期望值(expectation value)或均值(mean)记作 $E[X]$，是大量试验中 X 的平均值：

$$E[X]=\begin{cases}\sum_i x_i P(x_i) & \text{如果 } X \text{ 是离散的}\\ \int xp(x)\mathrm{d}x & \text{如果 } X \text{ 是连续的}\end{cases} \tag{A-20}$$

它是加权平均，其中每个值被 X 取该值的概率加权。它具有如下性质(a，$b\in\Re$)：

$$\begin{aligned}E[aX+b]&=aE[X]+b\\ E[X+Y]&=E[X]+E[Y]\end{aligned} \tag{A-21}$$

对于任意实数值函数 $g(\cdot)$，期望值是

$$E[g(X)]=\begin{cases}\sum_i g(x_i)P(x_i) & \text{如果 } X \text{ 是离散的}\\ \int g(x)p(x)\mathrm{d}x & \text{如果 } X \text{ 是连续的}\end{cases} \tag{A-22}$$

一种特例 $g(x)=x^n$，称作 X 的 n 阶矩，定义为

$$E[X^n]=\begin{cases}\sum_i x_i^n P(x_i) & \text{如果 } X \text{ 是离散的}\\ \int x^n p(x)dx & \text{如果 } X \text{ 是连续的}\end{cases} \tag{A-23}$$

均值是一阶矩并记作 μ。

A.2.6 方差

方差(variance)度量 X 在期望值附近的变化。如果 $\mu\equiv E[X]$，则方差定义为

$$\mathrm{Var}(X)=E[(X-\mu)^2]=E[X^2]-\mu^2 \tag{A-24}$$

方差是二阶矩减去一阶矩平方。方差记作 σ^2，具有如下性质(a，$b\in\Re$)：

$$\mathrm{Var}(aX+b)=a^2\mathrm{Var}(X) \tag{A-25}$$

$\sqrt{\mathrm{Var}(X)}$称作*标准差*(standard deviation)，记作 σ。标准差具有和 X 相同的单位，并且比方差容易解释。

协方差(covariance)指明两个随机变量之间的关系。如果 X 的出现使得 Y 更可能出现，则协方差为正；如果 X 的出现使得 Y 更不可能发生，则协方差为负；如果二者没有依赖性，则协方差为0。

$$\mathrm{Cov}(X,Y)=E[(X-\mu_X)(Y-\mu_Y)]=E[XY]-\mu_X\mu_Y \tag{A-26}$$

其中 $\mu_X\equiv E[X]$，$\mu_Y\equiv E[Y]$。一些其他性质是

$$\mathrm{Cov}(X,Y)=\mathrm{Cov}(Y,X)$$

$$\mathrm{Cov}(X,X)=\mathrm{Var}(X)$$

$$\mathrm{Cov}(X+Z,Y)=\mathrm{Cov}(X,Y)+\mathrm{Cov}(Z,Y)$$

$$\mathrm{Cov}\Big(\sum_i X_i,Y\Big)=\sum_i\mathrm{Cov}(X_i,Y) \tag{A-27}$$

$$\mathrm{Var}(X+Y)=\mathrm{Var}(X)+\mathrm{Var}(Y)+2\mathrm{Cov}(X,Y) \tag{A-28}$$

$$\mathrm{Var}\Big(\sum_i X_i\Big)=\sum_i\mathrm{Var}(X_i)+\sum_i\sum_{j\neq i}\mathrm{Cov}(X_i,X_j) \tag{A-29}$$

如果 X 和 Y 是独立的，则 $E[XY]=E[X]E[Y]=\mu_X\mu_Y$ 且 $\mathrm{Cov}(X,Y)=0$。这样，如果 X_i 是独立的，则

$$\mathrm{Var}\Big(\sum_i X_i\Big)=\sum_i\mathrm{Var}(X_i) \tag{A-30}$$

相关性(correlation)是一个规范化的、维无关的量，其值总是在−1～1之间：

$$\mathrm{Corr}(X,Y)=\frac{\mathrm{Cov}(X,Y)}{\sqrt{\mathrm{Var}(X)\mathrm{Var}(Y)}} \tag{A-31}$$

A.2.7 弱大数定律

设 $\mathcal{X}=\{X^t\}_{t=1}^N$ 是独立同分布的(iid)随机变量的集合，每个都具有均值 μ 和有限方差 σ^2。对于任意 $\varepsilon>0$，

$$P\left\{\left|\frac{\sum_t X^t}{N}-\mu\right|>\varepsilon\right\}\to 0,\quad N\to\infty \tag{A-32}$$

也就是说，随着 N 趋向于无穷大，N 个试验的平均值趋向于均值。

A.3 特殊的随机变量

有一些类型的随机变量频繁出现，因此需要对它们命名。

A.3.1 伯努利分布

试验进行，其结果或者“成功”或者“失败”。随机变量 X 是一个 0/1 指示变量，并且对于成功结果取 1，否则取 0。p 是试验结果为成功的概率，则

$$P\{X=1\}=p \text{ 且 } P\{X=0\}=1-p \tag{A-33}$$

这等价于

$$P\{X=i\}=p^{i}(1-p)^{1-i}, \quad i=0,1 \tag{A-34}$$

如果 X 是伯努利变量，则它的期望值和方差是

$$E[X]=p, \quad \mathrm{Var}(X)=p(1-p) \tag{A-35}$$

A.3.2 二项分布

如果做了 N 次相同的、独立的伯努利试验，代表 N 次试验中成功次数的随机变量 X 是二项分布的。i 次成功的概率为

$$P\{X=i\}=C_{N}^{i}p^{i}(1-p)^{N-i} \quad i=0,\cdots,N \tag{A-36}$$

如果 X 是二项的，则它的期望值和方差分别为

$$E[X]=Np, \quad \mathrm{Var}(X)=Np(1-p) \tag{A-37}$$

A.3.3 多项分布

考虑伯努利分布的推广。其中，取代两种状态，随机事件的结果是 K 个互斥、穷举状态之一，每种状态出现概率为 p_i，其中 $\sum_{i=1}^{K}p_i=1$。假设做了 N 次这样的试验，其中结果 i 出现 N_i 次，满足 $\sum_{i-1}^{N}N_i=N$。则 N_1，N_2，…，N_K 的联合分布是多项分布：

$$P(N_1,N_2,\cdots,N_K)=N!\prod_{i=1}^{K}\frac{p_i^{N_i}}{N_i!} \tag{A-38}$$

当 $N=1$ 时，它是一种特殊情况：只做了一次试验。于是 N_i 是指示变量，其中只有一个为 1，其余均为 0。于是，式(A-38)归约为

$$P(N_1,N_2,\cdots,N_K)=\prod_{i=1}^{K}p_i^{N_i} \tag{A-39}$$

A.3.4 均匀分布

X 均匀地分布在区间$[a, b]$上，如果它的密度函数由下式给定

$$p(x)=\begin{cases}\dfrac{1}{b-a} & \text{如果 } a\leqslant x\leqslant b\\ 0 & \text{否则}\end{cases} \tag{A-40}$$

如果 X 是均匀的，则它的期望值和方差分别为

$$E[X]=\frac{a+b}{2}, \quad \mathrm{Var}(X)=\frac{(b-a)^2}{12} \tag{A-41}$$

A.3.5 正态(高斯)分布

X是均值为μ、方差为σ^2的正态分布或高斯分布，记作$\mathcal{N}(\mu, \sigma^2)$，如果它的密度函数是

$$p(x) = \frac{1}{\sqrt{2\pi}\sigma}\exp\left[-\frac{(x-\mu)^2}{2\sigma^2}\right] \quad -\infty < x < \infty \tag{A-42}$$

许多随机现象都遵守钟形正态分布，或者至少近似地遵守正态分布。许多自然观测都可以看作连续的、典型值稍微不同的版本——这或许是将它称作正态(normal)分布的原因。在这种情况下，μ定义典型值，而σ定义典型值附近实例变化的大小。

68.27%的值落在$(\mu-\sigma, \mu+\sigma)$中，95.45%的值落在$(\mu-2\sigma, \mu+2\sigma)$中，99.73%的值落在$(\mu-3\sigma, \mu+3\sigma)$中。这样，$P\{|x-\mu|<3\sigma\}\approx 0.99$。在实践中，如果$x<\mu-3\sigma$或$x>\mu+3\sigma$，则$p(x)\approx 0$。$\mathcal{Z}$是单位正态分布，即$\mathcal{N}(0, 1)$(见图A-1)，并且它的密度记作

$$p_Z(x) = \frac{1}{\sqrt{2\pi}}\exp\left[-\frac{x^2}{2}\right] \tag{A-43}$$

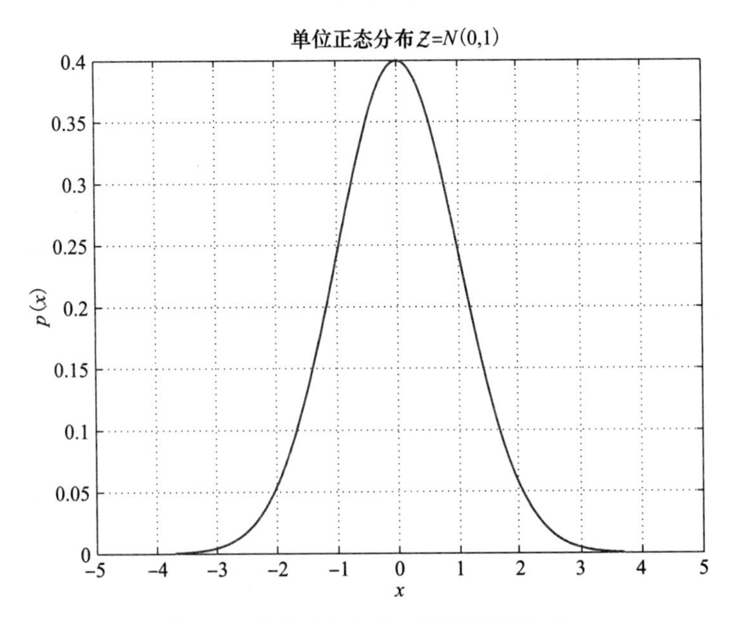

图A-1 单位正态分布$\mathcal{Z}$的概率密度函数

如果$X\sim\mathcal{N}(\mu, \sigma^2)$且$Y=aX+b$，则$Y\sim\mathcal{N}(a\mu+b, a^2\sigma^2)$。独立正态变量的和也是正态的，其中$\mu=\sum_i \mu_i$且$\sigma^2=\sum_i \sigma_i^2$。如果$X$是$\mathcal{N}(\mu, \sigma^2)$，则

$$\frac{X-\mu}{\sigma} \sim Z \tag{A-44}$$

这称作z规范化。

设X_1，X_2，…，X_N是独立同分布的随机变量，都具有均值μ和方差σ^2。则中心极限定理表明，对于大的N，

$$X_1 + X_2 + \cdots + X_N \tag{A-45}$$

的分布近似于$\mathcal{N}(N\mu, N\sigma^2)$。例如，如果$X$是参数为$(N, p)$的二项分布，则$X$可以写成$N$个伯努利试验的和，并且$(X-Np)/\sqrt{Np(1-p)}$是近似单位正态分布。

中心极限定理也用来在计算机上生成正态分布的随机变量。程序设计语言具有一些子

程序，它们返回[0，1]上均匀分布的(伪)随机数。当 U_i 是这样的随机变量时，$\sum_{i=1}^{12} U_i - 6$ 近似于 $\mathcal{Z}$。

设 $X^t \sim \mathcal{N}(\mu, \sigma^2)$。估计的样本均值

$$m = \frac{\sum_{t=1}^{N} X^t}{N} \tag{A-46}$$

也是正态的，均值为 μ，而方差为 σ^2/N。

A.3.6　卡方分布

如果 Z_i 是独立的单位正态随机变量，则

$$X = Z_1^2 + Z_1^2 + \cdots + Z_n^2 \tag{A-47}$$

是自由度为 n 的卡方分布，即 $X \sim \mathcal{X}_n^2$，其中

$$E[X] = n \quad \text{Var}(X) = 2n \tag{A-48}$$

当 $X^t \sim \mathcal{N}(\mu, \sigma^2)$ 时，估计的样本方差为

$$S^2 = \frac{\sum_t (X^t - m)^2}{N - 1} \tag{A-49}$$

并且有

$$(N-1)\frac{S^2}{\sigma^2} \sim \mathcal{X}_{N-1}^2 \tag{A-50}$$

还知道 m 和 S^2 是独立的。

A.3.7　*t* 分布

如果 $Z \sim \mathcal{Z}$ 和 $X \sim \mathcal{X}_n^2$ 是独立的，则

$$T_n = \frac{Z}{\sqrt{X/n}} \tag{A-51}$$

是自由度为 n 的 t 分布，其中

$$E[T_n] = 0(n > 1), \quad \text{Var}(T_n) = \frac{n}{n-2}, \quad n > 2 \tag{A-52}$$

与单位正态密度一样，t 分布在 0 周围是对称的。随着 n 的变大，t 密度变得越来越像正态分布，区别是 t 分布具有较粗的尾部，表明比正态分布具有更大的可变性。

A.3.8　*F* 分布

如果 $X_1 \sim \mathcal{X}_n^2$ 和 $X_2 \sim \mathcal{X}_m^2$ 分别是自由度为 n 和 m 的卡方随机变量，则

$$F_{n,m} = \frac{X_1/n}{X_2/m} \tag{A-53}$$

是自由度为 n 和 m 的 F 分布，其中

$$E[F_{n,m}] = \frac{m}{m-2}(m > 2), \quad \text{Var}(F_{n,m}) = \frac{m^2(2m + 2n - 4)}{n(m-2)^2(m-4)}, \quad m > 4 \tag{A-54}$$

A.4　参考文献

Casella, G., and R. L. Berger. 1990. *Statistical Inference.* Belmont, CA: Duxbury.

Ross, S. M. 1987. *Introduction to Probability and Statistics for Engineers and Scientists.* New York: Wiley.

索　引

索引中的页码为英文原书页码，与书中页边标注的页码相对应。

C

D

S

T

U

推 荐 阅 读

神经网络与机器学习（原书第3版）

作者：Simon Haykin ISBN：978-7-111-32413-3 定价：79.00元

机器学习

作者：Tom Mitchell ISBN：978-7-111-10993-8 定价：35.00元

数据挖掘：实用机器学习工具与技术（原书第3版）

作者：Ian H.Witten 等 ISBN：978-7-111-45381-9 定价：79.00元

模式分类（原书第2版）

作者：Richard O. Duda 等 ISBN：978-7-111-12148-0 定价：59.00元

推荐阅读

机器学习与R语言实战

作者：丘祐玮（Yu-Wei Chiu） 译者：潘怡 等
ISBN：978-7-111-53595-9 定价：69.00元

机器学习与R语言

作者：Brett Lantz 译者：李洪成 等
ISBN：978-7-111-49157-6 定价：69.00元

机器学习导论（原书第3版）

作者：埃塞姆·阿培丁 译者：范明
ISBN：978-7-111-52194-5 定价：79.00元

机器学习：实用案例解析

作者：Drew Conway 等 译者：陈开江 等
ISBN：978-7-111-41731-6 定价：69.00元